“十四五”国家重点图书

Springer 精选翻译图书

压缩感知与稀疏滤波

Compressed Sensing & Sparse Filtering

[英]Avishy Y. Carmi

[英]Lyudmila S. Mihaylova 著

[英]Simon J. Godsill

姜义成 张 云 刘子滔 译

哈爾濱工業大學出版社

HARBIN INSTITUTE OF TECHNOLOGY PRESS

内容简介

自然界中的许多信号在某些变换域内是稀疏的或称为可压缩的，因此压缩感知技术可以利用比传统测量方法少得多的观测值来实现这类信号的高精度重构，从而解决现代信号处理中欠采样、数据稀少或缺失时的信号恢复问题。本书从压缩感知基本理论入手，详细介绍了压缩感知理论在认知无线电、非线性 MIMO 系统识别、卡尔曼滤波和平滑、有限通信资源传感器网络信号重构、雷达成像以及语音识别等不同领域的具体应用。本书的每章都形成一个完整的独立体系，方便读者快速掌握相关的信号处理方法。

本书面向对稀疏信号处理各个方面及应用感兴趣的研究人员、学者和实践者，同时可以作为计算机科学、信息与通信工程等专业研究生的教材。

黑版贸审字 08－2018－081 号

图书在版编目(CIP)数据

压缩感知与稀疏滤波/(英)艾薇莎·卡米(Avishy Y. Carmi)，(英)柳德米拉(Lyudmila S. Mihaylova)，(英)西蒙·古德维尔(Simon J. Godsill)著；姜义成，张云，刘子滔译. —哈尔滨：哈尔滨工业大学出版社，2022.3

ISBN 978-7-5603-8627-0

Ⅰ.①压… Ⅱ.①艾… ②柳… ③西… ④姜… ⑤张… ⑥刘… Ⅲ.①数字信号处理 Ⅳ.①TN911.72

中国版本图书馆 CIP 数据核字(2020)第 016983 号

策划编辑　许雅莹
责任编辑　李长波　周轩毅
封面设计　高永利
出版发行　哈尔滨工业大学出版社
社　　址　哈尔滨市南岗区复华四道街 10 号　邮编 150006
传　　真　0451－86414749
网　　址　http://hitpress.hit.edu.cn
印　　刷　哈尔滨市石桥印务有限公司
开　　本　660 mm×980 mm　1/16　印张 31　字数 575 千字
版　　次　2022 年 3 月第 1 版　2022 年 3 月第 1 次印刷
书　　号　ISBN 978-7-5603-8627-0
定　　价　78.00 元

译 者 序

压缩感知与稀疏滤波作为一种稀疏重构技术，自提出之日起就在各领域得到了重视和发展，尤其在利用缺损数据获取目标信息的研究中，压缩感知体现出极大的应用价值和发展潜力。压缩感知突破了传统信号处理理论中采样定理的极限，实现了从信号采样到信息采样的飞跃。利用压缩感知稀疏重构技术，通过求解稀疏约束的非线性方程，能够用稀疏采样得到的数据准确重构出原始信号，为利用稀疏信号处理技术解决实际信号处理问题提供了新方向。目前压缩感知与稀疏滤波技术已成功应用于信号处理的各个方面，如语音恢复与识别、传感器网络时变信号估计、单/多基地雷达成像、MIMO 滤波与识别、基于冗余字典的稀疏表示、缺损信号恢复、非均匀采样信号处理、目标检测、图像压缩等。

本书的翻译和校对工作得到了哈尔滨工业大学博士生杜玉晗、徐亮、穆慧琳、廉濛、齐欣、陈锐达的帮助，在此表示感谢。

本书各章内容都形成了一个完整独立体系，数学符号使用上也不尽统一，译者在翻译过程中尽可能尊重原文原意，参考文献也按原书引用形式，尚存在不当之处，请读者见谅。

姜义成，张云，刘子滔

2021 年 10 月

前　言

现代信号处理技术需要处理欠采样、稀少、缺失甚至冲突的测量。在某些情况下,可用的数据量可以低于阈值。在这种情况下,传统推理方法无法提供可靠的解决方案。由于感兴趣的信号在某些数学域只能被辨别为几个基本分量,所以专用的推理技术寻求最低复杂度的解决方案,这个概念在处理有限数据时被证明是非常有用的。

本书的目的在于介绍能够应付低采样和有限数据的概念、方法和算法。最近流行的一种趋势在某种程度上改变了信号处理,这就是压缩感知。压缩感知建立在观察的基础上,自然界中的许多信号在某些域几乎是稀疏的(或通常称为可压缩的),因此,它们可以用比传统少得多的观测值实现高精度重构。

除了压缩感知,本书还包含了其他相关的方法,每种方法都有处理这些问题的方式。作为一个例子,在贝叶斯方法中,通常使用拉普拉斯(Laplace)和柯西(Cauchy)之类的稀疏推理来判罚不可能的模型变量,从而获得低复杂度的解决方案。压缩感知技术和同类型的解决方案,例如 LASSO,利用 l_1 范数作为判罚约束来获得比常规需要更少的观测值的稀疏解。本书强调稀疏作为产生低复杂度表示的机理作用,以及与各种工程问题的变量选择和降维的联系。

本书面向对稀疏信号处理各个方面及应用感兴趣的研究人员、学者和实践者。

本书的每章都形成了一个完整的独立体系,可以独立阅读。读者如果不熟悉主题,特别是压缩感知,建议至少阅读第 1 章的前半部分。每章内容简介如下。

第 1 章是对压缩感知基本理论的简要阐述。是假设读者没有相关主题的预先知识,所以前半部分在阐述基本结果的同时逐渐建立理论。本章后半部分主要涉及压缩感知思想在动态系统和稀疏状态估计中的应用。

第 2 章涉及压缩感知的几何基础。作者所采用的几何观点不仅构成了许多压缩感知初始理论发展的基础,而且也使思想能够扩展到更为普遍的复原问题和结构。一个统一的框架是非凸的、低维的约束集合,并假定存在要恢复的信号。传统的压缩感知的稀疏信号结构转化为低维子空间的联合,每个子空间由少量的坐标轴构成。子空间结构的联合很容易被推广,许多其他的恢复问题也可以被看作是这种设置。例如,代替向量数据,在许多问题中,数据更自然地以矩阵形式表示(例如,视频通常最好用时间矩阵在像素中表示)。对矩阵强大的约束是对矩阵秩的约束,例如,在低秩矩阵恢复中,目标是重构仅给定条目子集的低秩矩阵。重要的是,低秩矩阵也存在于子空间结构的联合中,尽管有无限多的子空间(尽管每个子空间都是有限维的)。子空间信号模型联合的许多其他例子出现在应用程序中,包括稀疏小波树结构(形成一般稀疏模型的一个子集)和创新模型的有限速率,其中可以有无限多个无限维子空间。本章介绍了和这些相关的几何概念,并展示了它们如何用于:①开发算法以恢复具有给定结构的信号;②允许表征这些算法方法性能的理论结果。

第 3 章将压缩感知的基本理论扩展到了广泛的指数族噪声案例上,包括高斯噪声,然后形成其潜在的恢复问题作为 l_1 正则的广义线性模型(Generalized Linear Model,GLM)回归;并进一步说明了在设计矩阵的标准限制等距性假设下,l_1 最小化可以得到对指数族噪声下的稀疏信号的稳定恢复。本章也提供了确保稳定恢复的噪声分布的充分性条件。

第 4 章对一些先进的核范数优化算法进行了简要回顾。矩阵的核范数作为矩阵秩的最紧凸代替,推动了近期很多研究并且被证明在很多领域都是一种有力的工具。作者提出了核范数在线性模型恢复问题中的新应用,以及解决恢复问题的切实可行的新算法。

第 5 章介绍了使用稀疏表示的非负张量因式分解领域的最近发展。特别地,本章考虑了利用 t—乘积将三阶和四阶张量近似因子分解为降一阶的非负的各类外积和。面部识别方面的应用验证了整体方法的可行性。本章也讨论了一系列解决最终优化问题的算法,以及增加了内在稀疏性的改进算法。

第 6 章描述了压缩感知和奈奎斯特欠采样在认知无线电中的应用。认知无线电已成为解决无线通信系统中频谱利用不足的最有前景的方案之一。本章着重介绍了使用奈奎斯特欠采样和压缩感知技术实现宽带频谱感知,并阐述了一种用于宽带频谱感知的自适应压缩感知方法。

第 7 章介绍了一些对稀疏非线性多输入多输出(MIMO)系统的识别算法。这些算法有许多潜在的应用场景,包括多天线结合功率放大器的数字传输系统、认知处理、非线性多变量系统的自适应控制以及多变量生物系统。稀疏是对模型施加的关键约束。稀疏性的存在通常是由物理因素决定的,如无线衰落信道估计。在其他情况下,它表现为一种实用的建模方法,旨在处理维数过大问题,在如沃尔泰拉级数类的非线性系统中尤为明显。作者讨论了三种识别方法:基于输入输出采样的传统识别方法、强调最小输入资源的半盲识别、仅凭借输出样本加上有关输入特征先验知识的盲识别,并在此分类的基础上仿真研究并评估了许多算法,包括已有算法与新算法。

第 8 章讨论了卡尔曼滤波和平滑问题的优化公式,作者以此视角推导该公式的扩展形式,并给出应用示例。作者考虑了一系列卡尔曼平滑的扩展形式,分别适用于具有非线性过程和非线性测量模型的系统、有非线性和非线性不等式约束的系统、测量或突变状态下产生的异常值的系统以及考虑状态序列稀疏性的系统。所有扩展形式都保证了与经典算法相同的计算效率,并且大部分扩展形式都通过数据实例进行了仿真验证,这些实例来自于卡尔曼平滑 Matlab/Octave 开源软件包。

第 9 章提出了一种新的基于卡尔曼滤波的方法,通过使用比平常更少的测量值来估计稀疏系数,或更宽泛地讲,估计可压缩的自回归模型。所提算法有助于观测数据的序列处理并取得很好的恢复效果,尤其是在与理想条件有实质性偏差的情况下。本章的后半部分推导了几个与目前问题相关的信息论下界,这些下界建立起了自回归过程复杂性和使用新的复杂度测量能够达到的估计精度间的关系,这一测量可以作为对通常无法计算的限定等距性的替代。

第 10 章介绍了选择性 Gossip 算法,它是一种将迭代信息交换的思路应用于数据向量的算法。该方法不是传播整个向量,浪费网络资源,而是自适应地将通信集中在向量最重要的条目上。作者证明了运行选择性 Gossip 算法的节点在这些重要条目上渐近地达成共识,并且他们达成了对不重要条目索引的一致性。结果表明,选择性 Gossip 算法在标量传输的数量方面显著节省了通信开销。在本章的第二部分中推导了一种采用选择性 Gossip 算法的分布式粒子滤波器,随后表明采用选择性 Gossip 算法的分布式粒子滤波器有与集中式 Bootstrap 粒子滤波器相当的结果,同时与使用随机 Gossip 算法的分布式滤波器相比降低了通信开销。

第 11 章描述了一项设计和分析的递归算法的近期工作。信号在某变换域稀疏,该变换域称为稀疏基,信号的稀疏模式(稀疏系数的支撑集)随时间变化。名词“递归”表示仅使用先前信号的估计值和当前观测值得到当前信号的估计值。作者简要总结了无噪声条件下的准确重构结果和存在噪声条件下的误差范围及误差稳定性结果,并讨论了其与相关工作的联系。对于上述问题,一个典型应用是动态磁共振成像(MRI)的实时医学应用,如介入放射学和磁共振成像引导手术,或利用 MRI 跟踪脑功能变化。人体脑部、心脏、喉部或其他器官的横截面图像是分段光滑的,因此在小波域近似稀疏。在一个时间序列中,它们的稀疏模式随时间是变换的,但是非常缓慢,对于信号非零部分也是如此。作者在研究中首次观察到这一简单的事实,它是提出迭代算法的关键,即利用少量观测值实现精确或准确的重构。

第 12 章讨论了有限通信资源传感器网络中时变稀疏信号重构问题。在每个时间间隔中,融合中心将所预测的信号估计及其相应的误差协方差发送到一个选定的传感器子集中，选定的传感器计算量化新息，并将它们发送到融合中心。作者考虑了信号稀疏的情况，即很大一部分分量是零值，给出了所描述情况下的信号估计算法，并分析了算法复杂度。结果表明，即使是在传感器发送一个单一比特(即新息的符号)到融合中心的情况下，所提算法仍然接近最优性能。

第 13 章主要涉及稀疏和压缩感知的思想在雷达成像中的应用，该成像雷达也称合成孔径雷达(SARs)。作者首先对稀疏成像技术是如何被应用于各种各样的雷达成像场景中进行了简要介绍，然后集中探讨了欠采样数据在成像中所导致的问题，并由此引出了近期在雷达成像背景下利用压缩感知理论的一些相关工作。本章详细描述了多基地雷达成像的几何与测量模型，即空间分布的多个发射机与接收机同时参与对成像场景的数据采集，单基地情况被视为一种收发并置的多基地特例。作者在单基地和多基地成像场景下检测了多种数据欠采样的方法与模式，这些模式反映出谱分集与空间分集间的权衡。在多基地模式雷达成像的工作计划中，中心论题主要研究这些场景中重构图像的预期质量高于实际收集数据的特性。压缩感知理论提出在稀疏场景成像过程中，测量用探测器间的互相干性与图像重构的性能相关。基于此，作者提出一个密切相关但更有效的参数 $t\%$－平均互相干性作为一个传感器结构的质量度量，并检测其在多种单基地和超窄带多基地几何结构下预测重构质量的能力。

第 14 章展示了如何利用稀疏结构先验模型获得一系列贝叶斯环境下问题的稀疏解。本章提出了一个通过音频信号在时频空间上的表示，使用 Gabor 小波从中去除脉冲噪声和背景噪声的模型。首先介绍了这一空间下用于描述信号稀疏结构的一些先验模型，包括对每个系数简单的伯努利先验值，在时间或频率上连接相邻系数的马尔可夫链和赋予系数二维相干性的马尔可夫随机场。随后阐述了这些先验条件对重构被噪声污染的音频信号的影响。并介绍了脉冲移除，将类似的稀疏先验应用于音频信号中脉冲噪声的位置，通过使用 Gibbs 采样器对模型变量后验分布的采样进行推论。

第 15 章介绍了在语音中进行稀疏优化的主要方法。展示了如何通过构建稀疏表示来进行分类和识别任务，并给出了关于对使用稀疏表示获得的最新结果的概述。

Avishy Y. Carmi

Lyudmila S. Mihaylova

Simon J. Godsill

2013 年 2 月

目　录

第1章　压缩感知与稀疏滤波简介

压缩感知是一个对信号采集和恢复具有深远影响的概念，它正在渗透到工程和科学的各个领域。目前，有大量的理论结果可以扩展压缩感知的基本思想，可以与其他数学领域的概念进行类比。本章的目的是向读者介绍压缩感知的基本理论，因此，本章的第一部分是对压缩感知的简要说明，它不需要先验背景；后半部分略微扩展了该理论，并讨论了其对动态稀疏信号滤波的适用性。

1.1　什么是压缩感知

压缩感知(CS)在处理有限和冗余数据时是一个非常有用的概念。这个基本思想就像过去一直非常快速发展的理论那样简单而实用有效，让我们试着总结如下。传统的数据处理范例通常涉及采集和压缩阶段。压缩阶段可以通过专用算法明确执行，也可以隐式地作为推理方法的一部分执行。它主要涉及消除数据中的冗余和无关紧要的部分，仅仅是为了对感兴趣的数学对象提供一种简洁的表示(它可以是一个连续时间信号，也可以是欧几里得(Euclidean)空间中的向量、集合、矩阵或者张量)。数据采集和压缩在它们的目的上有些矛盾：在采集阶段，我们致力于收集足够的数据来进行推理；在压缩阶段，它们之中无用的部分将被抛弃。因此，传统范式是一个浪费的过程，并且由此产生了一个问题，即是否可以一开始就通过较少的数据来获取所追求数学对象的压缩表达形式。压缩感知是使用有限数量的数据(通常远小于对象的环境维度，即未压缩时的对象维度)重构数学对象的压缩表示所涉及方法和概念的总称。

从研究经典信号重构问题开始，举例说明了压缩感知的一些基本思想。本章1.3节对压缩感知的基本理论进行了综述。1.4节扩展了一些基本概念，主要涉及动态稀疏信号的估计。1.5节介绍了压缩感知的一些应用。1.6节对本章内容做了简要总结。

1.2 经典案例:Shannon-Nyquist 采样

Shannon-Nyquist(香农－奈奎斯特)采样范例是展示压缩感知概念的经典案例。考虑时域中的信号 y,Shannon-Nyquist 理论提供了从一组离散样本 $\{Y_k\}_{k=1}^{N}$ 中完美重构信号 y 的条件。为实现这一目标,需要以超过信号 y 带宽两倍的速率来获得其等时间间隔采样。因此,Shannon-Nyquist 采样理论在以下假设下是有效的:(1) 事先知道信号带宽;(2) 采样过程应该保证等间隔采样和足够高采样率。实际上,这些要求使我们能够完整地在傅里叶域中表示该信号。在这两个表示中,时域中的信号表示(y) 和所获得的离散表示(Y_k) 在某种意义上是等价的,即给定其中一个就可以完全恢复另一个。

进一步,计算信号 Y_k(在上述意义下等效于 y) 的离散傅里叶变换(DFT)X_k,可得

$$X_k = (1/\sqrt{N})\sum_{j=1}^{N} Y_j \exp(-2\pi(j-1)(k-1)\mathrm{i}/N) \tag{1.1}$$

假设 $\boldsymbol{X}=(X_k)_{k=1}^{N}\in\mathbf{R}^N$ 和 $\boldsymbol{Y}=(Y_k)_{k=1}^{N}\in\mathbf{R}^N$,$y$ 的离散表示与其傅里叶变换之间的关系可以写成 $\boldsymbol{X}=\boldsymbol{F}\boldsymbol{Y}$,其中 $\boldsymbol{F}$ 是酉 DFT 矩阵。从其傅里叶表示重构原始信号的逆过程可用下式来描述:

$$\boldsymbol{Y}=\overline{\boldsymbol{F}}\boldsymbol{X}\rightarrow y \tag{1.2}$$

其中,$\overline{\boldsymbol{F}}=\boldsymbol{F}^{\mathrm{T}}$ 是逆 DFT 矩阵(在这种情况下,$\overline{\boldsymbol{F}}$ 是 $\boldsymbol{F}$ 的共轭转置)。

此时注意到以下内容。当在傅里叶域中考虑信号时,原始信号 y 可能只有几个显著的幅值。换句话说,向量 $\boldsymbol{X}$ 可能只有几个有意义的元素,而其他元素几乎都为零,称这样的 $\boldsymbol{X}$ 为可压缩向量或稀疏向量。这种情况表明信号能量不会在频谱上均匀分布,因此可以通过稀疏表示来充分地近似。由于不能直接在时域中获得 y 的稀疏表示,因此不得不转向一个信号在其中看起来稀疏或可压缩的替代域。

如果在幅值上可以给出 $\boldsymbol{X}$ 中最显著元素的位置,那么可以在 $\boldsymbol{Y}$ 中使用较少的样本数量获得几乎与 y 相同的表示。接下来考虑 $\boldsymbol{X}$ 的一个稀疏版本,其中所有不显著的元素都被设置为零。用 $\boldsymbol{Z}$ 来表示这个向量并观察差值 $\Delta\boldsymbol{Y}=\boldsymbol{Y}-\overline{\boldsymbol{Y}}=\overline{\boldsymbol{F}}(\boldsymbol{X}-\boldsymbol{Z})$。这个差值不会很大,这意味着可以使用 $\boldsymbol{Z}$ 来充分近似原始信号,即

$$\boldsymbol{Z}\rightarrow\overline{\boldsymbol{Y}}\approx\boldsymbol{Y}\rightarrow y \tag{1.3}$$

但是,当知道 $\boldsymbol{Z}$ 中非零元素的位置时,只能使用 $\boldsymbol{Y}$ 中的一小部分样本来构造 $\boldsymbol{Z}$。因此

$$\boldsymbol{Y}^m = \overline{\boldsymbol{F}}_{m\times m}\boldsymbol{Z}^m = \overline{\boldsymbol{F}}_{m\times N}\boldsymbol{Z} \tag{1.4}$$

其中，m 是 $\boldsymbol{Z}$ 中非零元素的数量，$m < N$；$\boldsymbol{Y}^m \in \mathbf{R}$、$\boldsymbol{Z}^m \in \mathbf{R}$、$\boldsymbol{F}_{m\times m} \in \mathbf{R}^{m\times m}$、$\overline{\boldsymbol{F}}_{m\times N} \in \mathbf{R}^{m\times N}$ 是通过消除 $\boldsymbol{Z}$ 中非零元素所对应的列/行得到的。总之，注意到至少在理论上可以通过在特定位置采样 $m(m < N)$ 个点来重构 y 这一前提，使信号采样率转换成一个可能远低于奈奎斯特速率的值。

非零元素的具体位置未知时，压缩感知同样有效。根据所定义的符号，此时问题可以转化为解欠定线性方程组

$$\boldsymbol{Y}^m = \overline{\boldsymbol{F}}_{m\times N}\boldsymbol{Z} \tag{1.5}$$

其中，$\boldsymbol{Y}^m$ 中的元素数量可能远小于稀疏向量 $\boldsymbol{Z}$ 的维数。一旦获得 $\boldsymbol{Z}$，就可以充分地重构 $\overline{\boldsymbol{Y}} = \overline{\boldsymbol{F}}\boldsymbol{Z}$，并从中获得 y。问题(1.5)通常是NP难问题，但在某些条件下，可以有效地计算出唯一且精确的解 $\boldsymbol{Z}$。论证说明如图1.1和图1.2所示。

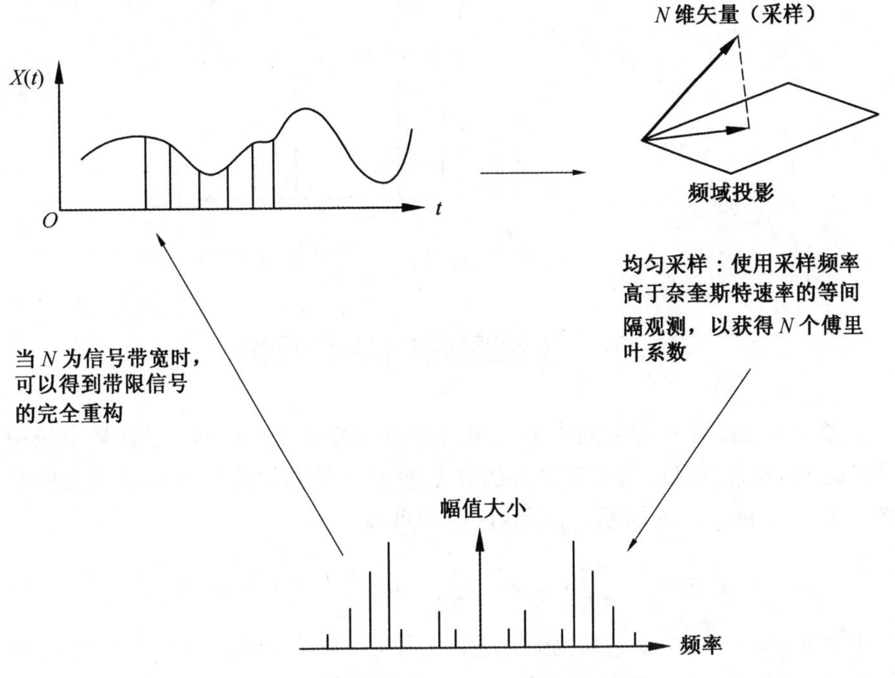

图 1.1　常规(Shannon-Nyquist)采样与重构

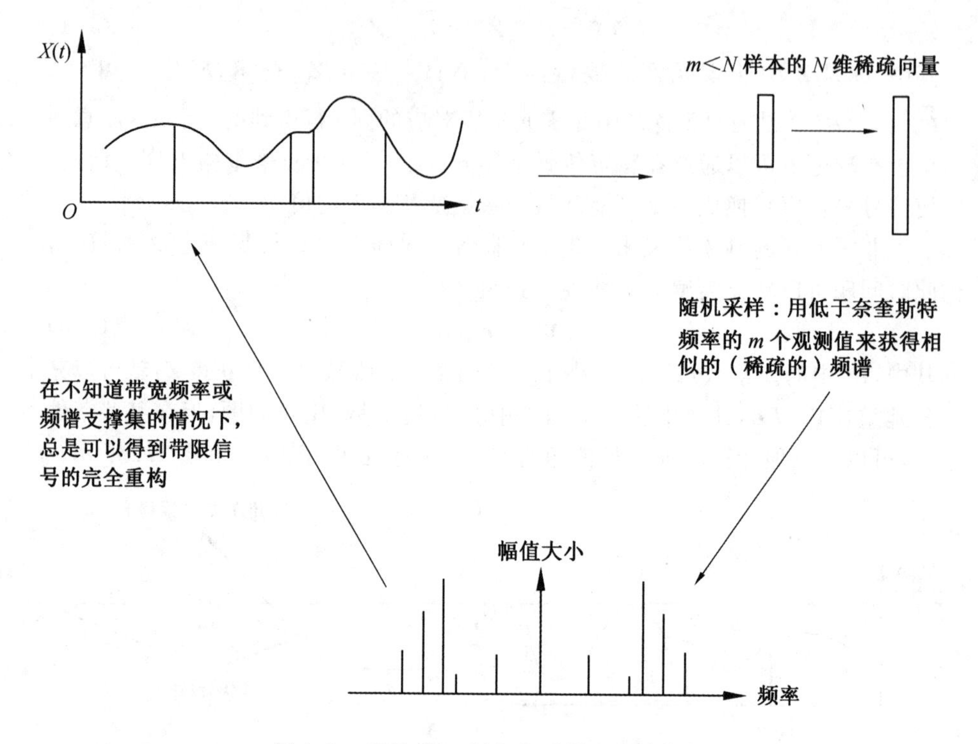

图 1.2　压缩感知：随机欠采样和有效恢复

1.3　压缩感知的基本理论

考虑 n 维欧几里得空间中某一用向量表示的信号 $\boldsymbol{\chi} \in \mathbf{R}^n$，它在某个域中是稀疏的，即它可以使用相对少量的在某些分量是已知的且可能是正交的基 $\boldsymbol{\Psi} \in \mathbf{R}^{n\times n}$ 上的投影来表示。因此，该信号可以写为

$$\boldsymbol{\chi} = \boldsymbol{\psi x} = \sum_{i=1}^{n} x_i \psi_i = \sum_{x_j \in \mathrm{supp}(\boldsymbol{x})} x_j \psi_j, \quad \| \boldsymbol{x} \|_0 < n \tag{1.6}$$

其中，$\mathrm{supp}(\boldsymbol{x})$ 和 $\| \boldsymbol{x} \|_0$（零范数）分别表示 $\boldsymbol{x}$ 支撑集和维数（即 $\boldsymbol{x}$ 中非零分量的数量）；ψ_i 是矩阵 $\boldsymbol{\psi}$ 的转置矩阵 $\boldsymbol{\psi}^{\mathrm{T}}$ 的第 i 列。

压缩感知需要解决的问题是从有限数量 $m < n$ 的非相干且可能有噪声的测量中恢复出 $\boldsymbol{x}$，从而恢复出信号 $\boldsymbol{\chi}$（或者换句话说，从有限数量的非相干测量中感知可压缩信号）[12]。$\mathbf{R}^m$ 维测量 / 观测向量 $\boldsymbol{y}$ 服从以下线性关系：

$$\boldsymbol{y} = \boldsymbol{H}'\boldsymbol{\chi} = \boldsymbol{Hx} \tag{1.7}$$

其中，$\boldsymbol{H} \in \mathbf{R}^{m\times n}$ 且 $\boldsymbol{H} = \boldsymbol{H}'\boldsymbol{\psi}$，$\boldsymbol{H}$ 称为感知矩阵或字典。在许多实际应用中，观

测向量 $\boldsymbol{y}$ 可能不准确或被噪声污染。在这种情况下，将其称为随机 CS 问题，需要在式(1.7) 的右侧添加附加噪声项。

一般来说，如果 $\boldsymbol{x}$ 的稀疏度表示为

$$s := \|\boldsymbol{x}\|_0 \tag{1.8}$$

且服从 $2s \leqslant \text{spark}(\boldsymbol{H})$，其中矩阵的 spark 值定义如下，则式(1.7) 具有精确解。

定义 1　(矩阵的 spark 值) 矩阵 $\boldsymbol{H}$ 的 spark 值指的是矩阵 $\boldsymbol{H}$ 中构成线性相关集的最小列数，表示为 $\text{spark}(\boldsymbol{H})$。

如果式(1.7) 的解是精确的，那么这个解也是最稀疏的解，它可以转化为以下问题：

$$(\text{P0})\quad \begin{cases} \min\limits_{\boldsymbol{x}} \|\boldsymbol{x}\|_0 \\ \text{s. t.}\quad \|\boldsymbol{y} - \boldsymbol{Hx}\|_2^2 \leqslant \varepsilon \end{cases} \tag{1.9}$$

且 $\varepsilon = 0$(通过使 ε 为噪声方差的阶数，可以在随机情况下获得 $\boldsymbol{x}$ 的估计)。其中，s. t. 表示满足于。已知问题(P0) 是 NP 难问题，这意味着在实践中，优化器无法被有效地计算。

1.3.1　凸松弛法

20 世纪 90 年代后期，在引入 LASSO 算子[39] 和 Basis Pursuit(BP)[18] 的初步工作中，l_1 范数被建议作为稀疏促进项。使用 l_1 范数重新建立稀疏恢复问题(P0) 可以提供凸松弛，使利用各种完善的优化技术来获得有效解成为可能。通常，有两种凸优化问题被提出来作为替代，即二次约束线性规划问题：

$$(\text{P1})\quad \begin{cases} \min\limits_{\boldsymbol{x}} \|\boldsymbol{x}\|_1 \\ \text{s. t.}\quad \|\boldsymbol{y} - \boldsymbol{Hx}\|_2^2 \leqslant \varepsilon \end{cases} \tag{1.10}$$

或者二次规划问题，其表达形式如下：

$$\begin{cases} \min\limits_{\boldsymbol{x}} \|\boldsymbol{y} - \boldsymbol{Hx}\|_2^2 \\ \text{s. t.}\quad \|\boldsymbol{x}\|_1 \leqslant \varepsilon' \end{cases} \tag{1.11}$$

用凸松弛(P1) 代替(P0) 的理论证明一直是几个后续工作的核心。文献[21] 中给出了其中的一个见解，具体如下。

定理 1　(文献[21]) 假设 $\boldsymbol{H} = [\boldsymbol{H}_1, \cdots, \boldsymbol{H}_n]$ 由单位长度的列向量组成，且 $\|\boldsymbol{H}_i\|_2 = 1, i = 1, \cdots, n$。同时在(P0) 和(P1) 中要求 $\varepsilon = 0$。此外如果(P0) 的最稀疏解 $\boldsymbol{x}^s$ 服从

$$\|\boldsymbol{x}^s\|_0 \leqslant \frac{\sqrt{2} - \dfrac{1}{2}}{M(\boldsymbol{H})} \tag{1.12}$$

其中，$M(\boldsymbol{H})$ 表示 $\boldsymbol{H}$ 中列向量之间的最大相干性，即 $M(\boldsymbol{H})=\max\limits_{i,j}|\boldsymbol{H}^{\mathrm{T}i}\boldsymbol{H}_j|$，那么(P1) 的解是精确的(即(P1) 的解也是(P0) 的解)。

实际上，定理 1 告诉我们，根据解 $\boldsymbol{x}^s$ 的稀疏度和矩阵 $\boldsymbol{H}$ 的相干性，可以通过求解凸松弛问题(P1) 来有效地计算(P0) 的精确解。这是一个非常了不起的结论，它是压缩感知基本理论的核心。在文献[10－12] 中给出了该结果进一步改进的结果。这里，最大相干性 $M(\boldsymbol{H})$ 被约束等距性的概念代替，或简称为 RIP。感知矩阵的这种性质定义如下。

定义 2 (k 阶约束等距性质) 令 $\delta_k\in(0,1)$ 最小，使得

$$(1-\delta_k)\|\boldsymbol{x}\|_2^2\leqslant\|\boldsymbol{H}\boldsymbol{x}\|_2^2\leqslant(1+\delta_k)\|\boldsymbol{x}\|_2^2 \tag{1.13}$$

对于所有 k 阶稀疏向量 $\boldsymbol{x}\in\mathbf{R}$(即由不超过 k 个非零元素组成的向量) 均成立。

粗略地说，RIP 意味着矩阵的列向量几乎形成标准正交基。更重要的是，它是保证稀疏恢复问题(P0) 的解可以被有效计算的必要和充分条件。该结论被总结在以下定理中。

定理 2 (文献[11]) 如果 $\delta_{2s}<\sqrt{2}-1$，那么对于所有使 $\boldsymbol{y}=\boldsymbol{H}\boldsymbol{x}$ 成立的 s 阶稀疏向量 $\boldsymbol{x}$，(P1) 的解都是精确的。也就是说，(P1) 的解也是 $\epsilon=0$ 时(P0) 的解。

在 $\epsilon>0$ 的随机情形下，稀疏解的重构精度由以下补充结果给出。

定理 3 (文献[11]) 假设 $\boldsymbol{y}=\boldsymbol{H}\boldsymbol{x}^s+\boldsymbol{e}$，其中 $\boldsymbol{e}$ 是服从 $\|\boldsymbol{e}\|_2^2\leqslant\epsilon$ 的噪声项。若 $\delta_{2s}<\sqrt{2}-1$ 并且 $\boldsymbol{x}^s$(所寻求的向量) 是 s 阶稀疏的，则(P1) 的解 $\hat{\boldsymbol{x}}$ 服从

$$\|\hat{\boldsymbol{x}}-\boldsymbol{x}^s\|_2\leqslant C_0s^{-1/2}\|\hat{\boldsymbol{x}}-\hat{\boldsymbol{x}}^s\|_1+C_1\epsilon^{1/2} \tag{1.14}$$

其中，$\hat{\boldsymbol{x}}^s$ 是 $\hat{\boldsymbol{x}}$ 的最佳 s 阶稀疏近似，即包含不超过 $\boldsymbol{x}$ 的 s 个最显著元素的稀疏向量；系数 C_0 和 C_1 独立于 $\hat{\boldsymbol{x}}$、$\boldsymbol{x}^s$ 和 $\boldsymbol{e}$，并在文献[11] 中明确给出其定义。

注意，只要当 $\epsilon=0$ 时，就有 $\hat{\boldsymbol{x}}=\hat{\boldsymbol{x}}^s$(即解是稀疏的)，因此定理 2 和定理 3 是吻合的。

可压缩信号

实际上，未知信号 $\boldsymbol{x}=(x_i)_{i=1}^n\in\mathbf{R}$ 可能是稀疏的，当其具有许多相对较小的分量时，可能这些分量并不为零。在现实世界的应用中经常能遇到可以表示成这种形式的信号，它们被称为可压缩的。假设这些小的非零分量满足某些“行为”时，CS 文献中的大多数结果自然延伸到可压缩的情况。在文献[10] 中提出了一种这样的“行为”，即假设可压缩分量序列按照以下幂指数规律进行衰减：

$$|x_i| \leqslant \kappa i^{(-1/r)},\ |x_i| \geqslant |x_{i+1}| \tag{1.15}$$

其中，$\kappa > 0$、$r > 0$ 分别是 $\boldsymbol{x}$ 所限的弱 l_r －球的半径和衰减因子。在这种情况下，对于一些足够小的 $\varepsilon'' > 0$，可以获得信号稀疏度 s 的度量：

$$\hat{s} = n - \mathrm{card}\{i \mid 1 \leqslant i \leqslant n,\ |x_i| \leqslant \varepsilon''\} \tag{1.16}$$

其中，card 表示集合的基数。

1.3.2　解决方法

已有的结果使我们能够解决乍一看似乎难以解决的问题，这是通过使用凸规划(1.10) 和(1.11) 代替稀疏恢复问题(P0) 来实现的。这些规划和类似规划已经被广泛研究，并且有许多优化方法可以有效地解决它们。接下来介绍一些值得注意的用于解决 CS 问题的方法。

大多数用于解决CS问题的方法可以根据其求解方法大致分为三类：凸松弛、非凸局部优化方法和贪婪搜索算法。凸松弛被用于很多种方法之中，如 LASSO[39]、Dantzig 选择器[9]、基追踪和基追踪去噪[18] 以及最小角度回归[20]。非凸局部优化方法包括贝叶斯方法，例如相关向量机(稀疏贝叶斯学习[40])、贝叶斯压缩感知(BCS)[25] 以及随机搜索算法[23,32,35]。贪婪搜索算法包括匹配追踪(MP)[31]、正交 MP[36]、正交最小二乘[17]、迭代硬阈值(IHT)[7]、梯度投影[22] 和梯度追踪[6]。

1.3.3　感知矩阵的构造

前几节的结果依赖于感知矩阵的特性，并且指出了该矩阵的两个性质，即最大相干性和 RIP。虽然这些性质是密切相关的，但 RIP 已成为处理感知矩阵时的基础概念。如前所述，RIP 是有效和充分地重构稀疏和可压缩信号的必要和充分条件。因此，对通常满足这一性质的矩阵进行描述是非常有意义的。这种矩阵有时被称为好的 CS 矩阵，或者简称为 RIP 矩阵。

CS论中第一批研究结果之一考虑的是欠采样 DFT 矩阵[12]，它几乎与1.2节的例子中使用的矩阵 $\overline{\boldsymbol{F}}_{m\times N}$ 相同。这个矩阵是通过从 DFT 方阵 $\overline{\boldsymbol{F}}$ 中随机均匀地选取行向量来获得的[12]。在假设行向量数(即观测次数) 满足 $m > cs\log N$(其中 $c > 1$ 是某个常数，s 是所求信号的基本稀疏度) 的情况下得到的矩阵 $\overline{\boldsymbol{F}}_{m\times N}$ 满足 RIP，其概率接近 1。关于欠采样傅里叶 RIP 矩阵的基本结果如下：

定理 4　假设 $\boldsymbol{x}$ 是 s 稀疏的，并且给出 m 个频率随机均匀选取的傅里叶系数(观测值)，即有 $\boldsymbol{y} = \boldsymbol{H}\boldsymbol{x}$，其中 $\boldsymbol{H} \in \mathbf{R}^{m\times n}$ 是欠采样 DFT 矩阵。假设观测次数服从

$$m \geqslant cs\log n \tag{1.17}$$

然后,通过求解(P1)可以以极大的概率重构 $\boldsymbol{x}$。

可能已经注意到的是,欠采样 DFT 矩阵是以随机方式构造的。在大多数类型 RIP 矩阵的构造中,随机化是一个关键因素,这是因为它与一种被称为测量集中度的现象有关。粗略地讲,概率分布的这个性质意味着概率质量的很大一部分集中在平均值附近。随后将更详细地解释测量集中度。

除了 DFT 矩阵之外,还有几个其他显著的随机结构,下面进行详细介绍。

(1) 高斯类。假设感知矩阵 $\boldsymbol{H} \in \mathbf{R}^{m\times n}$ 的元素是从方差为$\frac{1}{\sqrt{m}}$的零均值高斯分布中随机采样获取的。另外,如果所求向量 x 的稀疏度服从

$$s = O\left(\frac{m}{\log \frac{n}{m}}\right) \tag{1.18}$$

那么在一些 $\gamma > 0$ 的情况下,$\boldsymbol{H}$ 满足 RIP,其可能概率为 $1 - O(\exp(-\gamma n))$。在这种情况下,RIP 常数 $\delta_{2s} = 0.5$。该论点是基于高斯矩阵测量集中度的相关研究结果得出的(参见文献[38,41]和其中的参考文献)。

(2) 伯努利类。假设 $\boldsymbol{H}$ 的元素是从下式表示的伯努利分布中随机采样获取的:

$$\Pr(H_{i,j}) = \begin{cases} \frac{1}{2}, & H_{i,j} = \frac{1}{\sqrt{m}} \\ \frac{1}{2}, & H_{i,j} = -\frac{1}{\sqrt{m}} \end{cases} \tag{1.19}$$

然后在满足式(1.18)的条件下,对于 $\gamma > 0$ 的情况,矩阵 $\boldsymbol{H}$ 满足 RIP,其可能概率为 $1 - O(\exp(-\gamma n))$。

(3) 非相干类。考虑一个矩阵 $\boldsymbol{H} \in \mathbf{R}^{m\times n}$,它是通过从 n 阶正交矩阵中随机均匀地选取 m 个行向量获得的。然后对 $\boldsymbol{H}$ 的列向量进行归一化,使得 $\| \boldsymbol{H}_i \|_2 = 1$。另外,如果所求向量 $\boldsymbol{x}$ 的稀疏度服从

$$s = O\left(\frac{m}{M(\boldsymbol{H})^2 n\log^4 n}\right) \tag{1.20}$$

其中,(如定理 1)$M(\boldsymbol{H}) = \max\limits_{i,j} | \boldsymbol{H}_i^{\mathrm{T}} \boldsymbol{H}_j |$ 是最大相干性,则矩阵 $\boldsymbol{H}$ 很可能满足 RIP。

在考虑 $\boldsymbol{H}$ 的随机性时,之前关于恢复过程的陈述可以被重写。在满足定理 2 和定理 3 的情况下,基于这个原因可以得到以下补充陈述。

定理 5　如果 $\boldsymbol{H}$ 是上述提到的随机结构中的任何一个，那么对于所有使 $\boldsymbol{y}=\boldsymbol{H}\boldsymbol{x}$ 的 s 阶稀疏向量 $\boldsymbol{x}$，(P1) 的解几乎总是精确的。详细地说，如果 $\boldsymbol{H}$ 是高斯或伯努利类，对于一些 $\gamma>0$ 的情况，(P1) 的解有 $1-O(\exp(-\gamma n))$ 的概率是精确的。

定理 6　假设 $\boldsymbol{y}=\boldsymbol{H}\boldsymbol{x}^s+\boldsymbol{e}$，其中 $\boldsymbol{e}$ 是服从 $\|\boldsymbol{e}\|_2^2\leqslant\epsilon$ 的噪声项。若 $\boldsymbol{H}$ 是上述随机结构中的任何一个并且 $\boldsymbol{x}^s$（所求的向量）是 s 阶稀疏的，那么(P1) 的解 $\hat{\boldsymbol{x}}$ 服从

$$\|\hat{\boldsymbol{x}}-\boldsymbol{x}^s\|_2\leqslant C_0 s^{-1/2}\|\hat{\boldsymbol{x}}-\hat{\boldsymbol{x}}^s\|_1+C_1\epsilon^{1/2}$$

1. 测量集中度

对问题维度的限制，例如在式(1.17) 和式(1.18) 中的约束在 CS 的理论中是相当普遍的。在随机结构的情况下，施加这些限制的目的是保证基本分布具有良好的尾部边界(tail bounds)。这些尾部边界统称为测量集中度不等式。例如，对于一些 $c>0$ 的情况，广泛使用的高斯尾部边界表达式如下所示(参见文献[5] p. 118)：

$$\Pr(|\,\|\boldsymbol{H}\boldsymbol{x}\|_2^2-\|\boldsymbol{x}\|_2^2\,|>c\|\boldsymbol{x}\|_2^2)<s\cdot\exp(-c^2 m/2)\tag{1.21}$$

可以看出，与上述边界互补的边界条件是关于 $\boldsymbol{H}$ 的 RIP 性质的基于概率的表述。进一步地，令 $c^2=2(\bar{c}s)^{-1}\dfrac{\log(s/\alpha)}{\log n}\in(0,1)$，其中 $\bar{c}>1$，$\alpha\in(0,1)$，可以验证

$$\Pr(|\,\|\boldsymbol{H}\boldsymbol{x}\|_2^2-\|\boldsymbol{x}\|_2^2\,|\leqslant c\|\boldsymbol{x}\|_2^2)\geqslant 1-s\cdot\exp(-c^2 m/2)\geqslant 1-\alpha\tag{1.22}$$

其中，$m\geqslant\bar{c}s\log n$。根据 c^2 的定义可以立即认识到，为了保证 $c^2<1$，必须保证 $\dfrac{s}{n}$ 和 α 在同一数量级。考虑到这一点并回顾式(1.22)，我们得出结论，在这样的结构中，当出现以下情况时，矩阵 $\boldsymbol{H}$ 有很大可能满足 RIP：

$$\frac{s}{n}\ll 1\tag{1.23}$$

2. 确定性 RIP 结构

已经有一些有价值的方法以确定的方式构造 RIP 矩阵。这些组合基本上远离随机取样，因此统称为确定性 RIP 结构。在此过程中，一些已知类型的结构矩阵已经被使用，例如 Toeplitz(托普里兹) 矩阵、循环和广义 Vandermonde 矩阵[8]。其他的确定性结构是利用扩展图[24] 得到的。目前，确定性 RIP 矩阵的最佳可达到维度边界，不能与使用随机结构[19](例如式(1.18)) 所获得的边界相比较。

1.4　稀疏滤波和动态压缩感知

基本的CS框架主要涉及参数估计或时不变信号。目前正在努力开发能够在高维非动态设置中执行的有效CS技术，直到最近，CS才被用于恢复时变稀疏信号（即稀疏随机过程）。在非动态和动态CS的两个领域之间存在这样的不平衡。CS的基本原理建立在凸优化视角之上，因此通常假设以批量形式进行信号测量。这显然将理论限制于这样的信号上，其复杂性不会随时间的推移而显著增加。此外，就优化方法而言，通常由概率转换核（probabilistic transition kernels）控制的过程动态处理不是一项简单的任务。

鉴于上述情况，更实用的处理动态稀疏信号的方法是利用状态滤波（state filtering）方法。在文献[13]和文献[42]中的开创性工作展示了如何使用卡尔曼滤波器（KF）来处理动态稀疏信号。在此基础上，已经有很多种动态CS方案被提出。文献[1]中推导出了l_1－正则化递归最小二乘估计。这种类型的估计量能够通过使用“遗忘因子”来处理动态信号和支撑集变化。在其他工作中，LASSO被修正为在信号支撑集可能会发生突变的动态设置中执行[2,4]。

KF算法是文献[3,16]和文献[29]中工作的重要组成部分。实际上，KF不仅比较简练，更重要的是它是线性最优最小平方误差（MMSE）估计量，与噪声统计特性无关。尽管它具有吸引人的特性，但在使用中很少利用它的标准公式（主要是为线性时变模型设计的）。修改KF结构并扩展其功能已经成为许多工程和科学领域的常见做法。由此产生的基于KF的方法广泛用于非线性滤波、约束状态估计、分布式估计、神经网络学习和容错滤波之中。

基于KF的动态CS方法可以分为两大类：混合型和自力型。前一类是指基于KF的方法，涉及利用外围优化方案来处理稀疏性和支撑集变化；后一类是指完全不依赖于任何此类方案的方法。基于混合KF的方法指的是诸如文献[3,16,29,42]中的工作。唯一的自力型KF方法是文献[13]中的方法。

文献[13]中的自力型KF方法的优势是易于实现。它避免干预KF过程，从而尽可能保持足够多的滤波统计数据。其背后的关键思想是使用伪测量技术，在受约束滤波设置中应用KF[28]。然而，当调整不当或迭代次数不足时，它可能表现出较差的性能。

1.4.1　关于压缩感知和非线性滤波的注记

CS文献中只有少量的工作试图将CS理论的能力扩展到非线性感知问题

(即具有非线性感知函数)，这项努力没有引起太大关注的原因可能有两个。首先，在CS概念和技术被广泛应用的领域中，非线性感知公式似乎很少见；其次，该理论中的许多结果在非线性感知领域中不再简练和适用，从而失去了它们的吸引力。后一种原因更有可能是主要原因，否则在新的领域会广泛采用。

自然现象的非线性建模在许多工程和科学领域中很常见，这反过来使非线性滤波成为广泛应用中最具挑战性的任务之一。通过继承CS的特性，可以实现对欠采样和有限数据的非线性滤波，这将带来非常大的好处。

1.4.2　离散时间稀疏状态估计

由于我们主要研究的是稀疏，或者更广泛地说是可压缩动态系统，因此以下定义是必不可少的。

定义 3　(可压缩随机过程) 如果一个 $\mathbf{R}^n$ － 随机过程 $\{\boldsymbol{x}_k\}_{k\geqslant 0}$，对于每个 $k \geqslant 0$ 时刻，它的瞬时实现仅由 $s_k \ll n$ 个大小显著的元素组成，那么可以认为该过程是可压缩的。

定义 4　(可压缩系统) 考虑如下形式的广义离散时间系统：

$$\begin{cases} x_{k+1} = f(x_k, w_k) \\ z_{k+1} = g(x_{k+1}, v_{k+1}) \end{cases} \tag{1.24}$$

其中，$x_k \in \mathbf{R}^n$，$z_k \in \mathbf{R}^n$ 分别表示状态和观测随机过程；平滑函数 f 和 g 分别是过程映射和感知映射。假设相应的噪声 w_k 和 v_k 是统计独立的白噪声序列。如果过程 $\{x_k\}_{k\geqslant 0}$ 是可压缩的，则由式(1.24) 控制的系统被称为可压缩的或具有可压缩状态的系统。

考虑与式(1.24) 相关联的 m － 提升可观测性映射 (m － lifted observability mapping)[34]，其中 m 表示唯一确定相应确定性系统的状态所需的观测次数。因此可以得到

$$\boldsymbol{D}(\boldsymbol{x}) := \begin{bmatrix} g(\boldsymbol{x}) \\ g(f(\boldsymbol{x})) \\ g(f \circ f(\boldsymbol{x})) \\ \vdots \\ g(f^{(l)}(\boldsymbol{x})) \\ \vdots \end{bmatrix} \in \mathbf{R}^m \tag{1.25}$$

其中，$g(f^{(l)}(\boldsymbol{x})) := g(\underbrace{f \circ \cdots \circ f}_{l次}(\boldsymbol{x}))$。

在本章的整个分析中，假设 $\boldsymbol{D}(\boldsymbol{x})$ 是感兴趣域上的利普契兹(Lipschitz)，

通常是 $\mathbf{R}^n$ 中的开集。这种构成可微结构的属性基本上允许仔细观察函数的局部行为和全局行为之间的相互作用。当它应用于可观测性映射 $\boldsymbol{D}(\boldsymbol{x})$ 时，利普契兹条件表示某种状态与其相邻状态不可区分的程度。此外，它描述了基础邻域中映射的最高变化率，从而允许识别映射的局部等距属性。这两个特征可以被分别视为对利普契兹不等式的左侧和右侧的解释。

$$\gamma_2 \leqslant \frac{\| \boldsymbol{D}(\boldsymbol{x}+\boldsymbol{h}) - \boldsymbol{D}(\boldsymbol{x}) \|_2^2}{\| \boldsymbol{h} \|_2^2} \leqslant \gamma_1, \quad \forall \boldsymbol{x}, \forall \boldsymbol{h} \neq \boldsymbol{0} \tag{1.26}$$

其中，$\gamma_1, \gamma_2 \geqslant 0$。注意，若 $f(\cdot)$ 和 $g(\cdot)$ 是线性的，则式(1.26)可简化为

$$\gamma_2 \leqslant \left\| \frac{\partial \boldsymbol{D}(\boldsymbol{x})}{\partial \boldsymbol{x}} \bar{\boldsymbol{h}} \right\|_2^2 \leqslant \gamma_1, \| \bar{\boldsymbol{h}} \|_2 = 1 \tag{1.27}$$

这仅仅与 Gramian(格莱姆)矩阵 $\boldsymbol{G} = \left(\frac{\partial \boldsymbol{D}(\boldsymbol{x})}{\partial \boldsymbol{x}}\right)^{\mathrm{T}} \frac{\partial \boldsymbol{D}(\boldsymbol{x})}{\partial \boldsymbol{x}}$ 的谱半径有关，与 $\boldsymbol{x}$ 的值无关。通常非方阵 $\frac{\partial \boldsymbol{D}(\boldsymbol{x})}{\partial \boldsymbol{x}}$ 在时不变系统中起常规可观测性映射的作用。

假设暂时不存在过程噪声并且收集了 $m \geqslant n$ 个可能存在噪声的观测值 $\boldsymbol{z}_{1:m} = [\boldsymbol{z}_1^{\mathrm{T}}, \cdots, \boldsymbol{z}_m^{\mathrm{T}}]^{\mathrm{T}}$。希望获得 $\boldsymbol{x}_0$(以及随后的所有 $\boldsymbol{x}_k, k=1,2,\cdots$)的最小均方误差(MSE)估计：

$$\min_{\hat{\boldsymbol{x}}_0} \| \boldsymbol{z}_{1:m} - \boldsymbol{D}(\hat{\boldsymbol{x}}_0) \|_2^2 \tag{1.28}$$

对于线性系统，式(1.28)的解就是众所周知的最小二乘估计。从这方面来讲，可观测性矩阵或者 Gramian 矩阵(与 $\boldsymbol{x}$ 无关)决定了所获得的解是否是唯一的。为此，这两个矩阵都不应该是不满秩的，即它们都应该是满秩，这需要在式(1.26)和式(1.27)中令 $\gamma_2 > 0$。类似地，在一般情况下，式(1.24)当且仅当对于系统的状态空间中每个 $\boldsymbol{x}$ 都有 $\gamma_2 > 0$ 时，才可确保全局可观测性。

定义 5 (全局可观测性条件)令

$$O = \left\{ \boldsymbol{x} \,\middle|\, \frac{\| \boldsymbol{D}(\boldsymbol{x}+\boldsymbol{h}) - \boldsymbol{D}(\boldsymbol{x}) \|_2^2}{\| \boldsymbol{h} \|_2^2} = 0, \forall \boldsymbol{h} \neq \boldsymbol{0} \right\} \tag{1.29}$$

那么当且仅当 $O = \{\varnothing\}$ 时，系统(1.24)是全局可观测的。在这种情况下

$$\gamma_2 = \inf_{\substack{\boldsymbol{x} \\ \boldsymbol{h} \neq 0}} \left(\frac{\| \boldsymbol{D}(\boldsymbol{x}+\boldsymbol{h}) - \boldsymbol{D}(\boldsymbol{x}) \|_2^2}{\| \boldsymbol{h} \|_2^2} \right) > 0 \tag{1.30}$$

容易证实，可以允许式(1.28)唯一恢复的最小观测数是 $m=n$。令人惊讶的是，遵循CS的基本原理，这个先决条件可以放宽，基本上允许比 n 更少的观测数。因此，假设系统(1.24)是稀疏的(即 $\boldsymbol{x}$ 的非显著元素为零)，式(1.28)

的替代公式可以表示如下：

$$(\mathrm{P0}) \quad \min_{\hat{x}} \| \hat{\boldsymbol{x}} \|_0 \quad \text{s.t.} \quad \| \boldsymbol{z}_{1:m} - \boldsymbol{D}(\hat{\boldsymbol{x}}) \|_2 \leqslant \epsilon \tag{1.31}$$

其中，$\| \cdot \|_0$ 表示 $\boldsymbol{x}$ 中非零元素的数量。调优参数 ϵ 通常与噪声标准差量级相当。对于 $s \leqslant m < n$，程序(P0) 的解可能是唯一的，其中 s 是 $\boldsymbol{x}$ 中非零元素的实际数量。

已知(P0) 的解是 NP 难题，因此它通常不能在有限的时间内被计算出来。正如CS理论所提出的那样，通过用(凸)l_1－范数代替 l_0－拟范数得到松弛(P0)，即

$$(\mathrm{P1}) \quad \min_{\hat{x}} \| \hat{\boldsymbol{x}} \|_1 \quad \text{s.t.} \quad \| \boldsymbol{z}_{1:m} - \boldsymbol{D}(\hat{\boldsymbol{x}}) \|_2 \leqslant \epsilon \tag{1.32}$$

CS 理论的开创性结果：对于一个 $\epsilon = 0$ 的线性系统，若 $\boldsymbol{x}$ 是 s 阶稀疏的(即没有超过 s 个非零元素)，则问题(P1) 的解与(P0) 的精确解一致，且 $\frac{\partial \boldsymbol{D}(\boldsymbol{x})}{\partial \boldsymbol{x}}$ 服从

$$\left| \left\| \frac{\partial \boldsymbol{D}(\boldsymbol{x})}{\partial \boldsymbol{x}} \bar{\boldsymbol{h}} \right\|_2^2 - 1 \right| \leqslant \delta_{2s}, \ \| \bar{\boldsymbol{h}} \|_2 = 1 \tag{1.33}$$

对于每一个 s 阶稀疏 $\bar{\boldsymbol{h}}$，都有 $\delta_{2s} \leqslant \sqrt{2} - 1$。上述条件也称为 RIP 条件，它保证了高维状态空间 $\mathbf{R}^n$ 在低维观测空间 $\mathbf{R}^m$ 上的投影产生的失真是适当的(在保持距离的意义上)。形式上，RIP 限制了具有 m 行且不超过 $2s$ 列的任何 $\frac{\partial \boldsymbol{D}(\boldsymbol{x})}{\partial \boldsymbol{x}}$ 的子矩阵的谱半径。于是

$$1 - \delta_{2s} \leqslant \sigma_{\min}(\boldsymbol{D}_T), \sigma_{\max}(\boldsymbol{D}_T) \leqslant 1 + \delta_{2s} \tag{1.34}$$

对于任意 $\boldsymbol{D}_T \in \mathbf{R}^{m \times |T|}$ 都成立。其中 T 表示一组具有基数 $|T| \leqslant 2s$ 的列索引，$\sigma_{\min}$、$\sigma_{\max}$ 分别代表最小和最大奇异值。

上述的补充结果保证了在存在噪声(即 $\epsilon > 0$)的情况下，并且假设 RIP 常数 δ_{2s} 如前所述一样有界的情况下，通过求解凸松弛(P1) 获得的解可以精确到噪声标准差的量级之内。

1.4.3　压缩可观测性

可压缩状态滤波技术的有效性取决于状态动力学和感知方程的性质。标准系统中常见的可观测性和可估计性概念适用于这种情况，虽然不一定能传递 CS 所带来的好处。在这一部分中我们的目的是扩展这些概念，以便为 CS 技术的成功应用创造条件。因此要做出以下区别：被认为是不可观测的可压缩系统可能是压缩可观测的(同样适用于可估计性)。反过来，这又为保证

压缩可观测性的有效感知方案设计开辟了广泛的可能性。

假设映射 $\boldsymbol{D}(\boldsymbol{x})$ 的可微性允许在状态空间中的任何给定点处局部地检查可观测性。下面给出基于方向导数概念的局部可观测性的形式化定义。

定义 6 （局部可观测性）令

$$dO(\boldsymbol{x}_0)=\left\{\boldsymbol{h}\left|\lim_{\tau\to 0}\frac{\|\boldsymbol{D}(\boldsymbol{x}_0+\tau\boldsymbol{h})-\boldsymbol{D}(\boldsymbol{x}_0)\|_2^2}{\|\tau\boldsymbol{h}\|_2^2}=\|\nabla_{\bar{\boldsymbol{h}}}\boldsymbol{D}(\boldsymbol{x}_0)\|_2^2=0,\forall\boldsymbol{h}\neq\boldsymbol{0}\right.\right\} \tag{1.35}$$

其中，$\nabla_{\bar{\boldsymbol{h}}}\boldsymbol{D}(\boldsymbol{x}_0)$ 表示 $\boldsymbol{D}(\boldsymbol{x})$ 沿 $\bar{\boldsymbol{h}}=\dfrac{\boldsymbol{h}}{\|\boldsymbol{h}\|_2}$、在 $\boldsymbol{x}_0$ 处的方向导数，即 $\left.\dfrac{\partial\boldsymbol{D}(\boldsymbol{x})}{\partial\boldsymbol{x}}\right|_{x=x_0}\bar{\boldsymbol{h}}$。然后，当且仅当 $dO(\boldsymbol{x}_0)=\{\varnothing\}$ 时，系统(1.24) 在 $\boldsymbol{x}_0$ 处是局部可观测的。

注意到，定义 6 可以通过局部 Gramian 矩阵表示，其等价条件为

$$\mathrm{Rank}(\boldsymbol{G}(\boldsymbol{x}_0))=n,\boldsymbol{G}(\boldsymbol{x}_0)=\left(\left.\frac{\partial\boldsymbol{D}(\boldsymbol{x})}{\partial\boldsymbol{x}}\right|_{x=x_0}\right)^{\mathrm{T}}\left.\frac{\partial\boldsymbol{D}(\boldsymbol{x})}{\partial\boldsymbol{x}}\right|_{x=x_0} \tag{1.36}$$

容易验证，对于保持映射的上述条件，$\boldsymbol{D}(\boldsymbol{x})$ 应该至少由 n 行组成，或者换言之，无论瞬时状态如何，系统都需要至少 n 个观测值才能被局部观测到。但是考虑到基本系统的可压缩性，这一要求发生了改变。

1. 可压缩状态变化

可压缩性假设表明式(1.35) 中的方向导数$\nabla_{\bar{\boldsymbol{h}}}\boldsymbol{D}(\boldsymbol{x}_0)$ 仅涉及可压缩变量 $\bar{\boldsymbol{h}}$。特别地，如果状态 $\boldsymbol{x}_0$ 是 s_0 阶稀疏的(即由不超过 s_0 的非零元素组成)，则 $\|\bar{\boldsymbol{h}}\|_0\leqslant 2s_0$。很容易就注意到 $\boldsymbol{h}=\boldsymbol{x}-\boldsymbol{x}_0$ 在 $\boldsymbol{x}_0$ 的邻域中，其中状态 $\boldsymbol{x}$ 同样是 s_0 阶稀疏的。图 1.3 中给出了该属性的低维示意图。如图所示 $\mathbf{R}^3$ 中的 1 阶稀疏可压缩状态(形成多面体的顶点[±1,0,0]、[0,±1,0]、[0,0,±1]) 是通过变化向量(多面体的边缘) 连接。这个微妙的细节允许定义局部可观测条件的一个可压缩模拟条件。

命题 1 可压缩系统的局部可观测性

令

$$dO(\boldsymbol{x}_0)=\{\bar{\boldsymbol{h}}\mid |\,\|\nabla_{\bar{\boldsymbol{h}}}\boldsymbol{D}(\boldsymbol{x}_0)\|_2^2-1\,|>\delta_{4s_0},\forall\boldsymbol{h}\neq\boldsymbol{0},\|\bar{\boldsymbol{h}}\|_0\leqslant 2s_0\} \tag{1.37}$$

当且仅当存在 $\delta_{4s_0}\in(0,1)$ 使得 $dO(\boldsymbol{x}_0)=\{\varnothing\}$ 时，(压缩的) 系统(1.24) 在 $\boldsymbol{x}_0$ 处可压缩观测到。

命题 1 可以保证使用(显著) 少于常规所需的观测值来充分恢复 $\boldsymbol{x}_0$(参见定义 6)。该前提与 CS 中的基本概念直接相关，其中在对可压缩性水平 s_0 以

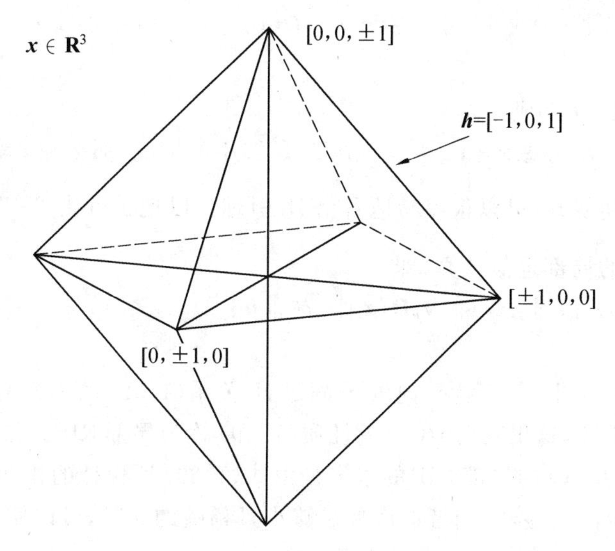

图 1.3　一个可压缩状态空间中的状态变量示意图

及 δ_{4s_0} 的某些限制下 l_1 松弛允许进行准确甚至精确的重构。

2. 局部等距和 Johnson-Lindenstrauss(约翰逊－林登施特劳斯)引理

考虑到上述约束,在任何可允许(和可压缩)状态下,可压缩系统可能是不可观测的和局部可压缩观测的。这将会出现在命题 1 中基本条件所适用的某类系统中。当现有问题减少到通常研究的线性参数估计的例子时,CS 的传统理论提供了仪器感知矩阵,它以合理的 δ_{2s_0} 值(压倒性概率)满足命题1。在这种情况下,命题 1 中的条件与广受好评的 RIP 条件一致。它本质上是系统的一个全局特征,因为无论参数本身如何,它始终不变。尽管如此,命题 1 包含更广泛的时变以及可能是非线性的系统。

在 CS 的理论中已经广泛研究了几种满足 RIP 的随机感知矩阵(见第 1.3.3 节)。这些结构依赖于熟悉的测量结果的集中度,主要集中在高维。常用的结构有高斯、伯努利和傅里叶矩阵,还有一类确定性矩阵。正如命题 1 所叙述的,具有 RIP 雅可比 $\left.\dfrac{\partial \boldsymbol{D}(\boldsymbol{x})}{\partial \boldsymbol{x}}\right|_{\boldsymbol{x}=\boldsymbol{x}_0}$ 使得系统在 $\boldsymbol{x}_0$ 处可压缩观测到。

通过回顾 Johnson-Lindenstrauss(JL) 引理,可以对压缩可观测性概念的理解变得更具体。该引理是关于广义利普契兹低失真映射存在性的陈述[26]。

引理 1　(Johnson-Lindenstrauss) 给定 $\delta \in (0,1)$,对于 $\mathbf{R}^n$ 中的一个 l 点集合 χ 和数值 $m_0 = O(\ln(l)/\delta^2)$,存在利普契兹函数 $\boldsymbol{D}:\mathbf{R}^n \rightarrow \mathbf{R}^m$,其中 $m > m_0$,使得

$$(1-\delta)\|\boldsymbol{x}-\hat{\boldsymbol{x}}\|_2 \leqslant \|\boldsymbol{D}(\boldsymbol{x})-\boldsymbol{D}(\hat{\boldsymbol{x}})\|_2 \leqslant (1+\delta)\|\boldsymbol{x}-\hat{\boldsymbol{x}}\|_2 \tag{1.38}$$

对所有 $\boldsymbol{x},\hat{\boldsymbol{x}} \in \chi$ 都成立。

如果进一步考虑 $\boldsymbol{x}=\hat{\boldsymbol{x}}+\boldsymbol{h}$ 且 $\|\boldsymbol{h}\|_2$ 足够小的情况，那么在 $\hat{\boldsymbol{x}}$ 附近对 $\boldsymbol{D}(\boldsymbol{x})$ 进行一阶泰勒展开，可以很容易地看出 JL 引理可以把雅可比 $\dfrac{\partial \boldsymbol{D}(\boldsymbol{x})}{\partial \boldsymbol{x}}$ 的 RIP 化简成在 $\hat{\boldsymbol{x}}$ 处的局部近似计算，即

$$(1-\delta)\|\boldsymbol{h}\|_2 \leqslant \|\nabla_{\boldsymbol{h}}\boldsymbol{D}(\hat{\boldsymbol{x}})+o(\|\boldsymbol{h}\|_2^2)\|_2 \leqslant (1+\delta)\|\boldsymbol{h}\|_2 \tag{1.39}$$

在这种意义上，对于扰动向量 $\boldsymbol{h}$，满足 JL 关系(1.38)的利普契兹函数在 $\hat{\boldsymbol{x}}$ 处局部服从 RIP，这里映射 $\boldsymbol{D}(\boldsymbol{x})$ 的性质(1.39)称为局部 RIP。与线性情况类似，在 $\hat{\boldsymbol{x}}$ 处的 $\boldsymbol{D}(\boldsymbol{x})$ 的局部 RIP 的水平是由式(1.39)所保持的扰动 $\boldsymbol{h}$ 的最大稀疏度 s 来确定的。显然，当考虑恢复足够小且稀疏的 $\boldsymbol{h}$ 时，可以使用 CS 技术，其中雅可比 $\dfrac{\partial \boldsymbol{D}(\boldsymbol{x})}{\partial \boldsymbol{x}}$ 承担传统感知矩阵的作用。则一般非线性规划式(1.32)将简化为线性 CS 问题。

$$\min \|\boldsymbol{h}\|_1 \quad \text{s.t.} \quad \|\boldsymbol{z}_{1:k}-\boldsymbol{D}(\hat{\boldsymbol{x}})-\nabla_{\boldsymbol{h}}\boldsymbol{D}(\hat{\boldsymbol{x}})\|_2 \leqslant \epsilon \tag{1.40}$$

其中，恢复精度与局部 RIP 常数 δ_{4s} 有关。

1.4.4 稀疏线性高斯过程的 MMSE 估计

考虑一个 $\mathbf{R}^n$ 中的稀疏随机过程 $\{x_k\}_{k\geqslant 0}$，它是根据下式迭代产生的：

$$\boldsymbol{x}_{k+1}=\boldsymbol{A}\boldsymbol{x}_k+\boldsymbol{w}_k \tag{1.41}$$

其中，$\boldsymbol{A}\in\mathbf{R}^{m\times n}$ 是状态转移矩阵；$\{w_k\}_{k\geqslant 0}$ 是协方差为 $Q_k \geq 0$ 的零均值白高斯序列。$\boldsymbol{x}_0$ 的初始分布是平均值为 μ_0、协方差为 P_0 的高斯分布。信号 $\boldsymbol{x}_k$ 由 $\mathbf{R}^m$ 中的随机过程进行测量：

$$\boldsymbol{z}_k=\boldsymbol{H}\boldsymbol{x}_k+\boldsymbol{\zeta}_k \tag{1.42}$$

其中，$\{\boldsymbol{\zeta}_k\}_{k\geqslant 1}$ 是协方差为 $R_k>0$ 且 $\boldsymbol{H}\in\mathbf{R}^{m\times n}$ 的零均值白高斯序列。

令 $\boldsymbol{z}_{1:k}=[\boldsymbol{z}_1,\cdots,\boldsymbol{z}_k]$，我们的问题可以定义如下。找到 $\boldsymbol{z}_{1:k}$ 的一个可测量估计量 $\hat{\boldsymbol{x}}$，它在某种意义上是最优的。通常，适宜的估计量是使均方误差 $E[\|\boldsymbol{x}_k-\hat{\boldsymbol{x}}_k\|_2^2]$ 最小的估计量。众所周知，如果线性系统(1.41)和(1.42)是可观测的，则可以使用 KF 求出该问题的解；另外，如果系统不可观测，则常规 KF 算法是无效的。例如，如果 $\boldsymbol{A}=\boldsymbol{I}_{n\times n}$($n\times n$ 单位矩阵)，则从 $m<n$ 且 $\text{rank}(\boldsymbol{H})<n$ 的欠定系统中重构 $\boldsymbol{x}_k$ 是不能实现的。

如前所述，在确定性情况下(即当 $\boldsymbol{x}$ 是一个满足 $\boldsymbol{A}=\boldsymbol{I}_{n\times n}$ 的参数向量时)，

可以通过解决子集搜索问题来准确地恢复 $\boldsymbol{x}$[12]：

$$\min \|\hat{\boldsymbol{x}}\|_0$$
$$\text{s.t.}\ \sum_{i=1}^{k}(\boldsymbol{z}_i-\boldsymbol{H}\hat{\boldsymbol{x}})^{\mathrm{T}}R_i^{-1}(\boldsymbol{z}_i-\boldsymbol{H}\hat{\boldsymbol{x}})\leqslant \epsilon \tag{1.43}$$

当 ϵ 足够小时式(1.43) 成立。遵循类似的理论基础，在随机情况下，所寻求的最优估计满足

$$\min \|\hat{\boldsymbol{x}}_k\|_0 \quad \text{s.t.} \quad E_{\boldsymbol{x}_k|\boldsymbol{z}_{1:k}}[\|\boldsymbol{x}_k-\hat{\boldsymbol{x}}_k\|_2^2]\leqslant \epsilon \tag{1.44}$$

其中，$E_{\boldsymbol{x}_k|\boldsymbol{z}_{1:k}}[\cdot]$ 表示以观测历史 $\boldsymbol{z}_{1:k}$ 为条件的 $\boldsymbol{x}_k$ 的期望。

由于上述子集搜索问题通常是 NP 难题，因此可以利用一个与之紧密相关的凸松弛形式来进行求解[13]：

$$\min_{\hat{\boldsymbol{x}}_k} E_{\boldsymbol{x}_k|\boldsymbol{z}_{1:k}}[\|\boldsymbol{x}_k-\hat{\boldsymbol{x}}_k\|_2^2] \quad \text{s.t.} \quad \|\hat{\boldsymbol{x}}_k\|_1\leqslant \epsilon' \tag{1.45}$$

其中，$\epsilon'>0$。

问题(1.45)可以在约束状态滤波框架中解决。在这方面，需要在任何给定的时间点对状态估计 $\hat{\boldsymbol{x}}_k$ 施加 l_1 约束。当是线性系统和高斯系统时，则可以通过修改标准卡尔曼滤波算法获得次优估计(对于进一步的细节，读者可以参考第 9 章“压缩系统识别”以及文献[3,13,16,29,42])。

1.5　压缩感知的应用

压缩感知在医学图像处理[37]、压缩[14]、编码和机器学习等领域得到了广泛的研究和应用，包括人脸识别、视频对象检测和跟踪[30、33、43]、感知器网络[27]和认知无线电。

特别是在基于视频的对象跟踪方面，CS 技术被广泛地研究。摄像机实时提供的数据量是巨大的，为了应对这种增加的数据流，采用 CS 技术对一部分视频帧的背景进行减除。传统的背景减除技术要求图像完整可用，而基于 CS 的背景减除可以使用缩小的图像尺寸。第一种基于 CS 的背景减除算法[15]对场景的压缩测量执行背景减除，同时保留重构前景的能力。但是，在该算法中，测量矩阵是固定的。在文献[44]中，提出了一种自适应地调整压缩测量数量的技术。这种技术促进了一种自适应方案的产生，详见文献[43]，它要优于基本的基于 CS 的背景减除算法[15]。

在基于视频数据的目标跟踪中，对象模板具有稀疏表示。例如，在文献[33]中，目标被建模为多个预定义模板的稀疏表示。由于基于凸松弛的跟踪算法需要处理潜在的复杂性，因此在算法中使用不同的 l_1 最小化技术，例如

正交匹配追踪(OMP)[30]或 l_1－正则化最小二乘[33]。

有几个网站提供 CS 领域的相关代码和关键文献，具体网址如下所示：

(1)在莱斯大学网站 http://dsp.rice.edu/cs 中可以找到大量的文件和软件。

(2)压缩感知一大图片网站 https://sites.google.com/site/igorcarron2/cs。

(3)稀疏优化工具箱，包含用于稀疏信号恢复的优化程序，包括 MP、基追踪和约束全局变化追踪。它可以从下面的网站下载：

http://www.mathworks.com/matlabcentral/fileexchange /16204

(4)SPARSELAB. SparseLab 是一种用于解决稀疏恢复问题的 Matlab 软件包。以下网站可供选择：

http://sparselab.stanford.edu/

1.6　结　论

本章简要阐述了压缩感知的基本理论。在假设读者没有关于该主题的先验知识的前提下，详细阐述基本结果的同时逐步建立理论。本章的最后一部分致力于将压缩感知思想应用于动态系统和稀疏状态估计中。

本章参考文献

[1] Angelosante D, Bazerque JA, Giannakis GB(2010) Online adaptive estimation of sparse signals: where RLS meets the l_1-norm. IEEE Trans Sig Process 58:3436-3447

[2] Angelosante D, Giannakis GB, Grossi E(2009) Compressed sensing of time-varying signals. In: Proceedings of the 16th international conference on digital signal processing, pp 1-8

[3] Asif MS, Charles A, Romberg J, Rozell C(2011) Estimation and dynamic updating of time-varying signals with sparse variations. In: Proceedings of the international conference on acoustics, speech sig process (ICASSP), pp 3908-3911

[4] Asif MS, Romberg J(2009) Dynamic updating for sparse time varying signals. In: Proceedings of the conference on information sciences and systems

[5] Ball K(2002) Convex geometry and functional analysis. In: Handbook of Banach space geometry. Elsevier

[6] Blumensath T, Davies ME(2008) Gradient pursuits. IEEE Trans Sig Process 56(6):2370-2382

[7] Blumensath T, Yaghoobi M, Davies M(2007) Iterative hard thresholding and l0 regularisation. In: Proceedings of the IEEE international conference on acoustics, speech and, signal processing, pp III-877-III-880

[8] Calderbank R, Howard S, Jafarpour S(2010) Construction of a large class of deterministic sensing matrices that satisfy a statistical isometry property. IEEE J Sel Top Sig Process 4:358-374

[9] Candes E, Tao T(2007) The Dantzig selector: statistical estimation when p is much larger than n. Ann Stat 35:2313-2351

[10] Candes EJ(2006) Compressive sampling. In: Proceedings of the international congress of mathematicians, European Mathematical Society, Madrid, pp 1433-1452

[11] Candes EJ(2008) The restricted isometry property and its implications for compressed sensing. C R Math 346:589-592

[12] Candes EJ, Romberg J, Tao T(2006) Robust uncertainty principles: exact signal reconstruction from highly incomplete frequency information. IEEE Trans Inf Theory 52:489-509

[13] Carmi A, Gurfil P, Kanevsky D(2010) Methods for sparse signal recovery using Kalman filtering with embedded pseudo-measurement norms and quasi-norms. IEEE Trans Signal Process 58(4):2405-2409

[14] Carmi A, Kanevsky D, Ramabhadran B(2010) Bayesian compressive sensing for phonetic classification. In: Proceedings of the international conference on acoustics, speech and signal processing, pp 4370-4373

[15] Cevher V, Sankaranarayanan A, Duarte M, Reddy D, Baraniuk R, Chellappa R(2008) Compressive Sensing for Background Subtraction

[16] Charles A, Asif MS, Romberg J, Rozell C(2011) Sparsity penalties in dynamical system estimation. In: Proceedings from the conference on information sciences and systems, pp 1-6

[17] Chen S, Billings SA, Luo W(1989) Orthogonal least squares methods and their application to non-linear system identification. Int J Control

50:1873-1896

[18] Chen SS, Donoho DL, Saunders MA(1998) Atomic decomposition by basis pursuit. SIAM J Sci Comput 20(1):33-61

[19] DeVore RA(2007) Deterministic constructions of compressed sensing matrices. J Complex 23:918-925

[20] Efron B, Hastie T, Johnstone I, Tibshirani R(2004) Least angle regression. Ann Stat 32(2):407-499

[21] Elad M, Bruckstein AM(2002) A generalized uncertainty principle and sparse representation in pairs of bases. IEEE Trans Inf Theory 48:2558-2567

[22] Figueiredo MAT, Nowak RD, Wright SJ(December 2007) Gradient projection for sparse reconstruction: application to compressed sensing and other inverse problems. IEEE J Sel Top Sig Process 1:586-597

[23] Geweke J(1996) Variable selection and model comparison in regression. In Bayesian Statistics 5, (Eds J. M. Bernardo, J. O. Berger, A. P. Dawid and A. F. M. Smith), Oxford University Press, pp 609-620

[24] Jafarpour S, Xu W, Hassibi B, Calderbank R(2009) Efficient and robust compressed sensing using optimized expander graphs. IEEE Trans Inf Theory 55:4299-4308

[25] Ji S, Xue Y, Carin L(2008) Bayesian compressive sensing. IEEE Trans Signal Process 56:2346-2356

[26] Johnson W, Lindenstrauss J(1984) Extensions of Lipschitz maps into a hilbert space. Contemp Math 26:189-206

[27] Joshi S, Boyd S(2009) Sensor selection via convex optimization. IEEE Trans Signal Process 57(2):451-462

[28] Julier SJ, LaViola JJ(2007) On Kalman filtering with nonlinear equality constraints. IEEE Trans Signal Process 55(6):2774-2784

[29] Kalouptsidis N, Mileounis G, Babadi B, Tarokh V(2011) Adaptive algorithms for sparse system identification. Signal Process 91:1910-1919

[30] Li H, Shen C, Shi Q(2011) Real-time visual tracking using compressive sensing. In: Proceedings of the IEEE conference on computer vision and pattern recognition (CVPR), pp 1305-1312

[31] Mallat S, Zhang Z(1993) Matching pursuits with time-frequency dic-

tionaries. IEEE Trans Signal Process 4:3397-3415

[32] McCulloch RE, George EI(1997) Approaches for Bayesian variable selection. Stat Sinica 7:339-374

[33] Mei X, Ling H(2011) Robust visual tracking and vehicle classification via sparse representation. IEEE Trans Pattern Anal Mach Intell (PAMI) 33(11):2259-2272

[34] Moraal PE, Grizzle JW(1995) Observer design for nonlinear system with discrete-time measurements. IEEE Trans Autom Control 40:395-404

[35] Olshausen BA, Millman K(2000) Learning sparse codes with a mixture-of-Gaussians prior. Advances in Neural Information Processing Systems (NIPS), pp 841-847

[36] Pati YC, Rezifar R, Krishnaprasad PS(1993) Orthogonal matching pursuit: recursive function approximation with applications to wavelet decomposition. In: Proceedings of the 27th Asilomar conference on signals, systems and computers, vol 1, pp 40-44

[37] Qiu C, Lu W, Vaswani N(2009) Real-time dynamic MR image reconstruction using Kalman filtered compressed sensing. In:Proceedings of the IEEE international conference on acoustics, speech and signal processing, pp 393-396

[38] Szarek SJ(1991) Condition numbers of random matrices. J Complex 7:131-149

[39] Tibshirani R(1996) Regression shrinkage and selection via the LASSO. J Roy Stat Soc Ser B, 58(1):267-288

[40] Tipping ME(2001) Sparse Bayesian learning and the relevance vector machine. J Mach Learn Res 1:211-244

[41] Tropp JA, Gilbert AC(2007) Signal recovery from random measurements via orthogonal matching pursuit. IEEE Trans Inf Theory 53:4655-4666

[42] Vaswani N(2008) Kalman filtered compressed sensing. In: Proceedings of the international conference on image processing (ICIP), pp 893-896

[43] Warnell G, Chellappa R(2012) Compressive sensing in visual tracking, recent developments in video surveillance. In: El-Alfy H (ed), InTech

[44] Warnell G, Reddy D, Chellappa R(2012) Adaptive rate compressive sensing for background subtraction. , In: Proceedings of the IEEE international conference on acoustics, speech, and, signal processing

第2章　压缩感知的几何结构

压缩感知的大部分发展都围绕着信号结构的开发,这些信号结构可以用几何解释来表达和理解。这种几何观点不仅为许多最初的理论发展奠定了基础(许多压缩感知理论就是在这种理论基础上建立起来的),而且还使概念可以扩展到更一般的恢复问题和结构。统一框架是非凸的低维约束集,其中假设要恢复的信号驻留在内。传统压缩感知的稀疏信号结构转化为低维子空间的联合,每个子空间由少量的坐标轴组成。子空间解释的结合很容易概括,可以看到许多其他恢复问题也属于这种情况。例如,在许多问题中,数据不是向量数据,而是更自然地以矩阵的形式表示(例如,视频通常最好用时间矩阵以像素表示),矩阵上的一个强大约束是矩阵秩上的约束。例如,在低秩矩阵恢复中,目标是仅给出其元素的子集的低秩矩阵。重要的是,低秩矩阵也存在于子空间结构的并集中,尽管存在无限多个子空间(这些子空间中的每一个都是有限维的)。许多子空间信号模型结合的例子出现在应用中,包括稀疏小波树结构(形成一般稀疏模型的子集)和有限创新率模型,其中可以有无穷多个无限维子空间。在本章中,将介绍和这些相关的几何概念,并说明它们将如何被用于开发算法来恢复具有给定结构的信号和提供体现这些算法方法性能的理论结果。

2.1　引　　言

如果我们没有看到,怎么知道有东西在那里呢?如果没有人听到,我们怎么知道倒下的树仍然发出声音呢?这不仅仅是一个纯粹的哲学问题。事实上,可以说所有的科学最终都是对规则的探索,这些规则允许我们预测未被观察到的事物。在科学上,这是通过观察自然的某些方面来实现的,然后这些方面被用来建立模型,从而使我们能够对尚未看到的事物做出预测。

类似的问题也出现在工程学中。我们生活在一个数字世界里,图像、声音和各种各样的信息作为有限的数字集合存储、传输和处理。无论是你最喜欢的电视节目,还是你最近一次去医院看病时拍的医学照片,计算机都用0和1表示。但这怎么可能呢?耳部的声压不断变化,那么如何用有限的比特来描述这种不断变化的信号呢?事实上,存储在你最喜欢的CD上的数字信息只描述了定期测量的声压；同样，一部电影通常每秒只有几十张图像，但是光的强度最初是由相机测量的，并随着时间不断变化。因此，数字电影和录音只是原始物理信号的近似。

如此，问题就出现了，“在这些近似中，有多少信息被保留了下来？”以及“我们如何推断在没有看到的地方有什么信号？”也就是说，“我们如何解释这些近似呢？”“例如，我们的电影每秒只有相对较少的不同图像。任何在比这更快的时间尺度上发生的更改都不会被捕获。”实际上，为了解释这部电影，我们假定这种变化不会发生。虽然在电影中不是这样，但是我们的眼睛不能比在普通电影中捕捉分辨到更快的变化。然而，我们也都知道这可能导致“错误”。我们都曾有过这样的幻觉：平原上的螺旋桨或汽车上的轮子，当它的速度改变时，似乎会改变方向。这种“混叠”是由于我们没有正确地解释数据，也就是说，我们的模型（即假设变化是缓慢的）是不正确的。由于不知道螺旋桨或轮子在帧与帧之间发生了什么，我们的大脑假设螺旋桨或轮子在两个观测值之间移动了两个可能距离中较小的一个。

这个现象的寓意是，我们必须不断地对“发生在我们没有注意到的地方”的事情做出判断，我们使用假设或模型来做这件事。任何处理测量到的连续信号的算法都必须做出类似的判断，因此，对这些现象的详细理论理解对我们捕捉、处理和重建连续物理现象至关重要。

香农－奈奎斯特欠采样定理[1,2]就是这种用理论处理问题的经典例子。考虑一个信号 $x(t)$ 随着时间 t 不断变化，例如，可以是用麦克风测量的声压。为了以数字方式表示 $x(t)$，在时间点 t_i 处采用等间隔测量值 $x(t_i)$ 来对其进行采样，其中 $t_i - t_{i-1} = \Delta t$ 是恒定采样间隔。现在考虑用向量表示方法，原始连续信号 $x(t)$ 是向量 $\boldsymbol{x}$（如果 $x(t)$ 在有限的区间内采样，那么它要么有有限个元素，要么在理论上无限长）。$\boldsymbol{x}$ 还不是 $x(t)$ 的真正数字表示，因为向量 $\boldsymbol{x}$ 中的每一项都是实数，也不能以数字形式精确表示。然而，我们将忽略这一额外的复杂性，并假设所需的实数量化所引入的额外误差的影响很小。相反，这里的主题将是对 $\boldsymbol{x}$ 的解释：$x(t)$ 应具备哪些性质，可以用数字方式充分描述吗？

如下所述内容中，我们可以看到一个密切的相互作用：(1) 测量一个信号的方法（如香农采样的采样间隔）；(2) 用测量值 $\boldsymbol{x}$ 精确描述的信号；(3) 从测量值 $\boldsymbol{x}$ 中重构 $x(t)$ 的方法。对于以等间隔采样的连续信号，这三点之间的关系恰好是香农－奈奎斯特采样定理所捕获的，该定理表明：

定理 1　如果一个连续的信号以等间隔的形式进行采样，并且信号带宽小于采样率带宽的一半，那么可以精确地重构信号。此外，重构滤波器只依赖于采样率和信号所占的频段。

值得注意的是，$x(t)$ 是带限的，为了能够解释或重构 $x(t)$，必须知道 $x(t)$ 的频率。如果等间隔采样并使用假定频率进行不正确的重构，或者信号不受频带限制，那么将无法正确解释或重构信号，并且会出现类似于螺旋桨或车轮示例的混叠。

在本章中，采样问题将在更一般的情况下讨论；特别地，将考虑更一般的信号模型。一个更普遍的理论会带来很多好处。例如，采样理论允许更一般的信号模型，允许我们设计特定的采样方案以适应特定的问题。这进而会引出其他采样方法，例如，能够对非带限信号进行采样，或者以远低于奈奎斯特速率要求的速率进行采样。然而，只有当采样理论为我们提供了对已知信号结构建模和解释的工具时，这才能实现。

有几种数学方法可以捕获和建模信号结构。我们这里的观点主要是几何的。类似于半径为 6 371 km 的球体，这是一个很好的模型，可以用来描述在地球表面的位置(由于小的误差可以解释地球不是完全球形的事实，或者偶尔会看到平原或访问在地下洞穴中)，类似的几何模型可用于描述对信号的约束。通常，诸如声音、图像和电影之类的大多数信号可以被认为是存在于某些信号空间中，在那里可以定义两个信号之间的距离或者测量角度。但是类似于“当我被限制在地球表面上时，我不太可能在太空任何地方被发现”的假设(毕竟，我不太可能在月球上度过任何即将来到的假期)，所以很多类型的信号只会遇到或接近它们所在空间的一个子集。例如，在香农采样定理中信号是带限的假设，转化为信号位于子空间上的几何假设(将子空间视为三维世界中的一张无限长的纸)。

许多传统的采样结果都是基于凸集的，比如子空间。虽然凸信号模型导致采样方法相对简单，很容易用现有的数学工具研究，但非凸模型明显更灵活。通过增加灵活性所获得的效用也导致了采样问题的理论处理及其成功实现的复杂性的升级。非凸信号模型通常需要非线性重构技术，因此，对于这些模型，要额外考虑信号重构的计算速度或复杂性。特别是，许多先进的信号模型导致 NP 难的重构问题。因此，将这些信号模型的采样策略限制在允许快速重构的线性算子子集内就变得至关重要。

这里的典型例子是压缩感知[3-6]。压缩感知假设信号在某种程度上是稀疏的。对于可以表示为向量的有限维信号，稀疏性意味着表示信号的向量中的大多数项为零。需要注意的是，稀疏向量本身不一定是感兴趣的信号，相反，稀疏向量同样可以在某些基中表示信号(小波和傅里叶基是常用的例子)。对于有限维信号，傅里叶域稀疏性假设信号由几个正弦信号的混合构成,其中每个正弦信号的频率必须从一个固定的有限维规则间隔网格中提取。

最近获得更多关注的一个相关领域是矩阵补全[7,8]。在矩阵补全问题中,感兴趣的信号是一个数据矩阵,但不是测量矩阵中每个数据,而是矩阵项的一小部分最初被测量值填充。然后,任务是仅使用测量的数值来估计缺失的数值。这同样只能在假设数据遵循某个已知模型的情况下才能实现。矩阵补全的一个常用模型是低秩矩阵模型,它与压缩感知中使用的稀疏模型有关,可以描述许多感兴趣的现象。在这些模型中,假设整个数据矩阵的秩显著小于相同维数矩阵的最大秩。一个常用的例子是电影推荐系统,它构造了一个矩阵,其中每个数值都包含一个人对电影的评分。因此,对于系统中的每个人,矩阵中都有一行,并且每个电影都有一个相关的列。然而,人们只能观看和评价所有电影中的一小部分,所以缺少的数值必须从很少的评分中推断出来。一旦缺失的数值被填好,系统就可以向系统上的用户推荐他们可能会评价很高的电影。在这些系统中,一个常见的假设是:整个数据矩阵是低秩的。这个假设是由一个论点来证明的,该论点规定,一个人对电影的偏好主要是由少数潜在因素驱动的。

压缩感知和矩阵分解可以看作是一类更一般的约束逆问题[9]的两个特殊实例。在本章中,定义本文讨论的这类问题的主要思想是:(1)使用非凸约束来模拟重构信号;(2)提出具有计算挑战性的重构问题。因此我们需要高效的重构方法。我们将从几何的角度来研究非凸信号模型的重要性质,以及它们与不同有效重构方法之间的相互作用。

2.2 几何信号模型

2.2.1 几何入门

在继续研究数据恢复问题的几何之前,先定义和修正几个数学概念和符号。

在本章中,我们将讨论信号,这将是对物理现象的数学描述,如声音、图像或电影。从数学角度看,信号是函数,函数是一个映射,它为每组函数参数分配一个唯一的实数或复数。函数的参数取自实数或实数的子集。例如,声压可以被描述为一个函数,它为每个时间点分配一个唯一的压力。类似地,图像可以理解为一个函数,它为图像平面中的每个位置分配一个实数(描述图像强度)。与声音参数遍历所有可能的时间实例的声音示例相反,对于图像,通常将其参数的域限制为实数区间。另一类重要的函数是有限长度向量。例如,一个十维向量可以理解为十个实数或复数的集合。这样的向量也是一个函数,但是参数被限制为整数的区间(即 1,2,…,10)。

1. 向量空间

本节中的内容可以在任何有关分析和功能分析的相关图书中找到。在这之中,相当具有技术性的例子可见文献[10]和文献[11]。

数学空间是数学对象(如数字或函数)和一组属性的集合。例如,属性可以包括元素的可加性(因此对于任何两个元素,空间中都有一个元素是这两个元素的和)。对几何解释很重要的数学对象的其他性质是长度或大小、对象之间的距离和对象之间的角度。

本章,信号将被描述为存在在向量空间中的数学对象。这意味着它们都有一组所有向量空间共有的通用属性。形式上,一个线性向量空间 V 除以一个域 F(它要么是实数($\mathbf{R}$),要么是复数($\mathbf{C}$))是一组对象(称为向量)的选择,以及对这些元素的某些操作,这些操作具有以下性质:

① 空间有一个加法运算符+,对于任意两个元素 $\boldsymbol{x}_1,\boldsymbol{x}_2 \in V$,$\boldsymbol{x}_1+\boldsymbol{x}_2$ 也是集合 V 的一个元素。

② 加法满足交换律和结合律。

③ 存在一个零元素 $\boldsymbol{x}_0 \in V$,对于所有的 $\boldsymbol{x} \in V$,$\boldsymbol{x}+\boldsymbol{x}_0=\boldsymbol{x}$ 成立。将零元素写为 $\mathbf{0}$。

④ 对于所有 $\boldsymbol{x} \in V$,都有一个负元素 $-\boldsymbol{x}$,$-\boldsymbol{x}+\boldsymbol{x}=\mathbf{0}$。

⑤ 空间有一个标量乘算子·。对于所有元素 $\alpha,\beta \in F$ 和任何 $\boldsymbol{x} \in V$,元素 $\alpha \cdot \boldsymbol{x}$ 是 V 中的一个元素,并且 $\alpha \cdot (\beta \cdot \boldsymbol{x})=(\alpha \cdot \beta) \cdot \boldsymbol{x}$,$(\alpha+\beta) \cdot \boldsymbol{x}=\alpha\boldsymbol{x}+\beta\boldsymbol{x}$,$\alpha(\boldsymbol{x}_1+\boldsymbol{x}_2)=\alpha\boldsymbol{x}_1+\alpha\boldsymbol{x}_2$。

因此,向量空间是可加可减的元素集合,可以乘实数或复数(或者更一般的是乘基字段中的元素)。

(1)Banach(巴拿赫)空间。

通过将实际中的信号与向量空间中的元素等价,可以用向量加法和标量乘法来描述信号的加法和缩放。我们介绍的下一个有用的概念是信号的大小或长度。一旦能够谈论一个信号的大小,那么也可以谈论两个信号之间的差异大小,这样便能够正式定义两个信号之间的距离或差异。讨论信号长度和距离的能力是我们对信号处理问题进行几何解释的第一步,也是这里讨论的最基本的概念之一。

向量空间 V 中的元素长度将通过范数来描述。$\|\cdot\|$ 是一个非负函数,用 $\|\boldsymbol{x}\|$ 来表示一个元素 $\boldsymbol{x}$ 的范数,它使得向量空间的每一元素都与某一实

数相对应,并具有以下属性:

① 零元素 $\mathbf{0}$ 是向量空间中具有零范数的唯一元素,即当且仅当 $\|\boldsymbol{x}\|=0$ 时 $\boldsymbol{x}=\mathbf{0}$。

② 对于所有 $\boldsymbol{x}_1,\boldsymbol{x}_2\in V$,范数满足三角不等式 $\|\boldsymbol{x}_1+\boldsymbol{x}_2\|\leqslant\|\boldsymbol{x}_1\|+\|\boldsymbol{x}_2\|$。

③ 在向量空间中缩放元素时,范数成比例增加,即对于所有 $\boldsymbol{x}\in V$ 和 $\alpha\in F$, $\|\alpha\boldsymbol{x}\|=|\alpha|\,\|\boldsymbol{x}\|$。

第二个性质是一个基本性质,它允许我们在讨论信号性质时使用一些几何直觉,因为它把两个向量和的长度单独地与每个向量的长度联系起来。几何图是一个三角形,三角形的任何一条边的长度(这是一样的)总是小于另外两条边的总和。或者,用另一个众所周知的几何性质,两点之间线段最短。

范数的概念不仅解释了向量空间元素的大小,还说明了不同元素之间的距离。根据向量空间的性质,元素 $\boldsymbol{x}=\boldsymbol{x}_1-\boldsymbol{x}_2$,即元素 $\boldsymbol{x}_1$ 和 $\boldsymbol{x}_2$ 之间的差异本身就是一个向量,那么范数 $\|\boldsymbol{x}_1-\boldsymbol{x}_2\|$ 被定义为这两个元素之间的距离。

随着距离的定义出现另一个性质,即元素序列的收敛性。假设有一个无限多个元素集合$\{\boldsymbol{x}_i\}$(这些元素不一定都是不同的),如果 N 足够大,对于所有的 $m,n>N$, $\|\boldsymbol{x}_m-\boldsymbol{x}_n\|$ 足够小,则该序列被认为是柯西收敛的。换句话说,在足够远的情况下,任何两个元素都满足无限接近的情况。

柯西收敛一开始可能看起来有点奇怪,而另一种形式的收敛可能对这些接触新概念的读者来说更直观。如果距离 $\|\boldsymbol{x}_i-\boldsymbol{x}_{\text{lim}}\|$ 趋近于0,则称一个序列$\{\boldsymbol{x}_i\}$ 收敛于一个点 $\boldsymbol{x}_{\text{lim}}$。在这种收敛形式下,元素序列会任意地接近某个点,称之为 $\boldsymbol{x}_{\text{lim}}$。与柯西收敛的区别是,在柯西收敛的定义中, 这是更一般的两个属性,同时保证序列中的元素彼此保持密切联系, 在我们的向量空间中可能不存在单个元素,这是一个极限点,也就是说序列将被任意关闭。然而,这并不是序列本身的一个属性,而是序列元素所在空间的一个属性。在某种意义上,序列是柯西收敛的,但没有极限点的空间是“不完整的”,因此,所有柯西序列收敛的空间实际上被称为完全空间。由于收敛性是一个基本性质,因此将讨论限制在完整的空间内通常是有用的。完全赋范向量空间有自己的名字,它们被称为Banach空间。本章中遇到的所有空间都是Banach空间,因此柯西收敛和收敛的概念是相同的。

(2) 希尔伯特空间。

与长度一样重要的第二个几何概念是两个元素之间的角度。向量之间的角度可以使用内积来测量。内积是向量空间的两个元素(写为$\langle\boldsymbol{x},\boldsymbol{x}\rangle$) 的实数或复数值函数,其满足以下性质。

①$\langle \boldsymbol{x},\boldsymbol{x}\rangle$，当且仅当 $\boldsymbol{x}=\boldsymbol{0}$ 时，$\langle \boldsymbol{x},\boldsymbol{x}\rangle=0$。

② 内积满足结合性。

③$\langle \lambda\boldsymbol{x}_1,\boldsymbol{x}_2\rangle=\lambda\langle \boldsymbol{x}_1,\boldsymbol{x}_2\rangle$。

④$\langle \boldsymbol{x}_1,\boldsymbol{x}_2\rangle=\langle \boldsymbol{x}_2,\boldsymbol{x}_1\rangle^*$。

内积可以用来定义一个诱导范数，也就是说，它们可以用来定义一个如下范数：

$$\|\boldsymbol{x}\|=\sqrt{\langle \boldsymbol{x}_1,\boldsymbol{x}_2\rangle}$$

利用诱导范数，内积包含了两个元素夹角的信息。事实上，内积结合了角度和向量长度的信息，因此通过对内积进行标准化，可以找到一个性质类似于元素与元素之间夹角的值：

$$\frac{\langle \boldsymbol{x}_1,\boldsymbol{x}_2\rangle}{\|\boldsymbol{x}_1\|\|\boldsymbol{x}_2\|}$$

如果 $\boldsymbol{x}_1$ 和 $\boldsymbol{x}_2$ 是相同的向量，那它们的夹角为零，归一化的内积为 1；同样，如果两个向量的内积是 0，则这两个向量正交。由内积产生的向量空间称为希尔伯特空间。

例如，有勾股定理成立：

$$\|\boldsymbol{x}_1+\boldsymbol{x}_2\|^2=\|\boldsymbol{x}_1\|^2+\|\boldsymbol{x}_2\|^2,\quad \langle \boldsymbol{x}_1,\boldsymbol{x}_2\rangle=0$$

更一般的结果是

$$\|\boldsymbol{x}_1+\boldsymbol{x}_2\|^2=\|\boldsymbol{x}_1\|^2+\|\boldsymbol{x}_2\|^2+2\langle \boldsymbol{x}_1,\boldsymbol{x}_2\rangle$$

此外，下面的平行四边形定律也成立：

$$\|\boldsymbol{x}_1+\boldsymbol{x}_2\|^2+\|\boldsymbol{x}_1-\boldsymbol{x}_2\|^2=2\|\boldsymbol{x}_1\|^2+2\|\boldsymbol{x}_2\|^2$$

下面的不等式也成立：

$$|\langle \boldsymbol{x}_1,\boldsymbol{x}_2\rangle|\leqslant\|\boldsymbol{x}_1\|\|\boldsymbol{x}_2\|$$

向量空间的范数由内积导出，因此具有非常吸引人的几何性质。这样的空间如果是完备的，则称为希尔伯特空间，即是一个具有诱导范数的完备内积空间。

(3) 有限维和无限维空间。

我们生活在一个三维的世界，或者从数学上说，在一个三维的希尔伯特空间(因此是有限维)，然而许多数学函数的空间实际上是无限维的。在无限维空间中，我们的一些直觉仍然成立，但必须小心，因为其中也有细微的差别。本质上，无限维空间是一个空间，其中有无穷多个向量彼此正交。正交性可以用内积来度量，正交向量的内积是零。在无穷维空间中，有无穷多个向量，它们之间的内积都是零。

但是无穷大比这个更微妙。事实上，存在不同大小的无穷大，典型的例子是整数集和实数集。一方面，有无穷多个整数，对于任何整数，总能找到一个更大的数；另一方面，实数不仅包含所有整数，在任意两个不同的实数之间还有无穷多个实数，可以证明实数比整数要多。因此，在讨论无穷大时，要区分与整数数目相同的无穷大和更大的无穷大。无穷多个元素的集合，这些元素的个数和整数的个数一样多，我们称之为可数元素。因此，可数集合中的元素可以使用整数标记（也就是说，至少在理论上可以对它们进行计数）。不能用整数标记的集合称为不可数无穷大。我们将把这里的讨论限制在希尔伯特空间，它至多是可数无限的。

(4) 基础。

用类似描述地球上的位置（例如，使用南北、东西和高度）的方法，能够找到一种用来描述向量在向量空间中的位置的方法。这将使用一组基向量（或基方向）来完成。这里的一个重要概念是，任何这样的描述都不应该包含复制的信息；三个参数足以描述地球上的任何位置，而四个参数只能复制其中的一些信息。同样的概念在一般的向量空间中成立，甚至在无限大的空间中也成立。

在此介绍线性相关的概念，如果存在一组标量 λ_i，使得 $\sum_{i=j}\lambda_i \boldsymbol{x}_i = \boldsymbol{0}$ 或者 $\sum_{i\neq j}\lambda_i \boldsymbol{x}_i = \lambda_i \boldsymbol{x}_j$，那么向量集 $\{\boldsymbol{x}_i\}$ 被认为是线性相关的。因此，如果我们用向量 $\boldsymbol{x}_i$ 将向量 $\boldsymbol{x}$ 表示为 $\boldsymbol{x} = \sum_i \alpha_i \boldsymbol{x}_i$，那么将总是可以将向量 $\boldsymbol{x}_j$ 替换成 $\boldsymbol{x}_j = -\sum_{i\neq j}\lambda_i/\lambda_j \boldsymbol{x}_i$，这样向量 $\boldsymbol{x}$ 可以使用更少的向量来进行很好的描述。相反，如果不存在一组标量 λ_i，使得 $\sum_{i=j}\lambda_i \boldsymbol{x}_i = \boldsymbol{0}$ 或者 $\sum_{i\neq j}\lambda_i \boldsymbol{x}_i = \lambda_j \boldsymbol{x}_j$，我们就说向量集 $\{\boldsymbol{x}_i\}$ 是线性无关的。

而任何一组向量 $\{\boldsymbol{x}_i\}$，无论它们是否线性相关，都可以将某个向量 $\boldsymbol{x}$ 描述为 $\{\boldsymbol{x}_i\}$ 线性组合的形式，即

$$\boldsymbol{x} = \sum_i \alpha_i \boldsymbol{x}_i$$

对于任何给定的集合 $\{\boldsymbol{x}_i\}$，可以以这种形式写入的所有 $\boldsymbol{x}$ 被称为集合 $\{\boldsymbol{x}_i\}$ 的线性组合，其通常写为集合

$$\{\boldsymbol{x} = \sum_i \lambda_i \boldsymbol{x}_i, \lambda_i \in F\}$$

这里 F 是用来定义向量空间的一个域（如 F 是实数或者复数）。

如果一个集合 $\{\boldsymbol{x}_i\}$ 足够大，能够描述向量空间中的所有向量，而且它又不是太大，以至于它的元素是线性无关的，那么这个集合称为空间的基。

前面介绍了正交性的概念，当向量$\{\boldsymbol{x}_i\}$每个元素都具有单位长度且正交时，称$\{\boldsymbol{x}_i\}$为正交基。此外，每个元素都有单位长度的正交基则称为标准正交基。数学中的一个重要结论是每个希尔伯特空间都有一个标准正交基。此外，如果基中的向量集是有限的或可数无限的，那么就说希尔伯特空间是可分离的。

在这里把讨论限制在可分离的希尔伯特空间，这样总是可以找到一个至多可数无限标准正交基集$\{\boldsymbol{x}_i\}$，它允许把希尔伯特空间的任何元素写成一个线性组合

$$\boldsymbol{x}=\sum_{i}^{\infty}\alpha_i\boldsymbol{x}_i \tag{2.1}$$

2. 子空间

如果任意两个元素$\boldsymbol{x}_1,\boldsymbol{x}_2\in S$，则组合$\lambda_1\boldsymbol{x}_1+\lambda_2\boldsymbol{x}_2$也是集合$S$的元素。这里$\lambda_1$和$\lambda_2$是任意标量，一组向量的线性范围是一个线性子空间。

3. 凸集

与线性子空间密切相关的是凸集。凸集的定义与线性子空间类似。如果任意两个元素$\boldsymbol{x}_1,\boldsymbol{x}_2\in S$，其线性组合$\lambda_1\boldsymbol{x}_1+\lambda_2\boldsymbol{x}_2$也是集合$S$的一个元素，则向量空间的一个子集$S$称为凸子集。在线性子空间的定义中，$\lambda_1$和$\lambda_2$允许为任意标量，而对于凸集而言，需要$\lambda_1,\lambda_2\geqslant 0$和$\lambda_1+\lambda_2=1$。如果$\boldsymbol{x}_1,\boldsymbol{x}_2\in S$，$\lambda_1,\lambda_2\geqslant 0$且$\lambda_1+\lambda_2=1$，元素$\lambda_1\boldsymbol{x}_1+\lambda_2\boldsymbol{x}_2$不是集合$S$本身的元素，则该集合$S$不是凸的。

在希尔伯特空间中，若两个向量正交的方式相同，或者说，如果$\boldsymbol{x}$与S中的每个元素正交，则向量$\boldsymbol{x}$与子集S正交。类似地，如果有两个子集，其中一个子集的每个向量与另一个子集的每个向量正交，则可以说它们是正交的。例如，子集的正交互补是与该集正交的所有向量的集合，任何集合的正交补数是闭凸子空间。

对于希尔伯特空间的任何闭凸子集S，总是可以通过闭凸子集S的一个元素找到任意向量$\boldsymbol{x}\in H$的最佳逼近。也就是说，对于任何$\boldsymbol{x}\in H$，都有一个$\boldsymbol{x}_0\in S$，使得

$$\|\boldsymbol{x}-\boldsymbol{x}_0\|=\inf_{\tilde{x}\in S}\|\boldsymbol{x}-\tilde{\boldsymbol{x}}\|$$

将元素$\boldsymbol{x}_0$称为$\boldsymbol{x}$到闭合凸子集S上的投影。

正交投影定理指出对于任何线性子空间$S\subset H$和任意$\boldsymbol{x}\in H$，总能找到一个唯一的分解$\boldsymbol{x}=\boldsymbol{x}_s+\boldsymbol{x}_s$，其中$\boldsymbol{x}_s\in S$，$\boldsymbol{x}_s$与$S$正交。此外，$\boldsymbol{x}_s\in S$是$S$中与$\boldsymbol{x}$最接近的点。

对于任何闭合线性子空间 S，令 $\boldsymbol{P}_S$ 为映射的算子，并将 $\boldsymbol{x} \in H$ 映射到投影定理中定义的元素 $\boldsymbol{x}_s$。算子 $\boldsymbol{P}$ 是自伴算子(即对所有的 $\boldsymbol{x}_1, \boldsymbol{x}_2 \in H$，有 $\langle \boldsymbol{P}\boldsymbol{x}_1, \boldsymbol{x}_2 \rangle = \langle \boldsymbol{x}_1, \boldsymbol{P}\boldsymbol{x}_2 \rangle$)，而且 $\boldsymbol{P}^2 = \boldsymbol{P}$，只要 $\boldsymbol{P} \neq \boldsymbol{0}$，就有 $\sup\limits_{x \neq \boldsymbol{0}} \| \boldsymbol{\Phi x} \| / \| \boldsymbol{x} \| = \| \boldsymbol{P} \| = 1$。

4. 更简单的几何模型的联合

定义了希尔伯特空间的一些基本几何性质之后，现在回到信号建模的问题。线性子空间和闭凸集具有非常吸引人的性质，这些集合长期以来被用来定义信号的类，这些类允许我们在这些凸集中找到可以作为特定信号的良好代表的元素。许多经典的信号处理思想都局限于封闭的凸集。然而，最近对信号几何理解的进步使我们可以将类似的思想扩展到更复杂的信号模型，不再仅仅是凸集模型。这项工作主要研究了约束集，这些约束集是几个闭凸集(在许多情况下是非常大的集合)上的并集。在这样的信号模型中，我们给出了一些闭凸集，并假设任何信号都位于其中的一个集合中，但是，我们不确定究竟应该在哪个集合中寻找信号。

接下来介绍信号建模的问题。闭合凸集合的所有联合被定义为

$$S = \bigcup_j S_j \tag{2.2}$$

其中，S_j 是封闭的凸子集，每个 S_j 可以是一个更大的希尔伯特空间的任何闭凸子集，并且这个并集可以潜在地超过这些集合的可数无穷大个数。我们特别感兴趣的是联合模型，其中的 S_j 是闭子空间。

子空间模型联合的一个重要例子是有限维的稀疏信号模型。考虑维数 N 的欧几里得－希尔伯特空间，其元素可以使用 N 个元素向量来表示。在 k 稀疏模型中，模型子集 S 是所有向量 $\boldsymbol{x}$ 的集合，具有不超过 k 个非零元素。该模型实际上是子空间模型的并集。为了看到这一点，考虑 k 稀疏向量的支集，即考虑该向量中非零元素的位置模式。如果我们添加(或减去)具有完全相同支集的 k 稀疏向量(即，其非零元素位于完全相同的位置)，则这两个向量的和(或差)将再次为 k 稀疏向量并将拥有相同的支集。因此，具有相同支集的所有 k 稀疏向量的集合是子空间。但是，对于任何 $k < N$，将有许多不同的支集。实际上会有 $\binom{N}{k}$ 这样的集合($\binom{N}{k}$ 是可以从一组 N 个元素中选择 k 个元素的不同方式的个数)。因此，所有 k 稀疏向量的集合(无论它们的支集如何)是 $\binom{N}{k}$ 子空间的并集。我们还看到该集合是非凸的，因为具有不同支集的两个 k 稀疏向量的总和可能具有多达 $2k$ 个非零元素。事实上，两个(或三个) k

稀疏向量之和的集合将在后面具有重要性，并且我们在此引入一些符号来指定这些集合。

一般来说，如果 $\boldsymbol{x} \in S$，则

$$S + S = \{\boldsymbol{x} = \boldsymbol{x}_1 + \boldsymbol{x}_2 ; \boldsymbol{x}_1, \boldsymbol{x}_2 \in S\} \tag{2.3}$$

$$S + S + S = \{\boldsymbol{x} = \boldsymbol{x}_1 + \boldsymbol{x}_2 + \boldsymbol{x}_3 ; \boldsymbol{x}_1, \boldsymbol{x}_2, \boldsymbol{x}_3 \in S\} \tag{2.4}$$

5. 空间元素上的操作符

运算符将一个空间的元素转换为另一个空间的元素，例如，$\boldsymbol{y} = \Phi(\boldsymbol{x})$，其中 $\boldsymbol{x}$ 是一个空间的元素，$\boldsymbol{y}$ 是另一个空间的元素。

线性算子具有类似矩阵的性质。特别地，它是线性的，也就是说，对于来自一个空间的任意两个元素 $\boldsymbol{x}_1$ 和 $\boldsymbol{x}_2$，不管我们是对这两个元素的和应用运算符，还是对每个单独的元素应用运算符，然后对变换后的元素求和，二者是一样的，即 $\boldsymbol{\Phi}(\boldsymbol{x}_1 + \boldsymbol{x}_2) = \boldsymbol{\Phi}(\boldsymbol{x}_1) + \boldsymbol{\Phi}(\boldsymbol{x}_2)$。对于线性算子，通常用 $\boldsymbol{\Phi x}$ 代替 $\boldsymbol{\Phi}(\boldsymbol{x})$。括号将主要用于表示非线性操作符。

对于线性算子，定义

$$\| \boldsymbol{\Phi} \| = \sup_{\boldsymbol{x}: \| \boldsymbol{x} \| \leqslant 1} \| \boldsymbol{\Phi x} \| \tag{2.5}$$

也就是说，算子范数是任何向量通过算子压缩时能被拉长的最大数量。注意，这里定义的运算符范数取决于两个向量范数。一般来说，这两个范数都可以是任意的。在 $\boldsymbol{x}$ 和 $\boldsymbol{\Phi x}$ 都存在于希尔伯特空间的情况下，假设 $\| \boldsymbol{\Phi} \|$ 是使用希尔伯特空间范数定义的范数。

如果在一个空间 H 存在一个算子 $\boldsymbol{\Phi}^{\dagger}$，使对所有的 $\boldsymbol{x} \in H$（或者 $\boldsymbol{x} \in S$），有 $\boldsymbol{x} = \boldsymbol{\Phi}^{\dagger}(\boldsymbol{\Phi}(\boldsymbol{x}))$，则称此算子是可逆的。如果此算子是线性的，则称此算子是线性可逆的。

如果有限维空间之中的线性算子是可逆的，那么 $\| \boldsymbol{\Phi}^{\dagger} \|$ 的范数必然是有限的，然而，在无限维空间中，可能有可逆线性算子的范数是无穷大的。有些算子是病态可逆算子。理论上，病态可逆算子允许从 $\boldsymbol{y} = \boldsymbol{\Phi}(\boldsymbol{x})$ 中恢复 $\boldsymbol{x}$，但 $\boldsymbol{y}$ 任何小的扰动都可能导致 $\boldsymbol{x}$ 的估计值发生任意的变化。

2.2.2　应用示例

本节讨论几个重要的例子，几何思想可以帮助重构信号。

1. 香农采样的几何意义

奈奎斯特[1] 和香农[2] 的半理论研究是许多传统采样理论的核心。这个理论处理了贯穿本书的信号恢复问题的一个实例。设置如下：设 $\boldsymbol{x}$ 是一个时间上的函数，其定义域跨越实数。例如，这可能是你最喜欢的乐队产生的声

压，现在的目标是测量这个声压。让我们通过测量声压强度在无限多的等距的间隔时间进行测量，这样测量 $\boldsymbol{y}$ 是一个无限的实数序列。那么，我们如何以及何时能恢复 $\boldsymbol{x}$ 与 $\boldsymbol{y}$？香农采样定理确切地回答了这个问题。实际上，如果 $\boldsymbol{x}$ 是带限的，那么有一个简单的线性重构方法可以准确地从 $\boldsymbol{y}$ 中恢复 $\boldsymbol{x}$。信号的频带宽度必须小于连续采样之间时间间隔一半的倒数，这样才能工作。具体如文献[12]的详细处理，当我们说 $\boldsymbol{x}$ 是带限的，即 $\boldsymbol{x}$ 的傅里叶变换（称为变换 $\boldsymbol{x}$）是一个函数，它的频率仅限于一个有限的频率区间。事实上，这是一个子空间模型。假设有两个具有相同频带宽度的信号，加上这两个信号（记住傅里叶变换是线性的）和加上信号的傅里叶变换是一样的，所以任意两个带限信号的和也是带限的。这就是子空间的定义。因此，Shannon 采样使用了一个凸信号模型，由于模型是凸的，因此存在一种简单的重构技术。

2. 欧几里得空间中的稀疏信号模型

有限长度近似不是用来处理由适当的香农采样产生的无限长数字序列，而是解决实际问题的唯一实用方法。因此，假设可以使用有限长度向量表示无限维信号是正常的。以同样的方式，数字化图像可以被认为是有限数量的实数的集合。因此，假设使用维数 N 的欧几里得空间中的向量能够很好地近似我们的信号。

如果能够用香农采样的思想对一个信号进行采样，那么就可以直接测量 $\boldsymbol{x}$ 中的元素，但是在很多情况下，我们无法用香农理论进行足够的测量。例如，许多测量过程是缓慢的（如在磁共振成像中，病人躺在扫描仪几分钟才产生一个体积图像），构成健康风险（如在 X 射线计算机断层扫描中，X 射线剂量必须限于减少暴露于电离辐射）或者费用非常昂贵（某些高光谱成像设备一个像素可以花费数千美元，因此，传统的百万像素相机使用这些元素将会非常昂贵）。

因此，我们希望进一步减少测量次数，并以远低于香农理论所描述的速率进行采样。要做到这一点，只有在使用更小的信号集作为我们的模型时才有可能。单个、非常低维的子空间不足以捕获大多数信号和图像中存在的各种信息（如果是，我们可以只使用香农理论）；相反，更复杂、低维和非凸模型必须被使用。最强大的模型之一是稀疏模型。稀疏（欧几里得）向量 $\boldsymbol{x}$ 是一个除了少量元素之外元素为零的向量，这些元素的大小可以是任意的。我们说如果除了 k 元素之外的所有元素都是零，则 $\boldsymbol{x}$ 是 k 稀疏的。具有固定子集的非零元素的向量位于单个子空间中，但是在稀疏模型中，我们允许 k 个元素的所有可能子集都是非零的，因此 k 稀疏向量位于 $\binom{N}{k}$ 个不同子空间的并集中。

如果允许在不同的基础上使用稀疏性，就可以获得很大的灵活性，而不是在规范基中使用稀疏性(例如，在图像中不要假设图像有许多零像素)。在三维世界中，规范基础可能是对南北、东西和上升位置的描述，但可以自由地使用坐标变换以另一种方式表示位置。在办公室里，根据它们与窗户、侧墙和地板的距离来指定位置更有意义。由于办公室与南北轴没有完全对齐(虽然地板仍然是水平的)，世界坐标系中的轴是办公室轴的旋转。完全相同的原理适用于信号的表示。例如，我们不限于通过指定每个像素(规范空间)的值来表示图像，而是可以通过指定二维离散小波系数来指定图像的空间频率，或者可以使用二维小波来表示图像。转变通常只是坐标轴的旋转。在这种情况下，它们不会改变向量的长度，只改变它们的表示。在其他情况下，新坐标系可能具有在原始空间中不正交的轴，或者甚至具有比原始空间更多的坐标。在这些情况下，仍然假设可以在变换空间中找到原始空间中任何向量的表示，但两个空间中元素的长度现在可能不同。从信号恢复角度来看，这些变换的重要性在于，许多信号在某些变换域中具有稀疏或近似稀疏的表示。例如，经常发现图像在小波表示中是稀疏的。因此，使用变换域中的稀疏性极大地增强了我们使用稀疏模型来描述真实信号结构的能力。

在谈论不同领域的稀疏性时，假设存在将信号空间的元素 $\boldsymbol{x}$ 映射到变换域的线性映射。称此映射为 $\boldsymbol{\Psi}$，因此 $\boldsymbol{z}=\boldsymbol{\Psi x}$ 是转换域中 $\boldsymbol{x}$ 的重新表示。重要的是，假设存在 $\boldsymbol{\Psi}$ 的广义逆 $\boldsymbol{\Psi}^{\dagger}$，使得对于所有 $\boldsymbol{x}\in H$，$\boldsymbol{x}=\boldsymbol{\Psi}^{\dagger}\boldsymbol{z}=\boldsymbol{\Psi}^{\dagger}\boldsymbol{\Psi x}$。

3. 欧几里得空间中的结构化稀疏模型

稀疏性可以是一个强大的约束，并且在许多应用中可以发挥额外的结构，进一步增加稀疏模型的效用。结构化稀疏模型是一个稀疏模型，其仅允许存在稀疏支集的某些子集。例如，块稀疏向量是一个稀疏向量，其中非零系数包含在预先指定的块中。如果 $\boldsymbol{x}\in\mathbf{C}^N$ 并且假设有 J 个块来划分 $\boldsymbol{x}$，即如果 $B_j\subset\{1,\cdots,N\}$，$j\in\{1,\cdots,J\}$ 是在块 j 中的指数的集合，然后假设块有：(1) 不重叠($B_i\cap B_j=0$)；(2) $\boldsymbol{x}$ 的每个索引是在至少一个块中($\bigcup_{j\in J}B_l=\{1,2,3,\cdots,N\}$)。然后将 k 块稀疏的信号定义为任何 $\boldsymbol{x}$，其支集包含在不超过 $k<J$ 个不同的集合 B_j 中，即

$$\operatorname{supp}(\boldsymbol{x})=\bigcup_{j}B_j:j\subset\{1,2,\cdots,J\},\quad |j|\leqslant k \tag{2.6}$$

为了定义块稀疏信号，我们强加了块不重叠的限制，并且它们的并集包括 $\boldsymbol{x}$ 的所有元素。理论上，可以放弃这两个限制，然而，对这些更一般模型的理论处理变得更加困难，事实上，这类模型将包括所有可能的结构化稀疏模型。

另一组有用的结构化稀疏模型是稀疏树模型。稀疏树模型不是将信号支集划分为不相交的块，稀疏树信号具有遵循树结构的非零系数，其中每当节点本身非零时允许节点的所有上级节点都是非零的。稀疏树模型是树进一步稀疏的模型，即其非零元素的总数很小。最简单的例子比如一个稀疏树，其根部只有一个非零元素，而一个双稀疏树模型将拥有与根的子元素一样多的可能支集，因为这样的模型必须包括根本身加上其中一个分支。

4. 低秩矩阵

在许多应用中，数据最好以矩阵形式表示。通过为矩阵指定适当的内积和范数，希尔伯特空间形式也可以应用于矩阵问题，这样几何思想就可以用来定义作为信号模型的矩阵子集。这里强有力的约束是低秩矩阵模型。具有相同列和行空间的所有 $M\times N$ 矩阵的集合（由矩阵的行或列向量跨越的空间）形成线性子空间，即可以添加这些矩阵中的任何两个并结束另一个具有相同大小和等级的矩阵，其具有相同的列和行空间（或者更准确地说，其行和列空间是原始矩阵的行和列空间的子空间）。但是，具有不同列或行空间的矩阵不在同一子空间中，并且添加具有不同列或行空间的两个矩阵将导致矩阵可能具有与其两个分量不同的等级。因此，低秩矩阵位于所有矩阵空间的非凸子集中。

5. 连续信号的稀疏性

下面的例子再次取自无限维空间，在这些空间中稀疏性被发展成了连续的类似物。在香农采样中，采样率与我们想采样信号的带宽直接相关。在一些应用中，这将导致一个相当高的采样率，因此，必须再次利用额外的信号结构。信号模型在某些方面类似于欧氏空间中的稀疏模型，它是在文献[13]中首次研究的已知支集的模拟压缩感知模型，在文献[14]中首次研究的未知支集的模拟压缩感知模型。

假设连续且带限的实值时间序列 $x(t)$ 具有傅里叶变换 $X(f)$，其支集 S 是小带宽 B_K 的 K 个区间的并集，即 $S\subset\bigcup_{k=1}^{K}[d_k,d_k+B_K]$，其中 d_k 是来自区间 $[0,B_N-B_K]$ 的任意标量。这些信号可以被理解为稀疏信号的连续版本，但并不是具有很少的非零元素，而是只有一小部分函数支集是非零的（例如在傅里叶域中）。由于实值函数的傅里叶变换的支集是对称的，这里只考虑支集是正区间 $[0,B_N]$。如果 $KB_K<B_N$，则 $X(f)$ 对于 $[0,B_N]$ 中的某些频率 f 为零，即镜像向量中的稀疏性。如果将支集 S 固定，那么 $X(f)$ 和 $x(t)$ 将位于具有带宽 B_N 的所有平方可积函数空间的子空间中。然而，在 S 不固定且 $KB_K<B_N$ 的模型中，将有无限多个不同的集合 S 满足该定义，因此 $x(t)$ 将位

于无限多个无限维子空间的并集中，具有限制为 $KB_K < B_N$ 的 K 个带的能量的所有信号集合是非凸集。

另一组强大的模型是有限创新率模型。再次考虑一个变量 $x(t)$ 的实值函数。这样的函数具有有限的创新率[15]，可以写为

$$x(t)=\sum_{n\in \mathbf{Z}}\sum_{r=0}^{R}c_{nr}g_r\left(\frac{t-t_n}{T}\right) \tag{2.7}$$

其中，$T, t_n \in \mathbf{R}$，$g_r(\cdot)$ 是函数（或广义函数 / 狄拉克三角函数）。

对于这样的信号，可以定义

$$\rho=\lim_{\tau\to\infty}\frac{1}{\tau}C_x\left(-\frac{\tau}{2},\frac{\tau}{2}\right) \tag{2.8}$$

其中，函数 $C_x(t_a, t_b)$ 是一个计数函数，用于计算区间 $[t_a, t_b]$ 中的自由度数，即 $C_x(t_a, t_b)$ 在区间 $[t_a, t_b]$ 中计算函数 g 中心的参数个数 c_{nr}。对于函数 $x(t)$ 具有有限的创新率，$\rho < \infty$ 显然有必要。将这些想法扩展到几个变量的复杂有价值的函数也是可能的，并且可以将类似的想法应用于图像处理的问题中。

2.3　线性采样算子性质及其应用

讨论了一些相关概念之后，我们能够使用几何思想考虑信号模型，现在我们转向分析采样或测量过程本身。在上文中介绍了一组强大的约束集，能够处理许多无法采样所有相关信息的问题，这些问题可能是由于信号损坏，也可能是由于测量系统的资源或基本物理特性受到限制。现在，我们将试着理解测量系统本身是如何作用于这些信号模型的。

假设采样系统是线性的，因此对于任何信号 $\boldsymbol{x}$，产生测量 $\boldsymbol{y}=\boldsymbol{\Phi x}$，其中 $\boldsymbol{\Phi}$ 是线性采样算子。我们应该关注采样系统的两个特定方面。如果假设信号遵循给定的模型 S，那么希望我们的测量系统测量足够的信息以允许区分来自我们模型的不同信号。因此，要求对于任意两个 $\boldsymbol{x}_1, \boldsymbol{x}_2 \in S$（其中 $\boldsymbol{x}_1 \neq \boldsymbol{x}_2$），有 $\boldsymbol{\Phi x}_1 \neq \boldsymbol{\Phi x}_2$，所以任何两个不同的信号给出不同的观察。在这种情况下，我们应该（至少在理论上）能够找唯一的 $\boldsymbol{x} \in S$ 使 $\boldsymbol{y}=S\boldsymbol{x}$。

第二个基本要求是对噪声具有一定的鲁棒性。由于几乎所有测量都有一定程度的噪声，如果对信号的测量结果与预期的没有噪声的测量结果略有不同，那么就要求在无噪声设置下的信号给出实际测量值，这样观察到的信号与真实信号相差并不很大。更具体地，假设想要测量信号 $\boldsymbol{x}$，但是存在一些小噪声项 $\boldsymbol{e}$，所以观察存在噪声的测量 $\boldsymbol{y}=\boldsymbol{\Phi x}+\boldsymbol{e}$。假设存在信号 $\hat{\boldsymbol{x}}$，该信号 $\hat{\boldsymbol{x}}$ 也位于模型中并且满足 $\boldsymbol{y}=\boldsymbol{\Phi x}+\boldsymbol{e}$。因为假设真正的信号是 $\hat{\boldsymbol{x}}$ 在给定观察 $\boldsymbol{y}$

并且不知道 e 是什么的情况下，但是对于 e，x 和 $\hat{x}$ 之间的差异很大，因此即使在小的噪声扰动下，信号重构也会出现错误。

让我们回顾一下想要解决的信号恢复问题。测量信号并且我们想要询问有关信号的具体问题，或者我们想要从测量中重构信号。利用数学框架，信号和信号测量将表示为生活在某些向量空间中的向量。一般来说，信号 x 存在于向量空间 H 中，测量 y 存在于空间 L 中。对于本章的大部分内容，H 和 L 将是希尔伯特空间，也就是说，谈论距离和信号（或测量）之间的角度。每次测量都是将信号 x 转换为观测值 y。这种变换由数学上的运算符 $\boldsymbol{\Phi}(x)$ 完成，它可以是线性的或非线性的。对于大多数讨论，我们将自己局限于线性运算符，因为它们更容易理解。但是，我们还将讨论如何将适用于线性测量的一些想法应用于测量略微非线性的设置。

任何真实的测量设备都会为测量增加一些系统或随机噪声，因此，我们使用以下基本测量方程来描述如何将任何信号 x 转换为特定的测量值：

$$y = \boldsymbol{\Phi} x + e \tag{2.9}$$

其中，e 是测量噪声的未知向量。这给我们带来了本书的基本问题，给定测量 y 并且足够了解测量过程以便能够描述 $\boldsymbol{\Phi}$，我们如何才能恢复原始信号 x 并且能够以何种精度完成恢复信号？

1. 让我们从简单情况开始

在最简单的情况下，$\boldsymbol{\Phi}$ 是线性的并且在整个空间上是可逆的，x 的估计式为

$$\hat{x} = \boldsymbol{\Phi}^{\dagger} y = \boldsymbol{\Phi}^{\dagger} \boldsymbol{\Phi} x + \boldsymbol{\Phi}^{\dagger} e \tag{2.10}$$

这个估计的好坏取决于反向放大误差 e 的程度。为此，需考虑估计值与真实值之间的差值，即

$$\| \hat{x} - x \| = \| \boldsymbol{\Phi}^{\dagger} \boldsymbol{\Phi} x + \boldsymbol{\Phi}^{\dagger} e - x \| = \| x + \boldsymbol{\Phi}^{\dagger} e - x \| = \| \boldsymbol{\Phi}^{\dagger} e \| \tag{2.11}$$

相对误差如下：

$$\frac{\| \hat{x} - x \|}{\| e \|} = \frac{\| \boldsymbol{\Phi}^{\dagger} e \|}{\| e \|} \tag{2.12}$$

根据运算符范数的定义，它不能大于 $\boldsymbol{\Phi}^{\dagger}$ 的算子范数。这与 $\boldsymbol{\Phi}^{\dagger}$ 的条件数有关，$\boldsymbol{\Phi}^{\dagger}$ 的误差为 e（即 $\frac{\| \boldsymbol{\Phi}^{\dagger} e \|}{\| e \|}$），定义为相对于 $\boldsymbol{\Phi} x$ 大小的相对变化的比值（即 $\frac{\| \boldsymbol{\Phi}^{\dagger} \boldsymbol{\Phi} x \|}{\| \boldsymbol{\Phi} x \|} = \frac{\| x \|}{\| \boldsymbol{\Phi} x \|}$），很容易看出与运算符标准 $\frac{\| \boldsymbol{\Phi} \|}{\| \boldsymbol{\Phi}^{\dagger} \|}$ 的比率相同。因此，如果 $\boldsymbol{\Phi}$ 是可逆的并且（在无限维设置中）$\boldsymbol{\Phi}$ 具有良好的条件数，我们需要做

的就是从其测量中恢复任何信号，即计算算子的逆并应用它。为了保证重构误差很小，我们需要确保逆的算子范数很小。逆本身与 $\boldsymbol{\Phi}$ 本身相关联，因此在设计测量系统时，如果可以确保它是线性可逆的，那么我们需要做的就是确保逆算符具有小范数或者运算符具有条件数接近1。

在继续讨论更具挑战性的信号恢复问题之前，值得考虑的是上述信号空间几何形状的恢复。位于距离点 c 一定距离（例如 d）内的任何信号据说位于具有中心 c 和半径 d 的球中，因此，长度小于所述的所有误差信号的集合位于 ϵ 球中（中心为零）。在上面的例子中，$\boldsymbol{\Phi}$ 在整个信号空间 H 上是线性可逆的，$\boldsymbol{\Phi}^{\dagger}$ 的范数（即 $\|\boldsymbol{\Phi}^{\dagger}\|$）以及误差 $\boldsymbol{e}$ 的大小将指定估计点 $\boldsymbol{x}$ 周围的半径，而不是 $\hat{\boldsymbol{x}}$，因为 $\hat{\boldsymbol{x}}$ 是不准确的。在本章的几何视图中，不会为错误 $\boldsymbol{e}$ 指定明确的概率模型；相反，我们假设 $\boldsymbol{e}$ 的大小受限，$\|\boldsymbol{e}\| \leqslant \epsilon$。概率公式与我们的几何观点之间显然存在联系。例如，对于独立且相同分布的高斯噪声项 $\boldsymbol{e}$，具有高概率，我们知道误差很可能小于几个（比如3个）标准偏差。类似的概率论点，可以假设一个具有高概率的误差界，也可以用于其他噪声分布。

2. 更复杂的情况

现在，当 $\boldsymbol{\Phi}$ 是不可逆或病态时，与 $\boldsymbol{x}$ 的稳定恢复的更具挑战性的任务相比，$\boldsymbol{\Phi}$ 是线性和可逆的情况是微不足道的。如果 $\boldsymbol{x}$ 是一些希尔伯特空间里的元素，但是如果至少存在两个 $\boldsymbol{x}_1 \neq \boldsymbol{x}_2$ 使 $\boldsymbol{y}=\boldsymbol{\Phi x}=\boldsymbol{\Phi x}_1=\boldsymbol{\Phi x}_2$，那将导致没有办法在 $\boldsymbol{x}_1$ 和 $\boldsymbol{x}_2$ 中进行选择，只能给出测量结果 $\boldsymbol{y}$。不可逆线性算子具有元素 $\boldsymbol{x}_0=\boldsymbol{0}$，使得 $\boldsymbol{\Phi x}_0=\boldsymbol{0}$ 的特性。对于这样的元素，如果我们采用任何其他 $\boldsymbol{x}_1$ 使得 $\boldsymbol{y}=\boldsymbol{\Phi x}_1$，并将 $\boldsymbol{x}_0$ 加到 $\boldsymbol{x}_1$，将得到相同的结果 $\boldsymbol{y}=\boldsymbol{\Phi x}_1=\boldsymbol{\Phi}(\boldsymbol{x}_1+\boldsymbol{x}_0)$。并且，处于上述情况我们无法区分 $\boldsymbol{x}_1$ 和 $\boldsymbol{x}_2=\boldsymbol{x}_1+\boldsymbol{x}_0$。此外，对于线性算子 $\boldsymbol{\Phi}$，如果 $\boldsymbol{\Phi x}_0=\boldsymbol{0}$，则对于所有标量 λ，有 $\boldsymbol{\Phi}\lambda\boldsymbol{x}_0=\boldsymbol{0}$。因此 $\boldsymbol{\Phi x}_1=\boldsymbol{0}$ 的所有 $\boldsymbol{x}_0$ 的集合是子空间。该子空间称为线性运算符 $\boldsymbol{\Phi}$ 的零空间，并表示为 $N(\boldsymbol{\Phi})$。

在 $\boldsymbol{\Phi}$ 是不可逆的情况下，如果可以将搜索限制在 H 的子集 S，那么我们只能从 H 中恢复元素。为了使这个限制起作用，要求测量算子 $\boldsymbol{\Phi}$ 至少在子集 S 中是可逆的。对于任何两个 $\boldsymbol{x}_1, \boldsymbol{x}_2 \in S$，$\boldsymbol{x}_1=\boldsymbol{x}_2$，要求 $\boldsymbol{y}_1=\boldsymbol{\Phi x}_1=\boldsymbol{\Phi x}_2=\boldsymbol{y}_2$。因此，如果我们有一个限制信号类别的信号模型，试图恢复到 H 的子集 S，如果 $\boldsymbol{\Phi}$ 在子集 S 上是可逆的，那么我们再次能够恢复 $\boldsymbol{x} \in S$，即使 $\boldsymbol{\Phi}$ 在 H 上不是完全可逆的。

最简单的约束集 S 是凸集，其子空间特别适合处理。对于子空间 S，很容易看出，如果 $\boldsymbol{\Phi}$ 在 S 上是线性且可逆的，那么集合 $\boldsymbol{\Phi}S=\{\boldsymbol{y}=\boldsymbol{\Phi x}:\boldsymbol{x} \in S\}$ 也是子空间。也就是说，对于任何两个 $\boldsymbol{x}_1, \boldsymbol{x}_2 \in S$，则 $\boldsymbol{x}_1+\boldsymbol{x}_2$ 也在 S 中，因此

$\boldsymbol{\Phi}(\boldsymbol{x}_1+\boldsymbol{x}_2)=\boldsymbol{\Phi}\boldsymbol{x}_1+\boldsymbol{\Phi}\boldsymbol{x}_2$ 将在 $\boldsymbol{\Phi}S$ 中。为了从噪声测量 $\boldsymbol{y}=\boldsymbol{\Phi}\boldsymbol{x}+\boldsymbol{\epsilon}$ 中恢复 $\boldsymbol{x}$，可以将 $\boldsymbol{y}$ 投影到子空间 S（称为该投影元素 $\boldsymbol{y}_{\boldsymbol{\Phi}S}$），然后找到估计 $\hat{\boldsymbol{x}}$ 使得 $\boldsymbol{y}_{\boldsymbol{\Phi}S}=\boldsymbol{\Phi}\hat{\boldsymbol{x}}$。实际上，由于 $\boldsymbol{\Phi}S$ 只是隐式定义，这可能比刚才描述的要多一些，但是，从概念上讲，投影到子空间后与子空间上的反演步骤是人们感兴趣的。

3. 存在的问题

如果 S 是 H 的任何凸子集，其中 $\boldsymbol{\Phi}$ 是可逆的，则可以执行相同的概念反演。即使 $\boldsymbol{\Phi}$ 不再是线性的，也可以使用类似的想法。然而，即使 S 是凸的，如果 $\boldsymbol{\Phi}$ 是非线性的，则集合 $\boldsymbol{\Phi}(S)$ 可能不再是凸的。因此，即使我们能够反转子集 S 上的 $\boldsymbol{\Phi}(S)$，找到相等的投影到非概念集 $\boldsymbol{\Phi}(S)$ 上也绝非易事。当 $\boldsymbol{\Phi}$ 是线性的时，会出现类似的情况：约束集 S 开始时是非凸的，在这种情况下，$\boldsymbol{\Phi}(S)$ 通常也是非凸的，并且在 $\boldsymbol{\Phi}S$ 上找到与观察 $\boldsymbol{y}$ 最接近的元素是不是不重要的。此外，通过集合 S 搜索对应于 $\boldsymbol{\Phi}S$ 中的元素也是困难的。这些问题将成为本章的核心。

让我们重复思考实验，其中使用测量算子 $\boldsymbol{\Phi}$ 测量信号 $\boldsymbol{x}$ 并且观察是有噪声的。有 $\boldsymbol{y}=\boldsymbol{\Phi}\boldsymbol{x}+\epsilon$，想从 $\boldsymbol{y}$ 恢复 $\boldsymbol{x}$。此外，测量通常不是决定性的，即无法将空间 H 中的所有元素与其测量区分开来。因此，使用先验知识并设计描述期望找到的 H 元素子集的模型。本章该模型以几何约束集 S 的形式出现，其中假设 $\boldsymbol{x}$ 为不真实的。如果测量结果已经适合我们的模型，那么 $\boldsymbol{\Phi}$ 在 S 上是可逆的，我们从 $\boldsymbol{\Phi}\boldsymbol{x}+\epsilon$ 重构 $\boldsymbol{x}$ 的理论方法将是：

(1) 在 $\boldsymbol{\Phi}S$ 中找到最接近观察值 $\boldsymbol{y}$ 的点。

(2) 求出 $\boldsymbol{\Phi}$ 的逆，找到 $\hat{\boldsymbol{x}}\in S$ 使得 $\boldsymbol{y}_S=\boldsymbol{\Phi}\hat{\boldsymbol{x}}$。

对于希尔伯特空间的一般集合 S，不能保证 $\boldsymbol{\Phi}S$ 中的唯一点比其他所有点都更接近于 $\boldsymbol{y}$。在这种情况下，必须从“最接近的”点中任意选择。而对于一般集合，出现的另一个问题是可能没有更接近给定的点。也就是说，对于从 S 中选择哪个元素，总是有无数个其他元素更接近所有非正数。在这种情况下，必须在步骤 1 中选择 $\boldsymbol{\Phi}S$ 中尽可能接近 $\boldsymbol{y}$ 的点。S 中的任何元素得到任意一点 $\boldsymbol{y}$ 的最接近的值由下面的公式给出：

$$\inf_{x\in S}\|\boldsymbol{y}-\boldsymbol{\Phi}\boldsymbol{x}\| \tag{2.13}$$

式(2.13)中，取代下限的不是最小值，因为实际上可能没有达到这个最小距离的元素 $\boldsymbol{x}$，进而可以推导出下面的引理。

引理 1　设 S 是一个希尔伯特空间 H 的非空闭子集，$\boldsymbol{\Phi}$ 是一个从 H 到希尔伯特空间 L 的算子，则对于所有 $\delta>0$ 和 $\boldsymbol{y}\in L$，存在一个元素 $\tilde{\boldsymbol{x}}\in S$，

$$\|\boldsymbol{y}-\boldsymbol{\Phi}\tilde{\boldsymbol{x}}\|\leqslant\inf_{x\in S}\|\boldsymbol{y}-\boldsymbol{\Phi}\boldsymbol{x}\|+\delta \tag{2.14}$$

这个引理说明，实际上可以找到一个 $\boldsymbol{\Phi}S$ 中的元素，在任意小的距离下，它与 $\boldsymbol{\Phi}S$ 中任何其他元素的距离都接近。因此，我们可以讨论松弛的投影形式，在这种形式下我们不是找集合中最接近的点，而是找近乎最接近的点。

因此考虑以下映射，对于每个 $\boldsymbol{y}$ 和固定且任意小的 δ 返回一组元素

$$m_S^\delta(\boldsymbol{y})=\{\tilde{\boldsymbol{y}}:\tilde{\boldsymbol{y}}\in S,\ \|\boldsymbol{y}-\tilde{\boldsymbol{y}}\|\leqslant\inf_{x\in S}\|\boldsymbol{y}-\boldsymbol{\Phi x}\|+\delta\}\tag{2.15}$$

根据上述引理，对于所有 $\delta>0$，$m_S^\delta(\boldsymbol{y})$ 都是非空的。对于每个 $\boldsymbol{y}$，从集合 $m_S^\delta(\boldsymbol{y})$ 返回单个元素的运算符将被称为 $\delta-$ 投影。

因此，对于每个 $\boldsymbol{y}$，我们都能找到 δ 最佳的 $\boldsymbol{y}_S\in\boldsymbol{\Phi}S$，然后在 S 中找到唯一的 $\hat{\boldsymbol{x}}$ 使 $\boldsymbol{y}_S=\boldsymbol{\Phi}\hat{\boldsymbol{x}}$。

4. 适用情况

$\boldsymbol{x}$ 与 $\hat{\boldsymbol{x}}$ 相距多远？为了回答这个问题，需要引入运算符 $\boldsymbol{\Phi}$ 的另一个属性，即描述 $\boldsymbol{\Phi}$“拉伸”或“收缩”元素的属性。例如，有一个长度为 $\|\boldsymbol{x}\|$ 的向量 $\boldsymbol{x}$，一旦我们将这个向量映射到空间 L，长度如何变化？如果 $\boldsymbol{\Phi}$ 是线性的，那么 $\boldsymbol{\Phi}$ 是有界的；如果 $\|\boldsymbol{\Phi x}\|\leqslant c\|\boldsymbol{x}\|$ 适用于所有 $\boldsymbol{x}\in H$ 和一些固定 c，那么有界线性算子永远不会将向量“拉伸”超过算子的模（对于有界算子而言是有限的）。但 $\boldsymbol{x}$ 可以“缩小”多少？请记住，我们对 $\boldsymbol{\Phi}$ 病态和不可逆的问题感兴趣。对于这些问题，我们必须具有紧密下界 $0\leqslant\|\boldsymbol{\Phi x}\|$，即 $\boldsymbol{\Phi}$ 的零空间中的向量被映射到零向量；而对于病态 $\boldsymbol{\Phi}$，向量可能缩小到任意小的长度。但这正是引入约束集 S 的原因。因此，我们不想询问 H 中所有向量的长度会发生什么，而是想知道存在于约束集中的那些向量会发生什么。此外，我们实际上主要感兴趣的是向量之间的差异，因此，我们会问，位于子集 S 中的任意两个向量 $\boldsymbol{x}_1$ 和 $\boldsymbol{x}_2$ 的差异长度会发生什么变化。这些最大值多少差异是拉伸的，它们可以缩减多少？也就是，我们希望找到最大实数 α 和最小实数 β，有

$$\alpha\|\boldsymbol{x}_1-\boldsymbol{x}_2\|\leqslant\|\boldsymbol{\Phi}(\boldsymbol{x}_1-\boldsymbol{x}_2)\|\leqslant\beta\|\boldsymbol{x}_1-\boldsymbol{x}_2\|\tag{2.16}$$

称上述不等式为双利普契兹条件，α 和 β 为双利普契兹常数。

如果 $\boldsymbol{\Phi}$ 是线性的，并且 $\alpha>0$，则 $\boldsymbol{\Phi}$ 是可逆的，即假设 $\boldsymbol{x}_1$、$\boldsymbol{x}_2$ 是不同的向量，$\|\boldsymbol{x}_1-\boldsymbol{x}_2\|>0$，因此，双利普契兹条件下的下界不为零。通过双利普契兹条件，这意味着 $\|\boldsymbol{\Phi}(\boldsymbol{x}_1-\boldsymbol{x}_2)\|$ 也将是非零的，$\boldsymbol{\Phi}$ 在 S 上是一对一的。

然而，$\alpha>0$ 的非零界限实际上有更多含义。如果我们使用理论重构技术，也就是说，将 $\boldsymbol{y}$ 投影到 $\boldsymbol{\Phi}S$ 上（假设现在存在这个投影，尽管可以为投影做出相似的参数），然后找到相应的 $\boldsymbol{x}\in S$。假设 $\boldsymbol{y}_S$ 是投影而 $\tilde{\boldsymbol{x}}$ 是 S 中的对应元素，使得 $\boldsymbol{\Phi}\tilde{\boldsymbol{x}}=\boldsymbol{y}_S$。则 $\tilde{\boldsymbol{x}}$ 与 $\boldsymbol{x}$ 相距多远？因此有

$$\|\boldsymbol{x}-\tilde{\boldsymbol{x}}\|\leqslant\frac{1}{\alpha}\|\boldsymbol{\Phi x}-\boldsymbol{\Phi}\tilde{\boldsymbol{x}}\|=\frac{1}{\alpha}\|\boldsymbol{y}-\boldsymbol{e}-\boldsymbol{y}_S\|$$

$$\leqslant \frac{1}{\alpha}\|\boldsymbol{y}-\boldsymbol{y}_S\|+\frac{1}{\alpha}\|\boldsymbol{e}\| \leqslant \frac{2}{\alpha}\|\boldsymbol{e}\|$$

第二个和最后一个不等式是三角不等式，最后一个不等式由于 $\boldsymbol{y}_S$ 是 $\boldsymbol{\Phi}S$ 到 $\boldsymbol{y}$ 中最接近的元素，因此比 $\boldsymbol{\Phi x}$ 更接近 $\boldsymbol{y}$。所以 $\|\boldsymbol{e}\| \geqslant \|\boldsymbol{y}-\boldsymbol{y}_S\|$。

引理2　对于任意 $\boldsymbol{x}$，令 $\boldsymbol{y}=\boldsymbol{\Phi x}+\boldsymbol{e}$，其中 $\boldsymbol{\Phi}$ 满足 $\alpha>0$ 的双利普契兹条件，并且令 $\boldsymbol{y}_S$ 是 $\boldsymbol{\Phi}S$ 到 $\boldsymbol{y}$ 中最接近的元素，则 $\tilde{\boldsymbol{x}}$ 与 $\boldsymbol{x}$ 之间的误差满足

$$\|\boldsymbol{x}-\tilde{\boldsymbol{x}}\| \leqslant \frac{2}{\alpha}\|\boldsymbol{e}\| \tag{2.17}$$

因此，如果 $\boldsymbol{x} \in S$，$\boldsymbol{\Phi}$ 是线性的且满足双利普契兹条件，那么恢复不超过 $\frac{2}{\alpha}\|\boldsymbol{e}\|$，恢复信号的最坏情况精度将仅取决于测量噪声量和双利普契兹常数 α 的倒数。

对于非线性 $\boldsymbol{\Phi}$，如果 $\alpha\|\boldsymbol{x}_1-\boldsymbol{x}_2\| \leqslant \|\boldsymbol{\Phi}(\boldsymbol{x}_1-\boldsymbol{x}_2)\|$，具有这种条件的非线性算子 $\boldsymbol{\Phi}$ 也保证是稳定的，也就是说，如果 $\boldsymbol{\Phi}S$ 中的元素 $\boldsymbol{y}_S$ 最接近 $\boldsymbol{y}$，那么满足 $\boldsymbol{y}_S=\boldsymbol{\Phi}(\tilde{\boldsymbol{x}})$ 的 $\tilde{\boldsymbol{x}}$ 将接近 $\boldsymbol{x}$。

5. 所有模型都存在一定的错误

假设 S 是信号模型，$\boldsymbol{x} \in S$。考虑这样一个问题：如果 $\boldsymbol{x}$ 不完全在 S 中，而只是"靠近"，会发生什么？为了在我们的框架中处理这种情况，我们考虑将 $\boldsymbol{x}$ 投影到 S。再次，因为 S 可以是一般的非凸集，所以这种"投影"不能保证存在，并且不需要是唯一的。假设有这样一个最接近的点，但不是唯一的。如果有多个点最接近点 $\boldsymbol{x}$，我们将假定选择其中的一个点。我们称这个点为 $\boldsymbol{x}_S$，所以 $\boldsymbol{x}_S \in S$ 且 $\|\boldsymbol{x}-\boldsymbol{x}_S\| \leqslant \inf\limits_{x\in S}\|\bar{\boldsymbol{x}}-\boldsymbol{x}_S\|$，相对误差为 $\|\boldsymbol{x}-\boldsymbol{x}_S\|$。为了从 $\boldsymbol{y}=\boldsymbol{\Phi x}+\boldsymbol{e}$ 中恢复 $\boldsymbol{x}$，我们遵循与之前相同的步骤，将 $\boldsymbol{y}$ 投影到 $\boldsymbol{\Phi}S$ 上，然后找到相应的 $\boldsymbol{x} \in S$。

$$\begin{aligned}
\|\boldsymbol{x}-\tilde{\boldsymbol{x}}\| &= \|\boldsymbol{x}-\boldsymbol{x}_S+\boldsymbol{x}_S-\tilde{\boldsymbol{x}}\| \\
&\leqslant \|\boldsymbol{x}-\boldsymbol{x}_S\|+\|\boldsymbol{x}_S-\tilde{\boldsymbol{x}}\| \\
&\leqslant \frac{1}{\alpha}\|\boldsymbol{\Phi}(\boldsymbol{x}_S)-\boldsymbol{\Phi}(\tilde{\boldsymbol{x}})\|+\|\boldsymbol{x}-\boldsymbol{x}_S\| \\
&= \frac{1}{\alpha}\|\boldsymbol{y}-\tilde{\boldsymbol{e}}-\boldsymbol{y}_S\|+\|\boldsymbol{x}-\boldsymbol{x}_S\| \\
&\leqslant \frac{1}{\alpha}\|\boldsymbol{y}-\boldsymbol{y}_S\|+\frac{1}{\alpha}\|\tilde{\boldsymbol{e}}\|+\|\boldsymbol{x}-\boldsymbol{x}_S\| \\
&\leqslant \frac{1}{\alpha}\|\boldsymbol{e}\|+\frac{1}{\alpha}\|\tilde{\boldsymbol{e}}\|+\|\boldsymbol{x}-\boldsymbol{x}_S\| \\
&\leqslant \frac{2}{\alpha}\|\boldsymbol{e}\|+\frac{1}{\alpha}\|\boldsymbol{\Phi}(\boldsymbol{x})-\boldsymbol{\Phi}(\boldsymbol{x}_S)\|+\|\boldsymbol{x}-\boldsymbol{x}_S\|
\end{aligned}$$

其中,$\tilde{e}=e+\boldsymbol{\Phi}(x)-\boldsymbol{\Phi}(x_S)$,并且第一个不等式也是三角不等式。因此,如果模型是错误的,那么我们的恢复引理就会有用(找出与前一版本的两个小差异:① x 不再需要位于 S 中;② x 与 x_S 和 $\boldsymbol{\Phi}(x)$ 与 $\boldsymbol{\Phi}(x_S)$ 的距离现在加入误差界限)。

引理 3　对于任意 x,令 $y=\boldsymbol{\Phi}x+e$,其中 $\boldsymbol{\Phi}$ 满足 $\alpha>0$ 的双利普契兹条件,并且令 $y_{\boldsymbol{\Phi}S}$ 是 $\boldsymbol{\Phi}S$ 到 y 中最接近的元素,则 x 和 x_S 之间的误差满足

$$\|x-\tilde{x}\|\leqslant\frac{2}{\alpha}\|e\|+\frac{1}{\alpha}\|\boldsymbol{\Phi}(x)-\boldsymbol{\Phi}(x_S)\|+\|x-x_S\| \tag{2.18}$$

因此,即使 x 不在模型中,我们仍然可以使用模型 S 恢复 x。在重构的准确性中加入附加误差项 $x-x_S$ 和 $\boldsymbol{\Phi}(x)-\boldsymbol{\Phi}(x_S)$。如果 x 接近 S,那么仍然可以高精度恢复 x。

对于所有的 $x_1,x_2\in S$,无论何时 $\alpha\|x_1-x_2\|\leqslant\|\boldsymbol{\Phi}(x_1-x_2)\|$ 都有可能从噪声观测值 $y=\boldsymbol{\Phi}x+e$ 中恢复接近于元素 S 的元素。但是,这种恢复的方法需要两个步骤:(1) 找到 $\boldsymbol{\Phi}S$ 中最接近 y 的元素 y_S;(2) 找到 $\tilde{x}\in S$,使 $\boldsymbol{\Phi}\tilde{x}=y_S$。对于许多复杂的模型 S,这两个步骤都很重要。对于感兴趣的几组 S,我们将研究更加实用的方法来恢复 x。这些方法不仅比上述方法在计算上有效,而且还会显示出最坏情况的恢复误差。

2.4　凸松弛的几何意义

第一种有效的方法可用于在非凸约束条件下使用约束集的凸化进行确定性数据恢复问题的数据恢复,这是压缩感知的传统方法,其操作依赖于一些经典的几何推理。基于凸化的思想主要针对稀疏问题而开发,其中存在约束的自然且强大的凸形版本。考虑一个实数向量 x,令 $\|x\|_0$ 为向量 x 中非零项的个数。如果想用约束条件进行优化,即 $\|x\|_0$ 小于某个指定的整数,那么将存在一个非凸约束。同样,如果我们想优化 x 使得 $\|x\|_0$ 尽可能小,但受到其他条件约束(例如 $y=\boldsymbol{\Phi}x$),那么就要处理非凸成本函数。为了简化这些问题,我们可以用范数 $\|x\|_1$ 代替非凸函数 $\|x\|_0$,即用 $\|\cdot\|_1$ 向量范数代替,这是更容易在数值上解决的凸问题。

现在的问题是,在哪些条件下使用 $\|x\|_0$ 进行求解等价或类似于基于范数 $\|x\|_1$ 求解的问题?为了研究这个问题,我们来看看约束集 $\|x\|_1$ 的几何结构。

2.4.1　零空间及其性质

我们对这一问题的处理受到了文献[16,18]的启发。考虑如下压缩感知

问题：最小化 $\|\boldsymbol{x}\|_0$，使得 $\boldsymbol{y}=\boldsymbol{\Phi x}$；以及它的凸变形问题：最小化 $\|\boldsymbol{x}\|_1$，使得 $\boldsymbol{y}=\boldsymbol{\Phi x}$。假设 $\hat{\boldsymbol{x}}$ 是第二个问题的解，$\boldsymbol{x}_k$ 是向量 $\boldsymbol{x}$ 的最佳第 k 次近似，即 $\boldsymbol{x}_k$ 满足 $\|\boldsymbol{x}_k-\boldsymbol{x}\|=\min\limits_{\tilde{\boldsymbol{x}}:\|\tilde{\boldsymbol{x}}\|_0=k}\|\tilde{\boldsymbol{x}}-\boldsymbol{x}\|$。

零空间 $\boldsymbol{\Phi}$ 将在本章发挥重要作用。假设 $\boldsymbol{h}$ 是这个零空间的一个向量，即 $\boldsymbol{\Phi h}=\boldsymbol{0}$。我们还将使用下面的度量来表征这个空间中的向量与坐标轴的对齐程度。$\boldsymbol{\Phi}$ 的零空间属性定义如下。C_k 为最大常数，使得

$$C_k\sum_{i\in\kappa}|\boldsymbol{h}_i|\leqslant\sum_{i\notin\kappa}|\boldsymbol{h}_i| \tag{2.19}$$

保持所有的向量 $\boldsymbol{h}$ 在零空间 $\boldsymbol{\Phi}$ 以及所有的索引集 κ 大小为 k 或更小。

对于 $\boldsymbol{\Phi}$ 的零空间中的所有向量 $\boldsymbol{h}$ 大小为 k 或更小的所有索引集合，κ 成立。重要的是，如果上述条件适用于向量 $\boldsymbol{h}$ 的所有 κ 个元素的子集，那么它也必须适用于 k 个最大元素的子集。因此，可以将上述条件写为

$$C_k\|\boldsymbol{h}_k\|\leqslant\|\boldsymbol{h}-\boldsymbol{h}_k\| \tag{2.20}$$

其中，$\boldsymbol{h}_k$ 是含有 $\boldsymbol{h}$ 中最大（幅度上）k 个元素而其他元素为零的向量。这个条件称为 $\boldsymbol{\Phi}$ 的零空间属性，如果它对 $C_k\leqslant 1$ 成立，那么我们说 $\boldsymbol{\Phi}$ 满足 k 阶的零空间属性。

2.4.2　信号恢复的零空间属性

零空间属性直接代表着凸优化问题解 $\hat{\boldsymbol{x}}$ 的质量限制：最小化 $\|\boldsymbol{x}\|_1$，使得 $\boldsymbol{y}=\boldsymbol{\Phi x}$。

为了理解这一点，设 $\boldsymbol{x}$ 是任意向量，使得 $\boldsymbol{y}=\boldsymbol{\Phi x}$；令 $\hat{\boldsymbol{x}}$ 为最优化问题的最小值，使得 $\|\hat{\boldsymbol{x}}\|_1\leqslant\|\boldsymbol{x}\|_1$ 且 $\boldsymbol{y}=\boldsymbol{\Phi}\hat{\boldsymbol{x}}=\boldsymbol{\Phi x}$。我们想要限制错误 $\hat{\boldsymbol{x}}-\boldsymbol{x}$ 的长度。为此，我们首先注意到向量 $\boldsymbol{h}=\hat{\boldsymbol{x}}-\boldsymbol{x}$ 位于零空间 $\boldsymbol{\Phi}$。由于 $\boldsymbol{y}=\boldsymbol{\Phi x}=\boldsymbol{\Phi}\hat{\boldsymbol{x}}$，可得 $\boldsymbol{0}=\boldsymbol{\Phi}\hat{\boldsymbol{x}}-\boldsymbol{\Phi x}=\boldsymbol{\Phi}(\hat{\boldsymbol{x}}-\boldsymbol{x})$。

注意，l_1 范数对于任意向量都具有这种性质，有 $\|\boldsymbol{x}\|_1=\|\boldsymbol{x}_k\|_1+\|\boldsymbol{x}-\boldsymbol{x}_k\|_1$。此外请注意，零空间属性意味着满足下面的关系：

$$\begin{aligned}&(C-1)(\|\boldsymbol{h}_k\|_1+\|\boldsymbol{h}-\boldsymbol{h}_k\|_1)\\&=C\|\boldsymbol{h}_k\|_1-\|\boldsymbol{h}_k\|_1+C\|\boldsymbol{h}-\boldsymbol{h}_k\|_1-\|\boldsymbol{h}-\boldsymbol{h}_k\|_1\\&\leqslant\|\boldsymbol{h}-\boldsymbol{h}_k\|_1-\|\boldsymbol{h}_k\|_1+C\|\boldsymbol{h}-\boldsymbol{h}_k\|_1-C\|\boldsymbol{h}_k\|_1\\&=(C+1)(\|\boldsymbol{h}-\boldsymbol{h}_k\|_1-\|\boldsymbol{h}_k\|_1)\end{aligned} \tag{2.21}$$

式(2.21)可以写成如下的形式：

$$\|\boldsymbol{h}_k\|_1+\|\boldsymbol{h}-\boldsymbol{h}_k\|_1\leqslant\frac{C+1}{C-1}(\|\boldsymbol{h}-\boldsymbol{h}_k\|_1-\|\boldsymbol{h}_k\|_1) \tag{2.22}$$

使用这两个不等式，可以分解和限制误差 $\boldsymbol{x}-\hat{\boldsymbol{x}}$ 的 l_1 范数。

$$
\begin{aligned}
\|\boldsymbol{x}-\hat{\boldsymbol{x}}\|_1 &= \|\boldsymbol{h}\| = \|\boldsymbol{h}_k\|_1 + \|\boldsymbol{h}-\boldsymbol{h}_k\|_1 \\
&\leqslant \frac{C+1}{C-1}(\|\boldsymbol{h}-\boldsymbol{h}_k\|_1 - \|\boldsymbol{h}_k\|_1) \\
&= \frac{C+1}{C-1}(\|\boldsymbol{h}-\boldsymbol{h}_k\|_1 - \|\boldsymbol{h}_k\|_1 - \|\boldsymbol{x}-\boldsymbol{x}_k\|_1 + \|\boldsymbol{x}-\boldsymbol{x}_k\|_1) \\
&\leqslant \frac{C+1}{C-1}(\|(\boldsymbol{h}-\boldsymbol{h}_k)+(\boldsymbol{x}-\boldsymbol{x}_k)\|_1 - \|\boldsymbol{h}_k\|_1 + \|\boldsymbol{x}-\boldsymbol{x}_k\|_1) \\
&= \frac{C+1}{C-1}(\|(\boldsymbol{h}-\boldsymbol{h}_k)+(\boldsymbol{x}-\boldsymbol{x}_k)\|_1 - \\
&\quad \|\boldsymbol{h}_k\|_1 + \|\boldsymbol{x}_k\|_1 - \|\boldsymbol{x}_k\|_1 + \|\boldsymbol{x}-\boldsymbol{x}_k\|_1) \\
&\leqslant \frac{C+1}{C-1}(\|(\boldsymbol{h}-\boldsymbol{h}_k)+(\boldsymbol{x}-\boldsymbol{x}_k)\|_1 + \\
&\quad \|\boldsymbol{h}_k+\boldsymbol{x}_k\|_1 - \|\boldsymbol{x}_k\|_1 + \|\boldsymbol{x}-\boldsymbol{x}_k\|_1) \\
&= \frac{C+1}{C-1}(\|\boldsymbol{x}+\boldsymbol{h}\|_1 - \|\boldsymbol{x}_k\|_1 + \|\boldsymbol{x}-\boldsymbol{x}_k\|_1) \\
&= \frac{C+1}{C-1}(\|\hat{\boldsymbol{x}}\|_1 - \|\boldsymbol{x}_k\|_1 + \|\boldsymbol{x}-\boldsymbol{x}_k\|_1) \\
&\leqslant \frac{C+1}{C-1}(\|\boldsymbol{x}\|_1 - \|\boldsymbol{x}_k\|_1 + \|\boldsymbol{x}-\boldsymbol{x}_k\|_1) \\
&= \frac{C+1}{C-1}(\|\boldsymbol{x}-\boldsymbol{x}_k\|_1 + \|\boldsymbol{x}-\boldsymbol{x}_k\|_1) \\
&= 2\,\frac{C+1}{C-1}(\|\boldsymbol{x}-\boldsymbol{x}_k\|_1)
\end{aligned}
\tag{2.23}
$$

让我们一步步讨论这几个等式和不等式。第一个等式重新指出错误 $\boldsymbol{x}-\hat{\boldsymbol{x}}$ 位于 $\boldsymbol{\Phi}$ 的零空间。第二个等式是上面式(2.22)中的第一个性质，而第一个不等式是式(2.22)中的第二个性质。下一个等式只需加上和减去 $\|\boldsymbol{x}-\boldsymbol{x}_k\|_1$，而在下面的行中使用三角不等式

$$
\begin{aligned}
\|(\boldsymbol{h}-\boldsymbol{h}_k)+(\boldsymbol{x}-\boldsymbol{x}_k)\|_1 &= \|(\boldsymbol{h}-\boldsymbol{h}_k)+(\boldsymbol{x}-\boldsymbol{x}_k)+(\boldsymbol{x}_k+\boldsymbol{h}_k)-(\boldsymbol{x}_k+\boldsymbol{h}_k)\|_1 \\
&\leqslant \|(\boldsymbol{h}-\boldsymbol{h}_k)+(\boldsymbol{x}-\boldsymbol{x}_k)+(\boldsymbol{x}_k+\boldsymbol{h}_k)\|_1 + \\
&\quad \|(\boldsymbol{x}_k+\boldsymbol{h}_k)\|_1
\end{aligned}
$$

在再次使用三角不等式之前，我们再次加减相同的数字，然后使用两个向量，$(\boldsymbol{h}-\boldsymbol{h}_k)+(\boldsymbol{x}-\boldsymbol{x}_k)$ 和 $\boldsymbol{h}_k+\boldsymbol{x}_k$ 有不同的支撑，所以我们可以再次使用性质一。下一个等式只是使用 $\hat{\boldsymbol{x}}=\boldsymbol{x}+\boldsymbol{h}$ 的定义，而最后一个不等式使用的是 $\|\hat{\boldsymbol{x}}\|\leqslant\|\boldsymbol{x}\|_1$（注意，对于所有的 $\boldsymbol{x}$，$\hat{\boldsymbol{x}}$ 对 l_1 范数最小化以满足 $\boldsymbol{y}=\boldsymbol{\Phi x}$）。我们通过对性质一的最终应用来完成论证。

有趣的是，零空间属性所特有的要求不仅足以满足上述限制，而且在下

列意义上也是必要的。如果违反了零空间属性,那么存在一个带有这个空间的度量矩阵,这样上面的边界对于某些 k 是违背的[16]。但是请注意,这并不意味着对于任何特定的测量矩阵 $\boldsymbol{\Phi}$ 都必然违反边界,即使它具有违反条件的零空间。

还要注意,这里的结果与上一节的“理想”算法的结果略有不同,并且也与我们在下一节中得出的边界不同。首先,基于零空间的结果不能解释测量误差。其次,这里的限制是依照误差 $\boldsymbol{x}-\boldsymbol{x}_k$ 的 l_1 范数,也就是说,它告诉我们可以如何近似向量的 $N-k$ 个最小系数具有小的 l_1 范数。也可以推导基于类似 $\boldsymbol{\Phi}$ 上的双利普契兹条件思想的理论。这项工作在文献[5,17]中被讨论。例如,在文献[17],我们得到以下结果,它更类似于引理 3 中的结果。

定理 2 对于任何 $\boldsymbol{x}$,假定 $\boldsymbol{\Phi}$ 满足双利普契兹性质

$$(1-\gamma)\|\boldsymbol{x}_1+\boldsymbol{x}_2\|^2 \leqslant \|\boldsymbol{\Phi}(\boldsymbol{x}_1+\boldsymbol{x}_2)\|^2 \leqslant (1+\gamma)\|\boldsymbol{x}_1+\boldsymbol{x}_2\|^2 \tag{2.24}$$

其中,$\gamma<\sqrt{2}-1$。给定观测值 $\boldsymbol{y}=\boldsymbol{\Phi x}+\boldsymbol{e}$,最小化问题 $\min\limits_{\hat{x}}\|\tilde{\boldsymbol{x}}\|_1$ 受约束于 $\|\boldsymbol{y}-\boldsymbol{\Phi}\tilde{\boldsymbol{x}}\|\leqslant\|\boldsymbol{e}\|$ 以恢复一个估计值 $\hat{\boldsymbol{x}}$,使其满足

$$\|\boldsymbol{x}-\hat{\boldsymbol{x}}\| \leqslant C_0\|\tilde{\boldsymbol{e}}\|+C_1\|\boldsymbol{x}_k-\boldsymbol{x}\| \tag{2.25}$$

其中,$\tilde{\boldsymbol{e}}=\boldsymbol{\Phi}(\boldsymbol{x}-\boldsymbol{x}_k)+\boldsymbol{e}$;$C_0$ 和 C_1 是取决于 γ 的常数。

我们不是在这里证明这个结果,而是返回到讨论零空间属性并更详细地研究这个属性对于稀疏向量恢复的几何含义。

2.4.3 随机零空间和 Grassman(格拉斯曼)角度

为了建立一个测量系统,使我们能够在式(2.23)中导出严格的误差范围的情况下使用 l_1 范数恢复,我们需要确保测量系统满足零空间属性。构建测量系统的一个特别有效的方法是通过随机构建方法,并且可以证明这些系统经常满足所需的零空间属性。由于零空间属性在本质上是几何的,所以几何构想也可以用于研究和理解这些构造技术。

不需要仔细构造一个矩阵,其零空间满足零空间属性,相反,随机选择一个零空间然后构造一个具有相同零空间的矩阵要简单得多。实际上,这种随机构造是可以构建矩阵的仅有少数已知构造方法之一,其一方面满足零空间特性,另一方面,在测量数量方面是最佳的。但是必须注意,如果使用随机构造,那么我们期望的属性将仅为极有可能持有,并不是绝对持有。

假设零空间是随机选择的,其分布是旋转不变的。意思是,如果 $\boldsymbol{B}$ 是维数为 N 的零空间的基,并且 $\boldsymbol{U}$ 是正交旋转矩阵,那么任何旋转不变分布 $p(\boldsymbol{B})$ 都

必须满足 $p(\boldsymbol{B})=p(\boldsymbol{UB})$。如果我们选择的矩阵 $\boldsymbol{\Phi}\in\mathbf{R}^{M\times N}$ 满足零均值单位方差独立正态分布，且 $M<N$，那么零空间 $\boldsymbol{\Phi}$ 的分布满足此属性。

分布矩阵 $\boldsymbol{\Phi}$ 的零空间属性与以下属性相关。

引理 4　设 κ 是 $\mathbf{R}^N$ 中向量的 k 个索引的子集，那么，零空间属性

$$C\|\boldsymbol{h}\|_1\leqslant\|\boldsymbol{h}-\boldsymbol{h}_k\|_1 \tag{2.26}$$

对于零空间中的所有 $\boldsymbol{h}$ 相当于 κ 上支持的所有向量 $\boldsymbol{x}$ 满足

$$\|\boldsymbol{x}+\boldsymbol{h}_k\|_1+\left\|\frac{\boldsymbol{h}+\boldsymbol{h}_k}{C}\right\|_1\geqslant\|\boldsymbol{x}\|_1 \tag{2.27}$$

我们在这里使用符号 $\boldsymbol{h}_k$ 来表示向量 $\boldsymbol{h}$ 的一个版本，其中除了那些具有集合 κ 中的索引的元素之外，所有元素都被设置为 0。

为了推导随机采样子空间满足零空间性质的概率的下限，我们可以推导出上述条件失败的概率的上限。也就是问，对于任何稀疏向量 $\boldsymbol{x}$，式(2.27)中的条件将失败的概率是多少？

为了回答这个问题，我们首先注意到，可以将注意力限制在满足 $\|\boldsymbol{x}\|_1=1$ 的向量 $\boldsymbol{x}$ 上。这是因为如果式(2.27)对于任何 $\boldsymbol{x}$ 都成立或失败，那么对于任意 c，$c\boldsymbol{x}$ 也成立或失败。

现在让我们看看，随机选择的零空间违反式(2.27)，对于一个给定支撑集 κ 和特定符号模式下的特定 $\boldsymbol{x}$，将这个概率称为 P_κ。为了理解 P_κ 的几何性质，让我们考虑所有满足 $\|\boldsymbol{x}\|_1=1$ 且具有 $|\kappa|=k$ 的支撑 κ 的所有向量 $\boldsymbol{x}$。

如假设 $\|\boldsymbol{x}\|_1=1$，式(2.27)中的条件与以下几何对象有关：

$$\mathrm{WB}=\left\{\hat{\boldsymbol{x}}\in\mathbf{R}^N:\|\hat{\boldsymbol{x}}_k\|_1+\left\|\frac{\hat{\boldsymbol{x}}-\hat{\boldsymbol{x}}_k}{C}\right\|_1\leqslant 1\right\} \tag{2.28}$$

我们将这个交叉多面体称为加权 l_1 球。图 2.1 中给出了一幅描述 WB、$\boldsymbol{x}$ 以及 $\boldsymbol{h}$ 的示意图。P_κ 的概率就是在零空间 $\boldsymbol{\Phi}$ 中存在一个向量 $\boldsymbol{h}\neq\boldsymbol{0}$ 使得最少一个 k 稀疏向量 $\boldsymbol{x}$ 满足 $\|\boldsymbol{x}\|_1=1$ 和支撑 κ 的概率，其中 $\mathrm{sgn}(\boldsymbol{x}_k)$ 是固定的，则有

$$\|\boldsymbol{x}+\boldsymbol{h}_k\|_1+\left\|\frac{\boldsymbol{h}-\boldsymbol{h}_k}{C}\right\|_1<\|\boldsymbol{x}\|_1=1 \tag{2.29}$$

请注意，在这里考虑的所有 k 稀疏向量 $\boldsymbol{x}$ 位于球的表面。此外，因为 $\boldsymbol{x}$ 被假定为 k 稀疏，所以 $\boldsymbol{x}$ 位于 k 维的面上。为了得到直观的几何认识，可以想象一颗钻石（通过在正方形表面上粘贴两个相等的金字塔来构建，这些金字塔具有正方形底边和相等的横向三角形边）。一颗钻石就是一个三维的交叉多面体，其八个三角形边中的每一个都是二维面。此外，钻石具有八个脊，其在高维几何语言中是一维面。最后，六个尖角被称为零维面或者顶点。为了进

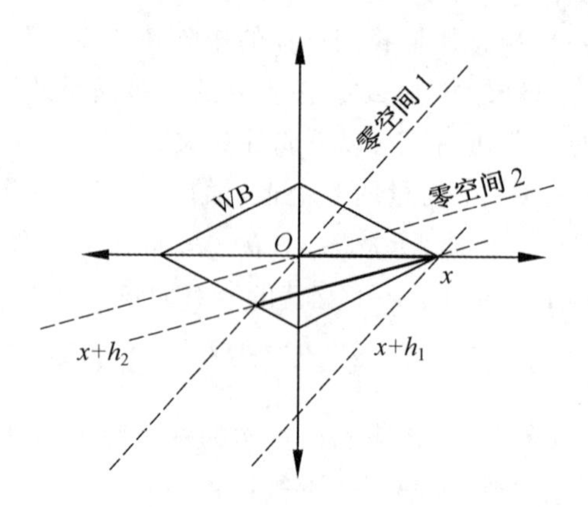

图2.1　本节讨论中涉及的向量，子空间和 l_1 球的低维草图。对于这个简单的二维示例，选择零空间是一维的。如果零空间是零空间 1，则可以恢复 1－稀疏向量 $\boldsymbol{x}$，因为没有零空间向量 $\boldsymbol{h}_1$ 使得 $\boldsymbol{x}+\boldsymbol{h}_1$ 位于交叉多面体 WB 内（参见标记为 $\boldsymbol{x}+\boldsymbol{h}_1$ 的虚线）。另一方面，如果零空间是零空间 2，则存在零空间向量 $\boldsymbol{h}_2$，使得 $\boldsymbol{x}+\boldsymbol{h}_2$ 位于 WB 内（参见标记为 $\boldsymbol{x}+\boldsymbol{h}_2$ 的虚线的实心部分），并且 $\boldsymbol{x}$ 是不可恢复的

一步建立直观的几何认识，假设坐标轴与钻石边缘（或顶点）对齐。如果这些顶点恰好位于[1 0 0]、[－1 0 0]、[0 1 0]、[0 －1 0]、[0 0 1]和[0 0 －1]上，这样，钻石就是三维的单位 l_1。重要的是，还要注意任何具有单位 l_1 范数的 2－稀疏向量将位于其中一个脊（或二维面）上。现在，一旦我们固定了支撑集 κ，在二维例子中，$\boldsymbol{x}_k$ 将位于三个平面中的一个平面上，这三个平面与钻石的八个脊中的四个完全对齐。究竟哪四个脊取决于支撑集 κ。在该三维示例中，加权的 l_1 球将是拉伸的菱形，其中不位于由支撑集 κ 定义的二维子空间上的两个顶点更远离坐标中心。此外，我们只考虑四种可能的符号模式中的一种，这意味着假设 $\boldsymbol{x}_k$ 仅位于四个脊中的一个上。

相同的原则在更高的维度上也成立。考虑位于“拉伸”l_1 球的 k 面内部的任何特定 k 稀疏 $\boldsymbol{x}$（k 面本身位于未进行“拉伸”的平面中）。对于平面的内部，意味着假设 $\boldsymbol{x}$ 完全位于 k 面，但是不在 $k-1$ 面的任何一个上。即 $\boldsymbol{x}$ 恰好具有 k 个非零值而不是更少。在我们的 $k=2$ 的三维金字塔中，这意味着 $\boldsymbol{x}$ 位于脊上，但不完全位于拐角处。

现在让我们考虑随机绘制子空间具有满足向量的概率

$$\|\boldsymbol{x}+\boldsymbol{h}_k\|_1+\left\|\frac{\boldsymbol{h}-\boldsymbol{h}_k}{C}\right\|_1<\|\boldsymbol{x}\|_1=1 \tag{2.30}$$

对于至少一个这样的 $\boldsymbol{x}$，如上所述，恰好是这种零空间违反可能符号模式之一的零空间属性的概率。

在三维实例中，拉伸的交叉多面体是拉伸的菱形，任何 2－稀疏向量 $\boldsymbol{x}$ 将假定位于其中一个未伸展的脊上。如果我们要随机绘制方向 $\boldsymbol{d}$ 并考虑仿射子空间 $\boldsymbol{x}+\boldsymbol{d}$，那么这个子空间不穿过拉伸的钻石的概率是多少？虽然在具有两个稀疏向量的三维示例中，一维子空间实际上是我们唯一感兴趣的情景，在高维度上，实际上有更多的空间，并且有更高维度的子空间“附着”到我们钻石的低维面上，而子空间实际上没有切入钻石本身。

让我们首先尝试并考虑一个附加到特定的山脊上的一维子空间与延伸的平面不相交的概率，这个概率相当于一个位于特定锥体内的随机抽取的向量。要看到这一点，将其移动，使点 $\boldsymbol{x}$ 位于我们的坐标系的中心。在三维示例中，我们真正关心的子空间和菱形的交点就是两个相交在 $\boldsymbol{x}$ 所在脊处的两个面的交点。在移动平面之后，只要随机绘制的向量与这两个面中的任何一个相交，就会违反我们的条件。这发生的概率与随机绘制的向量位于由这两个面生成的圆锥内的概率完全相同。因此，我们的问题与指定随机绘制的子空间位于由与我们所在的面相交的交叉多面体的面所指定的圆锥内的概率相同。

这是之前研究过的一个问题。事实上，一个随机选择的低维子空间与一个倾斜的交叉多面体相交的概率等于一个被称为互补的 Grassmann 角的几何性质[19]。甚至有一个现成的公式可用于计算任何 $k-1$ 维面的补充 Grassman 角[20]。

$$P_{|\kappa|}=2\sum_{i}\sum_{\mathrm{FACE}_i}\beta(\mathrm{FACE}_k,\mathrm{FACE}_i)\gamma(\mathrm{FACE}_i,\mathrm{WB})\tag{2.31}$$

第一个总和是所有非负整数 i，第二个总和是在斜交叉多面体的所有 $M+1+2i$ 维面 FACE_i 上的结果。这里 FACE_k 是假设 $\boldsymbol{x}$ 所在的 k 维空间，而 WB 是整个交叉多面体本身。函数 $\beta(\cdot,\cdot)$ 和 $\gamma(\cdot,\cdot)$ 都是交叉多面体的两个面的函数（请注意，整个多面体也算作一个面）。

一方面，$\beta(\mathrm{FACE}_1,\mathrm{FACE}_2)$ 被称为内角。内角是两个面的几何特性。通过考虑下面的锥体 C 来计算角度。对于 FACE_2 中的所有 $\boldsymbol{x}$，移动多面体以使得 $\boldsymbol{x}=\boldsymbol{0}$ 并且让 $C(\boldsymbol{x})$ 是离开 $\boldsymbol{x}$ 并且与面部 FACE_2 相交的所有向量的锥体。那么 C 是所有锥的交集 $C=\bigcup_{\boldsymbol{x}\in\mathrm{FACE}_1}C(\boldsymbol{x})$。内角是与圆锥体相同尺寸的单位球体的比例，被圆锥体覆盖。如果两个面不相交，则内角为零；如果面相同，则内角为 1。

另一方面，$\gamma(\mathrm{FACE}_1,\mathrm{FACE}_2)$ 称为外角。外角以类似的方式定义，然而，通过考虑支撑两个面的超平面的所有向外法线来构造锥体。如果两个面不相交，则外角再次为零；如果面相同，则外角为 1。

现在主要的目标是推导出量化这些角度的表达式[16]，但不需要在这里进行冗长的推导，而是考虑如何使用它们来约束我们感兴趣的概率。

上述概率针对给定的支撑集和给定的稀疏模式，但要满足所有支撑集的条件。为了得出这样的界限，首先计算不同支撑集的数量。对于每个支撑集，有 $2^{|\kappa|}$ 不同的标志模式。此外，有 k 个非零元素的不同支撑集。因此，可以使用一个联合来约束失败的概率。联合约束使用以下简单的概率事实。如果 A 和 B 是两个事件，那么 A 或 B 成立的概率始终小于或等于 A 成立的概率加上 B 成立的概率。从而

$$P(A \cup B) \leqslant P(A) + P(B) \tag{2.32}$$

如果我们将这个原理应用于其中一个支撑集和一个符号模式不满足式(2.27)的概率上，那么可以将这个概率限定为

$$P(\text{Faliure}) \leqslant \binom{n}{k} 2^k P_\kappa \tag{2.33}$$

我们可以看到概率是有界的，是 k 和 P_κ 的函数。P_κ 本身取决于 M 和 N 以及 k 的维数，也取决于 C(因为 C 指定了加权 l_1 球中的拉伸量)。主要的信息是，如果我们需要一定程度的鲁棒性(由 C 和 k 定义)，并且要观察一个长度为 N 的向量，那么需要选择足够大的观测值的数目，以使得概率 $\binom{n}{k} 2^k P_\kappa$ 足够小。在这种情况下，一个随机选择的 $N-M$ 维子空间将(以 $\binom{n}{k} 2^k P_\kappa$ 概率为界)会被允许在要求的精度内重构我们的向量。但闭式表达式不适用于这里导出的概率界，然而，数值方法可用于评估 C、M、N 和 k 所需的任何组合所需的 Grassmann 角[16]。

2.5 迭代投影算法的几何意义

在非凸约束条件下解决信号恢复问题主要有两种方法。2.4 节讨论的第一种方法用凸面问题代替了非凸问题，从而大大简化了问题。在本节中，我们来讨论另一种贪婪的方法。贪婪方法是迭代方案，用一系列较简单的问题代替非凸优化问题。这里的"贪婪"表明这些方法"贪婪地"从非凸约束集中获取信号以满足这些局部优化约束。虽然有许多贪婪算法，但我们在这里讨论一个概念上简单但功能非常强大的方法，它具有与上面讨论的基于凸松弛的方法类似的性能保证，但也可以用于许多不存在简单凸松弛的非凸约束。

2.5.1　迭代硬阈值算法

迭代硬阈值算法[21,22]也被称为迭代投影或投影 Landweber 算法，是一种迭代方法，此方法迭代地设置阈值或投影估计。要了解这种方法如何工作，再考虑一下我们正在尝试解决的优化问题。

$$\min \| \boldsymbol{y} - \boldsymbol{\Phi x} \|^2 : \boldsymbol{x} \in S \tag{2.34}$$

其中，S 是一个可能的非凸约束集。

没有任何约束，解决上述问题最简单的方法是使用梯度优化（假定 $\| \boldsymbol{y} - \boldsymbol{\Phi x} \|^2$ 的梯度存在）。如果 G 是 $\| \boldsymbol{y} - \boldsymbol{\Phi x} \|^2$ 的负梯度（如果 $\boldsymbol{x}$ 是一般函数，则是 Gâteaux 的导数），则该优化将使用迭代更新估计 $\boldsymbol{x}^n$

$$\boldsymbol{x}^{n+1} = \boldsymbol{x}^n + \Omega \boldsymbol{g} \tag{2.35}$$

其中，Ω 是一个标量步长，或者更一般地说，是一个来预处理和稳定问题的线性映射。例如，Ω 可以是 $\boldsymbol{\Phi\Phi}^{\mathrm{T}}$ 的逆[23,24]或牛顿算法中的 Hessian（黑塞）算子。但是，如果 $\boldsymbol{\Phi}$ 是不可逆的或有条件的，那么这种优化不会导致一个独特而稳定的解决方案，这就是首先引入约束集合 S 的原因。因此，为了利用约束条件，我们只需要强制要求 $\boldsymbol{x}^{n+1}$ 位于 S。为了达到此目的，估计 $\boldsymbol{a} = \boldsymbol{x}^n + \mu \boldsymbol{g}$ 必须被映射到 S 中的元素，为了保持成本函数 $\| \boldsymbol{y} - \boldsymbol{\Phi x} \|^2$ 潜在增加，这种映射必须要达到最小值，这种映射不应该让我们离 $\boldsymbol{a}$ 太远，因此，希望在 S 中找到尽可能接近 $\boldsymbol{a}$ 的点。如果我们能够计算非凸集合 S 的这种投影，那么可以使用迭代硬阈值算法。

$$\boldsymbol{x}^{n+1} = P_S(\boldsymbol{x}^n + \Omega \boldsymbol{g}) \tag{2.36}$$

其中，P_S 就是这个投影映射。

这个过程可能会提醒读者，重构是通过投影 $\boldsymbol{y}$ 到 $\boldsymbol{\Phi}S$ 中最接近的元素来完成的。原则上，投影 P_S 与集合 $\boldsymbol{\Phi}S$ 上的投影定义方式类似。因此，如果能够有效地计算投影到 $\boldsymbol{\Phi}S$ 上，那么就不需要使用更复杂的迭代硬阈值算法。然而，重点在于，对于实践中使用的许多约束集合 S，计算投影 P_S 比尝试投影到集合 $\boldsymbol{\Phi}S$ 上要有效得多。

2.5.2　投影到非凸集上

首先让我们再次形式化我们在讨论集合 $S \subset H$ 时的投影意味着什么。投影算子 P_S 将是任意映射，对于给定的 $\boldsymbol{x} \in H$，返回一个唯一元素 $\boldsymbol{x}_S \in S$ 使得

$$\| \boldsymbol{x} - \boldsymbol{x}_S \| = \inf_{x \in S} \| \boldsymbol{x} - \tilde{\boldsymbol{x}} \| \tag{2.37}$$

同样,在某些情况下,可能没有任何 $\boldsymbol{x}_S \in S$,这个属性在平等的情况下保持不变。在这些情况下,投影作为那些映射 P_S,对于一个给定的 $\boldsymbol{x} \in H$ 返回一个唯一的元素 $\boldsymbol{x}_S \in S$,使得

$$\| \boldsymbol{x} - \boldsymbol{x}_S \| = \inf_{x \in S} \| \boldsymbol{x} - \tilde{\boldsymbol{x}} \| + \epsilon \tag{2.38}$$

1. 稀疏性

在欧几里得空间中,稀疏向量 $\boldsymbol{x}$ 是 $\mathbf{R}^N$ 或 $\mathbf{C}^N$ 的元素,其中 $\boldsymbol{x}_i = \mathbf{0}$ 对于许多索引 $i \subset [1,2,\cdots,N]$ 成立。一个受欢迎的约束集是 $\mathbf{R}^N$(或 $\mathbf{C}^N$)中具有不超过 $k < N$ 个非零元素的所有向量 $\boldsymbol{x}$ 的集合 S_k。如上所述,这是一个非凸集,对于一般的 $\boldsymbol{\Phi}$ 发现 $\boldsymbol{\Phi} S_k$ 上的投影并不简单,实际上这通常是组合搜索问题,我们必须查看 S_k 的每个 k — 稀疏子空间。然而,将向量 $\boldsymbol{x}$ 投影到 S_k 本身是很简单的,应该识别 k 个最大(幅度)的分量 $|\boldsymbol{x}_i|$,并将所有其他分量设置为零。

2. 块 — 稀疏性

像许多其他结构化稀疏约束一样,块稀疏不容易直接在观察域中处理,也就是说难以投影到 $\boldsymbol{\Phi} S$ 上。再次,投射到 S 本身是很简单的,并且以与稀疏情况类似的方式完成。现在唯一的区别是我们必须在限制每个块时计算 $\boldsymbol{x}$ 的长度。例如,如果各个块用索引 j 标记,并且如果 $\boldsymbol{x}_j$ 是 $\boldsymbol{x}$ 的子向量,只包含块 j 中的那些元素,那么我们计算每个 $\boldsymbol{x}_j$ 的长度,并将除了 k 个最大块中的那些元素之外的所有块设置为零。

3. 树 — 稀疏性

树稀疏模型是另一个主要结构化稀疏模型。对于一个给定的欧几里得向量 $\boldsymbol{x}$ 和一个预定义的树结构,寻找尊重树结构的最接近的稀疏向量比前面两个例子中的投影要复杂一些。幸运的是,存在可以使用的快速算法(但在最坏的情况下只是近似的)。特别是,冷凝排序和选择算法(CSSA)相对较快,因为它只需要一个计算量,在许多情况下,它的量级为 $O(N\log N)$[25]。

4. 其他稀疏性

在上面的三个例子中,我们使用了约束集,其中信号模型假设在规范基础上的稀疏性,也就是说,我们认为向量是 N 个数的集合,稀疏性仅仅意味着我们只允许一些非零数。为此,我们隐含地假设将向量写为 N 个实数或复数的集合,也就是说,假设用传统的线性代数符号将向量写为

$$\boldsymbol{x} = [\boldsymbol{x}_1 \ \boldsymbol{x}_2 \ \cdots \ \boldsymbol{x}_n]^{\mathrm{T}} \tag{2.39}$$

这种表示法只表示向量是关于某种基的。记住,最好将一个向量看作空间中的一个点,比如公寓区中某个特定公寓的位置,你可以指定它的位置为 3 层楼,左侧走廊,右侧第 3 层,可写为[3 3 1]。但是,其他坐标系是可能存在

的，并且会导致一组不同的三个数字出现。如前所述，对于我们的信号表示也是可能的。如果我们的信号 $\boldsymbol{x}$ 是欧几里得空间中的向量，那么可以把它写成

$$\boldsymbol{x}=\sum_i a_i \boldsymbol{x}_i \tag{2.40}$$

其中，a_i 是指定位置的数字；$\boldsymbol{x}_i$ 是特定的基。例如，对于采样时间序列，我们通常使用规范基，其中每个基向量用于指定每个采样时间点的信号强度。但是，如果我们将信号视为空间中的点，那么可以自由选择更方便的坐标轴。这特别有用，因为稀疏性是数字集合的属性（通常被非正式地称为向量，但正如我们上面强调的那样，它不应该与向量的定义混淆为在空间中的指向）而不是空间中的某个点。如果我们定义其表示稀疏且不同信号在不同基上稀疏的适当基，则空间中的点只能是备用的。例如，许多自然声音由少量谐波分量组成，因此使用傅里叶或其他正弦基表示声音是相当稀疏的。另外，经常发现图像在基于小波基的表示中是稀疏的。

计算任何信号在任何一个基向量上的投影都很容易，其表达式为

$$\frac{\langle \boldsymbol{x},\boldsymbol{x}_i\rangle}{\|\boldsymbol{x}_i\|} \tag{2.41}$$

其中，$\boldsymbol{x}_i$ 是在基向量上投影的基向量。如果所有基向量都是正交的，那么也可以使用这种方法投影到由基向量子集所跨越的线性子空间上。重要的是，对于正交基，一个基准向量的系数的最优选择不取决于其他基向量的选择。但是，如果基向量不是正交的，这个不错的属性将不再成立。因此，在任何正交基上找到稀疏逼近都很简单，可以通过在基向量中找到信号的表示，然后进行简单的阈值处理，只保留具有最大记录的元素。然而，当基向量不是正交的，并且必须考虑非正交性时，这种简单的方法通常不再可行。

5. 低秩矩阵

如上所述，以矩阵形式出现的数据也允许指定强大的非凸约束。对于已知具有低秩的矩阵，我们需要对低秩矩阵进行投影。另外，这些投影很容易计算。具有秩 k 的矩阵的最佳逼近可以使用矩阵的奇异值分解来计算，随后是奇异值的阈值处理，从而仅保留最大的 k 个奇异值[26]。

2.5.3　收敛和稳定恢复

现在应该问的主要问题是“迭代硬阈值算法有多好？”即如果给出观测值 $\boldsymbol{y}$，其中 $\boldsymbol{y}=\boldsymbol{\Phi x}$，并且如果运行算法进行多次迭代，估计 $\tilde{\boldsymbol{x}}$ 与真实的未知信号 $\boldsymbol{x}$ 有多接近？

这个问题的答案由以下定理给出。

定理 3　在某个希尔伯特空间 H 中假设一个任意信号 $\boldsymbol{x}$。假设给出了一个观测值 $\boldsymbol{y}$ 和一个测量算子 $\boldsymbol{\Phi}$，并且假设 $\boldsymbol{y}=\boldsymbol{\Phi x}$，其中 $\boldsymbol{e}$ 是一个未知的误差项。根据以前的经验，还应知道 $\boldsymbol{x}$ 靠近非凸约束集 S。如果 $\boldsymbol{\Phi}$ 满足 S 上的双利普契兹条件，常数 $\frac{\beta}{\alpha}<1.5$，那么迭代硬阈值算法运行步长 μ 满足 $\beta\leqslant\frac{1}{\mu}\leqslant 1.5\alpha$，并运行

$$n^{*}=\left\lceil 2\frac{\log\left(\delta\frac{\|\tilde{\boldsymbol{e}}\|}{\|P_S(\boldsymbol{x})\|}\right)}{\log(2/(\mu\alpha)-2)}\right\rceil \tag{2.42}$$

次迭代，其满足的解为

$$\|\boldsymbol{x}-\hat{\boldsymbol{x}}\|\leqslant(\sqrt{c}+\delta)\|\tilde{\boldsymbol{e}}\|+\|P_S(\boldsymbol{x})-\boldsymbol{x}\| \tag{2.43}$$

其中，$c\leqslant\frac{4}{3\alpha-2\mu}$；$\tilde{\boldsymbol{e}}=\boldsymbol{\Phi}(\boldsymbol{x}-P_S(\boldsymbol{x}))+\boldsymbol{e}$；任意的 $\delta>0$。

让我们从查看定理所需的迭代次数开始观察几个有趣的结果。

$$n^{*}=\left\lceil 2\frac{\log\left(\delta\frac{\|\tilde{\boldsymbol{e}}\|}{\|P_S(\boldsymbol{x})\|}\right)}{\log(2/(\mu\alpha)-2)}\right\rceil \tag{2.44}$$

这取决于比率 $\delta\frac{\|\tilde{\boldsymbol{e}}\|}{\|P_S(\boldsymbol{x})\|}$，这是信噪比的一种形式，然而，这里的信号分量是 $P_S(\boldsymbol{x})$，即真实信号到 S 中最接近元素的投影。同样，误差项 $\tilde{\boldsymbol{e}}=\boldsymbol{\Phi}(\boldsymbol{x}-P_S(\boldsymbol{x}))+\boldsymbol{e}$ 不仅阐释了观测噪声 $\boldsymbol{e}$，而且阐释了真实信号与模型 $\boldsymbol{x}-P_S(\boldsymbol{x})$ 之间的距离。在定理中选择 δ 的灵活性允许我们进一步用近似精度来交换迭代次数。重要的是，δ 线性地影响误差界限(减半 δ 将减小误差界限以恒定的比率依赖于 $\tilde{\boldsymbol{e}}$)，但它在对数内输入所需的迭代计数，因此近似误差的线性变化的计算时间仅需要对数增加。

让我们仔细看看近似误差本身，这是由两个错误项 $\|\boldsymbol{e}\|$ 和 $\|P_S(\boldsymbol{x})-\boldsymbol{x}\|$ 组成的。这些项中的第二个项是 $\|P_S(\boldsymbol{x})-\boldsymbol{x}\|$，是真实信号 $\boldsymbol{x}$ 和它与 S 中元素的最佳逼近之间的距离。显然，它们所有的估计都来自 S 集，所以将无法得到比 $\|P_S(\boldsymbol{x})-\boldsymbol{x}\|$ 更好的近似值。第一项 $\tilde{\boldsymbol{e}}=\boldsymbol{\Phi}(\boldsymbol{x}-P_S(\boldsymbol{x}))+\boldsymbol{e}$，由两个被映射到观察空间之后误差贡献项即观察噪声 $\boldsymbol{e}$ 和误差 $\boldsymbol{x}-P_S(\boldsymbol{x})$ 组成。实际上，我们必须承受的误差比取决于使用的迭代次数 δ 和常数 $c\leqslant\frac{4}{3\alpha-2\mu}$(受 μ 和 α 的限制)。由于 μ 最终取决于 β，因此常数 c 取决于 S 上 $\boldsymbol{\Phi}$ 的

双利普契兹性质。

2.5.4　证明

定理 4　我们现在展示如何使用本章开发的几何思想推导出上述定理。这里的推导遵循文献[9]中的推导。我们的目标是在迭代 n 之后限制真实信号 $\boldsymbol{x}$ 与其估计 $\hat{\boldsymbol{x}}^n$ 之间的距离。为此,从三角不等式开始,将该向量分成两个分量,即 $\boldsymbol{x}$ 和 $\boldsymbol{x}_S=P_S(\boldsymbol{x})$ 之间的误差及 $\boldsymbol{x}_S=P_S(\boldsymbol{x})$ 和 $\hat{\boldsymbol{x}}^n$ 之间的误差。这里给出界限

$$\|\boldsymbol{x}-\hat{\boldsymbol{x}}^n\|_2 \leqslant \|\boldsymbol{x}_S-\hat{\boldsymbol{x}}^n\|_2+\|\boldsymbol{x}_S-\boldsymbol{x}\|_2 \tag{2.45}$$

我们看到,$\|\boldsymbol{x}_S-\boldsymbol{x}\|_2$ 已经是我们在该定理中误差范围的最后一项,并且如前所述,我们不能指望做得比这更好,所以不再讨论这一项,而是把精力集中在第一项上,即 $\boldsymbol{x}_S-\hat{\boldsymbol{x}}^n$ 的长度将进一步限制。我们的目标是在前一次迭代中在误差的长度上增加一些独立于 $\boldsymbol{x}$ 的额外误差项来约束 $\|\boldsymbol{x}_S-\hat{\boldsymbol{x}}^n\|_2$。

注意 $\boldsymbol{x}_S$ 和 $\hat{\boldsymbol{x}}^n$ 都在集合 S 内,因此可以对这两个向量使用双利普契兹条件,特别是有

$$\|\boldsymbol{x}_S-\hat{\boldsymbol{x}}^n\|_2^2 \leqslant \frac{1}{\alpha}\|\boldsymbol{\Phi}(\boldsymbol{x}_S-\hat{\boldsymbol{x}}^n)\|_2^2 \tag{2.46}$$

如果现在使用定义 $\tilde{\boldsymbol{e}}=\boldsymbol{\Phi}(\boldsymbol{x}-\boldsymbol{x}_S)+\boldsymbol{e}$,则 $\boldsymbol{\Phi}\boldsymbol{x}_S-\boldsymbol{\Phi}\hat{\boldsymbol{x}}^n=\boldsymbol{\Phi}\boldsymbol{x}_S-\boldsymbol{\Phi}\hat{\boldsymbol{x}}^n+\boldsymbol{\Phi}\boldsymbol{x}-\boldsymbol{\Phi}\boldsymbol{x}_S+\boldsymbol{e}-\boldsymbol{\Phi}(\boldsymbol{x}-\boldsymbol{x}_S)+\boldsymbol{e}$。因此,可以将 $\boldsymbol{\Phi}(\boldsymbol{x}-\boldsymbol{x}_S)+\boldsymbol{e}$ 长度的平方表达为 $\boldsymbol{y}-\boldsymbol{\Phi}\hat{\boldsymbol{x}}^n$ 和 $\tilde{\boldsymbol{e}}$ 长度的平方和。

$$\begin{aligned}\|\boldsymbol{\Phi}(\boldsymbol{x}_S-\hat{\boldsymbol{x}}^n)\|_2^2 &= \|\boldsymbol{y}-\boldsymbol{\Phi}\hat{\boldsymbol{x}}^n\|_2^2+\|\tilde{\boldsymbol{e}}\|_2^2-2\langle\tilde{\boldsymbol{e}},(\boldsymbol{y}-\boldsymbol{\Phi}\mid\hat{\boldsymbol{x}}^n)\rangle \\ &\leqslant \|\boldsymbol{y}-\boldsymbol{\Phi}\hat{\boldsymbol{x}}^n\|_2^2+\|\tilde{\boldsymbol{e}}\|_2^2+\|\tilde{\boldsymbol{e}}\|_2^2+ \\ &\quad\ \|\boldsymbol{y}-\boldsymbol{\Phi}\mid\hat{\boldsymbol{x}}^n\|_2^2 \\ &=2\|\boldsymbol{y}-\boldsymbol{\Phi}\hat{\boldsymbol{x}}^n\|_2^2+2\|\tilde{\boldsymbol{e}}\|_2^2\end{aligned} \tag{2.47}$$

通过不等式得出最后一个不等式

$$\begin{aligned}-2\langle\tilde{\boldsymbol{e}},(\boldsymbol{y}-\boldsymbol{\Phi}\hat{\boldsymbol{x}}^n)\rangle &= -\|\tilde{\boldsymbol{e}}+(\boldsymbol{y}-\boldsymbol{\Phi}\hat{\boldsymbol{x}}^n)\|_2^2+\|\tilde{\boldsymbol{e}}\|_2^2+ \\ &\quad\ \|(\boldsymbol{y}-\boldsymbol{\Phi}\hat{\boldsymbol{x}}^n)\|_2^2 \\ &\leqslant \|\tilde{\boldsymbol{e}}\|_2^2+\|(\boldsymbol{y}-\boldsymbol{\Phi}\hat{\boldsymbol{x}}^n)\|_2^2\end{aligned} \tag{2.48}$$

我们现在准备在式(2.47)中限制第一项,这是使用缩写 $\boldsymbol{g}^{n-1}=2\boldsymbol{\Phi}^{\mathrm{T}}(\boldsymbol{y}-\boldsymbol{\Phi}\hat{\boldsymbol{x}}^{n+1})$ 和下面不等式完成的:

$$\begin{aligned}\|\boldsymbol{y}-\boldsymbol{\Phi}\hat{\boldsymbol{x}}^n\|_2^2 &\leqslant (\mu^{-1}-\alpha)\|(\boldsymbol{x}_S-\hat{\boldsymbol{x}}^{n-1})\|_2^2+ \\ &\quad\ \|\tilde{\boldsymbol{e}}\|_2^2+(\beta-\mu^{-1})\|(\hat{\boldsymbol{x}}^n-\hat{\boldsymbol{x}}^{n-1})\|_2^2\end{aligned} \tag{2.49}$$

它是通过下面不等式完成的:

$$\|\boldsymbol{y}-\boldsymbol{\Phi}\hat{\boldsymbol{x}}^n\|_2^2-\|\boldsymbol{y}-\boldsymbol{\Phi}\hat{\boldsymbol{x}}^{n-1}\|_2^2$$

$$\leqslant -\langle(\boldsymbol{x}_S-\hat{\boldsymbol{x}}^{n-1}),\boldsymbol{g}^{n-1}\rangle+\mu^{-1}\|\boldsymbol{x}_S-\hat{\boldsymbol{x}}^{n-1}\|_2^2+(\beta-\mu^{-1})\|\hat{\boldsymbol{x}}^n-\hat{\boldsymbol{x}}^{n-1}\|_2^2$$
$$\leqslant -\langle(\boldsymbol{x}_S-\hat{\boldsymbol{x}}^{n-1}),\boldsymbol{g}^{n-1}\rangle+\|\boldsymbol{\Phi}(\boldsymbol{x}_S-\hat{\boldsymbol{x}}^{n-1})\|_2^2+$$
$$(\mu^{-1}-\alpha)\|\boldsymbol{x}_S-\hat{\boldsymbol{x}}^{n-1}\|_2^2+(\beta-\mu^{-1})\|\hat{\boldsymbol{x}}^n-\hat{\boldsymbol{x}}^{n-1}\|_2^2$$
$$=\|\tilde{\boldsymbol{e}}\|_2^2-\|\boldsymbol{y}-\boldsymbol{\Phi}\hat{\boldsymbol{x}}^n\|_2^2+(\mu^{-1}-\alpha)\|\boldsymbol{x}_S-\hat{\boldsymbol{x}}^{n-1}\|_2^2+$$
$$(\beta-\mu^{-1})\|\hat{\boldsymbol{x}}^n-\hat{\boldsymbol{x}}^{n-1}\|_2^2 \tag{2.50}$$

这里,第二个不等式是由于非对称 RIP,而第一个不等式来自引理[9]:

引理 5 如果 $\hat{\boldsymbol{x}}^n=H_k(\hat{\boldsymbol{x}}^{n-1}+\mu\boldsymbol{\Phi}^{\mathrm{T}}(\boldsymbol{y}-\boldsymbol{\Phi}\hat{\boldsymbol{x}}^{n-1}))$,那么

$$\|\boldsymbol{y}-\boldsymbol{\Phi}\hat{\boldsymbol{x}}^n\|_2^2-\|\boldsymbol{y}-\boldsymbol{\Phi}\hat{\boldsymbol{x}}^{n-1}\|_2^2$$
$$\leqslant -\langle(\boldsymbol{x}_S-\hat{\boldsymbol{x}}^{n-1}),\boldsymbol{g}^{n-1}\rangle+\mu^{-1}\|\boldsymbol{x}_S-\hat{\boldsymbol{x}}^{n-1}\|_2^2+(\beta-\mu^{-1})\|\hat{\boldsymbol{x}}^n-\hat{\boldsymbol{x}}^{n-1}\|_2^2 \tag{2.51}$$

可以结合不等式(2.45)、式(2.46)和式(2.49),如果 $\beta\leqslant\mu^{-1}$,那么就有

$$\|\boldsymbol{x}_S-\hat{\boldsymbol{x}}^n\|_2^2\leqslant 2\left(\frac{1}{\mu\alpha}-1\right)\|(\boldsymbol{x}_S-\hat{\boldsymbol{x}}^{n-1})\|_2^2+\frac{4}{\alpha}\|\tilde{\boldsymbol{e}}\|_2^2 \tag{2.52}$$

这正是我们正在寻找的,因为现在 $\boldsymbol{x}_S$ 和当前估计之间的误差小于 $\boldsymbol{x}_S$ 和先前估计之间的差值的一小部分(加上一些额外的噪声项)。因为我们也有 $2\left(\frac{1}{\mu\alpha}-1\right)<1$ 的限制,所以如果用 $\|(\boldsymbol{x}_S-\hat{\boldsymbol{x}}^{m-2})\|_2^2$ 替换 $\|(\boldsymbol{x}_S-\hat{\boldsymbol{x}}^{n-1})\|_2^2$,然后用带有 $\|(\boldsymbol{x}_S-\hat{\boldsymbol{x}}^{m-3})\|_2^2$ 界限的 $\|(\boldsymbol{x}_S-\hat{\boldsymbol{x}}^{n-2})\|_2^2$,依此类推,直到最终得到 $\|(\boldsymbol{x}_S-\hat{\boldsymbol{x}}^0)\|_2^2$ 的界限,其中假设 $\hat{\boldsymbol{x}}^0=\boldsymbol{0}$,那么就有

$$\|\boldsymbol{x}_S-\hat{\boldsymbol{x}}^n\|_2^2\leqslant\left(2\left(\frac{1}{\mu\alpha}-1\right)\right)^n\|\boldsymbol{x}_S\|_2^2+c\|\tilde{\boldsymbol{e}}\|_2^2 \tag{2.53}$$

其中,$c\leqslant\frac{4}{3\alpha-2u^{-1}}$。这些论点导致了定理中的主张。为了说明这一点,首先将迭代 n 的估计距离与我们的估计结合起来

$$\|\boldsymbol{x}-\hat{\boldsymbol{x}}^n\|_2\leqslant\sqrt{\left(\frac{2}{\mu\alpha}-2\right)^n\|\boldsymbol{x}_S\|_2^2+c\|\tilde{\boldsymbol{e}}\|_2^2}+\|\boldsymbol{x}_S-\boldsymbol{x}\|_2$$
$$\leqslant\left(\frac{2}{\mu\alpha}-2\right)^{n/2}\|\boldsymbol{x}_S\|_2+c^{0.5}\|\tilde{\boldsymbol{e}}\|_2+\|\boldsymbol{x}_S-\boldsymbol{x}\|_2 \tag{2.54}$$

这说明经过 $n^*=\left[2\frac{\log(\|\tilde{\boldsymbol{e}}\|_2/\|\boldsymbol{x}_S\|_2)}{\log(2/(\mu\alpha)-2)}\right]$次迭代后有

$$\|\boldsymbol{x}-\boldsymbol{x}^{n^*}\|_2\leqslant(c^{0.5}+1)\|\tilde{\boldsymbol{e}}\|_2+\|\boldsymbol{x}_S-\boldsymbol{x}\|_2 \tag{2.55}$$

2.6 非线性观测模型的扩展

这里我们感兴趣的是,当信号是由非线性系统测得时会对压缩感知恢复

问题产生什么影响。特别地，我们希望如果系统不是非线性的，那么在所做的假设与线性压缩感知类似时恢复仍是可能的。考虑到非线性测量不仅是学术界感兴趣的，而且对于很多现实世界的采样系统都有重要的意义，因为测量系统通常不能设计成完美的线性。因此，假定我们的测量结果由一个非线性映射 $\boldsymbol{\Phi}(\cdot)$ 表示，将赋范向量空间 H 的元素映射到赋范向量空间 B 中。因此，观察模型

$$\boldsymbol{y}=\boldsymbol{\Phi}(\boldsymbol{x})+\boldsymbol{e} \tag{2.56}$$

其中，$\boldsymbol{e}\in B$ 是一个未知但有界的误差项。

为了让我们的推导尽可能通用，允许使用一些广义范数来衡量 $\boldsymbol{y}$ 和 $\boldsymbol{\Phi}(\boldsymbol{x})$ 之间的误差，这意味着虽然假设 $\boldsymbol{x}$ 是来自希尔伯特空间 H 的元素，但 $\boldsymbol{y}$ 将被允许属于更广义的 Banach 空间 B，其范数为 $\|\cdot\|_B$。虽然我们还没充分理解这一恢复问题，但仍取得了一些进展。例如，我们可以证明迭代硬阈值算法可以解决一般子空间的并集非凸约束条件下一般的非凸优化问题，条件是类似于双利普契兹性质成立[28]。

2.6.1　非凸约束条件下的非线性优化迭代硬阈值算法

我们先在一个非常通用的框架下讨论问题，希望在约束条件下优化非凸函数 $f(\boldsymbol{x})$，$\boldsymbol{x}$ 位于子空间 S 的并集中。这种优化将使用迭代硬阈值方法完成，应用该方法时需要指定一个更新方向。例如，可以假设 $f(\boldsymbol{x})$ 关于 $\boldsymbol{x}$ 是 Fréchet（弗雷歇）可微的，Fréchet 微分是微分在泛函空间的扩展，其定义如下。如果对于每个 $\boldsymbol{x}_1$ 存在一个线性泛函 $D_{\boldsymbol{x}_1}(\cdot)$，使得

$$\lim_{\boldsymbol{h}\to 0}\frac{f(\boldsymbol{x}_1+\boldsymbol{h})-f(\boldsymbol{x}_1)-D_{\boldsymbol{x}_1}(\boldsymbol{h})}{\|\boldsymbol{h}\|}=0 \tag{2.57}$$

则这个函数是 Fréchet 可微的。为了不处理抽象线性泛函，我们将使用 Riesz（黎斯）表示定理[29]，它告诉我们对于每个线性泛函都可以找到一个等价的内积表示。因此我们总能找到一个函数∇，以便可以将泛函 $D_{\boldsymbol{x}_1}(\cdot)$ 写成内积形式

$$D_{\boldsymbol{x}_1}(\cdot)=\langle\nabla(\boldsymbol{x}_1),\ \cdot\rangle \tag{2.58}$$

其中，$\nabla(\boldsymbol{x}_1)\in H$ 是函数空间的一个元素。

在空间 H 是欧几里得的情况下，Fréchet 导数是 $\boldsymbol{x}_1$ 处 $f(\boldsymbol{x})$ 的微分，在这种情况下，$\nabla(\boldsymbol{x}_1)$ 是梯度，$\langle\cdot,\ \cdot\rangle$ 是欧几里得内积。为了简化讨论，我们在更广义的希尔伯特空间中也将$\nabla(\boldsymbol{x}_1)$ 称为梯度。

一旦指定了更新方向 $\nabla(\boldsymbol{x})$，就可以定义一个优化 $f(\boldsymbol{x})$ 的算法策略。特别是，用于非线性优化问题的迭代硬阈值算法现在可写为

$$\boldsymbol{x}^{n+1} = P_S(\boldsymbol{x}^{n+1} + (\mu/2)\nabla(\boldsymbol{x}^n)) \tag{2.59}$$

其中，$\boldsymbol{x}^0 = \boldsymbol{0}$，$\mu$ 是一个步长参数，用于满足下面定理中的条件。

2.6.2 一些理论上的考虑

我们不能期待一种方法对所有约束条件和所有问题都适用。为了进一步说明能够处理的恢复问题，我们使用下面作为对双利普契兹性质的推广，其称为受限性强凸性，该性质首次在文献[30]中被提出。受限强凸性常数 α 和 β 分别是满足

$$\alpha \leqslant \frac{f(\boldsymbol{x}_1) - f(\boldsymbol{x}_2) - \mathrm{Re}\langle \nabla(\boldsymbol{x}_2), (\boldsymbol{x}_1 - \boldsymbol{x}_2)\rangle}{\|\boldsymbol{x}_1 - \boldsymbol{x}_2\|^2} \leqslant \beta \tag{2.60}$$

的最大和最小常数，其对所有 $\boldsymbol{x}_1$、$\boldsymbol{x}_2$ 都成立，其中 $\boldsymbol{x}_1 - \boldsymbol{x}_2 \in S + S$，且有 $S + S = \{\boldsymbol{x} = \boldsymbol{x}_1 + \boldsymbol{x}_2 : \boldsymbol{x}_1, \boldsymbol{x}_2 \in S\}$。

注意，如果 $f(\boldsymbol{x}) = \|\boldsymbol{y} - \boldsymbol{\Phi x}\|_2^2$，$\boldsymbol{\Phi}$ 是线性的，则双利普契兹性质被恢复。还要注意，下一节中的主要结果需要对所有向量 $\boldsymbol{x}_1$ 和 $\boldsymbol{x}_2$ 满足受限强凸性性质，使得 $\boldsymbol{x}_1 - \boldsymbol{x}_2 \in S + S + S$，其中 $S + S + S = \{\boldsymbol{x} = \boldsymbol{x}_1 + \boldsymbol{x}_2 + \boldsymbol{x}_3 : \boldsymbol{x}_1, \boldsymbol{x}_2, \boldsymbol{x}_3 \in S\}$。

这个性能反映了线性压缩感知导出的结果，并指出对于满足受限强凸性属性的 $f(\boldsymbol{x})$，迭代硬阈值算法可用于寻找向量 $\boldsymbol{x} \in S$，它接近于 $f(\boldsymbol{x})$ 真正的最小值，正式定理如下。

定理 5 设 S 是子空间并集。给定优化问题 $f(\boldsymbol{x})$，其中 $f(\boldsymbol{x})$ 是一个满足限制严格凸性的正函数

$$\alpha \leqslant \frac{f(\boldsymbol{x}_1) - f(\boldsymbol{x}_2) - \mathrm{Re}\langle \nabla(\boldsymbol{x}_2), (\boldsymbol{x}_1 - \boldsymbol{x}_2)\rangle}{\|\boldsymbol{x}_1 - \boldsymbol{x}_2\|^2} \leqslant \beta \tag{2.61}$$

对于所有 $\boldsymbol{x}_1, \boldsymbol{x}_2 \in H$，其中 $\boldsymbol{x}_1 - \boldsymbol{x}_2 \in S + S + S$ 且常数 $\beta \leqslant \frac{1}{\mu} \leqslant \frac{4}{3}\alpha$，然后，在

$$n^* = 2\frac{\ln\left(\delta \dfrac{f(\boldsymbol{x}_S)}{\|\boldsymbol{x}_S\|}\right)}{\ln 4(1 - \mu\alpha)} \tag{2.62}$$

次迭代后。迭代硬阈值算法计算得的解 $\boldsymbol{x}^{n^*}$ 满足

$$\|\boldsymbol{x}^{n^*} - \boldsymbol{x}\| = \left(2\sqrt{\frac{\mu}{1-c}} + \delta\right) f(\boldsymbol{x}_S) + \|\boldsymbol{x} - \boldsymbol{x}_S\| + \sqrt{\frac{2}{1-c}} \tag{2.63}$$

其中，$\boldsymbol{x}_S = \mathrm{argmin}_{\boldsymbol{x} \in S} f(\boldsymbol{x})$。

2.6.3 定理 5 的证明

证明 该证明首次在文献[28]中给出，证明基于定义为不超过 S 的三个

子空间的和的子空间Γ，使得$\boldsymbol{x}_S,\boldsymbol{x}^n,\boldsymbol{x}^{n+1}\in\Gamma$。定义$P_\Gamma$为子空间$\Gamma$上的正交投影，并使用简写符号$\boldsymbol{a}_\Gamma^n=P_\Gamma\boldsymbol{a}^n$和$P_\Gamma\nabla(\boldsymbol{x}^n)=\nabla_\Gamma(\boldsymbol{x}^n)$。

如文献[28]中所示，基于对所有正交投影P_Γ都有$\langle P\boldsymbol{x}_1,P\boldsymbol{x}_2\rangle=\langle\boldsymbol{x}_1,P\boldsymbol{x}_2\rangle$，我们先建立几个基本等式。由于$\boldsymbol{x}_S$和$\boldsymbol{x}^n$都属于$\Gamma$，有

$$\begin{aligned}\mathrm{Re}\langle\nabla_\Gamma(\boldsymbol{x}^n),(\boldsymbol{x}_S-\boldsymbol{x}^n)\rangle&=\mathrm{Re}\langle P_\Gamma\nabla(\boldsymbol{x}^n),(\boldsymbol{x}_S-\boldsymbol{x}^n)\rangle\\&=\mathrm{Re}\langle\nabla(\boldsymbol{x}^n),P_\Gamma(\boldsymbol{x}_S-\boldsymbol{x}^n)\rangle\\&=\mathrm{Re}\langle\nabla(\boldsymbol{x}^n),(\boldsymbol{x}_S-\boldsymbol{x}^n)\rangle\end{aligned}\tag{2.64}$$

和

$$\begin{aligned}\|\nabla_\Gamma(\boldsymbol{x}^n)\|^2=\langle\nabla_\Gamma(\boldsymbol{x}^n),\nabla_\Gamma(\boldsymbol{x}^n)\rangle&=\langle P_\Gamma\nabla(\boldsymbol{x}^n),P_\Gamma\nabla(\boldsymbol{x}^n)\rangle\\&=\langle\nabla(\boldsymbol{x}^n),P_\Gamma^*P_\Gamma\nabla(\boldsymbol{x}^n)\rangle\\&=\langle\nabla(\boldsymbol{x}^n),\nabla\Gamma(\boldsymbol{x}^n)\rangle\end{aligned}\tag{2.65}$$

我们也将利用以下引理。

引理 6　在定理的假设下，有

$$\left\|\frac{\mu}{2}\nabla_\Gamma(\boldsymbol{x}^n)\right\|^2-\mu f(\boldsymbol{x}^n)\leqslant 0\tag{2.66}$$

证明　该引理可证明如下。使用受限强凸性有

$$\begin{aligned}\left\|\frac{\mu}{2}\nabla_\Gamma(\boldsymbol{x}^n)\right\|^2&=-\frac{\mu}{2}\mathrm{Re}\langle\nabla(\boldsymbol{x}^n),-\frac{\mu}{2}\nabla_\Gamma(\boldsymbol{x}^n)\rangle\\&\leqslant\frac{\mu}{2}\beta\left\|\frac{\mu}{2}\nabla_\Gamma(\boldsymbol{x}^n)\right\|^2+\frac{\mu}{2}f(\boldsymbol{x}^n)-\frac{\mu}{2}f(\boldsymbol{x}^n-\frac{\mu}{2}\nabla_\Gamma(\boldsymbol{x}^n))\\&\leqslant\frac{\mu}{2}\beta\left\|\frac{\mu}{2}\nabla_\Gamma(\boldsymbol{x}^n)\right\|^2+\frac{\mu}{2}f(\boldsymbol{x}^n)\end{aligned}\tag{2.67}$$

因此

$$(2-\mu\beta)\left\|\frac{\mu}{2}\nabla_\Gamma(\boldsymbol{x}^n)\right\|^2\leqslant\mu f(\boldsymbol{x}^n)\tag{2.68}$$

此式便为假设$\mu\beta\leqslant 1$时所期望的结果。

定理的要点是界定当前估计值$\boldsymbol{x}^{n+1}$和最优估计值$\boldsymbol{x}_S$之间的距离。为得到这一界定，令$\boldsymbol{a}_\Gamma^n=\boldsymbol{x}_\Gamma^n-\frac{\mu}{2}\nabla_\Gamma(\boldsymbol{x}^n)$。我们注意到，$\boldsymbol{x}^{n+1}$是$S$中与$\boldsymbol{a}_\Gamma^n$最接近的元素，所以

$$\begin{aligned}\|\boldsymbol{x}^{n+1}-\boldsymbol{x}_S\|^2&\leqslant(\|\boldsymbol{x}^{n+1}-\boldsymbol{a}_\Gamma^n\|+\|\boldsymbol{a}_\Gamma^n-\boldsymbol{x}_S\|)^2\\&\leqslant 4\|(\boldsymbol{a}_\Gamma^n-\boldsymbol{x}_S)\|^2+2\epsilon\\&=4\|\boldsymbol{x}^n-(\mu/2)\nabla_\Gamma(\boldsymbol{x}^n)-\boldsymbol{x}_S\|^2+2\epsilon\\&=4\|(\mu/2)\nabla_\Gamma(\boldsymbol{x}^n)+(\boldsymbol{x}_S-\boldsymbol{x}^n)\|^2+2\epsilon\end{aligned}$$

$$
\begin{aligned}
&= \mu^2 \| \nabla_\Gamma(\boldsymbol{x}^n) \|^2 + 4 \| \boldsymbol{x}_S - \boldsymbol{x}^n \|^2 + 4\mu \mathrm{Re}\langle \nabla_\Gamma(\boldsymbol{x}^n), (\boldsymbol{x}_S - \boldsymbol{x}^n) \rangle + 2\epsilon \\
&= \mu^2 \| \nabla_\Gamma(\boldsymbol{x}^n) \|^2 + 4 \| \boldsymbol{x}_S - \boldsymbol{x}^n \|^2 + 4\mu \mathrm{Re}\langle \nabla(\boldsymbol{x}^n), (\boldsymbol{x}_S - \boldsymbol{x}^n) \rangle + 2\epsilon \\
&\leqslant 4 \| \boldsymbol{x}_S - \boldsymbol{x}^n \|^2 + \mu^2 \| \nabla_\Gamma(\boldsymbol{x}^n) \|^2 \\
&\quad + 4\mu[-\alpha \| \boldsymbol{x}^n - \boldsymbol{x}_S \|^2 + f(\boldsymbol{x}_S) - f(\boldsymbol{x}^n)] + 2\epsilon \\
&= 4(1 - \mu\alpha) \| \boldsymbol{x}_S - \boldsymbol{x}^n \|^2 + 4\mu f(\boldsymbol{x}_S) + 2\epsilon \\
&\quad + 4[\| (\mu/2) \nabla_\Gamma(\boldsymbol{x}^n) \|^2 - \mu(\boldsymbol{x}^n)] \\
&\leqslant 4(1 - \mu\alpha) \| \boldsymbol{x}_S - \boldsymbol{x}^n \|^2 + 4\mu f(\boldsymbol{x}_S) + 2\epsilon
\end{aligned} \tag{2.69}
$$

这里,倒数第二个不等式为 RSCP,最后一个不等式由引理 6 得出。

因此,我们可以根据先前的估计和 $\boldsymbol{x}_S$ 加上一些误差项来界定当前估计和 $\boldsymbol{x}_S$ 之间的差异

$$
\| \boldsymbol{x}^{n+1} - \boldsymbol{x}_S \|^2 \leqslant 4(1 - \mu\alpha) \| \boldsymbol{x}_S - \boldsymbol{x}^n \|^2 + 4\mu f(\boldsymbol{x}_S) + 2\epsilon \tag{2.70}
$$

如果定义常数 $c = 1 - 4\mu\alpha$,并迭代上面的表达式(即使用相同的界来对最后的误差与其上一个误差进行界定等),那么可以看到

$$
\| \boldsymbol{x}^n - \boldsymbol{x}_S \|^2 \leqslant c^n \| \boldsymbol{x}_S \|^2 + \frac{4\mu}{1-c} f(\boldsymbol{x}_S) + \frac{2}{1-c}\epsilon \tag{2.71}
$$

由于迭代过程,在误差项前面的常数 $\frac{1}{1-c}$ 是几何级数的边界。重要的是,如果 $\frac{1}{\mu} < \frac{4}{3}\alpha$,则有 $c = 1 - 4\mu\alpha < 1$,所以 c^n 随着 n 减小。取两边的平方根,并注意到对于正数 a 和 b,有

$$
\| \boldsymbol{x}^n - \boldsymbol{x}_S \| \leqslant c^{n/2} \| \boldsymbol{x}_S \| + 2\sqrt{\frac{\mu}{1-c}} f(\boldsymbol{x}_S) + \sqrt{\frac{2}{1-c}\epsilon} \tag{2.72}
$$

现在使用三角不等式

$$
\begin{aligned}
\| \boldsymbol{x}^n - \boldsymbol{x} \| &\leqslant \| \boldsymbol{x}^n - \boldsymbol{x}_S \| + \| \boldsymbol{x} - \boldsymbol{x}_S \| \\
&\leqslant c^{n/2} \| \boldsymbol{x}_S \| + 2\sqrt{\frac{\mu}{1-c}} f(\boldsymbol{x}_S) + \sqrt{\frac{2}{1-c}\epsilon} + \| \boldsymbol{x} - \boldsymbol{x}_S \|
\end{aligned} \tag{2.73}
$$

迭代次数由设置下式决定

$$
c^{n/2} \| \boldsymbol{x}_S \| \leqslant \delta(\boldsymbol{x}_S) \tag{2.74}
$$

进而在

$$
n = 2 \frac{\ln\left(\delta \frac{f(\boldsymbol{x}_S)}{\| \boldsymbol{x}_S \|}\right)}{\ln c} \tag{2.75}
$$

次迭代后,可以得到

$$\| x^n - x \| \leqslant \left(2\sqrt{\frac{\mu}{1-c}} + \delta\right) f(x_S) + \| x - x_S \| + \sqrt{\frac{2}{1-c}}\epsilon \quad (2.76)$$

2.6.4　一个重要的警告

虽然这是显示迭代硬阈值算法如何用于非线性优化问题的重要结果，但它并不直接转化为非线性观测下压缩感知的简单应用。对 $f(x) = \| y - \Phi(x) \|_B^2$ 的应用是受关注的，其中 $\| \cdot \|_B$ 是某种Banach空间范数，$\Phi(\cdot)$ 是某种非线性方程。如果这个 $f(x)$ 满足限制严格凸性性质，那么可以使用该算法来解决非线性压缩感知问题，其中给出了噪声观察

$$y = \Phi(x) + e \quad (2.77)$$

虽然诸如限制严格凸性质等特性对于某些非线性函数成立（比如那些逻辑回归问题中遇到的非线性函数）[31]，但对于 $f(x) = \| y - \Phi(x) \|_B^2$ 在哪种情况下类似的性质成立我们还远不清楚。

事实上，下面的引理表明，对于希尔伯特空间，这样的条件一般不能被满足。

引理7　假设 B 是一个希尔伯特空间，并且假设 $f(x)$ 对于所有 y 在 $S+S$ 上是凸的（即满足受限严格凸属性），则 Φ 在 $S+S$ 的所有子空间上是仿射的。

证明　使用反证法。假设 Φ 不在 $S+S$ 的任何子空间上仿射，则存在子空间 $S = S_i + S_j$，并且 $x_n \in S$，使得对于 $x = \sum_n \lambda_n x_n$，其中 $\sum_n \lambda_n = 1$ 并且 $0 \leqslant \lambda_n$，有 $\sum_n \Phi(x_n) - \Phi(x) \neq \mathbf{0}$。假设 S 具有强凸性，我们有（记 $y_n = \Phi(x_n)$ 并且 $-\bar{y} = x$）

$$\begin{aligned} 0 &\leqslant \sum_n \lambda_n \| y - \Phi(x_n) \|^2 - \| y - \Phi(x) \|^2 \\ &= \sum_n \lambda_n \| y - y_n \|^2 - \| y - \bar{y} \|^2 \\ &= 2\langle y, \bar{y} - \sum_n \lambda_n y_n \rangle + \sum_n \lambda_n \| y_n \|^2 - \| \bar{y} \|^2 \end{aligned} \quad (2.78)$$

其中不等式是由凸性假设导出的。但是，上述不等式不能适用于所有的 y（它对诸如 $-(\bar{y} - \sum_n \lambda_n y_n)$ 的倍数不成立）。因此，Φ 在 $S+S$ 的线性子集上一定是仿射的。

2.6.5　另一种方法

上述结果并不能阻止存在 Φ 使得对部分 y，$\| y - \Phi(x) \|_B^2$ 有受限强凸

性。此外，我们可以设想一个通过考虑一个局部线性逼近 $\Phi(\boldsymbol{x})$ 的形式 $\Phi(\boldsymbol{x})=\Phi_{\boldsymbol{x}^*}\boldsymbol{x}+g_{\boldsymbol{x}^*}(\boldsymbol{x})$ 来处理线性化误差的途径，其中 $\Phi_{\boldsymbol{x}^*}$ 是线性的并且满足线性双利普契兹条件。在这种情况下，需要界定误差 $g_{\boldsymbol{x}^*}(\boldsymbol{x})$。如果确实可以做到这一点，那么与线性情况下可获得的恢复结果类似的结果对于非线性问题也是可行的。

例如，我们有文献[32]。

定理 6 假设 $\boldsymbol{y}=\Phi(\boldsymbol{x})+\boldsymbol{e}$ 且 $\Phi_{\boldsymbol{x}^*}$ 是 $\Phi(\cdot)$ 在 $\boldsymbol{x}$ 处的线性化(即 $\Phi(\cdot)$ 在 $\boldsymbol{x}$ 处的雅可比矩阵)，以便迭代硬阈值算法使用迭代 $\boldsymbol{x}^{n+1}=P_S(\boldsymbol{x}^n+\Phi_{\boldsymbol{x}^n}^*(\boldsymbol{y}-\Phi(\boldsymbol{x}^n)))$。假设 $\Phi_{\boldsymbol{x}^*}$ 满足 RIP，则

$$\alpha\|\boldsymbol{x}_1-\boldsymbol{x}_2\|_2^2\leqslant\alpha\|\Phi_{\boldsymbol{x}^*}(\boldsymbol{x}_1-\boldsymbol{x}_2)\|_2^2\leqslant\beta\|\boldsymbol{x}_1-\boldsymbol{x}_2\|_2^2 \tag{2.79}$$

对于所有的 $\boldsymbol{x}_1,\boldsymbol{x}_2,\boldsymbol{x}^*\in S$ 都成立。定义 $\epsilon_S=\sup\limits_{x\in S}\|\boldsymbol{y}-\Phi_x\boldsymbol{x}_S\|_2$，并令 $\boldsymbol{e}_S^n=\boldsymbol{y}-\Phi_{\boldsymbol{x}^n}\boldsymbol{x}_S$，在

$$k^*=\left[2\frac{\ln\left(\delta\dfrac{\|\boldsymbol{e}_S\|}{\|\boldsymbol{x}_S\|}\right)}{\ln(2/(\mu\alpha)-2)}\right] \tag{2.80}$$

次迭代后，有

$$\|\boldsymbol{x}-\boldsymbol{x}^{k^*}\|\leqslant(c^{0.5}+\delta)\|\boldsymbol{e}_S\|+\|\boldsymbol{x}_S-\boldsymbol{x}\|+\sqrt{\frac{\epsilon}{2\mu}} \tag{2.81}$$

证明 该证明与线性情况下的证明类似，仅有少数几处不同。具体来说，引入误差项 $\boldsymbol{e}_S^n=\boldsymbol{y}-\Phi(\boldsymbol{x}^n)-\Phi_{\boldsymbol{x}^n}(\boldsymbol{x}_S-\boldsymbol{x}^n)$ 并使用下面的表达式来限制 $\|\boldsymbol{x}_S-\boldsymbol{x}^{n+1}\|^2$：

$$\begin{aligned}
\|\boldsymbol{x}_S-\boldsymbol{x}^{n+1}\|^2&\leqslant\frac{1}{\alpha}\|\Phi_{\boldsymbol{x}^n}(\boldsymbol{x}_S-\boldsymbol{x}^{n+1})\|^2\\
&=\frac{1}{\alpha}\|\boldsymbol{y}-\Phi(\boldsymbol{x}^n)-\Phi_{\boldsymbol{x}^n}(\boldsymbol{x}^{n+1}-\boldsymbol{x}^n)-(\boldsymbol{y}-\Phi(\boldsymbol{x}^n)-\Phi_{\boldsymbol{x}^n}(\boldsymbol{x}_S-\boldsymbol{x}^n))\|^2\\
&=\frac{1}{\alpha}(\|\boldsymbol{y}-\Phi(\boldsymbol{x}^n)-\Phi_{\boldsymbol{x}^n}(\boldsymbol{x}^{n+1}-\boldsymbol{x}^n)\|^2+\|\boldsymbol{e}_S^n\|^2\\
&\quad-2\langle\boldsymbol{e}_S^n,(\boldsymbol{y}-\Phi(\boldsymbol{x}^n)-\Phi_{\boldsymbol{x}^n}(\boldsymbol{x}^{n+1}-\boldsymbol{x}^n))\rangle)\\
&\leqslant\frac{2}{\alpha}\|\boldsymbol{y}-\Phi(\boldsymbol{x}^n)-\Phi_{\boldsymbol{x}^n}(\boldsymbol{x}^{n+1}-\boldsymbol{x}^n)\|^2+\frac{2}{\alpha}\|\boldsymbol{e}_S^n\|^2
\end{aligned} \tag{2.82}$$

再次使用与线性证明类似的思想，使用 $\boldsymbol{g}=2\Phi_{\boldsymbol{x}^n}^*(\boldsymbol{y}-\Phi(\boldsymbol{x}^n))$ 并展开

$$\begin{aligned}
&\|\boldsymbol{y}-\Phi(\boldsymbol{x}^n)-\Phi_{\boldsymbol{x}^n}(\boldsymbol{x}^{n+1}-\boldsymbol{x}^n)\|^2-\|\boldsymbol{y}-\Phi(\boldsymbol{x}^n)\|^2\\
=&-\langle(\boldsymbol{x}^{n+1}-\boldsymbol{x}^n),\boldsymbol{g}\rangle+\|\Phi_{\boldsymbol{x}^n}(\boldsymbol{x}^{n+1}-\boldsymbol{x}^n)\|^2\\
\leqslant&-\frac{2}{\mu}\langle(\boldsymbol{x}^{n+1}-\boldsymbol{x}^n),\frac{\mu}{2}\boldsymbol{g}\rangle+\frac{1}{\mu}\|(\boldsymbol{x}^{n+1}-\boldsymbol{x}^n)\|^2
\end{aligned}$$

$$
\begin{aligned}
&= \frac{1}{\mu}\left[\|\boldsymbol{x}^{n+1}-\boldsymbol{x}^{n}-\frac{\mu}{2}\boldsymbol{g}\|^{2}-\frac{\mu}{2}\|\boldsymbol{g}\|^{2}\right] \\
&\leqslant \frac{1}{\mu}\left[\inf_{x\in S}\|\boldsymbol{x}-\boldsymbol{x}^{n}-\frac{\mu}{2}\boldsymbol{g}\|^{2}+\epsilon-\frac{\mu}{2}\|\boldsymbol{g}\|^{2}\right] \\
&= \inf_{x\in S}\left[-\langle(\boldsymbol{x}-\boldsymbol{x}^{n}),\boldsymbol{g}\rangle+\frac{1}{\mu}\|(\boldsymbol{x}-\boldsymbol{x}^{n})\|^{2}+\frac{\epsilon}{\mu}\right] \\
&\leqslant -\langle(\boldsymbol{x}_{S}-\boldsymbol{x}^{n}),\boldsymbol{g}\rangle+\frac{1}{\mu}\|(\boldsymbol{x}_{S}-\boldsymbol{x}^{n})\|^{2}+\frac{\epsilon}{\mu} \\
&= -2\langle(\boldsymbol{x}_{S}-\boldsymbol{x}^{n}),\boldsymbol{\Phi}_{x^{n}}^{*}(\boldsymbol{y}-\boldsymbol{\Phi}(\boldsymbol{x}^{n}))\rangle+\frac{1}{\mu}\|\boldsymbol{x}_{S}-\boldsymbol{x}^{n}\|^{2}+\frac{\epsilon}{\mu} \\
&= -2\langle(\boldsymbol{x}_{S}-\boldsymbol{x}^{n}),\boldsymbol{\Phi}_{x^{n}}^{*}(\boldsymbol{y}-\boldsymbol{\Phi}(\boldsymbol{x}^{n}))\rangle+\alpha\|\boldsymbol{x}_{S}-\boldsymbol{x}^{n}\|^{2} \\
&\quad +(\frac{1}{\mu}-\alpha)\|\boldsymbol{x}_{S}-\boldsymbol{x}^{n}\|^{2}+\frac{\epsilon}{\mu} \\
&\leqslant -2\langle(\boldsymbol{x}_{S}-\boldsymbol{x}^{n}),\boldsymbol{\Phi}_{x^{n}}^{*}(\boldsymbol{y}-\boldsymbol{\Phi}(\boldsymbol{x}^{n}))\rangle+\|\boldsymbol{\Phi}_{x^{n}}(\boldsymbol{x}_{S}-\boldsymbol{x}^{n})\|^{2} \\
&\quad +(\frac{1}{\mu}-\alpha)\|\boldsymbol{x}_{S}-\boldsymbol{x}^{n}\|^{2}+\frac{\epsilon}{\mu} \\
&= \|\boldsymbol{y}-\boldsymbol{\Phi}(\boldsymbol{x}^{n})-\boldsymbol{\Phi}_{x^{n}}(\boldsymbol{x}_{S}-\boldsymbol{x}^{n})\|^{2}-\|\boldsymbol{y}-\boldsymbol{\Phi}(\boldsymbol{x}^{n})\|^{2} \\
&\quad +(\frac{1}{\mu}-\alpha)\|\boldsymbol{x}_{S}-\boldsymbol{x}^{n}\|^{2}+\frac{\epsilon}{\mu} \\
&= \|\boldsymbol{e}_{S}^{n}\|^{2}-\|\boldsymbol{y}-\boldsymbol{\Phi}(\boldsymbol{x}^{n})\|^{2}+(\frac{1}{\mu}-\alpha)\|\boldsymbol{x}_{S}-\boldsymbol{x}^{n}\|^{2}+\frac{\epsilon}{\mu}
\end{aligned} \tag{2.83}
$$

其中，第一个不等式是由双利普契兹性质和 $\beta\leqslant\frac{1}{\mu}$ 的选择得到的，第二个不等式是 $\boldsymbol{x}^{n+1}=P_{S}^{\epsilon}(\boldsymbol{x}^{n}+\frac{\mu}{2}\boldsymbol{g})$ 的定义，第三个不等式的条件是 $\boldsymbol{x}_{S}\in S$，而最后一个不等式也是由双利普契兹性质得到的。

由此得出界限

$$
\|\boldsymbol{y}-\boldsymbol{\Phi}(\boldsymbol{x}^{n})-\boldsymbol{\Phi}_{x^{n}}(\boldsymbol{x}^{n+1}-\boldsymbol{x}^{n})\|^{2}\leqslant\left(\frac{1}{\mu}-\alpha\right)\|\boldsymbol{x}_{S}-\boldsymbol{x}^{n}\|^{2}+\|\boldsymbol{e}_{S}^{n}\|^{2}+\frac{\epsilon}{\mu} \tag{2.84}
$$

以便使

$$
\|\boldsymbol{x}_{S}-\boldsymbol{x}^{n+1}\|^{2}\leqslant 2\left(\frac{1}{\mu\alpha}-1\right)\|\boldsymbol{x}_{S}-\boldsymbol{x}^{n}\|^{2}+\frac{4}{\alpha}\|\boldsymbol{e}_{S}^{n}\|^{2}+\frac{2\epsilon}{\mu\alpha} \tag{2.85}
$$

再次使用估计前一次迭代中计算的 $\boldsymbol{x}^{n}$ 的距离来表示 $\boldsymbol{x}^{n+1}$ 与 $\boldsymbol{x}_{S}$ 之间的距离。

定理的条件$\left(2\left(\frac{1}{\mu\alpha}-1\right)<1\right)$再次允许我们迭代这个表达式，使得

$$\| \boldsymbol{x}_S-\boldsymbol{x}^k \|^2 \leqslant \left(2\left(\frac{1}{\mu\alpha}-1\right)\right)^k \| \boldsymbol{x}_S \|^2+c\epsilon_S+\frac{c\epsilon}{2\mu} \qquad (2.86)$$

其中，$c \leqslant \frac{4}{3\alpha-2\frac{1}{\mu}}$。

总之，使用式(2.86)的平方根，可以证明

$$\| \boldsymbol{x}-\boldsymbol{x}^k \| \leqslant \sqrt{\hat{c}^k \| \boldsymbol{x}_S \|^2+c\| \boldsymbol{e}_S \|^2+\sqrt{\frac{c\epsilon}{2\mu}}}+\| \boldsymbol{x}_S-\boldsymbol{x} \|$$

$$\leqslant \hat{c}^{k/2} \| \boldsymbol{x}_S \| + c^{0.5} \| \boldsymbol{e}_S \| + \sqrt{\frac{c\epsilon}{2\mu}}+\| \boldsymbol{x}_S-\boldsymbol{x} \|$$

其中，$\hat{c} \leqslant \frac{2}{\mu\alpha}-2$。由此直接得出该定理。

2.7 结 论

在信号处理中使用几何思想常常会产生新的见解和解决方案，采样领域尤其如此。采样，从物理现象的连续世界到具体计算的离散世界的过渡，从根本上依赖于近似值，而这些反过来又必须基于包含物理世界模型的先验假设。多年来，这些模型的几何描述被证明非常有用，最终促成压缩感知理论的近来发展。特别是在复杂的先前约束条件下，信号的重构与解释得到了重大进展。

在本章中，我们介绍了构成现代几何的一些基本数学概念，特别侧重于与现代采样理论相关的方面，并在这个数学框架的基础上深入探索了采样(特别是压缩感知)的几个方面。例如，我们展示了几何思想是如何将用于传统压缩感知的稀疏信号模型扩展到更加通用的多子空间模型联合上的，而这些联合模型具有更广泛的应用范围。我们进一步证明了几何解释是开发和理解算法信号重构策略的基础，这些算法信号重构策略试图解决受这些模型约束的优化问题。并且，这些想法不仅可以让我们构建高效的算法，而且也可能在未来的发展中发挥主要作用，比如文中讨论过的非线性采样问题。

本章参考文献

[1] Nyquist H(1928) Certain topics in telegraph transmission theory. Trans

AIEE 47:617-644

[2] Shannon CA, Weaver W(1949) The mathematical theory of communication. University of Illinois Press, Urbana

[3] Donoho DL(2006) For most large underdetermined systems of linear equations the minimal 1-norm solution is also the sparsest solution. Commun Pure Appl Math 59(6):797-829

[4] Candès E, Romberg J(2006) Quantitative robust uncertainty principles and optimally sparse decompositions. Found Comput Math 6(2):227-254

[5] Candès E, Romberg J, Tao T(2006) Robust uncertainty principles: exact signal reconstruction from highly incomplete frequency information. IEEE Trans Inform Theory 52(2):489-509

[6] Candès E, Romberg J, Tao T(2006) Stable signal recovery from incomplete and inaccurate measurements. Commun Pure Appl Math 59(8):1207-1223

[7] Abernethy J, Bach F, Evgeniou T, Vert J-P(2006) Low-rank matrix factorization with attributes. arxiv:0611124v1

[8] Recht B, Fazel M, Parrilo PA(2009) Guaranteed minimum-rank solution of linear matrix equations via nuclear norm minimization. Found Comput Math 9:717-772

[9] Blumensath T(2010) Sampling and reconstructing signals from a union of linear subspaces. IEEE Trans Inf Theory 57(7):4660-4671

[10] Rudin W(1976) Principles of mathematical analysis,3rd edn. McGraw-Hill Higher Education, New York

[11] Conway JB(1990) A course in functional analysis. Graduate texts in mathematics, 2nd edn. Springer, Berlin

[12] Unser M(2000) Sampling-50 years after Shannon. Proc IEEE 88(4):569-587

[13] Landau HJ(1967) Necessary density conditions for sampling and interpolation of certain entire functions. Acta Math 117:37-52

[14] Mishali M, Eldar YC(2009) Blind multi-band signal reconstruction: compressed sensing for analog signals. IEEE Trans Signal Process 57(3):993-1009

[15] Vetterli M, Marziliano P, Blu T(2002) Sampling signals with finite

rate of innovation. IEEE Trans Signal Process 50(6):1417-1428
[16] Xu W, Hassibi B(to appear) Compressive sensing over the grassmann manifold: a unified geometric framework. IEEE Trans Inf Theory
[17] Cands EJ(2006) The restricted isometry property and its implications for compressed sensing. Compte Rendus de l'Academie des Sciences, Serie I(346):589-592
[18] Donoho DL(2006) High-dimensional centrally symmetric polytopes with neighborliness proportional to dimension. Discrete Comput Geom 35(4):617-652
[19] Gruenbaum B(1968) Grassmann angles of convex polytopes. Acta Math 121:293-302
[20] Gruenbaum B(2003) Convex polytopes. Graduate texts in mathematics, vol 221, 2nd edn. Springer-Verlag, New York
[21] Blumensath T, Davies M(2008) Iterative thresholding for sparse approximations. J Fourier Anal Appl 14(5):629-654
[22] Blumensath T, Davies M(2009) Iterative hard thresholding for compressed sensing. Appl Comput Harmon Anal 27(3):265-274
[23] Qui K, Dogandzic A(2010) ECME thresholding methods for sparse signal reconstruction. arXiv:1004.4880v3
[24] Cevher V,(2011) On accelerated hard thresholding methods for sparse approximation. EPFL Technical Report, February 17, 2011
[25] Baraniuk RG(1999) Optimal tree approximation with wavelets. Wavelet Appl Sig Image Process VII 3813:196-207
[26] Goldfarb D, Ma S(2010) Convergence of fixed point continuation algorithms for matrix rank minimization. arXiv:09063499v3
[27] Needell D, Tropp JA(2008) CoSaMP: iterative signal recovery from incomplete and inaccurate samples. Appl Comput Harmon Anal 26(3):301-321
[28] Blumensath T(2010) Compressed sensing with nonlinear observations. Technical report. http://eprints.soton.ac.uk/164753
[29] Rudin W(1966) Real and complex analysis, McGraw-Hill, New York
[30] Negahban S, Ravikumar P, Wainwright MJ, Yu B(2009) A unified framework for the analysis of regularized M-estimators. Advances in neural information processing systems, Vancouver, Canada

[31] Bahmani S, Raj B, Boufounos P(2012) Greedy sparsity-constrained optimization. arXiv:1203.5483v1
[32] Blumensath T(2012) Compressed sensing with nonlinear observations and related nonlinear optimisation problems. arXiv:1205.1650v1

第3章 指数族噪声下的稀疏信号恢复

在最近的压缩感知文献中,如何从相对较少次数噪声观测中进行稀疏信号恢复问题已经被广泛地研究。通常来讲,信号重构问题可以归结为 l_1－正则线性回归。从统计学的角度来看,这个问题是相当于有参数向量拉普拉斯先验(即信号)的最大后验概率(MAP)参数估计,以及在高斯噪声干扰下的线性测量。压缩感知的传统结果(例如文献[7])陈述了在这样的线性回归下精确恢复噪声信号的充分条件。一个自然的问题是,我们是否可以在不同的噪声假设下准确地恢复稀疏信号。在下文叙述中,我们把文献[7]中的结果推广到一般指数族噪声下,而把高斯噪声作为其中的一个特殊情况;此时信号恢复问题转化为 l_1－正则广义线性模型(GLM)的回归问题。我们发现,在设计矩阵满足标准约束等距性(RIP)假设的情况下,最小 l_1－范数可以提供在指数族噪声的存在下稀疏信号的稳定恢复,同时我们给出了一些保证这种恢复的噪声分布的充分条件。

3.1 引　言

从低维线性测量中准确并且高效地恢复稀疏高维信号是压缩感知的重点研究方向,是一个在信号处理领域中快速发展的方向[4-6,8,11,13]。在满足一组线性约束条件下寻找最稀疏解是一个涉及基数,或者最小 l_0－范数的NP难组合问题。然而,通过凸 l_1－松弛来逼近这个组合问题,往往可以在高计算效率下得到这个问题的一个精确解。

在这里,我们着重考虑在有噪声线性测量下的稀疏信号恢复问题。它在现实生活中有极其重要的应用,如图像处理、传感器网络、生物和医疗成像等。这个问题通常可以转化为求受平方和约束 $\| \boldsymbol{y}-\boldsymbol{Ax} \|_{l_2} < \epsilon$ 的一个不可观测信号 $\boldsymbol{x}$ 最小 l_1－范数问题(可参考文献[7,12])。从概率的角度来看,这个问题相当于满足下列条件下的对数最大似然问题:(1)单位方差独立同分布 $P(\boldsymbol{y}) \sim N(\mu=\boldsymbol{Ax}, \sum=I)$ 高斯噪声干扰下的线性测量,它导致了平方和(非负)对数似然;(2)输入信号的稀疏促进拉普拉斯先验信息 $P(\boldsymbol{x}) \sim e^{-\lambda \| \boldsymbol{x} \|_{l_1}}$,它产生 l_1－范数。然而,在许多实际应用中,使用非高斯模型的噪声更加合适。例如,伯努利或多项分布更适合于描述诸如(二进制)失败或者分布式计算机系统中端到端测试事务(“探针”)的多级性能下降[18,21];指数分布更适合于描述非负测量,例如在这样的系统中端到端的响应时间[3,10]。非高

斯观测(包括二进制、离散、非负等)和变量在各种其他应用中是非常常见的,例如,计算生物学和医学成像。举几个例子,预测某种疾病的特定 DNA 微阵列的存在与否,或者从 fMRI 图像预测各种心理状态(如情绪状态:生气、快乐、焦虑等)[9,14]。在这些应用中,输入的稀疏约束促进最相关变量的选择,如基因或脑区,进而提高模型的可解释性。此外,由于输入的维数往往比样本数要大得多(例如,对应的 fMRI 体素,有多达 100 000 个变量但是只有几百个时间点来代表样本),因此稀疏约束同时也作为一个正则化矩阵来帮助避免过拟合问题。

在本书中,除了高斯分布外,我们将考虑许多其他常用的指数族噪声分布,包括指数分布、伯努利分布、多项式分布、γ 分布、χ^2 分布、β 分布、韦布尔分布、狄利克雷分布、泊松分布等等。在指数族噪声干扰下,从线性测量 $\boldsymbol{Ax}$ 的观测向量 $\boldsymbol{y}$ 中恢复未观测向量 $\boldsymbol{x}$ 被称为广义线性模型(GLM)回归。这个问题的解使得与未观测参数(信号 $\boldsymbol{x}$)相关的观测(向量 $\boldsymbol{y}$)的指数族对数似然达到最大。反过来,这相当于减少相应的 Bregman(布雷格曼)散度 $d(\boldsymbol{y},\mu(\boldsymbol{Ax}))$,其中 μ 表示指数族分布的平均值,$\theta=\boldsymbol{Ax}$ 是相应的自然参数(这两个参数之间有一一对应的关系)。特别地,在高斯似然下并且满足假设单位方差,样本独立同分布,有 $\mu=\theta$,并且相应的 Bregman 散度就是平方欧氏距离(欧几里得距离)$\|\boldsymbol{y}-\boldsymbol{Ax}\|_{l_2}^2$。GLM 回归加入 l_1 — 范数约束提供了一个有效的稀疏信号恢复方法,该方法经常在统计学文献[17]中使用。接下来的问题就是,能否在指数族噪声干扰下的线性测量中准确地恢复一个稀疏信号。在此,我们对于这个问题的回答是肯定的,同时提供了一些从指数族噪声观察中稳定恢复稀疏信号的条件。本章所给出的结果总结了我们早期的工作[19],并讨论了近期和文献[15]密切相关的一些工作。

我们给出稀疏信号的准确恢复是可能的,当对于每个测量 y_i,对数配分函数唯一确定的相应指数族噪声分布(因此它的 Legendre(勒让德)共轭确定了相应的 Bregman 散度)有二阶有界导数。此外,对于一些特定的、不总是满足有二阶有界导数条件的指数族分布,我们提供了独立的证明。在噪声分布满足适当的条件下,我们证明,稀疏 GLM 回归的解在 l_2 — 空间内能够很好地逼近真实信号 $\boldsymbol{x}^0$:(1) 真实信号是足够稀疏的;(2) 测量噪声足够小(噪声表示测量 $\boldsymbol{y}$ 和自然参数 $\theta^0=\boldsymbol{Ax}^0$ 决定的分布的平均值 μ^0 之间的 Bregman 散度);(3) 矩阵 $\boldsymbol{A}$ 服从适当的约束等距性(RIP)约束条件。最后,我们也将文献[7]中可压缩(近似稀疏)信号的结果推广到指数族噪声的情况下。

3.2　背景知识

3.2.1　噪声观测中的稀疏信号恢复

假设 $\boldsymbol{x}^0\in\mathbf{R}^m$ 是一个 S 维稀疏信号,即一个含有不超过 S 个非零元素的信号，其中 $S \ll m$。$\boldsymbol{A}$ 是一个 $n \times m$ 矩阵，产生一个线性投影向量 $\boldsymbol{y}^0 = \boldsymbol{A}\boldsymbol{x}^0$，其中 $n \ll m$。令 $\boldsymbol{y}$ 表示一个遵循某个噪声分布 $P(\boldsymbol{y} \mid \boldsymbol{A}\boldsymbol{x}^0)$ 的 n 维噪声测量向量。通常假设 $\boldsymbol{A}$ 在稀疏性水平 S 上满足约束等距性(RIP)，或者称 $S-$ 约束等距性，从本质上说，任何一个由矩阵 $\boldsymbol{A}$ 的列向量组成的基元数少于 S 的子集都表现得像一个正交的系统。根据文献[8]有：

定义 1 （约束等距性）设定一个矩阵 $\boldsymbol{A}_T$，$T \subset \{1,\cdots,m\}$，表示矩阵 $\boldsymbol{A}$ 的一个 $n \times T$ 子矩阵，它包含集合 T 中标号的列向量。矩阵 $\boldsymbol{A}$ 的 $S-$ 约束等距常数 δ_S 满足下式的最小数值：

$$(1-\delta_S)\|\boldsymbol{c}\|_{l_2}^2 \leqslant \|\boldsymbol{A}_T\boldsymbol{c}\|_{l_2}^2 \leqslant (1+\delta_S)\|\boldsymbol{c}\|_{l_2}^2 \tag{3.1}$$

对于满足 $|T| \leqslant S$ 的所有 T 的子集以及任意定义在 T 中坐标系的向量 $(c_j)_{j\in T}$。如果存在这样一个常数 δ_S 使得方程(3.1)成立，称矩阵 $\boldsymbol{A}$ 满足约束等距性。

研究表明，例如文献[8]中，如果符合下列条件：

$$\delta_S + \delta_{2S} + \delta_{3S} < 1$$

然后求解方程(3.2)中最小 l_1- 范数问题可以恢复任何 $S-$ 稀疏信号 $\boldsymbol{x}$(包含不超过 S 个非零项)。

我们的问题如下：在假定噪声“足够小”(精确的定义在下面)的前提下，是否可以从 $\boldsymbol{y}$ 中恢复信号 $\boldsymbol{x}^0$？在特定情况下，即当噪声分布是高斯分布时，这个问题已经在压缩感知的文献中给出了答案。事实上，在文献[7]中，如果(1) $\|\boldsymbol{y}-\boldsymbol{A}\boldsymbol{x}\|_{l_2} \leqslant \epsilon$(噪声小假设)；(2) $\boldsymbol{x}^0$ 足够稀疏；(3) 在适当的 RIP 常数下，矩阵 $\boldsymbol{A}$ 满足约束等距性(RIP)，那么下式最小 l_1- 范数问题的解

$$\boldsymbol{x}^* = \arg\min_{\boldsymbol{x}} \|\boldsymbol{x}\|_{l_1} \quad \text{s.t.} \quad \|\boldsymbol{y}-\boldsymbol{A}\boldsymbol{x}\|_{l_2} \leqslant \epsilon \tag{3.2}$$

能够很好地逼近真实信号。文献[7]中的定理 1 如下：

定理 1[7]　令 S 满足 $\delta_{3S} + 3\delta_{4S} < 2$，其中 δ_S 表示矩阵 $\boldsymbol{A}$ 的 $S-$ 约束等距性常数，如上定义。那么对于任何信号 $\boldsymbol{x}^0$，其支撑集 $T^0 = \{t: x^0 \neq 0\}$($|T^0| \leqslant S$)以及任何噪声向量(摄动)$\boldsymbol{e}$($\|\boldsymbol{e}\|_{l_2} \leqslant \epsilon$)，方程(3.2)的解 $\boldsymbol{x}^*$ 满足

$$\|\boldsymbol{x}^* - \boldsymbol{x}^0\|_{l_2} \leqslant C_S \cdot \epsilon \tag{3.3}$$

其中，常数 C_S 可能只取决于 δ_{4S}。对于合理的 δ_{4S}，C_S 表现得很好；举例来说，当 $\delta_{4S} = \dfrac{1}{5}$ 时，$C_S \approx 8.82$；当 $\delta_{4S} = \dfrac{1}{4}$ 时，$C_S \approx 10.47$。

此外，文献[7]表明：其他的恢复方法“对于为任意大小的扰动 ϵ，没有任何一种可以从根本上表现更好，即使可以提供信号 $\boldsymbol{x}^0$ 的实际支撑集 T^0，使问题变成适定的，最小二乘解 $\hat{\boldsymbol{x}}$(即，在没有提供任何其他信息的情况下，最佳的最大似然解)可以逼近真实信号 $\boldsymbol{x}^0$，其误差与 ϵ 成正比。”

最后，文献[7]将他们的结果从稀疏推广到近似稀疏向量。

定理 2[7]　令 $\boldsymbol{x}^0 \in \mathbf{R}^m$ 表示任意一个向量，并且令 $\boldsymbol{x}_S^0$ 表示一个截断向量，

它对应于 $\boldsymbol{x}^0$ 中最大的 S 个值(绝对值)。在定理 1 的假设下,方程(3.2)的解 $\boldsymbol{x}^*$ 满足

$$\|\boldsymbol{x}^* - \boldsymbol{x}^0\|_{l_2} \leqslant C_{1,S} \cdot \epsilon + C_{2,S} \cdot \frac{\|\boldsymbol{x}^0 - \boldsymbol{x}_S^0\|_{l_1}}{\sqrt{S}} \tag{3.4}$$

对于合理的 δ_{4S},C_S 表现得很好;例如,当 $\delta_{4S}=\frac{1}{5}$ 时,$C_{1,S}\approx 12.04$,$C_{2,S}\approx 8.77$。

3.2.2 指数族分布和 Bregman 散度

现在将标准的压缩感知结果推广到一般的指数族噪声分布的情况下。注意到约束条件 $\|\boldsymbol{y}-\boldsymbol{Ax}\|_{l_2}\leqslant\epsilon$ 是从高斯变量 $y\sim N(\boldsymbol{\mu},\sum)$,$\boldsymbol{\mu}=\boldsymbol{Ax}$,$\sum=I$(即独立单位方差噪声)的负对数似然函数得到的:

$$-\log P(\boldsymbol{y}\mid\boldsymbol{Ax}^0)=f(\boldsymbol{y})+\frac{1}{2}\|\boldsymbol{y}-\boldsymbol{Ax}\|_{l_2}^2 \tag{3.5}$$

高斯分布是指数族分布的一个特例。

定义 2　指数族分布是概率分布的一个参数族,其中的概率密度表示为

$$\log p_{\psi,\theta}(\boldsymbol{y})=\boldsymbol{x}\theta-\psi(\theta)+\log p_0(\boldsymbol{y}) \tag{3.6}$$

其中,θ 称为自然参数;$\psi(\theta)$ 表示累积量函数(严格凸并且可微)或者对数配分函数,唯一确定指数族分布的具体表达形式;$p_0(\boldsymbol{y})$ 是一个不依赖于参数 θ 的非负函数,称为基本度量值。

正如文献[2]所述,指数族函数概率密度 $p_{\psi,\theta}(\boldsymbol{y})$ 和 Bregman 散度 $d_\phi(\boldsymbol{y},\boldsymbol{\mu})$ 之间存在双射关系,因此每个指数族函数概率密度也可以表示为

$$p_{\psi,\theta(\boldsymbol{y})}=\exp(-d_\phi(\boldsymbol{y},\boldsymbol{\mu}))f_\phi(\boldsymbol{y}) \tag{3.7}$$

其中,$\boldsymbol{\mu}=\boldsymbol{\mu}(\theta)=E_{p_{\Psi,\theta}}(Y)$ 表示对应参数 θ 的期望;ϕ 是 ψ 的 Legendre 共轭(严格凸并且可微);$f_\phi(\boldsymbol{y})$ 是一个唯一确定的函数;$d_\phi(\boldsymbol{y},\boldsymbol{\mu})$ 是相应的 Bregman 散度,其定义如下。

定义 3　给定一个严格凸函数 $\phi:S\rightarrow\mathbf{R}$ 定义在一个凸集 $S\subseteq\mathbf{R}$ 上,并且在 S 内部可微,int(S)[20],那么 Bregman 散度 $d_\phi:S\times\text{int}(S)\rightarrow[0,\infty)$ 定义为

$$d_\phi(\boldsymbol{x},\boldsymbol{y})=\phi(\boldsymbol{x})-\phi(\boldsymbol{y})-\langle(\boldsymbol{x}-\boldsymbol{y}),\nabla\phi(\boldsymbol{y})\rangle \tag{3.8}$$

其中,$\nabla\phi(\boldsymbol{y})$ 表示 ϕ 的梯度。

换句话说,Bregman 散度可以看作是点 $\boldsymbol{x}$ 的值 ϕ 和 ϕ 在 $\boldsymbol{y}$ 周围的一阶泰勒展开在点 $\boldsymbol{x}$ 的值之间的差(如图 3.1 和图 3.2,其中 $h(\boldsymbol{x})=\phi(\boldsymbol{y})+\langle(\boldsymbol{x}-\boldsymbol{y}),\nabla\phi(\boldsymbol{y})\rangle$)。

表 3.1(来自文献[1]中)显示常用的指数族分布及其相应的 Bregman 散度。例如,单位方差的高斯分布导致平方损失,多元高斯球面分布(对角协方差/独立变量)产生欧氏距离,一个逆协方差矩阵(浓度)$\boldsymbol{C}$ 的多变量高斯分布产生马氏距离,伯努利分布对应于逻辑损耗,指数分布产生 Itakura-Saito 距

离,一个多项式分布对应于 KL 距离(相对熵)。

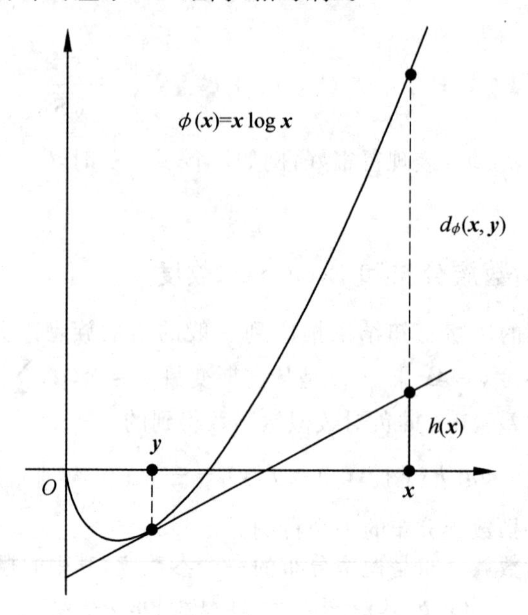

图 3.1 KL－散度

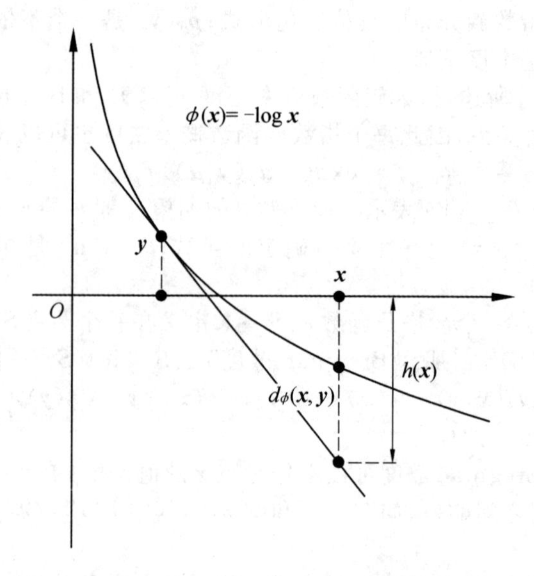

图 3.2 Itakura-Saito 距离

表 3.1　常用的指数族分布及其相应的 Bregman 散度举例

定义域	分布	$p_\theta(y)$	μ	$\phi(\boldsymbol{\mu})$	$d_\phi(\boldsymbol{y},\boldsymbol{\mu})$	散度举例
$\mathbf{R}$	一维高斯	$\frac{1}{\sqrt{2\pi\sigma^2}}\mathrm{e}^{-\frac{(x-a)^2}{2\sigma^2}}$	a	$\frac{1}{2\sigma^2}\boldsymbol{\mu}^2$	$\frac{1}{2\sigma^2}(\boldsymbol{y}-\boldsymbol{\mu})^2$	平方损失
$\{0,1\}$	伯努利	$q^y(1-q)^{1-y}$	q	$\boldsymbol{\mu}\log\boldsymbol{\mu}+(1-\boldsymbol{\mu})\log(1-\boldsymbol{\mu})$	$y\log\left(\frac{\boldsymbol{y}}{\boldsymbol{\mu}}\right)+(1-y)\log\left(\frac{1-\boldsymbol{y}}{1-\boldsymbol{\mu}}\right)$	对数损失
R_{++}	指数	$\lambda\mathrm{e}^{-\lambda y}$	$1/\lambda$	$-\log\boldsymbol{\mu}-1$	$\frac{y}{\mu}-\log\left(\frac{\boldsymbol{y}}{\boldsymbol{\mu}}\right)-1$	Itakura-Saito 距离
n 维单纯形	n 维多项式	$\frac{N!}{\prod_{j=1}^{n}y_j!}\prod_{j=1}^{N!}q_j^{y_j}$	$[Nq_j]_{j=1}^{n-1}$	$\sum_{j=1}^{n}\mu_j\log\left(\frac{\mu_j}{N}\right)$	$\sum_{j=1}^{n}y_j\log\left(\frac{y_j}{\mu_j}\right)$	KL 散度
$\mathbf{R}^n$	n 维球面高斯	$\frac{1}{\sqrt{(2\pi\sigma^2)^n}}\mathrm{e}^{-\frac{\Vert \boldsymbol{x}-\boldsymbol{a}\Vert_2^2}{2\sigma^2}}$	a	$\frac{1}{2\sigma^2}\Vert\boldsymbol{\mu}\Vert_2^2$	$\frac{1}{2\sigma^2}\Vert\boldsymbol{y}-\boldsymbol{\mu}\Vert_2^2$	欧氏距离的平方
$\mathbf{R}^n$	n 维高斯	$\frac{\sqrt{\det(\boldsymbol{C})}}{(2\pi)^n}\mathrm{e}^{\frac{(\boldsymbol{y}-\boldsymbol{a})^{\mathrm{T}}\boldsymbol{C}(\boldsymbol{y}-\boldsymbol{a})}{2}}$	a	$\frac{\boldsymbol{\mu}^{\mathrm{T}}\boldsymbol{C}\boldsymbol{\mu}}{2}$	$\frac{(\boldsymbol{y}-\boldsymbol{\mu})^{\mathrm{T}}\boldsymbol{C}(\boldsymbol{y}-\boldsymbol{\mu})}{2}$	马氏距离

[a] $\boldsymbol{C}$ 是对称正定矩阵。

3.3　主要结果

现在将定理 1 中的结果推广到指数族噪声分布的情况下。让我们考虑下面约束条件下的最小 $-l_1$ 范数问题(文献[7] 中标准噪声下的压缩感知问题的推广)：

$$\min_x \|\boldsymbol{x}\|_1 \quad \text{s. t.} \quad \sum_i d(y_i, \mu(A_i\boldsymbol{x})) \leqslant \epsilon \tag{3.9}$$

其中,$d(y_i,\mu(A_i\boldsymbol{x}))$ 表示噪声观测 y_i 和自然参数 $\theta_i=\mu(A_i\boldsymbol{x})$ 相应的指数族分布平均值之间的 Bregman 散度。注意到,使用拉格朗日形式,可以将上面的问题改写为

$$\min_x \lambda \|\boldsymbol{x}\|_1 + \sum_i d(y_i, \mu(A_i\boldsymbol{x})) \tag{3.10}$$

其中,系数 λ 是拉格朗日系数,仅由 ϵ 决定。这个问题被称为 l_1-正则广义线性模型(GLM) 回归问题。标准 l_1-正则线性回归是其中一个特例,$\mu(A_i\boldsymbol{x})=A_i\boldsymbol{x}$,Bregman 散度简化为欧氏距离。

如果(1) 噪声非常小;(2)$\boldsymbol{x}^0$ 足够稀疏;(3) 在适当的 RIP 常数下,矩阵 $\boldsymbol{A}$ 满足约束等距性(RIP),那么上述问题的解能够很好地逼近真实信号。

定理 3　令 S 满足 $\delta_{3S}+3\delta_{4S}<2$,其中 δ_S 表示矩阵 $\boldsymbol{A}$ 的 $S-$约束等距性常数,如上定义。那么对于任何信号 $\boldsymbol{x}^0$,其支撑集 $T^0=\{t:x^0\neq 0\}(|T^0|\leqslant S)$ 以及任何线性噪声观测向量 $\boldsymbol{y}=(y_1,\cdots,y_n)$,其中

(1) 噪声服从指数族分布 $p_{\theta_i}(y_i)$,$\theta_i=(A_i:\boldsymbol{x}^0)$;

(2) 噪声足够小,即 $\forall i, d_{\phi_i}(y_i,\mu(A_i:\boldsymbol{x}^0))\leqslant\epsilon$;

(3) 每个函数 $\phi_i(\cdot)$(即相应对数配分函数的 Legendre 共轭,唯一确定 Bregman 散度),满足至少一个引理附加的条件。

那么,方程(3.9) 的解 $\boldsymbol{x}^*$ 满足

$$\|\boldsymbol{x}^* - \boldsymbol{x}^0\|_{l_2} \leqslant C_S \cdot \delta(\epsilon) \tag{3.11}$$

其中,常数 C_S 跟文献[7] 定理 1 中相同,$\delta(\epsilon)$ 是 ϵ 的连续单调递增函数,满足 $\delta(0)=0$(因此当 ϵ 很小时,$\delta(\epsilon)$ 也很小)。这个函数的形式取决于指数族分布的形式。

证明　遵循文献[7] 定理 1 的证明,只说明 tube 约束(条件 1) 仍然保持(其余的证明保持不变),即

$$\|\boldsymbol{Ax}^* - \boldsymbol{Ax}^0\|_{l_2} \leqslant \delta(\epsilon) \tag{3.12}$$

其中，δ 是 ϵ 的连续单调递增函数，满足 $\delta(0)=0$，因此当 ϵ 很小时，$\delta(\epsilon)$ 也很小。这是在欧氏距离的情况下，三角不等式的一个简单的结果。总体来说，三角不等式对于 Bregman 散度并不成立，因此，对于每种可能类型的 Bregman 散度(指数分布族)，必须为 tube 约束做不同的证明。因为

$$\| \boldsymbol{Ax}^* - \boldsymbol{Ax}^0 \|_{l_2}^2 = \sum_{i=1}^{m} (A_{i,:}\boldsymbol{x}^* - A_{i,:}\boldsymbol{x}^0)^2 = \sum_{i=1}^{m} (\theta_i^* - \theta_i^0)^2$$

我们将需要表明 $|\theta_i^* - \theta_i^0| < \beta(\epsilon)$，其中 $\beta(\epsilon)$ 是 ϵ 的连续单调递增函数，满足 $\beta(0)=0$(这样当 ϵ 很小时，$\beta(\epsilon)$ 也很小)，因此，在方程(3.12)中，得到 $\delta(\epsilon)=\sqrt{m\cdot\beta(\epsilon)}$。对于一类以 $\phi''(y)$(其中 $\phi(y)$ 表示相应对数配分函数的 Legendre 共轭，唯一确定分布形式)为界的指数族分布，引理 1 给出了这一事实的证明。然而，对于指数族分布中的几个成员(例如伯努利分布)，这种情况并不满足，这些情况需要单独处理。因此，在引理 1、引理 2 和引理 3 中对于不同指数族分布提供独立的证明，并获得不同情况下 $\beta(\epsilon)$ 特定的表达式。请注意，为简单起见，我们只考虑单变量指数族分布，并且对应每次测量 y_i 的噪声是相互独立的。单变量指数族分布在标准问题定式化中有效地假设用欧氏距离对应球形高斯分布，即一个由独立高斯变量组成的向量。然而，引理 1 可以从标量推广到向量的情况，即多变量指数族分布，此时，噪声不一定意味着是相互独立的。引理 3 将提供这种分布的一个特定情况 —— 浓度矩阵 $\boldsymbol{C}$ 的多元高斯分布。

文献[7]中有关于 cone 约束的完整证明；很容易可以看出，它并不依赖于式(3.10)中最小 l_1 — 范数问题的特殊约束，并且只利用 $\boldsymbol{x}^0$ 的稀疏性以及 $\boldsymbol{x}^*$ 的 l_1 — 最优性。因此，我们可以简单地用 $\delta(\epsilon)$ 来替代文献[7]定理 1 证明中第 8 页方程 13 中的 $\|\boldsymbol{A}h\|_{l_2}$，或者等价地用 $\delta(\epsilon)$ 来代替方程 14 中的 2ϵ($\|\boldsymbol{A}h\|_{l_2}$ 的界)。

和对于稀疏信号的情况下一样(文献[7])，当把欧氏距离推广到方程(3.10)中的 Bregman 散度时，定理 2 证明中我们唯一需要改变的(一般情况是可逼近信号，而不是稀疏信号)是 tube 约束。因此，一旦我们证明了上面的定理 3，推广到可逼近信号自动变为：

定理 4　令 $\boldsymbol{x}^0 \in \mathbf{R}^m$ 表示任意一个向量，并且令 $\boldsymbol{x}_S^0$ 表示一个截断向量，它对应于 $\boldsymbol{x}^0$ 中最大的 S 个值(绝对值)。在定理 3 的假设下，方程(3.10)的解 $\boldsymbol{x}^*$ 满足

$$\| \boldsymbol{x}^* - \boldsymbol{x}^0 \|_{l_2} \leqslant C_{1,S} \cdot \delta(\epsilon) + C_{2,S} \cdot \frac{\| \boldsymbol{x}^0 - \boldsymbol{x}_S^0 \|_{l_1}}{\sqrt{S}} \tag{3.13}$$

其中，常数 $C_{1,S}$ 和 $C_{2,S}$ 与文献[7]定理 2 中相同；$\delta(\epsilon)$ 是 ϵ 的连续单调递增函数，满足 $\delta(0)=0$（这样当 ϵ 很小时，$\delta(\epsilon)$ 也很小）。这个函数的形式取决于指数族分布的形式。

下面的引理表明，在一般任意指数族噪声的情况下，如果 $\phi''(y)$ 存在，并且在适当的区间上有界，方程(3.12)中 tube 约束的充分条件依然成立。

引理 1 令 y 表示服从指数族分布 $p_\theta(y)$ 的一个随机变量，其自然参数为 θ，相应的平均值为 $\mu(\theta)$。令 $d_\phi(y,\mu(\theta))$ 表示该分布的 Bregman 散度。如果

(1) $d_\phi(y,\mu^0(\theta^0)) \leqslant \epsilon$（噪声很小）；

(2) $d_\phi(y,\mu^*(\theta^*)) \leqslant \epsilon$（方程(3.10) GLM 问题的约束条件）；

(3) $\phi''(y)$ 存在，并且在区间 $[y_{\min}, y_{\max}]$ 上有界，其中 $y_{\min} = \min\{y,\mu^0,\mu^*\}$，$y_{\max} = \max\{y,\mu^0,\mu^*\}$；

那么，

$$|\theta^* - \theta^0| \leqslant \beta(\epsilon) = \sqrt{\epsilon} \cdot \frac{2\sqrt{2}\ \max_{\hat{\mu}\in[\mu^*;\mu^0]} |\phi''(\hat{\mu})|}{\sqrt{\min_{\hat{y}\in[y_{\min};y_{\max}]}\phi''(\hat{y})}} \tag{3.14}$$

证明 分两个步骤来证明该引理。首先，证明如果 ϵ 很小，那么 $|\mu^*(\theta^*) - \mu^0(\theta^0)|$ 很小，进而推断出 $|\theta^* - \theta^0|$ 很小。

(1) 由方程(3.8)定义可知 Bregman 散度是 $\phi(y)$ 在点 μ 处泰勒展开的非线性尾项，即线性近似的拉格朗日余项：

$$d_\phi(y,\mu) = \phi''(\hat{y})(y-\mu)^2/2, \quad \hat{y} \in [y_1;y_2]$$

其中，$y_1 = \min\{y,\mu\}$，$y_2 = \max\{y,\mu\}$。

令 $y_1^0 = \min\{y,\mu^0\}$，$y_2^0 = \max\{y,\mu^0\}$，$y_1^* = \min\{y,\mu^*\}$，$y_2^* = \max\{y,\mu^*\}$。利用关系式 $0 \leqslant d_\phi(y,\mu^0) \leqslant \epsilon$ 和 $0 \leqslant d_\phi(y,\mu^*) \leqslant \epsilon$，并观察

$$\min_{\hat{y}\in[y_{\min};y_{\max}]} \phi''(\hat{y}) \leqslant \min_{\hat{y}\in[y_1^0;y_2^0]} \phi''(\hat{y})$$

且

$$\min_{\hat{y}\in[y_{\min};y_{\max}]} \phi''(\hat{y}) \leqslant \min_{\hat{y}\in[y_1^*;y_2^*]} \phi''(\hat{y})$$

得到

$$\phi''(\hat{y})(y-\mu^0)^2/2 \leqslant \epsilon \Leftrightarrow (y-\mu^0)^2 \leqslant \frac{2\epsilon}{\phi''(\hat{y})}$$

$$\Leftrightarrow |y-\mu^0| \leqslant \frac{\sqrt{2\epsilon}}{\sqrt{\min\limits_{\hat{y}\in[y_1^0;y_2^0]} \phi''(\hat{y})}} \leqslant \frac{\sqrt{2\epsilon}}{\sqrt{\min\limits_{\hat{y}\in[y_{\min};y_{\max}]} \phi''(\hat{y})}}$$

并且,类似地

$$|y-\mu^*| \leqslant \frac{\sqrt{2\epsilon}}{\sqrt{\min\limits_{\hat{y}\in[y_1^*;y_2^*]} \phi''(\hat{y})}} \leqslant \frac{\sqrt{2\epsilon}}{\sqrt{\min\limits_{\hat{y}\in[y_{\min};y_{\max}]} \phi''(\hat{y})}}$$

使用三角形不等式,得出结论

$$|\mu^*-\mu^0| \leqslant |y-\mu^*|+|y-\mu^0| \leqslant \frac{2\sqrt{2\epsilon}}{\sqrt{\min\limits_{\hat{y}\in[y_{\min};y_{\max}]} \phi''(\hat{y})}} \tag{3.15}$$

注意,因为 ϕ 是严格凸的,因此在根号下的 $\phi''(\hat{y})$ 总是正的。

(2) 指数族分布的平均值和自然参数之间的关系如下:$\theta(\mu)=\phi'(\mu)$(如果 $\boldsymbol{\mu}$ 是一个向量,$\theta(\boldsymbol{\mu})=\nabla\phi(\boldsymbol{\mu})$),其中 $\phi'(\mu)$ 称为连接函数。因此,有

$$|\theta^*-\theta^0| = |\phi'(\mu^*)-\phi'(\mu^0)| = |\phi''(\hat{\mu})(\mu^*-\mu^0)|$$

其中,$\hat{\mu}\in[\mu^*;-\mu^0]$。

然后,利用上面方程(3.15) 的结果,得到

$$|\theta^*-\theta^0| \leqslant \beta(\epsilon) = \sqrt{\epsilon}\cdot\frac{2\sqrt{2}\max\limits_{\hat{\mu}\in[\mu^*;\mu^0]}\phi''(\hat{\mu})}{\sqrt{\min\limits_{\hat{y}\in[y_{\min};y_{\max}]} \phi''(\hat{y})}}$$

引理得证。

引理 1 的条件(3) 要求 $\phi''(y)$ 存在,并且在 y 和 μ^0 以及 y 和 μ^* 上有界。然而,即使不满足这种情况,例如逻辑损耗时发生,此时 $\phi''(y)=\frac{1}{y(1-y)}$ 在 0 和 1 时无界;以及表 3.1 中其他几种形式的 Bregman 散度。通过使用每一个 $\phi(y)$ 的特定属性,我们仍然可能证明得到类似的结果,如引理 2 所示。

引理 2　(伯努利噪声 / 逻辑损耗)

满足引理 1 中条件(1) 和(2),并令 $\phi(y)=y\log y+(1-y)\log(1-y)$,对应于逻辑损耗的 Bregman 散度,令 $p(y)=\mu^y(1-\mu)^{1-y}$,其中平均值 $\mu=P(y=1)$。假设 $0<\mu^*<1$ 并且 $0<\mu^0<1$,那么

$$|\theta^0-\theta^*| \leqslant \beta(\epsilon)=4\epsilon$$

证明 利用表 3.1 逻辑损耗 Bregman 散度的定义以及引理 1 中的条件(1) 和(2)，有

$$\begin{cases} d_\phi(y,\mu^0)=y\log\dfrac{y}{\mu_0}+(1-y)\log\dfrac{1-y}{1-\mu^0}\leqslant\epsilon \\ d_\phi(y,\mu^*)=y\log\dfrac{y}{\mu_*}+(1-y)\log\dfrac{1-y}{1-\mu^*}\leqslant\epsilon \end{cases} \tag{3.16}$$

这意味着

$$|d_\phi(y,\mu^0)-d_\phi(y,\mu^*)|\leqslant 2\epsilon \tag{3.17}$$

将方程(3.16) 的表达式代入方程(3.17)，并且化简，得到

$$\left|y\log\frac{\mu^0}{\mu^*}+(1-y)\log\frac{1-\mu^0}{1-\mu^*}\right|\leqslant 2\epsilon \tag{3.18}$$

因为上述式子必须对于任何 $y\in\{0,1\}$(伯努利分布域) 都成立，因此得到

$$(1)\ \left|\log\frac{1-\mu^0}{1-\mu^*}\right|\leqslant 2\epsilon \qquad y=0$$

$$(2)\ \left|\log\frac{\mu^0}{\mu^*}\right|\leqslant 2\epsilon \qquad y=1 \tag{3.19}$$

或者，等效地

$$(1)\ e^{-2\epsilon}\leqslant\frac{1-\mu^0}{1-\mu^*}\leqslant e^{2\epsilon} \qquad y=0$$

$$(2)\ e^{-2\epsilon}\leqslant\frac{\mu^0}{\mu^*}\leqslant e^{2\epsilon} \qquad y=1$$

首先考虑 $y=0$ 的情况。在相应不等式的每边减去 1 可以得到

$$e^{-2\epsilon}-1\leqslant\frac{\mu^*-\mu^0}{1-\mu^*}\leqslant e^{2\epsilon}-1\Leftrightarrow$$

$$(1-\mu^*)(e^{-2\epsilon}-1)\leqslant\mu^*-\mu^0\leqslant(1-\mu^*)(e^{2\epsilon}-1)$$

由中值定理可知，$e^x-1=e^x-e^0=\left.\dfrac{d(e^x)}{dx}\right|_{\hat{x}}\cdot(x-0)=e^{\hat{x}}x$ 成立，对于某些值，如果 $x>0,\hat{x}\in[0,x]$；如果 $x<0,\hat{x}\in[x,0]$。因此，$e^{-2\epsilon}-1=-e^{\hat{x}}\cdot 2\epsilon$ 成立，对于某一值 $\hat{x}\in[-2\epsilon,0]$，又由于 e^x 是一个连续单调递增函数，$e^{\hat{x}}\leqslant 1$，因此 $e^{-2\epsilon}-1\geqslant -2\epsilon$。类似地，$e^{2\epsilon}-1=e^{\hat{x}}\cdot 2\epsilon$，对于某一值 $\hat{x}\in[0,2\epsilon]$，然后由于 $e^{\hat{x}}\leqslant e^{2\epsilon}$，因此 $e^{2\epsilon}-1\leqslant e^{2\epsilon}\cdot 2\epsilon$。所以

$$-2\epsilon(1-\mu^*)\leqslant\mu^*-\mu^0\leqslant 2\epsilon e^{2\epsilon}(1-\mu^*)\Rightarrow$$

$$|\mu^*-\mu^0|\leqslant 2\epsilon\cdot e^{2\epsilon} \tag{3.20}$$

类似地，对 $y=1$ 的情况，有

$$e^{-2\epsilon}-1\leqslant\frac{\mu^0-\mu^*}{\mu^*}\leqslant e^{2\epsilon}-1$$

并且可以通过相同的推导，得到与方程(3.20)相同的结果。最后，由于 $\theta(\mu)=\phi'(\mu)=\log\frac{\mu}{1-\mu}$，得到

$$\begin{aligned}|\theta^0-\theta^*|&=\left|\log\frac{\mu^0}{1-\mu^0}-\log\frac{\mu^*}{1-\mu^*}\right|\\&=\left|\log\frac{\mu^0}{\mu^*}-\log\frac{1-\mu^0}{1-\mu^*}\right|\end{aligned}$$

通过方程(3.19)，得到 $\left|\log\frac{\mu^0}{\mu^*}\right|\leqslant 2\epsilon$ 以及 $\left|\log\frac{1-\mu^0}{1-\mu^*}\right|\leqslant 2\epsilon$，这意味着

$$|\theta^0-\theta^*|=\left|\log\frac{\mu^0}{\mu^*}-\log\frac{1-\mu^0}{1-\mu^*}\right|\leqslant 4\epsilon$$

引理 3　(指数噪声 / Itakura-Saito 距离)

满足引理 1 中条件(1)和(2)，并令 $\phi(y)=-\log\mu-1$，对应 Itakura-Saito 距离 $d_\phi(y,\mu)=\frac{y}{\mu}-\log\frac{y}{\mu}-1$，令指数分布 $p(y)=\lambda e^{\lambda y}$，其中平均值 $\mu=\frac{1}{\lambda}$。我们将同样假设平均值总是大于零，即 $\exists c_\mu>0$，使得 $\mu\geqslant c_\mu$。那么

$$|\theta^*-\theta^0|\leqslant\beta(\epsilon)=\frac{\sqrt{6\epsilon}}{c_\mu}$$

证明　为了得到引理的结论，首先从不等式 $|u-\log u-1|\leqslant\epsilon$ 开始证明，其中 $u=\frac{y}{\mu}$。用 $z=u-1$，$z>-1$ 代替 u，可以得到 $|z-\log(z+1)|\leqslant\epsilon$，不失一般性，假设 $\epsilon\leqslant\frac{1}{18}$。那么，函数 $z-\log(z+1)$ 在 $z=0$ 处的泰勒分解为

$$z-\log(1+z)=\frac{z^2}{2}-\frac{z^3}{3}+\frac{\theta^4}{4},$$

$$\theta\in[0,z]\text{ 或 }\theta\in[z,0]$$

这意味着

$$\epsilon\geqslant z-\log(1+z)\geqslant\frac{z^2}{2}-\frac{z^3}{3},\quad\frac{\theta^4}{4}\geqslant 0$$

反过来这意味着 $z\leqslant\frac{1}{3}$ 并且对于 $0\leqslant z\leqslant\frac{1}{3}$，$\frac{z^2}{2}-\frac{z^3}{3}\geqslant\frac{z^2}{6}$。因此

$$z-\log(1+z)\geqslant\frac{z^2}{2},\quad-\frac{1}{3}\leqslant z\leqslant 0\tag{3.21}$$

$$z - \log(1+z) \geqslant \frac{z^2}{6}, \quad 0 \leqslant z \leqslant \frac{1}{3} \tag{3.22}$$

将两个估计结合在一起，得到 $|z| \leqslant \sqrt{6\epsilon}$，或者

$$|y-\mu| \leqslant \sqrt{6\epsilon} \cdot \mu$$

以及

$$|\mu^0 - \mu^*| \leqslant \sqrt{6\epsilon} \cdot \max\{\mu^0, \mu^*\}$$

由引理的假设可知 $\min\{\mu^*, \mu^0\} \geqslant c_\mu$，因此

$$|\theta^* - \theta^0| = \left|\frac{1}{\mu^0} - \frac{1}{\mu^*}\right| = \left|\frac{\mu^* - \mu^0}{\mu^* \mu^0}\right| \leqslant \frac{\sqrt{6\epsilon}}{\min\{\mu^*, \mu^0\}} \leqslant \frac{\sqrt{6\epsilon}}{c_\mu}$$

我们现在考虑多变量指数族分布。下一个引理处理的为一般情况下的多元高斯分布(不一定是有对角协方差矩阵且对应于标准欧氏距离的球形分布(见表 3.1))。

引理 4　(非独立同分布的多元高斯噪声 / 马氏距离)

令 $\phi(\boldsymbol{y}) = \boldsymbol{y}^{\mathrm{T}}\boldsymbol{C}\boldsymbol{y}$，对应于浓度矩阵 $\boldsymbol{C}$ 的一般多元高斯分布，并且马氏距离 $d_\phi(\boldsymbol{y},\boldsymbol{\mu}) = \frac{1}{2}(\boldsymbol{y}-\boldsymbol{\mu})^{\mathrm{T}}\boldsymbol{C}(\boldsymbol{y}-\boldsymbol{\mu})$。如果 $d_\phi(\boldsymbol{y},\boldsymbol{\mu}^0) \leqslant \epsilon$，$d_\phi(\boldsymbol{y},\boldsymbol{\mu}^*) \leqslant \epsilon$，那么

$$\|\boldsymbol{\theta}^0 - \boldsymbol{\theta}^*\| \leqslant \sqrt{2\epsilon}\,\|\boldsymbol{C}^{-1}\|^{1/2} \cdot \|\boldsymbol{C}\|$$

其中，$\|\boldsymbol{C}\|$ 表示算子的模。

证明　由于 $\boldsymbol{C}$ 是(对称)正定矩阵，它可以被写成 $\boldsymbol{C}=\boldsymbol{L}^{\mathrm{T}}\boldsymbol{L}$，其中 $\boldsymbol{L}$ 是定义在空间 $\boldsymbol{y}$ 上的线性算子，因此

$$\begin{aligned}\frac{\epsilon}{2} &\geqslant (\boldsymbol{y}-\boldsymbol{\mu})^{\mathrm{T}}\boldsymbol{C}(\boldsymbol{y}-\boldsymbol{\mu}) = (\boldsymbol{L}(\boldsymbol{y}-\boldsymbol{\mu}))^{\mathrm{T}}(\boldsymbol{L}(\boldsymbol{y}-\boldsymbol{\mu})) \\ &= \|\boldsymbol{L}(\boldsymbol{y}-\boldsymbol{\mu})\|^2\end{aligned}$$

此外，容易得到 $\|\boldsymbol{C}^{-1}\|\boldsymbol{I} \leqslant \boldsymbol{C} \leqslant \|\boldsymbol{C}\|\boldsymbol{I}$(其中，$\|\boldsymbol{B}\|$ 表示算子 $\boldsymbol{B}$ 的模)以及

$$\frac{\epsilon}{2} \geqslant \|\boldsymbol{L}(\boldsymbol{y}-\boldsymbol{\mu})\|^2 \geqslant \|\boldsymbol{L}^{-1}\|^{-2}\|\boldsymbol{y}-\boldsymbol{\mu}\|^2 \Rightarrow$$

$$\|\boldsymbol{y}-\boldsymbol{\mu}\| \leqslant \sqrt{\frac{\epsilon}{2}}\,\|\boldsymbol{L}^{-1}\|$$

然后，使用三角不等式，得到

$$\|\boldsymbol{\mu}^* - \boldsymbol{\mu}^0\| \leqslant \|\boldsymbol{y}-\boldsymbol{\mu}^0\| + \|\boldsymbol{y}-\boldsymbol{\mu}^*\| \leqslant \sqrt{2\epsilon}\,\|\boldsymbol{L}^{-1}\|$$

最后，由于 $\boldsymbol{\theta}(\boldsymbol{\mu}) = \nabla\phi(\boldsymbol{\mu}) = \boldsymbol{C}\boldsymbol{\mu}$，得到

$$\begin{aligned}\|\boldsymbol{\theta}^0-\boldsymbol{\theta}^*\| &= \|\boldsymbol{C}\boldsymbol{\mu}^0-\boldsymbol{C}\boldsymbol{\mu}^*\| \leqslant \|\boldsymbol{C}\|\cdot\|\boldsymbol{\mu}^0-\boldsymbol{\mu}^*\| \\ &= \|\boldsymbol{C}\|\cdot\|\boldsymbol{\mu}^0-\boldsymbol{\mu}^*\| \leqslant \sqrt{2\epsilon}\,\|\boldsymbol{L}^{-1}\|\cdot\|\boldsymbol{C}\|\end{aligned}$$

注意到 $\|\boldsymbol{L}^{-1}\|=\|\boldsymbol{C}^{-1}\|^{1/2}$，命题得证。

3.4 结　论

在本章中，我们将文献[7]中的结果推广到更一般的指数族噪声情况，高斯噪声作为其中的一个特例，产生了 l_1－正则广义线性模型（GLM）的回归问题。我们证明，当设计矩阵满足标准约束等距性（RIP）时，如果噪声足够小，且分布满足一定的（充分）条件，例如对数配分函数（唯一确定分布形式）的 Legendre 共轭 $\phi(y)$存在二阶有界导数，最小 l_1－范数可以提供在指数族噪声假定下稀疏信号的稳定恢复。我们还提供了一些不满足上述条件的指数族分布的特定证明过程。此外，我们证明，文献[7]中一个更一般的情况，可压缩（而不是稀疏）信号的结果同样可以用类似的方式推广到指数族噪声情况。

正如之前提到的，这里给出的结果是基于文献[19]中我们早期的工作结果。文献[15]（及其拓展[16]）中一些近期工作和我们密切相关，它提出了正则最大似然估计的一个统一的框架分析（M 估计），并且陈述了保证稀疏模型参数（即稀疏信号）渐近恢复（即一致性）的充分条件。这些一般条件是：正则化矩阵的可分解性（满足 l_1－范数），以及给定一个正则化矩阵，它的损失函数是限制强凸的（RSC）。广义线性模型被认为是其中的一个特殊情况，利用上面的两个充分条件，从主要结果推导出了 GLMs 的一致性结果。由于 l_1－正则化矩阵是可分解的，因此主要的挑战是确定指数族负对数似然损失的 RSC。这是通过利用两个（充分）条件（称为 GLM1 和 GLM2）来实现的，分别为设计矩阵以及指数族分布的限制条件。简而言之，GLM1 条件要求的设计矩阵的行向量是独立同分布的样本且具有亚高斯性，GLM2 条件包括一个替代的充分条件，累积量函数有一致有界的二阶导数，类似于引理 1（Legendre 共轭的二阶导数有界）。给定条件 GLM1 和 GLM2，文献[16]推导了 l_1－正则广义线性模型（GLM）回归解与真实信号之间差值在 l_2－范数下的界。其结果是概率性的，随着采样数量的增加，概率逐渐接近 1。

我们的结果在几个方面不同。首先，界是确定的并且设计矩阵必须满足 RIP 而不是亚高斯性。其次，我们的研究结果关注的是约束最小 l_1－范数形式而不是它的拉格朗日形式；在约束形式下，参数 ϵ 有一个清晰直观的意义，它是信号的线性预测和它的噪声观测之间散度的一个界（例如 $\|\boldsymbol{y}-\boldsymbol{A}\boldsymbol{x}\|_{l_2}<$

ϵ)，表征着测量中的噪声量；而在拉格拉日形势下，稀疏参数 λ 的某些特定值有些难以解释。我们的研究结果提供了标准压缩传感结果[7]的一个非常直观和简单的拓展。最后，我们对累积量函数的二阶导数(或其 Legendre 共轭)是无界的一些情况进行了处理，例如，伯努利噪声(逻辑损耗)或指数噪声(Itakura-Saito 距离)的情况。

另一个令人感兴趣的研究方向是在 l_2－范数下可替代的误差标准，例如支撑集恢复。精确的支撑集恢复往往是一个更相关的成功衡量标准，特别是当变量选择是主要的目标。然而，把支撑集恢复结果推广到 GLMs 以及 M 估计比本章以及文献[15]中考虑的问题更具有挑战性，因此仍然是未来的工作方向之一。

本章参考文献

[1] Banerjee A, Merugu S, Dhillon IS, Ghosh J(2005) Clustering with Bregman divergences. J Mach Learn Res 6:1705-1749

[2] Banerjee A, Merugu S, Dhillon I, and Ghosh J(2004) Clustering with Bregman divergences. In: Proceedings of the fourth SIAM international conference on data mining, pp 234-245

[3] Beygelzimer A, Kephart J, and Rish I(2007) Evaluation of optimization methods for network bottleneck diagnosis. In: Proceedings of ICAC-07

[4] Candes E(2006) Compressive sampling. Int Cong Math 3:1433-1452

[5] Candes E, Romberg J(2006) Quantitative robust uncertainty principles and optimally sparse decompositions. Found Comput Math 6(2):227-254

[6] Candes E, Romberg J, Tao T(2006) Robust uncertainty principles: exact signal reconstruction from highly incomplete frequency information. IEEE Trans Inf Theory 52(2):489-509

[7] Candes E, Romberg J, Tao T(2006) Stable signal recovery from incomplete and inaccurate measurements. Commun Pure Appl Math 59(8):1207-1223

[8] Candes E, Tao T(2005) Decoding by linear programming. IEEE Trans Inf Theory 51(12):4203-4215

[9] Carroll MK, Cecchi GA, Rish I, Garg R, Rao AR(2009) Prediction and interpretation of distributed neural activity with sparse models. Neuroimage 44(1):112-122

[10] Chandalia G, Rish I(2007) Blind source separation approach to performance diagnosis and dependency discovery. In: Proceedings of IMC-2007

[11] Donoho D(2006) Compressed sensing. IEEE Trans Inf Theory 52(4): 1289-1306

[12] Donoho D(2006) For most large underdetermined systems of linear equations, the minimal ell-1 norm near-solution approximates the sparsest near-solution. Commun Pure Appl Math 59(7):907-934

[13] Donoho D(2006) For most large underdetermined systems of linear equations, the minimal ell-1 norm solution is also the sparsest solution. Commun Pure Appl Math 59(6):797-829

[14] Mitchell TM, Hutchinson R, Niculescu RS, Pereira F, Wang X, Just M, Newman S(2004) Learning to decode cognitive states from brain images. Mach Learn 57:145-175

[15] Negahban S, Ravikumar P, Wainwright MJ, Yu B(2009) A unified framework for the analysis of regularized M-estimators. In: Proceedings of neural information processing systems (NIPS)

[16] Negahban S, Ravikumar P, Wainwright MJ, Yu B(2010) A unified framework for the analysis of regularized M-estimators. Technical Report 797, Department of Statistics, UC Berkeley

[17] Park Mee-Young, Hastie Trevor(2007) An L1 regularization-path algorithm for generalized linear models. JRSSB 69(4):659-677

[18] Rish I, Brodie M, Ma S, Odintsova N, Beygelzimer A, Grabarnik G, Hernandez K(2005) Adaptive diagnosis in distributed systems. IEEE Trans Neural Networks (special issue on Adaptive learning systems in communication networks) 16(5):1088-1109

[19] Rish I, Grabarnik G,(2009) Sparse signal recovery with Exponential-family noise. In: Proceedings of the 47th annual allerton conference on communication, control and, computing

[20] Rockafeller RT, (1970) Convex analysis. Princeton university press. New Jersey

[21] Zheng A, Rish I, Beygelzimer A(2005) Efficient test selection in active diagnosis via entropy approximation. In: Proceedings of UAI-05

第4章　核范数优化及其在观测模型设定中的应用

基于约束条件的最小化矩阵秩的优化问题广泛应用于各领域,例如控制理论[6,26,31,62]、信号处理[25]和机器学习[3,77,89]。但是,解决这种等级最小化问题通常非常困难,因为它们一般都是 NP 难问题[65,75]。作为矩阵秩中最紧凸代替,矩阵的核范数推动了很多近期研究,并已被证明是许多领域的强大工具。在本章中,我们简要回顾一些与应用相关的核准则优化算法的最新技术。然后,提出了一个新的核范数应用于线性模型恢复问题,以及解决恢复问题的可行算法。这里提出的初步数值结果对后续研究具有理论意义。

4.1　引　　言

对于系统结构的识别、规范和开发是基于仿真的大规模复杂系统优化的核心。为了确定哪些结构可被利用,需要仔细观察识别、规范和优化过程中涉及的各个层次。例如,如果仿真或优化过程涉及需要解决的大规模线性系统,那么利用矩阵结构(例如稀疏性、块结构,Toeplitz 等)可以有效推导出快速线性系统求解器[5,33]。

例如,在优化中,可利用的结构可能以各种形式出现,如子问题[54]、KKT 系统的特定结构、自动分化中的符号重新参数化[37]或部分群组可分离性[19,36]。其他形式如模型还原技术[7,13,39,64,90]、随机过程中(几乎)可分解的系统[20,21]、图划分[42,48,74]、计算中的多尺度特征[12,87],以及与顺序和并行相关的算法方面处理[35]。

作为一般指导原则,针对基础结构问题的开发算法在可行性、稳定性、可扩展性和适宜性方面是有优势的。对于广泛的应用,可以通过第一原理明确指出问题结构的几个方面[46,72,78,83]。在通常情况下,固有的潜在结构可能是潜在的,需要(某些)操作/转换才能使其更具可识别性和可利用性(例如线性系统的节点重新编码[51,73,82,94]、表示和重新参数化[34,59,81,93])。隐含的结构形式使开发复杂化。通常情况下,原则的选取应以优化此项为目标。奥卡姆剃刀(Occam's razor)也被称为简单有效原理,这个通用规则成为最简单的竞争理论的首选[23,30,43,47,86]。有研究表明,这一原则对于自然现象以及描述复杂系统功能的解释有适应性。其他指导原则可能包括因果关系、保护规则、最小能量、最小作用原理、不确定性原理或最小熵[10,11,22,24,50,66]。

应当说明的是,不恰当结构的假设可能会引入偏差并降低解决方案的质量。最后,承认结构只存在于场景中是至关重要的,它取决于优化过程的预期目的(推理、控制、设计、决策等)。

本章主要研究低阶算子结构。关于低阶优化和紧凸松弛、核范数优化问题的相关特定应用背景,我们将回顾产生这类问题的常见应用。其次,我们会考虑用于解决相应优化问题的各种算法策略,其中包括核准则。最后,作为解决模型不足的一般手段,将对核标准最小化的使用做进一步阐述。

4.2 背　景

众所周知,对于每个矩阵,存在一个奇异值分解(SVD)。表示一个 $m\times n$ 矩阵 $\boldsymbol{X}$,其中一种方法是将其写成秩为 1 的外积之和

$$\boldsymbol{X}=\sum_{i=1}^{r}\sigma_i\boldsymbol{u}_i\boldsymbol{v}_i^{\mathrm{T}} \tag{4.1}$$

其中,秩 r 需要满足 $r\leqslant\min(m,n)$,标量值 σ_i 被称为奇异值,它们是实数且非负(包括复矩阵 $\boldsymbol{X}$),将奇异值按 $\sigma_1\geqslant\sigma_2\geqslant\cdots\geqslant 0$ 顺序排列。长度为 m 的 $\boldsymbol{u}_i$ 是标准正交基 $U:=\{\boldsymbol{u}_1,\cdots,\boldsymbol{u}_n\}$ 中的一个向量,同样,长度为 m 的 $\boldsymbol{v}_i$ 是标准正交基 $V:=\{\boldsymbol{v}_1,\cdots,\boldsymbol{v}_n\}$ 中的一个向量。Eckart-Young(埃卡特一杨)定理说明,对于 $k\leqslant r$,$B:=\sum_{i=1}^{k}\sigma_i\boldsymbol{u}_i\boldsymbol{v}_i^{\mathrm{T}}$ 在 F 范数和 2 范数中是矩阵 $\boldsymbol{X}$ 的最优秩,为 k 的近似值。特别地,误差由 $\|\boldsymbol{X}-B\|_F^2=\sum_{i=k+1}^{r}\sigma_i^2$ 得到。因此,如果 k 与最大奇异值相比其余的奇异值相对较小,则 B 可以获得 $\boldsymbol{X}$ 中的大部分能量,并且剩余奇异值的平方和对应剩余能量。

虽然矩阵 $\boldsymbol{X}$ 的 Frobenius 范数是奇异值平方和的平方根,矩阵 $\boldsymbol{X}$ 的核范数只是矩阵奇异值的和

$$\|\boldsymbol{X}\|_*=\sum_{i=1}^{r}\sigma_i \tag{4.2}$$

核球 $\{\boldsymbol{X}:\|\boldsymbol{X}\|_*\leqslant 1\}$ 是频域范数为 1、秩为 1 的矩阵集的凸包,这个范数可以看作是秩函数的最紧凸逼近。为进一步优化,它通常以其半定规划(SDP) 表示进行重新表示

$$\|\boldsymbol{X}\|_*=\min\frac{1}{2}(\mathrm{trace}(W_1)+\mathrm{trace}(W_2)) \tag{4.3}$$

$$\text{s. t.} \begin{bmatrix} W_1 & \boldsymbol{X} \\ \boldsymbol{X}^{\mathrm{T}} & W_2 \end{bmatrix} \geq 0$$

其中矩阵上的迹是矩阵的对角线元素之和。

核范数可以表示为酉不变矩阵。即如果$\boldsymbol{U}$是一个$m \times m$酉矩阵,$\boldsymbol{V}$是一个$n \times n$的酉矩阵

$$\| \boldsymbol{UXV} \|_* = \| \boldsymbol{X} \|_* \tag{4.4}$$

当矩阵的列维数为1时,$\boldsymbol{X}$矩阵变为向量$\boldsymbol{x}$,观察到

$$\| \boldsymbol{x} \|_1 = \| \mathrm{diag}(\boldsymbol{x}) \|_* \tag{4.5}$$

因此,核范数也可以看作是谱域内的1范数,是0范数的最紧凸逼近。

4.2.1 核规范在仿射阶数最小化中的作用

最小化仿射阶数问题是找到满足线性系统的最小秩的矩阵,对于某些给定的A和b,有

$$\begin{gathered} \min \operatorname{rank}(\boldsymbol{X}) \\ \text{s. t. } A(\boldsymbol{X}) = b, \quad A: \mathbf{R}^{m\times n} \to \mathbf{R}^p \end{gathered} \tag{4.6}$$

在文献[75]中显示,如果A是一个近似等距线性映射,且线性约束的数目在范围内(取决于问题的大小),那么这个问题可以通过给定仿射空间的核规范的最小化来得到精确解决。因此,我们不是解决上述问题,而是寻求解决它的松弛问题的方法。

$$\begin{gathered} \min \| \boldsymbol{X} \|_* = \sum_{i=1}^{\min(m,n)} \sigma_i(\boldsymbol{X}) \\ \text{s. t. } A(\boldsymbol{X}) = b, \quad A: \mathbf{R}^{m\times n} \to \mathbf{R}^p \end{gathered} \tag{4.7}$$

其中,$i = 1,2,\cdots,\min(m,n)$是矩阵$\boldsymbol{X}$的奇异值。

4.2.2 矩阵完成和低秩矩阵恢复中的核范数

矩阵完成问题是通过有限数量的抽取采样值恢复(隐式或显式)一个子集或整个矩阵的集合。一个经典的矩阵完成问题的例子是Netflix奖励问题[1]。应用程序(又名推荐系统)的目标是根据有关当前用户评分的信息向客户提供建议,因此,这个问题可以归结为一个问题:根据给定用户已经在电影数据库的子集上提交的评分,在特定的评分矩阵中预测未知的值。

数学上,矩阵补全问题可以用下面的方法来表述。假设$\boldsymbol{M} \in \mathbf{R}^{n_1 \times n_2}$,并将$\Omega$作为$n_1 \times n_2$的$\boldsymbol{M}$矩阵子元素的一个子集,我们想要找到下面这个问题的解。

$$\begin{aligned} &\min \operatorname{rank}(\boldsymbol{X}) \\ &\text{s.t. } X_{ij}=M_{ij}, \quad (i,j)\in\Omega \end{aligned} \tag{4.8}$$

让 $\boldsymbol{M}^{\Omega}$ 为包含 $\boldsymbol{M}$ 矩阵中所有的子元素的 $m\times n$ 维矩阵，并假设它剩余项被填充为 0，有

$$\boldsymbol{M}^{\Omega}=\begin{cases} M_{i,j}, & (i,j)\in\Omega \\ 0, & \text{其他} \end{cases} \tag{4.9}$$

然后，矩阵完成问题可以重写为

$$\begin{aligned} &\min \operatorname{rank}(\boldsymbol{X}) \\ &\text{s.t. } \boldsymbol{X}^{\Omega}=\boldsymbol{M}^{\Omega} \end{aligned} \tag{4.10}$$

这是理想的情况，很难解决。如果用凸松弛法来代替秩最小化分量，就得到了另一个问题：

$$\begin{aligned} &\min \|\boldsymbol{X}\|_{*} \\ &\text{s.t. } \boldsymbol{X}^{\Omega}=\boldsymbol{M}^{\Omega} \end{aligned} \tag{4.11}$$

最近关于矩阵完成问题的很多文献都致力于发现解决这一松弛问题的有效方法。

4.2.3　矩阵分离中的核范数

矩阵分离问题也称为稳健主成分分析[16,53]，目的是将一个低秩矩阵和一个稀疏矩阵从它们的和中分离出来。由于它的广泛潜在应用价值，例如图像和模型校准以及系统识别，这一问题的出现增加了最近研究的热度[27,57,71]。对于一个稀疏矩阵 $\boldsymbol{S}$ 和一个低秩矩阵 $\boldsymbol{X}$，$\boldsymbol{Y}=\boldsymbol{X}+\boldsymbol{S}$，这个问题可以定义为

$$\underset{\boldsymbol{S},\boldsymbol{X}\in\mathbf{R}^{m\times n}}{\operatorname{argmin}} \operatorname{rank}(\boldsymbol{X})+\mu\|\boldsymbol{S}\|_{0} \tag{4.12}$$

或者它的凸松弛形式

$$\underset{\boldsymbol{S},\boldsymbol{X}\in\mathbf{R}^{m\times n}}{\operatorname{argmin}} \|\boldsymbol{X}\|_{*}+\mu\|\boldsymbol{S}\|_{1} \tag{4.13}$$

其中，$\|\boldsymbol{S}\|_{1}$ 表示矩阵中所有项的绝对值之和。

4.2.4　核范数的其他应用

大量的文献对核范数在科学和工程的各种应用进行了研究。本章只是提供一个简要的概述，然后突出一些最近正在进行的关于模型错误规范研究工作。出于完整性的考虑，不再介绍其他研究，来说明这种方法的有效性的广度。具体来说，矩阵核规范已经在许多领域得到了成功的应用，包括低阶近似[70]、系统识别[38,40,56,63]、无线传感器定位[28]、网络交通行为分析[60]、低维欧几里得嵌入问题[32,75]、图像压缩[58]。

随着接收和存储过程中产生的高维度数据量的增加，需要研究对高阶数组（称为张量）的核范数的泛化。事实证明，这样的泛化是非常重要的，部分原因是张量的“秩”也是一个重要问题。我们必须首先考虑对张量公式选取进行优化，其次再去定义和松弛一个张量核范数。对于进一步的应用和文献，感兴趣的读者可以参考文献[3,6,26,31,62,77,89]。

4.3 核范数优化方法

近几年，大量有关核范数最小化的算法被研究，主要的一些观点是最近被提出的，少有人介绍那些传统旧方法。核范数优化的内在机制可以在少数几个核心概念下归纳起来。本节简要介绍最常用的方法和理论基础。

4.3.1 基于半定规划的方法

半定规划（SDP）是由矩阵的线性泛函在线性等式和不等式约束下的最小化构成的。大多数核范数优化问题都可以用半定规划来表述（参考式(4.3)），但重组可能需要大量辅助矩阵变量。SDP 问题的计算代价很高。为了计算搜索方向，需要用一般用途的内点求解器来求解非常大的线性方程组。尽管如此，有必要提及一些关于 SDP 的背景知识，介绍最近关于用 SDP 求解优化问题包括核范数的方法。

1. SDP 内点法

给出一个可行的初始猜测，1 个内点方法（顾名思义）连续更新优化问题的解决方案，同时将解保留在可行区域的内部。典型地，与不等式约束相关的指标函数或对数障碍增强了目标并迫使解朝向内部可行域方向运动。在 KKT 条件下，这意味着互补的松弛条件只满足近似，在整个优化过程中，近似的精确程度逐渐加强。该方法最初被用作线性规划的有力工具，后来被扩展到 SDP[2,69]。如果要对内部点方法进行全面的了解，读者可以参考文献[29]。

在文献[56]中，Liu 和 Vandenberghe 表明半定规划公式中问题的结构可以用来研究更有效的内点的实现方法。每次迭代的成本可以减少到问题维度的四次函数，这使得它与求解 Frobenius 范数中的逼近问题的代价相比拟。

2. 基于 SDP 的近期工作

考虑到核范数的定义式(4.2)，SVD 的计算将在核规范优化方案的设计中发挥主要的作用。对于广泛的大规模应用程序，完全奇异值分解显然是不可处理的。Jaggi 和 Sulovsky 提出了一种替代方法[44]。他们的思想是将优化问题作为一个单位迹的正半定矩阵的凸函数。在使用缩放变换后，Hazan

的[41]Sparse－SDP solver 可以很容易地在问题的重塑中得到应用。这种方法的好处在于，每一次迭代都只涉及在当前迭代函数梯度的最大三倍的计算。这需要相对简单的稀疏矩阵操作，然后是秩为 1 的更新。缺点是这种方法产生了一个精确解，其秩可以和 $O\left(\frac{1}{\epsilon}\right)$ 一样大。由于需要在内存中因数分解，这种方法在实践中比较难以实现。在文献[76]中提出了另一种方法，该方法直接处理低级参数化，但有一个缺陷是它的非凸公式，这意味着它的解容易陷入局部最小值，因此对初始化非常敏感。

4.3.2 投影梯度法

在可微目标函数的优化中，梯度（或其估计值）无论何时都是可计算的，通常采用某种方式来确定搜索方向。当目标函数是不可微的，可利用子梯度的方法。假设 $f(\boldsymbol{X})$ 表示（不一定是凸）目标函数，g 是 $f(\boldsymbol{X})$ 的子梯度。

$$f(\boldsymbol{Y})>f(\boldsymbol{X})-g^{\mathrm{T}}(\boldsymbol{Y}-\boldsymbol{X}),\quad \forall \boldsymbol{Y}$$

当 f 为凸且在 $\boldsymbol{X}$ 处可微时，子梯度与梯度一致。否则，可能存在一个以上的子梯度，在 $\boldsymbol{X}$ 处的所有子梯度向量的集合称为 $\boldsymbol{X}$ 的子微分。有关更多细节，请参见文献[8]。典型的子梯度迭代更新步骤如下：

$$X_{k+1}=X_k+\alpha_k g_k$$

其中，g_k 表示 X_k 中一个特殊的子梯度；α_k 表示步长。

现在考虑这个问题

$$\min_{X\in C} f(\boldsymbol{X})+\mu\|\boldsymbol{X}\|_* \tag{4.14}$$

其中，C 为凸集；f 为凸函数，但在某些点可能是不可微的。在这种情况下，令 $F(\boldsymbol{X})$ 表示目标函数，$F(\boldsymbol{X})$ 的子梯度可以从 $f(\boldsymbol{X})$ 的子梯度和适当截断的 $\boldsymbol{X}$ 的 SVD 得到。为了解决上述问题，一个随机投影（即每个迭代被投影到 C）子梯度上的 SSGD 方法被提出[4]。SSGD 算法中的关键因素是推导出无偏估计量为一个子梯度。通过使用矩阵探测技术[17]，可以在某种程度上缓解与这种方法相关的计算困难，其中 F 的次梯度矩阵通过乘一个随机的低秩矩阵来探测。

4.3.3 奇异值阈值

受到先前研究工作最小化 l_1 的启发，特别是通过研究线性化的 Bregman 迭代用于压缩感知[15,92]，文献[14]介绍了一个简单的一阶迭代算法来近似矩阵最小核范数，所有矩阵遵守一套凸约束（即可以用式(4.7)表示）。该算法对每一步的稀疏矩阵的奇异值进行软阈值运算。

对于给定的阈值水平 $\tau \geqslant 0$，软阈值运算符 S_τ 定义如下：

$$S_\tau(\boldsymbol{X}):=U\mathrm{diag}(\max(0,\sigma_i-\tau))V^{\mathrm{T}} \tag{4.15}$$

其中，U 和 V 分别为式(4.1)中定义的左和右奇异向量集，而阈值奇异值的对角矩阵对所有小于 τ 或移位 τ 的奇异值的项均为零值。通常，软阈值操作也会被称为收缩，因为阈值会缩小为零。之后，在第 4.3.5 节中，我们将看到奇异值阈值运算符实际上是与核范数相关联的接近算子。

考虑式(4.11)中给出的优化问题

$$\begin{aligned} &\min \|\boldsymbol{X}\|_* \\ &\text{s. t. } \boldsymbol{X}^\Omega=\boldsymbol{M}^\Omega \end{aligned} \tag{4.16}$$

然后从 $Y_0=0$ 开始，按如下形式更新：

$$X_{k+1}=S_\tau(Y_k,\tau) \tag{4.17}$$

$$Y_{k+1}=Y_k+\alpha_k(\boldsymbol{M}-X_{k+1})^\Omega \tag{4.18}$$

其中，α_k 是步长；上标 Ω 表示在 Ω 之外的矩阵线性空间上的正交投影(除了采样项都被设置为零)。

该方法的收敛性得以证明。该算法效率较高，计算成本较低，因此无须对 SVD 进行完整的计算。相反，最大的奇异值和向量估计可以通过蒙特卡洛采样[57]或 Lanczos 双对角化[14]得到。数值结果证明了算法在大尺度问题上的效用。在迭代的奇异值上应用软阈值运算符的其他经典算法是软估算[61]和加速的近端梯度方法[45]，该方法将在第 4.3.5 节中进一步讨论。

4.3.4 固定点和 Bregman 迭代方法

对于低阶近似的连续方法的应用是必然选择。在文献[57]中，作者提出了解决最小化问题式(4.7)的固定点和 Bregman 迭代算法。他们的算法基础是一个基于同伦关系的方法和一个近似的奇异值分解。在文献[57]中给出了实际矩阵补全问题的数值结果，说明其算法可能优于 SDP 解决方案。

该方法与 Multipliers[9]的交替方向法有关联，这是基于经典的增广拉格朗日优化方法。类似于大多数交替优化策略，一些变量是在其最新的值上附加的，而另一些变量(比如拉格朗日乘数)被优化，更新的变量集合是固定的，而固定不变的变量则被更新。然而，主要的区别在于使用看似冗余的虚拟变量和约束条件来强制使虚拟变量等同于主要变量。这样，原始问题可以被人为地划分为一系列子问题，每个子问题都比原问题更容易处理。这在优化问题包含不同有效算法存在的情况下特别有效。

例如,考虑以下目标

$$\underset{\boldsymbol{X}}{\operatorname{argmin}} \frac{1}{2} \| A\boldsymbol{X}-B \|_F^2+\mu \| \boldsymbol{X} \|_* \tag{4.19}$$

可以重新表述为

$$\underset{\boldsymbol{X},\boldsymbol{Y}}{\operatorname{argmin}} \frac{1}{2} \| A\boldsymbol{X}-B \|_F^2+\mu \| \boldsymbol{Y} \|_*+\frac{\rho}{2} \| \boldsymbol{X}-\boldsymbol{Y} \|_F^2 \tag{4.20}$$

$$\text{s.t.} \quad \boldsymbol{X}=\boldsymbol{Y} \tag{4.21}$$

目标函数的拉格朗日形式为

$$L(\boldsymbol{X},\boldsymbol{Y},\lambda)=\frac{1}{2} \| A\boldsymbol{X}-B \|_F^2+\mu \| \boldsymbol{Y} \|_*+\frac{\rho}{2} \| \boldsymbol{X}-\boldsymbol{Y} \|_F^2+\operatorname{vec}(\lambda)^{\mathrm{T}} \operatorname{vec}((\boldsymbol{X}-\boldsymbol{Y})) \tag{4.22}$$

迭代结果为

$$X_{k+1}=\underset{\boldsymbol{X}}{\operatorname{argmin}}\, L(\boldsymbol{X},Y_k,\lambda_k) \tag{4.23}$$

$$Y_{k+1}=\underset{\boldsymbol{Y}}{\operatorname{argmin}}\, L(X_{k+1},\boldsymbol{Y},\lambda_k) \tag{4.24}$$

$$\lambda_{k+1}=\lambda_k+\rho(X_{k+1}-Y_{k+1}) \tag{4.25}$$

这种框架由 Yuan 和 Yang[91] 在一个称为 LRSD(低秩和稀疏矩阵分解)的代码中实现,由 Lin、Chen、Wu 和 Ma[52] 在一个名为 IALM(不精确的增广拉格朗日方法)的代码中实现。在后一项研究中,还运用了一种精确的增广拉格朗日方法(EALM),在拉格朗日乘数被更新之前,进行多轮交替最小化。

4.3.5　近端梯度算法

凸函数的接近算子是投影算子在凸集上的自然扩展。该数值方法在分析和求解凸优化问题时尤为重要。近年来,它在逆问题尤其是在信号和图像处理领域的应用得到了广泛的重视。

凸函数 h 的近端映射定义为

$$\boldsymbol{prox}_h(\boldsymbol{X})=\underset{\boldsymbol{Y}\in \mathbf{R}^n}{\operatorname{argmin}}\left(h(\boldsymbol{Y})+\frac{1}{2} \| \boldsymbol{Y}-\boldsymbol{X} \|_2^2\right) \tag{4.26}$$

近端算子通常替换目标的“问题”部分。例如,让我们考虑一个无约束的优化问题,它可以分成两个部分,即

$$\text{minmize } f(\boldsymbol{X})=g(\boldsymbol{X})+h(\boldsymbol{X}) \tag{4.27}$$

其中,g 是凸的,可微的;h 是凸的,封闭的,具有可微函数的可能性。

近端算子具有以下特征:

①经济性。$\boldsymbol{prox}_h$ 是低廉的,$\boldsymbol{prox}_h$ 是共强制的。

$$\| \boldsymbol{prox}_h(\boldsymbol{X}) - \boldsymbol{prox}_h(\boldsymbol{Y}) \| \leqslant \| \boldsymbol{X}-\boldsymbol{Y} \| \tag{4.28}$$

②可分离性。如果有 $h(\boldsymbol{X})=\sum_j h(X_j)$ 成立，则 $\boldsymbol{prox}_h=[prox_{h_j}]_j$。

关于近端方法及其属性的更多信息可以参阅文献[18]。

更新迭代步骤将得到如下形式：

$$X_{k+1}=\underbrace{prox_{\alpha_k h}}_{\text{后步长}}\underbrace{(X_k-\alpha_k \nabla f(X_k))}_{\text{前步长}} \tag{4.29}$$

其中，α 是一个线搜索步长。

作者在文献[84]给出了解决方法

$$\min_{\boldsymbol{X}} f(\boldsymbol{X})+P(\boldsymbol{X})$$

这与式(4.14)给出的关于 P 和其他假设的合理定义(例如 f 是光滑凸面)问题类似。此算法是一个近端加速梯度算法[67,68,88]，在 $O\left(\frac{1}{\sqrt{\epsilon}}\right)$ 迭代收敛到一个所谓的最佳解 ϵ。结果表明，在随机矩阵完成问题的大规模设置中，这种加速的近端方法具有潜在的效率和鲁棒性。

在文献[55]中研究和实现了几种不精确的邻近点算法。在该研究中，作者研究了不精确的近端点的可行性。在原始、对偶和原始一对偶形式中的算法，通过线性等式和二阶锥约束来求解核范数最小化。

4.3.6 原子分解

在文献[49]中，作者研究了一种求解压缩感知问题的矩阵形式的算法

$$\min_{\boldsymbol{X}} \| A(\boldsymbol{X})-b \|_2 \tag{4.30}$$

$$\text{s. t. } \operatorname{rank}(\boldsymbol{X})\leqslant r, \quad A: \mathbf{C}^{m\times n}\rightarrow \mathbf{C}^p \tag{4.31}$$

这种算法被称为“最小秩近似的原子分解”，或称为 ASMiRA。“原子”是秩一1矩阵，原子集合是一组不共线的秩 1 矩阵的集合。显然，一个矩阵必须有一个原子分解(即 SVD)。总而言之，该算法主要利用最小二乘求解器和奇异值截断的方法。因此，作者声称他们的算法在一定程度上是有效的。可以使用针对这些任务的子程序的优化版本。该算法对某一类算子 A(不包括矩阵补全映射)具有一定的收敛性。

4.4　观测模型误设问题

4.4.1　目的

数值模拟在工业和学术界得到广泛应用。它们的主要作用是在良好控制和可重复的设置中模拟物理过程或系统。数值模拟(即定义给定输入参数和控制关系的系统状态)对复杂系统的描述、预测、控制和设计具有重要作用。仿真过程的保真度在实现有意义的预测能力方面起核心作用。仿真模型易被误用,这样的模型误设可能源自不完整或近似问题的物理描述(即控制方程、几何形状、边界条件、输入模型参数等),也可以是由于使用近似数值(即浮点舍入误差、截断扩张、离散误差、数值逼近等)、线性化的非线性过程或来自任何其他未知的建模误差。

当这些误差的来源都很明显时,这些误差就会体现到模拟输出中。这种模型误差后果是严重的,从不准确的状态描述到不稳定的模型恢复和预测,会导致错误的控制输出或决策。

大量的研究着重于对真实模型参数的恢复/估计,然而,很少有人研究对物理模型的改进,这可能会进一步影响对真实模型的估计。

传统上,纠正模型误设的工作主要集中在:要有明确方法,要求建模者对最突出的模型误差有深入的理解,原始数据的传播路径,通过评估和最终的目标函数以及建模者设定更精确物理模型的能力。

此外,在很多情况下,我们可能无法访问模拟器代码,也没有足够说明当前公式细节的文档。而且,即使知道了这样的公式,我们也不知道模拟的相关属性,而这些属性显示了最大的错误来源并且在一定程度上破坏了模拟和模拟驱动的输出。

4.4.2　设计修正

假设有一组仿真模型输入参数,它可以实现相应输出数据集的高保真性。为了清晰和可读性,我们将在以后使用数据这个术语。可使用的数据集可以通过多种方式获得,例如通过已知的输入模型进行实验,分析推导,或者通过使用高保真仿真计算。

考虑到这些信息,以及对当前(低精确度)模拟器的非侵入性[2]访问,我们将模型修正问题作为一个随机约束优化问题,将目标函数进行优化,包括对当前(低保真)模型的期望输出与对数据的未知校正之间计算差值。对运算符的修正可以用许多不同的方式表示，但是，虽然可以假定修正的表示形式是已知的，但运算符本身是未知的。将优化问题作为一种恢复算子的修正，仅给出数据往往是不够的，这是因为有无限可能的修正可能同样适用于数据。因此，我们通过附加的约束或目标惩罚函数，进一步整合了修正算子的结构。在此基础上，提出了修正算子的优化问题，并将这些附加约束称为设计修正优化问题。

模拟加法线性模型需要尽量保证修正的秩是很小的。这样的假设可以在病态逆问题领域的应用中得到证明，因为它的有效秩在大多数综合仿真模型中都小于观测值。目标函数的低秩约束的实现在计算上是不可行的，但可以得到在计算上容易处理的解决方案。通过使用紧凸松弛的秩代替硬秩约束，这就是核范数。换句话说，我们要解决的问题是找到满足核范数约束的算子校正。考虑到这个问题需要考虑的因素，其他结构的参数选择可能更合适。在设计修正优化问题的解决方案之后，得到了一个建模算子的修正。该算子现在可以应用于实践中，以提高当前仿真程序的逼真度。

在下一小节中，我们将对上述过程的细节给出更加详细的阐述。

4.4.3　问题定义

令 $\boldsymbol{F}:\mathbf{R}^n\rightarrow\mathbf{R}^m$ 为观测算子，将模型 $x\in\mathbf{R}^m$ 转化为可观测的空间。

令 $d\in\mathbf{R}^m$ 满足下式关系：

$$d=\boldsymbol{F}(x)+\epsilon \tag{4.32}$$

其中，ϵ 表示测量噪声。事实上，我们对 $\boldsymbol{F}$ 的规定是有限的。众所周知，数值模拟会产生各种误差。由于不同因素的影响，观察模型有许多不足。比如：

(1)公式化。该模型只可能涉及基本控制方程的一部分(例如近似物理)，或者对有限范围的参数(例如，准静态近似问题的高频率分量的影响不能被忽略)进行解释。其他问题可能是由于边界条件的缺陷或其他输入参数、非线性现象的线性化以及截断扩展等。

(2)离散化。数值误差可能来自于无限维问题离散表示的不充分性，如不准确的领域几何表示、网格质量问题、不适当的时空离散化、不稳定的数值方案等。

(3)数值解。数值解通常是用规定的数值容限精度实现的。这样的精度可能无法保证一致地通信，并且可能由于被放大或超出测量噪声水平而被观察到。

为进一步简化，假设观察模型可以分解为以下相加形式：

$$\boldsymbol{F}(x)=\boldsymbol{A}(x)+\eta(x) \tag{4.33}$$

其中，$\boldsymbol{A}\in\mathbf{R}^{m\times n}$是一个离散的、不完整的观察算子，存在任何上述模型带来的偏差；$\eta(x)$表示建模错误，或模型误设（建模不足）。

如果假设$\boldsymbol{A}$是线性的（与x独立），可以用多种方式为丢失观测算子$\eta(x)$定义一个矫正因子。简单起见，我们将这种讨论局限于可加模型的形式，即

$$\boldsymbol{F}(x)=A(x)+B(x) \tag{4.34}$$

其中，A为已知量；B是需要估计量。显然，可以考虑参数的其他形式，只要它们以适当的函数形式获得模型错误误差。

重点在于，给出了一些关于模型空间和数据的信息，特别是来自两个空间的原始配对样本，可以设计出观测算子的校正部分。

考虑最基本的情况，即

$$\begin{aligned}&\hat{\boldsymbol{B}}=\underset{\boldsymbol{B}}{\operatorname{argmin}}\ \operatorname{rank}(\boldsymbol{B}(x))\\&\text{s.t.}\quad \hat{x}=\underset{x}{\operatorname{argmin}}\ \boldsymbol{D}((\boldsymbol{A}+\boldsymbol{B})(x),d)+\boldsymbol{R}(x)\end{aligned} \tag{4.35}$$

其中，$\boldsymbol{D}$为距离测量（噪声模型）；$\boldsymbol{R}$对应正则化算子；$\boldsymbol{B}$为x的函数。

式(4.35)为NP难，即使是中等尺度的问题也难以解决。

另一种想法是利用秩函数的凸松弛法，对秩算子最紧的凸松弛是核范数，

$$\begin{aligned}&\hat{\boldsymbol{B}}=\underset{\boldsymbol{B}}{\operatorname{argmin}}\ \|\boldsymbol{B}(x)\|_*\\&\text{s.t.}\quad \hat{x}=\underset{x}{\operatorname{argmin}}\ \boldsymbol{D}([\boldsymbol{A}+\boldsymbol{B}](x),d)+\boldsymbol{R}(x)\end{aligned} \tag{4.36}$$

这个问题可以通过多种方式得到进一步的放宽。例如，假设$\boldsymbol{B}$是线性的，并且测量噪声水平（在某些度量中）可以是有界的，则有

$$\begin{aligned}&\hat{\boldsymbol{B}}=\underset{\boldsymbol{B}}{\operatorname{argmin}}\ \|\boldsymbol{B}\|_*\\&\text{s.t.}\quad \boldsymbol{D}((\boldsymbol{A}+\boldsymbol{B})x,d)\leqslant\tau\end{aligned} \tag{4.37}$$

这也可以表示为

$$\begin{aligned}&\hat{\boldsymbol{B}}=\underset{\boldsymbol{B}}{\operatorname{argmin}}\ \boldsymbol{D}((\boldsymbol{A}+\boldsymbol{B})x,d)\\&\text{s.t.}\quad \|\boldsymbol{B}\|_*\leqslant\frac{\delta}{2}\end{aligned} \tag{4.38}$$

其中，δ和τ通过帕累托曲线(Pareto curve)连接。

4.4.4 解决方法

我们将考虑一个样本平均逼近方法(SAA)[80]。SAA通过蒙特卡洛仿真解决了随机优化问题[79]。在此框架中，对模型空间和测量噪声的期望应近似于随机样本的平均估计值。

我们希望解决以下问题：

$$\hat{\boldsymbol{B}}=\underset{\boldsymbol{B}}{\operatorname{argmin}}\frac{1}{n_x n_\epsilon}\sum_{i=1,j=1}^{n_x,n_\epsilon}\boldsymbol{D}((\boldsymbol{A}+\boldsymbol{B})x_i-d_{i,j})$$
$$\text{s.t.}\quad \|\boldsymbol{B}\|_*\leqslant\frac{\delta}{2} \tag{4.39}$$

其中，n_x 是模型实现的数量；n_ϵ是每个模型数据个数。对于每个模型实现 x_i，$i=1,2,\cdots,n_x$，假设数据实现的可用性对应于 n 个测量随机噪声样本。

观察目标函数，可知当目标函数是二次函数时，可以用矩阵形式重新表述如下：

$$\hat{\boldsymbol{B}}=\underset{\boldsymbol{B}}{\operatorname{argmin}}\frac{1}{n_x n_\epsilon}\|(\boldsymbol{A}+\boldsymbol{B})\boldsymbol{X}-\boldsymbol{D}\|_F^2$$
$$\text{s.t.}\quad \|\boldsymbol{B}\|_*\leqslant\frac{\delta}{2} \tag{4.40}$$

其中，$\boldsymbol{X}\in\mathbf{R}^{n\times n_x n_\epsilon}$；$\boldsymbol{D}\in\mathbf{R}^{m\times n_x n_\epsilon}$。

由于这个问题是一个凸问题，我们将采用 Jaggi 和 Sulovsky[44] 的 Hazan 算法的凸化，从而将核范数最小化。该算法除了简单外，还需要保证是一个凸优化问题，以保证收敛性。此外，它还提供了控制秩的方法。

观察任何非零矩阵 $\boldsymbol{B}\in\mathbf{R}^{m\times n}$，$\delta\in\mathbf{R}$：$\|\boldsymbol{B}\|_*\leqslant\frac{\delta}{2}$，当且仅当存在对称矩阵 $\boldsymbol{M}\in\mathbf{R}^{m\times m}$，$\boldsymbol{N}\in\mathbf{R}^{n\times n}$，以满足 $\begin{bmatrix}\boldsymbol{M} & \boldsymbol{B}\\ \boldsymbol{B}^{\mathrm{T}} & \boldsymbol{N}\end{bmatrix}\succeq 0$，矩阵迹 $\begin{bmatrix}\boldsymbol{M} & \boldsymbol{B}\\ \boldsymbol{B}^{\mathrm{T}} & \boldsymbol{N}\end{bmatrix}=\delta$。此时令 $\boldsymbol{Z}=\begin{bmatrix}\boldsymbol{M} & \boldsymbol{B}\\ \boldsymbol{B}^{\mathrm{T}} & \boldsymbol{N}\end{bmatrix}$，问题(4.40)可以重新表述为以下形式：

$$\begin{aligned}\min_{\boldsymbol{Z}}\quad & \hat{f}(\boldsymbol{Z})\\ \text{s.t.}\quad & \boldsymbol{Z}\in S^{(m+n)\times(m+n)}\\ & \boldsymbol{Z}\succeq 0\\ & \operatorname{trace}(\boldsymbol{Z})=\delta\end{aligned} \tag{4.41}$$

其中，$S\in\mathbf{R}^{m+n}$是对称矩阵的集合；函数 $\hat{f}$ 是对矩阵 $\boldsymbol{Z}$ 的右上角 $m\times n$ 子矩阵(即 $\boldsymbol{B}$)应用函数 $f=\boldsymbol{D}((\boldsymbol{A}+\boldsymbol{B})x,d)$。

在 SAA 中给出了算法的描述。

算法 1 核范数最小化低秩线性观测设计校正

1:输入

(缩放)凸函数 f

2:初始化

Set ϵ, C_f, tol, $\boldsymbol{v}_0 \in R^{(m+n)\times 1}$, $\| v_0 \| = 1, Z_1 = \boldsymbol{v}_0 \boldsymbol{v}_0^T$

3:**for** $k=1:[\frac{4C_f}{\epsilon}]$ **do**

4:提取 $B_k = Z_k(1:m, m+1:m+n)$

5:计算 f 的梯度

$$\nabla f_k = 2((A+B)\boldsymbol{X} - D)\boldsymbol{X}^T$$

6:组成 $\hat{f}$ 的梯度

$$\nabla \hat{f}_k = \begin{bmatrix} 0 & \nabla f_k \\ \nabla f_k^T & 0 \end{bmatrix}$$

7:近似(精确 ϵ)计算最大(代数)特征向量

$$\boldsymbol{v}_k = \max_{v_k} eig(-\nabla \hat{f}_k, \text{tol})$$

8:通过行搜索,确定步长 α_k

9:更新 $Z_{k+1} = Z_k + \alpha_k(\boldsymbol{v}_k \boldsymbol{v}_k^T - Z_k)$

10:**end for**

11:返回 $\hat{B} = Z(1:m, m+1:m+n)$;

4.5 数值例子

这个例子旨在模拟盲去卷积问题,其中只有实际模糊算子的近似值是先验已知的。为了获得数据 D,我们使用了来自奥克兰 MRI 研究小组数据库的 100 个 MR 图像。在这 100 个图像中,随机选择 80 个作为训练集,其余的作为测试集(图 4.1)。

在本例中,通过裁剪水印并将裁剪后的图像重新调整为 65×65 对图像进行预处理。我们的观测算子(模糊算子)是由对称双块 Toeplitz 矩阵 $\boldsymbol{T}$ 的分解产生的,该矩阵 $\boldsymbol{T}$ 通过高斯点扩散函数模拟 $N \times N$ 图像的模糊。也就是说,我们找到了 $\boldsymbol{T}$ 矩阵的奇异值分解,并使用奇异值分解来指定观测算子的两个分量(此后没有明确使用 $\boldsymbol{T}$)。我们指定的秩亏的模糊运算符由矩阵 $\boldsymbol{A}$ 和

$\boldsymbol{B}$ 的和组成，每一个矩阵都是通过 $\boldsymbol{T}$ 的奇异值分解构成全指定算子的谱子集。在这个实验中，$\boldsymbol{A}$ 由 $\boldsymbol{T}$ 的前 10 个奇异三元组构成，并被假定为已知的，而 $\boldsymbol{B}$ 由 $\boldsymbol{T}$ 的第 31～80 个奇异三元组构成，并假定是未知的。然后，我们的目的是将 $\boldsymbol{B}$ 作为一个附加的低秩矩阵校正，用于误设的运算符 $\boldsymbol{A}$。

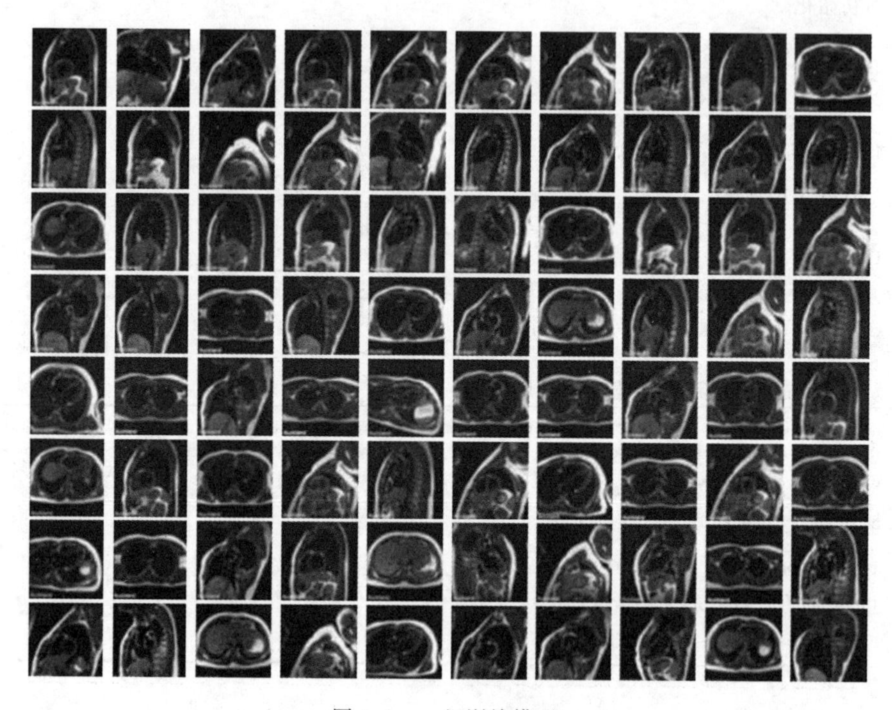

图 4.1　一组训练模型

在数学上，有 $\boldsymbol{T}=\sum_{i=1}^{n}\sigma_i\boldsymbol{u}_i\boldsymbol{v}_i^{\mathrm{T}}$，然后定义

$$\boldsymbol{A}=\sum_{i=1}^{10}\sigma_i\boldsymbol{u}_i\boldsymbol{v}_i^{\mathrm{T}},\quad \boldsymbol{B}=\sum_{i=31}^{80}\sigma_i\boldsymbol{u}_i\boldsymbol{v}_i^{\mathrm{T}}$$

所以很明显 $\boldsymbol{A}$ 秩为 10，$\boldsymbol{B}$ 秩为 50。

指定的观测算子 $\boldsymbol{A}+\boldsymbol{B}$ 相对应的模糊图像，以及部分观测算子 $\boldsymbol{A}$ 如图4.2和图 4.3 所示。

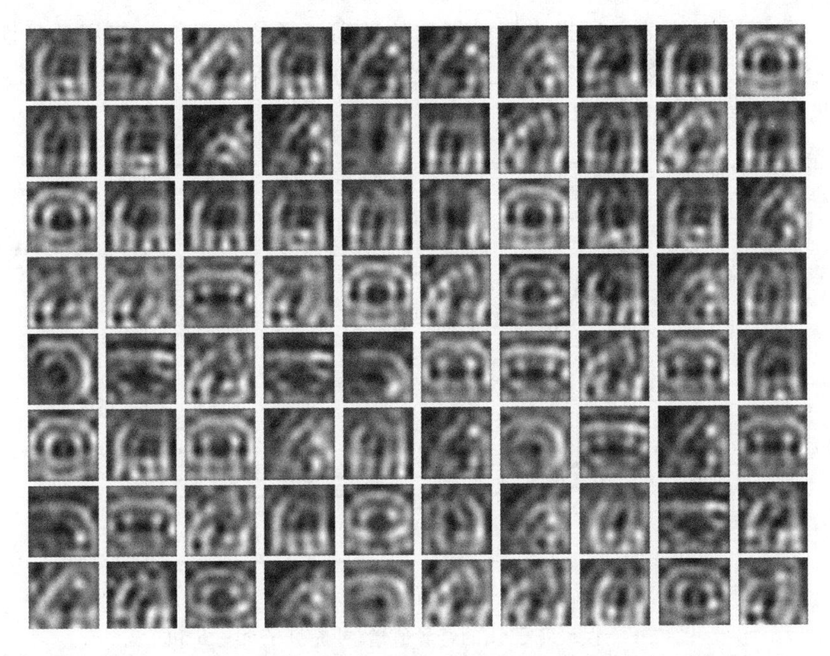

图 4.2　使用指定运算符 $\boldsymbol{A}+\boldsymbol{B}$ 获得的数据(模糊训练图像)

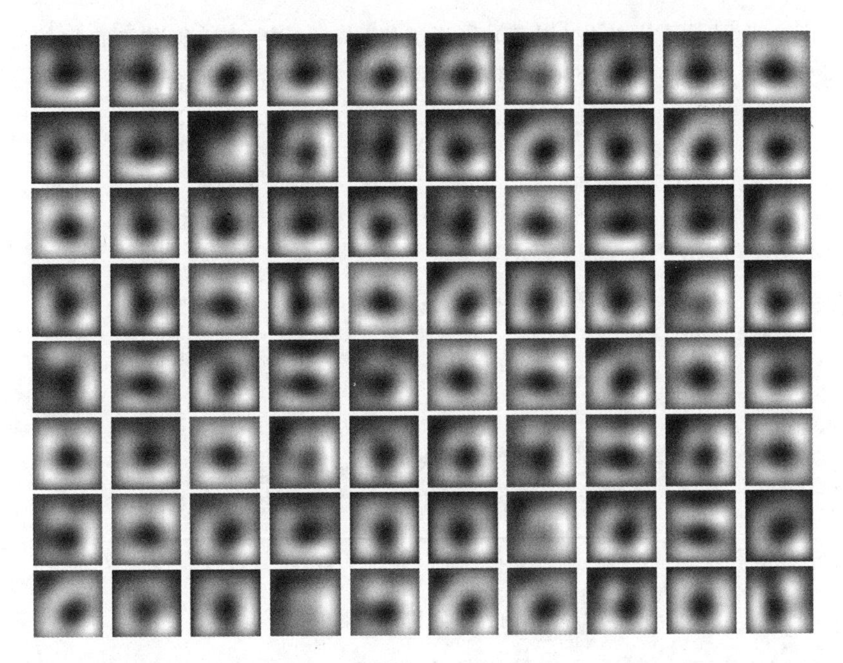

图 4.3　使用误设的运算符 $\boldsymbol{A}$ 获得的数据(模糊训练图像)

我们用 $\boldsymbol{B}$ 来表示所提出算法得到的模糊算子的修正。为使用低秩恢复估计算法，在每个数据参数中加入若干个零均值高斯噪声。$\boldsymbol{A}$、$\boldsymbol{A}+\boldsymbol{B}$ 和 $\boldsymbol{A}+\hat{\boldsymbol{B}}$ 的相应奇异值谱如图 4.4 所示。

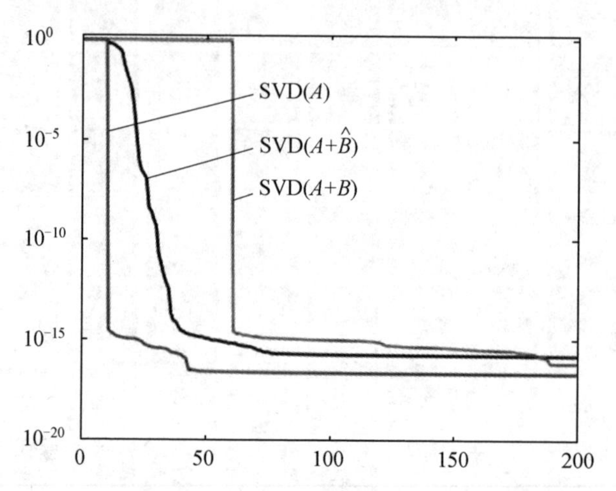

图 4.4　误设算子 $\boldsymbol{A}$ 的奇异值谱，补充算子 $\boldsymbol{A}+\boldsymbol{B}$ 和完全设定算子 $\boldsymbol{A}+\hat{\boldsymbol{B}}$

图 4.5 展示了训练集（黑色）和测试集（灰色）相对剩余误差的收敛性。相对残差的接近使得低阶校正算子 $\boldsymbol{B}$ 的恢复没有被过度拟合。

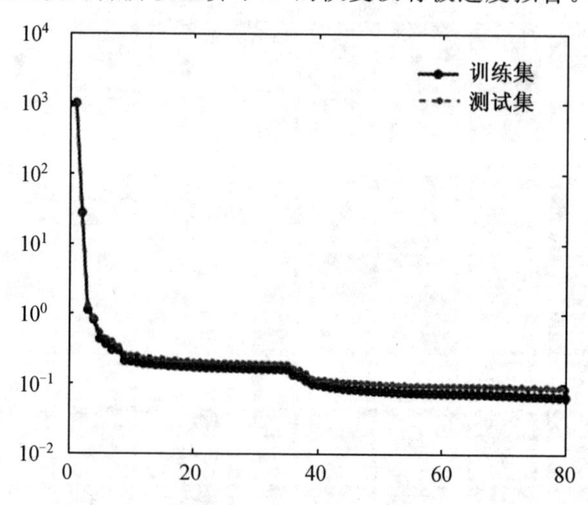

图 4.5　MRI 示例的训练集和测试集相对残差的收敛性

从图 4.6 可以看出，在恢复的算子校正后，$\boldsymbol{A}+\hat{\boldsymbol{B}}$ 的模糊测试模型与仅使用算子 $\boldsymbol{A}$ 的模糊测试模型相比更接近于真实情况。

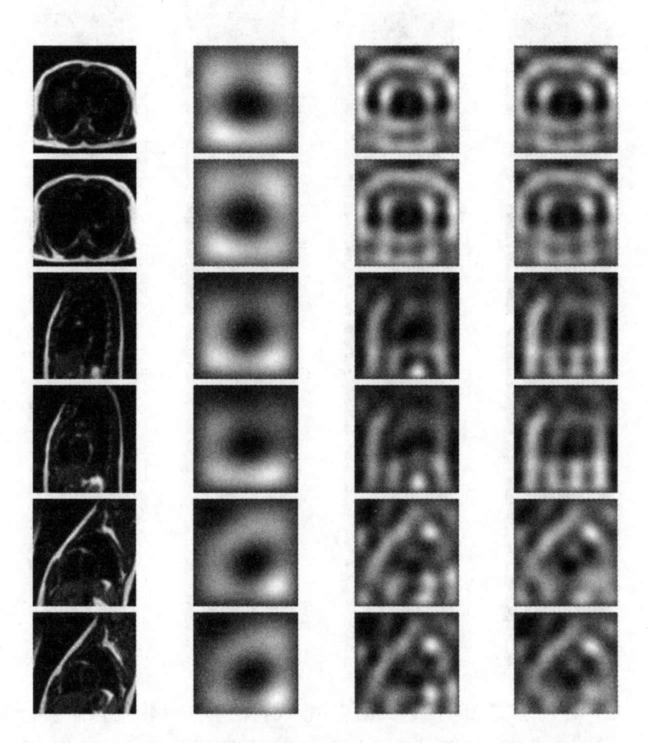

图 4.6　从左到右:原始测试模型,误设算子 $\boldsymbol{A}$ 观察的模型,指定算子 $\boldsymbol{A}+\boldsymbol{B}$ 观察的模型,补充算子 $\boldsymbol{A}+\hat{\boldsymbol{B}}$ 观察的模型

我们使用(截断)SVD 算法获得恢复模型 $\boldsymbol{A}$、$\boldsymbol{A}+\boldsymbol{B}$ 和 $\boldsymbol{A}+\hat{\boldsymbol{B}}$。该算法的选择(相对于明确规定了一个正则化矩阵)可以通过观测算子评估信息内容来决定,而不是与可量化程度较低的结构信息相协调。对于算子 $\boldsymbol{A}$ 和 $\boldsymbol{A}+\boldsymbol{B}$,有效的条件数和噪声水平相对较小,因此可以在不截断任何奇异值的情况下得到恢复的图像,从而对应应用于图像的相应算子的伪逆。

但是,从图 4.4 可以看出,$\boldsymbol{A}+\boldsymbol{B}$ 的有效条件数很大,因此截断 $\boldsymbol{A}+\boldsymbol{B}$ 的 SVD 并将截断算子的伪逆应用于 $\boldsymbol{D}$ 来恢复图像。图 4.7 显示了一些样本结果。

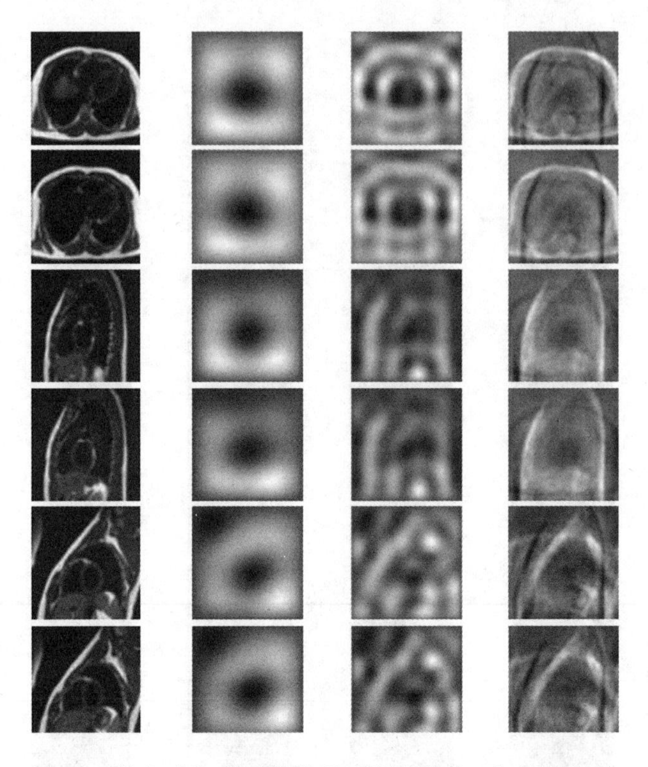

图4.7 从左到右：测试集模型，误设运算符$\boldsymbol{A}$恢复模型，指定运算符$\boldsymbol{A}+\boldsymbol{B}$恢复模型，补充运算符$\boldsymbol{A}+\hat{\boldsymbol{B}}$恢复模型

讨论

从图 4.6 可以看出，真正的观测算子(在这个特殊情况下的模糊算子）的范围是由修正的算子更好地近似，而不是原始的误设算子。注意到$\boldsymbol{D}$的第j列是由$\boldsymbol{X}$的第j列构成的。$\boldsymbol{D}(:,j)=\sum_{i=1}^{10}\sigma_i(v_i^{\mathrm{T}}\boldsymbol{X}(:,j))\boldsymbol{u}_i+\sum_{i=31}^{80}\sigma_i(\boldsymbol{v}_i^{\mathrm{T}}\boldsymbol{X}(:,j))\boldsymbol{u}_i$。该算子的前 80 个奇异值对应的向量主要对应于平滑的模型，使用这个公式，很容易得到

$$\begin{cases}\boldsymbol{X}(:,j)_{\boldsymbol{A},recov}=\sum_{i=1}^{10}\boldsymbol{v}_i(\boldsymbol{v}_i^{\mathrm{T}}\boldsymbol{X}(:,j))\\ \boldsymbol{X}(:,j)_{\boldsymbol{A}+\boldsymbol{B},recov}=\sum_{i=1}^{10}\boldsymbol{v}_i(\boldsymbol{v}_i^{\mathrm{T}}\boldsymbol{X}(:,j))+\sum_{i=31}^{80}\boldsymbol{v}_i(\boldsymbol{v}_i^{\mathrm{T}}\boldsymbol{X}(:,j))\end{cases}\tag{4.42}$$

在这个例子中，$\boldsymbol{u}_i=\pm\boldsymbol{v}_i$，所以恢复图像出现模糊。另一方面，在这个例子

中，我们发现 $\boldsymbol{A}+\hat{\boldsymbol{B}}$ 的左奇异向量近似表示为子空间的结合。$\{v_1,\cdots,v_{10},v_{31},\cdots,v_{3(1+p)}\}$，其中 $p\geqslant 0$，由额外的 $\boldsymbol{v}_l$ 向量张成的子空间对应于高频分量的影响(尽管这些对修正算子估计 $\boldsymbol{B}$ 质量的影响被相应的小奇异值所衰减，如图 4.4 所示)。修正的运算符 $\boldsymbol{A}+\hat{\boldsymbol{B}}$ 的范围更接近于 $\boldsymbol{A}+\boldsymbol{B}$ 的范围，如图 4.6 所示。然而，当涉及反演时，这些频率分量的放大表现为高频分量对应的修正算子的奇异值下降。显然，截断 SVD 滤波器与奇异值 $\tilde{\sigma}_i$ 成反比。也就是说，截断的奇异值分解为

$$\boldsymbol{X}(:,j)_{\boldsymbol{A}+\hat{\boldsymbol{B}},recov}=\sum_{i=1}^{s}\frac{\tilde{\boldsymbol{u}}_i^{\mathrm{T}}\boldsymbol{D}(:,j)}{\tilde{\sigma}_i}\tilde{\boldsymbol{v}}_i \tag{4.43}$$

其中，s 表示截断水平。

在这个例子中，$\tilde{\boldsymbol{v}}_i$ 近似于上面提到的两个子空间的结合。这对去模糊的意义是：信息被包含在不包含 $\boldsymbol{A}$ 的中等范围奇异值中。因此，如果我们不能重构频谱缺失的部分，就不可能恢复所有信息。值得注意的是，如果我们完全恢复了 $\boldsymbol{B}$，仍然不能准确地找到边缘信息，这一点由表达式(4.42)可以得到。

然而，如果截断指数被设置为使得一个或多个较高频率矢量 $\tilde{\boldsymbol{v}}_i$ 被包括在总和(4.43)中，则边缘信息可能是可见的。实际上，在这个例子中，复原图像有边缘信息，因为具有更高频率信息的基向量能够进入复原的过程中。由于样本数目有限，自由度也很大，所以在截断的 SVD 解决方案形成时，并不是所有的自由度都被截断。

虽然这种模糊情况下的频谱分析是可能的，但对于其他观测算子来说，仿真输出数据的校正和之后模型的复原可能需要借助其他分析工具。其他可能的评估措施是训练和测试集的相对残差的期望值，或者更重要的是后验信息的扩散。

由于校正过程有效地将观测算子的零空间降至最小，所以后验的扩散将会更加集中。由于不确定性必须被量化，因此，在病态的逆问题的背景下，点估计最大可能是不够的。从图 4.4 中可以看出，模型校正以秩校正/扩增的形式，增加了观测算子的距离空间，降低了干扰的零空间维数。减少零空间维数的影响有以下两方面：

(1)利用正则化来解释问题的病态性，引入了不可避免的偏差[85]。施加在逆解上的结构量(造成偏差)与零空间维度成比例，使用更好的指定观测模型提取更多可测量的信息，可以最大限度地减少我们对假定和人为先验信息的依赖。

针对后验分布而言，低阶模型校正的概念不仅有利于恢复估计的改进，而且有利于减少不确定性不必要的部分。

(2)应当注意到,通过在训练集中包含更多的图像,可以改进算法的性能(关于 **B** 的精确恢复)。事实上,在这个问题上自由度的数量很多,以至于至少需要 60 个训练图像使得 **B** 的恢复更加精准。

4.6 结　论

本章首先阐述了在需要近似的低秩(即隐式稀疏)矩阵的某些应用中核范数的重要性。在此背景下,简要介绍了求解核范数优化问题的算法。其次,描述模型误设中的问题,并在此背景下对核范数的意义进行阐述。提出了相应的凸优化问题的可计算性强、有效的算法。一组数值实验表明,使用这种方法可以更好地获得真正的算子。具体来说,这些例子说明了恢复的校正后算子的范围要优于被忽略时的范围。模型误设问题的研究一直在进行,初步结果可以看到这一领域是很有前景的。

本章参考文献

[1] ACM Sigkdd and Netflix(2007) Proceedings of KDD Cup and Workshop

[2] Alizadeh F(1995) Interior point methods in semidefinite programming with applications to combinatorial optimization. SIAM J Opt 5:13-51

[3] Argyriou A, Micchelli CA, Pontil M(2008) Convex multi-task feature learning. Mach Learn http://www.springerlink.com/

[4] Avron H, Kale S, Prasad S, Sindhwani V(2012) Efficient and practical stochastic subgradient descent for nuclear norm regularization. In: Proceedings of the 29th international conference on machine learning

[5] Barrett R, Berry M, Chan TF, Demmel J, Donato J, Dongarra J, Eijkhout V, Pozo R, Romine C, Van der Vorst H(1994) Templates for the solution of linear systems: building blocks for iterative methods. SIAM, 2 edn

[6] Beck C, D'Andrea, R(1998) Computational study and comparisons of lft reducibility methods. In: Proceedings of the American control conference

[7] Belkin M, Niyogi P(2003) Laplacian eigenmaps for dimensionality reduction and data representation. Neural Comput 15:1373-1396

[8] Boyd S Subgradients. Lecture notes, EE392o. http://www.stanford.

edu/class/ee392o/subgrad. pdf

[9] Boyd S, Parikh N, Chu E, Peleato B, Eckstein J(2011) Distributed optimization and statistical learning via the alternating direction method of multipliers. Found Trends Mach Learn 3(1):1-122

[10] Boykov Y, Kolmogorov V(2001) An experimental comparison of min-cut/max-flow algorithms for energy minimization in vision. IEEE Trans Pattern Anal Mach Intell 26:359-374

[11] Boykov Y, Veksler O, Zabih R(2001) Fast approximate energy minimization via graph cuts. IEEE Trans Pattern Anal Mach Intell 23:2001

[12] Briggs WL, Henson VE, McCormick SF(2000) A multigrid tutorial, 2 edn Society for Industrial and Applied Mathematics, Philadelphia

[13] Bui-Thanh T, Willcox K, Ghattas O(2008) Model reduction for large-scale systems with highdimensional parametric input space. SIAM J Sci Comput 30(6):3270-3288

[14] Cai J, Candès EJ, Shen Z(2010) A singular value thresholding algorithm for matrix completion. SIAM J Opt 20(4):1956-1982

[15] Cai JF, Osher S, Shen Z(2009) Convergence of the linearized bregman iteration for l_1-norm minimization. Math Comp 78:2127-2136

[16] Candès EJ, Li XD, Ma Y, Wrightes J(2011) Robust principal component analysis. J ACM 58(11):1-37

[17] Chiu JW, Demanet L(2012) Matrix probing and its conditioning. SIAM J Num Anal 50(1):171-193

[18] Combettes PL, Pesquet J-C(2011) Proximal splitting methods in signal processing. In: Bauschke HH, Burachik RS, Combettes PL, Elser V, Luke DR, Wolkowicz H (eds) Fixed-point algorithms for inverse problems in science and engineering, Springer, Berlin, pp 185-212

[19] Conn AR, Gould N, Toint PhL(1993) Improving the decomposition of partially separable functions in the context of large-scale optimization: a first approach

[20] Courtois PJ(1975) Error analysis in nearly-completely decomposable stochastic systems. Econometrica 43(4):691-709

[21] Courtois PJ(1977) Decomposability: queueing and computer system applications, volume ACM monograph series of 012193750X. Academic Press

[22] Dempster AP, Laird NM, Rubin DB(1977) Maximum likelihood from incomplete data via the em algorithm. J R Stat Soc Ser B 39(1):1-38

[23] Domingos P(1999) Data Min Knowl Discov 3:409-425

[24] Donoho DL, Stark PhB(1989) Uncertainty principles and signal recovery. SIAM J Appl Math 49(3):906-931

[25] Elman JL(1990) Finding structure in time. Cogn Sci 14(2):179-211

[26] Fazel M, Hindi H, Boyd S(2001) A rank minimization heuristic with application to minimum order system approximation. In: Proceedings of the American control conference

[27] Fazel M, Hindi H, Boyd S(2003) Log-Det heuristic for matrix rank minimization with applications to Hankel and Euclidean distance matrices. Proc Am Control Conf 3:2156-2162

[28] Feng C(2010) Localization of wireless sensors via nuclear norm for rank minimization. In: Global telecommunications conference IEEE, pp 1-5

[29] Freund RM, S Mizuno(1996) Interior point methods: current status and future directions. OPTIMA — mathematical programming society newsletter

[30] Fuchs J-J(2004) On sparse representations in arbitrary redundant bases. IEEE Trans Inf Theory 50:1341-1344

[31] Ghaoui LE, Gahinet P(1993) Rank minimization under lmi constraints: a framework for output feedback problems. In: Proceedings of the European control conference

[32] Globerson A, Chechik G, Pereira F, Tishby N(2007) Euclidean embedding of co-occurrence data. J Mach Learn Res 8:2265-2295

[33] Golub GH, Van Loan CF(1996) Matrix computations, 3 edn. Johns Hopkins University Press

[34] Gonzalez-Vega L, Rúa IF(2009) Solving the implicitization, inversion and reparametrization problems for rational curves through subresultants. Comput Aided Geom Des 26(9):941-961

[35] Grama A, Karypis G, Gupta A, Kumar V(2003) Introduction to parallel computing: design and analysis of algorithms. Addison-Wesley

[36] Griewank A, Toint PhL(1981) On the unconstrained optimization of partially separable objective functions. In: Powell MJD (ed) Nonlinear

optimization. Academic press, London, pp 301-312

[37] Griewank A, Walther A(2008) Evaluating derivatives: principles and techniques of algorithmic differentiation. Soc Indus Appl Math

[38] Grossmann C(2009) System identification via nuclear norm regularization for simulated moving bed processes from incomplete data sets. In: Proceedings of the 48th IEEE conference on decision and control, 2009 held jointly with the 28th Chinese control conference. CDC/CCC 2009

[39] Gugercin S, Willcox K(2008) Krylov projection framework for fourier model reduction

[40] Hansson A, Liu Z, Vandenberghe L(2012) Subspace system identification via weighted nuclear norm optimization. CoRR, abs/1207.0023

[41] Hazan E(2008) Sparse approximation solutions to semidefinite programs. In: LATIN, pp 306-316

[42] Hendrickson B, Leland R(1995) Amultilevel algorithm for partitioning graphs. In: Proceedings of the 1995 ACM/IEEE conference on supercomputing, supercomputing 1995, ACM, New York

[43] Horesh L, Haber E(2009) Sensitivity computation of the l_1 minimization problem and its application to dictionary design of ill-posed problems. Inverse Prob 25(9):095009

[44] Jaggi M, Sulovsky M(2010) A simple algorithm for nuclear norm regularized problems. In: Proceedings of the 27th international conference on machine learning

[45] Ji S, Ye J(2009) An accelerated gradient method for trace norm minimization. In: Proceedings of the 26th annual international conference on machine learning, ICML 2009, ACM, New York, pp 457-464

[46] Kaipio JP, Kolehmainen V, Vauhkonen M, Somersalo E(1999) Inverse problems with structural prior information. Inverse Prob 15(3): 713-729

[47] Kanevsky D, Carmi A, Horesh L, Gurfil P, Ramabhadran B, Sainath TN(2010) Kalman filtering for compressed sensing. In: 13th conference on information fusion (FUSION), pp 1-8

[48] Karypis G, Kumar V(1998) A fast and high quality multilevel scheme for partitioning irregular graphs. SIAM J Sci Comput 20(1):359-392

[49] Lee K, Bresler Y(2010) Admira: atomic decomposition for minimum

rank approximation. IEEE Trans Inf Theory 56(9):4402-4416

[50] Li HF(2004) Minimum entropy clustering and applications to gene expression analysis. In: Proceedings of IEEE computational systems bioinformatics conference, pp 142-151

[51] Liiv I(2010) Seriation and matrix reordering methods: an historical overview. Stat Anal Data Min 3(2):70-91

[52] Lin ZC, Chen MM, Ma Y(2009) The augmented Lagrangemultipliermethod for exact recovery of a corrupted low-rank matrices. Technical report

[53] Lin ZC, Ganesh A, Wright J, Wu LQ, Chen MM, Ma Y(2009) Fast convex optimization algorithms for exact recovery of a corrupted low-rank matrix. In: Conference version published in international workshop on computational advances in multi-sensor adaptive processing

[54] Liu J, Sycara KP(1995) Exploiting problem structure for distributed constraint optimization. In: Proceedings of the first international conference on multi-agent systems. MIT Press, pp 246-253

[55] Liu Y-J, Sun D, Toh K-C(2012) An implementable proximal point algorithmic framework for nuclear norm minimization. Mathe Program 133:399-436

[56] Liu Z, Vandenberghe L(2009) Interior-point method for nuclear norm approximation with application to system identification. SIAM J Matrix Anal Appl 31:1235-1256

[57] Ma SQ, Goldfarb D, Chen LF(2011) Fixed point and bregman iterative methods for matrix rank minimization. Math Program 128:321-353

[58] Majumdar A, Ward RK(2012) Nuclear norm-regularized sense reconstruction. Magn Reson Imaging 30(2):213-221

[59] Mallat SG(1989) A theory for multiresolution signal decomposition: the wavelet representation. IEEE Trans Pattern Anal Mach Intell 11: 674-693

[60] Mardani M, Mateos G, Giannakis GB(2012) In-network sparsity-regularized rank minimization: algorithms and applications. CoRR, abs/1203.1570

[61] Mazumder R, Hastie T, Tibshirani R(2010) Spectral regularization algorithms for learning large incomplete matrices. J Mach Learn Res 99:

2287-2322

[62] Mesbahi M, Papavassilopoulos GP(1997) On the rank minimization problem over a positive semi-definite linear matrix inequality. IEEE Trans Autom Control 42(2):239-243

[63] Mohan K, Fazel M(2010) Reweighted nuclear norm minimization with application to system identification. In: American control conference (ACC), pp 2953-2959

[64] Moore BC(1981) Principal component analysis in linear systems: controllability, observability, and model reduction. IEEE Trans Autom Cont AC-26:17-32

[65] Natarajan BK(1995) Sparse approximate solutions to linear systems. SIAM J Comput 24:227-234

[66] Neal R, Hinton GE(1998) A view of the EM algorithm that justifies incremental, sparse, and other variants. In: Learning in graphical models. Kluwer Academic Publishers, pp 355-368

[67] Nemirovsky AS, Yudin DB(1983) Problem complexity and method efficiency in optimization. Wiley-Interscience series in discrete mathematics, Wiley

[68] Nesterov Y(1983) A method of solving a convex programming problem with convergence rate $\mathcal{O}\left(\frac{1}{\sqrt{k}}\right)$. Sov Math Dokl 27:372-376

[69] Nesterov Y, Nemirovskii A(1994) Interior-point polynomial algorithms in convex programming. In: Studies in applied and numerical mathematics. Soc for Industrial and Applied Math

[70] Olsson C, Oskarsson M(2009) A convex approach to low rank matrix approximation with missing data. In: Proceedings of the 16th Scandinavian conference on image, analysis, SCIA'09, pp 301-309

[71] Peng YG, Ganesh A, Wright J, Xu WL, Ma Y(2010) RASL: robust alignment by sparse and low-rank decomposition for linearly correlated images. In: IEEE conference on computer vision and pattern recognition (CVPR), pp 763-770

[72] Phillips DL(1962) A technique for the numerical solution of certain integral equations of the first kind. J ACM 9(1):84-97

[73] Pichel JC, Rivera FF, Fernández M, Rodríguez A(2012) Optimization

of sparse matrix-vector multiplication using reordering techniques on GPUs. Microprocess Microsyst 36(2):65-77

[74] Pothen A, Simon HD, Liou K-P(1990) Partitioning sparse matrices with eigenvectors of graphs. SIAM J Matrix Anal Appl 11(3):430-452

[75] Recht B, Fazel M, Parillo P(2010) Guaranteed minimum rank solutions to linear matrix equations via nuclear norm minimization. SIAM Rev 52(3):471-501

[76] Recht B, Ré C(2011) Parallel stochastic gradient algorithms for large-scale matrix completion. In: Optimization (Online)

[77] Rennie JDM, Srebro N(2005) Fast maximum margin matrix factorization for collaborative prediction. In: Proceedings of the international conference of Machine Learning

[78] Rudin LI, Osher S, Fatemi E(1992) Nonlinear total variation based noise removal algorithms. Phys D 60:259-268

[79] Shapiro A, Homem de Mello T(2000) On rate of convergence of Monte Carlo approximations of stochastic programs. SIAM J Opt 11:70-86

[80] Shapiro A, Dentcheva D, Ruszczyński A(eds)(2009) Lecture notes on stochastic programming: modeling and theory. SIAM, Philadelphia

[81] Speer T, Kuppe M, Hoschek J(1998) Global reparametrization for curve approximation. Comput Aided Geom Des 15(9):869-877

[82] Strout MM, Hovland PD(2004) Metrics and models for reordering transformations. In: Proceedings of the 2004 workshop on Memory system performance, MSP '04, ACM, New York, pp 23-34

[83] Tikhonov AN(1963) Solution of incorrectly formulated problems and the regularization method. Sov Math Dokl 4:1035-1038

[84] Toh K-C, Yun S(2010) An accelerated proximal gradient algorithm for nuclear norm regularized least squares problems. Pacific J Optim 6:615-640

[85] Tor AJ(1997) On tikhonov regularization, bias and variance in nonlinear system identification. Automatica 33:441-446

[86] Tropp JA(2004) Greed is good: algorithmic results for sparse approximation. IEEE Trans Inform Theory 50:2231-2242

[87] Trottenberg U, Oosterlee CW, Schüller A(2000) Multigrid. Academic

Press, London

[88] Tseng P(2008) On accelerated proximal gradient methods for convex-concave optimization. SIAM J Optim (submitted)

[89] Weinberger KQ, Saul LK(2006) Unsupervised learning of image manifolds by semidefinite programming. Int J Comput Vis 70(1):77-90

[90] Willcox K, Peraire J(2002) Balanced model reduction via the proper orthogonal decomposition. AIAA J 40:2323-2330

[91] Yang JF, Yuan XM(2013) Linearized augmented Lagrangian and alternating direction methods for nuclear norm minimization. Math Comp 82(281):301-329

[92] Yin W, Osher S, Goldfarb D, Darbon J(2008) Bregman iterative algorithms for l_1-minimization with applications to compressed sensing. SIAM J Imaging Sci 1:143-168

[93] Yomdin Y(2008) Analytic reparametrization of semi-algebraic sets. J Complex 24(1):54-76

[94] Zhang J(1999) A multilevel dual reordering strategy for robust incomplete lu factorization of indefinite matrices

第5章 非负张量分解

在许多应用中,收集的数据利用多维数组进行存储或表征,称之为张量。其目标是将该张量近似为基本元素组合的总和,其中基本元素的符号特定于所使用的因子分解的类型。如果组合中的因子数量很少,则张量因子分解(隐含地)为数据的稀疏(近似)表示。组合自身的因子(例如向量、矩阵、张量)也可以是稀疏的。本章主要讲述了稀疏表示的非负张量因子分解领域的最新进展。具体来说,利用 $t-$ 乘积将三阶和四阶张量的因子分解近似外积的非负之和。在面部识别方面的应用验证了整体方法的可行性,本章讨论了许多算法以解决最终的优化问题,并对这些算法进行修改以增加稀疏度。

5.1 引　　言

非负矩阵分解(NMF)问题已成为一个著名的研究问题,是将多变量数据描述或分解成其组成部分的有用工具。某个非负因子的稀疏性通常是可取且常见的。稀疏性是指相对于可能的非零元素总数(如在 $n\times m$ 矩阵中可能非零项个数为 nm),矩阵中的零元素所占比例较高。NMF问题最早出现在文献[35]中,此外存在大量关于该问题的文献,如文献[10]及其中的参考文献。在本书中,张量指的是多维数组。例如,三阶张量表示三维数组,四阶张量表示四维数组,等等。对于非负张量分解(NTF),自然推广到更高维的数组,目前该领域的研究较少,尚处于发展阶段。因此,对现有文献(如文献[9-12,15,16])进行及时补充是非常必要的。

为讨论 NTF 问题,首先简要介绍 NMF 问题。基本非负矩阵分解模型是将一个非负矩阵 $\boldsymbol{A}\in\mathbf{R}^{n\times m}$ 分解成两个非负矩阵 $\boldsymbol{G}\in\mathbf{R}^{n\times p}$ 和 $\boldsymbol{H}\in\mathbf{R}^{m\times p}$,表示为

$$\boldsymbol{A}\approx\boldsymbol{G}\boldsymbol{H}^{\mathrm{T}} \tag{5.1}$$

在实际中,通过最小化 $\boldsymbol{A}$ 和 $\boldsymbol{G}\boldsymbol{H}^{\mathrm{T}}$ 之间的距离函数 D 实现上述近似分解

$$\min_{\boldsymbol{G},\boldsymbol{H}} D(\boldsymbol{A};\boldsymbol{G},\boldsymbol{H}),\ \text{s. t. 对}\ \boldsymbol{G}\ \text{和 / 或}\ \boldsymbol{H}\ \text{的约束} \tag{5.2}$$

对 D 一个典型的求解是 $D(\boldsymbol{A};\boldsymbol{G},\boldsymbol{H})=\|\boldsymbol{A}-\boldsymbol{G}\boldsymbol{H}^{\mathrm{T}}\|_F$,也可以使用基于模型的不同统计假设的其他准则。这些约束是必要的,以激励因子的附加条件。在许多应用中,诸如平滑性、稀疏性、对称性和正交性等附加约束被应用到 $\boldsymbol{G}$ 和 $\boldsymbol{H}$[10]。这些可能是硬约束,或者可以将约束直接作为惩罚函数加入到

目标函数。为了理解因子的非负性和稀疏性与 NMF 问题相辅相成的原因，需要考虑以下几点。在应用中，矩阵 $\boldsymbol{A}$ 通常表示测量或采样数据。例如，$\boldsymbol{A}$ 的第 j 列对应于图像中的某一特定像素（即非负图像强度值），第 k 行对应于某一特定频谱带。在下文中，使用 Matlab 表示法对矩阵和数组进行索引。特别地，$\boldsymbol{A}_{:,j}$ 表示矩阵 $\boldsymbol{A}$ 的第 j 列，则

$$\boldsymbol{A} \approx \boldsymbol{G}\boldsymbol{H}^{\mathrm{T}} \rightarrow \boldsymbol{A}_{:,j} \approx \sum_{i=1}^{p} \boldsymbol{G}_{:,i} h_{j,i}$$

其中，$h_{j,i}$ 为在 $\boldsymbol{H}$ 中位于 j,i 处的标量。也就是说，$\boldsymbol{A}$ 的第 j 列是 $\boldsymbol{G}$ 的列向量的线性组合。$\boldsymbol{G}$ 的列向量通常被称为特征向量，标量 $h_{j,i}$ 表示权重。因此，NMF 问题等价于寻找 p 个非负特征向量 $\boldsymbol{G}_{:,i}$ 的非负加权表示。特征向量旨在表示特征，例如化学特征。每个像素来自现实世界中的一些不同的元素（如草地），因此是一些其他基本化合物的混合，如在测量带上所描述的那样。由于模型不允许减法，并且并非每个样本都由所有特征组成，所以 $h_{j,i}$ 中存在零值。如果特征本身是独特的，它们也可能是稀疏的向量。例如，如文献[10]所述，在面部图像数据中，“NMF 的附加或部分的性质已被证明是构成面部特征的基础，如眼睛、鼻子和嘴唇”。

然而，当数据本质上已经是高维时，在高维空间中通过将所有信息平坦（即折叠）成矩阵形式以表示信息，似乎比在 2D 空间更为自然。高维表征为保护固有的多线性模型结构提供一致的方法。多维分析通常能够对跨越不同维度的实体之间关系有独特见解。这些维度可以用有意义的方式进行解释时（例如对应一些物理实体），这一点尤为关键。例如，考虑二维面部识别问题。图像数据库至少可以被看成一个第三阶数据立方体，每个 2D 图像构成该立方体的切片。事实上，在面部识别文献[1,32－34]中，用更高维度的数组来表示图像，例如在其他维度上根据照明和姿态进行分组。直观地说，将数据“平坦”成矩阵，并寻找该数据的 NMF。近期关于 2D 面部识别的研究表明，将数据保存为多维数组并寻找这些数组的近似 PCA 分解，使基于矩阵的 PCA 方法得到显著压缩[1,18,32－34]。也可以利用占据第三维度的时间分量来分解 2D 信号。还有许多其他例子说明建模者可以通过保存和分解多维模型寻求获益，并寻找它们自身的多维特征（参见文献[8,25]）。

文献[10]对非负张量分解及其应用进行了全面的概述。基于这些应用的普遍性，本章对现有的 NTF 文献进行扩充，加入基于不同张量框架的最新 NTF 分解方法，其在文献[23,24]中首次提出，文献[21]对该方法进行了扩展。

本章首先集中讨论第三和第四阶张量的非负因子分解，其中分解是按照文献[21,23]中的框架构建的，然后将该方法递归地推广应用于更高阶张

量。上述框架构建的优点在于,这些算法类似于常见的 NMF 方法。接着主要描述如何利用约束条件加强因子的稀疏性。最后利用一些实例说明了新方法的可行性。

5.2 符号表示和研究意义

首先介绍符号表示和基本定义。图 5.1 给出了一个第三阶张量的可视化解释。图 5.2 是第三阶张量索引图。

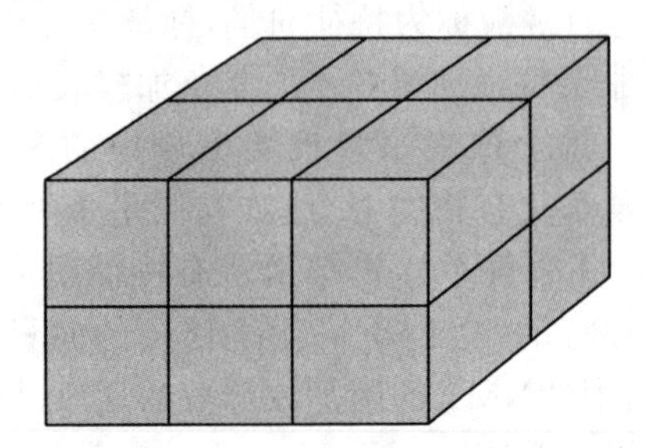

图 5.1 $\mathbf{R}^{2\times3\times2}$ 的第三阶张量

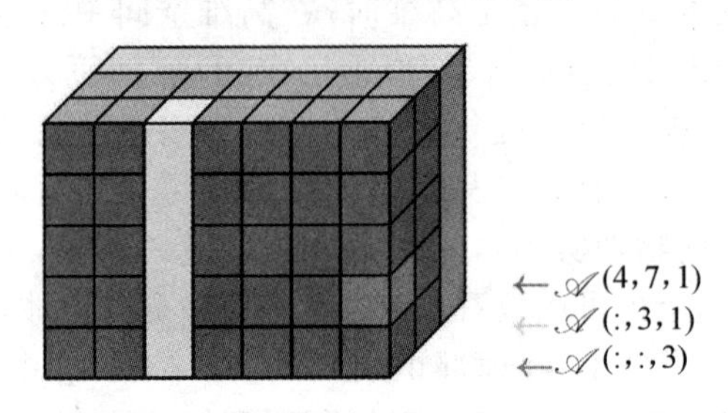

图 5.2 第三阶张量索引图

在本章中,标量、向量、矩阵和张量分别用小写字母(a)、粗体小写字母($\boldsymbol{a}$)、粗体大写字母($\mathbf{A}$)和花体字母($\mathscr{A}$)表示。向量 $\boldsymbol{a}$ 的第 i 个元素用 a_i 表示,矩阵 $\boldsymbol{B}$ 的第 i,j 个元素表示为 B_{ij},第三阶张量 $\mathscr{C}$ 的第 i,j,k 个元素表示为 $\mathscr{C}_{ijk}$,依此类推。使用 Matlab 中的冒号对对象进行索引。例如,$\mathscr{C}_{:,3,4}$ 表示对应于第三阶张量 $\mathscr{C}$ 的第四正切片中第三列的列向量,而 $\mathscr{C}_{:,1,:}$ 表示一个矩阵,对应于该张量的第一横向切片。矩阵 $\mathbf{A}$ 的第 j 列表示为 $\boldsymbol{a}_j$,或者表示为 $\mathbf{A}_{:,j}$。

假设 $\boldsymbol{g}\in\mathbf{R}^m$,$\boldsymbol{h}\in\mathbf{R}^l$,$\boldsymbol{w}\in\mathbf{R}^n$,在三个向量之间利用外积"$\circ$"得到一个第三阶张量 $m\times l\times n$,定义如下:

定义 1 如果 $\mathscr{A}=\boldsymbol{g}\circ\boldsymbol{h}\circ\boldsymbol{w}$,$\mathscr{A}$的第 i,j,k 个标量元素表示为 $\mathscr{A}_{i,j,k}=g_ih_j\boldsymbol{w}_k$,$1\leqslant i\leqslant m$,$1\leqslant j\leqslant l$,$1\leqslant k\leqslant n$,则 $\mathscr{A}$ 为秩 -1 张量。同样,一个第四阶秩 -1

张量 $\mathscr{C}$ 由四维外积获得，即 $\boldsymbol{g} \circ \boldsymbol{h} \circ \boldsymbol{w} \circ \boldsymbol{z}$。

5.2.1　现有的张量模型

最著名的分解之一为CANDECOMP/PARAFAC①，或称CP分解。对于一个第三阶张量 $\mathscr{A} \in \mathbf{R}^{m\times l\times n}$，准确的CP分解表示为

$$\mathscr{A}=\sum_{i=1}^{r}\boldsymbol{g}_i \circ \boldsymbol{h}_i \circ \boldsymbol{w}_i \circ \boldsymbol{g}_i \in \mathbf{R}^m,\quad \boldsymbol{h}_i \in \mathbf{R}^l, \boldsymbol{w}_i \in \mathbf{R}^n$$

如果上式中 r 取最小值，那么 r 称为张量一秩。然而，虽然存在矩阵的显秩分解（其中最著名的是SVD），但一般来说，没有闭式形式的解决方法确定三阶或三阶以上张量的秩，并且没有直接的算法计算张量的秩（这是一个NP难问题）[25]。在实际中，人们经常猜测 r 的值，并且搜索因子矩阵 $\boldsymbol{G} \in \mathbf{R}^{m\times r}$，$\boldsymbol{H} \in \mathbf{R}^{l\times r}$，$\boldsymbol{W} \in \mathbf{R}^{n\times r}$，其列对应于适合 $\mathscr{A}$ 的近似分解中的向量。最适合的测量通常是Frobenius范数。

对于NMF问题，最明显的NTF模拟（对于第三阶情况）是使用该CP模型。在这种情况下解决的问题是

$$\min_{\boldsymbol{G},\boldsymbol{H},\boldsymbol{W}} D\left(\mathscr{A}-\sum_{i=1}^{r}\boldsymbol{g}_i \circ \boldsymbol{h}_i \circ \boldsymbol{w}_i\right),\text{s. t. 非负性约束}$$

其中 D 表示距离测量，通常是Frobenius范数。在文献[10]中说明了解决上述问题的算法的附加信息，以及进一步增加约束以加强稀疏性。近期对稀疏非负张量进行了一定的研究，在相对于非零点分布的统计理论的推动下[9]，K－L散度最优化取代了距离度量。

此外还有许多其他类型的张量分解（见文献[25]部分列表），对于每一种张量分解均可以加入非负约束。遗憾的是用于表达这些分解的符号在整个文献中并不完全一致。本章只介绍其他两个分解，为简洁起见，只使用外积符号，并只描述第三阶张量。感兴趣的读者可以参考文献[10,25]中的其他分解/表示。

对 $\mathscr{A} \in \mathbf{R}^{m\times l\times n}$，Tucker－3分解②表示为

$$\mathscr{A}=\sum_{i=1}^{r_1}\sum_{j=1}^{r_2}\sum_{k=1}^{r_3}\mathscr{C}_{i,j,k}\boldsymbol{g}_i \circ \boldsymbol{h}_j \circ \boldsymbol{w}_k \tag{5.3}$$

其中，$\mathscr{C}_{i,j,k} \in \mathbf{R}^{r_1\times r_2\times r_3}$ 称为核心张量。注意如果 $r_1=r_2=r_3$，且核心张量超对角线（即只有 (i,i,i) 元素可能是非零值），则其变成CP分解。Tucker－3分解

① R. Harshman, '70; J. Carroll 和 J. Chang, '70.

② 如果 $\mathscr{A}$ 是第四阶张量，其核心张量为第四阶，并存在额外的被加项和向量外积。

可以用简单封闭的形式进行分解，并且值 r_i 由相应的张量扁平化产生的各种矩阵的秩确定。基于该模型中的附加自由度及张量平坦度之间的关系，可以找到精确分解，其中因子矩阵 $\boldsymbol{G}$、$\boldsymbol{H}$、$\boldsymbol{W}$ 存在正交(偶数正交) 列。获得这种精确正交 Tucker－3 的一种方法是 HOSVD[26]。注意，与矩阵 SVD 不同，核心张量中的元素不能保证是非负的(尽管它们是实数)，核心也不一定是对角的。在实际中，寻找近似因式分解时，将 r_i 固定为相对较小，利用适当的约束(例如非负性) 最小化 $\mathscr{A}$ 与式(5.3) 右侧模型之间的距离。

另一个与之相关的分解为 Tucker－2 分解[3]，其表示为

$$\mathscr{A} \approx \sum_{i=1}^{r_1} \sum_{j=1}^{r_2} \boldsymbol{g}_i \circ \boldsymbol{h}_j \circ \mathscr{C}_{i,j,:}. \tag{5.4}$$

不同之处在于不存在 k 的求和，表达式中的第三项取决于 i、j 及归因于核心张量的缩放，其为用于存储核心张量 $\mathscr{C}$ 管光纤的向量(在正确的导向下)。显然，如果 $\mathscr{C}$ 是“对角线” 的，即如果 $i \neq j$，则管光纤为零，这种表示也映射到 CP 表示中。另一种可视化这种分解的方法是，n 个正切面中均可以写为 $\boldsymbol{G}\boldsymbol{C}^{(k)}\boldsymbol{H}^{\mathrm{T}}$，其中 $\boldsymbol{C}^{(k)}$ 是对应于 $\mathscr{C}$ 第 k 个正切面的(可能是密集的) 矩阵。只有在 $\mathscr{C}$ 是稀疏的条件下才能实现压缩，且 / 或 r_1、r_2 相对于张量维数而言取值较小。

5.2.2 通用优化模型

无论我们使用哪种张量模型拟合数据，其关键在于对问题进行统一框架化

$$\min_{\mathscr{B} \in \mathscr{C}} D(\mathscr{A} - \mathscr{B}), \text{s.t. 对 } \mathscr{B} \text{ 的约束} \tag{5.5}$$

其中，$\mathscr{C}$ 表示感兴趣的具体张量模型(如 CP，Tucker－3，Tucker－2)，D 表示距离测量(如 Frobenius 范数)。

按照这个定义，存在两个直接问题：

(1) 使用哪种模型 $\mathscr{C}$?

(2) 约束是什么类型?

为了解答第二个问题，我们查阅了大量关于 NMF 的文献。在本书中，我们感兴趣的两种约束是非负性和稀疏性。参见文献[10]。

“与其他盲源分离方法相比，利用非负性和稀疏性约束的矩阵分解方法通常会出现具有特定结构和物理意义的隐藏分量的估计。”

表面上，正如引言中所讨论的，非负性约束本身通常引起稀疏性。参见文献[10]。

“NMF 算法获得的解可能不是唯一的，为此，通常需要加入额外的约束

(从处理的数据中自然生成),如稀疏性或平滑性。因此,本章特别强调了各种正则化和惩罚项以及局部学习规则,依次更新因子矩阵的一对一向量。通过引入正则化和惩罚项的加权 Frobenius 范数,存在实现稀疏、正交或光滑表示的可能性,从而获得所需的广义解。”

第一个问题较难解决,张量模型的选择可能由具体应用决定。例如,在化学计量学中,CP 分解被论证是正确的分解方法[8]。然而,对于其他应用,模型的选择并不明确。如果最终的目标是实现简单的压缩,具有非负稀疏因子,可以考虑使用 Tucker 分解。另一方面,如果一个“基于部分的”表示从物理角度来看更有意义,那么这些部分 / 分量 / 特征是什么？它们需要用秩－1 向量积描述吗？

在本研究中,我们提出了一个新的、最先进的基于第三和第四阶张量情况下的部分表示模型,其自然延伸到高阶张量。这种方法的优点是,在不受约束的情况下,当距离测度为 Frobenius 范数时该方法存在唯一解。当加入非负约束时,该问题与 NMF 问题极其相似(事实上,当 $n=1$ 时,NTF 问题变成 NMF 问题),可以使用 NMF 问题的求解经验去解决张量情况下的问题。

5.3　新型张量模型

矩阵－矩阵乘积的定义是,如果将两个 $n\times n$ 矩阵相乘,则结果为 $n\times n$ 矩阵。因此,矩阵乘法在所有 $n\times n$ 矩阵的集合中是闭合的。此外,关于 $n\times n$ 矩阵的集合,存在明确的单位矩阵符号表示及逆矩阵的符号表示。在过去关于张量的文献中,并没有相似性质的张量乘法的定义。

在文献[24]中,作者介绍了第三阶张量乘法的新定义,称为 t－乘积,以及相应的单位张量和张量逆的定义,以至于这些定义的 $m\times m\times n$ 张量的集合形成环状。在文献[23]中,作者推导出一种称为 t－SVD 的新型张量 SVD,使人联想到矩阵 SVD,该文献给出类似于 Eckart－Young 定理的最优结果。在文献[18]中,我们基于用于压缩和面部识别的 t－SVD 推导出类似 PCA 的算法。其他类型的第三阶张量因子分解(例如 QR,PQR,文献[18])可以用类似的方式定义。基于 t－乘积的张量特征计算是文献[7,17]的研究重点。文献[20]详细概述了 t－乘积框架的线性代数含义,研究了如何定义值域和零空间、维度、多秩,并引入常用的数值线性代数算法。

在本节中,以 t－乘积和上述研究为基础,使用 t－乘积建立解决第三阶 NTF 问题的新模型。由于 t－乘积通过递归定义推广到高阶张量[30],因此通过详细讨论第四阶的情况来说明如何将第三阶方法推广到高阶方法。

5.3.1　背景符号表示和相关定义

在本节中首先介绍两个张量之间 $t-$乘积的定义，$t-$乘积在文献[22,23]中给出，并在文献[30]中扩展到第四阶张量。为描述方便，首先介绍各种符号表示。

如果 $\mathscr{A} \in \mathbf{R}^{m\times l\times n}$，用 $\mathbf{A}^{(i)}$ 表示大小为 $m\times l$ 的正切面，则

$$\mathrm{circ}(\mathscr{A}) = \begin{bmatrix} \mathbf{A}^{(1)} & \mathbf{A}^{(n)} & \mathbf{A}^{(n-1)} & \cdots & \mathbf{A}^{(2)} \\ \mathbf{A}^{(2)} & \mathbf{A}^{(1)} & \mathbf{A}^{(n)} & \cdots & \mathbf{A}^{(3)} \\ \vdots & \ddots & \ddots & \ddots & \vdots \\ \mathbf{A}^{(n)} & \mathbf{A}^{(n-1)} & \ddots & \mathbf{A}^{(2)} & \mathbf{A}^{(1)} \end{bmatrix}$$

上式是大小为 $mn\times ln$ 的块循环矩阵。

如果 $\mathscr{A} \in \mathbf{R}^{m\times l\times n\times k}$，则 $\mathscr{A}^{(j)} := \mathscr{A}_{:,:,:,j}$ 是构成第四阶张量中的某个 $m\times l\times n$ 第三阶张量(图 5.3)。利用双重块循环矩阵递归地表示 $\mathscr{A}$

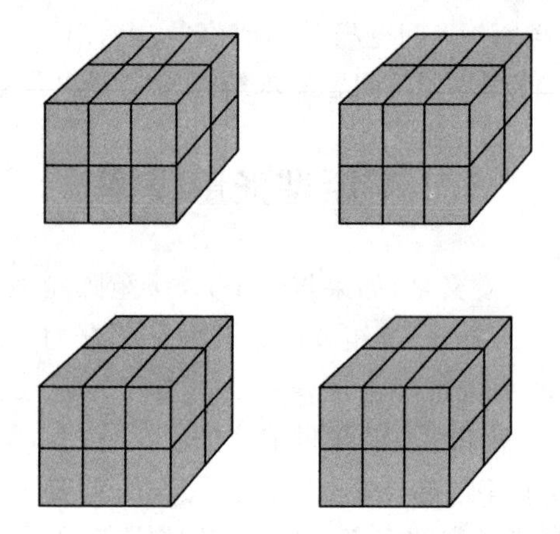

图 5.3　一个 $2\times 3\times 2\times 4$ 的第四阶张量，可视化为 4 个第三阶张量的组合。左上方为 $2\times 3\times 2$ 的 $\mathscr{A}_{:,:,:,1}$，右下方为 $\mathscr{A}_{:,:,:,4}$

$$\mathrm{circ}_2(\mathscr{A}) = \begin{bmatrix} \mathrm{circ}(\mathscr{A}^{(1)}) & \mathrm{circ}(\mathscr{A}^{(k)}) & \mathrm{circ}(\mathscr{A}^{(k-1)}) & \cdots & \mathrm{circ}(\mathscr{A}^{(2)}) \\ \mathrm{circ}(\mathscr{A}^{(2)}) & \mathrm{circ}(\mathscr{A}^{(k)}) & \mathrm{circ}(\mathscr{A}^{(k)}) & \cdots & \mathrm{circ}(\mathscr{A}^{(3)}) \\ \vdots & \ddots & \ddots & \ddots & \vdots \\ \mathrm{circ}(\mathscr{A}^{(k)}) & \mathrm{circ}(\mathscr{A}^{(k-1)}) & \ddots & \mathrm{circ}(\mathscr{A}^{(2)}) & \mathrm{circ}(\mathscr{A}^{(1)}) \end{bmatrix}$$

其中任意 $\mathrm{circ}(\mathscr{A}^{(j)})$ 表示一个 $mn\times ln$ 的块循环矩阵；$\mathrm{circ}_2(\mathscr{A})$ 是用 $mn\times ln$ 块循环矩阵表示的 $mnk\times lnk$ 块循环矩阵。

如果 $\mathscr{A} \in \mathbf{R}^{m\times l\times n}$，那么 $\mathrm{Vec}(\mathscr{A})$ 表示取 $m\times l\times n$ 张量，并返回一个块 $mn\times ln$ 矩阵，Fold 表示撤销该操作：

$$\mathrm{Vec}(\mathcal{A}) = \begin{bmatrix} \boldsymbol{A}^{(1)} \\ \boldsymbol{A}^{(2)} \\ \vdots \\ \boldsymbol{A}^{(n)} \end{bmatrix}, \quad \mathrm{Fold}(\mathrm{Vec}(\mathcal{A})) = \mathcal{A}$$

同样,对于 $\mathcal{A} \in \mathbf{R}^{m\times l\times n\times k}$,

$$\mathrm{Vec}_2(\mathcal{A}) = \begin{bmatrix} \mathrm{Vec}(\mathcal{A}^{(1)}) \\ \mathrm{Vec}(\mathcal{A}^{(2)}) \\ \vdots \\ \mathrm{Vec}(\mathcal{A}^{(k)}) \end{bmatrix}$$

Fold_2 表示取消该操作,返回一个第四阶张量。

第三阶和第四阶张量的乘法定义[22,30]如下:

定义 2 令 $\mathcal{A}$ 的大小为 $m\times p\times n$,$\mathcal{B}$ 的大小为 $p\times l\times n$,则 t—乘积 $\mathcal{A}*\mathcal{B}$ 为 $m\times l\times n$ 张量,表示为

$$\mathcal{A}*\mathcal{B} = \mathrm{Fold}(\mathrm{circ}(\mathcal{A})\cdot \mathrm{Vec}(\mathcal{B}))$$

同样,如果 $\mathcal{A}$ 的大小为 $m\times p\times n\times k$,$\mathcal{B}$ 的大小为 $p\times l\times n\times k$,则 t—乘积为 $m\times l\times n\times k$ 张量,表示为

$$\mathcal{A}*\mathcal{B} = \mathrm{Fold}_2(\mathrm{circ}_2(\mathcal{A})\cdot \mathrm{Vec}_2(\mathcal{B}))$$

文献[23,30]中描述了更多关于 t—乘积的定义。

如果 $\mathcal{A}$ 的大小为 $m\times l\times n$,则 $\mathcal{A}^{\mathrm{T}}$ 是 $l\times m\times n$ 张量,其将每个正切面进行转置,并将转置的切面从2到 n 反向排序。如果 $\mathcal{A}$ 的大小是 $m\times l\times n\times k$,则 $\mathcal{A}^{\mathrm{T}}$ 是将每个第三阶张量 $(\mathcal{A}^{(j)})^{\mathrm{T}}, j=2,\cdots,k$ 反向排序。

对于 $m\times m\times n$ 单位张量 $\mathcal{F}_{mmn}$,它的第一个正切面为 $m\times m$ 单位矩阵,其他正切面均为零。同样,$m\times m\times n\times k$ 第四阶单位张量 $\mathcal{F}_{mmnk}$,其中 $\mathcal{F}_{:,:,1,1} = \boldsymbol{I}_{m\times n}$,$\mathcal{F}_{mmnk}$ 中其他因子均为零。

如果 $\mathcal{Q}^{\mathrm{T}}*\mathcal{Q} = \mathcal{Q}*\mathcal{Q}^{\mathrm{T}} = \mathcal{F}$,则 $m\times m\times n(m\times m\times n\times k)$ 张量 $\mathcal{Q}$ 是正交的。

最后分析张量的SVD和文献[24]中的 t—SVD(图5.4)。在 $\mathcal{A}\in\mathbf{R}^{m\times l\times n}$ 情况下,存在大小为 $m\times m\times n$ 的正交张量 $\mathcal{U}$,大小为 $m\times l\times n$ 的正面—对角张量 $\mathcal{S}$ 和大小为 $l\times l\times n$ 的正交张量 $\mathcal{V}$,则

$$\mathcal{A} = \mathcal{U}*\mathcal{S}*\mathcal{V}^{\mathrm{T}}$$

注意到这是一个精确的分解,可以计算 n 次 $m\times l$ 矩阵SVDs所花费的时间。特别是,如果 $m=l=n$,其计算时间与 n^4 呈正比。在第四阶的情况下,也有 $\mathcal{A}$ 的分解,等于正交张量 $\mathcal{U}$、对角张量 $\mathcal{S}$ 和正交张量 $\mathcal{V}$ 的 t—乘积,其中每个因子都是适当维度的第四阶张量。对角张量 $\mathcal{S}$ 的每个第三阶分量为正面—对角第三阶张量,通过固定最后一个索引值获得(图5.5)。

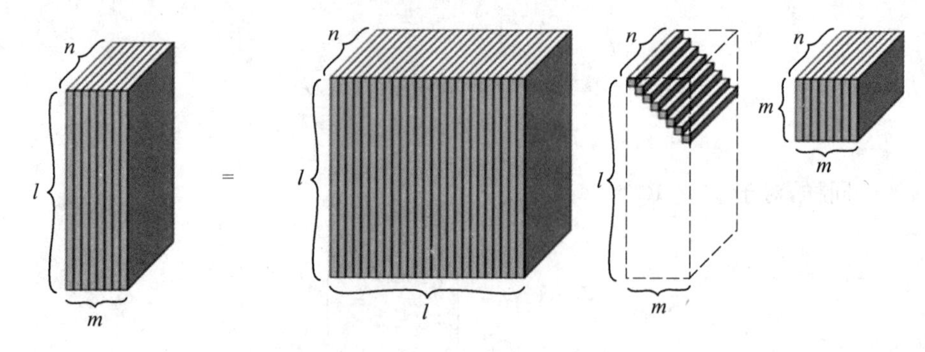

图 5.4 $l \times m \times n$ 张量的 $t-$SVD[20]

在下一节中主要介绍如何利用 T－SVD 进行最优压缩分解，并继续讨论 NTF 算法。

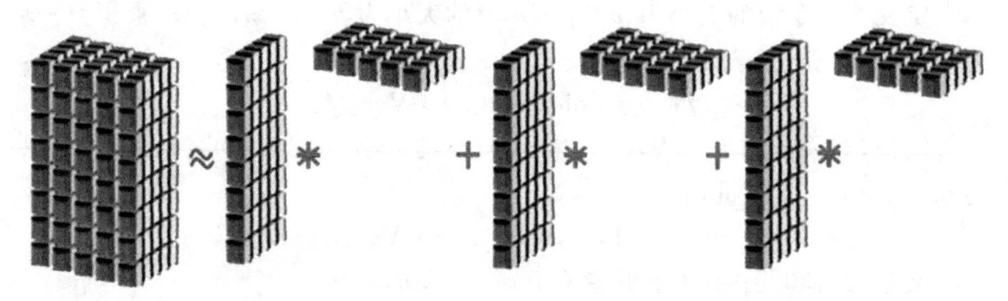

图 5.5 第三阶张量近似为 $t-$外积总和的可视化解释。注意，如果第三维度 $n=1$，则 $t-$乘积变成正规矩阵乘法，该图表示矩阵近似成向量外积求和，用灰色表示

5.3.2 张量外积的定义

通过上述分析，已经定义第三阶和第四阶两个张量的 $t-$乘积，并且定义了张量转置，下面利用这两个操作描述张量外积。

定义 3 令 $\mathscr{A} \in \mathbf{R}^{m \times l \times n}$ 和 $\mathscr{A} \in \mathbf{R}^{p \times l \times n}$，注意到这些张量分别为 $m \times n$ 和 $p \times n$ 的矩阵，方向为指向页面，两者的 $t-$外积 $\mathscr{A} * \mathscr{B}^{\mathrm{T}}$ 是维度为 $m \times p \times n$ 的第三阶张量。

这意味着 $t-$SVD 可以看作张量(其中一维消失)$t-$外积的总和。例如，对 $\mathscr{A} \in \mathbf{R}^{m \times l \times n}$，有 $p := \min(m,l)$，

$$\mathscr{A} = \mathscr{U} * \mathscr{S} * \mathscr{V}^{\mathrm{T}} = \sum_{i=1}^{p} \mathscr{U}_{:,i,:} * \mathscr{S}_{i,i,:} * \mathscr{V}_{:,i,:}^{\mathrm{T}}$$

注意到 $\mathscr{U}_{:,i,:}$ 和 $\mathscr{V}_{:,i,:}$ 为矩阵，指向第三阶张量。在文献[20]中，各个集合表示与 $\mathscr{A}$ 和 $\mathscr{A}^{\mathrm{T}}$ 相关的特定子空间的多维基元素。$\mathscr{S}_{i,i,:}$ 称为奇异元组，其本身是 $1 \times 1 \times n$ 张量($\mathbf{R}^n$ 中的向量，方向为指向页面)。

同样,第四阶张量的外积则是考虑具有适当维度的第二阶、第三阶张量的外积。

定义4 令 $\mathscr{A}\in\mathbf{R}^{m\times l\times n\times k}$ 和 $\mathscr{B}\in\mathbf{R}^{p\times l\times n\times k}$,则两者的 $t-$外积 $\mathscr{A}*\mathscr{B}^{\mathrm{T}}$ 是维度为 $m\times p\times n\times k$ 的第四阶张量。

下面是第四阶情况,

$$\mathscr{A}=\sum_{i=1}^{p}\mathscr{U}_{:,i,:,:}*\mathscr{S}_{i,i,:,:}*\mathscr{V}_{:,i,:,:}^{\mathrm{T}}$$

其中奇异元组是 $1\times 1\times n\times k$ 张量。

下面考虑非约束问题,对 $\mathscr{A}\in\mathbf{R}^{m\times l\times n}$,整数 $p<\min(m,l)$:

$$\min_{\mathscr{G}\in\mathbf{R}^{m\times p\times n},\mathscr{H}\in\mathbf{R}^{l\times p\times n}}\|\mathscr{A}-\mathscr{G}*\mathscr{H}^{\mathrm{T}}\|_F$$

该问题已在文献[23]中提出了一个解决方法,例如 $\mathscr{G}=\mathscr{U}_{:,1:p,:}*\mathscr{S}_{1:p,1:p,:}$,$\mathscr{H}=\mathscr{V}_{:,1:p,:}$。也就是说

$$\min_{\mathscr{B}}\|\mathscr{A}-\mathscr{B}\|_F,\text{s. t. }\mathscr{B}\text{ 是张量的 }t-\text{外积的求和}$$

对第四阶情况也有相似的分析。

5.3.3 基于部分的观点

下面讨论面部识别问题中基于矩阵的PCA。在文献中,基向量通常显示为图像,以便确定单个图像如何由几个基本图像组成。另一方面,上述的 $t-$外积表示法在将表示法可视化为基于部分的表示法方面还存在一些不足之处。

通过利用三阶张量横切面的表示可以获得类似的观点。如果 $\mathscr{A}=\mathscr{G}*\mathscr{H}^{\mathrm{T}}$,其中 $\mathscr{A}\in\mathbf{R}^{m\times l\times n}$,则(参见文献[18,20])

$$\mathrm{squeeze}(\mathscr{A}_{:,j,:})=\sum_{i=1}^{p}\mathrm{squeeze}(\mathscr{G}_{:,i,:})\mathrm{circ}(\mathrm{squeeze}(\mathscr{H}_{j,i,:}))$$

其中,对最左侧一项的squeeze操作是将矩阵顺时针旋转成维度为 $m\times n$ 的矩阵,且最右侧一项的squeeze操作是将 $1\times 1\times n$ 张量转换成列向量。

如果 $\mathrm{squeeze}(\mathscr{H}_{j,i,:})$ 为 $\boldsymbol{e}_1$ 的倍数,则该表达式表示 $\mathscr{A}$ 的第 j 个横切面是由 $\mathrm{squeeze}(\mathscr{G}_{:,i,:})$ 给出的基矩阵的列的线性组合。当不是这种情况时,从右侧通过循环矩阵对基矩阵进行加权。由于每个 $n\times n$ 循环矩阵可以分解为下移矩阵的不超过 n 次幂之和,该方法给出一种基于部分的分解,很显然 $\mathscr{H}$ 可能是稀疏的。

5.4 新型非负、约束、张量因子分解

基于上节的分析,建立最新的非负张量分解。首先处理三阶情况,其中

$\mathscr{A}\in\mathbf{R}^{m\times l\times n}$。根据式(5.5)，如果把$\mathscr{C}$作为所有$m\times l\times n$非负张量的集合，其可以写成$p$的求和，对于$p\leqslant\min(m,l)$，得到优化问题

$$\min_{\mathscr{G}\in\mathbf{R}_{+}^{m\times p\times n},\mathscr{H}\in\mathbf{R}_{+}^{l\times p\times n}}\|\mathscr{A}-\mathscr{G}*\mathscr{H}^{\mathrm{T}}\|_{F}\tag{5.6}$$

其中

$$\mathscr{G}*\mathscr{H}^{\mathrm{T}}=\sum_{i=1}^{p}\mathscr{G}_{:,i,:}*\mathscr{H}_{:,i,:}^{\mathrm{T}}$$

文献[23]指出，如果第三个维度为1(n，在本例中)，则$t-$乘积退化为矩阵乘积。因此，当$n=1$时，优化问题将退化为标准的非负矩阵分解问题。

当$n>1$时，式(5.6)中Frobenius范数表达式可以重新写成矩阵形式，基于前面章节的定义，则

$$\|\mathrm{Vec}(\mathscr{A})-\mathrm{circ}(\mathscr{G})\mathrm{Vec}(\mathscr{H}^{\mathrm{T}})\|_{F}\tag{5.7}$$

因此，式(5.6)仍然是NMF问题，但需对第一个因子加入一定的附加结构。

在文献[23]中表明转置操作满足$(\mathscr{G}*\mathscr{H}^{\mathrm{T}})^{\mathrm{T}}=\mathscr{H}*\mathscr{G}^{\mathrm{T}}$，因此，上述的优化问题等价于

$$\min_{\mathscr{G}\in\mathbf{R}_{+}^{m\times p\times n},\mathscr{H}\in\mathbf{R}_{+}^{l\times p\times n}}\|\mathscr{A}^{\mathrm{T}}-\mathscr{H}*\mathscr{G}^{\mathrm{T}}\|_{F}$$

类似地，Frobenius范数项用矩阵形式表示为

$$\|\mathrm{Vec}(\mathscr{A}^{\mathrm{T}})-\mathrm{circ}(\mathscr{H})\mathrm{Vec}(\mathscr{G}^{\mathrm{T}})\|_{F}\tag{5.8}$$

当$\mathscr{A}\in\mathbf{R}^{m\times l\times n\times k}$时，式(5.6)的第四阶情况变为

$$\min_{\mathscr{G}\in\mathbf{R}_{+}^{m\times p\times n\times k},\mathscr{H}\in\mathbf{R}_{+}^{l\times p\times n\times k}}\|\mathscr{A}-\mathscr{G}*\mathscr{H}^{\mathrm{T}}\|_{F}\tag{5.9}$$

其中右侧最后一项用矩阵形式表示为

$$\|\mathrm{Vec}_{2}(\mathscr{A})-\mathrm{circ}_{2}(\mathscr{G})\mathrm{Vec}_{2}(\mathscr{H}^{\mathrm{T}})\|_{F}$$

下面我们讨论求解式(5.6)相对简单(但不理想)的方法，其利用序列凸迭代和Anderson加速实现。

优化问题

问题(5.6)(同(5.9))是非凸优化问题。通过观察具有适当维度的任何非负可逆张量$\mathscr{R}$，了解其所包含的非唯一性，对$\mathscr{G}*\mathscr{R}^{-1}*\mathscr{R}*\mathscr{H}^{\mathrm{T}}$形式的解决方法同样有效。在更一般的情况中，任何非负单项式(广义置换)张量将存在旋转模糊。目前，其目标是求解张量$\mathscr{A}$及其因子$\mathscr{G}$和$\mathscr{H}$之间距离的Frobenius范数。然而，还有其他距离测量，通过噪声模型D的等价假设进行验证。如KL－散度、α散度、β散度、Pearson距离或Hellinger距离[10]，

$$\min_{\mathscr{G}\in\mathbf{R}_{+}^{m\times p\times n\times k},\mathscr{H}\in\mathbf{R}_{+}^{l\times p\times n\times k}}D(\mathscr{A},\mathscr{G}*\mathscr{H}^{\mathrm{T}})\tag{5.10}$$

除了非负约束外，各种约束条件和正则化都可以纳入张量分解优化问题的定义中。因子的约束条件可以缓解固有的非唯一性，甚至是置换与标度的不确定性。也就是说，我们可以考虑

$$\min_{\mathcal{G}\in \mathbf{R}_{+}^{m\times p\times n\times k},\mathcal{H}\in \mathbf{R}_{+}^{l\times p\times n\times k}} D(\mathcal{A},\mathcal{G}*\mathcal{H}^{\mathrm{T}})+\Re(\mathcal{G},\mathcal{H}) \tag{5.11}$$

其中，$\Re$ 表示适用于一个或两个因子的可微分惩罚或正则化算子。我们还可以对式(5.10) 直接增加约束条件；例如，对一个或两个因子增加稀疏性(l_0 范数的松弛) 或(张量) 秩约束。

在下一小节中将简要回顾一些解决优化问题的算法。

1. ALS－based 算法

在本小节中，考虑式(5.11) 中的 D 是 Frobenius 范数的情况。由于在5.4 节中指出了对称性，非常简单的交替最小二乘法(ALS) 是可实现的(见文献[21] 这个问题的另一个表示)。下文所介绍的 ALS算法被认为是顺序凸规划的一个实例[6]，在这个意义上，我们迭代一个局部凸问题的序列(在这种情况下是两个)。该方法并不理想，因为其不是一种全局方法。换句话说，如果该方法存在，则算法不需要收敛到全局最小值；如果它收敛到一个最小值，那么很难验证它是否是这样做的，甚至是不可能的。此外，启动猜测可能会影响解决方法。然而，这种启发式方法由于相对简单而非常受欢迎，并且通常能够产生合理的结果。如上一节所述，当 $n=1$ 时，式(5.6) 正好是非负矩阵分解问题。因此，$n=1$ 的情况下，ALS 算法退化为解决 NMF 问题的交替非负 LS 算法，其在文献中经常见到(参见文献[6,14])。如引言中所述，NMF 经常包含稀疏因子。在图 5.11 和图 5.12 中(参见后面 ALS 加速算法)，可以看出 ALS 算法也是如此；即张量因子 $\mathcal{G}$ 和 $\mathcal{H}$ 往往是稀疏的。

算法 1　交替最小二乘法

1：设置 $\mathcal{G}$ 具有非负项
2：循环 $i=1,2,\cdots$，直到收敛
3：求解 $\min_{\mathcal{H}\in \mathbf{R}_{+}^{l\times p\times n}} \|\mathcal{A}-\mathcal{G}*\mathcal{H}^{\mathrm{T}}\|_F$
4：求解 $\min_{\mathcal{G}\in \mathbf{R}_{+}^{m\times p\times n}} \|\mathcal{A}^{\mathrm{T}}-\mathcal{H}*\mathcal{G}^{\mathrm{T}}\|_F$

解决中间非负最小二乘问题的关键是用矩阵等价重新描述该问题，见式(5.7)、式(5.8)。因此，我们只需要解决每次迭代中的两个非负最小二乘问题，可以充分利用 circ($\mathcal{G}$)(circ($\mathcal{H}$)) 是一个结构矩阵这一事实。显然，该算法可以稍做修改，在每个子问题上包含惩罚项或硬约束。例如，对某因子 $\mathcal{H}$ 加入

稀疏性约束，类似于 NMF 问题。由于子问题等价于非负最小二乘矩阵问题，所以可以采用标准技术。

另外还存在算法的其他变体。最流行的变体包括使用协方差的加权 ALS；引入线搜索而非保持一个固定点不变；固定步长迭代；通过加入各种正则化方法实现加速。其中一种加速方法将在下面进一步详述。

注意，ALS 算法适用于第三阶和第四阶张量情形。

对新的非负张量分解与传统张量分解以及非负矩阵分解的性能进行比较，使用 CBCL 数据库的一部分进行实验，其包含 200 个面部的灰度图像，用 19×19 像素表示。样本图像如图 5.6 所示。利用前 100 个图像寻找一个近似值 $p=5$。基于不同分解的重构图像如图 5.7 所示。

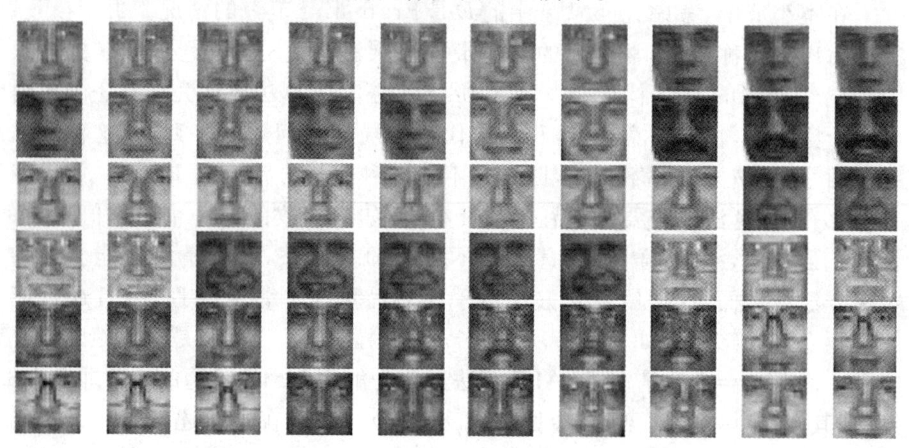

图 5.6　CBCL 数据库图像样本

2. 乘性算法

在这类算法中，不是交替最小化一个目标函数，而是对每个子集应用交替最小化过程，同时假设这两个问题有一个联合全局最小值。

$$\min_{\mathscr{H}\in\mathbf{R}_{+}^{l\times p\times n\times k}} \mathfrak{D}_{\mathscr{G}}(\mathfrak{A}_c^{\mathrm{T}},\mathfrak{H}_c * \mathfrak{g}_c^{\mathrm{T}})+\mathfrak{R}_{\mathscr{H}} \tag{5.12}$$

$$\min_{\mathscr{G}\in\mathbf{R}_{+}^{m\times p\times n\times k}} \mathfrak{D}_{\mathscr{H}}(\mathscr{A}_r,\mathscr{G}_r * \mathscr{H}^{\mathrm{T}})+\mathfrak{R}_{\mathscr{G}} \tag{5.13}$$

其中，$\mathfrak{D}_{\mathscr{G}}$，$\mathfrak{D}_{\mathscr{H}}$，$\mathfrak{R}_{\mathscr{G}}$，$\mathfrak{R}_{\mathscr{H}}$ 是指定的距离度量和正则化运算；下标 c 和 r 意味着对张量的列或行的子集进行最小化。

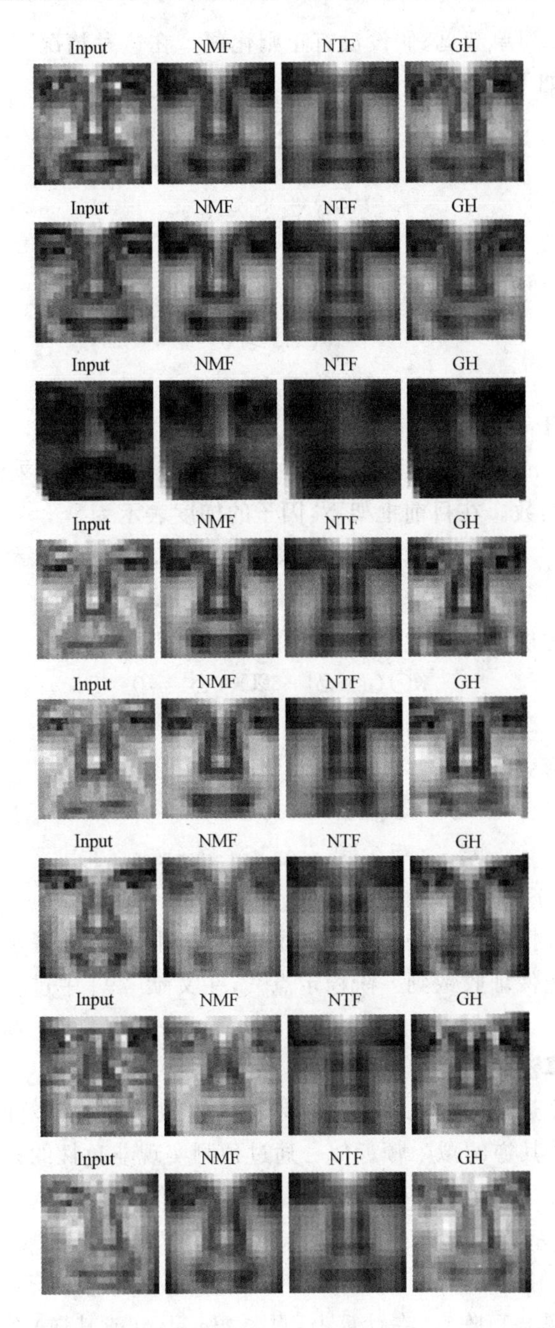

图 5.7　从左到右：输入图像，基于 NMF 重构图像，基于 NTF(CP 分解)重构图像，基于新算法重构图像($\mathcal{G} * \mathcal{H}^T$)

下面,为了简单起见,假设没有正则化项。在这种情况下,上述项平稳性的必要条件有如下表述:

$$\mathcal{G} \in \mathbf{R}_{+}^{m\times p\times n\times k} \tag{5.14}$$

$$\nabla_{\mathcal{G}}\mathfrak{D}_{\mathcal{G}} \geqslant 0 \tag{5.15}$$

$$\mathcal{G} \odot \nabla_{\mathcal{G}}\mathfrak{D}_{\mathcal{G}} = 0 \tag{5.16}$$

和

$$\mathcal{H} \in \odot\mathbf{R}_{+}^{l\times p\times n\times k} \tag{5.17}$$

$$\nabla_{\mathcal{H}}\mathfrak{D}_{\mathcal{H}} \geqslant 0 \tag{5.18}$$

$$\mathcal{H}^{\mathrm{T}} \odot \nabla_{\mathcal{H}}\mathfrak{D}_{\mathcal{H}} = 0 \tag{5.19}$$

其中,$\odot$ 表示 Hadamard 乘积。

对于 Frobenius 范数距离测量,Lee 和 Seung[28] 提出了乘法更新准则,最小化上述目标函数。在目前框架下,因子的梯度表示为

$$\nabla_{\mathcal{G}}\mathfrak{D}_{\mathcal{G}} = (\mathfrak{g} * \mathfrak{H}^{\mathrm{T}} - \mathfrak{A}) * \mathfrak{H}^{\mathrm{T}} \tag{5.20}$$

$$\nabla_{\mathcal{H}}\mathfrak{D}_{\mathcal{H}} = \mathfrak{g}^{\mathrm{T}} * (\mathfrak{g} * \mathfrak{H}^{\mathrm{T}} - \mathfrak{A}) \tag{5.21}$$

利用这些梯度分量取代上述互补条件,可以得到

$$\mathcal{G} \odot (\mathfrak{g} * \mathfrak{H}^{\mathrm{T}} - \mathfrak{A}) * \mathfrak{H}^{\mathrm{T}} = 0 \tag{5.22}$$

$$\mathcal{H}^{\mathrm{T}} \odot \mathfrak{g}^{\mathrm{T}} * (\mathfrak{g} * \mathfrak{H}^{\mathrm{T}} - \mathfrak{A}) = 0 \tag{5.23}$$

得到乘法更新形式

$$\mathcal{G} \leftarrow \mathcal{G} \odot A_{+} \ * \mathcal{H} \oslash (\mathcal{G} * \mathcal{H}^{\mathrm{T}} * \mathcal{H}) \tag{5.24}$$

$$\mathcal{H}^{\mathrm{T}} \leftarrow \mathcal{H}^{\mathrm{T}} \odot \mathcal{G}^{\mathrm{T}} * A_{+} \oslash (\mathcal{G}^{\mathrm{T}} * \mathcal{G} * \mathcal{H}^{\mathrm{T}}) \tag{5.25}$$

其中,$\oslash$表示点分割。

尽管在矩阵情况下这些表达式被证明是单调的,但是基于交替应用这些准则的算法不能保证收敛到一阶稳定点[5],在文献[29] 中进行了轻微修改以保证收敛性。

3. 拟牛顿算法

通过在优化过程中加入曲率信息来提高收敛速度。针对问题的规模性,使用 Hessian 或其逆的拟牛顿近似。通过预测实现非负性约束有效处理。

$$\mathrm{Vec}(\mathcal{G}) \leftarrow \mathfrak{P}(\mathrm{Vec}(\mathcal{G}) - \nabla_{\mathcal{G}\mathcal{G}}^{-1}\mathrm{Vec}(\nabla_{\mathcal{G}})) \tag{5.26}$$

$$\mathrm{Vec}(\mathcal{H}) \leftarrow \mathfrak{P}(\mathrm{Vec}(\mathcal{H}) - \nabla_{\mathcal{H}\mathcal{H}}^{-1}\mathrm{Vec}(\nabla_{\mathcal{H}})) \tag{5.27}$$

其中,$\mathfrak{P}$ 表示映射成非负可行集;$\nabla_{\mathcal{G}\mathcal{G}}$和$\nabla_{\mathcal{H}\mathcal{H}}$分别是张量因子 $\mathcal{G}$ 和 $\mathcal{H}$ 的近似 Hessian 矩阵(黑塞矩阵)。在计算上,只要 Hessian(或其逆) 分量能够有效存储,该类算法就是有效的。对于大多数实际的大规模应用中,Hessian(或其逆) 的有限存储结构是一种易行的选择方法[31]。

4. 可证明的全局收敛算法

矩阵和张量分解的许多启发式方法在实践中表现良好。通过分离性的概念,了解该过程的实际有效性[13]。最初引入可分离性概念的原因是确定NMF何时是唯一的。根据式(5.1),矩阵 $\boldsymbol{A}$ 进行分解,与非负因子 $\boldsymbol{G}$、$\boldsymbol{H}$ 相关联,关系式为 $\boldsymbol{A}=\boldsymbol{G}\boldsymbol{H}^{\mathrm{T}}$。假设 $\boldsymbol{A}$ 代表文献,$\boldsymbol{G}$ 的列表示主题,可分离性假设说明对于每个主题(即列),存在一些词(即行元素),且仅在该主题中出现。例如,如果第一个主题在第二行中出现了一个锚点词,则 $\boldsymbol{G}$ 的第二行是 $\boldsymbol{e}_1^{\mathrm{T}}$ 的倍数,其中 $\boldsymbol{e}_1$ 是第一个规范单位向量。因此,$\boldsymbol{A}$ 的第二行必须是 $\boldsymbol{H}$ 第一行的倍数。

或者,假设 $\boldsymbol{A}$ 代表逐个词。那么可分离度对应于 $\boldsymbol{A}=\boldsymbol{A}_L\boldsymbol{H}^{\mathrm{T}}$,其中 L 表示包含 r 个锚元素的 $\boldsymbol{A}$ 的列子集,在 $\boldsymbol{H}$ 的列之间存在相应的 $r\times r$ 对角矩阵。

假设有 r 个锚点,在几何学上,分离性表示数据被包含在由 $\boldsymbol{A}$ 的 r 锚定行(或列)产生的圆锥中,当且仅当它是一个锚点词时,删除 $\boldsymbol{A}$ 的一行才会严格地改变凸包。因此,锚点词可以通过线性规划来识别:建立一个线性程序,对于 $\boldsymbol{A}$ 的某一行,是否可以用其他行的凸组合进行表示。线性程序断言不可行性的任何点,是不能用其他点的凸组合进行表示的点,因此必须代表锚点。在最近的文献(见文献[27]及其中的参考文献)中找到了几种算法,其试图解决可分离NMF,在解决方法中遵循这一论点。

如果 $\boldsymbol{G}$ 和 $\boldsymbol{H}^{\mathrm{T}}$ 中其中一个因子满足分离条件,精确分解算法可以在多项式时间内运行(在NMF背景下)[4]。有趣的是,尽管可分离条件似乎看起来存在限制,但在广泛的环境中,这些条件是具有经验性的。

在NTF背景下,使用 t－乘积公式,存在一些隐含的问题:

(1) 如何指定可分离性条件?

(2) 在感兴趣的环境中会发生这种情况吗?

(3) 解决可分离NMF的最先进算法可以推广到目前情况吗?

为回答该问题,依据文献[20]中的分析,这种分析的优点在于将张量看作矩阵(在第三阶的情况下),它的元素是标量。用 t－线性组合代替凸组合中的线性组合,但必须小心,因为标量不形成场。这方面的研究正在进行中。

5. Anderson 加速

在一个固定点方法中,其目标是通过固定点迭代对给定的 $g:\mathbf{R}^n\rightarrow\mathbf{R}^n$,找到 $\boldsymbol{x}=\boldsymbol{g}(\boldsymbol{x})$ 中 $\boldsymbol{x}$ 的解。

算法 2　固定点迭代

1：初始化 x_0
2：循环 $k = 1,2,\cdots$
3：设置 $\boldsymbol{x}_{k+1} = \boldsymbol{g}(\boldsymbol{x}_k)$

Anderson 加速是一个固定点加速技术，由 D. G. Anderson 提出[2]。近期，Walker 和 Ni 将 Anderson 加速技术应用到固定点迭代中，并证明了无截断 Anderson 加速技术与广义最小残差(GMRES) 方法在线性问题上的等价性[19]。在加速固定点迭代方面，不利用 $\boldsymbol{x}_k = \boldsymbol{g}(\boldsymbol{x}_{k-1})$，其第 k 步仅是最前面迭代的函数，第 k 次迭代定义为固定点步骤和前面步骤的最优线性组合。这轻微增加了与该方法相关的存储量，因为前面的步骤必须存储，存在一些与解决最优化问题和计算最优组合相关的开销；但从整体存储量出发，该方法具有较强的有效性。从数学上讲，Anderson 加速可以表述如下。

算法 3　Anderson 加速

1：初始化 x_0，且 $m \geqslant 1$
2：循环 $k = 1,2,\cdots$
3：设置 $m_k = \min\{m,k\}$
4：设置 $\boldsymbol{F}_k = (\boldsymbol{f}_{k-m_k},\cdots,\boldsymbol{f}_k)$，其中 $\boldsymbol{f}_i = \boldsymbol{g}(\boldsymbol{x}_i) - \boldsymbol{x}_i$
5：基于 $\min\limits_{\alpha=(\alpha_0,\cdots,\alpha_{m+k})^{\mathrm{T}}} \|\boldsymbol{F}_k\alpha\|_2$，s.t. $\sum\limits_{i=0}^{m_k}\alpha_i = 1$，求解 $\alpha^{(k)} = (\alpha_0^{(k)},\cdots,\alpha_{mk}^{(k)})^{\mathrm{T}}$
6：设置 $x_{k+1} = \sum\limits_{i=0}^{m_k}\alpha_i^{(k)}\boldsymbol{g}(x_{k-m_k+i})$

用于非负矩阵和非负张量分解的 ALS 算法可以被看作是固定点问题。在 NMF 情况下，确定第 k 个固定点迭代与求解($\boldsymbol{G},\boldsymbol{H}$) 的 ALS算法的第 k 步是相一致的。在第三阶 NTF 情况下，如果使用 ALS 算法进行分解，则确定第 k 个固定点迭代与计算第 k 个 ALS 步骤相同，以便在上述 ALS 中找到新的($\mathscr{G}$，$\mathscr{H}$)。因此，ALS 方法可以加入 Anderson 加速技术。

在本例中，我们随机生成一个第三阶张量 $\mathscr{A} \in \mathbf{R}^{10\times10\times5}$，整数项介于 1 到 10 之间，如下：

$$\mathscr{A}(:,:,1)=\begin{bmatrix}1&5&2&10&5&10&1&10&8&8\\1&5&2&9&1&4&2&8&9&4\\9&4&9&8&1&10&4&7&4&9\\4&9&5&10&2&10&8&6&5&1\\5&7&10&6&3&1&6&4&1&7\\8&10&9&9&4&5&3&2&8&5\\6&8&8&10&9&7&4&8&2&5\\5&10&1&7&8&9&6&5&8&4\\4&10&3&9&3&5&9&3&10&6\\8&5&8&8&5&2&6&8&1&9\end{bmatrix}$$

$$\mathscr{A}(:,:,2)=\begin{bmatrix}6&4&7&3&7&7&1&5&9&1\\2&1&6&4&3&10&5&6&7&1\\10&7&3&9&6&3&9&6&3&2\\10&4&6&2&9&7&3&2&1&2\\1&9&7&7&8&7&9&5&6&8\\5&2&1&1&2&3&8&2&2&3\\3&9&3&3&4&7&9&3&2&10\\1&10&4&2&10&4&10&1&5&1\\1&3&8&8&8&5&9&2&4&7\\2&1&10&7&1&9&9&10&8&10\end{bmatrix}$$

$$\mathscr{A}(:,:,3)=\begin{bmatrix}6&3&2&6&10&8&9&5&6&4\\8&9&1&7&8&2&9&8&7&4\\3&4&2&1&8&1&1&2&3&2\\8&4&7&5&9&1&10&7&4&2\\8&1&8&1&2&1&6&4&2&6\\7&9&4&10&4&8&1&1&8&2\\6&10&8&6&4&6&1&10&3&7\\4&2&7&6&3&4&10&2&2&1\\9&8&7&9&6&8&5&7&5&3\\4&5&5&7&7&2&7&5&7&4\end{bmatrix}$$

$$\mathscr{A}(:,:,4)=\begin{bmatrix}2&10&10&10&1&2&9&5&2&6\\6&8&5&5&3&4&5&3&1&9\\7&8&7&5&3&5&6&9&5&10\\7&6&2&7&10&8&7&10&10&2\\1&2&2&2&2&2&4&2&7&2\\6&3&3&9&10&2&5&6&5&8\\5&6&1&8&2&5&1&9&5&1\\7&6&4&6&4&2&8&4&8&3\\4&7&10&5&6&2&4&3&7&5\\7&10&8&6&10&1&6&2&3&7\end{bmatrix}$$

$$\mathscr{A}(:,:,5)=\begin{bmatrix}10&7&2&2&6&7&5&3&7&2\\2&2&9&4&5&2&2&9&8&9\\7&5&9&8&2&2&3&7&6&3\\9&8&3&4&10&5&5&9&9&5\\3&10&1&2&7&6&2&6&8&8\\3&5&1&3&8&4&10&3&8&4\\1&1&8&7&1&10&4&7&10&10\\7&2&10&8&4&2&4&10&3&4\\1&7&10&4&6&2&8&9&6&2\\5&2&5&9&1&7&2&10&8&2\end{bmatrix}$$

设 $p=3$，则 $\mathscr{G}$ 维数为 $10\times3\times5$，$\mathscr{H}^{\mathrm{T}}$ 为 $3\times10\times5$。在确定 Anderson 加速的步骤时，使用最多 3 个以前步骤的历史记录，采用基于 SVD 的迭代初始化，在每次迭代中，采用交替非负最小二乘法（ANNLS）对 $\mathscr{G}$ 和 $\mathscr{H}$ 进行更新。图 5.8 显示了存在和不存在 Anderson 加速时 ANNLS 迭代的收敛性。另外，图 5.9 和图 5.10 分别显示了存在 Anderson 加速时张量因子 $\mathscr{G}$ 和 $\mathscr{H}$ 的稀疏模型，图 5.11 和图 5.12 分别显示了不存在 Anderson 加速时张量因子 $\mathscr{G}$ 和 $\mathscr{H}$ 的稀疏模型。

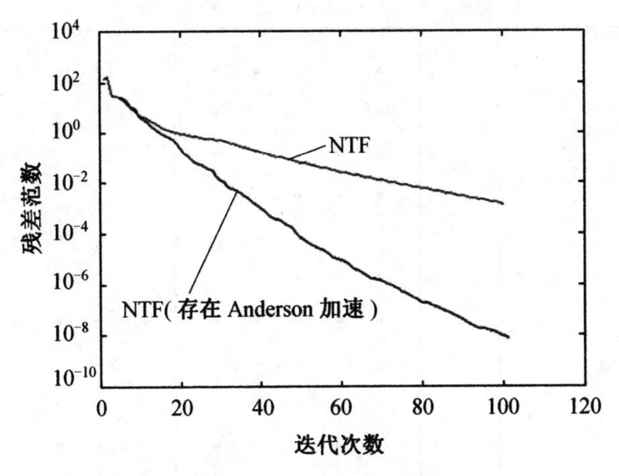

图 5.8　NTF 的收敛性

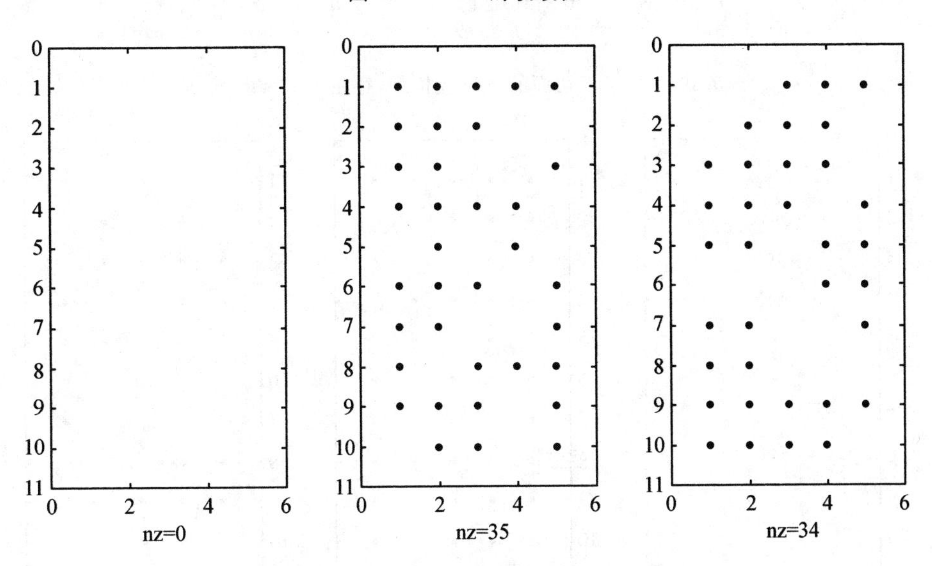

图 5.9　基于正切面的 $\mathscr{G}$ 稀疏模型，存在 Anderson 加速

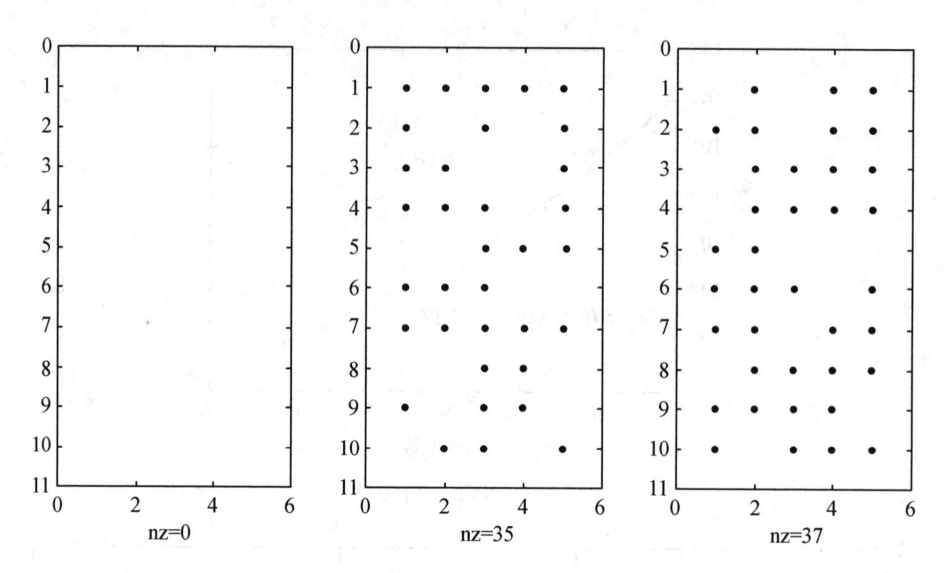

图 5.10　基于正切面的$\mathscr{H}$稀疏模型,存在 Anderson 加速

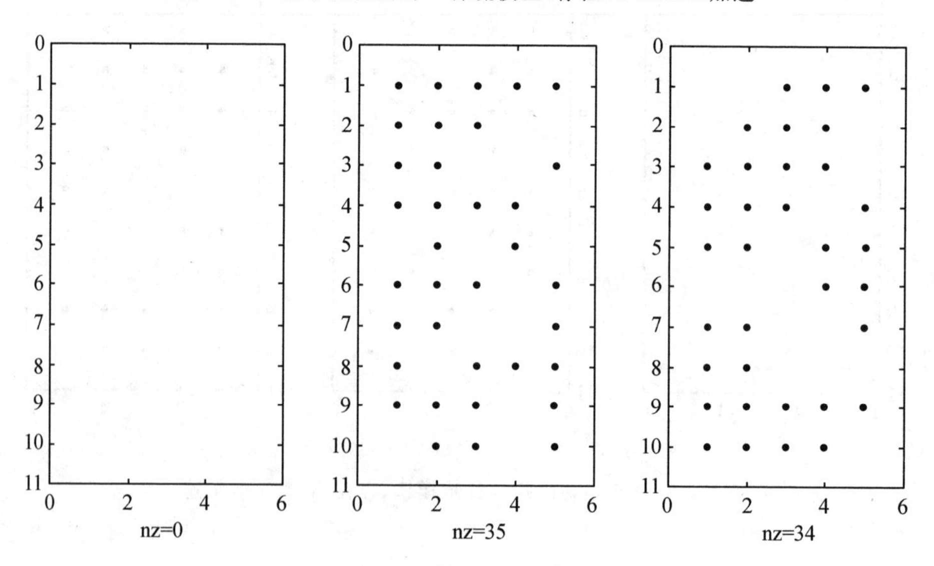

图 5.11　基于正切面的$\mathscr{G}$稀疏模型,不存在 Anderson 加速

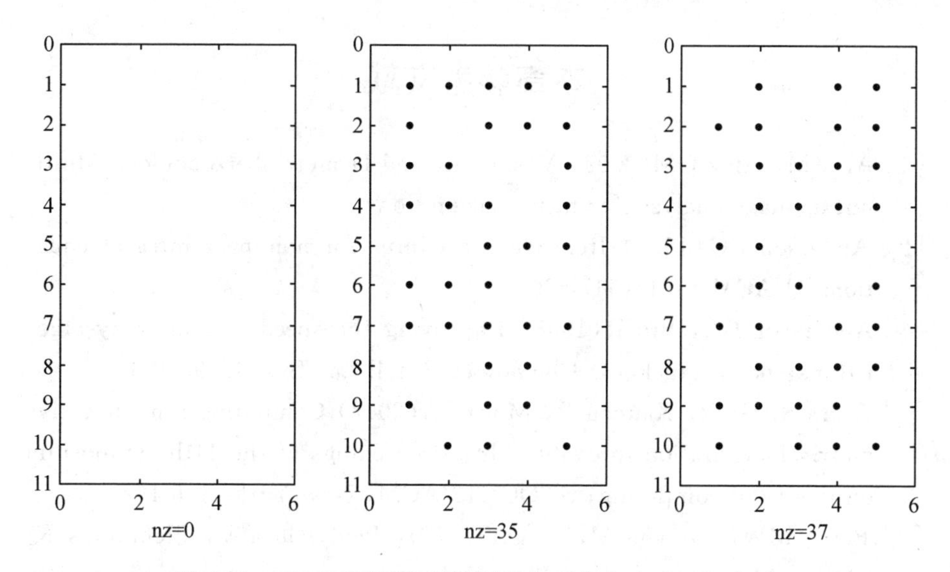

图 5.12　基于正切面的$\mathscr{H}$稀疏模型,不存在 Anderson 加速

5.5　结　　论

多维数据的表示可以在张量结构中进行。这种表示方式有助于强大的多维分析。与两维度矩阵情况不同,更高维度的张量运算(例如乘积、分解)的定义仍是一个热门的研究课题。在本章中,描述了张量乘积的各种定义,其中,文献[23]给出了相对较新的 $t-$乘积的概念。进一步讨论了非负性张量因子分解问题,重点在于研究张量之间 $t-$乘积的表达形式和解决方法。本章中实验所示,该模型可能产生数据的稀疏表示,“稀疏”可以被解释为几个非零值表示或“紧凑”表示,或两者皆存在。这种方法的优点在于它与 NMF 问题相似。此外,很容易将第三和第四阶张量推广到高阶张量情况。基于傅里叶空间中的去耦,可以利用问题中的结构实现快速算法。诚然,基于 $t-$乘积的分解取决于方向,因此,张量的某些旋转将导致不同的因子分解。另一方面,在许多应用(数据挖掘、图像压缩)中,分解之前数据的方向由数据本身的性质预先确定。

如各小节所述,在 NTF 背景下,有许多方法需要进行不断的探索,包括从适当的正则化项到诸如可分离性等广义且可利用的新概念。

本章参考文献

[1] Alex M, Alex OM(2002) Vasilescu, and Demetri Terzopoulos. Multilinear image analysis for facial recognition

[2] Anderson DG(1965) Iterative procedures for nonlinear integral equations. J ACM 12(4):547-560

[3] Andersson CA, Bro R(1998) Improving the speed of multi-way algorithms: part i. tucker3. Chemometr Intell Lab Syst 42:93-103

[4] Arora S, Ge R, Kannan R, Moitra A(2012) Computing a nonnegative matrix factorization -provably. In: Proceedings of the 44th symposium on theory of computing, STOC '12 ACM, New York, 145-162

[5] Berry MW, Browne M, Langville AN, Paul Pauca V, Plemmons RJ (2006) Algorithms and applications for approximate nonnegative matrix factorization. In: Computational statistics and data analysis, pp 155-173

[6] Boyd S. Sequential convex programming. Lecture slides

[7] BramanK(2010) Third-order tensors as linear operators on a space of matrices. Linear Algebra Appl 433(7):1241-1253, Dec 2010

[8] Bro R, De Jong S(1997) A fast non-negativity-constrained least squares algorithm. J Chemom 11:393-401

[9] Chi EC, Kolda TG(2012) On tensors, sparsity, and nonnegative factorizations. http://arxiv. org/abs/1112. 2414. August 2012 (AarXiv: 1112. 2414 [math. NA])

[10] Cichocki A, Phan AH, ZdunekR, Amari S(2009) Nonnegative matrix and tensor factorizations: applications to exploratory multiway data analysis and blind source separation . Wiley, NJ (Preprint)

[11] Cichocki A, Zdunek R, Choi S, Plemmons R, Amari S(2007) Nonnegative tensor factorization using alpha and beta divergencies. In: Proceedings of the 32nd international conference on acoustics, speech, and signal processing (ICASSP), Honolulu, April 2007

[12] Cichocki A, Zdunek R, Choi S, Plemmons R, Amari S(2007) Novel multi-layer nonnegative tensor factorization with sparsity constraints. In: 8th international conference on adaptive and natural computing algorithms, Warsaw, MIT Press, Cambridge, April 2007

[13] Donoho D, StoddenV(2003) When does non-negative matrix factorization give correct decomposition into parts?, p 2004. MIT Press, Cambridge

[14] Elden L(2007) Matrix methods in data mining and pattern recognition. Publisher: society for industrial and applied mathematics (April 9 2007)

[15] Friedlander MP, Hatz K(2006) Computing nonnegative tensor factorizations. Technical Report TR-2006-21, Computer Science Department, University of British Columbia

[16] Gillis N, Plemmons RJ(2013) Sparse nonnegative matrix underapproximation and its application to hyperspectral image analysis. Linear Alg Appl 438(10):3991-4007

[17] Gleich DF, Greif C, Varah JM(2012)The power and Arnoldi methods in an algebra of circulants. Numer. Linear Algebra Appl. 2012. Published online in Wiley Online Library (www. wileyonlinelibrary. com). doi:10. 1002/nla. 1845

[18] Hao N, Kilmer ME, Braman K, Hoover RC(2013) Facial recognition using tensor-tensor decompositions, SIAM J Imaging Sci 6(1):437-463

[19] Homer Peng Ni,Walker F(July 2011) Anderson acceleration for fixed-point iterations. SIAM J Numer Anal 49(4):1715-1735

[20] Kilmer ME, BramanK,Hao N, Hoover RC(2013) Third order tensors as operators on matrices: a theoretical and computational framework with applications in imaging. SIAM JMatrix AnalAppl 34(1):148-172

[21] Kilmer ME, Kolda TG(2011) Approximations of third order tensors as sums of (non-negative) low-rank product cyclic tensors. In: Householder Symposium XVIII Plenary Talk. (there seems to be no live page with the book of abstracts), June 2011

[22] Kilmer ME, MartinCarla D, Perrone L(2008) A third-order generalization of the matrix SVD as a product of third-order tensors. Technical report TR-2008-4, Department of Computer Science, Tufts University

[23] Kilmer ME, Martin CD(2011) Factorization strategies for third-order tensors. Linear Algebra Appl 435(3): 641-658. doi: 10. 1016/j. laa. 2010. 09. 020 (Special Issue in Honor of Stewart's GW 70th birthday)

[24] Kilmer ME, Martin CD, Perrone L(2008) A third-order generalization

of the matrix svd as a product of third-order tensors. In: Tufts computer science technical, report, 10 2008

[25] Kolda TG, Bader BW(2009) Tensor decompositions and applications. SIAM Rev 51(3):455- 500

[26] Kruskal JB(1989) Rank, decomposition, and uniqueness for 3-way and n-way arrays. In: Coppi R, Bolasco S (eds) Multiway data analysis. Elsevier, Amsterdam, pp 7-18

[27] Kumar A, Sindhwani V, Kambadur P(2012) Fast conical hull algorithms for near-separable non-negative matrix factorization. arXiv: 1210.1190 [stat. ML], Oct 2012

[28] Lee D, Seung H(1999) Learning the parts of objects by non-negative matrix factorization. Nature 401:788791

[29] Lin Chih-Jen(2007) On the convergence of multiplicative update algorithms for nonnegative matrix factorization. IEEE Trans Neural Netw 18(6):1589-1596

[30] Martin CD, Shafer R, LaRue B(2011) A recursive idea for multiplying order-p tensors. SIAM J Sci Comput (submitted July 2011)

[31] Nocedal J, Wright SJ(2006) Numerical optimization, 2nd edn. Springer, New York

[32] Vasilescu MAO, Terzopoulos D(2002) Multilinear analysis of image ensembles: Tensorfaces. In: Proceedings of the 7th European conference on computer vision ECCV 2002. Lecture notes in computer science, Vol 2350, 447-460

[33] Vasilescu MAO, Terzopoulos D(2002) Multilinear image analysis for face recognition. In: Proceedings of the International conference on patter recognition ICPR 2002, vol 2. Quebec City, pp 511-514

[34] Vasilescu MAO, Terzopoulos D(2003) Multilinear subspace analysis of image ensembles. In: Proceedings of the 2003 IEEE Computer society conference on computer vision and pattern recognition CVPR 2003, 93-99

[35] Sylvestre EA, Lawton WH(1971) Self modeling curve resolution. Technometrics 13(3):617-633

第 6 章　认知无线电网络中的奈奎斯特欠采样和压缩感知

认知无线电已成为解决无线通信系统中频谱利用不足问题的最有前景的解决方案之一。作为一项关键技术，频谱感知使认知无线电能够找到频谱空穴并提高频谱利用效率。为了有更多机会利用频谱，应采用宽带频谱感知方法一次搜索多个频段。然而，由于高实施复杂性或高经济/能源成本，宽带频谱感知系统难以设计。奈奎斯特欠采样和压缩感知在认知无线电中的宽带频谱感知的有效实现中起着至关重要的作用。在本章中，6.1 节介绍了认知无线电的基本原理；6.2 节给出了有关频谱感知算法的文献综述，并讨论了宽带频谱感知算法；6.3 节使用奈奎斯特欠采样和压缩传感技术来实现宽带频谱感知；最后，6.4 节展示出了用于认知无线电网络中的宽带频谱感知的自适应压缩感知方法。

6.1　认知无线电网络

如今，射频(RF)频谱由于其在无线通信中的独特特性而成为一种稀缺而珍贵的自然资源。根据现行政策，频段的主要用户拥有使用许可频段的专有权。随着无线通信应用的爆炸式增长，对射频频谱的需求不断增加。很明显，在专有频谱分配政策下无法满足这种频谱需求。另一方面，据报道，时间和地理频谱利用效率非常低。例如，据报道 30 MHz 和 3 GHz(纽约市)频谱的最大占用率仅为 13.1%，平均占用率为 5.2%[1]。如图 6.1 所示，可以通过允许次要用户在其主要用户不在时动态访问许可频带来解决频谱未充分利用问题。如 S. Haykin 教授所建议的那样[2]，认知无线电是可以提高频谱利用率的关键技术之一：

“认知无线电被视为一种改善珍贵自然资源利用率的新方法：无线电电磁频谱。”

6.1.1　认知无线电定义和组成

认知无线电一词最初由 J. Mitola 博士创造[4]，它有以下的正式定义[2]：认知无线电是一种智能无线通信系统，它能感知周围的环境(即外面的世界)，通过建构来理解周围环境并通过实时对特定操作参数(例如发射功率、载波频率和调制策略)进行相应的改变，使其内部状态适应输入射频激励的统计变化的方法时间，最终有两个主要目标:随时随地进行高度可靠的通信;有效利用无线电频谱。

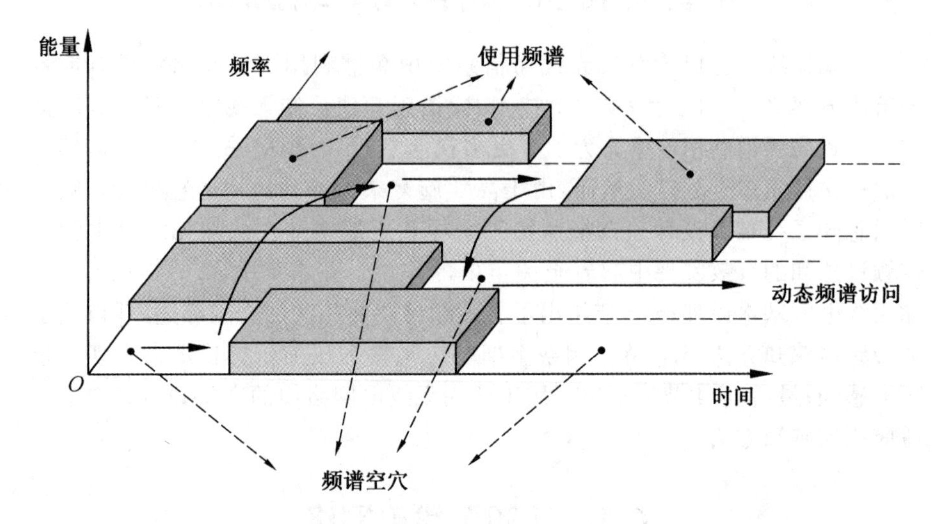

图 6.1　动态频谱访问和频谱空穴

从定义来看，认知无线电的关键特征是认知能力。这意味着认知无线电应该与其环境相互作用，并根据服务质量(QoS)需求智能地确定适当的通信参数。这些任务可以通过基本的认知周期来实现，如图 6.2 所示。

(1)频谱感知。为了提高频谱利用率，认知无线电应定期监测射频频谱环境。认知无线电不仅要通过扫描整个射频频谱来发现目前主要用户没有使用的频谱空穴，还需要检测主要用户的状态，避免产生潜在的干扰。

(2)频谱分析。频谱感知后，应估计频谱空洞的特征，需要知道以下参数，例如信道侧信息、容量、延迟和可靠性，并且将这些参数传递到频谱决策步骤。

(3)频谱决策。基于频谱空洞的特性，在考虑整个网络公平性的同时，根据特定认知无线电节点的 QoS 要求，为其选择适当的频谱带。在此基础上，认知无线电可以确定新的配置参数，例如数据速率、传输模式和传输带宽，然后使用软件定义的无线电技术对自身进行重新配置。

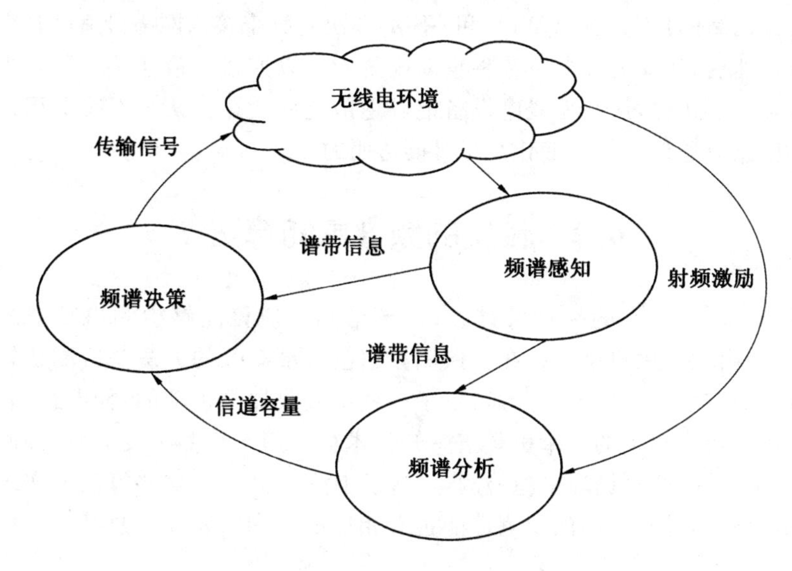

图 6.2 基本认知循环[5]激活认知无线电的认知能力

6.1.2 认知无线电网络的应用

由于认知无线电能够感知射频频谱环境,并且能够根据射频功率谱环境调整其传输参数,所以认知无线电可以应用于各种无线通信环境,尤其是在商业和军事应用中。下面列出了一些应用:

(1)无线技术的共存。认知无线电技术主要用于重用当前分配给电视服务的频谱。无线区域网络(WRAN)用户可以利用宽带数据传输的机会,从而使用未充分利用的频谱。此外,动态频谱接入技术将在无线网络各种技术之间的完全互操作性和共存性中发挥重要作用。例如,当无线局域网(WLAN)和蓝牙设备共存时,认知无线电可用于优化和管理频谱。

(2)军事网络。在军事通信中,带宽通常非常宝贵。通过使用认知无线电概念,军用无线电不仅可以在非干扰的基础上实现可观的频谱效率,而且可以降低为每个用户定义频谱分配的实现复杂度。此外,军事无线电可以从认知无线电[6]支持的机会频谱访问功能中获益。例如,当军事无线电的原始频率被干扰时,可以调整其传输参数,以使用全球系统的移动(GSM)频带或其他商业频带。频谱管理的机制可以帮助军用无线电在战场上获得信息优势。此外,从士兵的角度来看,认知无线电可以通过态势感知来帮助士兵到达目的地。

(3)异构无线网络。从用户的角度来看,认知无线电设备可以动态发现关于接入网络的信息,例如 WiFi 和 GSM,并决定哪个接入网络最适合其需求和偏好。然后,认知无线电设备将重新配置参数以连接到最佳接入网。当环境条件发生变化时,认知无线电设备能够适应这些变化。认知无线电用户所看到的信息对通信环境的变化是尽可能透明的。

6.2 传统的频谱感知算法

作为认知无线电的一项关键技术,频谱感知应该能够检测出频谱的孔洞,并检测出主要用户是否存在。探测频谱空穴最有效的方法是检测认知无线电附近的有源主收发器。然而,由于一些主接收器是被动的,如电视,它们在现实中是难以检测的。牵引频谱感知技术可以用来检测主发射机,即匹配滤波[7]、能量检测[8]、循环平稳检测[9]、基于小波检测[10]。这些算法的实现需要不同的条件,并且它们的检测性能也有相应的区别。表 6.1 总结了这些算法的优缺点。

表 6.1 传统频谱感知算法的优缺点总结

频谱感知算法	优点	缺点
匹配滤波	性能最佳, 计算复杂度低	需要主要用户的先验信息
能量检测	不需要先验信息, 计算复杂度低	低信噪比情况下性能不佳, 无法区分用户
循环平稳检测	低信噪比情况下有效, 抗干扰能力强	需要部分先验信息, 计算复杂度高
基于小波检测	适用于动态和宽带频谱感知	采样率高, 计算复杂度高

6.2.1 匹配滤波器

匹配滤波器的框图如图 6.3(a)所示。匹配滤波方法是一种最优的频谱感知方法,它的原理是在存在加性噪声[11]的情况下使信噪比(SNR)最大化。匹配滤波方法的另一个优点是,它通过相干检测可以获得较高的处理增益,因此需要更少的观测时间。例如,为了满足给定的检测概率,只需要 $O(1/\mathrm{SNR})$ 样本[7]。通过将接收到的信号与模板相关联,以检测接收信号中是否存在已知信号,从而实现了这种转换。然而,它依赖于主要用户的先验知识,如调制类型和包格式,并要求认知无线电配备载波同步和定时设备。随着主要用户类型的增加,实现的复杂性增加,使得匹配滤波器实用性差。

6.2.2　时域能量检测

在认知无线电中,如果未知主要用户的信息,一种常用的检测初级用户的方法是能量检测[8]。能量检测是一种非相干检测方法,可以避免匹配滤波法所需的复杂接收器的要求。能量检测器可以在时域和频域中实现。对于如图 6.3(b)所示的时域能量检测,采用带通滤波器(BPF)选择感兴趣的中心频率和带宽。然后通过幅度平方装置测量接收信号的能量,用积分器控制观察时间。最后,将接收信号的能量与预定阈值进行比较,以确定是否存在主要用户。然而,为了感知宽频谱范围,扫描 BPF 将导致测量时间较长。如图 6.3(c)所示,在频域中,能量检测器可以使用快速傅里叶变换(FFT)的频谱分析仪近似实现。具体地,在时间窗口上以奈奎斯特速率或高于奈奎斯特速率对接收信号进行采样,然后使用 FFT 计算功率谱密度(PSD)。FFT 用于在短暂的观察时间内分析宽频域,而不是扫描图 6.3(b)中的 BPF。最后,将 PSD 与阈值 λ 进行比较,以确定相应的频率是否被占用。

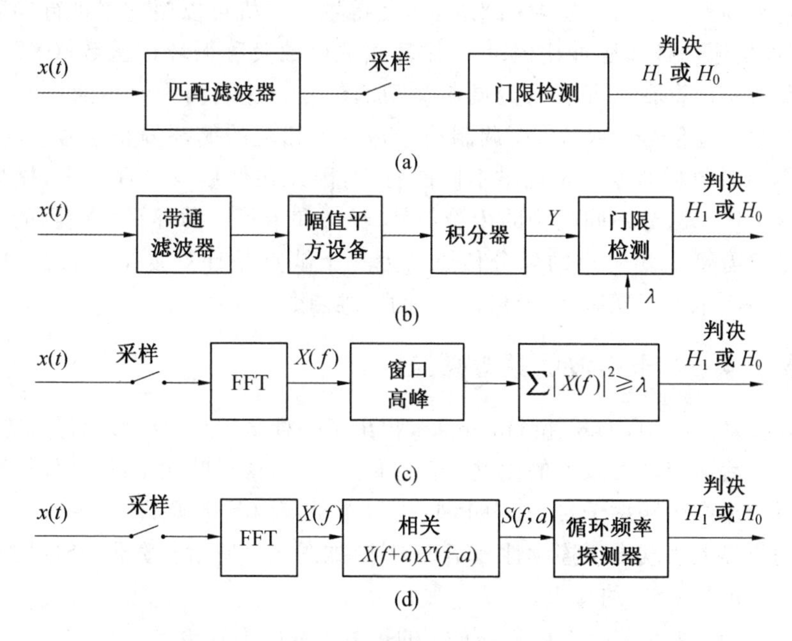

图 6.3　传统频谱感知算法的框图

能量检测的优点在于不需要主要用户的先验知识,并且实现复杂性和计算复杂度通常都很低。此外,此方法需要的观察时间较短,例如,满足给定的检测概率[7]方法需要 $O(1/\mathrm{SNR}^2)$ 样本。虽然能量检测的实现复杂度较低,但它也存在一些不足。其主要缺点是在低信噪比情况下检测性能较差,这是因为它是非相干检测方法。另一个缺点是它不能区分来自主要用户的信号和来自其他认知无线电的干扰,因此,它不能利用自适应信号处理,例如干扰消除。此外,噪声级的不确定性会导致性能的进一步损失。这些缺点可以通过使用两级频谱感知技术来克服,即粗谱感知和精细频谱感知。粗谱感知可以通过能量检测或宽带频谱分析技术实现,其目的是在较短的观测时间内快速扫描宽带谱并识别可能的频谱空洞。相比之下,精细频谱感知进一步研究和分析这些可疑频率,在该阶段可以使用更复杂的检测技术,例如下面描述的循环平稳检测。

6.2.3 循环平稳检测

循环平稳检测的框图如图 6.3(d)所示。循环平稳检测是利用调制信号中的循环平稳特征来检测主要用户的一种方法。在大多数情况下,认知无线电接收到的信号是调制信号,通常在训练序列或循环前缀中表现出内置周期性。这种周期性是由主发射机产生的,使得主接收机可以用它来进行参数估计,比如信道估计和脉冲定时[12]。循环相关函数又称循环谱函数(CSF),用于检测有噪声存在情况下特定调制类型的信号。这是因为噪声通常是无相关的广角平稳信号(WSS),而调制信号是有谱相关的循环静止信号。此外,由于不同的调制信号会表现出不同的特性,因此在低信噪比环境中,循环平稳检测可用于区分不同类型的传输信号、噪声和干扰。循环平稳检测的缺点之一是仍需要主要用户的部分信息。另一个缺点是计算复杂度很高,因为 CSF 是一个依赖于频率和循环频率[9]的二维函数。

6.2.4 基于小波的频谱感知

在文献[10]中,Tian 和 Giannakis 提出了一种基于小波的频谱感知方法。它具有灵活适应动态频谱的优点。在这种方法中,傅里叶频谱的 PSD 被建模为一系列连续的频率子带,其中 PSD 在每个子带内是平滑的,但在两个相邻子带的边界上表现出不连续性和不规则性,如图 6.4 所示。宽带 PSD 的小波变换用于定位 PSD 的奇点。

设 $\varphi(f)$ 为小波平滑函数,$\varphi(f)$ 的扩散函数由下式给出:

$$\varphi_d(f)=\frac{1}{d}\varphi\left(\frac{f}{d}\right) \tag{6.1}$$

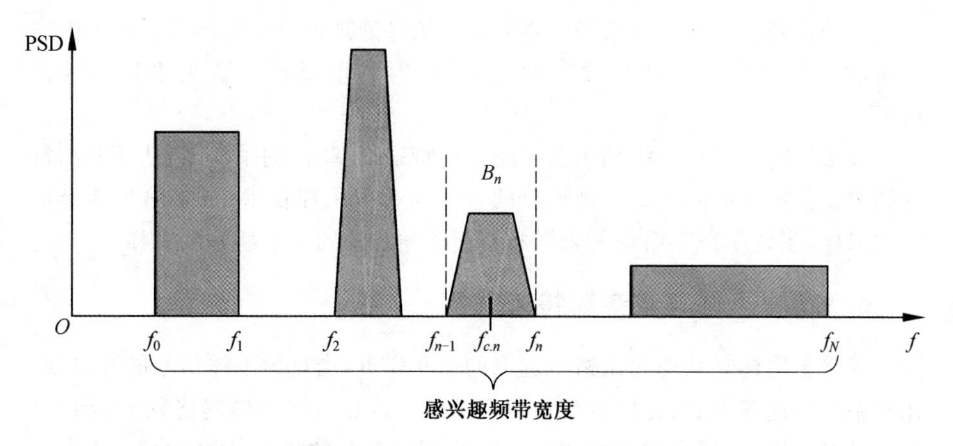

图 6.4　感兴趣的傅里叶频谱示例。PSD 在每个子带内是平滑的，在相邻子带间表现出不连续和不规则的特性

其中，d 是二元标度，可以取值为 2 的幂，即 $d = 2^j$。PSD 的连续小波变换(CWT) 由文献[10] 给出

$$\mathrm{CWT}\{S(f)\} = S(f) * \varphi_d(f) \tag{6.2}$$

其中，"$*$"表示卷积；$S(f)$ 是接收信号的 PSD。

之后使用 $\mathrm{CWT}\{S(f)\}$ 的一阶和二阶导数来定位 PSD 中的不规则性和不连续性。具体地，通过使用 $\mathrm{CWT}\{S(f)\}$ 的一阶导数的局部最大值来定位每个子带的边界，并且通过找到 $\mathrm{CWT}\{S(f)\}$ 二阶导数的零交叉点来跟踪子带的最终位置。通过控制小波平滑函数，基于小波的频谱感知方法具有适应动态频谱的灵活性。

6.3　宽带频谱感知算法

在前面的讨论中，分析了数据采集(采样) 过程和决策过程。为了实现宽带数据采集，认知无线电需要一些必要的组成部分，即宽带天线、宽带射频前端、高速模数转换器(ADC)。考虑到奈奎斯特采样理论，如果 W 表示接收信号的带宽(如带宽 $W = 10$ GHz)，ADC 的采样速率要求超过 $2W$ samples/s(被称为奈奎斯特速率)，在文献[14] 中，Yoon 等人展示了 −10 dB 的新天线的带宽可以达到 14.2 GHz。Hao 和 Hong[15] 设计了一个紧凑的高选择性宽带带通滤波器，带宽为 13.2 GHz。相比之下，ADC 技术的发展相对滞后。当我们要求 ADC 具有高分辨率和合理的功耗时，最先进的 ADC 可实现采样率为 3.6 Gsamples/s[16]。因此，ADC 成为宽带数据获取系统的瓶颈。即使有了更先进的设备，20 Gbit/s 数据的实时数字信号处理也会非常昂贵。这种困境促使研究人员寻找降低采样率的技术，同时利用奈奎斯特欠采样技术保留 W。

奈奎斯特欠采样是指利用低于奈奎斯特采样率[17]的采样率，从部分测量数据中恢复信号的问题。三种重要的奈奎斯特欠采样技术是：多陪集奈奎斯特欠采样、多速率奈奎斯特欠采样和基于压缩感知的奈奎斯特欠采样。

6.3.1　多陪集奈奎斯特欠采样

多陪集采样是从均匀网格中选取的一些样本，当均匀采样信号的频率 f_N 比奈奎斯特速率大时，可以得到均匀采样信号。然后将均匀网格划分为 L 个连续的样本块，在每个样本块 $v(v<L)$ 中保留其余的样本，即 $L-V$ 个样本被跳过。描述每个块中这些 v 样本的索引的常量集合 C 称为采样模式，有

$$C=\{t^i\}_{i=1}^{v},\quad 0\leqslant t^1<t^2<\cdots<t^v\leqslant L-1 \tag{6.3}$$

如图 6.5 所示，利用 v 个采样率为 $\frac{f_N}{L}$ 的采样通道实现多陪集采样，其中第 i 个采样通道与原点之间的偏移量为 $\frac{t^i}{f_N}$，如下所示：

$$x^i[n]=\begin{cases} x\left(\dfrac{n}{f_N}\right), & n=mL+t^i, m\in \mathbf{Z} \\ 0, & \text{其他} \end{cases} \tag{6.4}$$

其中，$x(t)$ 表示要采样的接收信号。

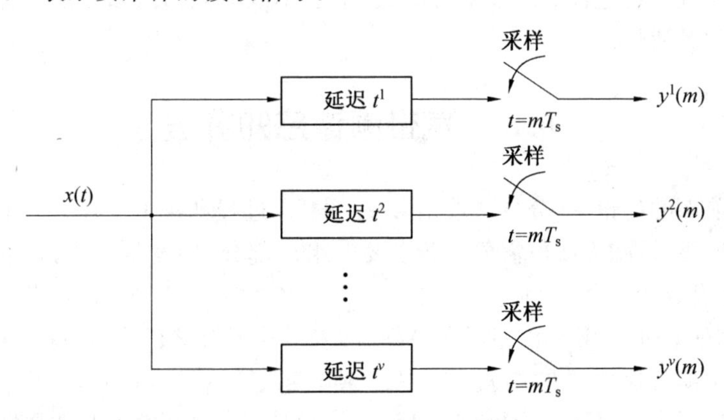

图 6.5　多陪集奈奎斯特欠采样方框图

采样的离散时间傅里叶变换（DTFT）可以与信号 $x(t)$ 的未知傅里叶变换相关联，即

$$\boldsymbol{Y}(f)=\boldsymbol{\Phi}\boldsymbol{X}(f) \tag{6.5}$$

其中，$\boldsymbol{Y}(f)$ 表示的是这 v 个通道测量的一个 DTFT 向量；$\boldsymbol{X}(f)$ 是 $x(t)$ 傅里叶变换后的向量；$\boldsymbol{\Phi}$ 是由采样模式 C 决定的测量矩阵。因此，宽带频谱感知问题相当于从 $\boldsymbol{Y}(f)$ 中恢复 $\boldsymbol{X}(f)$。为了从式(6.5)中得到唯一解，每组 $\boldsymbol{\Phi}$ 的 v 个列向量应该线性无关。然而，寻找这种采样模式是一个组合问题。

在文献[18,19]中，一些采样模式被证明对重构是有效的。多陪集采样的优点是每个通道的采样速率比奈奎斯特速率慢 L 倍。而且，测量次数比奈奎斯特采样情况下低 $\frac{v}{L}$ 倍。多陪集采样的一个缺点是，为了满足特定的采样模式，需要在采样通道之间精确地进行时间偏移。另一个缺点是采样通道的数量应该足够高[20]。

6.3.2　多速率奈奎斯特欠采样

在模拟域中压缩宽带频谱的另一种模型是多速率采样系统，如图 6.6 所示。采用异步多采样(MRS)和同步多采样(SMRS)分别重构文献[22]和文献[23]中的稀疏多带信号。此外，MRS 在实验中已经成功实现，使用了文献[21]中描述的带有三个采样通道的光电系统。两种系统都使用三种光脉冲源，它们以不同的速率和波长工作。接收到的信号在每个通道中由光脉冲发生器(OPG)提供的光脉冲调制。为了重构一个带宽为 18 GHz 的宽带信号，需要放大调制脉冲，并在每个通道中以 4 GHz 的速率进行 ADC 采样。

在文献[22]中，MRS 的采样通道可以在不同步的情况下单独实现。但是，频谱的重构要求信号的每个频率都必须在至少一个采样通道中无混叠。在文献[23]中，SMRS 重构了线性方程的频谱，将信号的傅里叶变换与样本的傅里叶变换联系起来。利用压缩感知理论，得到了完全重构功率谱的充分条件：$v \geqslant 2k$(信号的傅里叶变换是 $k-$ 稀疏)个采样通道是必需的。为了使用较少采样通道的 MRS 重构频谱，要恢复的频谱应该具有某些特性，如最小频带和唯一性。然而，主要用户的功率谱成分可能不具备这些特性。显然，虽然多速率采样系统有着广泛的应用，但由于其对光学器件和采样通道数量的严格要求，想要在认知无线电网络中实现它还有很长的路要走。

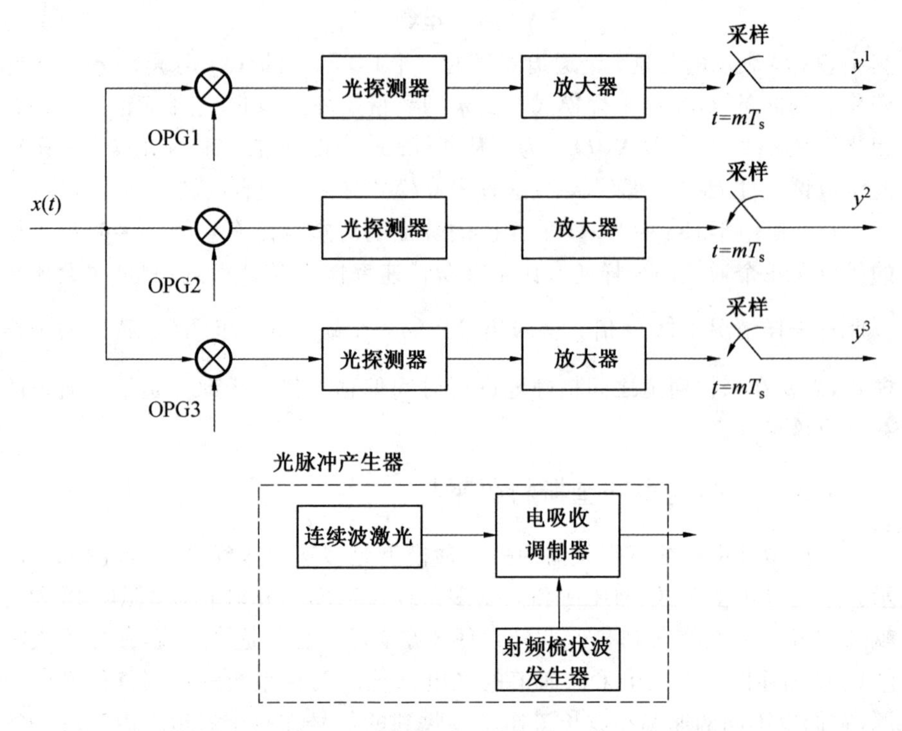

图 6.6　由电光器件[21] 实现的多速率采样系统。在每个信道中，接收到的信号由一系列短光脉冲调制。调制后的信号由光学探测器检测，放大后由低速率 ADC 采样

6.3.3　基于压缩感知的奈奎斯特欠采样

在经典文献[13]中，Tian 和 Giannakis 引入了压缩感知理论，利用无线电信号的稀疏性实现宽带频谱感知。该技术利用更少的样本更接近信息速率，而不是利用带宽的倒数来执行宽带频谱感知。宽带频谱重构后，采用基于小波的边缘检测方法对宽带频谱进行检测，如图 6.7 所示。

图 6.7　基于压缩感知的宽带频谱感知算法框图

设 $x(t)$ 为认知无线电接收到的宽带信号。如果 $x(t)$ 以奈奎斯特采样率采样，则将获得序列向量 $\boldsymbol{x}(\boldsymbol{x} \in \mathbf{C}^N)$。序列的傅里叶变换 $\boldsymbol{X} = \boldsymbol{F}\boldsymbol{x}$，是无混叠的，其中 $\boldsymbol{F}$ 表示傅里叶矩阵。当频谱 $\boldsymbol{X}$ 是 k − 稀疏($k \ll N$)时，即 $\boldsymbol{X}$ 的 N 个值

中的k个不可忽略时，$\boldsymbol{X}(t)$可以以较低速率进行采样，而其频谱可以以较高概率重构。欠采样/压缩信号$\boldsymbol{y}\in\mathbf{C}^{M}(k<M\ll N)$与奈奎斯特序列通过下式相关联[13]：

$$\boldsymbol{y}=\boldsymbol{\Phi}\boldsymbol{x} \tag{6.6}$$

其中，$\boldsymbol{\Phi}\in\mathbf{C}^{M\times N}$是测量矩阵，是一个选择矩阵，它是从大小为$N$的单位矩阵中随机选择$M$列得到的，即$N$个样本中的$N-M$个样本被跳过。频谱$\boldsymbol{X}$与压缩序列$\boldsymbol{y}$之间的关系由下式给出[13]：

$$\boldsymbol{y}=\boldsymbol{\Phi}\boldsymbol{F}^{-1}\boldsymbol{X} \tag{6.7}$$

其中，$\boldsymbol{F}^{-1}$表示傅里叶逆矩阵。

在式(6.7)中从$\boldsymbol{y}$逼近$\boldsymbol{X}$是一个线性反演问题，并且是NP难的。基追踪(BP)[24]算法可以用线性规划来解$\boldsymbol{X}$[13]：

$$\widetilde{X}=\arg\ \min\|\boldsymbol{X}\|_1,\quad \text{s.t.}\ \ \boldsymbol{y}=\boldsymbol{\Phi}\boldsymbol{F}^{-1}\boldsymbol{X} \tag{6.8}$$

重构全部频谱$\boldsymbol{X}$后，利用$\widetilde{X}$来计算PSD，然后利用小波检测法对PSD中的边缘进行分析。虽然用于表征宽带频谱的测量较少，但对ADC高采样率的要求并不放宽。相比之下，在文献[25]中，Polo等人建议使用模拟－信息转换器(AIC)模型(也称为随机解调器[26])在模拟域中压缩宽带信号。AIC的框图如图6.8所示。

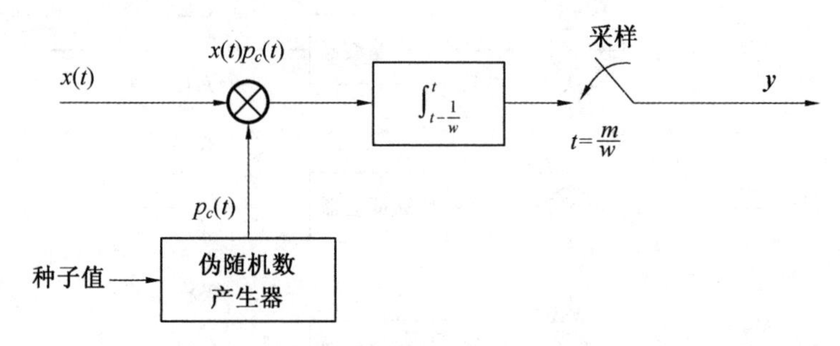

图 6.8　模拟－信息转换器[26]的框图。接收到的信号$x(t)$由伪随机芯片序列解调，由累加器积分，以亚奈奎斯特速率采样

使用伪随机数发生器产生一个离散时间序列$\varepsilon_0,\varepsilon_1,\cdots$，其称为碎片序列，其个数取$\pm1$值的概率。波形应在奈奎斯特速率或以上随机交替，即$\bar{\omega}\geqslant 2W$，$W$是信号的带宽。伪随机数字生成器的输出即采用$\rho_c(t)$通过混频器对连续时间输入$x(t)$进行解调。然后累加器对$\dfrac{1}{w}$秒解调信号求和，以$w$的亚奈奎斯特速率对滤波后的信号进行采样，这种采样方法称为累加－转储采样，因为每次采样后累加器都会重置。采样由AIC获取，$\boldsymbol{y}\in\mathbf{C}^{w}$，通过与接收信

号 $\boldsymbol{x} \in \mathbf{C}^{\bar{\omega}}$ 相关，有

$$\boldsymbol{y} = \boldsymbol{\Phi x} \tag{6.9}$$

其中，$\boldsymbol{\Phi} \in \mathbf{C}^{\omega \times \bar{\omega}}$ 是在输入信号 $\boldsymbol{x}$ 上描述 AIC 系统整体行为的测量矩阵，信号 $\boldsymbol{x}$ 可以通过使用 BP 或其他贪婪的跟踪算法求解凸优化问题确定。

$$\tilde{x} = \arg\min \| \boldsymbol{x} \|_1, \quad \text{s.t. } \boldsymbol{y} = \boldsymbol{\Phi x} \tag{6.10}$$

利用恢复后的信号 $\tilde{x}$ 估计宽带频谱的 PSD，然后对 PSD 进行假设检验。或者，PSD 可以使用压缩感知算法[25] 直接从测量中恢复。虽然 AIC 忽略了对高采样率 ADC 的要求，但测量矩阵的巨大规模导致了较高的计算复杂度。此外，还发现 AIC 模型很容易受到设计缺陷或模型不匹配[27] 的影响。

在文献[27] 中，Mishali 和 Eldar 提出了 AIC 模型的并行实现，称为调制宽带转换器（MWC），如图 6.9 所示。关键的区别在于，在每个通道中，用于集成和转储采样的累加器都被一般的低通滤波器所取代。引入并行结构的好处之一是减小了测量矩阵的维数，使重构更加容易；另一个优点是它对噪声和模型不匹配具有鲁棒性。另外，当涉及多个采样通道时，实现的复杂性会增加。使用 MWC 的一个实现问题是，在数据融合协同方案下，在分布式认知无线网络中使用测量矩阵时，必须考虑测量矩阵的存储和传输。

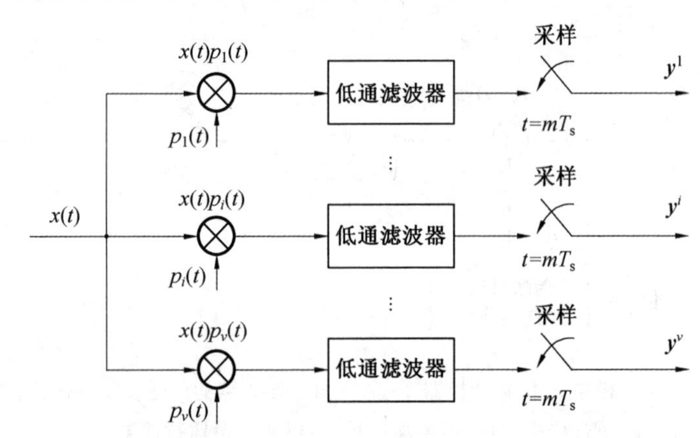

图 6.9 调制宽带转换器[27] 的框图。在每个信道中，接收到的信号由伪随机序列解调，由低通滤波器滤波，以亚奈奎斯特速率 $1/T_s$ 采样

6.4 宽带自适应压缩感知框架

频谱感应压缩感知技术要求被采样的信号在合适的基上具有稀疏表

示。如果信号是稀疏的，可以使用一些恢复算法来通过部分测量值重构信号，如正交匹配跟踪（OMP）或压缩采样匹配跟踪（CoSaMP）[28]。在低频谱占用的情况下，认知无线电接收到的宽带信号可以假设在频域[13]中是稀疏的。如果已知稀疏度（用 k 表示），可以选择适当数量的测量值 M 来保证谱恢复的质量，例如，$M=C_0 k\log(N/k)$，其中 C_0 表示一个常数，N 表示使用奈奎斯特速率[13]时的测量次数。然而，为了避免认知无线电系统频谱恢复错误，传统的压缩感知方法必须保守地选择参数 C_0，从而导致测量次数过多。如图 6.10 所示，考虑到 $k=10$，传统的压缩感知方法倾向于选择 $M=37\%N$ 个测量值，以获得较高的恢复成功率。我们注意到，通过 $20\%N$ 个测量值，仍然可以达到 50% 的成功率。如果这 50% 成功恢复的例子能够被识别出来，那么就可以节省测量次数。此外，在实际的认知无线电系统中，主要用户的动态活动或主要用户与认知无线电之间的时变衰落信道，使瞬时频谱的稀疏度往往未知或难以估计。由于稀疏度的不确定性，传统的压缩感知方法应该进一步增加测量的数量。例如，在图 6.10 中，如果 $10\leqslant k\leqslant 20$，传统的压缩传感方法将选择 $M=50\%N$，这没有充分利用使用压缩感知技术进行宽带频谱感知的优点。此外，稀疏度的不确定性也可能导致恢复算法提前终止或延迟终止。

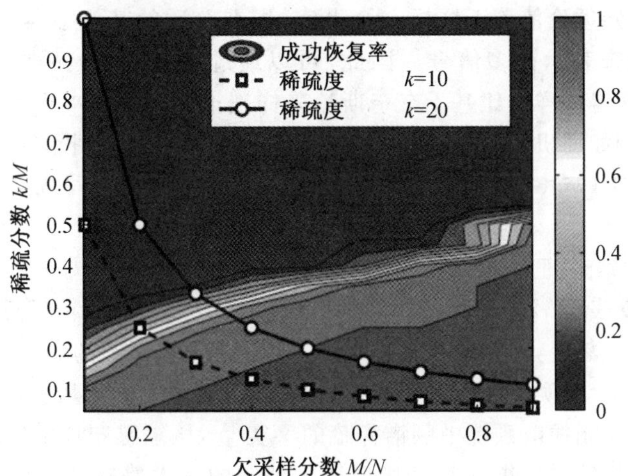

图 6.10　传统压缩传感系统的一个例子，当测量数和稀疏度变化时，成功恢复率会发生变化。在仿真中，令 $N=200$，在 8 个等长步长中将测量数 M 从 20 变为 180。稀疏度 k 设置在 1 和 M 之间。假设测量矩阵是高斯的。该图是在每个参数设置下分别通过 5 000 次试验获得的

传统的压缩感知恢复算法由于提前或延迟终止迭代会产生欠拟合或过拟合情况，从而会导致频谱恢复质量较差。

为了应对这些挑战，应采用自适应压缩感知方法，即在不事先知道瞬时谱稀疏度的情况下，使用适当数量的压缩测量数据，重构宽带频谱。该自适应框架将频谱感知区间划分为若干等长的时隙，并在每个时隙内进行压缩测量。然后将测量值划分为两个互补的子集，在训练子集上执行谱恢复，并在测试子集上验证恢复结果。当设计的 l_1 范数验证参数满足一定要求时，信号采集和谱估计都将终止。在下一节中，我们将详细介绍自适应压缩感知方法，以解决认知无线电中的宽带频谱感知问题。

6.4.1 问题陈述

假设在认知无线电中接收到模拟主信号为 $x(t)$，并且 $x(t)$ 的频率范围是 $0 \sim W$(单位为 Hz)。如果在观察时间 τ(单位为 s) 中以采样率 f(单位为 Hz) 对信号 $x(t)$ 进行采样，则将获得信号向量 $\boldsymbol{x} \in \mathbf{C}^{N\times 1}$，其中 N 表示采样数且可以写为 $N = f\tau$。不失一般性，假设 N 是一个整数。然而，这里考虑通过压缩感知以奈奎斯特欠采样速率对信号进行采样。

压缩感知理论依赖于这样一个事实，即在合适的基或字典中，仅使用少数非零系数来表示许多信号。因此，可以通过奈奎斯特欠采样获得这种信号，这导致获得的样本比基于奈奎斯特采样理论预测的样本更少。奈奎斯特欠采样器，例如随机解调[26,29,30]，将通过信号向量 $\boldsymbol{x}$ 的随机投影产生压缩测量向量 $\boldsymbol{y} \in \mathbf{C}^{M\times 1}$ $(M \ll N)$。在数学上，压缩测量向量 $\boldsymbol{y}$ 可以写成

$$\boldsymbol{y} = \boldsymbol{\Phi x} \tag{6.11}$$

其中，$\boldsymbol{x}$ 表示通过使用高于或等于奈奎斯特速率的采样率(即 $f \geqslant 2W$) 获得的信号向量；$\boldsymbol{\Phi}$ 表示 $M \times N$ 测量矩阵。当然，从部分测量 $\boldsymbol{y}$ 重构任意 N 维信号 $\boldsymbol{x}$ 是不可能的。然而，如果信号 $\boldsymbol{x}$ 在某些基础上是 k 阶稀疏的($k < M \ll N$)，则在某些条件下，确实存在测量矩阵，可以使用一些恢复算法从 $\boldsymbol{y}$ 恢复 $\boldsymbol{x}$。

基于认知无线电系统中频谱稀疏的事实[13]，压缩感知技术可以应用于认知无线电中的信号采集。基于典型压缩感知的频谱感知基础设施的框图如图 6.11 所示。目标从部分测量 $\boldsymbol{y}$ 重构傅里叶频谱 $\boldsymbol{X} = \boldsymbol{F x}$，并基于重构的频谱 $\hat{X}$ 执行频谱感知。由于贪婪恢复算法具有运行时间短、采样效率高的优点，因此在需要几乎实时处理并且受限于计算能力的一些实际信号处理场景中经常使用该算法。

在频谱恢复之后，可以通过使用重构的频谱 $\hat{X}$ 来执行频谱感知方法。典型的频谱感知方法是谱域能量检测，如 6.2 节中的讨论。如图 6.11 所示，用

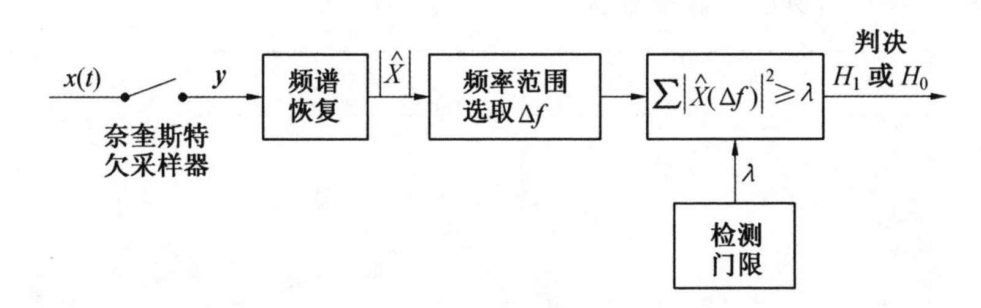

图6.11　基于压缩感知和频谱能量检测方法的频谱感知方法图

该方法提取感兴趣的频率范围内的重构频谱，例如 Δf，然后计算频谱域中的信号能量。将输出能量与检测阈值（由 λ 表示）进行比较，以确定相应的频带是否被占用，即在假设 H_1（存在主用户）和 H_0（不存在主用户）之间进行选择。

可以很容易地理解，这种基础设施的性能将高度依赖于傅里叶频谱 $\boldsymbol{X}$ 的恢复质量。从压缩感知理论，我们知道恢复质量取决于稀疏度、测量矩阵的选择、恢复算法和测量次数。认知无线电系统中的频谱稀疏度主要由在特定频率范围内的主要用户的活动和认知无线电的媒体访问控制（MAC）决定。评估所选测量矩阵适用性的一个重要指标是约束等距性（RIP）[31]。为了全面了解RIP和测量矩阵设计，请读者参考文献[32]和其中的参考文献。在下文中，我们将集中讨论测量数量的选择和恢复算法的设计。我们将讨论一种自适应传感框架，使我们能够逐步采集频谱测量。当满足某些停止判据时，信号采集和谱估计都将终止，从而避免了压缩测量数量过多或不足的问题。

6.4.2　系统描述

考虑使用周期性频谱感知基础设施的认知无线电系统，其中每个帧由一个频谱感知时隙和一个数据传输时隙组成，如图6.12所示。每帧的长度为 A（单位为s），频谱感知的持续时间为 $T(0<T<A)$。剩余时间 $A-T$ 用于数据传输。此外，假设频谱感知持续时间 T 是经过仔细选择的，这使得来自主要用户的符号以及主要用户和认知无线电之间的信道是准静态的。建议将频谱感知持续时间 T 划分为 P 等长小时隙，每个时隙的长度为 $\tau=T/P$，如图6.12所示。根据协议，例如在MAC层[33]，所有认知无线电都可以在频谱感知间隔期间保持静态。因此，傅里叶频谱 $\boldsymbol{X}=\boldsymbol{F}\boldsymbol{x}$ 的谱分量仅来自主要用户和背景噪声。由于谱占用率低[13]，可以假设傅里叶频谱 $\boldsymbol{X}$ 是 k 阶稀疏的，这意味着它只由 k 个不可忽略的最大值组成。除了 $k\leqslant k_{\max}$ 之外，频谱稀疏度 k 的值是未知的，其中 $k_{\max}$ 是已知参数。因为通过长期频谱使用测量可以估计频

谱的最大占用率，所以该假设是合理的。

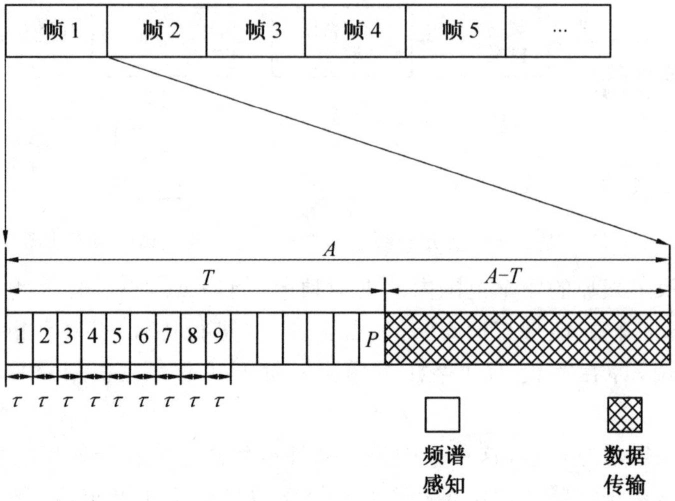

图 6.12　认知无线电网络中周期性频谱感知帧

为简单起见，我们将基于自适应压缩感知的宽带频谱感知方法命名为压缩自适应感知(CASe)。CASe 的目的是逐渐获得压缩测量，重构宽带频谱 $\boldsymbol{X}$，并且，当且仅当当前谱恢复性能满足一定条件时终止信号采集。CASe 的工作程序如表 6.2 所示。假设认知无线电在所有 P 个小时隙中使用相同的奈奎斯特欠采样率 $f_s(f_s<2W)$ 执行压缩测量，在每个时隙中，将获得 m 长度测量向量，其中 $m=f_s\tau=\dfrac{f_sT}{P}$ 被假定为整数。在不失一般性的情况下，假设 P 个时隙的测量矩阵有相同的分布，例如标准正态分布或具有相等概率(±1)的伯努利分布。将第一个时隙的测量集划分为两个互补的子集，即使用测试子集 $\mathbf{V}(\mathbf{V}\in\mathbf{R}^{r\times1},0<r<m)$ 验证频谱恢复结果，该测试子集由下式给出：

$$\mathbf{V}=\boldsymbol{\Psi}\boldsymbol{F}^{-1}\boldsymbol{X}\tag{6.12}$$

使用训练子集 $\boldsymbol{y}_1(\boldsymbol{y}_1\in\mathbf{C}^{(m-r)\times1})$ 进行频谱恢复，其中 $\boldsymbol{\Psi}\in\mathbf{C}^{r\times N}$ 表示测试矩阵。其他时隙的测量值即 $\boldsymbol{y}_i,\forall i\in[2,P]$，仅用作频谱恢复的训练子集。我们将所有 p 个时隙的训练子集连接起来

$$\boldsymbol{Y}_p\triangleq\begin{bmatrix}y_1\\y_2\\\vdots\\y_p\end{bmatrix}=\boldsymbol{\Phi}_p\boldsymbol{F}^{-1}\boldsymbol{X}_p\tag{6.13}$$

其中，$\boldsymbol{Y}_p\in\mathbf{C}^{(pm-r)\times1}$ 表示级联测量向量；$\boldsymbol{\Phi}_p$ 表示 p 个时隙之后的测量矩阵；$\boldsymbol{X}_p$

表示信号频谱。应该注意的是，$\boldsymbol{\Phi}$和测试矩阵$\boldsymbol{\Psi}$不同但具有相同的分布，并且信号频谱$\boldsymbol{X}_p$总是有噪声，例如接收机噪声。然后使用压缩感知恢复算法分别估计来自$\boldsymbol{Y}_1,\boldsymbol{Y}_2,\cdots,\boldsymbol{Y}_p$的频谱，得到一系列谱估计$\hat{\boldsymbol{X}}_1,\hat{\boldsymbol{X}}_2,\cdots,\hat{\boldsymbol{X}}_p$。

表 6.2　压缩自适应感知(CASe)框架

输入：感应持续时间 T，N，噪声方差 δ^2，阈值 $\bar{\omega}$，无噪声情况下的精度 ε，有噪声情况下的精度 ϵ。

1. 初始化

将 T 分成 P 个时隙，每个时隙的长度 $\tau = T/P$，索引值 $p = 0$。

2. 停止标准为假并且 $p < P$，执行

(a) p 增加 1。

(b) 以 f_s 在时隙 p 中执行压缩采样。

(c) 如果 $p = 1$，则将测量向量划分为训练集 $\boldsymbol{y}_1$ 和测试集 $\boldsymbol{V}$，如式(6.12)和式(6.13)所示。

(d) 从时隙 1，…，p 中连接训练集形成 $\boldsymbol{Y}_p$，如式(6.13)所示。

(e) 通过 $\boldsymbol{Y}_p$ 的谱使用谱恢复算法，估计得到谱估计值 $\hat{\boldsymbol{X}}_p$。

(f) 使用 $\boldsymbol{V}$ 和 $\boldsymbol{\Psi}$ 计算验证参数：

$$\rho_p = \frac{\| \boldsymbol{V} - \boldsymbol{\Psi}\boldsymbol{F}^{-1}\hat{\boldsymbol{X}}_p \|_1}{r}$$

3. 检查并判决

如果停止标准为真

(a) 终止信号采集。

(b) 使用重构的频谱 $\hat{\boldsymbol{X}}_p$ 进行频谱感知。

(c) 选择未占用的频段，并开始数据传输。

否则，如果 $p = P$

(a) 终止信号采集。

(b) 报告其重构不可靠。

(c) 增加 f_s 并等待下一个频谱感知帧。

结束

停止标准：

在无噪声测量的情况下：$\dfrac{\sqrt{\dfrac{\pi N}{2}\rho_p}}{1-\varepsilon} \leqslant \bar{\omega}$

在有噪声测量的情况下：$|\rho_p| - \sqrt{\dfrac{\pi}{2}}\delta \leqslant \epsilon$

6.4.3 终止指标

我们希望如果找到一个良好的频谱近似值 $\hat{X}_p$，使得频谱恢复误差 $\| \boldsymbol{X}-\hat{X}_p \|_2$ 足够小，则可以终止信号采集过程。剩余的频谱感知时隙，即 $p+1,\cdots,P$，可用于数据传输。如果能够实现这一目标，不仅可以提高认知无线电系统吞吐量（由于数据传输时间更长），还可以节省测量成本，从而节省资源和计算量。然而，频谱恢复误差 $\| \boldsymbol{X}-\hat{X}_p \|_2$ 通常是未知的，因为在奈奎斯特欠采样率下 $\boldsymbol{X}$ 是未知的。因此，当使用传统的压缩感知方法时，我们不知道何时应该终止信号采集过程。在本章中，建议使用以下验证参数来代替 $\| \boldsymbol{X}-\hat{X}_p \|_2$：

$$\rho_p \triangleq \frac{\| \boldsymbol{V}-\boldsymbol{\Psi F}^{-1}\hat{X}_p \|}{r} \tag{6.14}$$

如果验证参数 ρ_p 小于预定阈值，则终止信号获取。这是基于以下观察得到的：

定理 1 假设 $\boldsymbol{\Phi}_1,\cdots,\boldsymbol{\Phi}_p$ 和 $\boldsymbol{\Psi}$ 有相同的分布，即标准正态分布或具有相等概率（± 1）的伯努利分布。令 $\varepsilon\in\left(0,\frac{1}{2}\right)$，$\xi\in(0,1)$，并且 $r=C\varepsilon^{-2}\log\frac{4}{\xi}$（$C$ 是常数）。然后使用 $\boldsymbol{V}$ 测试频谱估计 $\hat{X}_p$，验证参数 ρ_p 满足

$$\Pr\left[(1-\varepsilon)\| \boldsymbol{X}-\hat{X}_p \|_2 \leqslant \sqrt{\frac{\pi N}{2}}\rho_p \leqslant (1+\varepsilon)\| \boldsymbol{X}-\hat{X}_p \|_2\right]\geqslant 1-\xi \tag{6.15}$$

其中，ξ 还可写作 $\xi=4\exp\left(-\frac{r\varepsilon^2}{C}\right)$。

定理 1 的证明在附录中给出。

备注 1 在定理 1 中可以看到，对于更高的 ε 或更大的 r，估计实际谱恢复误差 $\| \boldsymbol{X}-\hat{X}_p \|_2$ 具有更大的置信度。图 6.13(a) 显示了当时隙数量增加时，使用不同数量的测量对测试频谱估计的影响。假设谱占用率为 6%，其表示频谱稀疏度水平为 $k=6\%N=120$，其中 $N=2\,000$。可以看出测试数据越多，验证结果越可信。此外，可以发现即使使用 $r=5$ 进行测试，验证结果仍然非常接近实际恢复误差。定理 1 中参数 C 的选择取决于测量矩阵 $\boldsymbol{\Psi}$ 中随机变量的密度特性。对于良好的 $\boldsymbol{\Psi}$，例如具有跟随高斯或伯努利分布的随机变量的测量矩阵，C 可以是小数。

备注 2 定理 1 可以通过使用式(6.15) 来提供未知恢复误差 $\| \boldsymbol{X}-\hat{X}_p \|_2$ 的上限和下限，如下：

$$\frac{\sqrt{\frac{\pi N}{2}}\rho_p}{1+\varepsilon} \leqslant \| \boldsymbol{X} - \hat{X}_p \|_2 \leqslant \frac{\sqrt{\frac{\pi N}{2}}\rho_p}{1-\varepsilon} \tag{6.16}$$

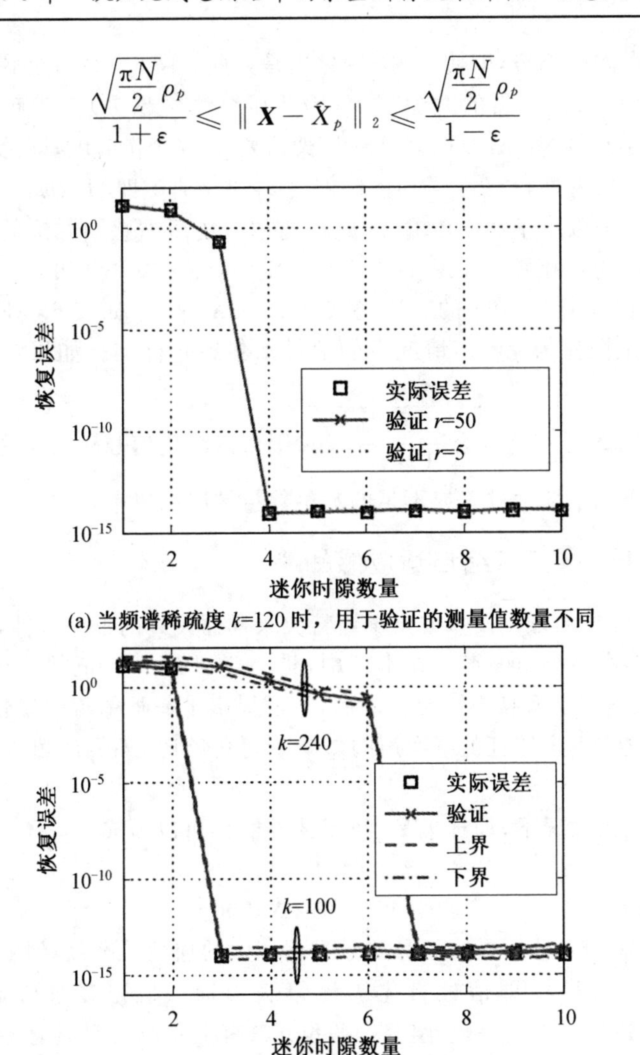

图 6.13 当迷你时隙数量增加时，实际恢复误差与建议的验证参数的比较（假设压缩测量中没有测量噪声，实际恢复误差的上限和下限在式(6.16)中给出）

图 6.13(b) 比较了频谱稀疏度变化时的实际恢复误差 $\| \boldsymbol{X} - \hat{X}_p \|_2$ 和验证参数$\sqrt{\frac{\pi N}{2}}\rho_p$ 的变化。很明显，验证参数可以非常适合未知的实际恢复误差。我们在式(6.16)中得到的实际恢复误差的上限和下限可以正确地预测

实际恢复误差的趋势,即使 p 或 k 变化也是如此。图 6.13(b) 还说明稀疏度水平越低,重构频谱所需的时隙越少(因此压缩测量越少)。当频谱占用率为 12%(即 $k=12\%N=240$)时,CASe 框架需要 $p=7$ 个微时隙,即总共 $M=pm=1\,400$ 次测量;另外,当 $k=100$ 时,仅需要 $p=3$ 个时隙即 $M=pm=600$ 次测量,剩余的时隙可以用于数据传输,因此比使用传统压缩感知方法的认知无线电系统有更高的吞吐量。如果要求 $\|\boldsymbol{X}-\hat{X}_p\|_2$(未知)小于可容忍的恢复误差阈值 $\bar{\omega}$,可以让式(6.16) 的上限替代 $\|\boldsymbol{X}-\hat{X}_p\|_2$。如表 6.2 所示,选择式(6.16) 的上限作为无噪声情况下的信号采集终止标准。如果它小于或等于阈值 $\bar{\omega}$,即 $\|\boldsymbol{X}-\hat{X}_p\|_2\leqslant\frac{\sqrt{\frac{\pi N}{2}}\rho_p}{1-\varepsilon}\leqslant\bar{\omega}$,则可以终止信号获取。这种方法在某种程度上降低了发生过多或不足的测量数量情况的概率。

6.4.4　噪声压缩自适应感知

由于 ADC 的量化误差或奈奎斯特欠采样器设计的不完善性,在执行压缩测量时可能存在测量噪声。在本节中,进一步研究了 l_1 范数验证方法,以使 CASe 框架适用于有噪声情况。之后,我们提出了一种稀疏感知恢复算法,当频谱稀疏度水平未知且测量噪声的影响不可忽略时,该算法可以正确地终止贪婪迭代。

在有噪声情况下,训练集 $\boldsymbol{Y}_p$ 和测试子集 $\boldsymbol{V}$ 可以写成

$$\boldsymbol{Y}_p=\boldsymbol{\Phi}_p\boldsymbol{F}^{-1}\boldsymbol{X}_p+\boldsymbol{n} \tag{6.17}$$

$$\boldsymbol{V}=\boldsymbol{\Psi}\boldsymbol{F}^{-1}\boldsymbol{X}+\boldsymbol{n} \tag{6.18}$$

其中,测量噪声 $\boldsymbol{n}$ 分别是由信号测量过程产生的加性噪声(加到随机投影之后的实际压缩信号),即信号量化。测量噪声通过圆形复加性高斯白噪声(AWGN) 建模。不失一般性,我们假设 $\boldsymbol{n}$ 具有上界 $\bar{n}$,并且具有零均值和已知方差 δ^2,即 $\boldsymbol{n}\sim CN(0,\delta^2)$。例如,如果测量噪声 $\boldsymbol{n}$ 由均匀量化器的量化噪声产生,则噪声方差 δ^2 可以估计为 $\Delta^2/12$ 并且 $\boldsymbol{n}\leqslant\bar{n}=\Delta$,其中 Δ 表示单元宽度。

如果 ρ_p 足够接近 $\sqrt{\frac{\pi}{2}}\delta$,则可以安全地终止信号采集过程。这一观察结果归因于以下定理:

定理 2　设 $\epsilon>0,\delta>0,e\in(0,1),v\geqslant\frac{\sqrt{\frac{2}{\pi}}}{\delta}\bar{n}-1$ 且 $r=\ln\left(\frac{2}{e}\right)\frac{3(4-\pi)\delta^2+\sqrt{2\pi}\epsilon\delta v}{3\epsilon^2}$。如果在谱估计序列 $\hat{X}_1,\cdots,\hat{X}_p$ 内存在最佳谱

近似，则存在验证参数 ρ_p 满足

$$\Pr\left[\sqrt{\frac{\pi}{2}}\delta-\epsilon\leqslant\rho_p\leqslant\sqrt{\frac{\pi}{2}}\delta+\epsilon\right]>1-e \tag{6.19}$$

其中，$e=2\exp\left(-\frac{3r\epsilon^2}{3(4-\pi)\delta^2+\sqrt{2\pi}\epsilon\delta v}\right)$。

定理 2 的证明在附录中给出。

备注 3　值得注意的是，定理 2 解决了最佳频谱近似的问题，即 $\hat{X}_p=\boldsymbol{X}^*$，在噪声情况下所有可能的频谱估计中最小化 $\|\boldsymbol{X}-\hat{X}_p\|_2$。这与定理 1 不同，定理 1 侧重于找到令人满意的谱估计 $\hat{X}_p$，使在无噪的情况下 $\|\boldsymbol{X}-\hat{X}_p\|_2\leqslant\tilde{\omega}$。使用定理 1，我们应该仔细选择可容忍的恢复错误阈值 $\tilde{\omega}$ 以避免过多或不足的测量次数。另外，在定理 1 中，可容忍恢复误差阈值 $\tilde{\omega}$ 和找到最佳频谱近似的概率之间的关系是未知的。相比之下，定理 2 表明，如果存在最佳频谱近似，则相应的验证参数应该在大于 $1-e$ 的概率下，保持在特定的小范围内。因此，如果定理 2 的结果被用作信号获取终止准则，则可以解决过多或不足的测量数量的问题。

备注 4　如果存在最佳近似谱，则随着测试集（即 r）的大小增加，找到它的概率呈指数增加。这意味着如果保持 ρ_p 不变，当使用更多测量值进行验证时，发现最佳谱近似的概率更高。但是，值得注意的是，对于固定的奈奎斯特欠采样率，训练集的大小和测试集的大小之间存在折中。一方面，较小的 r（即固定 m 的较大训练集）可以使频谱更好地恢复；另一方面，找到最佳频谱近似的概率随着 r 变小而减小。此外，对于固定的置信度 $1-e$，需要在测试集 r 的精度和大小之间进行权衡，如定理 2 所示。ϵ 精度更高（即 ϵ 更大），r 可以更小。还应注意，标准偏差 δ 的线性增加将导致测试集大小的二次增长，所以应该在验证方法中仔细考虑测量噪声的影响。

6.4.5　稀疏感知恢复算法

如上述讨论，定理 2 表明通过增加 CASe 框架中合适的测量数计算，可从谱估计序列 $\hat{X}_1,\cdots,\hat{X}_p$ 识别对 $\boldsymbol{X}$ 的最佳谱近似。我们注意到定理 2 也可以用于防止贪婪恢复算法中的过拟合或欠拟合。贪婪恢复算法迭代地生成估计序列 $\hat{X}_p^1,\hat{X}_p^2,\cdots,\hat{X}_p^t$，其中在某些系统参数选择下可能存在最佳频谱估计。例如，OMP 算法一次从测量矩阵中选择一列用于从 $\boldsymbol{y}$ 重构 $\boldsymbol{X}$。在 $t=k$ 次迭代之后，k 阶稀疏向量 $\hat{\boldsymbol{X}}^k$ 将作为 $\boldsymbol{X}$ 的近似值返回。注意，OMP 需要稀疏度 k 作为输入，并且大多数贪婪恢复算法通常都需要这样的输入。但是，认知无线电

系统中频谱的稀疏度 k 通常是未知的，因此传统的贪婪压缩感知算法将导致贪婪算法的过早或过晚终止，然后出现欠拟合或过拟合的问题，导致较差的谱恢复性能。为了在未知 k 的情况下重构谱，建议使用测试集来验证谱估计序列 $\hat{X}_p^1,\hat{X}_p^2,\cdots,\hat{X}_p^t$，如果当前验证参数满足定理 2 中给出的条件，则终止迭代。

如表 6.3 所示，我们提出了稀疏感知 OMP 算法。该算法的一个重要优点是它不需要瞬时频谱稀疏度 k，而是需要更容易知道的上限 $k_{\max}$。在每次迭代中，找到残差和测量矩阵之间的最大相关性的列索引 $\lambda^t\in[1,N]$，并且与先前计算的谱支撑集合并以形成新支撑集 Λ^t。之后，通过求解表 6.3 的步骤 2－d 中所示的最小二乘问题来恢复全谱。注意，$\boldsymbol{\Theta}_p^t\triangleq\boldsymbol{\Phi}_p(\Lambda^t)$ 是仅在矩阵 $\boldsymbol{\Phi}_p$ 中选择 Λ^t 内的列索引而获得的子矩阵，而其他列被设置为全零。对于谱估计 $\hat{X}_p^t$，使用验证参数 ρ_p^t 验证，其可以通过测试集 $\mathbf{V}$ 和估计频谱 $\hat{X}_p^t$ 来计算，如表 6.3 的步骤 2－e 所示。然后更新残差。需要强调的是，提出的算法监测验证参数 ρ_p^t，而不是用于传统的贪婪恢复算法的残差 $\|R_p^t\|_2\leqslant\bar{\omega}$。基于定理 2，如果最佳频谱估计包括在频谱估计序列 $\hat{X}_p^1,\hat{X}_p^2,\cdots,\hat{X}_p^t$ 中，那么找到它的概率大于 $1-2\exp\left(-\dfrac{3r\epsilon^2}{3(4-\pi)\delta^2+\sqrt{2\pi}\epsilon\delta v}\right)$。换句话说，欠拟合／过拟合的概率小于或等于 $2\exp\left(-\dfrac{3r\epsilon^2}{3(4-\pi)\delta^2+\sqrt{2\pi}\epsilon\delta v}\right)$，并且随着 r 增加而变小。

对于所提出的频谱恢复算法，需要知道一个关键参数，即 ϵ。得到关于 ϵ 的二次方程如下：

$$r\cdot\epsilon^2-\frac{\sqrt{2\pi}}{3}\ln\left(\frac{2}{e}\right)\delta v\cdot\epsilon-(4-\pi)\ln\left(\frac{2}{e}\right)\delta^2=0 \tag{6.20}$$

可以很容易地确定上述二次方程的判别式是正的，因此存在两个不同的实根。以下正根可用于确定 ϵ：

$$\epsilon=\left[\frac{\sqrt{2\pi}\ln\left(\frac{2}{e}\right)\delta v\pm\delta\sqrt{2\pi\ln^2\left(\frac{2}{e}\right)v^2+36(4-\pi)\ln\left(\frac{2}{e}\right)r}}{6r}\right]^+ \tag{6.21}$$

其中，$[x]^+$ 代表$(x,0)$。

表 6.3　稀疏感知 OMP 算法

输入：训练集 $\boldsymbol{Y}_p$，测试集 $\boldsymbol{V}$，测量矩阵 $\boldsymbol{\Phi}_p$，测试矩阵 $\boldsymbol{\Psi}$，噪声方差 δ^2，精度 ϵ，$k_{\max}$。

1. 初始化

指数集 $\Lambda^0 = \varnothing$，残差 $\boldsymbol{R}_p^0 = \boldsymbol{Y}_p$，迭代指数 $t = 0$。设 $\rho_p^t = C_1(\forall t \in [0, k_{\max}])$，其中 C_1 是一个大常数。

2. 当 $\left|\rho_p^t - \sqrt{\dfrac{\pi}{2}}\delta\right| > \epsilon$ 且 $t < k_{\max}$ 时，执行

a. t 增加 1。

b. 找到解决优化问题的索引值 λ^t：

$\lambda^t = \arg\max_{j=1,\cdots,N} |\langle \boldsymbol{R}_p^{t-1}, \boldsymbol{\Phi}_p^j \rangle|$

c. 合并索引集 $\Lambda^t = \Lambda^{t-1} \cup \{\lambda^t\}$，并仅选择属于 Λ^t 索引列来使矩阵满足 $\boldsymbol{\Theta}_p^t = \boldsymbol{\Phi}_p(\Lambda^t)$，其他列全部为零。

d. 解最小二乘问题：

$\hat{X}_p^t = \arg\min_X \| \boldsymbol{Y}_p - \boldsymbol{\Theta}_p^t \boldsymbol{F}^{-1} \boldsymbol{X} \|_2$

e. 通过 $\boldsymbol{V}$ 和 $\boldsymbol{\Psi}$ 计算验证参数：

$$\rho_p^t = \frac{\| \boldsymbol{V} - \boldsymbol{\Psi} \boldsymbol{F}^{-1} \hat{X}_p^t \|_1}{r}$$

f. 更新残差：

$\boldsymbol{R}_p^t = \boldsymbol{Y}_p - \boldsymbol{\Phi}_p \boldsymbol{F}^{-1} \hat{X}_p^t$

输出：$\hat{X}_p = \arg\min_{X_p^t} \left|\rho_p^t - \sqrt{\dfrac{\pi}{2}}\delta\right|, \forall t \in [1, k_{\max}]$

6.4.6　数值结果

在仿真中，采用文献[27]中的宽带模拟信号模型，在认知无线电中接收信号 $x(t)$ 形式为

$$x(t) = \sum_{l=1}^{N_b} \sqrt{E_l B_l} \cdot \mathrm{sinc}(B_l(t-\alpha)) \cdot \cos(2\pi f_l(t-\alpha)) + z(t) \tag{6.22}$$

其中，$\mathrm{sinc}(x) = \dfrac{\sin(\pi x)}{\pi x}$；$\alpha$ 表示小于 $T/2$ 的随机时间偏移；$z(t)$ 是 AWGN（即 $z(t) \sim N(0,1)$），并且 E_l 是认知无线电中子带 l 的接收功率。接收信号 $x(t)$

由 $N_b=8$ 个非重叠子带组成。第 l 个子带处于 $\left[f_l-\frac{B_l}{2},f_l+\frac{B_l}{2}\right]$ 的频率范围内，其中带宽 $B_l=10\sim30$ MHz，f_l 表示中心频率。子带 l 的中心频率随机地位于 $\left[\frac{B_l}{2},W-\frac{B_l}{2}\right]$ 内（即 $f_l\in\left[\frac{B_l}{2},W-\frac{B_l}{2}\right]$），其中总信号带宽 $W=2$ GHz。因此，奈奎斯特速率是 $f=2W=4$ GHz，并且谱占有率 $\left(\text{即}\frac{\sum_{l=1}^{8}B_l}{W}\right)$ 是 4% 和 12% 之间的随机数。需要强调的是，仿真中谱占用率为 4% ～ 12%，与上述纽约市的谱测量结果非常接近。这 8 个有效子带的接收信噪比（SNR）是 5 dB 和 25 dB 之间的随机自然数。频谱感知持续时间选择为 $T=5$ μs，在此期间，假定来自主用户的样本以及主用户和认知无线电之间的信道为准静态。然后将 T 分成 $P=10$ 个迷你时隙，每个时隙 $\tau=T/P=0.5$ μs。如果以奈奎斯特速率对接收信号 $x(t)$ 进行采样，则每个时隙中的奈奎斯特采样数将为 $N=2W\tau=2\,000$。可以计算出频谱稀疏度 k 范围是 $4\%\times N=80\leqslant k\leqslant12\%\times N=240$。在提出的框架中，采用奈奎斯特欠采样率 $f_s=400$ MHz，而不是使用奈奎斯特采样率；因此，每个时隙中的测量次数是 $m=f_s\tau=200$。换句话说，每个时隙中的欠采样分数是 $m/N=10\%$。出于测试 / 验证的目的，保留第一时隙中的 $r=50$ 次测量，而剩余的测量用于重构频谱。测量矩阵，即 $\boldsymbol{\Phi}_p$ 和 $\boldsymbol{\Psi}$，服从零均值和单位方差的标准正态分布。由于信号测量设备的设计不完善，可能存在测量噪声。在有噪声情况下，假设测量噪声是圆形复数 AWGN，即 $n\sim CN(0,\delta^2)$。由于本章中的测量噪声主要来自于 ADC 中的信号量化，则信号测量噪声比（SMNR）设置为 50 dB 和 100 dB。

首先，考虑测量噪声对谱恢复质量和验证参数的影响。在图 6.14 中，频谱稀疏度设置为 $k=120$。可以看到，在无噪声或有噪声测量情况下，所提出的 CASe 框架可以使用 6 个时隙重构频谱。当测量噪声增加时，谱恢复质量变差。在无噪声的情况下，使用建议的验证参数可更好拟合实际的恢复误差；相反，当存在测量噪声时，实际恢复误差与验证结果之间存在差距。这是因为，一方面，实际恢复误差 $\|\boldsymbol{X}-\hat{X}_p\|_2$ 可以非常小，例如，在最佳谱近似的情况下为 10^{-14}；另一方面，验证参数主要由如定理 2 所示的噪声水平决定。这意味着即使 $\hat{X}_p$ 是最佳谱近似，也应仔细考虑测量噪声的影响。在图 6.15 中可以看出，当最佳频谱近似（即实际恢复误差足够小）时，验证参数非常接近于缩放的噪声标准偏差，即 $\sqrt{\frac{\pi}{2}}\delta$。该观察结果验证了定理 2 的结果。如果验

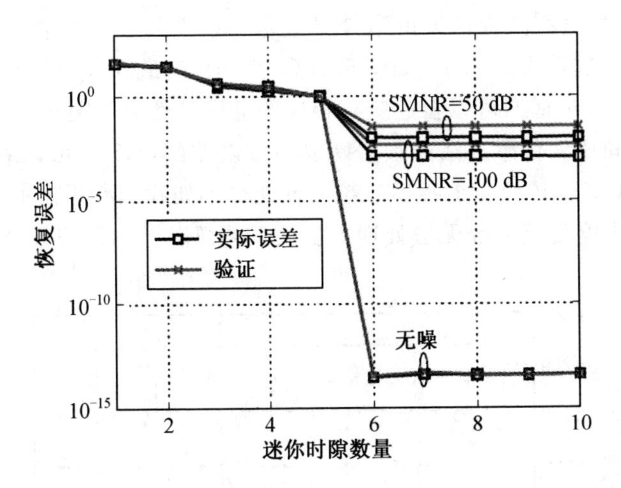

图6.14　当SMNR变化时，测量噪声对实际恢复误差和建议的验证参数的影响。频谱稀疏度设定为 $k=120$

证方法用于设计信号采集的终止准则，例如在表6.2给出的算法中，则可以解决测量数量不足或过多的问题。

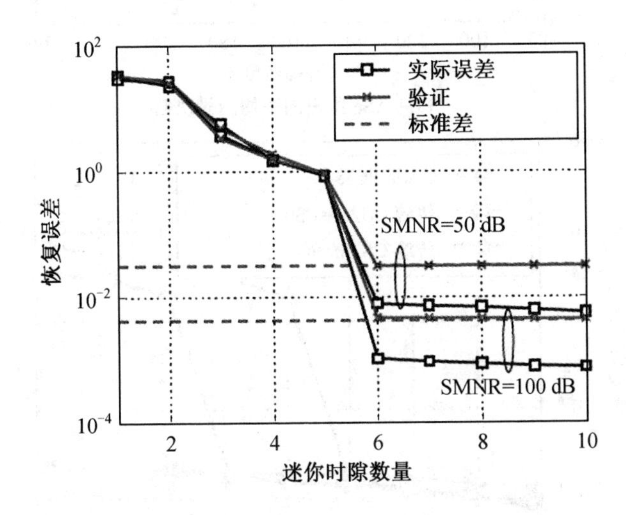

图6.15　最佳谱近似发生时验证参数与实际恢复误差的比较。虚线表示预测的验证值，即如定理2中所使用的 $\sqrt{\frac{\pi}{2}}\delta$（标度标准偏差）

其次，图6.16分析了使用不同压缩传感方法时的谱恢复性能。在这些仿真中，为了找到具有高置信度的最佳谱近似，式(6.19)中的精度参数设置为$\delta/2$，测试测量数量为$r=50$。如图6.16(a)所示，测量数量调整到未知的频谱稀疏度k时CASe框架可以自适应。相应的谱恢复性能如图6.16(b)所示，其中给出了不同压缩传感方法的频谱恢复均方误差(MSE)。可以看到，即使测量总数$M=1\ 300$，传统压缩传感系统的性能也不如我们所提出的CASe框架，因为传统的压缩传感系统无法处理$k\geqslant 200$的情况。如果假设频谱稀疏度k

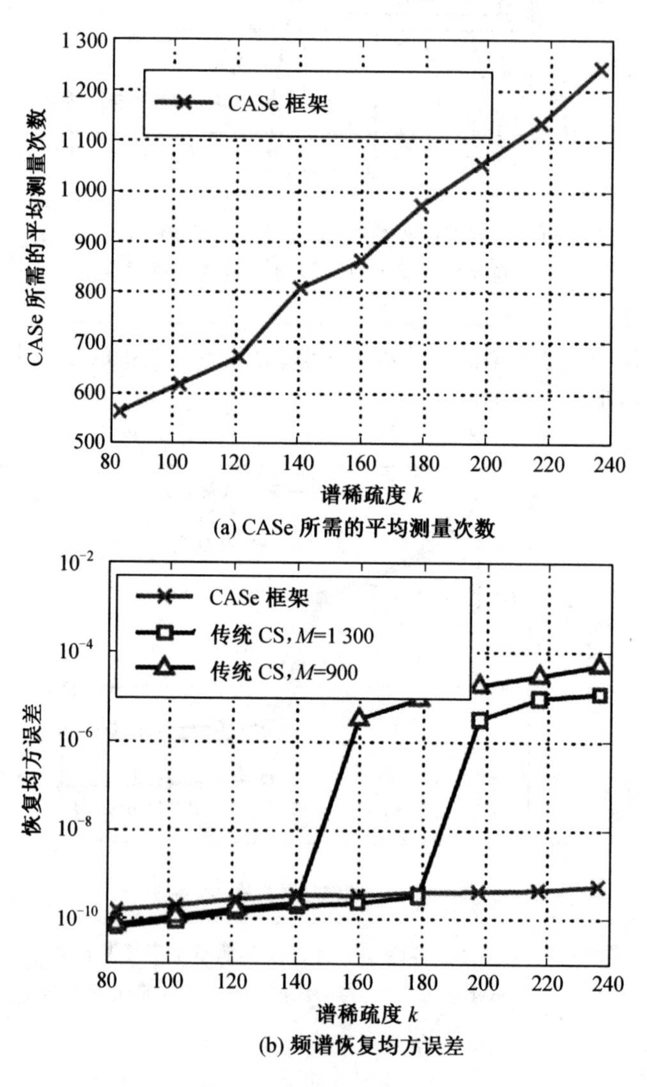

(a) CASe 所需的平均测量次数

(b) 频谱恢复均方误差

图6.16 使用不同压缩传感方法时谱恢复的性能分析

在 80 和 240 之间具有均匀分布，则 CASe 所需的平均测量数量为 900。与 $M=900$ 的传统压缩感知系统相比，很明显 CASe 框架对于大多数 $k\in[80,240]$ 具有低得多的 MSE。

第三，图 6.17 显示了使用不同谱恢复算法（即 OMP 和本章提出的算法）时原始频谱和重构频谱的示例。可以看到，本章提出的算法恢复性能优于传统的 OMP 算法。由于稀疏度未知且范围为 $80\leqslant k\leqslant 240$，如果使用 OMP 算法，则存在欠拟合（即迭代在 k 被低估时更早终止）或过度拟合的问题。由于欠拟合问题可能导致主要用户的漏检，这可能对主要用户造成有害干扰，传统的 OMP 算法应该防止欠拟合的发生，并倾向于选择更多的迭代次数。在

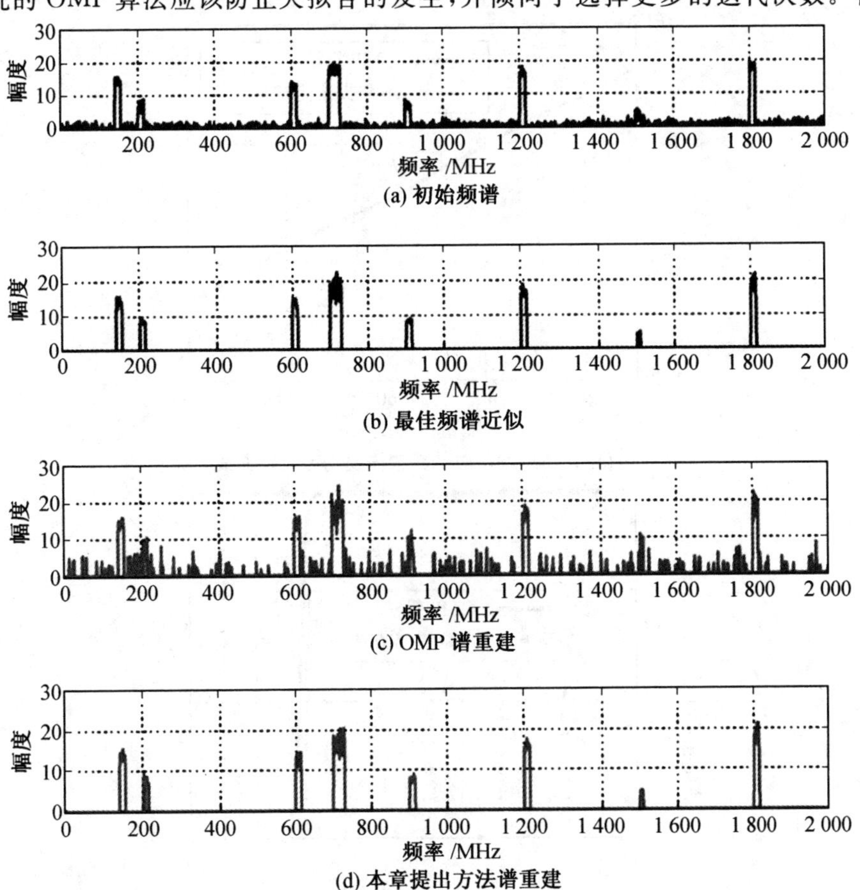

(a) 初始频谱

(b) 最佳频谱近似

(c) OMP 谱重建

(d) 本章提出方法谱重建

图 6.17　使用不同恢复算法时重构频谱的示例。假设频谱稀疏度为 $k=150$，测量总数 $M=800$。这 8 个有效子带的接收 SNR 设为 5 dB 和 25 dB 之间的随机自然数。SMNR 设置为 50 dB

过拟合的情况下，传统的 OMP 算法将产生“噪声”重构频谱，如图 6.17(c)所示。借助于测试装置，本章所提出的方法恢复性能有所改进，如图 6.17(d)所示。与 OMP 算法相比，该算法频谱估计性能更好，更类似于图 6.17(b)中的最佳频谱近似。值得强调的是，当频谱稀疏度 k 存在较大的不确定性时，所提出的算法将比 OMP 算法具有更明显的改进。

最后，图 6.18 进一步探讨了不同恢复算法的性能。为了说明 CASe 在使用不同恢复算法时的性能，重构频谱的 MSE 如图 6.18(a)所示。可以看出，在 OMP 中使用所提出的算法的增益在 MSE 中大约是一个数量级，这是因为

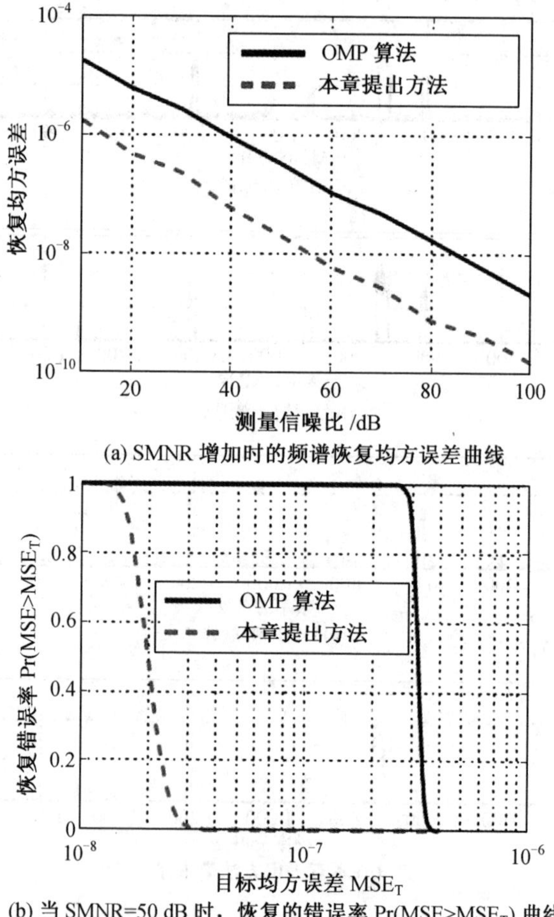

图 6.18　不同恢复算法的性能比较(仿真假设频谱稀疏度为 $k=120$，平均测量数量 $M=800$)

所提出的算法可以在正确的迭代索引处终止迭代；相反，当使用 OMP 时，存在欠拟合或过拟合的问题，导致谱恢复不完整或谱恢复噪声。因此，从图 6.18(b)可以看出，对于固定的 SMNR＝50 dB，所提出的算法具有比 OMP 算法低得多的恢复错误率。需要注意，恢复错误率被定义为模拟平均 MSE 大于目标 MSE 的概率。

6.4.7　讨论和结论

1. 讨论

CASe 框架和其他近年努力的目标是考虑直接从压缩数据测试实际错误。Ward[34] 和 Boufounos[35] 等人研究了压缩传感的 l_2 范数交叉验证方法。这些成果非常显著，便于我们验证实际的解码错误（即保留很少的测量量用于测试）。我们注意到本章的结果与这些论文中的结果不同。特别是，本章研究了一种不同的验证方法，即使用 l_1 范数而不是 l_2 范数来验证恢复结果。此外，在分析中我们仔细考虑了测量噪声的影响。相比之下，Ward 的验证方法没有对测量噪声的影响进行建模。我们提出的 l_1 范数验证方法用于压缩感知技术时，它可能是文献[34,35]中工作的有用补充。还应该强调的是，与 l_2 范数验证方法相比，本章提出的 l_1 范数验证方法对异常值不太敏感。如图 6.19(a)所示，当测试集中存在异常值时，使用 l_1 范数的验证参数比使用 l_2 范数的验证参数低一个数量级。此外，我们注意到在认知无线电系统中使用压缩感知技术进行宽带频谱感知，异常值无法避免。这是因为 ADC 不是无噪声器件，ADC 的非线性可能是产生异常值的来源。此外，在诸如文献[26,29,30]中的随机解调器的实时压缩感知设备中，伪随机序列发生器和低速率 ADC 的不完全同步可能导致异常值。

选择测量停止时间的一种常用技术是顺序检测[36]，一次收集一个样本，直到有足够的观察结果来产生最终决策。但是我们注意到，在基于压缩感知的频谱感知系统中，顺序测量不能直接用于执行顺序测试。这是因为奈奎斯特欠采样导致频谱混叠现象使得频率变得难以区分。因此为了应用顺序检测，应在每次顺序测试之前重构宽带频谱以避免频谱混叠。在这种情况下，顺序检测可能导致计算成本很高。Malioutov 等[37]研究了一种典型的基于压缩感知的顺序测量系统，其中解码器可以顺序接收压缩样本。文中已经表明，这种系统可以通过使用一些附加样本成功地估计当前解码错误。然而在认知无线电系统中，应用基于压缩感知的顺序测量设置是不合适的。因为在该方案中针对每个额外的测量重复地重构宽带频谱，这在认知无线电中可能导致计算成本高和频谱感知开销大。例如，使用 CoSaMP 算法[28]，每次重构

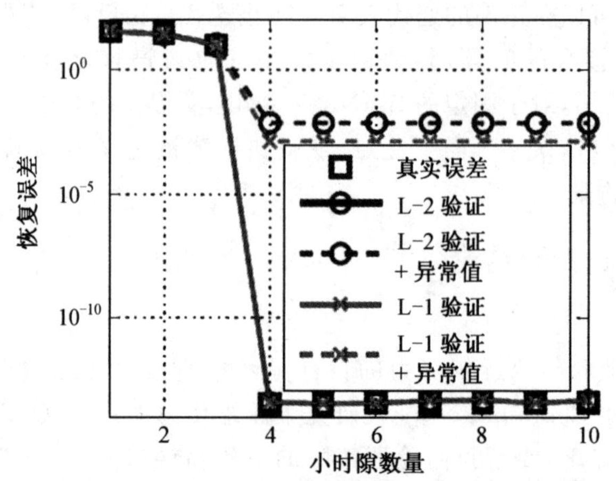

(a) l_1 范数验证和 l_2 范数验证针对异常值的灵敏度测试。在仿真中，测试集的单个样本加入测量误差，并且测量误差的幅值被设置为比样本的低 100 dB

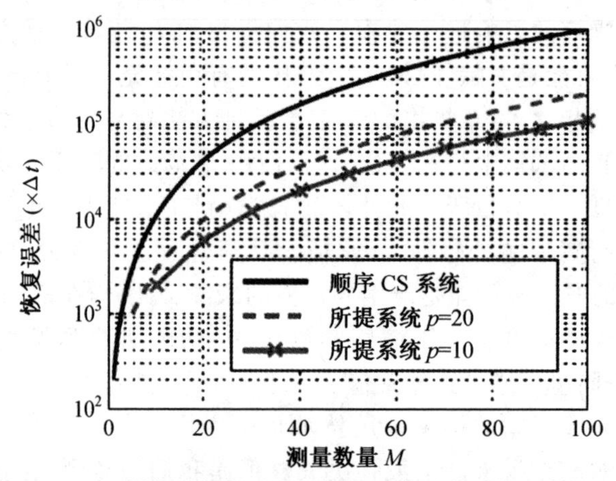

(b) 顺序压缩感知测量设置和所提出的系统，使用 CoSaMP 算法重构频谱的总运行时间。在仿真中，N=200，并且 M=Pm=100，其中 m 表示每个小时隙中的测量数量，P 是小时隙的数量

图 6.19　本章提出系统与现有系统的比较

的运行时间为 $O(\beta N)$，其中 β 表示当前的测量次数。因此，顺序测量设置的总运行时间是$O\left(\frac{M(M+1)N}{2}\right)$，其中 M 表示直到测量结束的测量次数。相比之下，在我们提出的系统中，频谱感知时隙被分成 P 个等长的小时隙，并且在

每个小时隙之后重构宽带频谱。因此，所提出的系统的总运行时间是 $O\left(\frac{M(P+1)N}{2}\right)$，其中 $P<M$。图 6.19(b)表明顺序压缩传感系统的频谱感知开销(由于频谱重构引起)比本章所提出的系统高几倍。此外，本章所提出的系统的另一个优点是，通过改变小时隙的长度(即为 P 的值，$P=M/m$)，可以在计算成本和获得额外测量成本之间进行权衡。

2. 结论

我们已经提出了一种新型框架，即 CASe 框架，用于认知无线电系统中的宽带频谱感知。我们已经证明当频谱稀疏度未知时，由于采用了 l_1 范数验证方法，CASe 可以显著提高频谱恢复性能。我们已经证明，即使测试集很小，所提出的验证参数也可以很好地代表无噪声测量情况下的实际频谱恢复误差。正确使用验证方法可以解决测量数量过多或不足的问题，从而不仅提高认知无线电的能量利用效率，而且提高认知无线电网络的吞吐量。另外本章已经表明，在噪声压缩测量的情况下，如果存在最佳频谱近似，则相应的验证参数大概率会在特定小范围内。基于该属性，我们提出了一种稀疏感知恢复算法，用于在频谱稀疏度未知的情况下重构宽带频谱。在所提出的算法中，如果存在最佳频谱近似，则可以高概率地找到正确的迭代终止索引值，因此解决了低/过度拟合的问题。

仿真结果表明，本章所提出的框架可以正确地终止信号采集，既节省了频谱感知时隙，又节省了信号采集能量，同时提供了比传统压缩感知方法更好的频谱恢复性能。与现有的贪婪恢复算法相比，所提出的稀疏感知算法可以实现更低的 MSE，以更好的频谱感知性能重构频谱。由于射频频谱是无线通信系统的生命线，宽带技术可能提供更大的容量，我们期望所提出的框架可以具有广泛的应用，例如宽带频谱分析仪、信号情报接收机和超宽带雷达。此外，所提出的 l_1 范数验证方法可以用于其他压缩感知应用，例如基于压缩感知的通信系统，在此系统中，需要以高置信度和小的可预测解码错误终止解码算法。

附　录

定理 1 证明

使用文献[38]的定理 5.1 中所示的 Johnson-Lindenstrauss 引理的变体，我们得到了

$$\Pr\left[(1-\varepsilon)\|\boldsymbol{x}\|_2 \leqslant \frac{\|\boldsymbol{\Psi x}\|_1}{\sqrt{2/\pi}\,r} \leqslant (1+\varepsilon)\|\boldsymbol{x}\|_2\right] \geqslant 1-\xi \tag{6.23}$$

定义(6.23)中 $\boldsymbol{x} \triangleq \boldsymbol{F}^{-1}(\boldsymbol{X}-\hat{X}_p)$,得到

$$\Pr\left[(1-\varepsilon)\|\boldsymbol{F}^{-1}(\boldsymbol{X}-\hat{X}_p)\|_2 \leqslant \frac{\|\boldsymbol{\Psi F}^{-1}(\boldsymbol{X}-\hat{X}_p)\|_1}{\sqrt{2/\pi}\,r} \leqslant (1+\varepsilon)\|\boldsymbol{F}^{-1}(\boldsymbol{X}-\hat{X}_p)\|_2\right] \geqslant 1-\xi \tag{6.24}$$

上述不等式可以用式(6.12)和式(6.14)改写为

$$\Pr\left[(1-\varepsilon)\|\boldsymbol{F}^{-1}(\boldsymbol{X}-\hat{X}_p)\|_2 \leqslant \sqrt{\frac{\pi}{2}}\rho_p \leqslant (1+\varepsilon)\|\boldsymbol{F}^{-1}(\boldsymbol{X}-\hat{X}_p)\|_2\right] \geqslant 1-\xi \tag{6.25}$$

应用 Parseval 与式(6.25)的关系,我们有

$$\Pr\left[(1-\varepsilon)\|\boldsymbol{X}-\hat{X}_p\|_2 \leqslant \sqrt{\frac{\pi N}{2}}\rho_p \leqslant (1+\varepsilon)\|\boldsymbol{X}-\hat{X}_p\|_2\right] \geqslant 1-\xi \tag{6.26}$$

定理 1 得证。

定理 2 证明

最佳谱近似 $\boldsymbol{X}^*$ 即意味着 $\|\boldsymbol{X}^*-\boldsymbol{X}\|_2$ 足够小。不失一般性,我们通过 $\boldsymbol{X}$ 近似 $\boldsymbol{X}^*$。因此,如果 $\hat{X}_p$ 是最佳谱近似,则可以使用式(6.18)重写验证参数

$$\rho_p = \frac{\|\boldsymbol{V}-\boldsymbol{\Psi F}^{-1}\hat{X}_p\|_1}{r} = \frac{\|\boldsymbol{n}\|_1}{r} = \frac{\sum_{i=1}^{r}|n^i|}{r} \tag{6.27}$$

$n^i \sim CN(0,\delta^2)$ 作为测量噪声,其绝对值 $|n^i|$ 服从瑞利分布,均值为 $\sqrt{\frac{\pi}{2}}\delta$,方差为 $\frac{4-\pi}{2}\delta^2$。使用瑞利分布的累积分布函数,我们得到 $\Pr(|n^i| \leqslant x) = 1-\exp(-\frac{x^2}{2\delta^2})$。此外,由于在实际中测量噪声具有上限 $\bar{n}$,因此几乎可以肯定存在足够大的参数 v,其使得 $|n^i| \leqslant \bar{n} \leqslant (v+1)\sqrt{\frac{\pi}{2}}\delta$。如果我们定义一个新变量 $D_i = |n^i| - \sqrt{\frac{\pi}{2}}\delta$,能得到 $\mathbf{E}[D_i]=0$,$\mathbf{E}[D_i^2]=\frac{4-\pi}{2}\delta^2$,$|D_i| \leqslant \sqrt{\frac{\pi}{2}}\delta v$。基于伯恩斯坦的不等式[39],以下不等式成立:

$$\Pr\left[\left|\sum_{i=1}^{r}D_i\right|>\varepsilon\right]=\Pr\left[\left|\sum_{i=1}^{r}\mid n^i\mid - r\sqrt{\frac{\pi}{2}}\delta\right|>\varepsilon\right]$$
$$\leqslant 2\exp\left(-\frac{\varepsilon^2/2}{\sum_{i=1}^{r}\mathbf{E}[D_i^2]+\overline{D}\varepsilon/3}\right)$$
$$\leqslant 2\exp\left(-\frac{3\varepsilon^2}{3(4-\pi)r\delta^2+\sqrt{2\pi}\,\varepsilon\delta\nu}\right) \quad (6.28)$$

其中，$\overline{D}=\sqrt{\frac{\pi}{2}}\delta v$ 表示 $\mid D_i\mid$ 的上界。

在使用式(6.27)时，用 r_ϵ 替换式(6.28)中的 ε，我们可以将式(6.28)重写为

$$\Pr\left[\left|\rho_p-\sqrt{\frac{\pi}{2}}\delta\right|>\epsilon\right]\leqslant 2\exp\left(-\frac{3r_\epsilon^2}{3(4-\pi)\delta^2+\sqrt{2\pi}\epsilon\delta v}\right) \quad (6.29)$$

使用式(6.29)，我们最终得到

$$\Pr\left[\left|\rho_p-\sqrt{\frac{\pi}{2}}\delta\right|\leqslant\epsilon\right]>1-2\exp\left(-\frac{3r_\epsilon^2}{3(4-\pi)\delta^2+\sqrt{2\pi}\epsilon\delta v}\right) \quad (6.30)$$

为了得到所需的 r，我们将式(6.30)中较低的概率界限设置为

$$1-2\exp\left(-\frac{3r_\epsilon^2}{3(4-\pi)\delta^2+\sqrt{2\pi}\epsilon\delta v}\right)=1-e \quad (6.31)$$

求解上述等式得

$$r=\ln\left(\frac{2}{e}\right)\frac{3(4-\pi)\delta^2+\sqrt{2\pi}\epsilon\delta v}{3\epsilon^2} \quad (6.32)$$

定理 2 得证。

本章参考文献

[1] McHenry MA(2005) NSF spectrum occupancy measurements project summary. Technical Report, Shared Spectrum Company

[2] Haykin S(2005) Cognitive radio: brain-empowered wireless communications. IEEE J Sel Areas Commun 23(2):201-220

[3] Akyildiz I, Lee W-Y, Vuran M, Mohanty S(2008) A survey on spectrum management in cognitive radio networks. IEEE Commun Mag 46(4):40-48

[4] Mitola J(2000) Cognitive radio: an integrated agent architecture for

software defined radio. Ph. D. dissertation, Department of Teleinformatics, Royal Institute of Technology Stockholm, Sweden, 8 May 2000

[5] Akyildiz IF, Lee W-Y, Vuran MC, Mohanty S(2006) Next generation/dynamic spectrum access/cognitive radio wireless networks: a survey. Comput Netw 50(13):2127-2159

[6] Ekram H, Bhargava VK(2007) Cognitive wireless communications networks. In: Bhargava VK (ed) Springer Publication, New York

[7] Cabric D, Mishra SM, Brodersen RW(2004) Implementation issues in spectrum sensing for cognitive radios. Proc Asilomar Conf Signal Syst Comput 1:772-776

[8] Sun H, Laurenson D, Wang C-X(2010) Computationally tractable model of energy detection performance over slow fading channels. IEEE Commun Lett 14(10):924-926

[9] Hossain E, Niyato D, Han Z(2009) Dynamic spectrum access and management in cognitive radio networks. Cambridge University Press, Cambridge

[10] Tian Z, Giannakis GB(2006) A wavelet approach to wideband spectrum sensing for cognitive radios. In: Proceedings of IEEE cognitive radio oriented wireless networks and communications, Mykonos Island, pp 1-5

[11] Proakis JG(2001) Digital communications, 4th edn. McGraw-Hill, New York

[12] Yucek T, Arslan H(2009) A survey of spectrum sensing algorithms for cognitive radio applications. IEEE Commun Surv Tutor 11(1):116-130

[13] Tian Z, Giannakis GB(2007) Compressed sensing for wideband cogni tive radios. In: Proceedings of IEEE international conference on acoustics, speech, and signal processing, Hawaii, April 2007, pp 1357-1360

[14] Yoon M-H, Shin Y, Ryu H-K, Woo J-M(2010) Ultra-wideband loop antenna. Electron Lett 46(18): 1249-1251

[15] Hao Z-C, Hong J-S(2011) Highly selective ultra wideband bandpass filters with quasi-elliptic function response. IET Microwaves Antennas Propag 5(9):1103-1108

[16] [Online]. Available: http://www.national.com/pf/DC/ADC12D1800.html

[17] Sun H, Chiu W-Y, Jiang J, Nallanathan A, Poor HV(2012) Wideband spectrum sensing with sub-Nyquist sampling in cognitive radios. IEEE Trans Sig Process 60(11):6068-6073

[18] Venkataramani R, Bresler Y(2000) Perfect reconstruction formulas and bounds on aliasing error in sub-Nyquist nonuniform sampling of multiband signals. IEEE Trans Inf Theory 46(6):2173-2183

[19] Tao T(2005) An uncertainty principle for cyclic groups of prime order. Math Res Lett 12:121-127

[20] Mishali M, Eldar YC(2009) Blind multiband signal reconstruction: compressed sensing for analog signals. IEEE Trans Signal Process 57(3):993-1009

[21] Feldster A, Shapira Y, Horowitz M, Rosenthal A, Zach S, Singer L(2009) Optical undersampling and reconstruction of several bandwidth-limited signals. J Lightwave Technol 27(8):1027-1033

[22] Rosenthal A, Linden A, Horowitz M(2008) Multi-rate asynchronous sampling of sparsemultiband signals, arXiv.org:0807.1222

[23] Fleyer M, Rosenthal A, Linden A, Horowitz M(2008) Multirate synchronous sampling of sparse multiband signals, arXiv.org:0806.0579

[24] Chen SS, Donoho DL, Saunders MA(2001) Atomic decomposition by basis pursuit. SIAM Review, 43(1):129-159. [Online]. Available: http://www.jstor.org/stable/3649687

[25] Polo YL, Wang Y, Pandharipande A, Leus G(2009) Compressive wide-band spectrum sensing. In: Proceedings of IEEE international conference on acoustics, speech, and signal processing, Taipei, pp 2337-2340

[26] Tropp JA, Laska JN, Duarte MF, Romberg JK, Baraniuk R(2010) Beyond Nyquist: efficient sampling of sparse bandlimited signals. IEEE Trans Inf Theory 56(1):520-544

[27] MishaliM, Eldar Y(2010) From theory to practice: sub-Nyquist sampling of sparse wideband analog signals. IEEE J Sel Top Signal Process 4(2):375-391

[28] Needell D, Tropp J(2009) Cosamp: iterative signal recovery from in-

complete and inaccurate samples. Appl Comput Harmon Anal 26(3): 301-321 . [Online]. Available: http://www. sciencedirect. com/science/article/B6WB3-4T1Y404-1/2/a3a764ae1efc1bd0569dcde301f0c6f1

[29] Laska J, Kirolos S, Massoud Y, Baraniuk R, Gilbert A, Iwen M, Strauss M(2006) Random sampling for analog-to-information conversion of wideband signals. In: Proceedings of IEEE DCAS, pp 119-122

[30] Laska JN, Kirolos S, Duarte MF, Ragheb TS, Baraniuk RG, Massoud Y(2007) Theory and implementation of an analog-to-information converter using random demodulation. Proc IEEE Int Symp Circ Syst ISCAS 2007(27-30):1959-1962

[31] Candes EJ, Tao T(2005) Decoding by linear programming. IEEE Trans Inf Theory 51(12):4203-4215

[32] Haupt J, Bajwa WU, Rabbat M, Nowak R(2008) Compressed sensing for networked data. IEEE Signal Process Mag 25(2):92-101

[33] Quan Z, Cui S, Sayed AH, Poor HV(2009) Optimal multiband joint detection for spectrum sensing in cognitive radio networks. IEEE Trans Signal Process 57(3):1128-1140

[34] WardR(2009) Compressed sensing with cross validation. IEEE Trans Inf Theory 55(12):5773-5782

[35] Boufounos P, Duarte M, Baraniuk R(2007) Sparse signal reconstruction from noisy compressive measurements using cross validation. In: Proceedings of IEEE/SP 14th workshop on statistical signal processing, Madison, pp 299-303

[36] Chaudhari S, Koivunen V, Poor HV(2009) Autocorrelation-based decentralized sequential detection of OFDM signals in cognitive radios. IEEE Trans Signal Process 57(7):2690-2700

[37] Malioutov D, Sanghavi S, Willsky A(2010) Sequential compressed sensing. IEEE J Sel Top Signal Process 4(2):435-444

[38] Matousek J(2008) On variants of the Johnson-Lindenstrauss lemma. Random Struct Algor 33:142-156

[39] Hazewinkel M(ed) (1987) Encyclopaedia of mathematics vol 1. Springer, New York

第 7 章　稀疏非线性 MIMO 滤波与识别

本章给出了稀疏非线性多输入多输出(MIMO)雷达的系统识别算法。这些算法有着许多潜在的应用场景,包括多天线结合功率放大器的数字传输系统、认知处理、非线性多变量系统的自适应控制以及多变量生物系统。稀疏是对模型施加的关键约束。稀疏性通常存在于物理因素中,如无线衰落信道估计。在其他情况下,它表现为一种实用的建模方法,旨在处理维数灾难,在如沃尔泰拉(Volterra)级数类的非线性系统中尤为严重。此处讨论了三种识别方法:基于输入输出采样的传统识别方法、强调最小输入资源的半盲识别、仅凭借输出样本加上有关输入特征先验知识的盲识别。通过仿真研究与评估了许多基于此分类的算法,其中包括已有算法和新算法。

7.1 引　言

系统的非线性存在于许多实际情况中,并且基于线性近似的补救通常会降低系统的性能。沃尔泰拉级数经常被用作捕获系统非线性的模型[69,71,77]。这个模型被用在通信、数字磁记录、生理系统、多变量系统控制中。沃尔泰拉级数构成了一类可以被认为是具有记忆的泰勒级数的多项式模型。这个模型的一个有吸引力的特性是未知参数在输出端线性输入。另一方面,项的数量随着模型的级数与记忆的增加呈指数增长。

文献中大部分工作集中于单输入单输出沃尔泰拉系统的模型化与识别。当使用的非线性系统为 MIMO 系统时,得到的模型就会更加复杂,这部分工作也几乎没有得到关注。本章解决了 MIMO 模型的问题。非线性 MIMO 系统包含了许多需要估计的参数,参数的数量随着级数、记忆以及输入数的增加呈指数增长。因此,急需通过考虑对输出影响较大的项来降低复杂度,这自然导致了潜在非线性 MIMO 系统的稀疏近似。稀疏非线性 MIMO 系统的识别方法有三种设定:传统、半盲与全盲。盲算法仅仅通过输出信号来识别未知的系统参数,传统法和半盲算法则需要训练或导频序列。

本章的目的主要有两个。第一个是扩展现有的应用于 SISO 模型的自适应滤波器,使其应用在 MIMO 情况下,并验证它们对非线性 MIMO 的适用性。第二个是为有限字母输入激发的非线性 MIMO 系统的全盲和半盲识别提出了新的算法。7.2 节中给出所考虑的稀疏非线性 MIMO 模型；7.3 节中讨论了稀疏 MIMO 系统的自适应滤波器；7.4 节中给出全盲与半盲识别的算法；7.5 节中给出结论与进一步的工作。

7.2 系统模型

MIMO 多项式系统组成了我们将要使用的基本类型的模型。接下来定义这些有限参数的递归结构。首先回顾 SISO 沃尔泰拉级数的基本概念；然后考虑扩展到 MIMO 情况并且介绍一些特殊的例子；最后对许多使用 MIMO 沃尔泰拉模型的应用进行简单讨论。

沃尔泰拉级数是描述非线性行为的通用模型[69,71]。一个 SISO 离散时间的沃尔泰拉模型有着如下的形式：

$$y(n)=\sum_{p=1}^{\infty}\sum_{\tau_1=-\infty}^{\infty}\cdots\sum_{\tau_p=-\infty}^{\infty}h_p(\tau_1,\cdots,\tau_p)\left[\prod_{i=1}^{p}x(n-\tau_i)\right] \tag{7.1}$$

每个输出由输入移位采样 $x(n-\tau_i)$ 与其乘积的加权组成。权重 $h_p(\tau_1,\cdots,\tau_p)$ 组成了 p 阶沃尔泰拉的内核。文献[13,51] 给出了保证输入产生已定义好输出的良好条件。仅当式(7.1) 中的非线性数量有限时，结果表达式定义了一个有限的沃尔泰拉系统。假设有限沃尔泰拉系统的内核是因果且绝对可和的，然后式(7.1) 定义了一个有限输入有限输出(BIBO) 的稳定系统，可以近似为多项式系统

$$y(n)=\sum_{p=1}^{P}\sum_{\tau_1=0}^{M}\cdots\sum_{\tau_p=0}^{M}h_p(\tau_1,\cdots,\tau_p)\left[\prod_{i=1}^{p}x(n-\tau_i)\right] \tag{7.2}$$

式(7.2) 被有限沃尔泰拉内核参数化且具有有限记忆 M。Boyd 与 Chua 建立一个更为普遍的结果[13,14]，声明任何有着衰落记忆的移位不变因果 BIBO 稳定系统都可以近似为式(7.2)。衰落记忆是一种关于加权范数的连续性特性，它在形成当前输出时抑制远程过去。读者可以在文献[13,14,51] 中获取更多细节。

线性的参数是式(7.2) 的一个关键特征。为了进行估计，有必要使用克罗内克(Kronecker) 积[15] 将式(7.2) 化为矩阵形式。令 $\boldsymbol{x}(n)=[x(n),x(n-1),\cdots,x(n-M)]^{\mathrm{T}}$(上标 T 表示转置)，且第 p 阶克罗内克功率有

$$\boldsymbol{x}_p(n)=\underbrace{\boldsymbol{x}\otimes\cdots\otimes\boldsymbol{x}}_{p次},\quad p=2,\cdots,P$$

克罗内克功率包括输入中所有的第 p 阶乘积。同样，通过将 p 维内核当作 M^p 列向量处理得到 $\boldsymbol{h}=[\boldsymbol{h}_1(\cdot),\cdots,\boldsymbol{h}_p(\cdot)]^{\mathrm{T}}$。将式(7.2) 表示为

$$y(n)=[\boldsymbol{x}^{\mathrm{T}}(n),\boldsymbol{x}_2^{\mathrm{T}}(n),\cdots,\boldsymbol{x}_p^{\mathrm{T}}(n)]\begin{bmatrix}h_1\\h_2\\\vdots\\h_p\end{bmatrix}=\boldsymbol{x}^{\mathrm{T}}(n)\boldsymbol{h} \tag{7.3}$$

将上式的 n 个连续输出采样收集到向量 $\boldsymbol{y}(n)=[y(1),\cdots,y(n)]$ 中得到系统的线性公式为

$$\boldsymbol{y}(n)=\boldsymbol{X}(n)\boldsymbol{h}$$

此时

$$\boldsymbol{X}(n)=[\boldsymbol{x}^{\mathrm{T}}(1),\cdots,\boldsymbol{x}^{\mathrm{T}}(n)]^{\mathrm{T}}$$

实际上很少考虑三阶以上的沃尔泰拉模型，这是因为在式(7.2)的模型中的参数数量($\sum_{p=1}^{P}M^p$)作为内存与非线性阶数的函数呈指数增长。为了处理这个复杂计算，式(7.2)的几个子集被纳入考虑，最著名的是维纳(Wiener)和汉默斯坦(Hammerstein)以及维纳－汉默斯坦模型。所有的情况都没有了通用的近似能力。一个维纳系统是线性滤波器的级联，且具有静态非线性。若我们以固定阶数的泰勒展开对静态非线性进行近似，可以得到维纳系统的输出如下：

$$y(n)=\sum_{p=1}^{P}\left[\sum_{\tau=0}^{M}h_p(\tau)x(n-\tau)\right]^p \tag{7.4}$$

汉默斯坦系统(或记忆多项式)由无记忆非线性(对静态非线性使用泰勒近似)加上线性滤波器组成，有着如下表达式：

$$y(n)=\sum_{p=1}^{P}\sum_{\tau=0}^{M}h_p(\tau)x^p(n-\tau) \tag{7.5}$$

一个维纳－汉默斯坦或三明治模型由夹在两个冲激响应为 $h(\cdot)$ 和 $g(\cdot)$ 线性滤波器中的无记忆非线性组成，且定义为

$$y(n)=\sum_{p=1}^{P}\sum_{\tau_1=0}^{M}\cdots\sum_{\tau_p=0}^{M}\sum_{k=0}^{M_{h_p}+M_{g_p}}g_p(k)\prod_{l=1}^{p}h_p(\tau_l-k)x(n-\tau_l) \tag{7.6}$$

以上的模型广泛应用在卫星、电话信道、蜂窝移动通信、无线 LAN 设置、广播电视台、数字磁系统与其他系统中[8,32,71,77,80]。

7.2.1 具有通用近似能力的非线性 MIMO 系统

之前小节讨论的是 MIMO 非线性系统的进一步扩展，注意力局限在 MIMO 多项式系统中。这些是式(7.2)自然扩展的有限参数化结构并且在一类多参数系统中保留有通用的近似能力。我们从考虑单输入单输出 MIMO

系统的情况开始讨论。最后稀疏用来减少未知参数的数量。

$$y_r(n)=\sum_{p=1}^{p}\sum_{\tau_1=0}^{M}\cdots\sum_{\tau_p=0}^{M}h_p^{(r)}(\tau_1,\cdots,\tau_p)\prod_{i=1}^{p}x(n-\tau_i) \tag{7.7}$$

其中，$y_r(n)$ 是与第 r 个输出信号相关的输出；$h_p^{(r)}(\tau_1,\cdots,\tau_p)$ 是第 r 个输出的第 p 阶沃尔泰拉内核。式(7.2) 与式(7.7) 的不同之处在于，内核 $h_p^{(r)}(\tau_1,\cdots,\tau_p)$ 与每个输出信号 $y_r(n)$ 相关。这些见图 7.1。可以通过对一个 SISO 系统以足够高的速率进行过采样并且多路复用这些采样来获得 SIMO 系统。

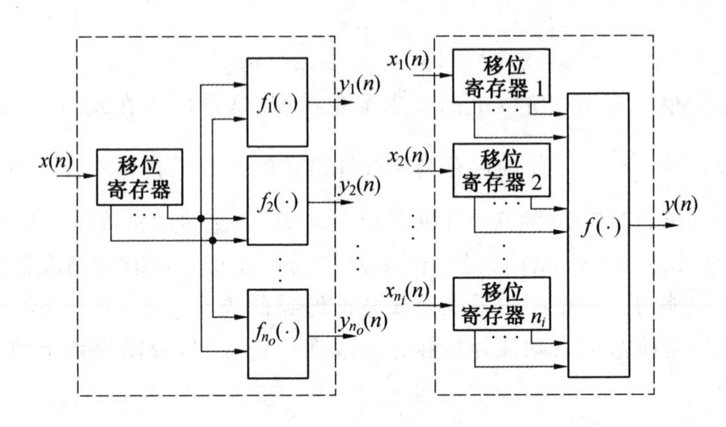

图 7.1　单输入多输出(SIMO) 与多输入单输出(MISO) 多项式系统

一个多输入单输出(MISO) 系统包含 n_i 个输出信号和一个输出。MISO 系统的输入输出可以表示为

$$y(n)=\sum_{p=1}^{p}\sum_{t=1}^{n_i}\sum_{\tau_1=0}^{M}\cdots\sum_{\tau_p=0}^{M}h_p(\tau_1,\cdots,\tau_p)\prod_{i=1}^{p}x_t(n-\tau_i) \tag{7.8}$$

其中，$x_t(n)$ 为第 t 个输入信号($1\leqslant t\leqslant n_i$)。一个移位寄存器(SR) 与每个输入相关。所有寄存器的内容随后以前馈多项式的方式转换为输出，如图 7.1 所示。

一般 MIMO 的情况很容易从上述特殊情况得到解释。一个有着 n_i 个输入与 n_o 个输出的 MIMO 有限支持沃尔泰拉系统有着如下形式：

$$\begin{aligned}y_r(n)=&f_r(x_1(n),x_1(n-1),\cdots,x_1(n-M),\cdots,x_{n_i}(n),\\&x_{n_i}(n-1),\cdots,x_{n_i}(n-M)),\quad r=1,\cdots,n_o\end{aligned} \tag{7.9}$$

每个输出 $y_r(n)$ 由 n_i 个输入与其移位的多项式结合而成。参数 M 为与每个输入相关的 n_i 个寄存器的存储。MIMO 有限支撑沃尔泰拉结构如图 7.2 所示，这个模型能够捕捉 n_i 个输入与其移位的任何乘积组合所产生的非线性效应。扩展 $f_r(\cdot)$ 为 P 次多项式来产生有着 n_i 个输入与 n_o 个输出的非线性

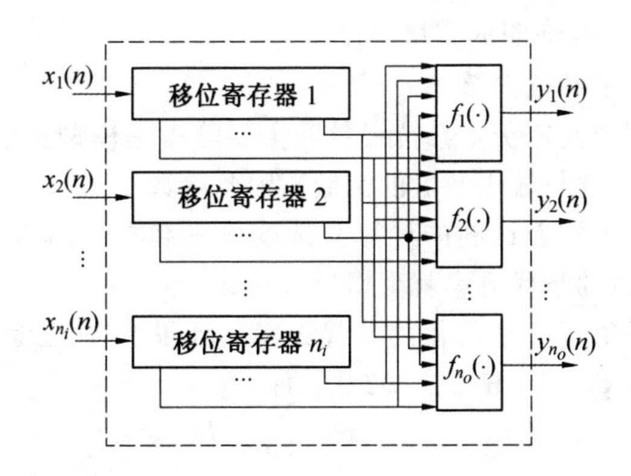

图 7.2　一个线性 MIMO 沃尔泰拉

MIMO 沃尔泰拉模型,可以定义为

$$y_r(n)=\sum_{p=1}^{P}\sum_{t_1=1}^{n_i}\cdots\sum_{t_p=1}^{n_i}\sum_{\tau_1=0}^{M}\cdots\sum_{\tau_p=0}^{M}h_p^{(r,t_1\cdots t_p)}(\tau_1,\cdots,\tau_p)\prod_{i=1}^{p}x_{t_i}(n-\tau_i) \tag{7.10}$$

其中,$h_p^{(r,t_1\cdots t_p)}(\tau_1,\cdots,\tau_p)$ 为与第 r 个输出和$(t_1\cdots t_p)$ 输入有关的 p 阶沃尔泰拉内核。在此情况下,这个沃尔泰拉内核有着多维指数$(r,t_1\cdots t_p)$。

由于存在多个求和,上述表达式十分复杂。可以使用克罗内克积来缓解这个问题。令

$$\bar{\boldsymbol{x}}(n)=[x_1(n),x_1(n-1),\cdots,x_1(n-M),\cdots,$$
$$x_{n_i}(n),x_{n_i}(n-1),\cdots,x_{n_i}(n-M)]^{\mathrm{T}}$$

因此非线性输入向量可表示为

$$\boldsymbol{x}(n)=[\bar{\boldsymbol{x}}(n),\bar{\boldsymbol{x}}_2(n),\cdots,\bar{\boldsymbol{x}}_p(n)]^{\mathrm{T}} \tag{7.11}$$

然后式(7.10) 可表示为

$$\boldsymbol{y}(n)=\boldsymbol{H}\boldsymbol{x}(n) \tag{7.12}$$

其中,$\boldsymbol{y}(n)=[y_1(n),\cdots,y_{n_o}(n)]^{\mathrm{T}}$ 为输出向量;且系统矩阵为 $\boldsymbol{H}=[\boldsymbol{h}_{1:},\cdots,\boldsymbol{h}_{n_o:}]^{\mathrm{T}}$,$\boldsymbol{h}_{n_o:}$ 包含了所有与第 r 个输出相关的沃尔泰拉内核。在此情况下参数矩阵包含

$$\sum_{i=1}^{p}(n_i\times M)^p$$

个参数。式(7.9) 中的 MIMO 多项式族在如下意义下有着通用的近似能力:每一个不止一个输入与输出的非线性系统是因果的、移位不变的、有界输入有界输出的且有着衰落记忆,且该系统可以由式(7.10) 给出的 MIMO 多项式系统进行近似。该推论建立在能够对于 MISO 系统证明相同结论的基础上。

后者是对 SISO 情况证明的直接修改。

稀疏感知沃尔泰拉内核

在实际应用中使用沃尔泰拉级数的主要障碍是模型参数的指数增长(是阶数、系统内存长度与输入数量的函数),因此阶数 $p>3$ 与内存长度 $M>5$ 的模型增加了以识别为目的的计算复杂度成本和数据需求。出于这个简约的理由,降低阶数的替代方案就变得更有意义。

稀疏表示提供了一个可行的替代方案。如果非零元素的数量少于 s,则式(7.12) 中的参数矩阵 $\boldsymbol{H}$ 是 s 稀疏的,即

$$\|\operatorname{vec}[\boldsymbol{H}]\|_{l_0}=\{\#(i,j):H_{ij}\neq 0\}\leqslant s$$

7.2.2 特殊类型的 MIMO 非线性系统

本小节中研究了一些特殊类型的 MIMO 沃尔泰拉系统。我们从一个简化版本的 MIMO 沃尔泰拉模型开始,然后构建如维纳、汉默斯坦和维纳－汉默斯坦的非线性模型扩展到 MIMO 情况。这些模型由线性 MIMO 滤波器和 MIMO 静态非线性的级联形成。

1. 并行级联 MIMO 沃尔泰拉模型

在 MIMO 系统中来自 n_i 个输入的信号彼此相互作用并产生的混合结果在每个输出被接收。式(7.10) 的一个特殊例子是当 MIMO 系统从并联 SISO 系统获取结果,此处每个 SISO 系统被认为是一个路径或一个并行系统。若每个输入与输出之间的路径被模型化为沃尔泰拉系统,则第 r 个输出表示如下:

$$y_r(n)=\sum_{p=1}^{P}\sum_{t=1}^{n_i}\sum_{\tau_1=0}^{M}\cdots\sum_{\tau_p=0}^{M}h_p^{(r,t)}(\tau_1,\cdots,\tau_p)\prod_{i=1}^{p}x_t(n-\tau_i)\qquad(7.13)$$

其中 $h_p^{(r,t)}(\tau_1,\cdots,\tau_p)$ 是对所有 $t=1,\cdots,n_i$ 与 $r=1,\cdots,n_o$ 成立的第 t 个输出和第 r 个输出间的 p 阶沃尔泰拉内核。上述模型不允许不同输入之间产生混合,相反,每个输入进行非线性转换后对所有不同的输入进行线性混合。这样的模型称为 n_i 个 SIMO 沃尔泰拉模型的并行级联。

式(7.13) 可以写成与式(7.12) 相同的形式。定义第 t 个输入移位向量为

$$\boldsymbol{x}^{(t)}(n)=[x^{(t)}(n),x^{(t)}(n-1),\cdots,x^{(t)}(n-M)]^{\mathrm{T}}$$

然后输入向量的线性混合有着如下形式:

$$\boldsymbol{x}(n)=[\boldsymbol{x}_1^{(1)}(n),\boldsymbol{x}_2^{(1)}(n),\cdots,\boldsymbol{x}_p^{(1)}(n),\cdots,\boldsymbol{x}_1^{(n_i)}(n),\boldsymbol{x}_2^{(n_i)}(n),\cdots,\boldsymbol{x}_p^{(n_i)}(n)]^{\mathrm{T}}$$

上述线性混合模型的参数总数量为

$$n_i\sum_{i=1}^{p}M^p$$

相比于一般形式已经大大减少了。

线性混合模型可以应用在非线性通信中。通信非线性可以分为以下三种类型:发射机非线性(由于放大器的非线性)、固有物理信道的非线性和接收机非线性(由于非线性滤波)。功率放大器(PA)(位于发射机)是导致非线性的主要原因。在一个装备多个发射天线的系统中,每个发射天线都会放大信号功率。为了实现功率效率,放大器一般工作在接近饱和区。在这些情况下它们引入了非线性,其将导致干扰与降低频谱效率。在接收终端,每个天线接收到所有发射信号的线性叠加,如图 7.3 所示。应该指出,非线性效应在混合发射信号前单独作用于每个输入信号。

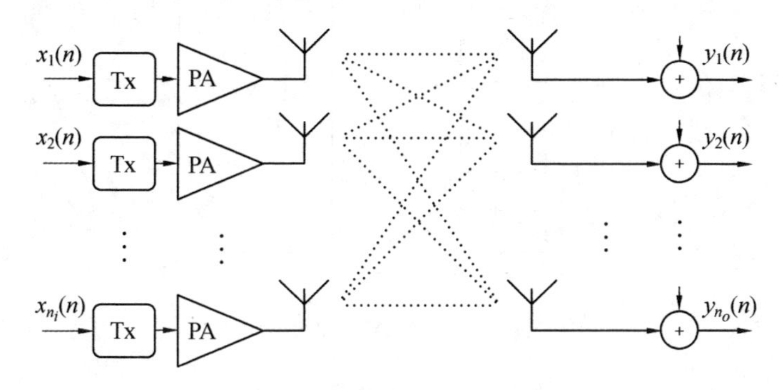

图 7.3　并行级联 MIMO 沃尔泰拉通道的一个例子

2. 非线性 MIMO 系统结构分类

MIMO 维纳模型如图 7.4 所示。它由一个线性 MIMO 系统和每个输出的多项式非线性级联组成。输出可表示为

$$y_r(n)=\sum_{p=1}^{P}\sum_{t_1=1}^{n_i}\cdots\sum_{t_p=1}^{n_i}\sum_{\tau_1=0}^{M}\cdots\sum_{\tau_p=0}^{M}\prod_{i=1}^{p}h_p^{(r,t_i)}(\tau_i)x_{t_i}(n-\tau_i)\tag{7.14}$$

这个模型是 MIMO 沃尔泰拉系列模型的一个特殊子集。第 p 阶沃尔泰拉内核与 p 阶维纳内核之间的关系为

$$h_p^{(rt_1\cdots t_p)}(\tau_1,\cdots,\tau_p)=\prod_{i=1}^{p}h_p^{(r,t_i)}(\tau_i)$$

因此,MIMO 维纳模型等价于一个具有可分离内核的 MIMO 沃尔泰拉系统。MIMO 汉默斯坦模型是 MIMO 沃尔泰拉模型中最简单常用的一个子集。如图 7.5 所示,MIMO 汉默斯坦是为每个输入连接一个静态多项式非线性级联和一个线性 MIMO 系统的连接,它由与维纳模型相同的构造模块组成,但以相反的顺序进行连接。其构成如下:

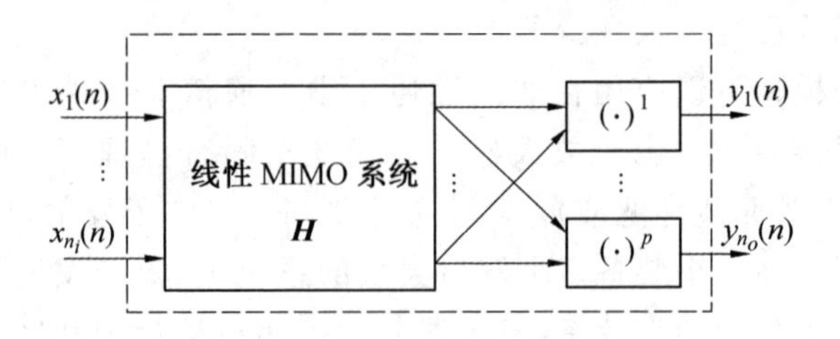

图 7.4　一个 MIMO 维纳系统

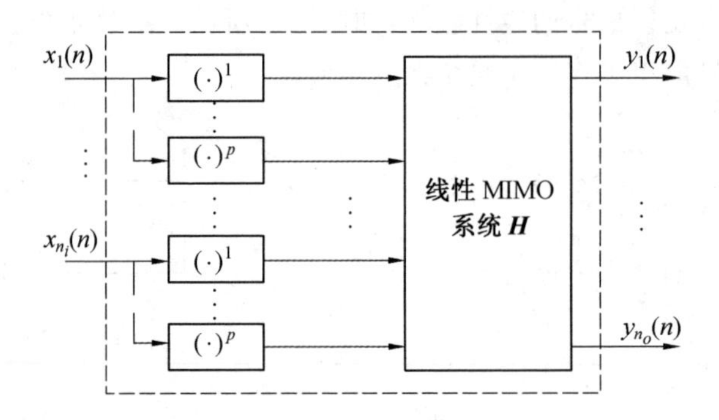

图 7.5　一个 MIMO 汉默斯坦系统

$$y_r(n)=\sum_{p=1}^{P}\sum_{t=1}^{n_i}\sum_{\tau=0}^{M}h_p^{(r,t)}(\tau)x^p(n-\tau_i) \tag{7.15}$$

一个汉默斯坦模型的 p 阶沃尔泰拉内核为

$$h_p^{(n_1\cdots t_p)}(\tau_1,\cdots,\tau_p)=h_p(\tau_1)\delta(\tau_2-\tau_1)\cdots\delta(\tau_p-\tau_1)\delta(t_2-t_1)\cdots\delta(t_p-t_1) \tag{7.16}$$

汉默斯坦系统禁止不同输入之间的相互作用，因此这个系统对应于一个对角 MIMO 沃尔泰拉模型。

我们最终考虑 MIMO 沃尔泰拉内核有着可分解形式的情况：

$$h_p^{(n_1\cdots t_p)}(\tau_1,\cdots,\tau_p)=\sum_{k=0}^{M_h+M_g}g_p^r(k)\prod_{i=1}^{p}h_p^{t_i}(\tau_i-k)$$

将以上形式代入式(7.10)，得到

$$y_r(n)=\sum_{p=1}^{P}\sum_{t_1=1}^{n_i}\cdots\sum_{t_p=1}^{n_i}\sum_{\tau_1=0}^{M}\cdots\sum_{\tau_p=0}^{M}\sum_{k=0}^{M_h+M_g}g_p^r(k)\prod_{i=1}^{p}h_p^{t_i}(\tau_i-k)x_{t_i}(n-\tau_i) \tag{7.17}$$

此 p 阶内核相当于一个线性 MIMO 系统后接一个无记忆非线性级联再加另一个线性 MIMO 系统，也就是 MIMO 维纳－汉默斯坦或三明治模型。

最简单的 MIMO 维纳－汉默斯坦系统的形式有着一个三明治模型，也就是在 MISO 和一个 SIMO 线性系统之间有着单个输入和单个输出(SISO) 的静态非线性级联。其一般形式如图 7.6 所示，两个线性滤波器有着随机的输入输出维度。兼容性可由合理设置 MIMO 静态非线性的维度获得。维纳－汉默斯坦系统已经广泛应用在卫星传送中，此处地面站与卫星转发器均采用(非线性) 功率放大器。在这种情况下信号带宽依赖于应用，应谨慎选择，使得输出信号仅包含载频 ω_c 附近的频谱信息。这样得到 MIMO 基带维纳－汉默斯坦系统[8, 14]，可表示为

$$y_r(n)=\sum_{p=1}^{\lfloor\frac{P-1}{2}\rfloor}\sum_{t_1=1}^{n_i}\cdots\sum_{t_{2p+1}=1}^{n_i}\sum_{\tau_1=0}^{M}\cdots\sum_{\tau_{2p+1}=0}^{M}\sum_{k=0}^{M_h+M_g}g_p^r(k)\prod_{i=1}^{p}$$
$$\times\prod_{i=1}^{p+1}h_{2p+1}^{t_j}(\tau_i-k)x_{t_i}(n-\tau_i)\prod_{j=p+2}^{2p+1}h_{2p+1}^{t_j}(\tau_j-k)x_{t_j}^{*}(n-\tau_j) \tag{7.18}$$

其中，$\lfloor\cdot\rfloor$ 表示向下取整。上述表达式只考虑了奇数阶功率，比共轭输入多一个非共轭输入。这样输出不会产生关注频带外的频谱元素。

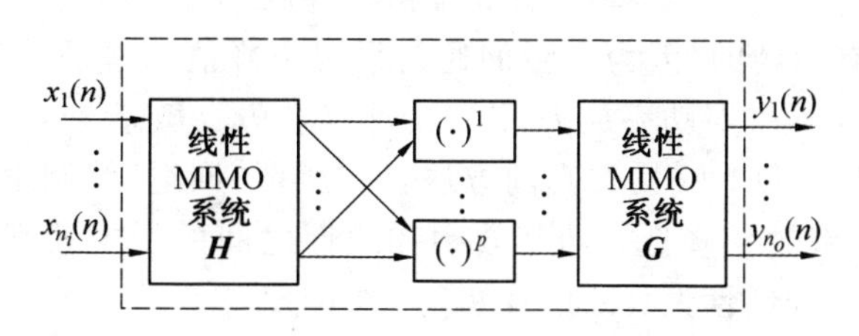

图 7.6　MIMO 基带维纳－汉默斯坦系统

7.2.3　MIMO 沃尔泰拉系统的实际应用

非线性 MIMO 系统可以应用在通信及控制应用中，以下是简要的回顾。

1. 非线性通信系统

装备了多个发送和/或接收天线的通信系统是提供了空间分集的 MIMO 系统。应用空间分集得到更好性能与在干扰消除、衰落缓解与频谱效率上的性能提升。大多数现有的 MIMO 方法限制在了线性系统中。然而，在许多情况下，系统呈非线性，且基于线性 MIMO 近似的可能补救方法性能会极大降低。

在一个通信系统中，有限的资源(功率、频率与时隙)经常要被多个用户有效共用。我们经常遇到的一种情况是用户数量超过频率或时隙可提供的

数量。在基于基础设施的网络中，一个基站或一个接入点负责在用户间分配资源，从而减少接入延迟/传输等待时间并提高服务质量（QoS）。这是通过各种多址方案建立的。两种可用于高数据率的关键多址技术分别为正交频分复用多址（OFDMA）与码分复用多址（CDMA）。

OFDMA 在频域（通过将可用的频带划分为许多子频带，称为子载波）与时域（通过 OFDM 码元）动态分配资源。传输系统将不同的用户分配给正交子载波组，因此允许它们非常接近，没有如频分多址中那样的保护间隔。而且它防止相邻载波间的干扰。OFDMA 已经在几个无线通信标准（IEEE 802.11a/g/n 无线局域网（WLANs），IEEE 802.6e/m 全球微波接入互操作性（WiMAX），超级无线局域网 II）、高比特率数字用户线（HDSL）、非对称数字用户线（ADSL）、甚高速数字用户线（VHDSL）、数字音频广播（DAB）、数字电视与高清电视（HDTV）中实现。

OFDMA 能够缓解码间串扰（ISI），（由于多径传播）使用低复杂度/简单的均衡结构。这通过将可用带宽变换为多个正交窄带子载波来实现，其中每个子载波足够窄从而经历的衰落相对平坦。然而，OFDM 对同步问题敏感且具有高峰均功率比（PAPR）特征，该特征由一些码元总和的大功率波动造成。这样的变化是有问题的，因为实际的通信系统中峰值功率是受限的。此外，OFDM 收发器本质上对功率放大（PA）的非线性失真敏感[38]，这将导致最大功率消散。一种避免非线性失真的方法是在所谓“回退”体制下放大操作功率，这将导致功率效率降低。功率效率和线性之间的折中处理推动了应对 MIMO－OFDM 非线性失真的信号处理工具的发展[38,40,45]。

CDMA 基于扩频技术。其在第三代移动系统（3G）中起到重要作用，且应用在 IEEE 802.11b/g（WLAN）、蓝牙与无绳电话中。CDMA 技术中，多用户通过使用（几乎）正交扩频码同时共用一个频段。整个过程在宽的频率范围（使用伪随机码扩频或跳频）上有效地扩展带宽，且比原始数据速率高几个数量级。限制 CDMA 系统性能的两个关键因素是由于多径传播造成的码间和符号间干扰（ICI / ISI），主要是因为它们倾向于破坏用户码之间的正交性，从而防止干扰消除。当由功率放大器引入非线性失真时，抑制干扰的有害影响（ICI 和 ISI）变得更加复杂。ICI、ISI 与非线性的结合效应在文献[40,67]中综合考虑。然而，如文献[22]所述，由于用户不活动/不确定性、定时偏移与多径传播，CDMA 系统模型是稀疏的。如果重新考虑非线性以及稀疏 ICI / ISI，则可以预期 CDMA 系统性能进一步改善。

2. MIMO 非线性生理系统

在一些生理应用中，必须获得尽可能多的有关系统功能的内部信息。生物医学文献中充分记录了非线性系统可以显著提高建模的质量[57,80]。通常，线性近似丢弃了关于非线性的重要信息。为此，几个生理系统，如感觉系统（蟑螂触觉脊柱、听觉系统、视网膜）、反射环（在肢体和眼睛位置的控制）、器官系统（心率变异性、肾自动调节）和组织力学（肺组织、骨骼肌）已通过非线性系统分析使用沃尔泰拉序列[57,80]。上述许多生理系统从多于一个输入接收激励，因此自然地导致 MIMO 沃尔泰拉模型。

3. 控制应用

控制应用程序通常有着多变量交互和非线性行为，这使得建模任务和设计更具挑战性。这种控制系统的实例包括：多变量聚合反应器[32]、流化催化裂化单元（FCCU）[83,84]和快速热化学蒸汽组合系统（RTCVD）[72]。

多变量聚合反应器旨在通过操纵冷却水和单体流速来将反应器温度控制在不固定的稳定状态。MIMO 沃尔泰拉模型已被用于捕获/跟踪非线性工厂输出[32]。FCCU 单元构成现代炼油厂的主力，其目的是将瓦斯油转化为一系列烃产物。与 FCCU 相关的主要问题是其内部反馈回路（相互作用）及其高度非线性情况[84]。RTCVD 是用于通过热激活化学机制在半导体晶片上沉积薄膜的工艺。RTCVD 的工艺和设备模型主要包括能量、动量和质量守恒的平衡方程，以及描述相关化学机制的方程。RTCVD 系统的一个重要特性是它们的宽操作区域，其需要用尽可能多的模式激励系统，因此非线性 MIMO 系统变得与之相关。在所有上述控制应用中的主要挑战是非线性 MIMO 模型所需的大量参数。

7.3　稀疏多变量滤波算法

具有大量系数的自适应滤波器经常出现在多媒体信号处理、MIMO 通信、生物医学应用、机器人、声学回声消除和工业控制系统中。通常，这些应用受到非线性效应，且这些效应可以使用第 7.2 节的模型来捕获。常规自适应算法的稳态和跟踪性能可以通过利用未知系统的稀疏度来提高。这通过两种不同的策略实现[82]。第一种是基于成比例的自适应滤波器，其通过与估计的滤波器参数的幅度成比例地调整步长来独立于其他参数的更新滤波器的每个参数。以这种方式，自适应增益在所有参数之间“成比例”重新分布，强调大系数以便加速收敛并增加整体收敛速度。第二种策略是受压缩感知框架[16,36,76]的启发。压缩感知方法遵循两个主要路径：(a)l_1 最小化（也称为基本追踪）；(b)贪婪算法（匹配追踪）。基本追踪通过未知参数向量的 l_1 范数（或加权的 l_1 范数）惩罚成本函数，因为 l_1 范数（不同于 l_2 范数）有利于稀疏的解决方案。这些方法结合了传统的自适应滤波算法如 LMS、RMS 等系数促进操作。附加操作包括软阈值(最初由 D. L. Donoho 提出用于去噪声[30])和到 l_1 球的公制投影[25,33]。另外,贪婪算法迭代地计算信号的支撑集,并构建参数的近似,直到开始收敛。比例自适应滤波由 Duttweiler 于 2000 年提出[34]。此后,多种改进方法被提出[64]。文献[64]中讨论了比例自适应滤波和压缩感知之间的关联。

7.3.1 稀疏多变量维纳滤波器

图 7.7 中的框图展示了一个有着 n_i 个输入和 n_o 个输出的离散时间 MIMO 滤波器[7,47]。输出 $\boldsymbol{y}(n)$、脉冲响应矩阵 $\boldsymbol{H}$ 和输入 $\boldsymbol{x}(n)$ 的关系为

$$\boldsymbol{y}(n)=\boldsymbol{H}\boldsymbol{x}(n)+\boldsymbol{v}(n) \tag{7.19}$$

其中,$\boldsymbol{x}(n)$ 已在式(7.11)中定义过;$\boldsymbol{v}(n)$ 是一个高斯白噪声向量,$\boldsymbol{v}(n)=[v_1(n),v_2(n),\cdots,v_{n_o}]^{\mathrm{T}}$。下式表示第 r 个输出信号:

$$y_r(n)=\sum_{\tau=1}^{n_i}\boldsymbol{h}_{r\tau}^{\mathrm{T}}\boldsymbol{x}_\tau(n)+v_r(n) \tag{7.20}$$

$$=\boldsymbol{h}_{r:}^{\mathrm{T}}\boldsymbol{x}(n)+v_r(n),\quad r=1,\cdots,n_o \tag{7.21}$$

$$\boldsymbol{H}=\begin{bmatrix}\boldsymbol{h}_{11}^{\mathrm{T}} & \cdots & \boldsymbol{h}_{1n_i}^{\mathrm{T}}\\ \vdots & & \vdots\\ \boldsymbol{h}_{n_o1}^{\mathrm{T}} & \cdots & \boldsymbol{h}_{n_on_i}^{\mathrm{T}}\end{bmatrix}=\begin{bmatrix}\boldsymbol{h}_{1:}^{\mathrm{T}}\\ \vdots\\ \boldsymbol{h}_{n_o:}^{\mathrm{T}}\end{bmatrix} \tag{7.22}$$

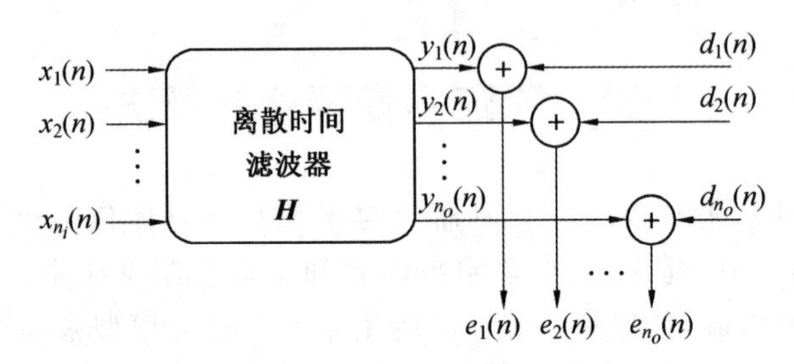

图 7.7 MIMO 滤波器

采用自适应处理以使得第 r 个输出尽可能地与期望的响应信号 $d_r(n)$ 接近一致,这通过将输出与相应的期望响应进行比较,且通过调整参数以使得到的估计误差最小化来实现。更精确地,给定一个 $\boldsymbol{H}$ 的估计 $\hat{\boldsymbol{H}}(n)$,估计误差为

$$e_r(n)=y_r(n)-d_r(n)=y_r(n)-\hat{\boldsymbol{h}}_{r:}^{\mathrm{T}}(n)\boldsymbol{x}(n),\quad r=1,\cdots,n_o \tag{7.23}$$

以向量形式表示为

$$\boldsymbol{e}(n)=\boldsymbol{y}(n)-\hat{\boldsymbol{H}}(n)\boldsymbol{x}(n) \tag{7.24}$$

通过估计误差的函数来评估滤波器的性能。LS 滤波器，最小化总平方误差为

$$J_{\mathrm{LS}}(n)=\sum_{i=1}^{n}\boldsymbol{e}H^{1}(i)\boldsymbol{e}(i)=\sum_{i=1}^{n}\|\boldsymbol{e}(i)\|_{l_2}^{2} \tag{7.25}$$

$$=\sum_{r=1}^{n_o}J_{\boldsymbol{h}_{r:}}(n) \tag{7.26}$$

最优 MIMO 滤波器由系统线性方程给出

$$\boldsymbol{H}_o(n)\boldsymbol{R}_{xx}(n)=\boldsymbol{P}_{yx}(n) \tag{7.27}$$

其中，$\boldsymbol{R}_{xx}(n)$ 为输入采样协方差矩阵(有着块托普里兹结构)，且

$$\boldsymbol{R}_{x_ix_j}(n)=\sum_{t=1}^{n}\boldsymbol{x}_i(t)\boldsymbol{x}_j^{\mathrm{H}}(t)$$

$$\boldsymbol{P}_{yx}(n)=\sum_{i=1}^{n}\boldsymbol{y}(i)\boldsymbol{x}^{\mathrm{H}}(i)=[\boldsymbol{p}_{yx_1}(n)\ \boldsymbol{p}_{yx_2}(n)\ \cdots\ \boldsymbol{p}_{yx_{n_i}}(n)] \tag{7.28}$$

广泛条件下式(7.27)的解趋向最优均方滤波器(该场景中指维纳滤波器)，其最小化均方根误差 $\mathbf{E}\{\|\boldsymbol{e}(i)\|_{l_2}^{2}\}$ 满足式(7.27)中给定的线性方程系统($\boldsymbol{P}_{yx}(n)=\mathbf{E}\{\boldsymbol{y}(i)\boldsymbol{x}^{\mathrm{H}}(i),\boldsymbol{R}_{xx}(n)=\mathbf{E}\{\boldsymbol{x}(i)\boldsymbol{x}^{\mathrm{H}}(i)\}$)。式(7.27)可以分解为 n_o 个独立的 MISO 方程，每个对应一个输出信号[9,47]，如

$$\boldsymbol{h}_{r:,o}(n)\boldsymbol{R}_{xx}(n)=\boldsymbol{p}_{y_r x}(n),\quad r=1,\cdots,n_o \tag{7.29}$$

因此，独立最小化 J_{LS} 或最小化每个 $J_{\boldsymbol{h}_{r:}}(n)$ 给出完全相同的结果。

两种常用的自适应滤波方法是最小均方算法(LMS)和最小二乘法(RLS)。LMS 遵循一个随机梯度方法且实现计算简单。另一方面，更为复杂的 RLS 有着更好的收敛速率。

LMS 寻求最小化瞬时误差

$$J_{\mathrm{LMS}}(n)=\boldsymbol{e}^{\mathrm{H}}(n)\boldsymbol{e}(n) \tag{7.30}$$

用 LMS 估计冲激响应矩阵 $\boldsymbol{H}$ 基于如下的更新等式：

$$\boldsymbol{H}(n)=\boldsymbol{H}(n-1)+\mu\boldsymbol{e}(n)\boldsymbol{x}^{\mathrm{H}}(n) \tag{7.31}$$

其中步长 μ 决定算法的收敛速率。为了实现收敛到均值的最优维纳解，μ 应如下选择：

$$0<\mu<\frac{2}{M\sum_{\tau}^{n_i}\sigma_{x_\tau}^{2}} \tag{7.32}$$

RLS 算法试图最小化指数加权的成本函数

$$J_{RLS}(n)=\sum_{t=1}^{n}\lambda^{n-t}\boldsymbol{e}^{H}(t)\boldsymbol{e}(t) \tag{7.33}$$

其中，λ 表示遗忘因子。如下进行 RLS 估计更新：

$$\boldsymbol{H}(n)=\boldsymbol{H}(n-1)+\boldsymbol{e}(n)\boldsymbol{k}^{\mathrm{T}}(n) \tag{7.34}$$

其中

$$\boldsymbol{k}(n)=\frac{\boldsymbol{R}_{xx}^{-1}(n)\boldsymbol{x}^{*}(n)}{\lambda+\boldsymbol{x}^{\mathrm{T}}(n)\boldsymbol{R}_{xx}^{-1}(n)\boldsymbol{x}^{*}(n)}$$

是已知的卡尔曼增益[46,70]。由矩阵求逆的引理[46,70]得到

$$\boldsymbol{R}_{xx}^{-1}(n)=\lambda^{-1}\boldsymbol{R}_{xx}^{-1}(n-1)-\boldsymbol{k}(n)\boldsymbol{x}^{\mathrm{T}}(n)\boldsymbol{R}_{xx}^{-1}(n-1) \tag{7.35}$$

7.3.2 L_1 约束自适应滤波器

这些算法基于由 l_1 范数（或权重 l_1 范数，或近似 l_0 范数）处罚的最小化成本函数，且受到 l_1 范数促进稀疏解的情况启发，是 l_0 准范数的最佳凸松弛。

1. LMS 型滤波器

稀疏成本函数将瞬时误差与稀疏度诱导惩罚项相结合

$$J_{\text{ZA-LMS}(n)}=\frac{1}{2}(\boldsymbol{e}^{\mathrm{H}}(n)\boldsymbol{e}(n))+\tau\,\mathrm{pen}(\boldsymbol{H}(n)) \tag{7.36}$$

其中，τ 是一个正的标量正则化参数，其为惩罚与信号重构误差之间提供了权衡。最广为人知的稀疏诱导惩罚项是 l_1 范数（$\mathrm{pen}(\boldsymbol{H}(n))=\|\mathrm{vec}[\boldsymbol{H}(n)]\|_{l_1}$）。尽管很大一部分文献主要讲述 l_1 范数，但仍然有其他的函数推进稀疏性[42,48]。实际上，对任何惩罚项都有 $\mathrm{pen}(\boldsymbol{H}(n))$ 对称，单调非递减，且出于同样的目的有着减小的导数。

稀疏 LMS 型变量遵循以下的更新方法：

{新的估计参数} = {旧的估计参数} + {步长}{新信息} + {零吸引项}

其中新信息项是滤波器输出和理想信号向量之间的误差向量；零吸引（ZA）项是对小参数施加零吸引的范数相关正则化函数。由于这两个部分难以平衡，递归的收敛可能较慢。这个问题将在后面的小节中详细讨论。

第一个这种类型算法（最初在文献[18,19]中为 SISO 系统提出）最小化式（7.36）。滤波器参数矩阵由下式进行更新：

$$\begin{aligned}\boldsymbol{H}(n)&=\boldsymbol{H}(n-1)-\mu\nabla J_{\text{ZA-LMS}}(n)\\&=\boldsymbol{H}(n-1)+\mu\boldsymbol{e}(n)\boldsymbol{x}^{\mathrm{H}}(n)-\gamma\nabla^{s}\mathrm{pen}(\boldsymbol{H}(n-1))\end{aligned} \tag{7.37}$$

其中，$\nabla^{s}\mathrm{pen}(\boldsymbol{H}(n-1))$ 是凸函数 $\mathrm{pen}(\boldsymbol{H}(n-1))$ 的次梯度；$\gamma=\mu\tau$ 是正则化参数。在自适应滤波环境下，γ 也可以看作调整步长。通常，正则化步长被离线（通过穷举模拟）或以特定方式精细调整。选择 γ 的系统方法在文献[19]中给出。

在标准的压缩传感设置下，惩罚由 l_1 范数给定，结果算法如表 7.1 所示。

注意 sgn(•) 为一个特定组成的符号函数，定义为

$$\operatorname{sgn}(H_{ij})=\begin{cases}H_{ij}/\mid H_{ij}\mid, & H_{ij}\neq 0\\ 0, & H_{ij}=0\end{cases} \tag{7.38}$$

表 7.1　ZA－LMS 算法

算法描述

$\boldsymbol{H}(0)=\boldsymbol{0}$
For $n:=1,2,\cdots$ **do**
1:$\boldsymbol{e}(n)=\boldsymbol{d}(n)-\boldsymbol{H}(n-1)\boldsymbol{x}(n)$
2:$\boldsymbol{H}(n)=\boldsymbol{H}(n-1)+\mu\boldsymbol{e}(n)\boldsymbol{x}^{\mathrm{H}}(n)-\gamma\operatorname{sgn}(\boldsymbol{H}(n-1))$
End For

众所周知，LMS 在一个稳定的环境中，实现了对维纳解的无偏收敛（使用独立的假设）[46]。然而，不像传统的 LMS，ZA－LMS 导致一个有偏的结果，为

$$\mathbf{E}[\boldsymbol{H}(n)]=\boldsymbol{H}_0-\frac{\gamma}{\mu}\mathbf{E}[\boldsymbol{H}(n)]\boldsymbol{R}_{xx}^{-1}(n),\quad n\to\infty \tag{7.39}$$

回顾 l_0 范数与 l_1 范数惩罚的关键不同是，l_1 范数依赖于非零分量的幅度，l_0 范数则不然。结果是，分量越大，l_1 惩罚的惩罚就越重。为了克服这种经常不公平的惩罚，在传统 LMS 成本函数中引入两个不同的惩罚项。两种形式都更加近似于 l_0 范数。第一个是基于阶跃函数的近似[79]

$$\operatorname{pen}(\boldsymbol{H}(n))=\sum_i(1-\exp^{-a'|\operatorname{vec}_i[\boldsymbol{H}(n)]|}) \tag{7.40}$$

其中，$a>0$ 是必须选择的参数。文献[49]的作者考虑通过指数函数的一阶泰勒级数展开来降低所产生的零吸引力项的计算复杂度。结果滤波器更新迭代（称为 l_0－LMS）为

$$\boldsymbol{H}(n)=\boldsymbol{H}(n-1)+\mu\boldsymbol{e}(n)\boldsymbol{x}^{\mathrm{H}}(n)-\gamma a(1-a\mid\boldsymbol{H}(n-1)\mid)_+\operatorname{sgn}(\boldsymbol{H}(n-1)) \tag{7.41}$$

其中，$(x)_+=\max\{x,0\}$。受到文献[17]中重新加权 l_1 成本函数的启发，文献[18]的作者通过重新加权稀疏惩罚项来加强 ZA－LMS。提出的惩罚项由下式给出：

$$\operatorname{pen}(\boldsymbol{H}(n))=\sum_i\log(1+\epsilon'^{-1}\mid\operatorname{vec}_i[\boldsymbol{H}(n)]\mid) \tag{7.42}$$

根据随机梯度法，得到的滤波器更新迭代为

$$\boldsymbol{H}(n)=\boldsymbol{H}(n-1)+\mu\boldsymbol{e}(n)\boldsymbol{x}^{\mathrm{H}}(n)-\gamma\frac{\operatorname{sgn}(\boldsymbol{H}(n-1))}{1+\epsilon\mid\boldsymbol{H}(n-1)\mid} \tag{7.43}$$

此算法称为 RZA－LMS。估计矩阵的小坐标被严重加权($1/(1+\epsilon\mid \boldsymbol{H}(n-1)\mid)$)为0,且小权重产生更大的坐标。结果是,RZA－LMS收敛矩阵的均值偏差减小了。

到目前为止,我们通过在更新公式中嵌入附加项来检验如何处理式(7.36)的 LMS 成本函数的惩罚。一个考虑临近分裂方法的不同观点被提出[21]。(可能不可微分的)凸函数 $\Omega(\boldsymbol{H}(n))$ 的邻近算子被定义为

$$\mathrm{prox}_{\tau,\Omega}(\boldsymbol{H}(n)):=\underset{\boldsymbol{H}(n)}{\arg\min}\frac{1}{2\tau}\parallel \boldsymbol{Y}(n)-\boldsymbol{H}(n)\parallel_{l_2}^2+\Omega(\boldsymbol{H}(n))$$

邻近算子是邻近算法[21]的主要成分,其在许多众所周知的算法中出现(如:迭代阈值法、Landweber 投影、投影梯度、交替投影法、乘法器的交替方向法、Bregman 交替分裂)。在这些算法中,邻近算法可以被理解为准牛顿法到非可微凸问题的概括。一个重要的例子是迭代阈值过程[24],解决了如下形式的问题:

$$\min_{\boldsymbol{H}} J(\boldsymbol{H})+\Omega(\boldsymbol{H}) \tag{7.44}$$

其中,$J(\boldsymbol{H})$ 是可微的利普契兹梯度。通过固定点迭代方程

$$\boldsymbol{H}(n):=\underbrace{\mathrm{prox}_{\mu,\Omega}}_{\text{后向步长}}\underbrace{\left[\boldsymbol{H}(n-1)-\mu\nabla J(\boldsymbol{H}(n-1))\right]}_{\text{前向步长}} \tag{7.45}$$

在合适的有界区间中求出步长参数 μ 的值。该方案被称为前向－后向分割算法。在一些情况下,邻近算子 $\mathrm{prox}_{\mu,\Omega}$ 可以封闭形式进行评估。

若我们考虑使用 $\mathrm{pen}(\boldsymbol{H}(n))=\parallel \mathrm{vec}[\boldsymbol{H}(n)]\parallel_{l_1}$ 来最小化成本函数 $J_{\mathrm{ZA-LMS}}$(定义在式(7.36)),可以得到

$$\min_{\boldsymbol{H}}\frac{1}{2}\mid \boldsymbol{e}(n)\mid^2+\tau\parallel \mathrm{vec}[\boldsymbol{H}(n)]\parallel_{l_1}$$

上述问题是式(7.44)的一个特殊情况,其中

$$\begin{cases}J:\boldsymbol{H}\rightarrow\dfrac{1}{2}\mid \boldsymbol{e}(n)\mid\\ \Omega:\boldsymbol{H}\rightarrow\tau\parallel \mathrm{vec}[\boldsymbol{H}(n)]\parallel_{l_1}\end{cases}$$

然后由文献[21,61]可知邻近算子 $\mathrm{prox}_{\mu,\Omega}$ 导致非线性特定分量的收缩操作被称为软阈值[30]。分量式软阈值操作定义为

$$\mathbf{S}_\tau[H_{ij}]=\begin{cases}H_{ij}-\tau, & H_{ij}\geqslant\tau\\ 0, & \mid H_{ij}\mid\leqslant 0\\ H_{ij}+\tau, & H_{ij}\leqslant\tau\end{cases} \tag{7.46}$$

或可用紧凑的表达式 $\mathbf{S}_\tau[H_{ij}]=\mathrm{sgn}(H_{ij})(\mid H_{ij}\mid-\tau)_+$[30]。该操作在幅度上将大于阈值的系数收缩量等于 τ。瞬时接近操作导致软阈值 LMS 滤波器

$$\boldsymbol{H}(n)=\mathbf{S}_{\tau}[\boldsymbol{H}(n-1)+\mu\boldsymbol{e}(n)\boldsymbol{x}^{\mathrm{H}}(n)] \tag{7.47}$$

用批处理格式对式(7.47)的动态详细分析表明该算法的收敛最初相对较快,然后它超过 l_1 惩罚,需要很长时间才能重新校正。为了避免在自适应情况下的折中情况,我们迫使连续迭代保持在特定的 l_1 球 B_R 中[25]。为了实现这个条件,阈值处理被替换为投影 $\mathbf{P}_{B_R}$,其中对于任意闭凸集 C 和任意 $\boldsymbol{H}$,投影 $\mathbf{P}_C(\boldsymbol{H})$ 定义为 C 中的特定点,使得 l_2 到 $\boldsymbol{H}$ 的距离最小。我们因此获得 LMS 在 l_1 球上投影

$$\boldsymbol{H}(n)=\mathbf{P}_{B_R}[\boldsymbol{H}(n-1)+\mu\boldsymbol{e}(n)\boldsymbol{x}^{\mathrm{H}}(n)] \tag{7.48}$$

投影算子 $\mathbf{P}_{B_R}[H_{ij}(n)]$ 由合适的选取阈值 $H_{ij}(n)$ 获得,由下式给出:

$$\mathbf{P}_{B_R}[H_{ij}]=\begin{cases}\mathbf{P}_{B_R}[H_{ij}]=\mathbf{S}_{\mu}[H_{ij}], & \|\mathrm{vec}[\boldsymbol{H}(n)]\|_{l_1}>R \\ & \|\mathbf{S}_{\mu}[\mathrm{vec}[\boldsymbol{H}(n)]]\|_{l_1}=R \\ \mathbf{P}_{B_R}[H_{ij}]=\mathbf{S}_0[H_{ij}], & \|\mathrm{vec}[\boldsymbol{H}(n)]\|_{l_1}\leqslant R\end{cases} \tag{7.49}$$

使用邻近分裂方法,可以修改其他类型的自适应滤波器(如 NLMS/APA)和自适应投影算法,以促进稀疏性[54,61]。

2. RLS 型滤波器

稀疏 RLS 型滤波器通过一个附加的系数项来修改 RLS 成本函数(7.33):

$$J_{\mathrm{ZA-RLS}(n)}=\frac{1}{2}J_{\mathrm{RLS}(n)}+\tau\,\mathrm{pen}(\boldsymbol{H}(n)) \tag{7.50}$$

正则化参数 τ 控制稀疏且加权平方误差。稀疏 RLS 滤波器可以看作一个自适应式高斯-牛顿或牛顿-拉夫森(Newton-Raphson)搜索的稀疏更新[55]。或者,此 RLS 算法是一个卡尔曼滤波器的特殊情况[46,70]。主要的递归以如下的形式:

{新的估计参数}={旧的估计参数}+{卡尔曼增益}{误差向量}+{零吸引项}

校正项与预测观测值和实际观测值之间的更新误差向量成正比。这个校正项的稀疏由卡尔曼增益得出。对式(7.50)的正则化递归最小二乘问题,维纳方程的解为[35]

$$\boldsymbol{H}(n)=\boldsymbol{P}_{yx}(n)\boldsymbol{C}(n)-\gamma(1-\lambda)\,\nabla^{s}\mathrm{pen}(\boldsymbol{H}(n-1))\boldsymbol{C}(n) \tag{7.51}$$

其中,$\boldsymbol{C}(n)=\boldsymbol{R}_{xx}^{-1}(n)$;$\lambda\in(0,1)$ 是遗忘因子且由于 $J_{\mathrm{ZA-RLS}}(n)$ 在 $H_{ij}(n)=0$ 的任意点不可微,$\nabla^{s}\mathrm{pen}(\boldsymbol{H}(n-1))$ 是一个次梯度[10, p.227]。以指数方式加权的自相关和互相关矩阵递归更新为

$$\boldsymbol{R}_{xx}(n)=\sum_{t=1}^{n}\lambda^{n-t}\boldsymbol{x}(t)\boldsymbol{x}^{\mathrm{H}}(t)=\lambda\boldsymbol{R}_{xx}(n-1)+\boldsymbol{x}(n)\boldsymbol{x}^{\mathrm{H}}(n) \tag{7.52}$$

$$\boldsymbol{P}_{yx}(n)=\sum_{t=1}^{n}\lambda^{n-t}\boldsymbol{y}(t)\boldsymbol{x}^{\mathrm{H}}(t)=\lambda\boldsymbol{P}_{yx}(n-1)+\boldsymbol{y}(n)\boldsymbol{x}^{\mathrm{H}}(n) \tag{7.53}$$

正则化 RLS 滤波器依赖于如下迭代[35]：

$$\boldsymbol{H}(n)=\boldsymbol{H}(n-1)+\boldsymbol{e}(n)\boldsymbol{k}^{\mathrm{T}}(n)-\gamma(1-\lambda)\ \nabla^{s}\mathrm{pen}(\boldsymbol{H}(n-1))\boldsymbol{C}(n) \tag{7.54}$$

在此正则化参数 γ 通常离散调整或使用文献[35]中(为白输入)提出的选择方法。在此情况下相应的次梯度为$\nabla^{s}\parallel H_{ij}(n-1)\parallel_{l_1}=\mathrm{sgn}(H_{ij}(n-1))$。作为代替，我们可以使用 LMS 中建议的惩罚函数，由式(7.40)与式(7.42)给出。

RLS 算法的提出是基于文献[3,4]中的批处理 LASSO 估计。这种方法修改 LASSO 的成本函数来得到一个遗忘因子

$$\underset{\boldsymbol{H}(n)}{\arg\min}\frac{1}{\sigma^{2}}\sum_{i=1}^{n}\lambda^{n-i}\parallel\boldsymbol{y}(i)-\boldsymbol{H}(i)\boldsymbol{x}(i)\parallel_{l_2}^{2}+\gamma\mathrm{pen}(\boldsymbol{H}(n)) \tag{7.55}$$

基于一阶次梯度最优条件指数加权成本意味着

$$\begin{cases}\nabla_{ij}J_{\mathrm{RLS}}(n)+\tau\mathrm{sgn}(H_{ij}(n)), & H_{ij}(n)\neq 0\\ \mid\nabla_{ij}J_{\mathrm{RLS}}(n)\mid\leqslant\tau, & H_{ij}(n)=0\end{cases}$$

这些条件和$\nabla_{ij}J_{\mathrm{RLS}}(n)$的值被用来为 $\boldsymbol{H}$ 的每个分量定义一个伪梯度[2]。$J_{\mathrm{R-LASSO}}(n)$的伪梯度是$\boldsymbol{H}(n)$有着最小范数时$J_{\mathrm{R-LASSO}}(n)$的偏微分元素，表示为

$$\nabla_{ij}J_{\mathrm{R-LASSO}}(n)=\begin{cases}\nabla_{ij}J_{\mathrm{RLS}}(n)+\tau\mathrm{sgn}(H_{ij}(n)), & H_{ij}(n)\neq 0\\ \nabla_{ij}J_{\mathrm{RLS}}(n)+\tau, & H_{ij}(n)=0,\nabla_{ij}J_{\mathrm{RLS}}(n)<-\tau\\ \nabla_{ij}J_{\mathrm{RLS}}(n)-\tau, & H_{ij}(n)=0,\nabla_{ij}J_{\mathrm{RLS}}(n)>\tau\\ 0, & H_{ij}(n)=0,-\tau\leqslant\nabla_{ij}J_{\mathrm{RLS}}(n)\leqslant\tau\end{cases}$$

第一种情况下函数是可微的，所以伪梯度仅仅是对应于 ij 的梯度(次梯度中的唯一元素)。在剩下的三种情况下我们通过对$\nabla_{ij}J_{\mathrm{RLS}}(n)$的软阈值操作得到最小范数解。LASSO 成本函数平滑部分的全局最优解是维纳方程，其中自相关和互相关矩阵由等式(7.52)和式(7.53)递归更新。

使用次梯度时，一个瞬时次梯度下降方法被用来实时更新如下：

$$\boldsymbol{H}(n)=\boldsymbol{H}(n-1)+\mu\ \nabla J_{\mathrm{R-LASSO}}(n) \tag{7.56}$$

递归 LASSO(R－LASSO)滤波器概述如表 7.2 所述。与批处理 LASSO 估计一样，R－LASSO 不一定收敛到真实参数 $\boldsymbol{H}$，因为它不能恢复正确的支撑集，并且同时一致估计 $\boldsymbol{H}$ 的非零项[4]。

表 7.2　R－LASSO **算法**

算法描述
$\boldsymbol{R}_{xx}(0)=0, \boldsymbol{P}_{yx}(0)=0, \boldsymbol{H}(0)=0$
For $n:=1,2,\cdots$ **do**
1. $\boldsymbol{R}_{xx}(n)=\lambda \boldsymbol{R}_{yx}(n-1)+\boldsymbol{x}(n)\boldsymbol{x}^{\mathrm{H}}(n)$
2. $\boldsymbol{P}_{yx}(n)=\lambda \boldsymbol{P}_{yx}(n-1)+\boldsymbol{y}(n)\boldsymbol{x}^{\mathrm{H}}(n)$
3. $\nabla J_{\text{R-LASSO}}(n)=\begin{cases}\boldsymbol{H}(n-1)\boldsymbol{R}_{xx}(n)-\boldsymbol{P}_{yx}(n)+\tau \operatorname{sgn}(\boldsymbol{H}(n-1)), & H_{ij}\neq 0\\ \mathbf{S}_{\tau}[\boldsymbol{H}(n-1)\boldsymbol{R}_{xx}(n)-\boldsymbol{P}_{yx}(n)], & H_{ij}=0\end{cases}$
4. $\boldsymbol{H}(n)=\boldsymbol{H}(n-1)+\mu_n \nabla J_{\text{R-LASSO}}(n)$
End For

为了改善 R－LASSO 滤波器的性能，人们可以使用一个不同的惩罚项，该惩罚项依赖于信号且对 l_1 范数项目的权重不同，即 $\text{pen}(\boldsymbol{H}(n))=\sum_i \boldsymbol{w}_{\tau}(|\operatorname{vec}_i[\hat{\boldsymbol{H}}^{\text{RLS}}(n)]|)\|\operatorname{vec}_i[\boldsymbol{H}(n)]\|_{l_1}$。通过一般化平滑截断绝对偏差(Smoothly Clipped Absolute Deviation，SCAD) 规则器引入了自适应情况的批处理加权 LASSO 估计，获得权重函数如下：

$$\boldsymbol{w}_{\tau}(|\operatorname{vec}_i[\boldsymbol{H}(n)]|)=\frac{[\alpha\tau-|\operatorname{vec}_i[\boldsymbol{H}(n)]|]_+}{\tau(\alpha-1)}u(|\operatorname{vec}_i[\boldsymbol{H}(n)]|-\tau)+u(\tau-|\operatorname{vec}_i[\boldsymbol{H}(n)]|)$$

$u(\cdot)$ 表示阶跃函数且 α 一般设为 3.7。重新加权 LASSO 估计器(RW－LASSO) 为小幅值项设置较高的权重，为大幅值项设置较低的权重。实际上，在 R－LASSO 中小于 τ 的估计被判罚，而 τ 和 $\alpha\tau$ 之间的估计以线性递减的方式被判罚，大于 $\alpha\tau$ 的估计则完全不受判罚。RW－LASSO 的实现建立在使用瞬时伪梯度下降策略前提下，与 R－LASSO 类似。该估计的缺点是其高复杂性，因为它需要并行运行 RLS 算法以提供所需的权重。

一个稀疏 RLS 算法的不同观点在文献[5] (及其 MIMO 扩展在文献[53]中提出)。这个方法使用期望最大化(EM) 方式推导一个自适应滤波器来解决一个惩罚最大似然问题。惩罚递归最小二乘问题可以转化为一个惩罚最大似然问题[41]。为了将优化问题划分为一个降噪声和一个滤波问题，这个惩罚 ML 问题可以被一个 EM 算法与噪声分解方法（在文献[41]中提出）有效解决。考虑分解 $\boldsymbol{V}(n)$ 如下：

$$\boldsymbol{V}(n)=\alpha\boldsymbol{V}_1(n)\boldsymbol{X}(n)+\boldsymbol{V}_2(n) \tag{7.57}$$

噪声矩阵是高斯分布的随机矩阵的集合

$$\boldsymbol{V}_1(n)=(\boldsymbol{0},\boldsymbol{I}_{n_i}\otimes\boldsymbol{I}_{n_o})$$

$$\boldsymbol{V}_2(n)=(\boldsymbol{0},(\sigma^2\Lambda^{-1}-\alpha^2\boldsymbol{X}(n)\boldsymbol{X}^H(n))^{\mathrm{T}}\otimes\boldsymbol{I}_{n_o})$$

其中，$\Lambda:=\mathrm{diag}[\lambda^{n-1}\cdots\lambda^0]$；$\alpha$ 是满足 $\alpha\leqslant\sigma^2/\lambda_{\max}[\boldsymbol{X}(n)\boldsymbol{X}^H(n)]$ 的一个常数，其中 $\lambda_{\max}[\cdot]$ 表示最大特征值。由于对较大的 n 和独立的输入有 $\lambda_{\max}[\boldsymbol{X}(n)\boldsymbol{X}^H(n)]\approx n_i$，$\alpha^2=\sigma^2/5n_i$ 以很大的概率满足这个条件。因此模型重新写为

$$\begin{cases}\boldsymbol{Y}(n)=\boldsymbol{G}(n)\boldsymbol{X}(n)+\boldsymbol{V}_2(n)\\ \boldsymbol{G}(n)=\boldsymbol{H}(n)+\alpha\boldsymbol{V}_1\end{cases} \tag{7.58}$$

EM 算法被用来解决接下来判罚 ML 问题

$$\boldsymbol{H}(n)=\underset{\boldsymbol{H}(n)}{\arg\max}\log P(\boldsymbol{Y}(n),\boldsymbol{V}(n),\mid\boldsymbol{H}(n))-\gamma\mathrm{pen}(\boldsymbol{H}(n)) \tag{7.59}$$

其中通过使用 $\boldsymbol{V}(n)$ 作为辅助变量使得问题更容易解决。EM 算法的第 λ 次迭代定义为[5]

$$\begin{cases}\text{步骤 E}\quad Q(\boldsymbol{H},\boldsymbol{H}(n))=-\dfrac{1}{2\alpha^2}\|\boldsymbol{G}^{(\lambda)}(n)-\boldsymbol{H}\|_{l_2}^2-\gamma\|\mathrm{vec}[\boldsymbol{H}]\|_{l_1}\\ \text{步骤 M}\quad \boldsymbol{H}^{(\lambda+1)}(n)=\underset{\boldsymbol{H}(n)}{\arg\max}\,Q(\boldsymbol{H},\boldsymbol{H}(n))=\mathbf{S}_{\gamma\alpha^2}(\boldsymbol{G}^{(\lambda)}(n))\end{cases} \tag{7.60}$$

其中

$$\boldsymbol{G}^{(\lambda)}(n)=\boldsymbol{H}^{(\lambda)}(n)\left(\boldsymbol{I}-\frac{\alpha^2}{\sigma^2}\boldsymbol{X}(n)\Lambda\boldsymbol{X}^H(n)\right)+\frac{\alpha^2}{\sigma^2}\boldsymbol{Y}(n)\Lambda\boldsymbol{X}^H(n)$$

上述算法是一个迭代收缩方法。软阈值函数趋向于减小 $\boldsymbol{H}(n)$ 的支撑集，因为它将支撑集收缩到绝对值大于 $\gamma\alpha^2$ 的那些元素。可以通过仅考虑阈值化步骤内的非零元素的对应位置来进一步简化上述算法[5]。在算法的步骤 E 中出现的自相关和交叉纤维化矩阵可以递归地获得，并且所得到的算法（被称为 spaRLS）在表 7.3 中被总结。

表 7.3　spaRLS 算法

算法描述
$\boldsymbol{R}_{xx}(0)=0, \boldsymbol{P}_{yx}(0)=0, \boldsymbol{H}(0)=0$
For $n:=1,2,\cdots,$**do**
1. $\boldsymbol{R}_{xx}(n)=\lambda\boldsymbol{R}_{xx}(n-1)+\frac{a^2}{a^2}\boldsymbol{x}(n)\boldsymbol{x}^{\mathrm{H}}(n)$
2. $\boldsymbol{P}_{yx}(n)=\lambda\boldsymbol{P}_{yx}(n-1)+\frac{a^2}{a^2}\boldsymbol{y}(n)\boldsymbol{x}^{\mathrm{H}}(n)$
3. **Repeat**
4. $\hat{\boldsymbol{G}}^{(\lambda)}(n)=\hat{\boldsymbol{H}}^{(\lambda)}(n)(\boldsymbol{I}-\boldsymbol{R}_{xx}(n))+\boldsymbol{P}_{yx}(n)$
5. $\hat{\boldsymbol{H}}^{(\lambda)}(n)=\mathbf{S}_{\gamma a^2}[\hat{\boldsymbol{G}}^{(\lambda)}(n)]$
6. **Until** $\lambda=k$
End For

另一个与 EM 方法相关的算法在文献[52]中列出。与在文献[5]中遵循的噪声分解法不同,其方法对未知参数矩阵使用正态先验。在 EM 方法中,各个参数被视为缺失变量,步骤 E 计算给定过去观察值的缺失变量的条件期望。随后,步骤 M 使该期望减去稀疏引起的惩罚(如 l_1 范数)最大化。要应用 EM 方法,必须明确完整和不完整的数据。时刻 n 的矩阵 $\boldsymbol{H}(n)$ 被用来表示完整数据向量,而 $\boldsymbol{Y}(n-1)$ 用来表示不完整数据。得到的 EM 方法可以由下式概括:

$$\boldsymbol{G}(n)=\arg\max_{\boldsymbol{G}}\{\mathbf{E}_{p(\boldsymbol{H}(n)\mid\boldsymbol{Y}(n-1);\boldsymbol{G}(n-1))}[\log p(\boldsymbol{H}(n);\boldsymbol{G})]-\gamma\|\operatorname{vec}[\boldsymbol{G}]\|_{l_1}\} \tag{7.61}$$

EM 旨在最大化完整数据的对数似然函数 $\log p(\boldsymbol{H}(n);\boldsymbol{G})$。然而,由于 $\boldsymbol{H}(n)$ 是一个未知参数,取而代之的是给定不完整数据 $\boldsymbol{Y}(n-1)$ 和参数 $\boldsymbol{G}(n-1)$ 的当前估计情况下期望的最大化。步骤 E 计算在给出之前迭代得到的观测 $\boldsymbol{Y}(n-1)$ 和参数估计 $\boldsymbol{G}(n-1)$ 情况下对数似然函数的条件期望

步骤 E:

$$\begin{aligned}Q(\boldsymbol{G},\boldsymbol{G}(n-1))&=\mathbf{E}_{p(\boldsymbol{H}(n)\mid\boldsymbol{Y}(n-1);\boldsymbol{G}(n-1))}[\log p(\boldsymbol{H}(n);\boldsymbol{G})]\\&=\text{constant}+\boldsymbol{G}^{\mathrm{H}}\boldsymbol{S}^{-1}(n)\mathbf{E}[\boldsymbol{H}(n)\mid\boldsymbol{Y}(n-1);\boldsymbol{G}(n-1)]\\&\quad-\frac{1}{2}\boldsymbol{G}^{\mathrm{H}}\boldsymbol{S}^{-1}(n)\boldsymbol{G}\end{aligned} \tag{7.62}$$

其中,$\boldsymbol{S}(n)$ 是一个对角协方差矩阵,且常数合并的所有项中不包括 $\boldsymbol{G}$,因此不

影响最大化。下面给出的步骤 M 计算了惩罚 Q 函数的最大值。

步骤 M：

$$\begin{aligned} \boldsymbol{G}(n) &= \arg\max_{\boldsymbol{G}}\{Q(\boldsymbol{G},\boldsymbol{G}(n-1)) - \gamma \| \text{vec}[\boldsymbol{G}] \|_{l_1}\} \\ &= \mathbf{S}_{\gamma \boldsymbol{S}_{ii}(n)}(\mathbf{E}[\boldsymbol{H}(n) \mid \boldsymbol{Y}(n-1);\boldsymbol{G}(n-1)]) \end{aligned} \tag{7.63}$$

它反过来可以得出软阈值函数。为了导出式(7.62)中的条件概率，我们需要在给定观测 $\boldsymbol{Y}(n-1)$ 与 $\boldsymbol{G}(n-1)$ 情况假设一个 $\boldsymbol{H}(n)$ 的先验。考虑高斯先验形式如下：

$$\text{Prior} = p(\boldsymbol{H}(n) \mid \boldsymbol{Y}(n-1);\boldsymbol{G}(n-1) \backsimeq N(\boldsymbol{G}(n-1),\boldsymbol{S}(n)))$$

众所周知，这个条件期望可以通过递归使用卡尔曼滤波器获得，若一个高斯先验假设为给定过去观测的 $\boldsymbol{H}(n)$。卡尔曼滤波器随后确定了随时间递归 $\boldsymbol{H}(n)$ 的后验概率密度函数。在贝叶斯环境下，若 $\boldsymbol{H}(n)$ 假设为高斯，则 RLS 可视为一个卡尔曼滤波器[55]。因此，主要递归的形式如下[55,70]：

$$\boldsymbol{H}(n) = \boldsymbol{H}(n-1) + \boldsymbol{e}(n)\boldsymbol{k}^{\mathrm{T}}(n)$$

$$\boldsymbol{C}(n) = \lambda^{-1}\boldsymbol{C}(n-1) - \lambda^{-1}\boldsymbol{k}(n)\boldsymbol{x}^{\mathrm{T}}(n)\boldsymbol{C}(n-1)$$

其中，$\boldsymbol{k}(n)$ 是卡尔曼增益；$\boldsymbol{e}(n)$ 为预测误差，表示为 $\boldsymbol{e}(n) = \boldsymbol{y}(n) - \boldsymbol{H}(n-1)\boldsymbol{x}(n)$。因此 $\boldsymbol{H}(n)$ 线性依赖于 $\boldsymbol{G}$。更新 $\boldsymbol{C}(n) = \boldsymbol{R}_{xx}^{-1}(n)$ 的黎卡提(Riccati)方程表示 $\boldsymbol{C}(n)$ 与 $\boldsymbol{G}$ 无关。而且，由于预测误差 $\boldsymbol{e}(n)$ 与测量无关，因此有 $\mathbf{E}[\boldsymbol{e}(n)\boldsymbol{Y}(n-1)] = 0$。先验协方差 $\boldsymbol{S}_i(n)$ 的第 i 个对角元素可计算如下：

$$\boldsymbol{S}_i(n) = \lambda^{-1}\boldsymbol{C}_i(n-1)$$

上面概述的方法被命名为 EM－RLS 滤波器，具体方法概述如表 7.4 所示。

表 7.4　EM－RLS 算法

算法描述
$\boldsymbol{H}(0) = 0, \boldsymbol{C}_0 = \delta^{-1}\boldsymbol{I},\ \delta = \text{const.}$
For $n := 1,2,\cdots$ **do**
1. $\boldsymbol{k}(n) = \dfrac{\boldsymbol{C}(n-1)\boldsymbol{x}^{*}(n)}{\lambda + \boldsymbol{x}^{\mathrm{T}}(n)\boldsymbol{C}(n-1)\boldsymbol{x}^{\mathrm{H}}(n)}$
2. $\boldsymbol{G}(n) = \boldsymbol{H}(n-1) + (\boldsymbol{y}(n) - \boldsymbol{H}(n-1)\boldsymbol{x}(n))\boldsymbol{k}^{\mathrm{T}}(n)$
3. $\boldsymbol{C}(n) = \lambda^{-1}\boldsymbol{C}(n-1) - \lambda^{-1}\boldsymbol{k}(n)\boldsymbol{x}^{\mathrm{T}}(n)\boldsymbol{C}(n-1)$
4. $\boldsymbol{H}(n) = \mathbf{S}_{\gamma\lambda^{-1}C(n-1)}[\boldsymbol{G}(n)]$
End For

7.3.3　贪婪自适应滤波器

贪婪算法为 l_1 惩罚方式提供了一种可选择的方法。对于在存在噪声时恢复稀疏参数矩阵的情况，贪婪算法通过修改一个或多个元素来迭代地改进当前估计，直到满足停止条件。贪婪算法的基本原理是迭代地找到稀疏矩阵的支撑集，并使用受限支撑集最小二乘法(LS)估计来重构它。计算复杂度取决于找到正确支撑集所需的迭代次数。最早提出的稀疏信号恢复方法之一是正交匹配追踪(OMP)[26,65,75]。在每次迭代中，OMP 找到代理矩阵 $\boldsymbol{P}(n)=(\boldsymbol{Y}(n)-\boldsymbol{HX}(n))\boldsymbol{X}^{\mathrm{H}}(n)$ 中有着最大幅度的项，并将其加入到支撑集中。随后它解决了如下最小均方问题：

$$\hat{\boldsymbol{H}}=\arg\min_{\boldsymbol{H}}\|\boldsymbol{Y}(n)-\boldsymbol{HX}(n)\|_{l_2}^2$$

且更新了残余。通过在 s 时间内重复这些步骤，$\boldsymbol{H}$ 的支撑集被恢复。

为了贪婪重构，提出一些改进措施。在文献[31]中提出的阶梯 OMP(StOMP)选择其值高于某一阈值的所有代理分量。由于多个选择步骤，StOMP 的运行时间长于 OMP。另外，StOMP 中的参数调整可能很困难，并且存在严格的渐近结果。Needell 和 Vershynin 提出了一个更为复杂的算法，称为正规化 OMP(ROMP)[63]。ROMP 选择代理矩阵中 s 个最大分量，并且应用正则化步骤来保证没有选择过多的不正确项。在文献[63]中得到的恢复边界优化到对数因子。Needell 和 Tropp 通过压缩采样匹配追踪算法(CoSaMP)来获得避免存在对数因子的更紧的恢复边界[62]。CoSaMP 提供比 ROMP 更紧的恢复边界，其优化到一个常数因子。由 Dai 和 Milenkovic 提出的一个类似于 CoSaMP 的算法，称为子空间追踪(SP)[23]。

与大多数贪婪算法一样，CoSaMP 利用假设为近似正交的测量矩阵 $\boldsymbol{X}(n)$（$\boldsymbol{X}(n)\boldsymbol{X}^{\mathrm{H}}(n)$ 接近单位矩阵）。因此，信号代理矩阵 $\boldsymbol{P}(n)=\boldsymbol{HX}(n)\boldsymbol{X}^{\mathrm{H}}(n)$ 的最大项极其接近相应 $\boldsymbol{H}$ 的非零列。接下来，算法将信号代理矩阵的最大分量添加到运行支撑集，并使用最小二乘法以获得信号的估计。最后，修剪最小二乘估计并更新误差残差。CoSaMP 算法的主要部分概括如下：

(1) 识别：识别代理信号的最大 $2s$ 个分量。

(2) 支撑集合并：形成新识别的分量的集合与对应于在先前迭代中获得的最小均方估计的 s 个最大分量的索引集合的并集。

(3) 估计：通过对合并的分量集合使用最小二乘法进行估计。

(4) 修剪：将最小二乘法估计限制在其最大的 s 个分量中。

(5) 采样更新：更新误差残差。

上述的步骤一直重复直到满足停止标准。CoSaMP 和 SP 之间的主要区别在于识别步骤,其中 SP 算法选择 s 个最大分量。

在文献[58]中建立的贪婪算法可以转换为自适应模式,同时保持其优越的性能增益。我们在下面证明这种转换适用于多通道设置。由于 CoSaMP / SP 卓越的性能,我们将分析的重点放在它上,但类似的想法也适用于其他贪婪算法。多通道贪婪算法可以通过两种方式来实现。第一种方法假设子系统共用相同的稀疏类型,因此贪婪算法通过选择一个多通道能量达到最大值的元素同时恢复支撑集(也被称为联合稀疏或组稀疏)[12,75]。这里采用的是第二种方法,即子系统显示出不同的稀疏类型[56]。下一个主要自适应多通道算法的贪婪形式是基于 CoSaMP/SP 平台提出的。

1. 贪婪 LMS 滤波器

多通道自适应贪婪 LMS 算法能够对代理识别估计和误差残差更新进行改进。误差残差通过下式进行估计:

$$\boldsymbol{v}(n)=\boldsymbol{y}(n)-\boldsymbol{H}(n)\boldsymbol{x}(n) \tag{7.64}$$

上述公式仅包括当前采样,与需要所有先前采样的 CoSaMP / SP 方案相反。一个更适合自适应模式的新的代理信号定义为

$$\boldsymbol{P}(n)=\sum_{i=1}^{n-1}\lambda^{n-1-i}\boldsymbol{v}(i)\boldsymbol{x}^{\mathrm{H}}(i)$$

由下式进行更新:

$$\boldsymbol{P}(n)=\lambda\boldsymbol{P}(n-1)+\boldsymbol{v}(n-1)\boldsymbol{x}^{\mathrm{H}}(n)$$

这种算法能够捕获对 $\boldsymbol{H}$ 的支撑集的变化。估计 $\boldsymbol{H}(n)$ 由 LMS 递归进行更新[46,70]。每次迭代中当前回归量 $\boldsymbol{x}(n)$ 和之前的估计 $\boldsymbol{H}(n-1)$ 被限制为来自于支撑集合并步骤的瞬时支撑集。然而,因为对应于每个输出的行支撑集是不同的,所以需要额外注意一些情况。回顾任意有着 n_o 个输出的 MIMO 滤波器,可以简化为 n_o 个 MISO 的自适应滤波器(每一个都有着不同的行支撑集)。令 Λ 表示估计的指数集且指数集 $\Lambda^{(r)}$ $(r=1,2,\cdots,n_o)$ 与 $\boldsymbol{H}(n)$ 的第 r 行有关。第 r 个输出的更新方程为

$$\boldsymbol{h}_{r:|\Lambda^{(r)}}(n)=\boldsymbol{h}_{r:|\Lambda^{(r)}}(n-1)+\mu e_r(n)\boldsymbol{x}_{|\Lambda^{(r)}}^{\mathrm{H}}(n),\quad \forall r=1,\cdots,n_o \tag{7.65}$$

其中,$\boldsymbol{x}_{|\Lambda^{(r)}}(n)$ 表示对应于 $\Lambda^{(r)}$ 的子向量。若 $\boldsymbol{H}$ 的所有行共用相同的行支撑集,然后可以对所有输出联合执行更新步骤,并且简化对最大代理信号分量的选择[75]。

表 7.5 给出了多通道的自适应正交匹配追踪算法(SpAdOMP)。算子 $\max(|a|,s)$ 返回 a 中最大元素的位置 s 且 Λ^c 表示 Λ 的补集。关于表 7.5 中步骤 5,一个需要关注的重点是合适的步长 μ 的选择,使其确保收敛是困难

的。归一化 LMS(NLMS) 通过缩放输入功率处理这个问题

$$\boldsymbol{h}_{r:|\Lambda^{(r)}}(n)=\boldsymbol{h}_{r:|\Lambda^{(r)}}(n-1)+\frac{\mu}{\epsilon+\|\boldsymbol{x}_{|\Lambda^{(r)}}(n)\|^2}e_r(n)\boldsymbol{x}^{\mathrm{H}}_{|\Lambda^{(r)}}(n),\quad \forall r=1,\cdots,n_o$$

其中,$0<\mu<2$;ϵ 是一个小的正常数(被插入用来避免除以小数字)。NLMS 可以视为一个步长时变的 LMS。这部分地解释了其在非静态环境中比 LMS 跟踪性能优越的原因。

表 7.5　SpAdOMP 算法

算法描述	
$\boldsymbol{H}(0)=0,\boldsymbol{W}(0)=0,\boldsymbol{P}(0)=0$	{初始化}
$\boldsymbol{v}(0)=\boldsymbol{y}(0)$	{初始残差}
$0<\lambda\leqslant 1$	{遗忘因子}
$0<\mu<2\lambda^{-1}_{\max}$	{步长}
For $n:=1,2,\cdots$ **do**	
1:$\boldsymbol{P}(n)=\lambda\boldsymbol{P}(n-1)+\boldsymbol{v}(n-1)\boldsymbol{x}^{\mathrm{H}}(n-1)$	{形成信号代理矩阵}
2:$\Omega=\mathrm{supp}(\boldsymbol{P}_{2s}(n))$	{识别较大的项}
3:$\Lambda=\Omega\cup\mathrm{supp}(\boldsymbol{H}(n-1))$	{合并支撑集}
4:$e_r(n)=y_r(n)-\boldsymbol{w}_{r:|\Lambda^{(r)}}(n-1)\boldsymbol{x}_{|\Lambda^{(r)}}(n)$	{预测误差}
5:$\boldsymbol{w}_{r:|\Lambda^{(r)}}(n)=\boldsymbol{w}_{r:|\Lambda^{(r)}}(n-1)+\mu e_r(n)\boldsymbol{x}^{\mathrm{H}}_{|\Lambda^{(r)}}(n)$	{LMS 积累}
6:$\Lambda_s=\max(\vert\boldsymbol{H}\vert_{\Lambda}(n)\vert,s)$	{得到修剪的支撑集}
7:$\boldsymbol{H}_{\vert\Lambda_s}(n)=\boldsymbol{W}_{\vert\Lambda_s}(n),\boldsymbol{H}_{\vert\Lambda_s^c}(n)=0$	{修剪 LMS 估计}
8:$\boldsymbol{v}(n)=\boldsymbol{y}(n)-\boldsymbol{H}(n)\boldsymbol{x}(n)$	{更新误差残差}
End For	

2. 贪婪 RLS 滤波器

在本小节中我们提出贪婪自适应方案,其估计部分基于秩 1 更新自相关和互相关矩阵。对这个方向的直接前向尝试将是重新使用由 SpAdOMP 算法[58](表 7.5) 改编的框架并且用 RLS 算法替换估计步骤。然而在这样做时,我们将必须更新逆协方差矩阵项及卡尔曼增益项,其中卡尔曼增益项被用来实现当前估计的支撑集合的 RLS 更新。一个更有效的技术避免了 CoSaMP / SP 框架(样本更新) 的最后一步,并且描述如下。

考虑到标准的方程

$$\boldsymbol{H}\boldsymbol{X}(n)\boldsymbol{X}^{\mathrm{H}}(n)=\boldsymbol{Y}(n)\boldsymbol{X}^{\mathrm{H}}(n)\tag{7.66}$$

一个被称为Landweber-Fridman或Van Cittert的迭代方法[29,78]被用来将式(7.66)表示为一个等效动点方程,形式如下:

$$\boldsymbol{H}=\boldsymbol{H}+(\boldsymbol{Y}(n)-\boldsymbol{H}\boldsymbol{X}(n))\boldsymbol{X}^{\mathrm{H}}(n)$$

Landweber 迭代以初始猜测 $\boldsymbol{H}^0$ 开始,且通过下式迭代求解 $\boldsymbol{y}(n)=\boldsymbol{H}\boldsymbol{x}(n)$:

$$\boldsymbol{H}^{(t)}=\boldsymbol{H}^{(t-1)}+(\boldsymbol{Y}(n)-\boldsymbol{H}^{(t-1)}\boldsymbol{X}(n))\boldsymbol{X}^{\mathrm{H}}(n),\quad t=1,2,\cdots$$

上述迭代需要 $\boldsymbol{X}(n)$ 的范数小于或等于1,否则其发散或收敛太慢。为了避免发散和加速收敛速度,引入了步长项 μ

$$\boldsymbol{H}^{(t)}=\boldsymbol{H}^{(t-1)}+\mu(\boldsymbol{Y}(n)-\boldsymbol{H}^{(t-1)}\boldsymbol{X}(n))\boldsymbol{X}^{\mathrm{H}}(n),\quad t=1,2,\cdots \tag{7.67}$$

其中,$\mu\in(0,2/\|\boldsymbol{X}(n)\boldsymbol{X}^{\mathrm{H}}(n)\|)$。除了步长项固定,上述迭代与最陡下降法相似。为了推导一个自适应Landweber滤波器,我们将式(7.67)重新写为

$$\boldsymbol{H}^{(t)}=\boldsymbol{H}^{(t-1)}(\boldsymbol{I}-\mu\boldsymbol{X}(n)\boldsymbol{X}^{\mathrm{H}}(n))+\mu\boldsymbol{Y}(n)\boldsymbol{X}^{\mathrm{H}}(n),\quad t=1,2,\cdots \tag{7.68}$$

上述迭代需要自相关矩阵 $\boldsymbol{R}_{xx}(n)=\boldsymbol{X}(n)\boldsymbol{X}^{\mathrm{H}}(n)$ 和互相关矩阵 $\boldsymbol{P}_{yx}(n)=\boldsymbol{Y}(n)\boldsymbol{X}(n)^{\mathrm{H}}$。实际上,数据顺序到达并且可能随时间变化而变化。所以我们通过指数加权采样平均来近似 $\boldsymbol{R}_{xx}(n)$ 和 $\boldsymbol{P}_{yx}(n)$[46,70]。因此Landweber迭代形式如下:

$$\boldsymbol{H}(n)=\boldsymbol{H}(n-1)(\boldsymbol{I}-\mu\boldsymbol{R}_{xx}(n))+\mu\boldsymbol{P}_{yx}(n),\quad n=1,2,\cdots \tag{7.69}$$

结果表达式与文献[5](表7.3中第4步)中通过EM形成和分解的噪声向量推导结果相同。

最后让我们接下来关注如7.3.3节所描述的代理信号和采样更新。文献[58]的作者提出一个自适应机制来估计信号代理矩阵和采样更新。检验

$$\boldsymbol{P}(n)=(\boldsymbol{Y}(n)-\boldsymbol{H}\boldsymbol{X}(n))\boldsymbol{X}^{\mathrm{H}}(n) \tag{7.70}$$

表明采样更新构成信号代理矩阵的一部分。此外,上述等式可以重新表示为

$$\boldsymbol{P}(n)=\boldsymbol{Y}(n)\boldsymbol{X}^{\mathrm{H}}(n)-\boldsymbol{H}\boldsymbol{X}(n)\boldsymbol{X}^{\mathrm{H}}(n)\backsimeq\boldsymbol{P}_{yx}(n)-\boldsymbol{H}\boldsymbol{R}_{xx}(n) \tag{7.71}$$

由于所有需要的信息均从自相关与互相关矩阵中获得,因此这里不需要采样更新。算法在表7.6中进行总结。

spaRLS和此SpAdOMP算法的关键区别在于后者具有两种支撑集估计机制(代理信号后面是修剪步骤,这是一种特殊的硬阈值处理形式),因此可以实现更好的支撑集估计。

表 7.6　SpAdOMP (RLS) 算法

算法描述	
$\boldsymbol{H}(0)=0,\boldsymbol{W}(0)=0,\boldsymbol{P}(0)=0,\boldsymbol{R}_{xx}(0)=0,\boldsymbol{P}_{yx}(0)=0$	{初始化}
For $n:=1,2,\cdots$ **do**	
1:$\boldsymbol{R}_{xx}(n)=\lambda\boldsymbol{R}_{xx}(n-1)+\boldsymbol{x}(n)\boldsymbol{x}^{\mathrm{H}}(n)$	{更新自相关}
2:$\boldsymbol{P}_{yx}(n)=\lambda\boldsymbol{P}_{yx}(n-1)+\boldsymbol{y}(n)\boldsymbol{x}^{\mathrm{H}}(n)$	{更新互相关}
3:$\boldsymbol{P}(n)=\boldsymbol{P}_{yx}(n)-\boldsymbol{H}(n)\boldsymbol{R}_{xx}(n)$	{形成信号代理矩阵}
4:$\Omega=\mathrm{supp}(\boldsymbol{P}_{2s}(n))$	{识别较大的项}
5:$\Lambda=\Omega\cup\mathrm{supp}(\boldsymbol{H}(n-1))$	{合并支撑集}
6:$\boldsymbol{W}(n)=\boldsymbol{W}(n-1)(\boldsymbol{I}-\mu\boldsymbol{R}_{xx}(n))+\mu\boldsymbol{P}_{yx}(n)$	{迭代 Landweber 积累}
7:$\Lambda_s=\max(\lvert\boldsymbol{W}\rvert_{\Lambda}(n)\rvert,s)$	{得到修剪的支撑集}
8:$\boldsymbol{H}_{\lvert\Lambda_s}(n)=\boldsymbol{W}_{\lvert\Lambda_s}(n),\boldsymbol{H}_{\lvert\Lambda_s^c}(n)=0$	{修剪 Landweber 估计}
End For	

7.3.4　稀疏自适应 MIMO 滤波器的计算机仿真

在本小节中我们验证和对比本节中所概述算法的性能。为了在广泛的条件下评估性能，计算机仿真在不同情况下进行。归一化均方误差(NMSE，dB 形式)

$$\mathrm{NMSE}_{ij}:=\mathrm{MC}^{-1}\sum_{t=1}^{\mathrm{MC}}\frac{\sum_{n=1}^{N}\lvert\hat{H}_{ij}^{(t)}(n)-H_{ij}(n)\rvert^2}{\sum_{n=1}^{N}\lvert H_{ij}(n)\rvert^2}$$

被用作性能指标，其中 $\hat{H}_{ij}^{(t)}(n)$ 表示第 t 次蒙特卡洛(MC)算法的 ij 子系统估计。全部 NMSE 通过平均所有的子系统获得

$$\mathrm{NMSE}:=\frac{1}{n_o\times n_i\times M}\sum_{i=1}^{n_o}\sum_{j=1}^{n_i\times M}\mathrm{NMSE}_{ij}\tag{7.72}$$

对于 50 个不同的系统实现获得了所有 NMSE 结果(每次实现的每个非零参数被分配给随机位置，并且它们的值从复杂的正态分布随机生成)。实验在中等噪声环境中进行，信噪比($\mathrm{SNR}:=10\log\lVert\boldsymbol{H}\rVert_{l_2}^2/\lVert\boldsymbol{v}\rVert_{l_2}^2$)为 15 dB。

为了比较不同的自适应滤波器的性能,我们使用它们对应的学习曲线,其为 NMSE 与迭代次数的曲线。学习曲线帮助我们可视化自适应滤波器的收敛和跟踪情况。注意,尽管在相同的情况下检查 LMS 和 RLS 类型滤波器,但是由于不同的收敛速度和计算复杂度要求,我们选择分别绘制它们。

1. 自适应线性 MIMO 系统的识别

首先考虑一个线性(3,3)-MIMO 系统,该系统存储长度 $M=5$ 并且是 5 个非零元素。该系统由具有零均值和方差 1/5 的复高斯输入信号激励。为了对所有的 LMS 型滤波器进行公平对比,步长统一为

$$\mu_n=\frac{1}{\|\boldsymbol{x}(n)\|_{l_2}^2}$$

ZA-LMS(或 l_1-LMS) 与 RZA-LMS(或 log-LMS) 的正则化步长 γ 按照文献[19] 中介绍的系统方法进行自适应调整。对于 l_0-LMS 滤波器的正则化参数需要离线微调,且当 $\alpha=5$ 和 $\gamma=0.01$ 时,获得最佳性能。SpAdOMP 滤波器需要稀疏水平的先验知识,以实现自适应贪婪选择过程。图 7.8(a) 表明 SpAdOMP 获得更快的收敛和更好的稳态精度,其后是性能几乎相同的 l_0-LMS 和 log-LMS。

RLS 型滤波器共用同一遗忘因子 $\lambda=0.98$。R-LASSO、spaRLS 和 SpAdOMP 遵循瞬时最速下降模式(包括自相关和互相关矩阵),并采用步长来加速收敛。所有方案的步长设置为

$$\mu_n=\frac{0.3}{\|\boldsymbol{x}(n)\|_{l_2}^2} \tag{7.73}$$

EM-RLS、R-LASSO 和 spaRLS 需要离线处理以找到每个滤波器的最优正则化参数($\gamma_{\text{EM-RLS}}=6\times10^{-4}$,$\tau_{\text{R-LASSO}}=0.3$ 和 $\alpha^2\gamma_{\text{spaRLS}}=0.03$)。自适应贪婪滤波器(SpAdOMP) 是使用稀疏水平的先验知识进行良好的调整($s=5$)。图 7.8(b) 给出 RLS 型滤波器的学习曲线。我们观察到自适应贪婪滤波器性能最好,其次为 spaRLS、R-LASSO 和 EM-RLS。如果采用一个更稀疏的正则化函数,spaRLS、R-LASSO 和 EM-RLS 的收敛速率能够显著提升。

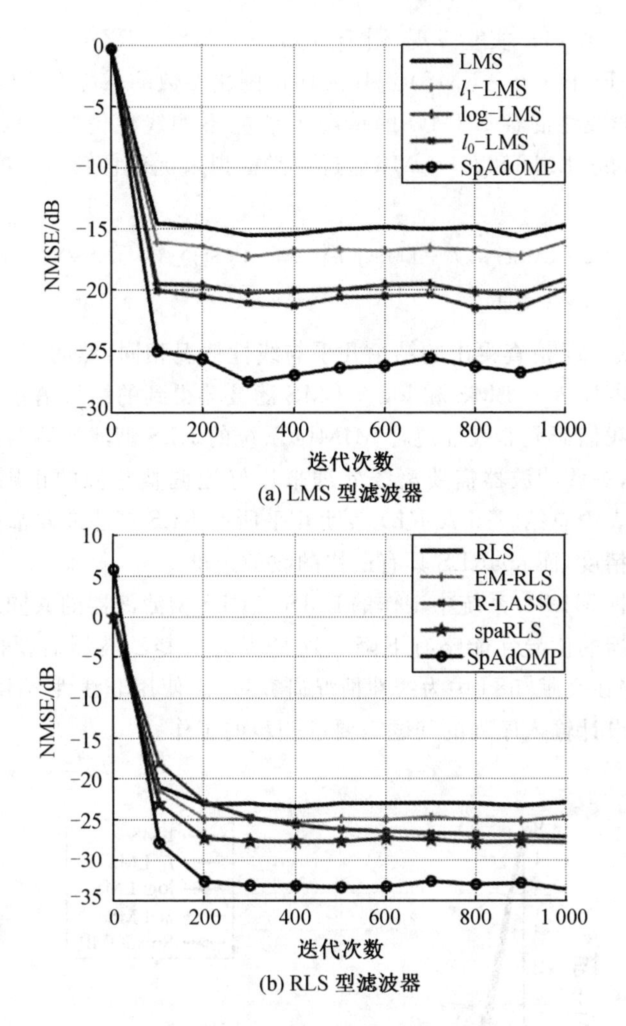

图 7.8 自适应 MIMO 滤波器的学习曲线

2. 自适应非线性 MIMO 系统的识别

接下来,我们评估稀疏非线性混合 MIMO 系统的滤波性能。MIMO 系统由 3 个输入、3 个输出组成,记忆长度 $M=2$,且有着二次非线性,其中输入的所有不同的乘积组合都是允许的。稀疏性与非线性的组合显著增加了未知系统矩阵的参数空间,并且可能引起参数的退化。注意,退化会使所有重要参数接近于零,因此一些输出也可能为零。为了避免这种情况,我们考虑 9 个非零参数,其中的 6 个属于系统的非线性部分(散布在不同的输入),而 3 个对应于非线性部分。输入序列从零均值方差 1/9 的复高斯分布绘制。

最初我们比较 LMS 型滤波器的学习曲线。所有滤波器的步长是相同的且由式(7.73)给出。实验发现，用于为 ZA－LMS 和 RZA－LMS(或者分别是指 l_1－LMS 和 log－LMS)选择最佳正则化参数的系统方法(在文献[19]中提出)在非线性混合 MIMO 的情况下性能不如线性情况。因此，需要用 l_1－LMS、log－LMS和 l_0－LMS通过穷举模拟来优化它们的参数，且相应的值总结如下：

l_1－LMS(γ)	log－LMS(γ,ϵ)	l_0－LMS(γ,α)	EM－RLS(γ)	R－LASSO(γ)	spaRLS($\alpha^2\gamma$)
5×10^{-3}	1×10^{-2},10	1×10^{-3},5	2×10^{-3}	9×10^{-2}	2×10^{-3}

从图7.9(a)检查得出的结论几乎与线性情况相同，然而，此次贪婪滤波器的收敛速度比 l_0－LMS 和 log－LMS 滤波器得到的结果稍差。

接下来我们研究非线性混合 MIMO 系统的 RLS 型滤波器的性能。与线性情况一样，一些滤波器需要离线处理来良好地调整它们的正则化参数，且最优值在上表中总结。图7.9(b)表明几乎所有 RLS 型滤波器都达到了相对相似的稳态精度，而 spaRLS 具有最快的收敛速度。

在非线性MIMO系统中工作的LMS和RLS型滤波器的共同结论是自适应贪婪滤波器的优异性能略有下降。这是因为贪婪滤波器需要极度不相关的字典(这些在文献[58]中为线性情况研究过)。使用非线性 MIMO 系统的非相干字典设计输入序列的问题需要进一步的工作。

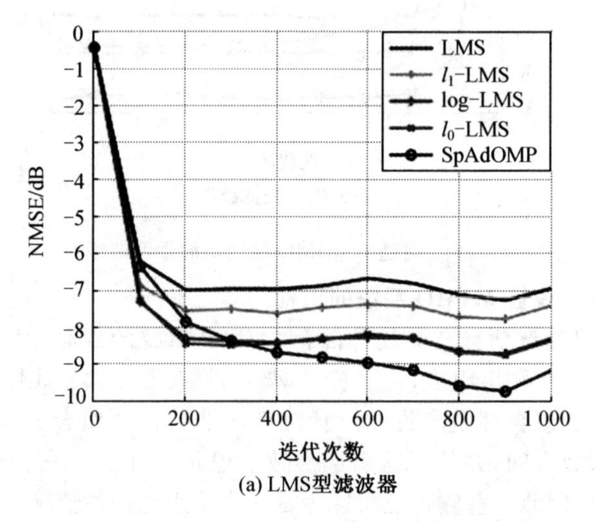

(a) LMS型滤波器

图7.9　自适应非线性 MIMO 滤波器的学习曲线

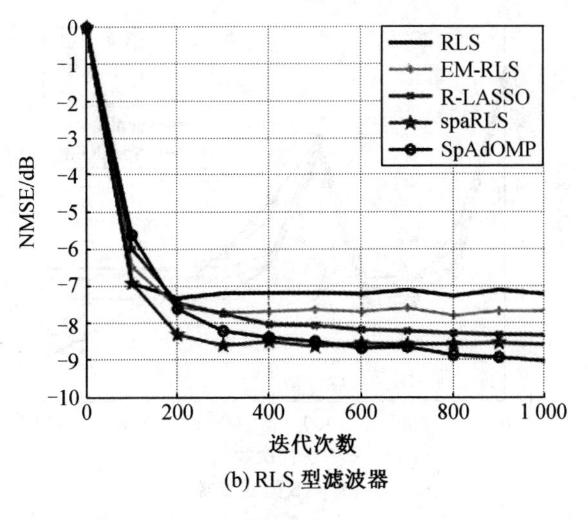

(b) RLS 型滤波器

续图 7.9

3. 稀疏自适应滤波器的跟踪性能

时变非线性 MIMO 系统使用产生图 7.9 的相同参数进行初始化。在第 400 次迭代时系统经历了一个突变，其中非线性部分所有的活跃参数随意改变位置。我们从图 7.10 中可以注意到 spaRLS、l_0－LMS 和 log－LMS 有着最快的支撑集跟踪表现，且自适应贪婪算法有着更好的稳定状态精度。

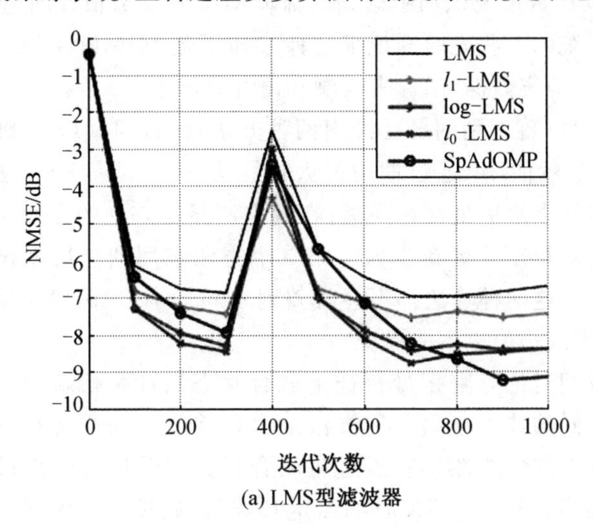

(a) LMS型滤波器

图 7.10　非线性 MIMO 系统的跟踪性能对比

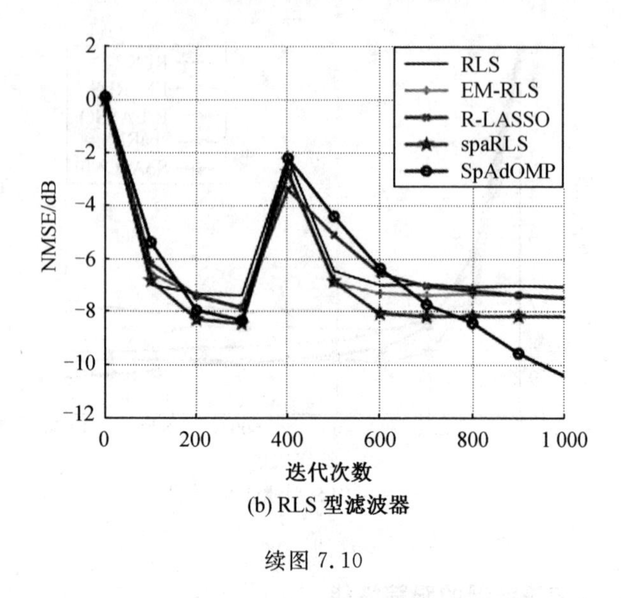

(b) RLS 型滤波器

续图 7.10

7.4 有限字母输入激发的稀疏 MIMO 系统的盲识别和半盲识别

本节涉及在盲系统识别中遇到的稀疏MIMO参数估计问题,其中使用输出信息以及系统的一些先验知识来估计未知稀疏 MIMO 系统。这个问题出现在数字通信、地震数据、图像去模糊和语音编码中。

稀疏 MIMO 盲识别问题已经由两种方法近似,即:(1) 字典学习[36,12章];(2) 最大惩罚似然估计 (通过期望最大化算法)[60]。第一个方法通过迭代应用两个凸的步骤来解决最优化问题:在固定测量矩阵上的参数更新步骤和在固定参数上的测量矩阵更新步骤。第二个方法采用期望最大化来找到最大惩罚似然估计。这两种算法都不会收敛到全局最小值,而对于字典学习的情况,即使是局部最小值也不能保证。

本节中我们讨论有限字母特征下联合状态估计和稀疏参数估计技术。给出了两种不同的技术。第一种方法最大化接收序列在所有可能的输入序列和系统参数上的似然性。它通过将联合最大化转换为两级最大化问题来实现。对于在第 l 次迭代结束时的给定参数值,通过执行内部最大化来估计最可能状态(等效输入序列)。由于多项式 MIMO 系统由隐马尔可夫模型(HMM) 表示,所以可通过维特比算法来实现该最大化。一旦完成内部的最大化且确定最可能状态序列,则开始外部的最大化。给定步骤 l 的状态序列,关于系统参数惩罚似然函数的最大化受到稀疏感知方案的影响。这两个主要的步骤(状态估计和参数估计)迭代直到满足一个停止准则。

本节考虑的第二个盲估计方法是基于期望最大化(EM)。取代使用似然性,EM 使用由所谓的完整数据形成的增强似然性,该完整数据由状态序列和输出序列组成。事实证明,增强似然的最大化更容易实现。然后,EM 过程在步骤 E 和步骤 M 之间交替,其中步骤 E 估计完整数据的对数似然函数,步骤 M 最大化增加似然函数来产生一个更新参数矩阵。参数稀疏自然通过掺入惩罚项(代表性的为参数的 l_1 范数)嵌入到步骤 M 中。

7.4.1　一个状态估计和稀疏系统估计的交替最大似然步骤

让我们考虑 7.2 节中的基本设置。输入－输出的关系由下式给出:

$$\begin{aligned}\boldsymbol{y}(n)=f(&x_1(n),x_1(n-1),\cdots,x_1(n-M),\cdots,x_{n_i}(n),\\&x_{n_i}(n-1),\cdots,x_{n_i}(n-M))+\boldsymbol{v}(n)\end{aligned}\tag{7.74}$$

噪声向量 $\boldsymbol{v}(n)$ 是一个均值和方差矩阵服从 $N(0,\boldsymbol{Q})$ 的多元高斯独立同分布。根据 7.2.1 节中的分析,令

$$\begin{aligned}\bar{\boldsymbol{x}}(n)=[&x_1(n),x_1(n-1),\cdots,x_1(n-M),\cdots,\\&x_{n_i}(n),x_{n_i}(n-1),\cdots,x_{n_i}(n-M)]^{\mathrm{T}}\end{aligned}$$

因此非线性输入向量为

$$\boldsymbol{x}(n)=[\bar{\boldsymbol{x}}(n),\bar{\boldsymbol{x}}_2(n),\cdots,\bar{\boldsymbol{x}}_p(n)]^{\mathrm{T}}$$

将 $\boldsymbol{x}(n)$ 称为增强状态或简称状态。式(7.74)可简写为

$$\boldsymbol{y}(n)=\boldsymbol{H}\boldsymbol{x}(n)+\boldsymbol{v}(n)$$

在一个盲(或半盲)环境中,产生一个给定输出的输入序列信息是未知的。假设 $\boldsymbol{Y}(n)=[\boldsymbol{y}(1),\boldsymbol{y}(2),\cdots,\boldsymbol{y}(n)]$ 表示已知的 $n_i\times n$ 观测序列,联合状态估计和系统参数估计的任务仅基于一小部分测量 n,条件为($\boldsymbol{X}(n),\boldsymbol{H}$)的观测矩阵 $\boldsymbol{Y}(n)$ 的概率密度函数为

$$p(\boldsymbol{Y}(n)\mid\boldsymbol{H},\boldsymbol{X}(n))=\frac{1}{(2\pi\sigma^2)^{n_o\times n}}\exp\left(-\frac{1}{2\sigma^2}\sum_{t=1}^{n}\|\boldsymbol{y}(t)-\boldsymbol{H}\boldsymbol{x}(t)\|_{l_2}^2\right)\tag{7.75}$$

$\boldsymbol{X}(n)$ 和 $\boldsymbol{H}$ 的联合最大似然估计通过使 $p(\boldsymbol{Y}(n)\mid\boldsymbol{H},\boldsymbol{X}(n))$ 在 $\boldsymbol{X}(n)$ 和 $\boldsymbol{H}$ 上联合最大化获得,即

$$(\hat{\boldsymbol{X}}(n),\hat{\boldsymbol{H}})=\arg\max_{\boldsymbol{X}(n),\boldsymbol{H}}\log p(\boldsymbol{Y}(n)\mid\boldsymbol{H},\boldsymbol{X}(n))$$

上述的最优化问题是难以处理的。因此我们将其转换为两步最大化问题,通过迭代 $\boldsymbol{X}(n)$ 和 $\boldsymbol{H}$ 实现(图 7.11),即

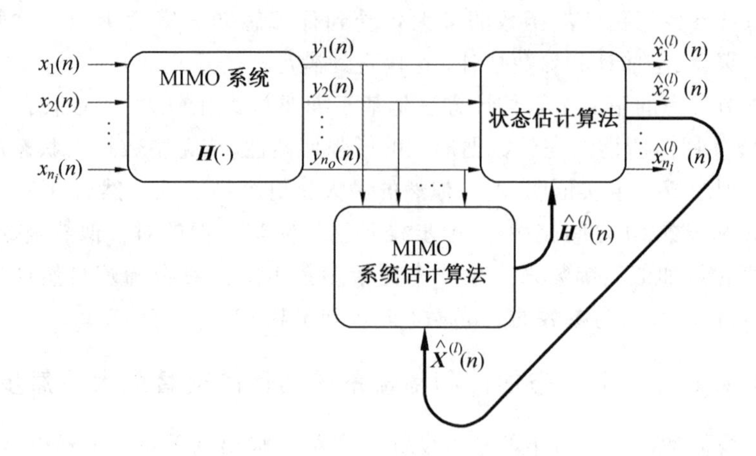

图 7.11　交替 MIMO 探测－估计

$$(\hat{\boldsymbol{X}}(n),\hat{\boldsymbol{H}})=\arg\max_{\boldsymbol{H}}\max_{\boldsymbol{X}(n)}\log p(\boldsymbol{Y}(n)\mid\boldsymbol{H},\boldsymbol{X}(n))\tag{7.76}$$

迭代过程在状态估计方法和系统参数估计方法之间交替信息。在一些应用中,包括通信,输入信号使用有限字母表中的值。然后状态向量演变为马尔可夫链,并且输入－输出关系变成隐马尔可夫过程(HMP)[37]。因此,步骤(l)的内部最大化可以通过动态规划和维特比算法(VA)来实现。给定 $\boldsymbol{X}^{(l)}$,迭代过程更新系统参数。外部水平最大化等效于一个二次最小化问题。因此,优化解得到一组标准方程

$$\boldsymbol{H}^{(l)}\boldsymbol{X}^{(l)}(n)\boldsymbol{H}^{(l)^{\mathrm{H}}}(n)=\boldsymbol{Y}(n)\boldsymbol{X}^{(l)^{\mathrm{H}}}(n)$$

该算法重复直到达到一个固定点或直到满足停止标准。可以建立算法的局部收敛[37]。上述步骤在文献中有着几个不同的名字:Baum-Viterbi(鲍姆－维特比)[37],最大似然交替最小平方[1,68]和 Bootstrap 均衡[73]。

注意:尽管上述步骤可以在纯盲条件下操作,但其收敛极慢且存在固有的置换和缩放模糊问题[74]。如果使用非常少的训练输入样本来提供初始参数矩阵 $\boldsymbol{H}^{(0)}$ 估计,就解决了这些模糊问题。初始估计不需要足够精确,因为其可以通过连续迭代进行改善。训练数据的最小值,即 $T=n_iM$,等于 MIMO 系统的秩。训练码元矩阵 $\boldsymbol{X}^{(0)}$ 可以被设计产生最优估计性能。

在 7.2 节中讨论的 MIMO 模型中,参数空间呈指数增加,且通常参数数量超过可提供测量数量,使结果系统表现为欠定的。除此之外,未知系统也许表现为慢时变,因此,在 n 个数据的持续时间内,$\boldsymbol{H}$ 也许考虑为不变的。因此,即使 $\boldsymbol{X}(n)$ 为已知,估计 $\hat{\boldsymbol{H}}$ 仍存在欠定问题(见 7.2.1 节)。这促使将正则化项添加到用于联合状态估计和稀疏参数估计的成本函数中。在压缩感知

范例后，l_1 惩罚项被加入，成本函数形式如下：

$$(\hat{\boldsymbol{X}}(n),\hat{\boldsymbol{H}})=\arg\{\max_{\boldsymbol{H}}[\max_{\boldsymbol{X}(n)\in S}\log p(\boldsymbol{Y}(n)\mid \boldsymbol{H},\boldsymbol{X}(n))-\tau\|\mathrm{vec}[\boldsymbol{H}]\|_{l_1}]\} \tag{7.77}$$

相对于 $\boldsymbol{H}$ 的似然最大化类似于基本追踪或 LASSO 准则，并且因此任何压缩感知算法都可以用于实现这种最大化[36,76]。

这个类型的一个两步最大化算法在表 7.7 中进行概述。第一步包含从最大后验(MAP) 标准获得的近似 $\hat{\boldsymbol{X}}(n)$：

$$\arg\max_{\boldsymbol{X}(n)} p(\boldsymbol{X}(n)\mid \boldsymbol{Y}(n);\boldsymbol{H}^{(l-1)}) \tag{7.78}$$

表 7.7　Baum-Viterbi 算法

算法描述	
$l=0$：$\boldsymbol{H}^{(0)}=\arg\max_{\boldsymbol{H}}\log p(\boldsymbol{Y}(T)\mid \boldsymbol{H},\boldsymbol{X}(T))-\tau\|\mathrm{vec}[\boldsymbol{H}]\|_{l_1}$	{初始化}
Repeat	
$l=l+1$	
1：$\boldsymbol{X}^{(l)}(n)=\arg\max_{\boldsymbol{X}(n)\in S}\log p(\boldsymbol{Y}(n)\mid \boldsymbol{H}^{(l-1)})$	{Viterbi 算法}
2：$\boldsymbol{H}^{(l)}=\arg\max_{\boldsymbol{H}}\log p(\boldsymbol{Y}(n)\mid \boldsymbol{X}^{(l)}(n))-\tau\|\mathrm{vec}[\boldsymbol{H}]\|_{l_1}$	{系统参数重新估计}
Until$(\boldsymbol{X}^{(l)}(n),\boldsymbol{H}^{(l)}(n))\approx(\boldsymbol{X}^{(l-1)}(n),\boldsymbol{H}^{(l-1)}(n))$	

以上使用维特比算法解决。维特比算法在通过状态网格的所有可能路径之间进行搜索，以便有效地找到最可能的路径。表 7.8 中提供了伪代码。

表 7.8　维特比算法

算法描述	
$\delta_1(i)=\log p(\boldsymbol{y}(1)\mid \boldsymbol{x}^{(i)}(1);\boldsymbol{H}^{(l-1)}(1))$，　$i=1,\cdots,A^{n_iM}$	{初始化}
For $t:=2,\cdots,n$ **do**	
For $j:=1,2,\cdots,A^{n_iM}$ **do**	
1：$\delta_t(j)=\log p(\boldsymbol{y}(t)\mid \boldsymbol{x}^{(j)}(t);\boldsymbol{H}^{(l-1)}(t))+\max_i[\delta_{t-1}(i)]$	{迭代}
2：$\psi_t(j)=\arg\max_i[\delta_{t-1}(i)]$	
End	
End	
3：$i_n=\arg\max_i\delta_n(i)$，　$\hat{\boldsymbol{x}}(n)=\boldsymbol{x}^{(i_n)}(n)$	{终结}
4：$i_t=\psi_{t+1}(i_{t+1})$，　$\hat{\boldsymbol{x}}(n)=\boldsymbol{x}^{(i_t)}$，　$t=n-1,\cdots,1$	{回溯}

$\boldsymbol{H}$ 上的惩罚似然函数的最大化等效于最大化辅助函数[37,50]：

$$\sum_{t=1}^{n}\sum_{i}^{A^{n_i M}}\delta(\hat{x}^{(l)}(n)-\boldsymbol{x}_i)\log p(\boldsymbol{y}(t)\mid\boldsymbol{H})-\tau\parallel\mathrm{vec}[\boldsymbol{H}]\parallel_{l_1}\tag{7.79}$$

其中，$\delta(\cdot)$ 是脉冲函数，在 $\boldsymbol{x}^{(l)}(n)=\boldsymbol{x}_i$ 时等于1，其余时刻为0。由于噪声为高斯噪声，表达式(7.79) 等于惩罚最小平方估计。参数中的线性导致以下闭合形式表达式：

$$\boldsymbol{H}^{(l)}=\mathbf{S}_\tau[(\boldsymbol{X}^{(l)}(n)\boldsymbol{X}^{(l)^{\mathrm{H}}}(n))^{-1}\boldsymbol{Y}(n)\boldsymbol{X}^{(l)^{\mathrm{H}}}(n)]\tag{7.80}$$

通过球形解码进行最大似然检测。基于维特比算法的状态估计需要在 $A^{M\times n_i}$ 可能的网格状态上进行搜索。当 A 和 $M\times n_i$ 小时，这是可负担的，但当 M 很大时则变得不现实。一种可选择的解码结构采用了一个球形解码器[11,20]。球面解码的基本原理是在以输出信号为中心的半径 r 的球体内搜索最接近输出信号的格点(或向量)。球体解码技术在球体内没有向量时增加半径，在球体内存在多个向量时减小半径。其主要思想是将可能状态中的搜索限制到位于具有半径 r 的球体内的那些状态。我们使用如下一些概念：

$$\hat{\boldsymbol{X}}(n)=\arg\min_{\boldsymbol{X}(n)}\parallel\boldsymbol{Y}(n)-\boldsymbol{H}\boldsymbol{X}(n)\parallel_{l_2}^2\leqslant r^2\tag{7.81}$$

$$=\arg\min_{\boldsymbol{X}(n)}\parallel\boldsymbol{H}(\boldsymbol{X}(n)-\overline{\boldsymbol{X}}\parallel_{l_2}^2\leqslant r^2\tag{7.82}$$

其中，(最小均方误差估计)$\overline{\boldsymbol{X}}=(\boldsymbol{H}^{\mathrm{H}}\boldsymbol{H})^{-1}\boldsymbol{H}^{\mathrm{H}}\boldsymbol{Y}(n)$ 是半径为 r 的球的中心。最大似然解包含在这个球中且可以通过低复杂度的树搜索算法找到[43]。这样避免了穷举搜索过程，并且复杂性与字母表大小无关。

7.4.2 MIMO 参数恢复的期望最大化和平滑方法

交替 ML 检测器和在 7.4.1 节参数估计过程的概述也可以通过采用期望最大化(EM) 框架[27] 来实现。EM 使用完全似然函数 $p(\boldsymbol{Y}(n),\boldsymbol{X}(n)\mid\boldsymbol{H})$ 来代替最大化似然函数 $p(\boldsymbol{Y}(n)\mid\boldsymbol{H})=\sum_{\boldsymbol{X}(n)}p(\boldsymbol{Y}(n),\boldsymbol{X}(n)\mid\boldsymbol{H})$。当然，由于数据 $\boldsymbol{X}(n)$ 是未知的，完全似然函数不能被估计，取而代之的是期望值。条件对数似然函数

$$\log p(\boldsymbol{Y}(n)\mid\boldsymbol{H})=\log p(\boldsymbol{Y}(n),\boldsymbol{X}(n)\mid\boldsymbol{H})-\log p(\boldsymbol{X}(n)\mid\boldsymbol{Y}(n),\boldsymbol{H})$$

被用来评估完全对数似然函数的估计值

$$\begin{aligned}Q(\boldsymbol{H},\boldsymbol{H}^{(l-1)})&=\mathbf{E}_{p(\boldsymbol{X}(n)\mid\boldsymbol{Y}(n),\boldsymbol{H}^{(l-1)})}[\log p(\boldsymbol{Y}(n),\boldsymbol{X}(n)\mid\boldsymbol{H})]\\&=\sum_{\boldsymbol{X}(n)}p(\boldsymbol{X}(n)\mid\boldsymbol{Y}(n),\boldsymbol{H}^{(l-1)})\log p(\boldsymbol{Y}(n),\boldsymbol{X}(n)\mid\boldsymbol{H})\end{aligned}\tag{7.83}$$

EM算法在步骤E和步骤M之间迭代直到收敛(表7.9)。期望步骤(步骤

E) 是用基于未知参数的当前值估计出的未知数据的条件密度来估计完全对数似然函数的期望值。最大化步骤(步骤 M) 找到相对于未知系统参数的完全对数似然函数的最大估计值。

表 7.9　EM 算法

算法描述	
$l=0:\boldsymbol{H}^{(0)}$	{初始化}
Repeat	
$l=l+1$	
$1:Q(\boldsymbol{H},\boldsymbol{H}^{(l-1)})=\mathrm{E}_{p(\boldsymbol{X}(n)\mid\boldsymbol{Y}(n),\boldsymbol{H}^{(l-1)})}[\log p(\boldsymbol{Y}(n),\boldsymbol{X}(n)\mid\boldsymbol{H})]$	{步骤 E}
$2:\boldsymbol{H}^{(l)}=\arg\max\limits_{\boldsymbol{H}} Q(\boldsymbol{H},\boldsymbol{H}^{(l-1)})$	{步骤 M}
Until $\Vert \mathrm{vec}[\boldsymbol{H}^{(l)}]-\mathrm{vec}[\boldsymbol{H}^{(l-1)}]\Vert_{l_2}^2<\epsilon$	{终结条件}

通常实际上,可用观测值的数量 n 远小于 n_iM,所得到的方程组严重欠定。而且,$\boldsymbol{H}$ 的有效秩通常远小于 n。这类问题往往优先考虑使用贝叶斯算法来简化。在最大化步骤中并入罚函数作为惩罚项,其被最大化来估计未知系统参数矩阵。因此步骤 M 寻求解决如下问题:

$$\boldsymbol{H}^{(l)}=\arg\max_{\boldsymbol{H}} Q(\boldsymbol{H},\boldsymbol{H}^{(l-1)})+\log p(\boldsymbol{H})$$

广泛使用的促进稀疏性和避免不确定问题的先验是拉普拉斯先验

$$p(\boldsymbol{H})\propto\exp(-\tau\Vert\mathrm{vec}[\boldsymbol{H}]\Vert_{l_1})$$

这个先验的引入允许算法仅能选择 $\boldsymbol{H}$ 的非零项。

对数似然函数在参数向量的连续迭代 $\boldsymbol{H}^{(l)}$ 处单调增加[27],即

$$p(\boldsymbol{Y}(n)\mid\boldsymbol{H}^{(l)})\geqslant p(\boldsymbol{Y}(n)\mid\boldsymbol{H}^{(l-1)})$$

因此序列$\{p(\boldsymbol{Y}(n)\mid\boldsymbol{H}^{(l)}),l>0\}$随着 $l\rightarrow\infty$ 收敛。出于实际应用目的,我们将迭代次数截断为一个有限数量 L。尽管似然值的收敛不由其自身确保迭代 $\boldsymbol{H}^{(l)}$ 的收敛,在相对温和平滑的条件下对数似然函数 $p(\boldsymbol{Y}(n)\mid\boldsymbol{H}^{(l)})$ 序列收敛到一个 $p(\boldsymbol{Y}(n)\mid\boldsymbol{H}^{(l)})$ 的局部最大值[81],然而其单调收敛行为由初始化决定[81]。为了避免其被捕获到不是局部(全局)最大值的平稳点,我们可能必须使用几个不同的初始化,并且还要结合关于 $\boldsymbol{H}^{(0)}$ 分布的先验信息。对于高斯噪声,对应的对数似然函数是对数凹陷的,可能性的对数凹度确保 EM 迭代收敛到平稳点,而与初始化无关。

由于 $\boldsymbol{X}(n)$ 与式(7.83)中的 $\boldsymbol{H}$ 相互独立,我们可以仅考虑依赖于 $\boldsymbol{H}$ 的项。因此

$$Q(\boldsymbol{H},\boldsymbol{H}^{(l-1)})=\mathrm{E}_{p(\boldsymbol{X}(n)\mid\boldsymbol{Y}(n),\boldsymbol{H}^{(l-1)})}[\log p(\boldsymbol{Y}(n)\mid\boldsymbol{H})]$$

有

$$p(\boldsymbol{Y}(n) \mid \boldsymbol{H})=\frac{1}{(2\pi\sigma^2)^{n_0\times n}}\exp\left(-\frac{1}{2\sigma^2}\sum_{t=1}^{n}\|\boldsymbol{y}(t)-\boldsymbol{H}\boldsymbol{x}(t)\|_{l_2}^2\right)$$

接下来仔细观察步骤 E。结果函数仍然用 Q 来表示

$$Q(\boldsymbol{H},\boldsymbol{H}^{(l-1)})=-\frac{1}{2\sigma^2}\sum_{t=1}^{n}\mathrm{E}\{\|\boldsymbol{y}(t)-\boldsymbol{H}\boldsymbol{x}(t)\|_{l_2}^2 \mid \boldsymbol{y}(t),\boldsymbol{H}^{(l-1)}\}$$

步骤 E 依赖于隐变量 $\boldsymbol{X}(n)$ 的一阶和二阶统计量。因为 $\boldsymbol{X}(n)$ 未知，统计量得不到。因此全对数似然由下式给出：

$$Q(\boldsymbol{H},\boldsymbol{H}^{(l-1)})=-\frac{1}{2\sigma^2}\sum_{t=1}^{n}\sum_{i}^{A^{n_i M}}\|\boldsymbol{y}(t)-\boldsymbol{H}\boldsymbol{x}(t)\|_{l_2}^2\gamma_{ti}^{(l)}$$

其中

$$\gamma_{ti}^{(l)}=p(\boldsymbol{x}(t)=s_i \mid \boldsymbol{Y}(n);\boldsymbol{H}^{(l-1)})$$

因此步骤 E 的一个基本目标是计算一个后验概率(APPs)$\gamma_{ti}^{(l)}$。这些又反过来通过下面给出的前向－后向递归来计算。

相对于步骤 M 中 $\boldsymbol{H}$ 的正则化，Q 函数的最大化具有闭合形式表达式并且由软阈值函数给出

$$\boldsymbol{H}^{(l)}=\boldsymbol{S}_{\tau}\left[\left(\sum_{i=1}^{A^{n_i M}}\boldsymbol{X}_i(n)\boldsymbol{X}_i^{\mathrm{H}}(n)\gamma_{ni}^{(l)}\right)^{-1}\left(\boldsymbol{Y}(n)\left[\sum_{i=1}^{A^{n_i M}}\boldsymbol{X}_i^{\mathrm{H}}(n)\gamma_{ni}^{(l)}\right]\right)\right] \tag{7.84}$$

上面是一个凸问题，可以使用线性规划方法、内点法和迭代阈值法来解决[36,76]。注意步骤 M 也可以由贪婪算法执行。

平滑概率计算。为了完成 EM 迭代，需要后验概率 $\gamma_{ti}^{(l)}=p(\boldsymbol{x}(t)=s_i \mid \boldsymbol{Y}(n);\boldsymbol{H}^{(l-1)})$。它们对应于EM算法中的步骤E，且若 MIMO系统的基础结构使得我们能够遵循隐马尔可夫模型(HMM) 公式，则它们可以由软解码器来计算，其中 APP 被表示为转移概率的函数。在这种情况下，使用两步消息传递算法获得隐藏变量的后验分布。在 HMM 模型环境中，它是已知的前向－后向算法[66]、Baum-Welch(鲍姆－韦尔奇) 或 BCJR 算法[6]。

HMM 模型的完整描述需要具有状态集合 $S=\{s_1,s_2,\cdots,s_{A^{M\times n_i}}\}$ 的网格图，其中 A 为字典的大小。此算法分为两步。第一步，计算滤波概率 $p(\boldsymbol{x}(t)=\cdots \mid \boldsymbol{Y}(t);\boldsymbol{H}^{(l-1)})$；第二步，计算未来概率 $p(\boldsymbol{x}(t)=\cdots \mid \boldsymbol{Y}(t+1:n);\boldsymbol{H}^{(l-1)})$(其中 $\boldsymbol{Y}(t+1:n)=[\boldsymbol{y}(t+1),\cdots,\boldsymbol{y}(n)]$)。假设对所有的 $t\in\{1,\cdots,n\}$，这两步都已经计算，然后使用马尔可夫链规则，能得到对任意 $s_i\in S$ 的平滑概率 $p(\boldsymbol{x}(t)=s_i \mid \boldsymbol{Y}(n);\boldsymbol{H}^{(l-1)})$。

$$
\begin{aligned}
&p(\boldsymbol{x}(n)=s_i \mid \boldsymbol{Y}(n);\boldsymbol{H}^{(l-1)}) \\
&=\underbrace{p(\boldsymbol{x}(t)=s_i \mid \boldsymbol{Y}(t-1);\boldsymbol{H}^{(l-1)})}_{\alpha_t(\boldsymbol{x}(t))}\ \underbrace{p(\boldsymbol{x}(t)=s_i}_{b_t(\boldsymbol{x}(t),\boldsymbol{x}(t+1))}\ \underbrace{p(\boldsymbol{x}(t)=s_i \mid \boldsymbol{Y}(t+1:n);\boldsymbol{H}^{(l-1)})}_{\beta_{t+1}(\boldsymbol{x}(t))}
\end{aligned} \tag{7.85}
$$

接下来推导前向－后向迭代，其允许式(7.85)概率有效。滤波或前向概率 $\alpha_t(\boldsymbol{x}(t))$ 通过对所有的之前的概率相加得到，即

$$
\alpha_t(\boldsymbol{x}(t))=\sum_{\forall \boldsymbol{x}(t-1)\in S}\alpha_{t-1}(\boldsymbol{x}(t-1))b_{t-1}(\boldsymbol{x}(t-1),\boldsymbol{x}(t)) \tag{7.86}
$$

后向滤波的推导与滤波概率相似，即

$$
\beta_t(\boldsymbol{x}(t))=\sum_{\forall \boldsymbol{x}(t+1)\in S}\beta_{t+1}(\boldsymbol{x}(t+1))b_t(\boldsymbol{x}(t),\boldsymbol{x}(t+1)) \tag{7.87}
$$

b 由接收信号和一个先验信息确定

$$
b_t(\boldsymbol{x}(t),\boldsymbol{x}(t+1))=\exp\left(-\frac{1}{2\sigma^2}\|\boldsymbol{y}(t)-\boldsymbol{H}\boldsymbol{x}(t)\|_{l_2}^2\right)\Pr(\boldsymbol{x}(t+1)=s \mid \boldsymbol{x}(t)=s') \tag{7.88}
$$

7.4.3　盲识别算法的计算机仿真

本小节中，我们对比了这里列出方法在半盲和盲两种操作模式下的性能。性能用归一化均方误差(NMSE，在 7.3.4 节中定义)和向量误符号率(SER，即发送的符号中至少有一个是错误的概率)来测量，测量使用来自 BPSK 星座 1 帧的 100 个向量符号、平均超过 100 个不同的系统实现。非零稀疏为均值为 0、方差为 1 的 i.i.d.(独立同分布)复高斯随机变量。在每个实现中非零参数的位置是随机选择的，以确保每个输出非零。我们考虑一个 2×2线性 MIMO 系统，内存长度为 4 且稀疏水平为 4。

首先考虑一个半盲操作，其中在接收器侧有一个短训练序列(由五个符号组成)；在实际的数据传输会话之前由发射机在未知系统上发送短训练序列。这个训练序列被用来初始化算法。

由图 7.12 和图 7.13 可以注意到，在 2～10 dB 的 SNR 范围内，(稀疏和非稀疏) Baum-Viterbi 的性能与(稀疏和非稀疏)Baum-Welch 的性能相同；而在较低噪声条件下，Baum-Welch 表现更好。传统算法(Baum-Viterbi 和 Baum-Welch)在它们的对应稀疏后下降大约 5 dB。然后我们检验最大序列检测器(图 7.12(a))和最大后验检测器(图 7.12(b))的向量 SER。从结果可以看出稀疏算法具有更好的 SER 性能，这是因为它们提供更准确的系统估计。

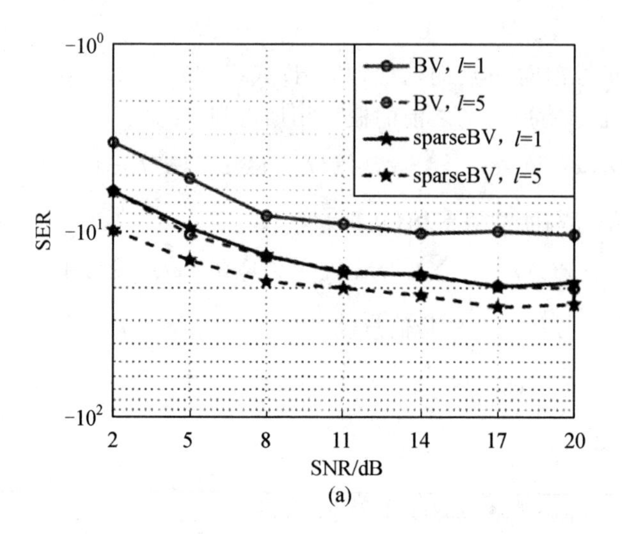

(a)

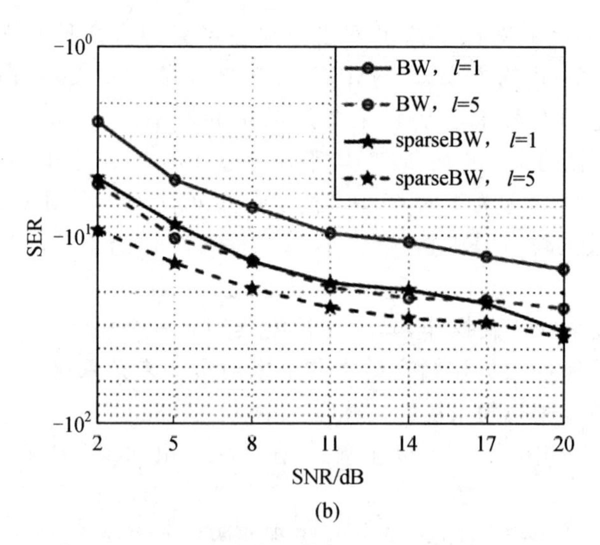

(b)

图 7.12　稀疏 MIMO 系统误码率

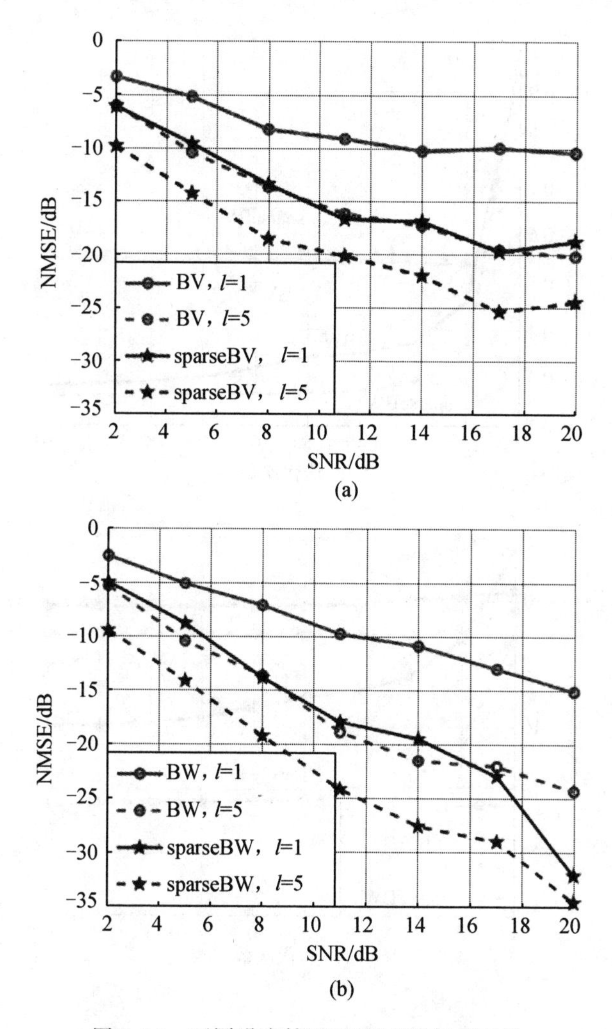

图 7.13　不同噪声情况下 NMSE 性能对比

接下来我们考虑盲操作模式，其中一个关键问题是如何获取参数矩阵的可靠初始估计。为了避免使用不同的初始条件，我们使用单峰方法[28]，其中除了主要参数设为±1(取决于它的符号)外，其他所有的参数置为零。通过使用这个初始化，两个算法在接近 5 次迭代后收敛。算法在一个固定的噪声情况下(SNR 10 dB)进行检验。如图 7.14 所示，Baum-Viterbi 没有收敛，而 Baum-Welch 对于初始条件更加稳定。对于这两种算法(Baum-Viterbi 和 Baum-Welch)，稀疏情况都比传统对照要好，且能实现更快收敛，如图7.14(b)所示。

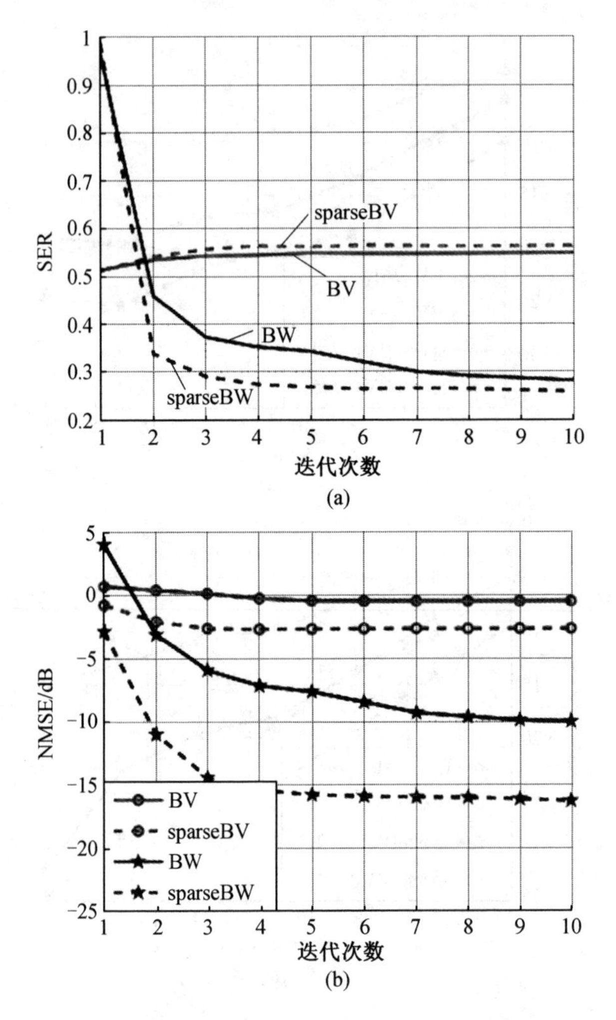

图 7.14 固定 SNR 为 10 dB 两种方法对比

7.5 结　　论

本章中考虑了多输入多输出非线性多项式系统的自适应滤波和识别。复杂性的指数增长通过压缩感知方案来解决。描述了稀疏 LMS、RLS 和贪婪自适应算法，且它们的性能通过在一个宽泛的操作条件下仿真进行验证。上述方法与状态估计方法（例如 Viterbi 族）在半盲法（Semi-Blind）环境中组合。还讨论了基于期望最大化和平滑方法的替代算法。

应用于线性系统的许多方法被提出。这包括子空间方法、二阶统计和更高阶统计[59]。这些算法对于非线性情况的适用性和它们的性能评估是值得研究的。

本章参考文献

[1] Abuthinien M, Chen S, Hanzo L (2008) Semi-blind joint maximum likelihood channel estimation and data detection for MIMO systems. IEEE Signal Process Lett 15:202-205

[2] Andrew G, Gao J (2007) Scalable training of L1 regularized log linear models. International conference on machine learning, In

[3] Angelosante D, Bazerque JA, Giannakis GB (2010) Online adaptive estimation of sparse signals: Where RLS meets the l_1-norm. IEEE Trans Sig Process 58(7):3436-3447

[4] Angelosante D, Giannakis GB (2009) RLS-weighted lasso for adaptive estimation of sparse signals. IEEE Int Conf Acoust Speech Sig Process 2009:3245-3248

[5] Babadi B, Kalouptsidis N, Tarokh V (2010) Sparls: The sparse RLS algorithm. IEEE Trans Sig Process 58(8):4013-4025

[6] Bahl L, Cocke J, Jelinek F, Raviv J (1974) Optimal decoding of linear codes for minimizing symbol error rate (corresp.). IEEE Trans Inf Theory 20(2):284-287.

[7] Barry JR, Lee EA, Messerschmitt DG (eds) (2003) Digital communication. Springer, New York

[8] Benedetto S, Biglieri S (1998) Principles of Digital Transmission: with wireless applications. Kluwer Academic, New York

[9] Benesty J, Gnsler T, Huang Y, Rupp M (2004) Adaptive algorithms for MIMO acoustic echo cancellation. In: Huang Y, Benesty J (eds) Audio Signal Processing for Next-Generation Multimedia Communication Systems. Springer, Berlin

[10] Bertsekas D, Nedic A, Ozdaglar A (2003) Convex Analysis and Optimization. Athena Scientific, Cambridge

[11] Biglieri E, Calderbank R, Constantinides A, Goldsmith A, Paulraj A, Poor VH (2007) MIMO Wireless Communications. Cambridge Uni-

versity Press, England

[12] Boufounos PT, Raj B, Smaragdis P (2011) Joint sparsity models for broadband array processing. In Proc SPIE Wavelets and Sparsity 14: 18-21

[13] Boyd S (1985) Volterra Series: Engineering Fundamentals. PhD thesis, UC Berkeley.

[14] Boyd S, Chua L (1985) Fading memory and the problem of approximating nonlinear operators with volterra series. IEEE Trans Circ Syst 32 (11):1150-1161

[15] Brewer J (1978) Kronecker products and matrix calculus in system theory. IEEE Trans Circ Syst 25(9):772-781

[16] Bruckstein AM, Donoho DL, Elad M (2009) From sparse solutions of systems of equations to sparse modeling of signals and images. SIAM Review 51(1):34-81

[17] Cands E, Wakin M, Boyd S (2008) Enhancing sparsity by reweighted l_1 minimization. J Fourier Anal Appl 14(8):77-905

[18] Chen Y, Gu Y, Hero AO (2009) Sparse LMS for system identification. IEEE Int Conf Acoust Speech Sig Process 2:3125-3128

[19] Chen Y, Gu Y, Hero AO (2010) Regularized Least-Mean-Square algorithms. Arxiv, preprint stat. ME/1012.5066v2.

[20] Fu-Hsuan Chiu (2006) Transceiver design and performance analysis of bit-interleaved coded MIMO-OFDM systems. PhD thesis, University of Southern California.

[21] Combettes PL, Pesquet JC(2011) Proximal splitting methods in signal processing. In: Bauschke HH, Burachik RS, Combettes PL, Elser V, Luke DR, Wolkowicz H (eds) Fixedpoint algorithms for inverse problems in science and engineering. Springer, New York, pp 185-212

[22] Giannakis GB, Angelosante D, Grossi E, Lops M (2010) Sparsity-aware estimation of CDMA system parameters. EURASIP J Adv Sig Process 59(7):3262-3271

[23] Dai W, Milenkovic O (2009) Subspace pursuit for compressive sensing signal reconstruction. IEEE Trans Inf Theory 55(5):2230-2249

[24] Daubechies I, Defrise M, De Mol C (2004) An iterative thresholding algorithm for linear inverse problems with a sparsity constraint. com-

mun Pure Appl Math 57(11):1413-1457.

[25] Daubechies I, Fornasier M, Loris I (2008) Accelerated projected gradient method for linear inverse problems with sparsity constraints. J Fourier Anal Appl 14:764-792

[26] Davis S, Mallat GM, Zhang Z (1994) Adaptive time-frequency decompositions. SPIE J Opt Engin 33(7):2183-2191

[27] Dempster AP, Laird NM, Rubin DB (1977) Maximum likelihood from incomplete data via the EM algorithm. J R Stat Soc B 39:1-38

[28] Ding Z, Li Y (2001) Blind Equalization and Identification. Marcel Dekker, New York

[29] Doicu A, Trautmann T, Schreier F (2010) Numerical Regularization for Atmospheric Inverse Problems. Springer, Heidelberg

[30] Donoho DL, Johnstone IM (1994) Ideal spatial adaptation by wavelet shrinkage. Biometrika Trust 81(3):425-455

[31] Donoho DL, Tsaig Y, Drori I, Starck JL(2013), Sparse solution of underdeterminedlinear equations by stagewise orthogonal matching pursuit. Submitted for publication.

[32] Doyle FJIII, Pearson RK, Ogunnaike BA (2002) Identification and control using Volterra series. Springer, New York

[33] Duchi J, Shwartz S. S. , Singer Y, Chandra T (2008) Efficient projections onto the l_1 ball for learning in high dimensions. In: Proceedings of International Conference on Machine Learning (ICML 08) pp 272-279

[34] Duttweiler DL (2000) Proportionate normalized Least-Mean-Squares adaptation in echo cancellers. IEEE Trans Speech Audio Process 8(5): 508-518

[35] Eksioglu EM, Tanc AK (2011) RLS algorithm with convex regularization. IEEE Signal Process Lett 18(8):470-473

[36] Elad M (2010) Sparse and Redundant Representations: From Theory to Applications in Signal and Image Processing. Springer, New York

[37] Ephraim Y, Merhav N (2002) Hidden markov processes. IEEE Trans Inf Theory 48(6):1518-1569

[38] Werner S, Riihonen T, Gregorio F (2011) Power amplifier linearization technique with iq imbalance and crosstalk compensation for broad-

band MIMO-OFDM transmitters. EURASIP J Adv Sig Process 19:1-15

[39] Feder M (1987) Statistical signal processing using a class of iterative estimation algorithms. PhD thesis, M. I. T Cambridge MA.

[40] Fernandes, CAR (2009) Nonlinear MIMO communication systems: Channel estimation and information recovery using volterra models. PhD thesis, Universite de Nice-Sophia Antipolis.

[41] Figueiredo MAT, Nowak RD (2003) An EM algorithm for wavelet-based image restoration. IEEE Trans Image Process 12(8):906-916

[42] Gholami A (2011) A general framework for sparsity-based denoising and inversion. IEEE Trans Sigl Process 59(11):5202-5211

[43] Giannakis G, Liu Z, Ma X (2003) Space Time Coding for Broadband Wireless Communications. Wiley-Interscience, Hoboken

[44] Giannakis GB, Serpedin E (1997) Linear multichannel blind equalizers of nonlinear FIR volterra channels. IEEE Trans Sig Process 45(1):67-81

[45] Gregorio F, Werner S, Laakso TI, Cousseau J (2007) Receiver cancellation technique for nonlinear power amplifier distortion in SDMA-OFDM systems. IEEE Trans Veh Technol 56(5):2499-2516

[46] Haykin SO (2001) Adaptive filter theory, 4th edn. Springer, New York

[47] Huang Y, Benesty J, Chen J (2006) Acoustic MIMO signal processing. Springer, Berlin

[48] Hurley N, Rickard S (2009) Comparing measures of sparsity. IEEE Trans Inf Theory 55(10):4723-4741

[49] Jin J, Gu Y, Mei S (2010) A stochastic gradient approach on compressive sensing signal reconstruction based on adaptive filtering framework. IEEE J Sel Topics Sig Process 4(2):409-420

[50] Kaleh GK, Vallet R (1994) Joint parameter estimation and symbol detection for linear or nonlinear unknown channels. IEEE Trans Comm 42(7):2406-2413

[51] Kalouptsidis N (1997) Signal Processing Systems Theory and Design. John Wiley and Sons, New York

[52] Nicholas Kalouptsidis, Gerasimos Mileounis, Behtash Babadi, Vahid

Tarokh (2011) Adaptive algorithms for sparse system identification. Sig Process 91(8):1910-1919

[53] Koike-Akino T, Molisch AF, Pun MO, Annavajjala R, Orlik P (2011) Order-extended sparse RLS algorithm for doubly-selective MIMO channel estimation. In: IEEE international conference on communications (ICC), 1-6 June 2011.

[54] Kopsinis Y, Slavakis K, Theodoridis S (2011) Online sparse system identification and signal reconstruction using projections onto weighted l_1 balls. IEEE Trans Sig Process 59(3):936-952

[55] Ljung L (1993) General structure of adaptive algorithms: Adaptation and tracking. Kalouptsidis N, Theodoridis S (eds) In adaptive system identification and signal processing algorithms

[56] Maleh R, Gilbert AC (2007) Multichannel image estimation via simultaneous orthogonal matching pursuit. Proceedings workshop statistics signal process, In

[57] Marmarelis PZ, Marmarelis VZ (1978) Analysis of physiological systems. Plenum Press, New York

[58] Mileounis G, Babadi B, Kalouptsidis N, Tarokh V (2010) An adaptive greedy algorithm with application to nonlinear communications. IEEE Trans Sig Process 58(6):2998-3007

[59] Mileounis G, Kalouptsidis N (2012) A sparsity driven approach to cumulant based identification. In IEEE International Workshop on Signal Processing Advances in Wireless Communications.

[60] Mileounis G Kalouptsidis N, Babadi B, Tarokh V (2011) Blind identification of sparse channels and symbol detection via the EM algorithm. In: International conference on digital signal processing (DSP), 1-5 july 2011.

[61] Murakami Y, Yamagishi M, Yukawa M, Yamada I (2010) A sparse adaptive filtering using time-varying soft-thresholding techniques. In: 2010 IEEE international conference on acoustics speech and signal processing (ICASSP), 3734-3737.

[62] Needell D, Tropp JA (2009) CoSaMP: Iterative signal recovery from incompleteand inaccurate samples. Appl Comput Harmon Anal 26: 301-321

[63] Needell D, Vershynin R (2009) Uniform uncertainty principle and signal recovery via regularized orthogonal matching pursuit. Found Comput Math 9(3):317-334

[64] Paleologu C, Benesty J, Ciochina S (2010) Sparse adaptive filters for echo cancellation. Morgan and Claypool Publishers, San Rafael

[65] Pati YC, Rezaiifar R, Krishnaprasad PS (1993) Orthogonal matching pursuit: recursive function approximation with applications to wavelet decomposition. In: 27th asilomar Conference on signals, systems and Computation 40-44.

[66] Rabiner LR (1989) A tutorial on hidden markov models and selected applications in speech recognition. IEEE Proc 77(2):257-286

[67] Redfern AJ, Zhou GT (2001) Blind zero forcing equalization of multichannel nonlinear CDMA systems. IEEE Trans Sig Process 49(10): 2363-2371

[68] Rizogiannis C, Kofidis E, Papadias CB, Theodoridis S (2010) Semiblind maximum-likelihood joint channel/data estimation for correlated channels in multiuser MIMO networks. Sig Process 90(4):1209-1224

[69] Rugh WJ (1981) Nonlinear System Theory. The Johns Hopkins University Press, Baltimore (in press).

[70] Adaptive Filters. Wiley-Blackwell, Hoboken.

[71] Schetzen M (1980) The volterra and wiener theories of nonlinear systems. Willey and Sons, New York

[72] Seretis C (1997) Control-relevant identification for constrained and nonlinear systems. PhD thesis, University of Maryland.

[73] Tidestav C, Lindskog E (1998) Bootstrap equalization. In: IEEE International Conference on Universal Personal Communications (ICUPC), vol 2. 1221-1225 oct 1998.

[74] Tong L, Rw Liu, Soon VC, Huang YF (1991) Indeterminacy and identifiability of blind identification. IEEE Trans Circ Syst 38(5):499-509

[75] Tropp JA, Gilbert AC, Strauss MJ (2006) Algorithms for simultaneous sparse approximation. part i: Greedy pursuit. Sig Process 86(3): 572-588.

[76] Tropp JA, Wright SJ (2010) Computational methods for sparse solu-

tion of linear inverse problems. Proceedings of the IEEE 98(6):948-958

[77] Sicuranza GL, Mathews VJ (2000) Polynomial Signal Processing. Wiley-Blackwell, New York

[78] Wang Y, Yagola AG, Yang C (2010) Optimization and regularization for computational inverse problems and applications. Springer, Heidelberg

[79] Weston J, Elisseeff A, Schölkopf B, Tipping M (2003) Use of the zero norm with linear models and kernel methods. J Mach Learn Res 3: 1439-1461

[80] Westwick DT, Kearney RE (2003) Identification of nonlinear physiological systems. IEEE Press, New York

[81] Wu C (1983) On the convergence properties of the EM algorithm. Ann Statist 11:95-103

[82] Yukawa M (2010) Adaptive filtering based on projection method. Block Seminar in Elite Master Study Course SIM.

[83] Zheng Q (1995) A volterra series approach to nonlinear process control and control relevant identification. PhD thesis, University of Maryland.

[84] Zheng Q, Zafiriou E (2004) Volterra Laguerre models for nonlinear process identification with application to a fluid catalytic cracking unit. Ind Eng Chem Res 43(2):340-348

第8章　卡尔曼平滑的优化观点及其在鲁棒和稀疏估计中的应用

在本章中，将介绍卡尔曼滤波和平滑问题的优化公式，并且推导该公式的扩展形式，给出应用示例。首先，将经典卡尔曼平滑算法转化为最小二乘问题，强调其该优化问题中的特殊结构，并且证明经典滤波和平滑算法等价于解决这个问题的特定算法。在建立了这种等价性的基础上，提出了一系列卡尔曼平滑的扩展形式，分别适用于具有非线性过程和非线性测量模型的系统、有非线性和非线性不等式约束的系统、测量或突变状态下产生的异常值的系统，以及考虑状态序列的稀疏性的系统。所有扩展形式都保证了与经典算法具有相同的计算效率，并且大部分扩展形式都通过数据实例进行仿真验证，这些实例来自于卡尔曼平滑 Matlab / Octave 开源软件包。

8.1 引　　言

卡尔曼滤波和平滑方法形成了一大类用于推断噪声动态系统的计算算法。在过去的 50 年里，这些算法已经成为一系列应用的黄金标准，其应用包括太空探索、导弹制导系统、跟踪导航以及天气预报等。在 2009 年，鲁道夫·卡尔曼(Rudolf Kalman)因发明了卡尔曼滤波器而获得了奥巴马总统颁发的国家科学奖章。大量的书籍和论文包含卡尔曼方法及其扩展形式的研究，其应用重点是非线性系统中的应用、数据的时间平滑及提高算法对野值的鲁棒性等。

经典的卡尔曼滤波器[29]几乎总是用一组递归方程表示，经典的 Rauch-Tung-Striebel(RTS)固定间隔平滑器[42]通常表示为两个耦合卡尔曼滤波器。在文献[2]中给出的推导较为简便，其思想是在随机变量张成的空间上进行投影。在本章中，我们更广泛地使用术语“卡尔曼滤波器”和“卡尔曼平滑器”，其中包括任何符合图 8.1 表示的动态系统的推理方法。具体的数学扩展包括：

①非线性过程和非线性测量模型；

②状态空间不等式约束；

③针对过程和测量误差的不同统计模型；

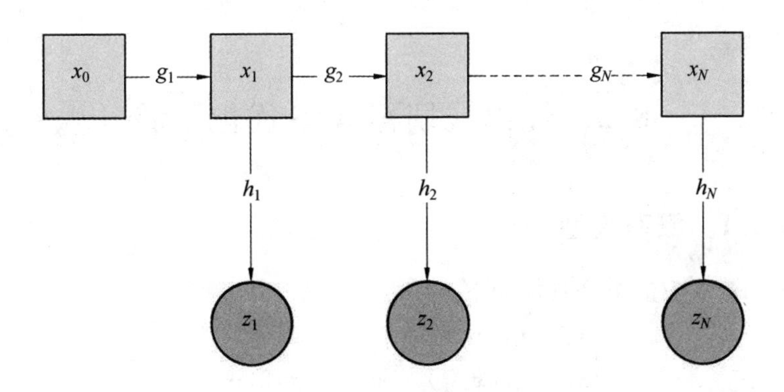

图 8.1　适用于卡尔曼平滑方法的动态系统

④稀疏约束。

同时我们阐述了大量的这些扩展方法的应用。

为设计针对上述应用场景的闭合分析方法，将给出一种优化思路，该思路将在经典卡尔曼平滑问题中被引入，然后它将用于解决上述应用场景的问题。虽然多年来人们都知道卡尔曼滤波器可以为受高斯噪声影响的线性系统提供最大后验估计意义上的解，但是这种优化观点还没有在工程中充分应用。值得注意的是，几个小组（从 1977 年开始）已经发现并使用了这种观点的变体来扩展卡尔曼滤波和平滑，包括奇异滤波[33,39,40]、鲁棒平滑[7,22]、带状态空间不等式约束的非线性平滑[9,11]和稀疏卡尔曼平滑[1]。

我们专注于在平滑方面有所突破，将这些想法的在线应用留给未来的工作（请参见文献[41]，使用改进平滑方法的实例）。在 8.2 节，我们首先提出了经典的 RTS 平滑算法，并且阐述了常用的递归方程在本质上等效于有特殊结构的最小二乘系统。明确这一点后，讨论新颖的扩展形式变得容易得多，因为只要保留系统的特殊结构，扩展形式的计算成本就与经典平滑算法等同（或者换句话说，经典平滑方程被视为一种以解决扩展方法中的关键子问题的特殊方式）。

在后续的章节中，我们将创建新的扩展形式，简要回顾理论，讨论特殊结构，并为各种应用提供数值示例。在 8.3 节中，我们将阐述在非线性过程和非线性测量模型中进行平滑产生的问题，并说明如何解决这个问题。在 8.4 节中，我们将阐明如何结合状态空间约束，如何使用前沿技术解决此过程中产生的问题。在 8.5 节中，我们将回顾卡尔曼平滑表达式，其对测量误差具有高度鲁棒性。在 8.6 节中，我们将回顾近期在稀疏卡尔曼平滑方面的工作，并展示如何将稀疏纳入其他扩展形式中。最后，我们在结尾的 8.7 节中将进行讨论分析。

8.2 优化规划和 RTS 优化平滑

8.2.1 概率模型

图 8.1 对应的模型具体如下：

$$\begin{cases} \boldsymbol{x}_1 = g_1(\boldsymbol{x}_0) + \boldsymbol{w}_1 \\ \boldsymbol{x}_k = g_k(\boldsymbol{x}_{k-1}) + \boldsymbol{w}_k, \quad k = 2, \cdots, N \\ \boldsymbol{z}_k = h_k(\boldsymbol{x}_k) + \boldsymbol{v}_k, \quad k = 1, \cdots, N \end{cases} \tag{8.1}$$

其中，$\boldsymbol{w}_k$，$\boldsymbol{v}_k$ 是相互独立的随机变量，其正定协方差矩阵分别为 $\boldsymbol{Q}_k$ 和 $\boldsymbol{R}_k$，我们有 $\boldsymbol{x}_k, \boldsymbol{w}_k \in \mathbf{R}^n$ 和 $\boldsymbol{z}_k, \boldsymbol{v}_k \in \mathbf{R}^{m(k)}$，则所测量的维数在不同时间点可变。经典案例基于以下假设：

(1)$\boldsymbol{x}_0$ 已知，且 g_k、h_k 是已知的线性函数，表示为

$$g_k(\boldsymbol{x}_{k-1}) = \boldsymbol{G}_k \boldsymbol{x}_{k-1}, \quad h_k(\boldsymbol{x}_k) = \boldsymbol{H}_k \boldsymbol{x}_k \tag{8.2}$$

其中，$\boldsymbol{G}_k \in \mathbf{R}^{n \times n}$；$\boldsymbol{H}_k \in \mathbf{R}^{m(k) \times n}$。

(2)$\boldsymbol{w}_k$、$\boldsymbol{v}_k$ 是相互独立的高斯随机变量。

在后面的小节中，我们将展示如何放宽经典假设的限制，以及放宽后能取得的效果。在本节中，我们将用公式描述对状态序列 $\boldsymbol{x}_1, \boldsymbol{x}_2, \cdots, \boldsymbol{x}_N$ 估计的优化问题，并说明如何用 RTS 平滑器解决该问题。

8.2.2 最大后验公式

首先，在线性和高斯假设下，用公式描述最大后验概率(MAP) 问题。使用贝叶斯定理，有

$$\begin{aligned} \boldsymbol{P}(\{\boldsymbol{x}_k\} \mid \{\boldsymbol{z}_k\}) &\propto \boldsymbol{P}(\{\boldsymbol{z}_k\} \mid \{\boldsymbol{x}_k\}) P(\{\boldsymbol{x}_k\}) \\ &= \prod_{k=1}^{N} \boldsymbol{P}(\{\boldsymbol{v}_k\}) \boldsymbol{P}(\{\boldsymbol{w}_k\}) \\ &\propto \prod_{k=1}^{N} \exp\Big(-\frac{1}{2}(\boldsymbol{z}_k - \boldsymbol{H}_k \boldsymbol{x}_k)^{\mathrm{T}} \boldsymbol{R}_k^{-1} (\boldsymbol{z}_k - \boldsymbol{H}_k \boldsymbol{x}_k) \\ &\quad - \frac{1}{2}(\boldsymbol{x}_k - \boldsymbol{G}_k \boldsymbol{x}_{k-1})^{\mathrm{T}} \boldsymbol{Q}_k^{-1} (\boldsymbol{x}_k - \boldsymbol{G}_k \boldsymbol{x}_{k-1})\Big) \end{aligned} \tag{8.3}$$

公式(8.3) 取负对数后验最小化，得到一个更优的(等价的) 公式

$$\min_{\{\boldsymbol{x}_k\}} f(\{\boldsymbol{x}_k\}) := \sum_{k=1}^{N} \frac{1}{2}(\boldsymbol{z}_k - \boldsymbol{H}_k \boldsymbol{x}_k)^{\mathrm{T}} \boldsymbol{R}_k^{-1} (\boldsymbol{z}_k - \boldsymbol{H}_k \boldsymbol{x}_k)$$

$$+\frac{1}{2}(\boldsymbol{x}_k-\boldsymbol{G}_k\boldsymbol{x}_{k-1})^{\mathrm{T}}\boldsymbol{Q}_k^{-1}(\boldsymbol{x}_k-\boldsymbol{G}_k\boldsymbol{x}_{k-1}) \tag{8.4}$$

为了简化问题，下面介绍一种数据结构，用来捕获整个状态序列、测量序列、协方差矩阵和初始条件。

给定一个列向量序列$\{\boldsymbol{u}_k\}$和矩阵$\{\boldsymbol{T}_k\}$，使用符号

$$\mathrm{vec}(\{\boldsymbol{u}_k\})=\begin{bmatrix}\boldsymbol{u}_1\\\boldsymbol{u}_2\\\vdots\\\boldsymbol{u}_N\end{bmatrix},\quad \mathrm{diag}(\{\boldsymbol{T}_k\})=\begin{bmatrix}\boldsymbol{T}_1&\boldsymbol{0}&\cdots&\boldsymbol{0}\\\boldsymbol{0}&\boldsymbol{T}_2&\ddots&\vdots\\\vdots&\ddots&\ddots&\boldsymbol{0}\\\boldsymbol{0}&\cdots&\boldsymbol{0}&\boldsymbol{T}_N\end{bmatrix}$$

定义如下：

$$\begin{cases}\boldsymbol{R}=\mathrm{diag}(\{\boldsymbol{R}_k\}),\boldsymbol{x}=\mathrm{vec}(\{\boldsymbol{x}_k\})\\\boldsymbol{Q}=\mathrm{diag}(\{\boldsymbol{Q}_k\}),\boldsymbol{w}=\mathrm{vec}(\{\boldsymbol{g}_0,\boldsymbol{0},\cdots,\boldsymbol{0}\}),\\\boldsymbol{H}=\mathrm{diag}(\{\boldsymbol{H}_k\}),\boldsymbol{z}=\mathrm{vec}(\{\boldsymbol{z}_1,\boldsymbol{z}_2,\cdots,\boldsymbol{z}_N\})\end{cases}\quad \boldsymbol{G}=\begin{bmatrix}\boldsymbol{I}&\boldsymbol{0}&&\\-\boldsymbol{G}_2&\boldsymbol{I}&\ddots&\\&\ddots&\ddots&\boldsymbol{0}\\&&-\boldsymbol{G}_N&\boldsymbol{I}\end{bmatrix} \tag{8.5}$$

其中，$\boldsymbol{g}_0:=g_1(\boldsymbol{x}_0)=\boldsymbol{G}_1\boldsymbol{x}_0$。

根据式(8.5)的定义，可以写出问题(8.4)：

$$\min_{\boldsymbol{x}} f(\boldsymbol{x})=\frac{1}{2}\|\boldsymbol{Hx}-\boldsymbol{z}\|_{\boldsymbol{R}^{-1}}^2+\frac{1}{2}\|\boldsymbol{Gx}-\boldsymbol{w}\|_{\boldsymbol{Q}^{-1}}^2 \tag{8.6}$$

其中，$\|\boldsymbol{a}\|_M^2=\boldsymbol{a}^{\mathrm{T}}M\boldsymbol{a}$。虽然已经知道MAP是最小二乘问题，但以下讨论可以使其结构更加清晰。事实上，可以通过取式(8.6)的梯度并将梯度设置为$\boldsymbol{0}$来记录闭合形式解

$$\begin{aligned}\boldsymbol{0}&=\boldsymbol{H}^{\mathrm{T}}\boldsymbol{R}^{-1}(\boldsymbol{Hx}-\boldsymbol{z})+\boldsymbol{G}^{\mathrm{T}}\boldsymbol{Q}^{-1}(\boldsymbol{Gx}-\boldsymbol{w})\\&=(\boldsymbol{H}^{\mathrm{T}}\boldsymbol{R}^{-1}\boldsymbol{H}+\boldsymbol{G}^{\mathrm{T}}\boldsymbol{Q}^{-1}\boldsymbol{G})\boldsymbol{x}-\boldsymbol{H}^{\mathrm{T}}\boldsymbol{R}^{-1}\boldsymbol{z}-\boldsymbol{G}^{\mathrm{T}}\boldsymbol{Q}^{-1}\boldsymbol{w}\end{aligned}$$

平滑估计因此通过求解线性系统给出

$$(\boldsymbol{H}^{\mathrm{T}}\boldsymbol{R}^{-1}\boldsymbol{H}+\boldsymbol{G}^{\mathrm{T}}\boldsymbol{Q}^{-1}\boldsymbol{G})\boldsymbol{x}=\boldsymbol{H}^{\mathrm{T}}\boldsymbol{R}^{-1}\boldsymbol{z}+\boldsymbol{G}^{\mathrm{T}}\boldsymbol{Q}^{-1}\boldsymbol{w} \tag{8.7}$$

8.2.3　特殊的子问题结构

式(8.7)中的线性系统具有非常特殊的结构：它是一个对称正定分块三对角矩阵，因为$\boldsymbol{G}$和$\boldsymbol{Q}$都是正定的。具体来说，它是由下式给出：

$$\boldsymbol{C}=(\boldsymbol{H}^{\mathrm{T}}\boldsymbol{R}^{-1}\boldsymbol{H}+\boldsymbol{G}^{\mathrm{T}}\boldsymbol{Q}^{-1}\boldsymbol{G})=\begin{bmatrix}\boldsymbol{C}_1&\boldsymbol{A}_2^{\mathrm{T}}&\boldsymbol{0}&\\\boldsymbol{A}_2&\boldsymbol{C}_2&\boldsymbol{A}_3^{\mathrm{T}}&\boldsymbol{0}\\\boldsymbol{0}&\ddots&\ddots&\ddots\\&\boldsymbol{0}&\boldsymbol{A}_N&\boldsymbol{C}_N\end{bmatrix} \tag{8.8}$$

其中 $\boldsymbol{A}_k \in \mathbf{R}^{n\times n}$ 和 $\boldsymbol{C}_k \in \mathbf{R}^{n\times n}$ 定义如下：

$$\begin{cases}\boldsymbol{A}_k = -\boldsymbol{Q}_k^{-1}\boldsymbol{G}_k \\ \boldsymbol{C}_k = \boldsymbol{Q}_k^{-1} + \boldsymbol{G}_{k+1}^{\mathrm{T}}\boldsymbol{Q}_{k+1}^{-1}\boldsymbol{G}_{k+1} + \boldsymbol{H}_k^{\mathrm{T}}\boldsymbol{R}_k^{-1}\boldsymbol{H}_k\end{cases} \tag{8.9}$$

式(8.8)中矩阵 $\boldsymbol{C}$ 的特殊结构适用于求解等价于卡尔曼平滑器的线性系统。结构不可知的矩阵求逆的复杂度为 $O(n^3N^3)$，利用分块三对角结构将复杂度降低到 $O(n^3N)$。

在文献[10]中给出了解决任何对称正定分块三对角线性系统的简单算法。建立与 RTS 平滑器标准观点间的联系是非常重要的，故在此回顾一下。

8.2.4　分块三对角(BT)算法

假设对于 $k=1,\cdots,N$，$\boldsymbol{c}_k \in \mathbf{R}^{n\times n}$，$\boldsymbol{e}_k \in \mathbf{R}^{n\times l}$，$\boldsymbol{r}_k \in \mathbf{B}^{n\times l}$，对于 $k=2,\cdots,N$，$\boldsymbol{a}_k \in \mathbf{R}^{n\times n}$。我们定义相应的分块三对角方程组如下：

$$\begin{pmatrix}\boldsymbol{c}_1 & \boldsymbol{a}_2^{\mathrm{T}} & \boldsymbol{0} & \cdots & \boldsymbol{0} \\ \boldsymbol{a}_2 & \boldsymbol{c}_2 & & & \vdots \\ \vdots & & \ddots & & \boldsymbol{0} \\ \boldsymbol{0} & & \boldsymbol{a}_{N-1} & \boldsymbol{c}_{N-1} & \boldsymbol{a}_N^{\mathrm{T}} \\ \boldsymbol{0} & \cdots & \boldsymbol{0} & \boldsymbol{a}_N & \boldsymbol{c}_N\end{pmatrix}\begin{pmatrix}\boldsymbol{e}_1 \\ \boldsymbol{e}_2 \\ \vdots \\ \boldsymbol{e}_{N-1} \\ \boldsymbol{e}_N\end{pmatrix} = \begin{pmatrix}\boldsymbol{r}_1 \\ \boldsymbol{r}_2 \\ \vdots \\ \boldsymbol{r}_{N-1} \\ \boldsymbol{r}_N\end{pmatrix} \tag{8.10}$$

式(8.10)的相关算法在文献[10,算法 4]中给出。

算法 1　该算法的输入是 $\{\boldsymbol{a}_k\}$、$\{\boldsymbol{c}_k\}$ 和 $\{\boldsymbol{r}_K\}$，解方程(8.10)后的输出序列是 $\{\boldsymbol{e}_k\}$。

(1) 令 $\boldsymbol{d}_1 = \boldsymbol{c}_1$ 并且 $\boldsymbol{s}_1 = \boldsymbol{r}_1$。

(2) 对于 $k=2,\cdots,N$，令 $\boldsymbol{d}_k = \boldsymbol{c}_k - \boldsymbol{a}_k^{\mathrm{T}}\boldsymbol{d}_{k-1}^{-1}\boldsymbol{a}_k$，$\boldsymbol{s}_k = \boldsymbol{r}_k - \boldsymbol{a}_k^{\mathrm{T}}\boldsymbol{d}_{k-1}^{-1}\boldsymbol{s}_{k-1}$。

(3) 令 $\boldsymbol{e}_N = \boldsymbol{d}_N^{-1}\boldsymbol{s}_N$。

(4) 对于 $k=N-1,\cdots,1$，令 $\boldsymbol{e}_k = \boldsymbol{d}_k^{-1}(\boldsymbol{s}_k - \boldsymbol{a}_{k+1}\boldsymbol{e}_{k+1})$。

需要注意，当完成算法 1 的前两个步骤后，得到的线性系统相当于式(8.10)，但它具有上三角结构

$$\begin{pmatrix}\boldsymbol{d}_1 & \boldsymbol{a}_2^{\mathrm{T}} & \boldsymbol{0} & \cdots & \boldsymbol{0} \\ \boldsymbol{0} & \boldsymbol{d}_2 & & & \vdots \\ \vdots & & \ddots & & \boldsymbol{0} \\ \boldsymbol{0} & & \boldsymbol{0} & \boldsymbol{d}_{N-1} & \boldsymbol{a}_N^{\mathrm{T}} \\ \boldsymbol{0} & \cdots & \boldsymbol{0} & \boldsymbol{0} & \boldsymbol{d}_N\end{pmatrix}\begin{pmatrix}\boldsymbol{e}_1 \\ \boldsymbol{e}_2 \\ \vdots \\ \boldsymbol{e}_{N-1} \\ \boldsymbol{e}_N\end{pmatrix} = \begin{pmatrix}\boldsymbol{s}_1 \\ \boldsymbol{s}_2 \\ \vdots \\ \boldsymbol{s}_{N-1} \\ \boldsymbol{s}_N\end{pmatrix} \tag{8.11}$$

算法的最后两步是简单地反向求解 $\boldsymbol{e}_k$。

8.2.5　算法 1 与卡尔曼滤波器的等价性和 RTS 平滑器

观察第一个块，现在将卡尔曼数据结构式(8.9)代入算法 1 的步骤(2)中：

$$
\begin{aligned}
\boldsymbol{d}_2 &= \boldsymbol{c}_2 - \boldsymbol{a}_2^{\mathrm{T}}\boldsymbol{d}_1^{-1}\boldsymbol{a}_2 \\
&= \underbrace{\underbrace{\boldsymbol{Q}_2^{-1} - (\boldsymbol{Q}_2^{-1}\boldsymbol{G}_2)^{\mathrm{T}}(\underbrace{\boldsymbol{Q}_1^{-1} + \boldsymbol{H}_1^{\mathrm{T}}\boldsymbol{R}_1^{-1}\boldsymbol{H}_1}_{\boldsymbol{P}_{1|1}^{-1}} + \boldsymbol{G}_2^{\mathrm{T}}\boldsymbol{Q}_2^{-1}\boldsymbol{G}_2)^{-1}(\boldsymbol{Q}_2^{-1}\boldsymbol{G}_2)}_{\boldsymbol{P}_{2|1}^{-1}} + \boldsymbol{H}_2^{\mathrm{T}}\boldsymbol{R}_2^{-1}\boldsymbol{H}_2}_{\boldsymbol{P}_{2|2}^{-1}} \\
&\quad + \boldsymbol{G}_3^{\mathrm{T}}\boldsymbol{Q}_3^{-1}\boldsymbol{G}_3
\end{aligned} \tag{8.12}
$$

上述关系在文献[5,定理 2.2.7]中有叙述。矩阵 $\boldsymbol{P}_{k|k}$ 和 $\boldsymbol{P}_{k|k-1}$ 在卡尔曼滤波器框架来说很常见：它们分别表示 k 时刻对应测量值$\{\boldsymbol{z}_1,\cdots,\boldsymbol{z}_k\}$的状态协方差和 k 时刻对应测量值$\{\boldsymbol{z}_1,\cdots,\boldsymbol{z}_{k-1}\}$的先验状态协方差估计。

从上面的计算中，可得

$$
\boldsymbol{d}_2 = \boldsymbol{P}_{2|2}^{-1} + \boldsymbol{G}_3^{\mathrm{T}}\boldsymbol{Q}_3^{-1}\boldsymbol{G}_3
$$

通过归纳，可以轻易看出

$$
\boldsymbol{d}_k = \boldsymbol{P}_{k|k}^{-1} + \boldsymbol{G}_{k+1}^{\mathrm{T}}\boldsymbol{Q}_{k+1}^{-1}\boldsymbol{G}_{k+1}
$$

上述原理对 $\boldsymbol{s}_k$ 同样适用。考虑到 $\boldsymbol{r} = \boldsymbol{H}^{\mathrm{T}}\boldsymbol{R}^{-1}\boldsymbol{z} + \boldsymbol{G}^{\mathrm{T}}\boldsymbol{Q}^{-1}\boldsymbol{w}$，可以得到

$$
\begin{aligned}
\boldsymbol{s}_2 &= \boldsymbol{r}_2 - \boldsymbol{a}_2^{\mathrm{T}}\boldsymbol{d}_1^{-1}\boldsymbol{r}_1 \\
&= \underbrace{\boldsymbol{H}_2^{\mathrm{T}}\boldsymbol{R}_2^{-1}\boldsymbol{z}_2 + \underbrace{(\boldsymbol{Q}_2^{-1}\boldsymbol{G}_2)^{\mathrm{T}}(\underbrace{\boldsymbol{Q}_1^{-1} + \boldsymbol{H}_1^{\mathrm{T}}\boldsymbol{R}_1^{-1}\boldsymbol{H}_1}_{\boldsymbol{P}_{1|1}^{-1}} + \boldsymbol{G}_2^{\mathrm{T}}\boldsymbol{Q}_2^{-1}\boldsymbol{G}_2)^{-1}(\boldsymbol{H}_1^{\mathrm{T}}\boldsymbol{R}_1^{-1}\boldsymbol{z}_1 + \boldsymbol{G}_1^{\mathrm{T}}\boldsymbol{P}_{0|0}^{-1}\boldsymbol{x}_0)}_{\boldsymbol{a}_{2|1}}}_{\boldsymbol{a}_{2|2}}
\end{aligned} \tag{8.13}
$$

这些关系也可以从文献[5,定理 2.2.7]中得到。$\boldsymbol{a}_{2|1}$ 和 $\boldsymbol{a}_{2|2}$ 的大小可以从信息滤波相关文献中得到，但却很少被人们所知：它们是预条件估计值

$$
\boldsymbol{a}_{k|k} = \boldsymbol{P}_{k|k}^{-1}\boldsymbol{x}_k,\quad \boldsymbol{a}_{k|k-1} = \boldsymbol{P}_{k|k-1}^{-1}\boldsymbol{x}_{k|k-1} \tag{8.14}
$$

再次通过归纳可以得到 $\boldsymbol{s}_k = \boldsymbol{a}_{k|k}$。

当把所有这些结果都放在一起会发现，算法 1 的第(3)步可以由下式给出：

$$
\boldsymbol{e}_N = \boldsymbol{d}_N^{-1}\boldsymbol{s}_N = (\boldsymbol{P}_{N|N}^{-1} + \boldsymbol{0})^{-1}\boldsymbol{P}_{N|N}^{-1}\boldsymbol{x}_{k|k} = \boldsymbol{x}_{k|k} \tag{8.15}
$$

所以实际上 $\boldsymbol{e}_N$ 是时间点 N 的卡尔曼滤波估计(和 RTS 平滑器估计)。

算法 1 的步骤(4) 实现后向卡尔曼滤波器，通过回代平滑估计得到 $\boldsymbol{x}_{k|N}$。因此 RTS 优化平滑器就是对式(8.7) 应用算法 1。

以上结果是深刻的 —— 并而不是简单利用形如式(8.13) 和式(8.12) 的表达式。从更高的视角来看，可以只使用式(8.6)，并使用算法 1(或其变体) 作为一个子循环。如此看来，所有扩展形式的关键在于保留子问题中的分块三对角结构，所以可以使用算法 1。

8.2.6　数学示例：跟踪平滑信号

在这个例子中，我们围绕一个非常简单有用的模型讨论：平滑信号的过程模型。平滑信号有一系列应用：物理模型、生物数据和财务数据都具有一定的内在平滑性。

对任何这样的过程进行建模的一种有效方法是将其视为积分布朗运动。我们以一个标量时间序列 $\boldsymbol{x}$ 为例进行说明。引入一个新的导数状态 $\dot{\boldsymbol{x}}$，其过程模型 $\dot{\boldsymbol{x}}_{k+1}=\dot{\boldsymbol{x}}_k+\dot{\boldsymbol{w}}_k$，然后对信号 $\boldsymbol{x}$ 建模或者关注 $\boldsymbol{x}_{k+1}=\boldsymbol{x}_k+\dot{\boldsymbol{x}}_k\Delta t+\boldsymbol{w}_k$。因此，获得了一个增广(2D) 状态，其过程模型为

$$\begin{bmatrix}\dot{\boldsymbol{x}}_{k+1}\\ \boldsymbol{x}_{k+1}\end{bmatrix}=\begin{bmatrix}\boldsymbol{I} & 0\\ \Delta t & \boldsymbol{I}\end{bmatrix}\begin{bmatrix}\dot{\boldsymbol{x}}_k\\ \boldsymbol{x}_k\end{bmatrix}+\begin{bmatrix}\dot{\boldsymbol{w}}_k\\ \boldsymbol{w}_k\end{bmatrix}\tag{8.16}$$

利用随机微分方程(见文献[11,26,38]) 中一个常见关系，使用协方差矩阵

$$\boldsymbol{Q}_k=\sigma^2\begin{bmatrix}\Delta t & \Delta t^2/2\\ \Delta t^2/2 & \Delta t^3/3\end{bmatrix}\tag{8.17}$$

模型方程(8.16) 和模型方程(8.17) 可作为任何平滑过程的过程模型。对于本节的实例，直接测量平滑的正弦(sin) 函数。因此测量模型是

$$z_k=\boldsymbol{H}_k\boldsymbol{x}_k+v_k,\quad \boldsymbol{H}_k=[0\quad 1]\tag{8.18}$$

结果如图 8.2 所示。测量使得估计能够逼近真实的平滑时间序列，其结果良好。图是使用 ckbs 程序包[6] 生成的，具体使用示例文件 affine_ok. m。测量误差使用 $R_k=0.35^2$ 产生，并且这个值也用于平滑器。式(8.17) 中的 σ^2 取为 1。程序和示例通过 COIN-OR 下载。

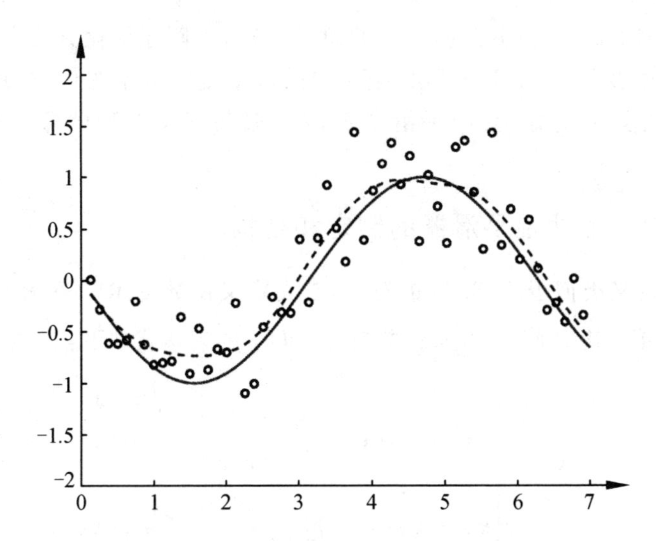

图 8.2 使用通用线性过程模型(8.16)和直接(噪声)测量(8.18)跟踪平滑信号(正弦波)。实线为真实信号,虚线为卡尔曼(RTS)平滑估计。圆形点为测量值

8.3 非线性过程和测量模型

在前面的章节中已经证明,当模型(8.1)中的 g_k 和 h_k 是线性的且 $\boldsymbol{v}_k$ 和 $\boldsymbol{w}_k$ 是高斯变量的时候,平滑器等价于解最小二乘问题(8.6)。并且当使用算法1时,滤波器的估计值可以看作是中间结果。

在本节中,我们把目光转向 g_k 和 h_k 是非线性的情况。首先将平滑问题公式表示为最大后验概率(MAP)问题,并证明这是一个非线性最小二乘(NLLS)问题。为了以后推导方便,引入更广泛的凸类复合问题。

然后,我们在更广泛的凸复合模型的背景下回顾标准高斯一牛顿(Gauss-Newton)方法,并且表明当将它应用于LLS问题时,每次迭代相当于求解式(8.6),因此也相当于执行一次RTS平滑。我们还展示了如何使用简单的线搜索来保证该方法收敛到MAP问题的局部最优解。

这种有效的方法至少有20年的历史[9,12,21],但在实践中很少使用;相反,实践时倾向使用EKF或UKF[18,28],但两种方法解算都不会收敛到MAP(局部)最优解。MAP方法对于广泛的应用非常适用,并且目前还不清楚为什么要抛弃有效的MAP求解器,转而采用另一种方案。据我们所知,(MAP)优化方法从未被包含在“前沿”方法的性能比较中,如文献[34]。尽管这样的比

较不在本书的研究范围之内，但我们通过(1)简单阐述优化方法和(2)提供用于平滑范德波尔(Van Der Pol)振荡器的可重复的数字图例(使用公开的代码)来为此奠定基础，其中平滑范德波尔振荡器是典型的非线性 ODE 的问题。

8.3.1 非线性平滑器的制定和结构

为了定义类似于式(8.6)的符号，首先定义函数 $g:\mathbf{R}^{nN}\to\mathbf{R}^{n(N+1)}$ 和函数 $h:\mathbf{R}^{nN}\to\mathbf{R}^{M}$，其中 $M=\sum_k m_k$，参数 g_k 和 h_k 的表达式如下：

$$g(\boldsymbol{x})=\begin{bmatrix}\boldsymbol{x}_1\\ \boldsymbol{x}_2-g_2(\boldsymbol{x}_1)\\ \vdots\\ \boldsymbol{x}_N-g_N(\boldsymbol{x}_{N-1})\end{bmatrix},\quad h(\boldsymbol{x})=\begin{bmatrix}h_1(\boldsymbol{x}_1)\\ h_2(\boldsymbol{x}_2)\\ \vdots\\ h_N(\boldsymbol{x}_N)\end{bmatrix}\tag{8.19}$$

则 MAP 问题可完全按照 8.2.2 节得到，由下式给出：

$$\min_{\boldsymbol{x}} f(\boldsymbol{x})=\frac{1}{2}\|g(\boldsymbol{x})-\boldsymbol{w}\|_{\boldsymbol{Q}^{-1}}^2+\frac{1}{2}\|h(\boldsymbol{x})-\boldsymbol{z}\|_{\boldsymbol{R}^{-1}}^2\tag{8.20}$$

其中，$\boldsymbol{z}$ 和 $\boldsymbol{w}$ 与式(8.5)中的完全相同，即 $\boldsymbol{z}$ 是测量向量，$\boldsymbol{w}$ 的前 n 个元素是初始估计 $g_1(\boldsymbol{x}_0)$，其余 $n(N-1)$ 个元素为零。

我们已经将线性平滑问题拟合为线性最小二乘(NLLS)问题 —— 比较式(8.20)和式(8.6)。注意到 NLLS 问题是一个更一般结构的特例。目标函数(8.20)可以写成平滑函数 F 和凸函数 ρ 的复合形式：

$$f(\boldsymbol{x})=\rho(F(\boldsymbol{x}))\tag{8.21}$$

其中

$$\rho\begin{pmatrix}\boldsymbol{y}_1\\ \boldsymbol{y}_2\end{pmatrix}=\frac{1}{2}\|\boldsymbol{y}_1\|_{\boldsymbol{Q}^{-1}}^2+\frac{1}{2}\|\boldsymbol{y}_2\|_{\boldsymbol{R}^{-1}}^2,\quad F(\boldsymbol{x})=\begin{bmatrix}g(\boldsymbol{x})-\boldsymbol{w}\\ h(\boldsymbol{x})-\boldsymbol{z}\end{bmatrix}\tag{8.22}$$

下一小节中会阐明，一般形式(8.21)的问题可以使用高斯 - 牛顿法来解决，这种方法通常与 NLLS 问题有关。同时阐明在更一般的条件下的高斯 - 牛顿法可以更容易理解本章后续内容中的扩展形式。

8.3.2 凸复合模型的高斯 - 牛顿法

高斯 - 牛顿法可以用来解决形如式(8.21)的问题，方法很简单：迭代线性化平滑函数 F [15]。更具体地说，高斯 - 牛顿法是一种迭代形式，表达式为

$$\boldsymbol{x}^{v+1}=\boldsymbol{x}^{v}+\gamma^{v}\boldsymbol{d}^{v}\tag{8.23}$$

其中，$\boldsymbol{d}^v$ 是高斯 - 牛顿法的搜索方向，且 γ^v 是一个标量，且需保证

$$f(\boldsymbol{x}^{v+1}) < f(\boldsymbol{x}^{v}) \tag{8.24}$$

$\boldsymbol{d}^v$ 是如下子问题的解：

$$\boldsymbol{d}^v = \arg\min_{\boldsymbol{d}} \tilde{f}(\boldsymbol{d}) := \rho(F(\boldsymbol{x}^v) + \nabla F(\boldsymbol{x}^v)^{\mathrm{T}}\boldsymbol{d}) \tag{8.25}$$

设

$$\tilde{\Delta} f(\boldsymbol{x}^v) = \tilde{f}(\boldsymbol{d}^v) - f(\boldsymbol{x}^v)$$

由文献[15,引理 2.3,定理 3.6]得

$$f'(\boldsymbol{x}^v;\boldsymbol{d}^v) \leqslant \tilde{\Delta} f(\boldsymbol{x}^v) \leqslant 0 \tag{8.26}$$

当且仅当 $\boldsymbol{x}^v$ 是函数 f 的一阶平稳点时取等号。这意味着一个合适的停止迭代准则是 $\Delta f(\boldsymbol{x}^v) \sim 0$。此外,如果 $\boldsymbol{x}^v$ 不是 f 的一阶平稳点,那么 $\boldsymbol{d}^v$ 是 f 在 $\boldsymbol{x}^v$ 点的严格下降方向。

一旦 $\boldsymbol{d}^v$ 由 $\tilde{\Delta} f(\boldsymbol{x}^v) < 0$ 获得,那么步长 γ^v 可以由标准的回溯－逐行搜索获得:选取 $0 < \lambda < 1, 0 < \kappa < 1$ (例如 $\lambda = 0.5, \kappa = 0.001$),迭代执行 $f(\boldsymbol{x}^v + \lambda^s \boldsymbol{d}^v), s = 0,1,2,\cdots$,直到

$$f(\boldsymbol{x}^v + \lambda^s \boldsymbol{d}^v) \leqslant f(\boldsymbol{x}^v) + \kappa\lambda^s \tilde{\Delta} f(\boldsymbol{x}^v) \tag{8.27}$$

对于某个 $\bar{s}$ 成立,那么令 $\gamma^v = \lambda^{\bar{s}}$ 并更新高斯－牛顿迭代公式(8.23)。事实上满足式(8.27)的有限值 $\bar{s}$ 遵循不等式 $f'(\boldsymbol{x}^v;\boldsymbol{d}^v) \leqslant \tilde{\Delta} f(\boldsymbol{x}^v) < 0$。不等式(8.27)称为 Armijo 不等式。这种算法的一般收敛性理论以及其他一些广泛的理论可以在文献[15]中叙述。对于 NLLS 情况,情况很简单,因为 ρ 是二次的,标准收敛理论例子在文献[27]中给出。然而,更广泛的理论在后面的章节中是必不可少的。

8.3.3 卡尔曼平滑的细节

为了实现上述的高斯－牛顿法,对于式(8.20)必须求出高斯－牛顿子问题(8.25)的解 $\boldsymbol{d}^v$。也就是说,必须计算

$$\boldsymbol{d}^v = \arg\min_{\boldsymbol{d}} \tilde{f}(\boldsymbol{d}) = \frac{1}{2}\| \boldsymbol{G}^v\boldsymbol{d} - \underbrace{\boldsymbol{w} - g(\boldsymbol{x}^v)}_{\boldsymbol{w}^v} \|^2_{\boldsymbol{Q}^{-1}} + \frac{1}{2}\| \boldsymbol{H}^v\boldsymbol{d} - \underbrace{\boldsymbol{z} - h(\boldsymbol{x}^v)}_{\boldsymbol{z}^v} \|^2_{\boldsymbol{R}^{-1}} \tag{8.28}$$

其中

$$\boldsymbol{G}^v = \begin{bmatrix} \boldsymbol{I} & \boldsymbol{0} & & \\ -g_2^{(1)}(\boldsymbol{x}_1^v) & \boldsymbol{I} & \ddots & \\ & \ddots & \ddots & \boldsymbol{0} \\ & & -g_N^{(1)}(\boldsymbol{x}_{N-1}^v) & \boldsymbol{I} \end{bmatrix}, \quad \boldsymbol{H}^v = \mathrm{diag}\{h_1^{(1)}(\boldsymbol{x}_1), \cdots, h_N^{(1)}(\boldsymbol{x}_N)\} \tag{8.29}$$

然而,式(8.28) 与式(8.6) 具有完全相同的结构;这个事实已经通过下面定义强调过:

$$\boldsymbol{w}^v := \boldsymbol{w} - g(\boldsymbol{x}^v), \quad \boldsymbol{z}^v = \boldsymbol{z} - h(\boldsymbol{x}^v) \tag{8.30}$$

因此,可以使用算法 1 有效地解决这个问题。

式(8.28) 中的线性化步骤会使读者联想到EKF。但是请注意,高斯-牛顿方法是一个迭代方法,迭代直到收敛到式(8.20) 的局部最小值。我们也将在式(8.28) 中沿着整个状态空间序列 $\boldsymbol{x}^v$ 进行单次的线性化,而不是通过 $\boldsymbol{x}_k^v$ 重新线性化。

8.3.4 数值例子:范德波尔振荡器

范德波尔振荡器是常用的比较卡尔曼滤波器的非线性过程,参见文献[24] 和文献[30,4.1 节]。振荡器由非线性 ODE 模型控制

$$\dot{X}_1(t) = X_2(t), \ \dot{X}_2(t) = \mu[1 - X_1(t)^2]X_2(t) - X_1(t) \tag{8.31}$$

与线性模型(8.16) 相比,这是一个平滑信号的一般过程,现将式(8.31) 的欧拉离散化作为这种情况的特定过程模型。

给定 $\boldsymbol{X}(t_{k-1}) = \boldsymbol{x}_{k-1}$,$\boldsymbol{X}(t_{k-1} + \Delta t)$ 的欧拉近似为

$$g_k(\boldsymbol{x}_{k-1}) = \begin{bmatrix} x_{1,k-1} + x_{2,k-1}\Delta t \\ x_{2,k-1} + \{\mu[1 - x_{1,k}^2]x_{2,k} - x_{1,k}\}\Delta t \end{bmatrix} \tag{8.32}$$

仿真中,"真值" 是从范德波尔振荡器的随机欧拉近似中获得的。具体来说,参数 $\mu = 2$,$N = 80$,$\Delta t = 30/N$,则在时刻 $t_k = k\Delta t$ 处真值状态向量 $\boldsymbol{x}_k$ 可以通过给定初值 $\boldsymbol{x}_0 = (0, -0.5)^{\mathrm{T}}$,$k = 1, \cdots, N$ 递推得到

$$\boldsymbol{x}_k = g_k(\boldsymbol{x}_{k-1}) + \boldsymbol{w}_k \tag{8.33}$$

其中,$\{\boldsymbol{w}_k\}$ 是方差为 0.01 的独立高斯噪声;g_k 在式(8.32) 中给出。状态转换过程模型也是式(8.33),其中 $\boldsymbol{Q}_k = 0.01\boldsymbol{I}, k > 1$,与用于模拟真值 $\{\boldsymbol{x}_k\}$ 的模型相同。由此对生成真值 $\{\boldsymbol{x}_k\}$ 的过程有了精确认识。初始状态 $\boldsymbol{x}_0$ 是通过设置 $g_1(\boldsymbol{x}_0) = (0.1, -0.4)^{\mathrm{T}} \neq \boldsymbol{x}_0$ 以及相应的方差 $\boldsymbol{Q}_k = 0.1\boldsymbol{I}$ 不精确规定的。对于 $k = 1, \cdots, N$,使用有噪测量 z_k 第一个分量的直接测量值

$$z_k = x_{1,k} + v_k \tag{8.34}$$

其中,$v_k \sim N(0,1)$。

由此得到的结果如图 8.3 所示。仅使用噪声测量 X_1,就可以很好地满足这两个组成部分的要求。该图是使用 ckbs 软件包[6] 生成的,请参阅文件 vanderpol_experiment_simple.m。该程序和示例可从 COIN-OR 下载。

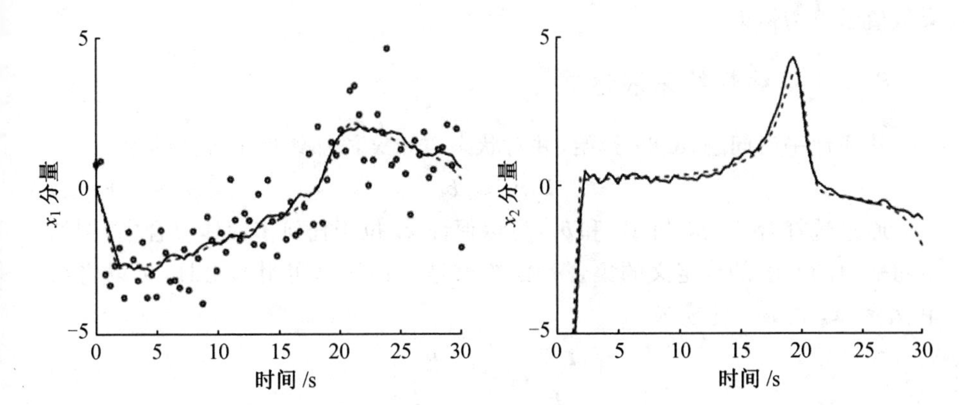

图 8.3　仅使用非线性过程模型(8.32)跟踪的范德波尔振荡器和仅使用 X_1 部分的直接(噪声)测量(8.34)。实线是真实信号,虚线是非线性卡尔曼平滑估计。圆形点为测量值

8.4　状态空间限制

在几乎每一个现实问题中,关于状态的附加先验信息都是已知的。在很多情况下,这些信息可以用状态空间约束来表示。例如,对跟踪目标,我们常常(大致或近似)知道地形信息;这些信息可以被编码为状态的简单约束。我们也可能知道被跟踪物体的物理限制(例如最大加速度或速度),或生物或金融系统设定的硬限幅。这些示例可以使用状态空间约束来拟合。当测量结果不准确时,整合这些信息尤其有用。

在本节中,首先展示如何将 8.2 节中平滑约束条件添加到更平滑的约束条件中。这需要一种新颖的方法:内点(Interior Point, IP)方法,这是优化问题的一个重要方面[32,37,49]。IP 方法在最优条件下使用,所以可获得这些平滑问题的条件。本节未回顾关于 IP 方法的理论结果,仅给出一个总体概述,并展示它们如何针对线性约束平滑器使用。约束卡尔曼平滑器最初是在文献[11]中提出的,在本节进行了改进并提出了一个简化算法,该算法更快、更稳定。我们在第 8.2 节中的例子基础上来说明。

一旦理解了具有线性不等式约束的线性平滑器,就可回顾理解受约束的非线性平稳器(它可以具有非线性的过程、测量和约束函数)。文献[11]和其中的参考文献表明,约束非线性平滑器是迭代地求解线性约束的平滑子问题,类似于 8.3 节的非线性平滑器,使用 8.2 节的线性平滑子问题来迭代求解。由于这种层次结构,改进仿射算法可用于非线性情况。本节以非线性约

束数值示例为结束。

8.4.1 线性约束表达式

从线性平滑问题(8.6)开始,并对状态空间 $\boldsymbol{x}$ 添加线性不等式约束

$$\boldsymbol{B}_k\boldsymbol{x}_k \leqslant \boldsymbol{b}_k \tag{8.35}$$

通过选择合适的矩阵 $\boldsymbol{B}_k$ 和 $\boldsymbol{b}_k$,可以保证 $\boldsymbol{x}_k$ 位于任何多面体集合中,例如由超平面的有限部分定义的集合。框约束是一种简单实用的工具,可以将约束($\boldsymbol{l}_k \leqslant \boldsymbol{x}_k \leqslant \boldsymbol{u}_k$)建模为

$$\begin{bmatrix} \boldsymbol{I} \\ -\boldsymbol{I} \end{bmatrix}\boldsymbol{x}_k \leqslant \begin{bmatrix} \boldsymbol{u}_k \\ -\boldsymbol{l}_k \end{bmatrix}$$

为确切表达整个状态空间序列的问题,定义

$$\boldsymbol{B} = \mathrm{diag}(\{\boldsymbol{B}_k\}), \quad \boldsymbol{b} = \mathrm{vec}(\{\boldsymbol{b}_k\}) \tag{8.36}$$

并且所有的约束可同时写成 $\boldsymbol{Bx} \leqslant \boldsymbol{b}$。约束优化问题转变为

$$\begin{gathered} \min_x f(\boldsymbol{x}) = \frac{1}{2}\|\boldsymbol{Hx} - \boldsymbol{z}\|_{\boldsymbol{R}^{-1}}^2 + \frac{1}{2}\|\boldsymbol{Gx} - \boldsymbol{w}\|_{\boldsymbol{Q}^{-1}}^2 \\ \text{s.t.} \quad \boldsymbol{Bx} + \boldsymbol{s} = \boldsymbol{b}, \boldsymbol{s} \geqslant \boldsymbol{0} \end{gathered} \tag{8.37}$$

请注意,本式通过引入一个新的"松弛"变量 $\boldsymbol{s}$ 将不等式约束改写为等式约束。

用拉格朗日公式推导出 Karush-Kuhn-Tucker(KKT) 条件。对应于式(8.36) 的拉格朗日函数由下式给出:

$$L(\boldsymbol{x},\boldsymbol{u},\boldsymbol{s}) = \frac{1}{2}\|\boldsymbol{Hx} - \boldsymbol{z}\|_{\boldsymbol{R}^{-1}}^2 + \frac{1}{2}\|\boldsymbol{Gx} - \boldsymbol{w}\|_{\boldsymbol{Q}^{-1}}^2 + \boldsymbol{u}^{\mathrm{T}}(\boldsymbol{Bx} + \boldsymbol{s} - \boldsymbol{b}) \tag{8.38}$$

KKT 条件现在可以通过对 L 关于各个参数求微分得到。回想一下,式(8.6) 的梯度由下式给出:

$$(\boldsymbol{H}^{\mathrm{T}}\boldsymbol{R}^{-1}\boldsymbol{H} + \boldsymbol{G}^{\mathrm{T}}\boldsymbol{Q}^{-1}\boldsymbol{G})\boldsymbol{x} - \boldsymbol{H}^{\mathrm{T}}\boldsymbol{R}^{-1}\boldsymbol{z} - \boldsymbol{G}^{\mathrm{T}}\boldsymbol{Q}^{-1}\boldsymbol{w}$$

如式(8.8) 中设 $\boldsymbol{C} = \boldsymbol{H}^{\mathrm{T}}\boldsymbol{R}^{-1}\boldsymbol{H} + \boldsymbol{G}^{\mathrm{T}}\boldsymbol{Q}^{-1}\boldsymbol{G}$,为了简便,设

$$\boldsymbol{c} = \boldsymbol{H}^{\mathrm{T}}\boldsymbol{R}^{-1}\boldsymbol{z} + \boldsymbol{G}^{\mathrm{T}}\boldsymbol{Q}^{-1}\boldsymbol{w} \tag{8.39}$$

KKT 最优性的必要条件和充分条件如下:

$$\begin{cases} \nabla_x L = \boldsymbol{Cx} + \boldsymbol{c} + \boldsymbol{B}^{\mathrm{T}}\boldsymbol{u} = 0 \\ \nabla_q L = \boldsymbol{Bx} + \boldsymbol{s} - \boldsymbol{b} = 0 \\ u_i s_i = 0 \quad \forall\, i; u_i, s_i \geqslant 0 \end{cases} \tag{8.40}$$

最后一组非线性方程式称为互补性条件。在原始-对偶内点方法中,求解式(8.37) 的关键思想是解式(8.40) 的松弛算法,且该松弛算法收敛于满足式

(8.40) 的一组参数$(\bar{\boldsymbol{x}},\bar{\boldsymbol{u}},\bar{\boldsymbol{s}})$。

8.4.2　内点法

直接求式(8.40)的解就是IP方法的工作原理。具体来说,IP方法通过迭代的方式将互补条件 $u_i s_i=0$ 松弛为 $u_i s_i=\mu$,因为它将松弛参数 μ 设为 0。松弛 KKT 系统的定义如下：

$$F_\mu(\boldsymbol{s},\boldsymbol{u},\boldsymbol{x})=\begin{bmatrix}\boldsymbol{s}+\boldsymbol{B}\boldsymbol{x}-\boldsymbol{b}\\ \boldsymbol{S}\boldsymbol{U}\boldsymbol{1}-\mu\boldsymbol{1}\\ \boldsymbol{C}\boldsymbol{x}+\boldsymbol{B}^{\mathrm{T}}\boldsymbol{u}-\boldsymbol{c}\end{bmatrix} \tag{8.41}$$

其中,$\boldsymbol{S}$ 和 $\boldsymbol{U}$ 是 $\boldsymbol{s}$ 和 $\boldsymbol{u}$ 对角线的元素组成的对角矩阵,所以 F_μ 中的第二个方程实现了式(8.40)的松弛条件 $u_i s_i=\mu$。注意,对于所有 i,松弛条件要求 μ_i, $s_i>0$。由于通过将 KKT 系统驱动到 0 来找到式(8.37)的解,所以在每次迭代中,IP 方法通过牛顿求根方法将 F_μ 驱动到 0。

牛顿寻根方法可以求解线性系统

$$F_\mu^{(1)}(\boldsymbol{s},\boldsymbol{u},\boldsymbol{x})\begin{bmatrix}\Delta\boldsymbol{s}\\ \Delta\boldsymbol{u}\\ \Delta\boldsymbol{x}\end{bmatrix}=-F_\mu(\boldsymbol{s},\boldsymbol{u},\boldsymbol{x}) \tag{8.42}$$

为了了解它对于约束卡尔曼平滑非常有效的原因,查看解(8.42)的全部细节是非常重要的。完整的系统如下：

$$\begin{bmatrix}\boldsymbol{I}&\boldsymbol{0}&\boldsymbol{B}\\ \boldsymbol{U}&\boldsymbol{S}&\boldsymbol{0}\\ \boldsymbol{0}&\boldsymbol{B}^{\mathrm{T}}&\boldsymbol{C}\end{bmatrix}\begin{bmatrix}\Delta\boldsymbol{s}\\ \Delta\boldsymbol{u}\\ \Delta\boldsymbol{x}\end{bmatrix}=-\begin{bmatrix}\boldsymbol{s}+\boldsymbol{B}\boldsymbol{x}-\boldsymbol{b}\\ \boldsymbol{S}\boldsymbol{U}\boldsymbol{1}-\mu\boldsymbol{1}\\ \boldsymbol{C}\boldsymbol{x}+\boldsymbol{B}^{\mathrm{T}}\boldsymbol{u}-\boldsymbol{c}\end{bmatrix} \tag{8.43}$$

执行行操作

$$\begin{cases}\mathrm{row}_2\leftarrow\mathrm{row}_2-\boldsymbol{U}\mathrm{row}_1\\ \mathrm{row}_3\leftarrow\mathrm{row}_3-\boldsymbol{B}^{\mathrm{T}}\boldsymbol{S}^{-1}\mathrm{row}_2\end{cases}$$

可以得到等效的系统

$$\begin{bmatrix}\boldsymbol{I}&\boldsymbol{0}&\boldsymbol{B}\\ \boldsymbol{0}&\boldsymbol{S}&-\boldsymbol{U}\boldsymbol{B}\\ \boldsymbol{0}&\boldsymbol{0}&\boldsymbol{C}+\boldsymbol{B}^{\mathrm{T}}\boldsymbol{S}^{-1}\boldsymbol{U}\boldsymbol{B}\end{bmatrix}\begin{bmatrix}\Delta\boldsymbol{s}\\ \Delta\boldsymbol{u}\\ \Delta\boldsymbol{x}\end{bmatrix}=-\begin{bmatrix}\boldsymbol{s}+\boldsymbol{B}\boldsymbol{x}-\boldsymbol{b}\\ -\boldsymbol{U}(\boldsymbol{B}\boldsymbol{x}-\boldsymbol{b})-\mu\boldsymbol{1}\\ \boldsymbol{C}\boldsymbol{x}+\boldsymbol{B}^{\mathrm{T}}\boldsymbol{u}-\boldsymbol{c}+\boldsymbol{B}^{\mathrm{T}}\boldsymbol{S}^{-1}(\boldsymbol{U}(\boldsymbol{B}\boldsymbol{x}-\boldsymbol{b})+\mu\boldsymbol{1})\end{bmatrix} \tag{8.44}$$

为了计算 Δx 的更新值,必须得到这个系统的解

$$(\boldsymbol{C}+\boldsymbol{B}^{\mathrm{T}}\boldsymbol{S}^{-1}\boldsymbol{U}\boldsymbol{B})\Delta\boldsymbol{x}=\boldsymbol{C}\boldsymbol{x}+\boldsymbol{B}^{\mathrm{T}}\boldsymbol{u}-\boldsymbol{c}+\boldsymbol{B}^{\mathrm{T}}\boldsymbol{S}^{-1}(\boldsymbol{U}(\boldsymbol{B}\boldsymbol{x}-\boldsymbol{b})+\mu\boldsymbol{1}) \tag{8.45}$$

注意在式(8.45)的LHS中矩阵的结构。矩阵 $\boldsymbol{C}$ 与式(8.6)中的矩阵相同,所以它是正定的对称分块三对角矩阵。矩阵 $\boldsymbol{S}^{-1}$ 和 $\boldsymbol{U}$ 是对角阵,且只有正元素。矩阵 $\boldsymbol{B}$ 和 $\boldsymbol{B}^{\mathrm{T}}$ 都是块对角阵。因此,$\boldsymbol{C}+\boldsymbol{B}^{\mathrm{T}}\boldsymbol{S}^{-1}\boldsymbol{U}\boldsymbol{B}$ 与 $\boldsymbol{C}$ 具有相同的结构,使用算法1可求解式(8.45)。

一旦求得 Δx 后,另外的两个更新值就可通过反向求解得到

$$\Delta u=\boldsymbol{U}\boldsymbol{S}^{-1}(\boldsymbol{B}(\boldsymbol{x}+\Delta\boldsymbol{x})-\boldsymbol{b})+\frac{\mu}{\boldsymbol{s}} \tag{8.46}$$

和

$$\Delta s=-\boldsymbol{s}+\boldsymbol{b}-\boldsymbol{B}(\boldsymbol{x}+\Delta\boldsymbol{x}) \tag{8.47}$$

这种方法通过改变式(8.41)中变量和方程的顺序来改进文献[11]中提出的算法。这种方法简化了推导过程,同时也提高了速度和数值稳定性。

它仍然需要解释如何将 μ 取为0,几种策略参考文献[32,37,49]。对于卡尔曼平滑应用,我们使用最简单的一种:在每三次迭代中的两次迭代过程中,通过 $\mu=\mu/10$ 更新 μ,μ 逐渐取为0;而在剩余的迭代中,μ 不变。在实际应用中,内点迭代很少超过10次;因此使用约束线性平滑通常相当于运行固定倍数次的线性平滑。

8.4.3　两个线性数值例子

在本节中,我们给出一些简单的线性约束的例子。

1. 恒定框约束

在第一个例子中,我们讨论第8.2.6节例子中的框约束。具体来说,利用状态有界的事实:

$$[-1]\leqslant[x][1] \tag{8.48}$$

可以用式(8.35)的形式编码这些信息

$$\boldsymbol{B}_k=\begin{bmatrix}1 & 0\\ 0 & -1\end{bmatrix},\quad \boldsymbol{b}_k=\begin{bmatrix}1\\ 1\end{bmatrix} \tag{8.49}$$

将约束线性平滑器的性能与无约束线性平滑器的性能进行对比。为了展示约束建模的优点,将两种情况下的测量噪声增加到 $\sigma^2=1$。结果如图8.4所示。约束平滑器解决了无约束平滑器遇到的一些问题。使用无约束平滑器,由于不良的测量值,在航迹的中间和末端部分偏离真实值很远。而约束线性平滑器的边界约束条件剔除了不好的测量值,从而可以很好地跟踪航迹各部分。 图是通过包[6]的ckbs生成的,具体使用的是文件affine_ok_boxC.m。

2. 变量框约束

在第二个例子中，我们在状态量上引入时变约束。具体而言，追踪信号为具有线性趋势的指数有界信号：

$$\exp(-\alpha t)\sin\beta t+0.1t$$

使用“平滑信号”过程模型和直接测量，如 8.2.6 节所述。研究的难点在于，由于指数减幅造成振荡衰减，测量的方差保持不变。将更平滑的指数衰减项作为约束条件可以提高性能。

第二个例子强调，约束的“线性”指的是“对状态而言”；实际上，第二个例子中的约束只是时间相关的框约束。第二个例子用的约束平滑器并不比第一个例子的复杂。

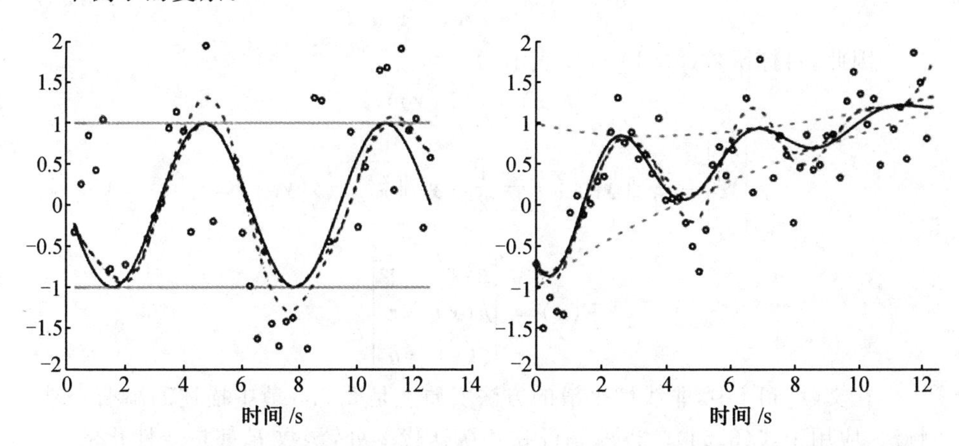

图 8.4　线性约束的两个例子。实线表示真实信号，点划线表示无约束卡尔曼平滑，虚线表示约束卡尔曼平滑器。圆形点表示测量值，灰色水平线表示边界。由左图可看出，在时间 4 ～ 10，约束平滑器的性能明显更好 —— 无约束平滑器在时间 4 和 8 处因测量值而出界。在右图中，由于阻尼导致振荡衰减，测量方差保持不变，所以在无约束的情况下更难追踪信号

8.4.4　非线性约束平滑器

非线性约束平滑器中，过程函数 g_k、测量函数 h_k 是非线性的，平滑约束 $\xi_k(x_k)\leqslant b_k$ 也是非线性。为统一符号，定义了新函数

$$\xi(\boldsymbol{x})=\begin{bmatrix}\xi_1(\boldsymbol{x}_1)\\ \xi_2(\boldsymbol{x}_2)\\ \vdots\\ \xi_N(\boldsymbol{x}_N)\end{bmatrix}\tag{8.50}$$

则所有约束可以被同时表示成$\xi(\boldsymbol{x}) \leqslant b$。

我们现在要解决的问题是式(8.20)的一个约束重述形式

$$\min_{x} f(\boldsymbol{x}) = \frac{1}{2} \| g(\boldsymbol{x}) - \boldsymbol{w} \|_{\boldsymbol{Q}^{-1}}^{2} + \frac{1}{2} \| h(\boldsymbol{x}) - \boldsymbol{z} \|_{\boldsymbol{R}^{-1}}^{2}$$

$$\text{s.t.} \quad \xi(\boldsymbol{x}) - \boldsymbol{b} \leqslant 0 \tag{8.51}$$

回顾8.3.3节中描述的凸复合表示形式，约束$\xi(\boldsymbol{x}) - \boldsymbol{b} \leqslant 0$可以用目标函数中的附加项表示

$$\delta(\xi(\boldsymbol{x}) - \boldsymbol{b} \mid \mathbf{R}_{-}) \tag{8.52}$$

其中，$\delta(\boldsymbol{x} \mid \boldsymbol{C})$是凸标识函数

$$\delta(\boldsymbol{x} \mid \boldsymbol{C}) = \begin{cases} 0, & \boldsymbol{x} \in \boldsymbol{C} \\ \infty, & \boldsymbol{x} \notin \boldsymbol{C} \end{cases} \tag{8.53}$$

因此，目标函数(8.51)可以表示为

$$f(\boldsymbol{x}) = \rho(F(\boldsymbol{x}))$$

$$\rho\begin{pmatrix} \boldsymbol{y}_1 \\ \boldsymbol{y}_2 \\ \boldsymbol{y}_3 \end{pmatrix} = \frac{1}{2} \| \boldsymbol{y}_1 \|_{\boldsymbol{Q}^{-1}}^{2} + \frac{1}{2} \| \boldsymbol{y}_2 \|_{\boldsymbol{R}^{-1}}^{2} + \delta(\boldsymbol{y}_3 \mid \mathbf{R}_{-}) \tag{8.54}$$

$$F(\boldsymbol{x}) = \begin{bmatrix} g(\boldsymbol{x}) - \boldsymbol{w} \\ h(\boldsymbol{x}) - \boldsymbol{z} \\ \xi(\boldsymbol{x}) - \boldsymbol{b} \end{bmatrix}$$

在文献[11]中，非线性平滑的方法实质上是8.3.3节中描述的高斯－牛顿法，应用于式(8.54)。也就是说在每次迭代v处，函数F都是线性化的，并且方向子问题是通过求解下面的问题得到的：

$$\min_{\boldsymbol{d}} \frac{1}{2} \| \boldsymbol{G}^{v}\boldsymbol{d} - \underbrace{\boldsymbol{w} - g(\boldsymbol{x}^{v})}_{\boldsymbol{w}^{v}} \|_{\boldsymbol{Q}^{-1}}^{2} + \frac{1}{2} \| \boldsymbol{H}^{v}\boldsymbol{d} - \underbrace{\boldsymbol{z} - h(\boldsymbol{x}^{v})}_{\boldsymbol{z}^{v}} \|_{\boldsymbol{R}^{-1}}^{2}$$

$$\text{s.t.} \quad \boldsymbol{B}^{v}\boldsymbol{d} \leqslant \underbrace{\boldsymbol{b} - \xi(\boldsymbol{x}^{v})}_{\boldsymbol{b}^{v}} \tag{8.55}$$

其中，$\boldsymbol{G}^{v}$和$\boldsymbol{H}^{v}$与式(8.28)中完全一样；由于ξ式(8.50)的结构，$\boldsymbol{B}^{v} = \nabla_{x}\xi(x^{v})$是分块对角矩阵，且式(8.54)中的指示函数可写成显式约束来强调子问题的结构。

需注意式(8.55)与线性约束平滑问题式(8.37)具有完全相同的结构，因此可以使用前一节中的内点法解决。由于凸复合目标函数(8.54)不是有限值(归因于可行集的指标函数)，文献[11]使用文献[14]的结果证明了非线性平滑器的收敛性。文献[11，引理8，定理9]叙述了理论收敛结果，文献[11，算法6]说明了全算法，包括行搜索细节。

由于非线性约束平滑器与线性约束平滑器有相关性，我们在第 8.4.2 节中介绍的简化改进方法在非线性情况下可作为子程序重复使用。

8.4.5　非线性约束示例

本节的实例部分来自文献[11]。实例是跟踪一个靠海岸航行船只的问题，在问题中可以获得从两个固定站到船只的距离测量以及海岸线的位置。船只到固定站的距离是一个非线性函数，因此这里的测量模型是非线性的。

另外，因为海岸线不是直线，因此相应的约束函数$\{f_k\}$不是仿射的。为了模拟测量$\{\boldsymbol{z}_k\}$，船只的速度$[X_1(t), X_3(t)]$和位置坐标$[X_2(t), X_4(t)]$由下式给出：

$$\boldsymbol{X}(t)=[1, t, -\cos t, 1.3-\sin t]^{\mathrm{T}}$$

船只位置的两个分量都采用了第 8.2.6 节中的平滑信号模型。因此引入了两个速度分量，并给出了过程模型

$$\boldsymbol{G}_k=\begin{bmatrix}1 & 0 & 0 & 0\\ \Delta t & 1 & 0 & 0\\ 0 & 0 & 1 & 0\\ 0 & 0 & \Delta t & 0\end{bmatrix},\quad \boldsymbol{Q}_k=\begin{bmatrix}\Delta t & \Delta t^2/2 & 0 & 0\\ \Delta t^2/2 & \Delta t^3/3 & 0 & 0\\ 0 & 0 & \Delta t & \Delta t^2/2\\ 0 & 0 & \Delta t^2/2 & \Delta t^3/3\end{bmatrix}$$

初始状态估计量为$g_1(\boldsymbol{x}_0)=\boldsymbol{X}(t_1)$，且$\boldsymbol{Q}_1=100\boldsymbol{I}_4$，其中$\boldsymbol{I}_4$是四阶单位矩阵。本例测量方差是恒定的，表示为$\sigma^2$。距离测量是通过海岸线上的两个固定点测量得到的。它们分别位于点(0, 0)和点(2π, 0)。测量模型由下式给出：

$$h_k(\boldsymbol{x}_k)=\begin{pmatrix}\sqrt{x_{2,k}^2+x_{4,k}^2}\\ (x_{2,k}-2\pi)^2+x_{4,k}^2\end{pmatrix},\quad \boldsymbol{R}_k=\begin{pmatrix}\sigma^2 & 0\\ 0 & \sigma^2\end{pmatrix}$$

因为我们知道船只不会穿越陆地，所以有$X_4(t)\geqslant 1.25-\sin[X_2(t)]$，这个信息体现在约束中有

$$\xi_k(\boldsymbol{x}_k)=1.25-\sin(x_{2,k})-x_{4,k}\leqslant 0$$

平滑器初值为$[0,0,0,1]^{\mathrm{T}}$，是不可解的。结果如图 8.5 所示。在这个例子中，约束平滑器比无约束平滑器性能更好。实验使用 ckbs 程序完成，具体参见 sine_wave_example.m。

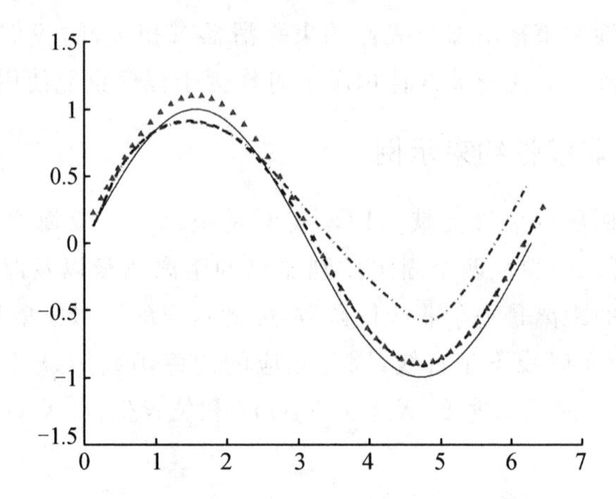

图 8.5 使用线性过程模型、非线性测量模型和非线性约束（相对于状态）的船只跟踪示例的平滑结果。实线表示真实状态，三角形表示约束，点划线表示无约束估计，虚线表示约束非线性平滑估计

8.5 鲁棒卡尔曼平滑

在许多应用中，动态系统（或形如式(8.1)的观测量）的概率模型不能很好地描述为高斯分布。这种情况发生在被异常值所污染的观测模型中，或者更一般地说，出现在测量噪声严重拖尾时[44]的动态模型中，模型中跟踪系统动态变化迅速或状态值发生跳跃[31]。鲁棒的卡尔曼滤波器或平滑器可以在不符合高斯假设条件时获得可接受的状态估计值，并且在高斯假设条件时也可良好地执行。

我们通过非高斯重尾测量噪声 $\boldsymbol{v}_k$[7] 的简单情况开始讨论，展示如何利用非高斯密度。但一般方法也可以扩展到 $\boldsymbol{w}_k$。在与闪烁噪声[25]、湍流问题、资产退还问题、传感器故障或机器故障有关的应用中会出现重尾测量噪声。它也可能在二次噪声源或其他类型的数据异常情况下出现。虽然可以使用随机模拟方法（如马尔可夫链蒙特卡洛(MCMC)或粒子滤波器[24,35]）来进行状态的最小方差估计，但这些方法的计算量非常大，收敛通常依赖于启发式算法并且算法的变种很多。本节采取的方法非常不同，它是基于前面部分介绍的优化思路。我们开发了一种计算状态序列的 MAP 估计值的方法，假设观测噪声来自鲁棒估计中使用的 l_1 拉普拉斯密度，见文献[23，公式 2.3]。由此产生的优化问题将再次成为凸复合类型之一，则可以使用高斯－牛顿法来计算 MAP 估计值。再强调，计算策略成功的关键是保存底层的三对角线结构。

8.5.1　l_1 拉普拉斯平滑器

对于 $\boldsymbol{u} \in \mathbf{R}^m$，符号 $\|\boldsymbol{u}\|_1$ 表示 $\boldsymbol{u}$ 的 l_1 范数，例如 $\|\boldsymbol{u}\|_1 = |u_1| + \cdots + |u_m|$。具有平均值 μ 和协方差 $\boldsymbol{R}$ 的多变量 l_1 拉普拉斯分布密度如下：

$$p(\boldsymbol{v}_k) = \det(2\boldsymbol{R})^{-1/2}\exp(-\sqrt{2}\,\|\boldsymbol{R}^{-1/2}(\boldsymbol{v}_k - \mu)\|_1) \tag{8.56}$$

其中，$\boldsymbol{R}^{1/2}$ 表示正定矩阵 $\boldsymbol{R}$ 的 Cholesky 因子，如 $\boldsymbol{R}^{1/2}(\boldsymbol{R}^{1/2})^{\mathrm{T}} = \boldsymbol{R}$。使用变量的变体 $\boldsymbol{u} = \boldsymbol{R}^{-1/2}(\boldsymbol{v}_k - \mu)$ 可以验证本式是具有协方差 $\boldsymbol{R}$ 的变量的概率分布。图 8.6 显示了高斯分布和拉普拉斯分布的对比，对比包括两种分布的密度、负对数密度和影响函数。

1. 最大后验公式

假设动态模型和观测值由式(8.1)给出，其中 $\boldsymbol{w}_k$ 假定为高斯分布，$\boldsymbol{v}_k$ 为 l_1 拉普拉斯密度分布(式(8.56))。在这些假设下，MAP 目标函数由下式给出：

$$\begin{aligned} P(\{\boldsymbol{x}_k\} \mid \{\boldsymbol{z}_k\}) &\propto P(\{\boldsymbol{z}_k\} \mid \{\boldsymbol{x}_k\})P(\{\boldsymbol{x}_k\}) \\ &= \prod_{k=1}^{N} P(\{\boldsymbol{v}_k\})P(\{\boldsymbol{w}_k\}) \\ &\propto \prod_{k=1}^{N} \exp(-\sqrt{2}\,\|\boldsymbol{R}^{-1/2}(\boldsymbol{z}_k - h_k(\boldsymbol{x}_k))\|_1 \\ &\quad - \frac{1}{2}(\boldsymbol{x}_k - g_k(\boldsymbol{x}_{k-1}))^{\mathrm{T}}\boldsymbol{Q}_k^{-1}(\boldsymbol{x}_k - g_k(\boldsymbol{x}_{k-1}))) \end{aligned} \tag{8.57}$$

忽略与 $\{\boldsymbol{x}_k\}$ 无关的项，最大限度地减少与 $\{\boldsymbol{x}_k\}$ 有关的项等同于最小化 MAP 目标函数。

$$\begin{aligned} & f(\{\boldsymbol{x}_k\}): \\ =& \sqrt{2}\sum_{k=1}^{N} \|\boldsymbol{R}_k^{-1/2}[\boldsymbol{z}_k - h_k(\boldsymbol{x}_k)]\|_1 \\ &+ \frac{1}{2}\sum_{k=1}^{N}[\boldsymbol{x}_k - g_k(\boldsymbol{x}_{k-1})]^{\mathrm{T}}\boldsymbol{Q}_k^{-1}[\boldsymbol{x}_k - g_k(\boldsymbol{x}_{k-1})] \end{aligned}$$

其中，正如在式(8.1)中一样，$\boldsymbol{x}_0$ 是已知的，$\boldsymbol{g}_0 = g_1(\boldsymbol{x}_0)$。设

$$\begin{cases} \boldsymbol{R} = \mathrm{diag}(\{\boldsymbol{R}_k\}) \\ \boldsymbol{Q} = \mathrm{diag}(\{\boldsymbol{Q}_k\}) \\ \boldsymbol{x} = \mathrm{vec}(\{\boldsymbol{x}_k\}) \\ \boldsymbol{w} = \mathrm{vec}(\{\boldsymbol{g}_0, \boldsymbol{0}, \cdots, \boldsymbol{0}\}) \\ \boldsymbol{z} = \mathrm{vec}(\{\boldsymbol{z}_1, \boldsymbol{z}_2, \cdots, \boldsymbol{z}_N\}) \end{cases}, \quad g(\boldsymbol{x}) = \begin{bmatrix} \boldsymbol{x}_1 \\ \boldsymbol{x}_2 - g_2(\boldsymbol{x}_1) \\ \vdots \\ \boldsymbol{x}_N - g_N(\boldsymbol{x}_{N-1}) \end{bmatrix}, \quad h(\boldsymbol{x}) = \begin{bmatrix} h_1(\boldsymbol{x}_1) \\ h_2(\boldsymbol{x}_2) \\ \vdots \\ h_N(\boldsymbol{x}_N) \end{bmatrix} \tag{8.58}$$

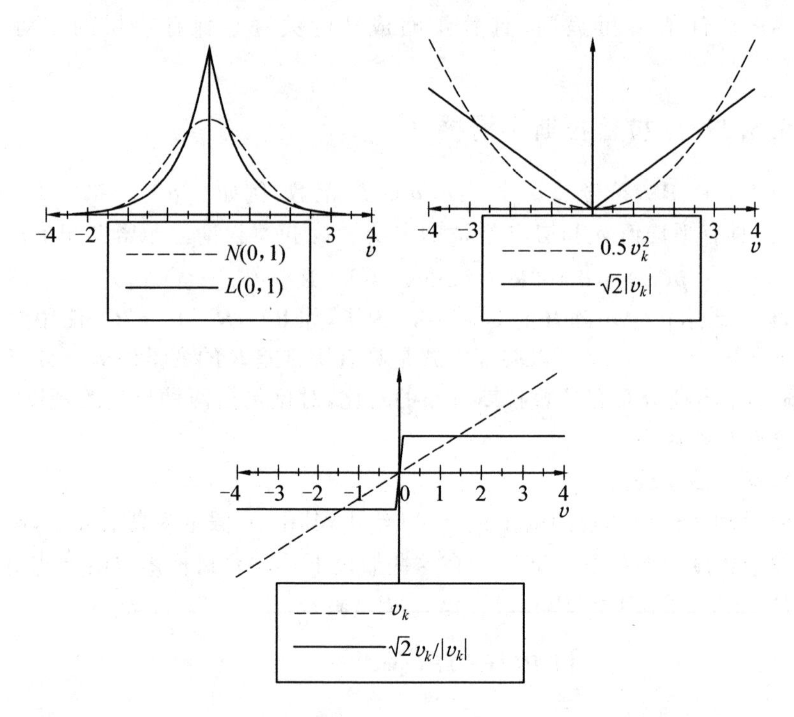

图 8.6　高斯和拉普拉斯密度分布、负对数密度和影响函数(对于标量 v_k)

正如式(8.5) 和式(8.19) 一样,MAP 估计问题相当于

$$\underset{x \in \mathbf{R}^{Nn}}{\text{minimize}}\, f(\boldsymbol{x}) = \frac{1}{2} \| g(\boldsymbol{x}) - \boldsymbol{w} \|_{Q^{-1}} + \sqrt{2} \| \boldsymbol{R}^{-1/2} (h(\boldsymbol{x}) - \boldsymbol{z}) \|_1 \tag{8.59}$$

2. 复合凸结构

式(8.59) 中的目标可以再次写成具有平滑函数 F 和凸函数 ρ 的复合形式

$$f(\boldsymbol{x}) = \rho(F(\boldsymbol{x})) \tag{8.60}$$

其中

$$\rho\begin{pmatrix} \boldsymbol{y}_1 \\ \boldsymbol{y}_2 \end{pmatrix} = \frac{1}{2} \| \boldsymbol{y}_1 \|_{Q^{-1}}^2 + \sqrt{2} \| \boldsymbol{R}^{-1/2} \boldsymbol{y}_2 \|_1, \quad F(\boldsymbol{x}) = \begin{bmatrix} g(x) - \boldsymbol{w} \\ h(\boldsymbol{x}) - \boldsymbol{z} \end{bmatrix} \tag{8.61}$$

因此,在第 8.3.2 节中描述的广义高斯－牛顿方法同样适用。也就是说,给定一个近似解 $\boldsymbol{x}^v$ 代入式(8.59),可计算出一个近似解的形式

$$\boldsymbol{x}^{v+1} = \boldsymbol{x}^v + \gamma^v \boldsymbol{d}^v$$

其中 $\boldsymbol{d}^v$ 是下面子问题的解.

$$\underset{\boldsymbol{d} \in \mathbf{R}^n}{\text{minimize}}\, \rho(F(\boldsymbol{x}^v) + F'(\boldsymbol{x}^v)\boldsymbol{d}) \tag{8.62}$$

γ^v 是使用第8.3.2节中描述的回溯行搜索程序计算得到的。遵循式(8.28)中描述的模式,式(8.62)的子问题形式(其中 ρ 和 F 在式(8.61)中给出)可以表示成

$$\boldsymbol{d}^v = \arg\min_{\boldsymbol{d}} \tilde{f}(\boldsymbol{d}) = \frac{1}{2}\|\boldsymbol{G}^v\boldsymbol{d} - \underbrace{\boldsymbol{w} - g(\boldsymbol{x}^v)}_{\boldsymbol{w}^v}\|_{Q^{-1}}^2 + \sqrt{2}\|\boldsymbol{R}^{-1/2}\boldsymbol{d}(\boldsymbol{H}^v - \underbrace{\boldsymbol{z} - h(\boldsymbol{x}^v)}_{\boldsymbol{z}^v}\|_1 \tag{8.63}$$

其中

$$\boldsymbol{G}^v = \begin{bmatrix} \boldsymbol{I} & \boldsymbol{0} & & \\ -g_2^{(1)}(\boldsymbol{x}_1^v) & \boldsymbol{I} & \ddots & \\ & \ddots & \ddots & \boldsymbol{0} \\ & & -g_N^{(1)}(\boldsymbol{x}_{N-1}^v) & \boldsymbol{I} \end{bmatrix}, \quad \boldsymbol{H}^v = \operatorname{diag}\{h_1^{(1)}(\boldsymbol{x}_1), \cdots, h_N^{(1)}(\boldsymbol{x}_N)\} \tag{8.64}$$

3. 通过内点法解决子问题

由式(8.63),必须解决的基本子问题的形式为

$$\min_{\boldsymbol{d}} \frac{1}{2}\|\boldsymbol{Gd} - \boldsymbol{w}\|_{Q^{-1}}^2 + \sqrt{2}\|\boldsymbol{R}^{-1/2}(\boldsymbol{Hd} - \boldsymbol{z})\|_1 \tag{8.65}$$

其中,变量同式(8.5)

$$\begin{cases} \boldsymbol{R} = \operatorname{diag}(\{\boldsymbol{R}_k\}),\ \boldsymbol{x} = \operatorname{vec}(\{\boldsymbol{x}_k\}) \\ \boldsymbol{Q} = \operatorname{diag}(\{\boldsymbol{Q}_k\}),\ \boldsymbol{w} = \operatorname{vec}(\{\boldsymbol{w}_1, \boldsymbol{w}_2, \cdots, \boldsymbol{w}_N\}), \\ \boldsymbol{H} = \operatorname{diag}(\{\boldsymbol{H}_k\}), \boldsymbol{z} = \operatorname{vec}(\{\boldsymbol{z}_1, \boldsymbol{z}_2, \cdots, \boldsymbol{z}_N\}) \end{cases} \quad \boldsymbol{G} = \begin{bmatrix} \boldsymbol{I} & \boldsymbol{0} & & \\ -\boldsymbol{G}_2 & \boldsymbol{I} & \ddots & \\ & \ddots & \ddots & \boldsymbol{0} \\ & & -\boldsymbol{G}_N & \boldsymbol{I} \end{bmatrix} \tag{8.66}$$

利用标准优化技术,可以引入一对辅助非负变量 $\boldsymbol{p}^+, \boldsymbol{p}^- \in \mathbf{R}^M (M = \sum_{k=1}^{N} m(k))$,那么问题可以重写为

$$\begin{cases} \text{minimize} \quad \frac{1}{2}\boldsymbol{d}^{\mathrm{T}}\boldsymbol{Cd} + \boldsymbol{c}^{\mathrm{T}}\boldsymbol{d} + \sqrt{\boldsymbol{2}}^{\mathrm{T}}(\boldsymbol{p}^+ + \boldsymbol{p}^-) \\ \text{w. r. t.} \quad \boldsymbol{d} \in \mathbf{R}^{nN}, \boldsymbol{p}^+, \boldsymbol{p}^- \in \mathbf{R}^M \\ \text{s. t.} \quad \boldsymbol{Bd} + \boldsymbol{b} = \boldsymbol{p}^+ - \boldsymbol{p}^- \end{cases} \tag{8.67}$$

其中

$$C = G^{\mathrm{T}} Q^{-1} G = \begin{bmatrix} C_1 & A_2^{\mathrm{T}} & 0 & \\ A_2 & C_2 & A_3^{\mathrm{T}} & 0 \\ 0 & \ddots & \ddots & \ddots \\ & 0 & A_N & C_N \end{bmatrix}, \quad \begin{cases} A_k = -Q_k^{-1} G_k \\ C_k = Q_k^{-1} + G_{k+1}^{\mathrm{T}} Q_{k+1}^{-1} G_{k+1} \\ c = G^{\mathrm{T}} w \\ B = R^{-1/2} H \\ b = -R^{-1/2} z \end{cases}$$

问题(8.67)是一个凸二次规划。定义

$$F_\mu(p^+, p^-, s^+, s^-, d) = \begin{bmatrix} p^+ - p^- - b - Bd \\ \mathrm{diag}(p^-)\mathrm{diag}(s^-)\mathbf{1} - \mu\mathbf{1} \\ s^+ + s^- - 2\sqrt{2} \\ \mathrm{diag}(p^+)\mathrm{diag}(s^+)\mathbf{1} - \mu\mathbf{1} \\ Cd + c + B^{\mathrm{T}}(s^- - s^+)/2 \end{bmatrix} \tag{8.68}$$

其中，$\mu \geqslant 0$，则式(8.67)的 KKT 条件可写为

$$F_0(p^+, p^-, s^+, s^-, d) = 0$$

对于 $\mu > 0$，$F_\mu(p^+, p^-, s^+, s^-, d) = 0$ 的解集称为中央路径。我们通过内点法来解决 $\mu=0$ 的系统，如前所述，这是一种沿中心路径 $\mu \to 0$ 的基于牛顿法的预测－校正法。在内点法的每次迭代中需解的系统形式如下：

$$F_\mu(p^+, p^-, s^+, s^-, d) + F'_\mu(p^+, p^-, s^+, s^-, d) \begin{bmatrix} \Delta p^+ \\ \Delta p^- \\ \Delta s^+ \\ \Delta s^- \\ \Delta y \end{bmatrix} = 0$$

其中，向量 p^+、p^-、s^+ 和 s^- 中的每个元素都是严格正的。使用标准的高斯消元法(如 8.4.2 节)，得

$$\begin{cases} \Delta y = [C + B^{\mathrm{T}} T^{-1} B]^{-1}(\bar{e} + B^{\mathrm{T}} T^{-1} \bar{f}) \\ \Delta s^- = T^{-1} B \Delta y - T^{-1} \bar{f} \\ \Delta s^+ = -\Delta s^- + 2\sqrt{2} - s^+ - s^- \\ \Delta p^- = \mathrm{diag}(s^-)^{-1}[\tau\mathbf{1} - \mathrm{diag}(p^-)\Delta s^-] - p^- \\ \Delta p^+ = \Delta p^- + B\Delta y + b + By - p^+ + p^- \end{cases}$$

其中

$$\begin{cases} \bar{d} = \tau\mathbf{1}/s^+ - \tau\mathbf{1}/s^- - b - By + p^+ \\ \bar{e} = B^{\mathrm{T}}(\sqrt{2} - s^-) - Cy - c \\ \bar{f} = \bar{d} - \mathrm{diag}(s^+)^{-1}\mathrm{diag}(p^+)(2\sqrt{2} - s^-) \\ T = \mathrm{diag}(s^+)^{-1}\mathrm{diag}(p^+) + \mathrm{diag}(s^-)^{-1}\mathrm{diag}(p^-) \end{cases}$$

由于矩阵 $\boldsymbol{T}$ 和 $\boldsymbol{B}$ 是分块对角矩阵，$\boldsymbol{B}^{\mathrm{T}}\boldsymbol{T}\boldsymbol{B}$ 也是分块对角矩阵。因此，关键矩阵 $\boldsymbol{C}+\boldsymbol{B}^{\mathrm{T}}\boldsymbol{T}^{-1}\boldsymbol{B}$ 与式(8.10)中的分块三对角矩阵具有完全相同的形式，且

$$\begin{cases}\boldsymbol{c}_k=\boldsymbol{Q}_k^{-1}+\boldsymbol{G}_{k+1}^{\mathrm{T}}\boldsymbol{Q}_{k+1}^{-1}\boldsymbol{G}_{k+1}+\boldsymbol{H}_k^{\mathrm{T}}\boldsymbol{T}_k^{-1}\boldsymbol{H}_k, k=1,\cdots,N\\ \boldsymbol{a}_k=-\boldsymbol{Q}_k^{-1}\boldsymbol{G}_k,\quad k=2,\cdots,N\end{cases}$$

其中，$\boldsymbol{T}_k=\mathrm{diag}(\boldsymbol{s}_k^+)^{-1}\mathrm{diag}(\boldsymbol{p}_k^+)+\mathrm{diag}(\boldsymbol{s}_k^-)^{-1}\mathrm{diag}(\boldsymbol{p}_k^-)$。

算法 1 可以用 $O(n^3N)$ 次浮点运算来精确而稳定地求解这个系统，它保留了经典卡尔曼滤波器算法的运算效率。

关于如何在二次规划子问题中引入近似解的进一步讨论可以参见文献[7,节 V]。

4. 线性示例

在线性情况下，函数 g_k 和 h_k(8.1)为仿射函数，因此自身即为线性化。在这种情况下，问题(8.59)和(8.62)是等价的，并且只有一个形式(8.65)或等价形式(8.67)的子问题需要解决。除了现在使用 l_1 拉普拉斯密度对噪声项 v_k 建模之外，再将前面 1. 中描述的 l_1 拉普拉斯平滑器应用于第 8.2.6 节中研究的示例中。下面描述的数值实验取自文献[7,节 VI]。

数值实验中令 $N=100$，$\Delta t=4\pi/N$，即在间隔$[0,4\pi]$上生成等间隔的离散时间点，生成两个全周期 $\boldsymbol{X}(t)$。对于 $k=1,\cdots,N$ 测量 z_k 满足 $z_k=X_2(t_k)+v_k$。为了测试 l_1 模型对包含异常值的测量噪声的鲁棒性，我们生成 $\boldsymbol{v}_k$ 作为两个标准高斯分布的混合，p 表示异常值污染所占比例，即

$$v_k\sim(1-p)N(0,0.25)+pN(0,\phi)\tag{8.69}$$

其中，$p\in\{0,0.1\}$；$\phi\in\{1,4,10,100\}$。给定 $\boldsymbol{x}_k$ 的 z_k 均值的模型可以表示为 $h_k(\boldsymbol{x}_k)=(0,1)\boldsymbol{x}_k=x_{2,k}$。这里 $x_{2,k}$ 表示 $\boldsymbol{x}_k$ 的第二个分量。给定 $\boldsymbol{x}_k$ 下 z_k 的方差模型是 $R_k=0.25$。仿真中缺少关于异常值分布的知识，即 $pN(0,\phi)$。请注意，本节使用函数值的噪声测量值(含异常值)来恢复平滑函数 $-\sin t$ 及其微分 $-\cos t$ 的估计值。

仿真序列$\{z_k\}$的 1 000 个实现序列，保持基本事实固定，并且对于每个实现和每个估计方法，计算相应的状态序列估计$\{\hat{\boldsymbol{x}}_k\}$。相对应的均方误差(MSE)被定义为

$$\mathrm{MSE}=\frac{1}{N}\sum_{k=1}^{N}[x_{1,k}-\hat{x}_{1,k}]^2+[x_{2,k}-\hat{x}_{2,k}]^2\tag{8.70}$$

其中，$\boldsymbol{x}_k=\boldsymbol{X}(t_k)$。在表 8.1 中，高斯卡尔曼滤波由(GKF)表示，同样还有迭代高斯平滑器(IGS)和迭代 l_1 拉普拉斯平滑器(ILS)。表中是估计技术中对应 p 和 ϕ 的每个值的中位数 MSE，括号内是 MSE 的集中 95% 置信区间。模型

函数$\{g_k(\boldsymbol{x}_{k-1})\}$和$\{h_k(\boldsymbol{x}_k)\}$是线性的，所以迭代平滑器 IGS 和 ILS 只需要一次迭代来估计序列$\{\hat{\boldsymbol{x}}_k\}$。

需要注意的是，l_1 拉普拉斯平滑器在标称条件($p=0$)下的性能几乎与高斯平滑器一样好。在数据污染的情况下($p\geqslant 0.1$ 且 $\phi\geqslant 1$)，l_1 拉普拉斯平滑器表现更好，估计更具一致性。平滑器的表现也比滤波器好。

异常值检测和去除修正是一种简单的鲁棒估计方法，可应用于平滑问题。这种方法的一个固有弱点是异常值检测是使用假定异常值不存在的初始值进行的，这可能会导致将好的数据归类为异常值而导致数据过剩。

表 8.1 不同估计方法的中值 MSE 和 95% 置信区间

p	ϕ	GKF	IGS	ILS
0	—	0.34(0.24,0.47)	0.04(0.02,0.1)	0.04(0.01,0.1)
0.1	1	0.41(0.26,0.60)	0.06(0.02,0.12)	0.04(0.02,0.10)
0.1	4	0.59(0.32,1.1)	0.09(0.04,0.29)	0.05(0.02,0.12)
0.1	10	1.0(0.42,2.3)	0.17(0.05,0.55)	0.05(0.02,0.13)
0.1	100	6.8(1.7,17.9)	1.3(0.30,5.0)	0.05(0.02,0.14)

图 8.7 说明了这一点，该图展示了实现序列$\{z_k\}$的估计结果，其中，$p=0.1$，$\phi=100$。去除异常值也会使模型的评价更加困难。具有一致性模型的鲁棒平滑方法不会遇到这些困难，例如 l_1 拉普拉斯平滑器。

5. 随机非线性过程例子

本小节说明在第 8.3.4 节描述的范德波尔振荡器上的 l_1 拉普拉斯平滑器的性能。数值实验取自文献[7，节 Ⅵ]。相应的非线性微分方程为

$$\dot{X}_1(t)=X_2(t),\quad \dot{X}_2(t)=\mu[1-X_1(t)^2]X_2(t)-X_1(t)$$

给定 $\boldsymbol{X}(t_{k-1})=\boldsymbol{x}_{k-1}$，则 $\boldsymbol{X}(t_{k-1}+\Delta t)$ 欧拉近似为

$$g_k(\boldsymbol{x}_{k-1})=\begin{pmatrix} x_{1,k-1}+x_{2,k-1}\Delta t \\ x_{2,k-1}+\{\mu[1-\boldsymbol{x}_{1,k}^2]x_{2,k}-x_{1,k}\}\Delta t \end{pmatrix}$$

仿真中，“真值”是从范德波尔振荡器的随机欧拉近似中获得的。具体来说，令 $\mu=2$，$N=164$，$\Delta t=16/N$，在时刻 $t_k=k\Delta t$ 时的真值状态向量 $\boldsymbol{x}_k$ 由 $\boldsymbol{x}_0=(0,-0.5)^{\mathrm{T}}$ 给出，并且对于 $k=1,\cdots,N$ 有

$$\boldsymbol{x}_k=g_k(\boldsymbol{x}_{k-1})+\boldsymbol{w}_k \tag{8.71}$$

其中，$\{w_k\}$是方差为 0.01 的独立高斯噪声的实现状态。转换模型(8.1)使用 $\boldsymbol{Q}_k=0.01\boldsymbol{I}(k>1)$ 与用于模拟真值$\{\boldsymbol{x}_k\}$的模型(8.1)相同。因此，生成真值$\{\boldsymbol{x}_k\}$的过程已有详细描述。通过设置 $g_1(\boldsymbol{x}_0)=(0.1,-0.4)^{\mathrm{T}}\neq\boldsymbol{x}_0$ 得到初始状态 $\boldsymbol{x}_0$，其对应的方差 $\boldsymbol{Q}_1=0.1\boldsymbol{I}$。

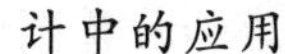

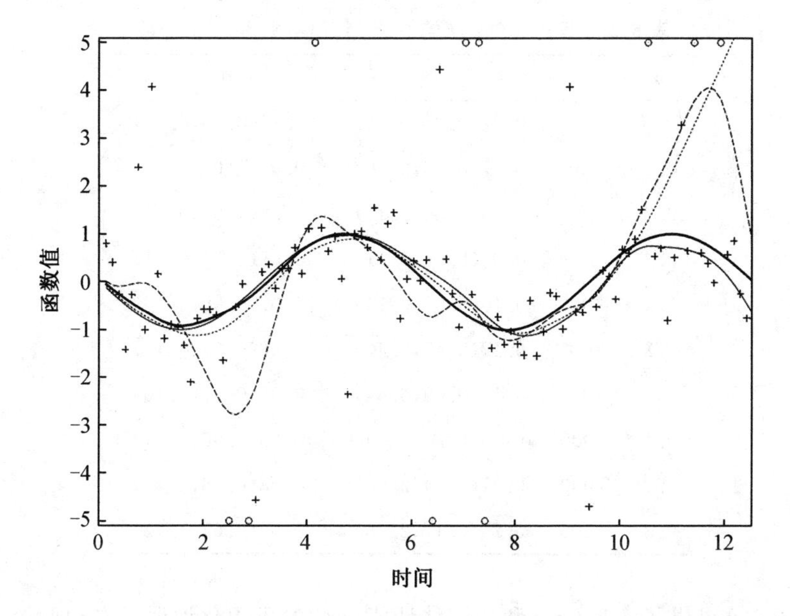

图 8.7　仿真:测量值(+),异常值(o)(绝对残差超过三个标准差),真函数(粗线),l_1 拉普拉斯估计(细线),高斯估计(虚线),高斯异常值去除估计(点虚线)

对于 $k=1,\cdots,N$,测量值 z_k 通过 $z_k=x_{1,k}+v_k$ 得到。测量噪声 v_k 通过下式产生:

$$v_k \sim (1-p)N(0,1.0)+pN(0,\phi) \tag{8.72}$$

其中,$p\in\{0,0.1,0.2,0.3\}$;$\phi\in\{10,100,1\,000\}$。给定 $\boldsymbol{x}_k$ 的 z_k 均值的模型为 $h_k(\boldsymbol{x}_k)=(1,0)\boldsymbol{x}_k=x_{1,k}$。与前面的仿真相同,仿真中缺少关于异常值分布的知识;给定 $\boldsymbol{x}_k$ 下 z_k 的方差模型是 $R_k=1.0$。

仿真真值状态序列$\{\boldsymbol{x}_k\}$和相应的测量序列$\{z_k\}$的 1 000 个实现序列。对于每个实现,我们使用 IGS 和 IKS 程序计算相应的状态序列估计$\{\hat{\boldsymbol{x}}_k\}$。估计均方误差(MSE) 由方程(8.70) 定义,其中 $\boldsymbol{x}_k$ 由等式(8.71) 给出。仿真结果如表 8.2 所示。随着异常值的比例和方差的增加,高斯平滑器性能下降,但是 l_1 拉普拉斯平滑器不受影响。

表 8.2　运行 1 000 次的中值 MSE 和 95% 置信区间

p	ϕ	IGS	ILS
0	—	0.07(0.06,0.08)	0.07(0.06,0.09)
0.1	10	0.07(0.06,0.10)	0.07(0.06,0.09)
0.2	10	0.08(0.06,0.11)	0.08(0.06,0.11)
0.3	10	0.08(0.06,0.11)	0.08(0.06,0.11)
0.1	100	0.10(0.07,0.14)	0.07(0.06,0.10)
0.2	100	0.12(0.07,0.40)	0.08(0.07,0.10)
0.3	100	0.13(0.09,0.64)	0.08(0.07,0.10)
0.1	1 000	0.17(0.011,1.50)	0.08(0.06,0.11)
0.2	1 000	0.21(0.14,2.03)	0.08(0.06,0.11)
0.3	1 000	0.25(0.17,2.66)	0.09(0.07,0.12)

图 8.8 提供了实现$\{\boldsymbol{x}_k\}$和相应估计值$\{\hat{\boldsymbol{x}}_k\}$的可视化说明。左边两个小图表明，当不存在异常值时，IGS 和 ILS 都会生成准确的估计值。注意我们只观察了状态的第一部分，观察值变化相对较大(参见前两个小图)。右边两个小图显示出现异常值时结果可能出现问题。范德波尔振荡器可能由于过程模型的非线性初始化而具有尖锐的峰值，并且当异常值其实不存在时，测量结果也会将 IGS 限制为这种模式。相反，迭代 l_1 拉普拉斯平滑器避免了这个问题。

8.5.2　具有对数凹密度的进一步扩展

回顾前面的章节研究的卡尔曼平滑器的所有变形，并比较式(8.6)、式(8.20)、式(8.37)、式(8.51)、式(8.59)中的目标函数。在所有情况下，目标函数采取形式

$$\sum_{k=1}^{N} V_k(h(\boldsymbol{x}_k)-\boldsymbol{z}_k;\boldsymbol{R}_k)+J_k(\boldsymbol{x}_k-g(\boldsymbol{x}_{k-1});\boldsymbol{Q}_k) \tag{8.73}$$

其中，映射 V_k 和 J_k 与下式的对数凹形密度有关：

$$\begin{cases} p_{v,k}(\boldsymbol{z}) \propto \exp(-V_k(\boldsymbol{z}:\boldsymbol{R}_k)) \\ p_{w,k}(\boldsymbol{x}) \propto \exp(-J_k(\boldsymbol{x}:\boldsymbol{Q}_k)) \end{cases}$$

其中，$p_{v,k}$ 和 $p_{w,k}$ 分别具有协方差矩阵 $\boldsymbol{R}_k$ 和 $\boldsymbol{Q}_k$。惩罚函数 V_k 和 J_k 的选择分别反映了观测值和状态分布的基本模型。在许多应用中，函数 V_k 和 J_k 是扩展分段线性二次惩罚函数类的一个成员。

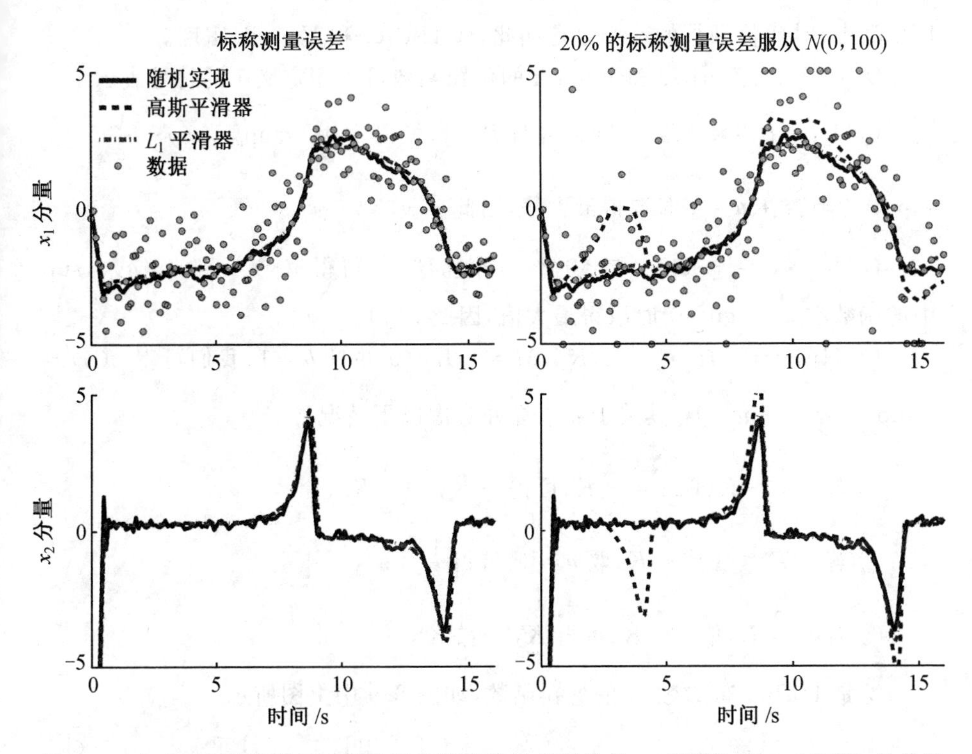

图 8.8　左边两幅小图显示了来自标称模型的具有误差的 x_1(顶部）和 x_2(底部）的估计值。随机实现表示为粗黑线，高斯平滑器表示为虚线，优化平滑器的是点划线。右边两幅小图显示相同的随机实现，但存在$(p,\phi)=(0.2,100)$ 生成的测量误差。异常值出现在顶部右图的顶部和底部边界上

1. 扩展的线性二次惩罚函数

定义 1　对于一个非空的多面体集 $\boldsymbol{U}\subset\mathbf{R}^m$ 和一个对称半正定矩阵 $\boldsymbol{M}\in\mathbf{R}^{m\times m}$(可能存在 $\boldsymbol{M}=\mathbf{0}$)，定义函数 $\theta_{\boldsymbol{U},\boldsymbol{M}}:\mathbf{R}^m\to\{\mathbf{R}\cup\infty\}:=\overline{\mathbf{R}}$

$$\theta_{\boldsymbol{U},\boldsymbol{M}}(w):=\sup_{\boldsymbol{u}\in\boldsymbol{U}}\left\{\langle\boldsymbol{u},\boldsymbol{w}\rangle-\frac{1}{2}\langle\boldsymbol{u},\boldsymbol{Mu}\rangle\right\}\tag{8.74}$$

给定单射矩阵 $\boldsymbol{B}\in\mathbf{R}^{m\times n}$ 以及向量 $\boldsymbol{b}\in\mathbf{R}^m$，定义 $\rho:\mathbf{R}^n\to\overline{\mathbf{R}}$ 等于 $\theta_{\boldsymbol{U},\boldsymbol{M}}(\boldsymbol{b}+\boldsymbol{By})$:

$$\rho_{\boldsymbol{U},\boldsymbol{M},\boldsymbol{b},\boldsymbol{B}}(\boldsymbol{y}):=\sup_{\boldsymbol{u}\in\boldsymbol{U}}\left\{\langle\boldsymbol{u},\boldsymbol{b}+\boldsymbol{By}\rangle-\frac{1}{2}\langle\boldsymbol{u},\boldsymbol{Mu}\rangle\right\}\tag{8.75}$$

式(8.74) 中指定类型的所有函数被称为分段线性二次(PLQ) 惩罚函数，形式为式(8.75) 的函数被称为扩展分段线性二次(EPLQ) 惩罚函数。

备注 1:Rockafellar 和 Wets[43] 对 PLAC 惩罚函数进行了广泛的研究。特别是，他们提出了基于这些函数的完全对偶理论来优化问题。

很容易看出，由高斯分布和 l_1 拉普拉斯分布产生的惩罚函数来自这个

EPLQ 类,对代价函数的选择也是如此,如 Huber 和 Vapnik 密度。

例 1 l_2、l_1、Huber 和 Vapnik 的惩罚函数可以用定义 1 的符号表示。

(1)l_2:令 $\boldsymbol{U}=\mathbf{R}$,$M=1$,$b=0$ 并且 $B=1$,可得 $\rho(y)=\sup_{\boldsymbol{u}\in\mathbf{R}}\langle uy-\frac{1}{2}u^2\rangle$。sup 中的函数在 $\boldsymbol{u}=\boldsymbol{y}$ 时取得最大值,因此 $\rho(y)=\frac{1}{2}y^2$。

(2)l_1:令 $\boldsymbol{U}=[-1,1]$,$M=0$,$b=0$ 并且 $B=1$,可得 $\rho(y)=\sup\limits_{\boldsymbol{u}\in[-1,1]}\langle uy\rangle$,sup 中的函数在 $u=\mathrm{sgn}(y)$ 时取得最大值,因此 $\rho(\boldsymbol{y})=|\boldsymbol{y}|$。

(3)Huber:令 $\boldsymbol{U}=[-K,K]$,$M=1$,$B=0$ 并且 $b=1$,我们可得 $\rho(y)=\sup\limits_{u\in[-K,K]}\langle uy-\frac{1}{2}u^2\rangle$,对其关于 u 求导并考虑以下情况:

① 若 $y<-K$,取 $u=-K$,可得 $-Ky-\frac{1}{2}K^2$;

② 若 $-K\leqslant y\leqslant -K$,取 $u=y$,可得 $\frac{1}{2}y^2$;

③ 若 $y>K$,取 $u=K$,可得 $Ky-\frac{1}{2}K^2$。

这是 Huber 带参数 K 的惩罚函数,如图 8.9 中上图所示。

(4) Vapnik:令 $\boldsymbol{U}=[0,1]\times[0,1]$,$\boldsymbol{M}=\begin{bmatrix}0 & 0\\0 & 0\end{bmatrix}$,$\boldsymbol{B}=\begin{bmatrix}1\\-1\end{bmatrix}$ 和 $\boldsymbol{b}=\begin{bmatrix}-\epsilon\\-\epsilon\end{bmatrix}$,$\epsilon>0$,可得 $\rho(y)=\sup_{u_1,u_2\in[0,1]}\langle\begin{bmatrix}y-\epsilon\\-y-\epsilon\end{bmatrix},\begin{bmatrix}u_1\\u_2\end{bmatrix}\rangle$,考虑以下三种情况:

① 若 $|y|<\epsilon$,取 $u_1=u_2=0$,可得 $\rho(y)=0$;

② 若 $y>\epsilon$,取 $u_1=1$ 和 $u_2=0$ 得 $\rho(y)=y-\varepsilon$;

③ 若 $y<-\epsilon$,取 $u_1=0$ 和 $u_2=1$ 得 $\rho(y)=-y-\varepsilon$。

这是 Vapnik 带参数 ϵ 的惩罚函数,如图 8.9 中下图所示。

2. PLQ 密度

可以注意到,并非每个 EPLQ 函数都是密度函数的负对数。为了使 ELQP 函数 ρ 与密度相关联,要求函数 $\exp(-\rho(\boldsymbol{x}))$ 必须在 $\mathbf{R}^n$ 上可积。$\exp(-\rho(\boldsymbol{x}))$ 的可积性可以建立在强制型假设下。

定义 2 如果 $\lim_{\|\boldsymbol{x}\|}\to\infty\rho(\boldsymbol{x})=+\infty$,函数 $\rho:\mathbf{R}^n\to\mathbf{R}\cup\{+\infty\}=\overline{\mathbf{R}}$ 是强制性的(或 0 强制性的)。

式(8.75)中定义的函数 $\rho_{\boldsymbol{U},\boldsymbol{M},\boldsymbol{b},\boldsymbol{B}}$ 不一定是有限值,它们的微积分需谨慎处

理。这方面的一个重要工具是基本域。$\rho:\mathbf{R}^n\to\overline{\mathbf{R}}$ 的基本域可表示为集合

$$\mathrm{dom}(\rho):=\{\boldsymbol{x}:\rho(\boldsymbol{x})<+\infty\}$$

$\mathrm{dom}(\rho)$ 的仿射包是包含 $\mathrm{dom}(\rho)$ 的最小仿射集,如果集合是子空间的平移则集合是有限的。

定理1 [4,定理6](PLQ可积性)令 $\rho:=\rho_{\boldsymbol{U},\boldsymbol{M},\boldsymbol{b},\boldsymbol{B}}$ 与式(8.75)定义相同。假设 $\rho(\boldsymbol{y})$ 是强制性的,令 n_{aff} 表示 $\mathrm{aff}(\mathrm{dom}(\rho))$ 的维数,则函数 $f(\boldsymbol{y})=\exp(-\rho(\boldsymbol{y}))$ 在 $\mathrm{aff}(\mathrm{dom}(\rho))$ 上关于 n_{aff} 维 Lebesgue 度量是可积的。

定理2 [4,定理7](ρ 的矫顽力)令函数 $\rho_{\boldsymbol{U},\boldsymbol{M},\boldsymbol{b},\boldsymbol{B}}$ 与式(8.75)定义相同,当且仅当 $[\boldsymbol{B}^{\mathrm{T}}\mathrm{cone}(\boldsymbol{U})]^{\circ}=\{0\}$ 时,$\rho_{\boldsymbol{U},\boldsymbol{M},\boldsymbol{b},\boldsymbol{B}}$ 是强制性的。

若 $\rho:=\rho_{\boldsymbol{U},\boldsymbol{M},\boldsymbol{b},\boldsymbol{B}}$ 是强制性的,则通过定理1,函数 $f(\boldsymbol{y})=\exp(-\rho(\boldsymbol{y}))$ 在 $\mathrm{aff}(\mathrm{dom}(\rho))$ 上关于 n_{aff} 维 Lebesgue 度量是可积的。若定义

$$p(\boldsymbol{y})=\begin{cases}c_1^{-1}\exp(-\rho(\boldsymbol{y})), & \boldsymbol{y}\in\mathrm{dom}\ \rho\\ 0, & \text{其他}\end{cases}\tag{8.76}$$

其中

$$c_1=\left(\int_{\boldsymbol{y}\in\mathrm{dom}\ \rho}\exp(-\rho(\boldsymbol{y}))\mathrm{d}\boldsymbol{y}\right)$$

积分是关于维数为 n_{aff} 的 Lebesgue 度量,则 p 是 $\mathrm{dom}(\rho)$ 的概率密度,称之为 PLQ 密度。

3. PLQ 密度和卡尔曼平滑

本小节展示如何使用PLQ密度在式(8.73)中建立惩罚函数 V_k 和 J_k。为了简单起见,本小节使用线性模型(8.1)和(8.2)。同前面章节描述,通过将 Gauss-Newton 法应用于底层凸复合函数可处理非线性情况。

使用式(8.5)中给出的概念,线性模型(8.1)和(8.2)可以写成

$$\begin{cases}\boldsymbol{w}=\boldsymbol{G}\boldsymbol{x}+\boldsymbol{w}\\ \boldsymbol{z}=\boldsymbol{H}\boldsymbol{x}+\boldsymbol{v}\end{cases}\tag{8.77}$$

一般的卡尔曼平滑问题可假设模型(8.77)中的噪声 $\boldsymbol{w}$ 和 $\boldsymbol{v}$ 为均值为0,方差为 $\boldsymbol{Q}$ 和 $\boldsymbol{R}$ 的 PLQ 密度分布(式(8.5))。对于适当的 $\{\boldsymbol{U}_k^w,\boldsymbol{M}_k^w,\boldsymbol{b}_k^w,\boldsymbol{B}_k^w\}$ 和 $\{\boldsymbol{U}_k^v,\boldsymbol{M}_k^v,\boldsymbol{b}_k^v,\boldsymbol{B}_k^v\}$ 有

$$\begin{cases}p(\boldsymbol{w})\propto\exp(-\theta_{\boldsymbol{U}^w,\boldsymbol{M}^w}(\boldsymbol{b}^w+\boldsymbol{B}^w\boldsymbol{Q}^{-1/2}\boldsymbol{w}))\\ p(\boldsymbol{v})\propto\exp(-\theta_{\boldsymbol{U}^v,\boldsymbol{M}^v}(\boldsymbol{b}^v+\boldsymbol{B}^v\boldsymbol{R}^{-1/2}\boldsymbol{v}))\end{cases}\tag{8.78}$$

其中

$$\begin{cases}\boldsymbol{U}^w=\prod_{k=1}^{N}\boldsymbol{U}_k^w\subset\mathbf{R}^{nN}\\ \boldsymbol{U}^v=\prod_{k=1}^{N}\boldsymbol{U}_k^v\subset\mathbf{R}^{M}\end{cases},\quad\begin{cases}\boldsymbol{M}^w=\mathrm{diag}(\{\boldsymbol{M}_k^w\})\\ \boldsymbol{M}^v=\mathrm{diag}(\{\boldsymbol{M}_k^v\})\end{cases},\quad\begin{cases}\boldsymbol{B}^w=\mathrm{diag}(\{\boldsymbol{B}_k^w\})\\ \boldsymbol{B}^v=\mathrm{diag}(\{\boldsymbol{B}_k^v\})\\ \boldsymbol{b}^w=\mathrm{vec}(\{\boldsymbol{b}_k^w\})\\ \boldsymbol{b}^v=\mathrm{vec}(\{\boldsymbol{b}_k^v\})\end{cases}$$

模型(8.77) 中 $\boldsymbol{x}$ 的 MAP 估计量为

$$\begin{aligned}\arg\min_{\boldsymbol{x}\in\mathbf{R}^{nN}}&\{\theta_{\boldsymbol{U}^w,\boldsymbol{M}^w}(\boldsymbol{b}^w+\boldsymbol{B}^w\boldsymbol{Q}^{-1/2}(\boldsymbol{G}\boldsymbol{x}-\boldsymbol{w}))\\&+\theta_{\boldsymbol{U}^v,\boldsymbol{M}^v}(\boldsymbol{b}^v+\boldsymbol{B}^v\boldsymbol{Q}^{-1/2}(\boldsymbol{H}\boldsymbol{x}-\boldsymbol{z}))\}\end{aligned}\tag{8.79}$$

请注意,因为 w_k 和 v_k 是相互独立的,所以问题(8.79) 可以分解为类似于式(8.73) 的各项之和。这种特殊的结构遵循 $\boldsymbol{H}$、$\boldsymbol{Q}$、$\boldsymbol{R}$、$\boldsymbol{B}^v$、$\boldsymbol{B}^w$ 的分块对角结构、$\boldsymbol{G}$ 的双对角结构以及集合 $\boldsymbol{U}^w$ 和 $\boldsymbol{U}^v$ 的乘积结构,这是证明本解法线性复杂性的关键。

4. 用 PLQ 密度求解卡尔曼平滑器问题

回顾前面章节,当集合 $\boldsymbol{U}^w$ 和 $\boldsymbol{U}^v$ 是多面体时,式(8.79) 是扩展线性二次规划(ELQP) 问题,如文献[43,例 11.43] 中所述。通过与 Karush-Kuhn-Tucker (KKT) 系统结合求解式(8.79)。

引理 1 [4,引理3.1] 假设集合 $\boldsymbol{U}^w$ 和 $\boldsymbol{U}^v$ 是多面体时,也就是说,它们可以表示为

$$\boldsymbol{U}_k^w=\{\boldsymbol{u}\mid(\boldsymbol{A}_k^w)^{\mathrm{T}}\boldsymbol{u}\leqslant\boldsymbol{a}_k^w\},\quad \boldsymbol{U}_k^v=\{\boldsymbol{u}\mid(\boldsymbol{A}_k^v)^{\mathrm{T}}\boldsymbol{u}\leqslant\boldsymbol{a}_k^v\}$$

那么式(8.79) 中最优性的一阶必要和充分条件由下式给出:

$$\begin{cases}\boldsymbol{0}=(\boldsymbol{A}^w)^{\mathrm{T}}\boldsymbol{u}^w+\boldsymbol{s}^w-\boldsymbol{a}^w;\boldsymbol{0}=(\boldsymbol{A}^v)^{\mathrm{T}}\boldsymbol{u}^v+\boldsymbol{s}^v-\boldsymbol{a}^v\\\boldsymbol{0}=(\boldsymbol{s}^w)^{\mathrm{T}}\boldsymbol{q}^w;0=(\boldsymbol{s}^v)^{\mathrm{T}}\boldsymbol{q}^v\\\boldsymbol{0}=\tilde{\boldsymbol{b}}^w+\boldsymbol{B}^w\boldsymbol{Q}^{-1/2}\boldsymbol{G}\boldsymbol{x}-\boldsymbol{M}^w\boldsymbol{u}^w-\boldsymbol{A}^w\boldsymbol{q}^w\\\boldsymbol{0}=\tilde{\boldsymbol{b}}^v-\boldsymbol{B}^v\boldsymbol{R}^{-1/2}\boldsymbol{H}\boldsymbol{x}-\boldsymbol{M}^v\boldsymbol{u}^v-\boldsymbol{A}^v\boldsymbol{q}^v\\\boldsymbol{0}=\boldsymbol{G}^{\mathrm{T}}\boldsymbol{Q}^{-\mathrm{T}/2}(\boldsymbol{B}^w)^{\mathrm{T}}\boldsymbol{u}^w-\boldsymbol{H}^{\mathrm{T}}\boldsymbol{R}^{-\mathrm{T}/2}(\boldsymbol{B}^v)^{\mathrm{T}}\boldsymbol{u}^v\\\boldsymbol{0}\leqslant\boldsymbol{s}^w,\boldsymbol{s}^v,\boldsymbol{q}^w,\boldsymbol{q}^v\end{cases}\tag{8.80}$$

其中,$\tilde{\boldsymbol{b}}^w=\boldsymbol{b}^w-\boldsymbol{B}^w\boldsymbol{Q}^{-1/2}\boldsymbol{w}$;$\tilde{\boldsymbol{b}}^v=\boldsymbol{b}^v-\boldsymbol{B}^v\boldsymbol{R}^{-1/2}\boldsymbol{z}$。

本节提出通过内点(IP) 方法解决 KKT 条件(式(8.80))。IP 方法的工作方式是将衰减牛顿迭代应用于式(8.80) 的松弛版本,其中松弛是对互补性条件的松弛。具体而言,互补条件替代为

$$\begin{cases}(\boldsymbol{s}^w)^{\mathrm{T}}\boldsymbol{q}^w=\boldsymbol{0}\rightarrow\boldsymbol{Q}^w\boldsymbol{S}^w\boldsymbol{1}-\mu\boldsymbol{1}=0\\(\boldsymbol{s}^v)^{\mathrm{T}}\boldsymbol{q}^v=\boldsymbol{0}\rightarrow\boldsymbol{Q}^v\boldsymbol{S}^v\boldsymbol{1}-\mu\boldsymbol{1}=0\end{cases}$$

其中,$\boldsymbol{Q}^w$、$\boldsymbol{S}^w$、$\boldsymbol{Q}^v$、$\boldsymbol{S}^v$ 是对角元素为 $\boldsymbol{q}^w$、$\boldsymbol{s}^w$、$\boldsymbol{q}^v$、$\boldsymbol{s}^v$ 的对角阵。随着 IP 迭代的进行,参数 μ 急剧减小到 0。通常,松弛系统的迭代次数不超过 10 次或 20 次可得到式(8.80) 的解,解即为式(8.79) 的最优解。下面的定理表明,无论把哪种 PLQ 密度代入状态空间模型中,所需的计算量(每 IP 迭代) 在时间步数上都是线性的。

定理 3 [4,定理3.2](PLQ 卡尔曼平滑器定理) 假设卡尔曼平滑模型(8.1)、

(8.2) 中的所有 $\boldsymbol{w}_k$ 和 $\boldsymbol{v}_k$ 都来自 PLQ 密度并且满足 $\mathrm{Null}(\boldsymbol{M}) \cap \boldsymbol{U}^{\infty} = \{0\}$。然后使用IP方法可以解式(8.79)，且它每次迭代计算复杂度为 $O(Nn^3 + Nm)$。

文献[4] 中有证明表明，IP 方法求解式(8.79) 保留了标准平滑器的关键分块三对角结构。只要 IP 法迭代的数量固定(通常在实践中为 10 或 20)，那么一般平滑估计的时间复杂度为 $O(Nn^3)$。

值得注意的是，以上的具有良好性能的应用举例都满足定理 3 的条件。

推论 1 [4,推论3.3] 对应于 l_1、l_2、Huber 和 Vapnik 惩罚的密度都满足定理 3 的假设。

证明 我们验证对于四种惩罚密度都满足 $\mathrm{Null}(\boldsymbol{M}) \cap \mathrm{Null}(\boldsymbol{A}^{\mathrm{T}}) = 0$。在 l_2 情况下，$\boldsymbol{M}$ 满秩。在 l_1、Huber 和 Vapnik 惩罚情况下，各个集合 $\boldsymbol{U}$ 是有界的，所以 $\boldsymbol{U}^{\infty} = \{0\}$。

5. 数值例子：Vapnik 惩罚函数和函数型恢复

本节我们使用一个数值例子来说明在卡尔曼平滑场景中使用 Vapnik 惩罚(图 8.9)，用于功能恢复应用。

我们考虑下述函数[19]：

$$f(t) = \exp[\sin 8t]$$

目的是从单位间隔内采集 2 000 个噪声样本统计重构 f。测量噪声 v_k 是利用混合高斯分布产生的，$p = 0.1$ 表示每个分布的加权值，即

$$v_k \sim (1 - p)N(0, 0.25) + pN(0, 25)$$

其中，N 代表正态分布。图 8.10 中的圆点表示数据。请注意，混合的第二部分是为了仿真输出数据中的异常值，并且所有超过垂直轴范围的测量值均绘制在上下轴范围(4 和 −2) 内以提高可读性。

假定初始条件 $f(0) = 1$ 是已知的，而初始条件(即 $f(\cdot) - 1$) 下未知函数的导数建模为由积分维纳过程(integrated Wiener process) 构成的高斯过程。这个模型捕捉了三次平滑样条的贝叶斯解释[48]，并且使用二维状态空间表示，其中 $\boldsymbol{x}(t)$ 的第一个分量 $f(\cdot) - 1$ 对应于第二个状态部分(被建模为布朗运动) 的积分。更具体地说，令 $\Delta t = 1/2\,000$，采样状态空间模型(详见文献[26,38]) 的定义是

$$\begin{cases} \boldsymbol{G}_k = \begin{bmatrix} 1 & 0 \\ \Delta t & 1 \end{bmatrix}, \quad k = 2, 3, \cdots, 2\,000 \\ \boldsymbol{H}_k = [0 \quad 1], \quad k = 2, 3, \cdots, 2\,000 \end{cases}$$

其中，w_k 的自协方差为

$$\boldsymbol{Q}_k = \lambda^2 \begin{bmatrix} \Delta t & \dfrac{\Delta t^2}{2} \\ \dfrac{\Delta t^2}{2} & \dfrac{\Delta t^3}{3} \end{bmatrix}, \quad k = 2, 3, \cdots, 2\ 000$$

其中，λ^2 是需要从数据中估计出的未知比例因子。

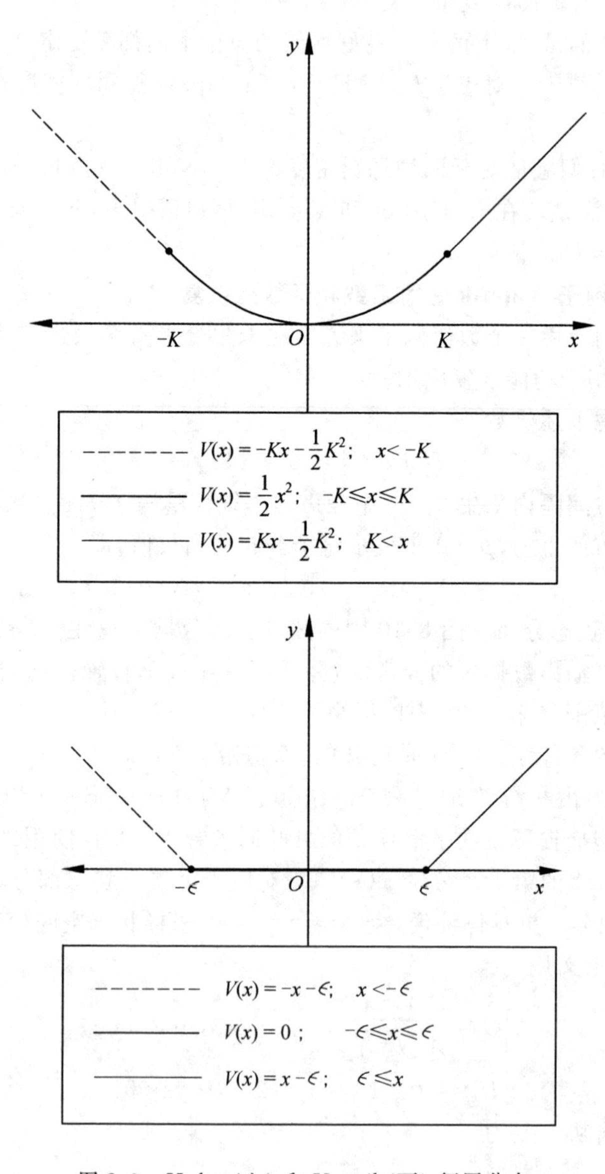

图 8.9　Huber(上) 和 Vapnik(下) 惩罚分布

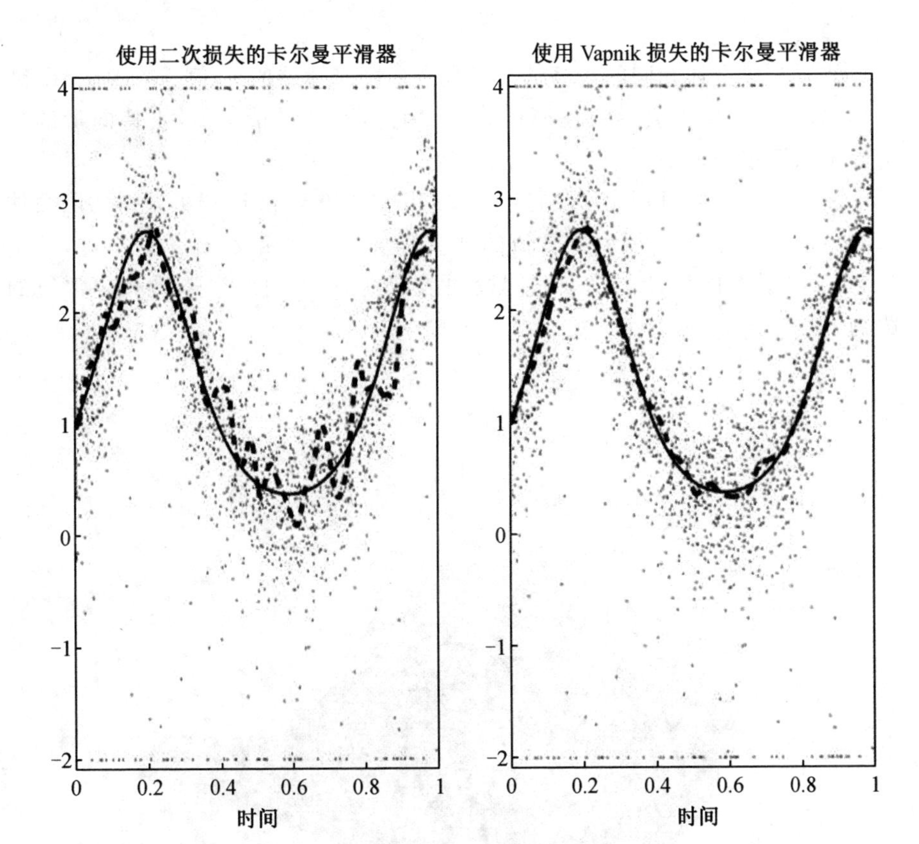

图 8.10　仿真：在轴范围（4 和 −2）上绘制的具有异常值的测量结果（•），真实函数（实线），使用二次损失进行平滑估计（虚线，左图）或使用 Vapnik 的 ϵ 不敏感损失进行平滑估计（虚线，右图）

比较两种不同的卡尔曼平滑器的性能，第一个（经典的）估计器使用二次损失函数来描述测量噪声密度的负对数，并且仅包含 λ^2 作为未知参数；第二个估计器是一个 Vapnik 平滑器，它依赖于 ϵ—不敏感损失，所以包含两个未知参数 λ^2 和 ϵ。在这两种情况下，通过交叉验证策略来估计未知参数，其中2 000 个测量值被随机分成训练组和验证组，分别为 1 300 和 700 个数据点。Vapnik 平滑器是通过利用上一节中描述的有效计算策略实现的，具体实现细节参见文献[8]。那么对于[0.01,10 000]×[0,1]范围内包含在 10×20 网格中的 λ^2 和 ϵ 的每个值，其中 λ^2 以对数方式被间隔开，通过对训练集的新的平滑处理得到函数估计。然后，计算验证集上的相对平均预测误差，参见图8.11。最佳预测的参数是 $\lambda^2=2.15\times10^3$ 和 $\epsilon=0.45$，这提供了由少于 400 个支持向量定义的稀疏解。

然后按照上述相同的策略估计经典卡尔曼平滑器的 λ^2 值。与 Vapnik 惩罚相比，二次损失不会导致任何稀疏性，因此，在这种情况下，支持向量的数量等于训练集的大小。

图 8.10 的左图和右图分别显示了使用二次和 Vapnik 损失获得的函数估计值。显然，高斯估计受到异常值的严重影响。与之相反，如预期一样，基于 Vapnik 平滑器的估计在整个时间段内表现良好，并且几乎不受大异常值的影响。

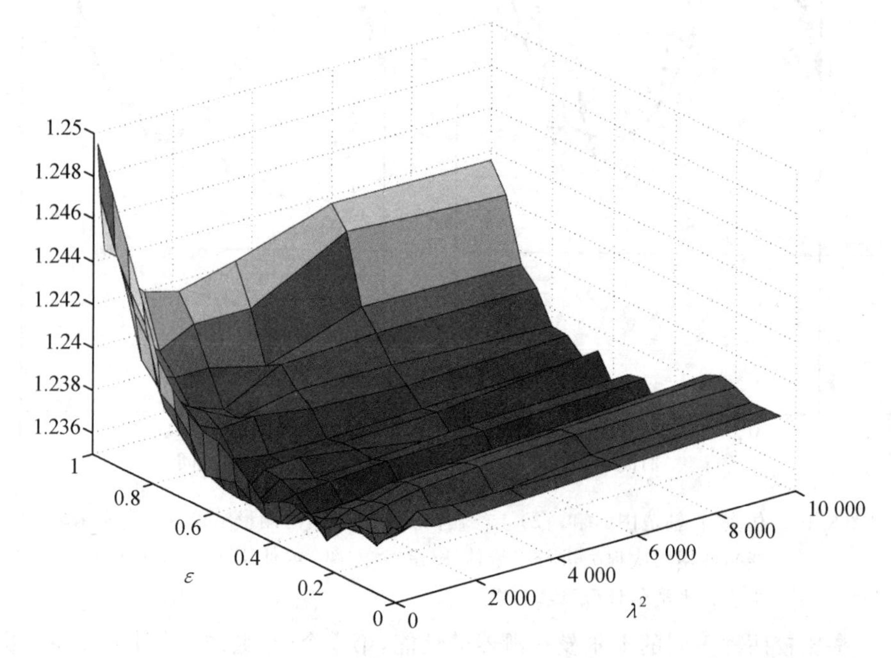

图 8.11 使用 Vapnik 损失估计的平滑滤波器参数。验证数据集上的平均预测误差是方差过程 λ^2 和 ϵ 的函数

8.6 稀疏卡尔曼平滑

近些年来，函数和算法的稀疏性在信号处理、重构算法、统计学和反演问题(例如，参见文献[13] 及其相关内容) 中产生了巨大的影响。在某些情况下，严格的数学理论是可用的，可以保证欠采样稀疏信号的恢复[20]。另外，对于许多反向问题，稀疏促进优化提供了一种方法，可以利用信号类的先验知识作为改善不适定问题解的一种方式，但是没有推导可恢复条件[36]。

近来，在动态模型的背景下，提出了几种稀疏卡尔曼滤波器[1,16,17,47]。在所考虑的应用中，除了过程和测量模型之外，状态空间也被认为是稀疏的。其目的是通过采用稀疏优化技术来提高恢复性能。参考文献[1]与本节中介绍的工作非常接近，在整个测量序列上形成了稀疏性优化问题，用优化技术来解决它，以保持计算效率。

在本节中，我们将稀疏卡尔曼平滑问题作为整个状态空间序列的优化问题，并提出了解决这些问题的两种新方法。第一种方法是基于内点法，是前面几节中数学推导的延伸。

第二种方法适用于维度 n(单个时间点的状态）的问题。对于这种情况，我们提出了一个矩阵自由的方法，使用不同的(约束的）卡尔曼平滑公式以及投影梯度法。在这两种方法中，利用卡尔曼平滑问题的结构来实现高效率计算。

我们提出了两种方法的理论发展，应用和数值结果会在未来实现。

8.6.1　惩罚公式和内点法

本节只考虑线性平滑(式(8.6))。增加状态稀疏性的一种直接方式是在该公式中增加 1－范惩罚：

$$\min_{x} f(\boldsymbol{x}) := \frac{1}{2} \| \boldsymbol{Hx} - \boldsymbol{z} \|_{\boldsymbol{R}^{-1}}^{2} + \frac{1}{2} \| \boldsymbol{Gx} - \boldsymbol{w} \|_{\boldsymbol{Q}^{-1}}^{2} + \lambda \| \boldsymbol{Wx} \|_{1} \tag{8.81}$$

其中，$\boldsymbol{W}$ 是对角加权矩阵，以方便建模。例如，$\boldsymbol{W}$ 的元素可以设置为 0，以便从稀疏错误中排除状态维度的某些部分。式(8.81) 的约束表达可以表述为

$$\begin{gathered}\min_{x} \frac{1}{2} \| \boldsymbol{Hx} - \boldsymbol{z} \|_{\boldsymbol{R}^{-1}}^{2} + \frac{1}{2} \| \boldsymbol{Gx} - \boldsymbol{w} \|_{\boldsymbol{Q}^{-1}}^{2} + \lambda \boldsymbol{1}^{\mathrm{T}} \boldsymbol{y} \\ \text{s.t.} \quad -\boldsymbol{y} \leqslant \boldsymbol{Wx} \leqslant \boldsymbol{y}\end{gathered} \tag{8.82}$$

注意到这与受限问题(8.37) 不同，因为我们在这里引入了一个新变量 $\boldsymbol{y}$，其中 $\boldsymbol{x}$ 和 $\boldsymbol{y}$ 都有约束条件。尽管如此，内点法仍然可以用来解决由此产生的问题。使用非负松弛变量 $\boldsymbol{s}$、$\boldsymbol{r}$ 来重写式(8.82)(原文为式(8.88)，译者认为应该为式(8.82)) 中的约束：

$$\begin{cases}\boldsymbol{Wx} - \boldsymbol{y} + \boldsymbol{s} = \boldsymbol{0} \\ -\boldsymbol{Wx} - \boldsymbol{y} + \boldsymbol{r} = \boldsymbol{0}\end{cases} \tag{8.83}$$

并生成相应系统的拉格朗日函数：

$$L(\boldsymbol{s},\boldsymbol{r},\boldsymbol{q},\boldsymbol{p},\boldsymbol{y},\boldsymbol{x}) = \boldsymbol{x}^{\mathrm{T}}\boldsymbol{Cx} + \boldsymbol{c}^{\mathrm{T}}\boldsymbol{x} + \lambda\boldsymbol{1}^{\mathrm{T}}\boldsymbol{y} + \boldsymbol{q}^{\mathrm{T}}(\boldsymbol{Wx} - \boldsymbol{y} + \boldsymbol{s}) + \boldsymbol{p}^{\mathrm{T}}(-\boldsymbol{Wx} - \boldsymbol{y} + \boldsymbol{r}) \tag{8.84}$$

其中,$\boldsymbol{C}$ 与式(8.8)中定义一致;$\boldsymbol{c}$ 和式(8.39)中定义一致;$\boldsymbol{q}$ 和 $\boldsymbol{p}$ 是对偶变量,分别对应于不等式约束的 $\boldsymbol{Wx} \leqslant \boldsymbol{y}$ 和 $-\boldsymbol{Wx} \leqslant -\boldsymbol{y}$。

因此(松弛的)KKT 系统为

$$F_{\mu}(\boldsymbol{s},\boldsymbol{r},\boldsymbol{q},\boldsymbol{p},\boldsymbol{y},\boldsymbol{x}) := \begin{pmatrix} \boldsymbol{s}-\boldsymbol{y}+\boldsymbol{Wx} \\ \boldsymbol{r}-\boldsymbol{y}-\boldsymbol{Wx} \\ \boldsymbol{D}(\boldsymbol{s})\boldsymbol{D}(\boldsymbol{q})\boldsymbol{1}-\mu\boldsymbol{1} \\ \boldsymbol{D}(\boldsymbol{r})\boldsymbol{D}(\boldsymbol{p})\boldsymbol{1}-\mu\boldsymbol{1} \\ \lambda\boldsymbol{1}-\boldsymbol{q}-\boldsymbol{p} \\ \boldsymbol{Wq}-\boldsymbol{Wp}+\boldsymbol{Cx}+\boldsymbol{c} \end{pmatrix} = 0 \tag{8.85}$$

矩阵导数 $F_{\mu}^{(1)}$ 为

$$F_{\mu}^{(1)} = \begin{bmatrix} \boldsymbol{I} & \boldsymbol{0} & \boldsymbol{0} & \boldsymbol{0} & -\boldsymbol{I} & \boldsymbol{W} \\ \boldsymbol{0} & I & \boldsymbol{0} & \boldsymbol{0} & -\boldsymbol{I} & -\boldsymbol{W} \\ \boldsymbol{D}(\boldsymbol{q}) & \boldsymbol{0} & \boldsymbol{D}(\boldsymbol{s}) & \boldsymbol{0} & \boldsymbol{0} & \boldsymbol{0} \\ \boldsymbol{0} & \boldsymbol{0} & -\boldsymbol{I} & -\boldsymbol{I} & \boldsymbol{0} & \boldsymbol{0} \\ \boldsymbol{0} & \boldsymbol{0} & \boldsymbol{W} & -\boldsymbol{W} & \boldsymbol{0} & \boldsymbol{C} \end{bmatrix} \tag{8.86}$$

并且它是与下述系统行等价的:

$$\begin{bmatrix} \boldsymbol{I} & \boldsymbol{0} & \boldsymbol{0} & \boldsymbol{0} & -\boldsymbol{I} & \boldsymbol{W} \\ \boldsymbol{0} & \boldsymbol{I} & \boldsymbol{0} & \boldsymbol{0} & -\boldsymbol{I} & -\boldsymbol{W} \\ \boldsymbol{0} & \boldsymbol{0} & \boldsymbol{D}(\boldsymbol{s}) & \boldsymbol{0} & \boldsymbol{D}(\boldsymbol{q}) & -\boldsymbol{D}(\boldsymbol{q})\boldsymbol{W} \\ \boldsymbol{0} & \boldsymbol{0} & \boldsymbol{0} & \boldsymbol{D}(\boldsymbol{r}) & \boldsymbol{D}(\boldsymbol{p}) & \boldsymbol{D}(\boldsymbol{p})\boldsymbol{W} \\ \boldsymbol{0} & \boldsymbol{0} & \boldsymbol{0} & \boldsymbol{0} & \boldsymbol{\Phi} & -\boldsymbol{\Psi}\boldsymbol{W} \\ \boldsymbol{0} & \boldsymbol{0} & \boldsymbol{0} & \boldsymbol{0} & \boldsymbol{0} & \boldsymbol{C}+\boldsymbol{W}\boldsymbol{\Phi}^{-1}(\boldsymbol{\Phi}^{2}-\boldsymbol{\Psi}^{2})\boldsymbol{W} \end{bmatrix}$$

其中

$$\begin{cases} \boldsymbol{\Phi} = \boldsymbol{D}(\boldsymbol{s})^{-1}\boldsymbol{D}(\boldsymbol{q}) + \boldsymbol{D}(\boldsymbol{r})^{-1}\boldsymbol{D}(\boldsymbol{p}) \\ \boldsymbol{\Psi} = \boldsymbol{D}(\boldsymbol{s})^{-1}\boldsymbol{D}(\boldsymbol{q}) - \boldsymbol{D}(\boldsymbol{r})^{-1}\boldsymbol{D}(\boldsymbol{p}) \end{cases} \tag{8.87}$$

矩阵 $\boldsymbol{\Phi}^{2}-\boldsymbol{\Psi}^{2}$ 是对角阵,第 ii 个元素为 $4q_i r_i$。因此,修改后的系统保留了 $\boldsymbol{C}$ 的结构;具体而言,它是对称的、分块三对角的和正定的。因此内点法所需的牛顿迭代可以被使用,且每次迭代复杂度为 $O(n^3 N)$。

8.6.2　约束公式和投影梯度法

再次考虑线性平滑(式(8.6)),但现在采用 1 — 范数约束而不是惩罚约束:

$$\min_{x} f(\boldsymbol{x}) := \frac{1}{2}\| \boldsymbol{Hx}-\boldsymbol{z} \|_{\boldsymbol{R}^{-1}}^{2} + \frac{1}{2}\| \boldsymbol{Gx}-\boldsymbol{w} \|_{\boldsymbol{Q}^{-1}}^{2}$$

$$\text{s.t. } \| \boldsymbol{W}\boldsymbol{x} \|_1 \leqslant \tau \tag{8.88}$$

对于特定的 λ 和 τ，这个问题等价于式(8.81)，恰恰是 LASSO 问题[45]。因此可以写成

$$\min \frac{1}{2}\boldsymbol{x}^{\mathrm{T}}\boldsymbol{C}\boldsymbol{x} + \boldsymbol{c}^{\mathrm{T}}\boldsymbol{x} \quad \text{s.t. } \| \boldsymbol{W}\boldsymbol{x} \|_1 \leqslant \tau \tag{8.89}$$

$\boldsymbol{C} \in \mathbf{R}^{nN \times nN}$ 与式(8.8) 中相同，$\boldsymbol{c} \in \mathbf{R}^{nN}$ 与式(8.39) 中相同。当 n 很大时，上一节提出的内点法可能不可行，因为它需要系统的精确解

$$(\boldsymbol{C} + \boldsymbol{W}\boldsymbol{\Phi}^{-1}(\boldsymbol{\Phi}^2 - \boldsymbol{\Psi}^2)\boldsymbol{W})\boldsymbol{x} = \boldsymbol{r}$$

并且分块三对角算法 1 需要 $n \times n$ 阶系统的反演。

问题(8.89) 可以使用频谱投影梯度方法来解决而无须颠倒该系统，例如参见文献[46，算法 1]。具体而言，必须重复计算梯度 $\boldsymbol{C}\boldsymbol{x} + \boldsymbol{c}$，然后将 $\boldsymbol{x}^v - (\boldsymbol{C}\boldsymbol{x}^v + \boldsymbol{c})$ 投影到集合 $\| \boldsymbol{W}\boldsymbol{x} \|_1 \leqslant \tau$ 上。(“谱”这个词是指 Barzilai-Borwein 线搜索用于获得步长这一事实)

在卡尔曼平滑器的情况下，由于 $\boldsymbol{C}$ 的特殊结构，可以在 $O(n^2 N)$ 时间内计算梯度 $\boldsymbol{C}\boldsymbol{x} + \boldsymbol{c}$。因此，对于大型系统而言，相对于内点方法，利用 $\boldsymbol{C}$ 结构的投影梯度方法每次迭代都可以节省大量时间，时间复杂度是 $O(n^2 N)$ 对 $O(n^3 N)$，而相对于 $\boldsymbol{C}$ 结构不可知的方法，复杂度是 $O(n^2 N)$ 对 $O(n^2 N^2)$。投影梯度方法可以在 $O(nN\log(nN))$ 时间内完成到可行集合 $\| \boldsymbol{W}\boldsymbol{x} \|_1 \leqslant \tau$ 上的投影。

8.7 结　论

本章介绍了卡尔曼平滑的优化方法以及应用和扩展的研究。在 8.2.5 节中，我们证明了递归卡尔曼滤波和平滑算法等价于算法 1，这是一种求解分块三对角正定系统的有效方法。在后面的小节中，我们将这个算法用作子程序，允许我们在高层次上提出新的优化思路，而不需要明确写下修改的卡尔曼滤波和平滑方程。

8.3 节介绍了对非线性过程和非线性测量模型的扩展，在 8.4 节中描述了约束卡尔曼平滑(包括线性和非线性情况)，并在 8.5 节给出了一整类鲁棒卡尔曼平滑器(通过考虑对数线性二次密度)。对于所有这些应用，过程中的非线性、测量和约束条件可以通过广义高斯－牛顿方法处理，该方法利用了 8.3.1 节和 8.4.4 节中讨论的凸复合结构。GN 子问题可以通过封闭形式或通过内点法解决，在两种情况下都使用算法 1。对于所有的扩展，提供了数字插图，并且大多数结果都是通过 ckbs 软件包[6]公开发布的。

在鲁棒平滑器的情况下,可以通过考虑用对数凹类之外的密度来扩展密度建模方法[3],但在这里不做讨论。

通过考虑两种新颖的稀疏系统卡尔曼平滑方法以结束对扩展的调研,其中对状态空间序列的稀疏性进行建模可以提高恢复性能。第一种方法建立在读者熟悉内点方法的基础上,该方法作为约束扩展的工具在 8.4 节中进行了介绍。第二种方法适用于不可能精确求解线性系统的大型系统。这些方法的数字说明待未来工作解决。

本章参考文献

[1] Angelosante D, Roumeliotis SI, Giannakis GB (2009) Lasso-Kalman smoother for tracking sparse signals. In: 2009 conference record of the 43rd Asilomar conference on signals, systems and computers, pp 181-185

[2] Ansley CF, Kohn R (1982) A geometric derivation of the fixed interval smoothing algorithm. Biometrika 69:486-487

[3] Aravkin A, Burke J, Pillonetto G (2011) Robust and trend-following Kalman smoothers using students t. In: International federation of automaic control (IFAC), 16th symposium of system identification, Oct 2011

[4] Aravkin A, Burke J, Pillonetto G (2011) A statistical and computational theory for robust and sparse Kalman smoothing. In: International federation of automaic control (IFAC), 16th symposium of system identification, Oct 2011

[5] Aravkin AY (2010) Robust methods with applications to Kalman smoothing and bundle adjustment. Ph. D. Thesis, University of Washington, Seattle, June 2010

[6] Aravkin AY, Bell BM, Burke JV, and Pillonetto G(2007-2011) Matlab/Octave package for constrained and robust Kalman smoothing

[7] Aravkin AY, Bell BM, Burke JV, Pillonetto G (2011) An l_1-laplace robust kalman smoother. IEEE Trans Autom Control 56(12):2898-2911

[8] Aravkin AY, Bell BM, Burke JV, Pillonetto G (2011) Learning using state space kernel machines. In: Proceedings of IFAC World congress 2011, Milan

[9] Bell BM (1994) The iterated Kalman smoother as a Gauss-Newton

method. SIAM J Opt 4(3):626-636

[10] Bell BM (2000) The marginal likelihood for parameters in a discrete Gauss-Markov process. IEEE Trans Signal Process 48(3):626-636

[11] Bell BM, Burke JV, Pillonetto G (2009) An inequality constrained nonlinear Kalman-bucy smoother by interior point likelihood maximization. Automatica 45(1):25-33

[12] Bell BM, Cathey F (1993) The iterated Kalman filter update as a Gauss-Newton method. IEEE Trans Autom Control 38(2):294-297

[13] Bruckstein Alfred M, Donoho David L, Elad Michael (2009) From sparse solutions of systems of equations to sparse modeling of signals and images. SIAM Rev 51(1):34-81

[14] Burke JV, Han SP (1989) A robust sequential quadratic programming method. Math Program 43:277-303. doi:10.1007/BF01582294

[15] Burke James V (1985) Descent methods for composite nondifferentiable optimization problems. Math Program 33:260-279

[16] Carmi A, Gurfil P, Kanevsky D (2010) Methods for sparse signal recovery using Kalman filtering with embedded pseudo-measurement norms and quasi-norms. IEEE Trans Signal Process 58:2405-2409

[17] Carmi A, Gurfil P, Kanevsky D (2008) A simple method for sparse signal recovery from noisy observations using Kalman filtering. Technical report RC24709, Human Language Technologies, IBM

[18] Van der Merwe R (2004) Sigma-point Kalman filters for probabilistic inference in dynamic state-space models. Ph. D. Thesis, OGI School of Science and Engineering, Oregon Health and Science University, April 2004

[19] Dinuzzo F, Neve M, De Nicolao G, Gianazza UP (2007) On the representer theorem and equivalent degrees of freedom of SVR. J Mach Learn Res 8:2467-2495

[20] Donoho DL (2006) Compressed sensing. IEEE Trans Inf Theory 52 (4):1289-1306

[21] Fahrmeir L, Kaufmann V (1991) On Kalman filtering, posterior mode estimation, and Fisher scoring in dynamic exponential family regression. Metrika 38: 37-60

[22] Fahrmeir Ludwig, Kunstler Rita (1998) Penalized likelihood smoothing in robust state space models. Metrika 49:173-191

[23] Gao Junbin (2008) Robust L1 principal component analysis and its Bayesian variational inference. Neural Comput 20(2):555-572

[24] Gillijns V, Mendoza OB, Chandrasekar V, De Moor BLR, Bernstein DS, Ridley A (2006) What is the ensemble Kalman filter and how well does it work? In: Proceedings of the American control conference (IEEE 2006), pp 4448-4453

[25] Hewer GA, Martin RD, Judith Zeh (1987) Robust preprocessing for Kalman filtering of glint noise. IEEE Trans Aerosp Electron Syst AES-23(1):120-128

[26] Jazwinski A (1970) Stochastic processes and filtering theory. Dover Publications, Inc.

[27] Dennis JE Jr, Schnabel. RB (1983) Numerical methods for unconstrained optimiation and nonlinear equations. Computational mathematics, Prentice-Hall, Englewood Cliffs

[28] Julier Simon, Uhlmann Jeffrey, Durrant-White Hugh (2000) A new method for the nonlinear transformation of means and covariances in filters and estimators. IEEE Trans Autom Control 45(3):477-482

[29] Kalman RE (1960) A new approach to linear filtering and prediction problems. Trans AMSE J Basic Eng 82(D):35-45

[30] Kandepu R, Foss B, Imsland L (2008) Applying the unscented Kalman filter for nonlinear state estimation. J Process Control 18:753-768

[31] Kim S-J, Koh K, Boyd S, Gorinevsky D (2009) l_1 trend filtering. Siam Rev 51(2):339-360

[32] Kojima M, Megiddo N, Noma T, Yoshise A (1991) A unified approach to interior point algorithms for linear complementarity problems. Lecture notes in computer science, vol 538. Springer Verlag, Berlin

[33] Kourouklis S, Paige CC (1981) A constrained least squares approach to the general Gauss-Markov linear model. J Am Stat Assoc 76(375): 620-625

[34] Lefebvre T, Bruyninckx H, De Schutter J (2004) Kalman filters for nonlinear systems: A comparison of performance. Intl J Control 77 (7):639-653

[35] Liu Jun S, Chen Rong (1998) Sequential Monte Carlo methods for dynamic systems. J Am Stat Assoc 93:1032-1044

[36] Mansour H, Wason H, Lin TTY, Herrmann FJ (2012) Randomized marine acquisition with compressive sampling matrices. Geophys Prospect 60(4):648-662

[37] Nemirovskii A, Nesterov Y (1994) Interior-point polynomial algorithms in convex programming. Studies in applied mathematics, vol 13. SIAM, Philadelphia

[38] Oksendal B (2005) Stochastic differential equations, 6th edn. Springer, Berlin

[39] Paige CC, Saunders MA (1977) Least squares estimation of discrete linear dynamic systems using orthogonal transformations. Siam J Numer Anal 14(2):180-193

[40] Paige CC (1985) Covariance matrix representation in linear filtering. Contemp Math 47:309-321

[41] Pillonetto G, Aravkin AY, Carpin S (2010) The unconstrained and inequality constrained moving horizon approach to robot localization. In: 2010 IEEE/RSJ international conference on intelligent robots and systems, Taipei, pp 3830-3835

[42] Rauch HE, Tung F, Striebel CT (1965) Maximum likelihood estimates of linear dynamic systems. AIAA J 3(8):1145-1150

[43] Rockafellar RT, Wets RJ-B (1998) Variational analysis. A series of comprehensive studies in mathematics, vol 317. Springer, Berlin

[44] Schick Irvin C, Mitter Sanjoy K (1994) Robust recursive estimation in the presence of heavy-tailed observation noise. Annal Stat 22(2):1045-1080

[45] Tibshirani R (1996) Regression shrinkage and selection via the LASSO. J R Stat Soc Ser B 58(1):267-288

[46] van den Berg E, Friedlander MP (2008) Probing the pareto frontier for basis pursuit solutions. SIAM J Sci Comput 31(2):890-912

[47] Vaswani N (2008) Kalman filtered compressed sensing. In: Proceedings of the IEEE international conference on image processing (ICIP)

[48] Wahba G (1990) Spline models for observational data. SIAM, Philadelphia

[49] Wright SJ (1997) Primal-dual interior-point methods. Siam, Englewood Cliffs

第9章 压缩系统识别

这一章的第一部分介绍了一种新的基于卡尔曼滤波的方法，通过使用比平常更少的测量值来估计稀疏或可压缩的(更宽泛地讲)自回归模型的系数。出于(无迹)卡尔曼滤波机制自身的优点，这种派生方法本来便能够解决由基本估计问题导致的主要困难。特别地，该方法有助于测量值的序贯处理(sequential processing)并且能够获得很好的恢复性能，根据压缩感知理论可知，其尤其适用于具有大量偏离理想值的情况。在本章的剩余部分我们推导了几个与手头问题相关的信息论下界，这些下界建立起了自回归过程复杂性与使用新的复杂度测量能够达到的估计精度之间的关系。

9.1 引　言

工程和科学界的常见做法是使用参数化模型来描述系统和过程，在很多时候这些参数的值并不能直接测量，但是可以仅通过观察系统行为来估计，这其中的艺术与科学常被称为系统识别。在这一学科中，自回归(AR)模型/过程或许是时间序列分析最有价值的工具之一，这些模型被广泛地应用于变化检测[7]、动态系统建模[37]、预测(如 Box-Jenkins 框架[1])和因果推理(如 Granger 因果检验[30])。它的基本形式与非马尔可夫动力学(如未来的输出取决于过程的滞后值)有很大关系，并且以其充分捕捉复杂行为的能力和非线性(比如那些基本自然现象)而著名。

得益于它的线性构成，AR 模型允许使用简单的推理方法，它的典型过程为通过最大似然(ML)或最小二乘(LS)技术达到获得最能够解释已知时序数据的过程系数的目的。如果时序数据的确是在光滑性条件下使用 AR 模型产生的，那么这一过程必将生成达到一定精度的真实系数，其精度主要是由观测量决定的。尽管如此，具有因果关系的产生机制默认观测数据在绝大多数实际应用下是不可获得的，这样一来构建 AR 模型最多只能被看作是一种近似，从这方面来说一个能够帮助预测未来趋势并且符合实际过程的合适的 AR 模型看起来似乎更为合理。

9.1.1　稀疏和可压缩的 AR 模型

稀疏的,或者更广泛地讲,可压缩 AR 模型仅由几个基本分量组成,而其余分量对于观测结果的贡献均可忽略。由于我们主要讨论线性表达,这使得很多参数都会被忽略。这种构成将 AR 模型描述成一幅图,其中节点和边分别代表基本随机变量与其相关性。按照这种观点,一个稀疏的 AR 模型对应着一幅仅有少数几个相连节点的图,这也被称为稀疏图模型(图 9.1)。机器学习和统计学领域已经对这种模型进行了深入研究,它以促进降阶描述和似然推理而闻名[29]。在过去的几年里,稀疏 AR 模型被用于功能磁共振成像(fMRI)分析和因果关系发现[9,31],近期也被用于系统识别[45]。

在拟合 AR 模型时需要确定其阶数,即用于描述时序数据下基本产生机制的必要的参数个数[10],传统的方法大多依赖于根据参数个数惩罚基本似然函数的 Akaike 信息准则(AIC)[32]或与其对应的贝叶斯信息准则(BIC)[46]。有两个原因可以说明这对获得一个可解释模型的重要性,第一个原因是我们通常会被可获得的数据量所限制,这同时也限制了实际应用中可以使用的参数数量;另一个同样重要的原因与倾向于简化描述的奥卡姆剃刀(Occam's razor)准则有关。从这层意义上来讲,不必要的参数会增加偏离真实数据生成机制的概率,比如过度拟合带来的负面影响便是使用多余参数最知名的例子之一。

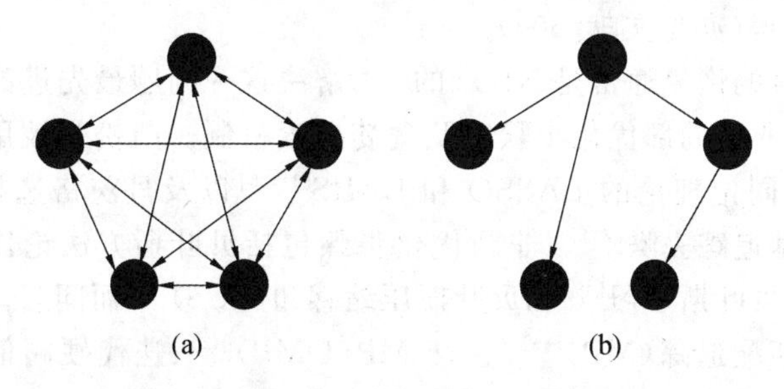

图 9.1　全部相连的和稀疏相连的模型图

如果一个自回归模型包含的参数远多于充分描述所观测现象所必要的,那么这个模型就是稀疏的,在这种设定下我们通常只对恢复潜藏在时序数据下的几个有效(非零的)参数感兴趣,这便是压缩感知技术所要解决的(见下文)。此外,既然不是所有参数都重要,那么仅需要少数几个观测数据便可以估计出那些真正有价值的参数,这类方法可以看作是联合参数估计和变量选择,它完全去掉了模型确定中的次要步骤,比如 AIC 和 BIC 方法。

复杂系统是可压缩AR模型可能会很有用处的另一个例子。在一些偶然情况下会有多个时间序列,其中每一个都与系统中一个单独的分量或者分量群有关,标准的AR体系会自然地体现出不同系统分量间的相互关系,并且就此而言,每当仅是主体中的一个小子集影响大部分构成时,参数向量便被认为是稀疏的,这种分层机制存在于大量群体活动和社交网络的突现行为中。

在此工作中我们提出了通过压缩感知技术来估计稀疏和可压缩AR模型的参数。我们为这个范式提供了一个简洁的综述,其中强调了几个有关这个问题的实现问题。这一部分对理解此项工作的目的和范围至关重要。

9.1.2　压缩感知

近年来压缩感知(CS)在信号处理领域吸引了大量的注意力,从少于通常需要的观测中重构信号的这一关键思想便是使得CS在多个大规模问题出现的科学领域流行开的首要原因。压缩感知起源于群体测试范式和计算调和分析[51],类似的概念已经存在了超过二十年,一个普遍的形式体系是使用尽可能少的线性测量来恢复信号,比如那些由相对较少的非零分量组成的信号。在计算调和分析中,这一概念的产生很大程度上是因为傅里叶和小波变换中无处不在的标准正交的基函数,这里基函数间的不连续性有助于使用大大少于奈奎斯特—香农采样定理所规定的测量数来精确恢复稀疏信号。信号(未知的)支撑集和相对应的峰值幅度可以通过凸规划[11,15,16,22,23]和贪婪算法[8,24,40,42]获得(亦见文献[50])。

稀疏信号的恢复通常是NP难的[22],解决这一问题最先进的方法通常是使用凸松弛、非凸局部优化步骤以及贪婪搜索机制。凸松弛被用在各种方法中,比如基于同伦理论的LASSO和LARS[11,28]以及丹茨格选择器[11]中,还有基追踪和基追踪去噪[23]。非凸优化步骤包括贝叶斯方法论比如关联向量机,还以稀疏贝叶斯学习[49]和贝叶斯压缩感知(BCS)[32]而闻名。主要的贪婪搜索算法有匹配追踪(MP)[40]、正交MP(OMP)[42]、迭代硬阈值[8]和正交最小二乘法[22]。

我们能够实现的CS概念在过去几年里逐步完善[15,16,44,51],直到在文献[12,22,26]中以一种成熟的形式出现。粗略地讲,这其中有两个主要影响因素:前者包括构成基本信号的主分量基的数量(如其支撑数)和感知矩阵各列间的非相干性,后者与广为人知的约束等距性或简称为RIP[12,22]有关。理解这个概念最好的方法大概是考虑一个典型的CS问题了,因此有

$$\boldsymbol{x}=\boldsymbol{H}\boldsymbol{\alpha}$$

其中,$\boldsymbol{x}\in\mathbf{R}^N$ 和 $\boldsymbol{\alpha}\in\mathbf{R}^n$ 分别表示测量向量和未知向量;矩阵 $\boldsymbol{H}$ 在不同学科中

有着不同的叫法(比如设计矩阵、测量矩阵、字典),为了与标准术语保持一致,在这里简单地称其为感知矩阵。在这里 N 是远小于 n 的,因此该线性系统是欠定的,虽然如此,考虑到 $\boldsymbol{\alpha}$ 是充分稀疏的,唯一解依然可以得到保证。特别地,$\boldsymbol{\alpha}$ 中非零项的数目应小于 $\frac{1}{2}\text{spark}(\boldsymbol{H})$[12],其中 $\boldsymbol{H}$ 的 spark 值定义如下。

定义 1　(矩阵的 spark)　矩阵 $\boldsymbol{H}\in\mathbf{R}^{N\times n}$ 的 spark 表示为 spark($\boldsymbol{H}$),是指能构成线性相关集的最小列数。

假若 $\boldsymbol{H}$ 符合 RIP 准则[22,26],那么就可以(使用上述任意一种方法)很快求出 CS 问题的解,更确切地说,RIP 准则是精确恢复数据的充分必要条件[12]。从本质上讲,它要求其格莱姆行列式 $\boldsymbol{H}^{\mathrm{T}}\boldsymbol{H}$ 近似等于一个单位矩阵。

9.1.3　面临的挑战

尽管 CS 的思想已经很普及,但事实上它们在很多实际应用中并不容易执行。一个例外情况是图像和视频处理领域,因为它们有着大量非相干基变换且遵守多数确保恢复效果明显增强[17]的必有条件。在关于我们的问题的描述中,要关注的一点是基本感知矩阵不符合 CS 理论定义范围内的 RIP 准则,这一事实将在下一节详细解释。为了抓住要点,两幅格莱姆(Gramian)矩阵的插图在图 9.2 中给出,第一幅图是关于理想 RIP 感知矩阵的(有高斯随机项[22]),而另一幅是典型的关于手头问题的。从图中格莱姆矩阵具有明显的对角分布可以看出,毫无疑问它不符合理想 RIP 准则的设定,它从本质上反映了感知矩阵的行之间的高度相关性。

作为一种新的信号处理范式,CS 的成功使许多人相信为了充分发掘其潜在优势应该重新设计传感器设备,其实事实上在很多实际场景中并不能保证或评估感知矩阵的 RIP 性质,因此很多高雅的 CS 理论在这种情况下并不适用。该警告为本质上能够产生理想的 RIP 矩阵从而提高 CS 算法表现的,甚至能够达到理论下界的[27]新的硬件设计铺平了道路,总之只有在能保证其 RIP 特性的情况下重新设计系统。问题是在这种情况下我们能做些什么。

另一个难点与现存 CS 方法的本质有关。CS 的基本原理是在凸优化和贪婪搜索的视角下建立起来的,正因如此它通常假设测量值是可以批量获得的。就动态系统和时序数据而言,这个前提带来了严重的局限性。在许多应用中需要对观测值进行序贯处理,这使得大部分现存的 CS 方法不能满足使用要求。

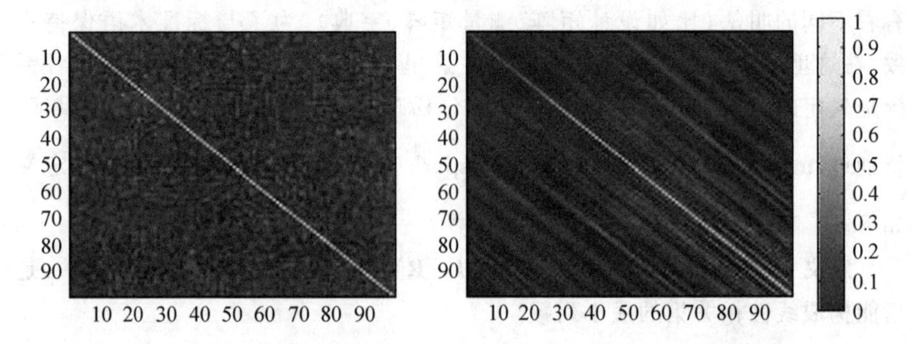

图 9.2　一个理想 RIP 感知矩阵(左)和一个针对我们的问题的感知矩阵(右)的格莱姆矩阵。纵坐标轴和横坐标轴分别表示格莱姆矩阵的行和列的下标

9.2　贡　　献

9.1 节介绍了一种新的基于卡尔曼滤波的方法,用来使用比平常更少的观测值来处理稀疏,或更广泛地来说,处理可压缩 AR 模型。出于卡尔曼滤波(KF)机制自身的优点,这个派生方法本来便能够解决前文提到的困难。尤其是它有助于观测值的序贯处理并且能够在严重偏离理想 RIP 准则的情况下达到很好的恢复效果。在本章的剩余部分我们引入了有关手头问题的几个信息论下界,这些下界建立了 AR 过程的复杂性和使用新的复杂性测量可达到的精度之间的联系,该方法将取代常用的数不清的 RIP 方法用于此项工作中。出于可读性考虑,我们会花时间进一步阐明这项工作中介绍的主要概念(不一定按它们的出现顺序)。

9.2.1　非一RIP 设定下的压缩识别

当采用 CS 理论得到普遍观点时,标准 AR 公式构成了一个重大挑战。为了更好地理解这其中的困难,考虑一个典型的压缩识别问题。假设一个由未知系数构成的向量

$$\boldsymbol{\alpha}^i := [\alpha^{i,1}(1),\cdots,\alpha^{i,n}(1),\cdots,\alpha^{i,1}(p),\cdots,\alpha^{i,n}(p)]^{\mathrm{T}} \in \mathbf{R}^{np}$$

(符号在下文说明)它由个别主导项和相对小的其他项构成,这些系数体现了多个实值的随机过程间的线性关系,$\{x_k^j, k > p, j = 1,\cdots,n\}$,即

$$x_k^i = \sum_{t=1}^{p}\sum_{j=1}^{n}\alpha^{i,j}(t)x_{k-t}^j + \omega_k^i = \underbrace{[x_{k-1}^1,\cdots,x_{k-1}^n,\cdots,x_{k-p}^1,\cdots,x_{k-p}^n]}_{\tilde{x}_k^{\mathrm{T}}}\boldsymbol{\alpha}^i + \omega_k^i$$

对于 $i \in [1,n]$,其中$\{\omega_k^i, k > p\}$是一个白噪声序列。基于上述观点,不失一

般性地假设$\{x_k^j, j=1,\cdots,n\}$是零均值的。

通常我们假定有N个$\bar{\boldsymbol{x}}_k$和$\boldsymbol{x}_k^i$的实现，它们分别构成一个感知矩阵和一个观测向量，基于这些假设，我们寻求使用少于环境维度np的观测值重构满足精度要求的$\boldsymbol{\alpha}^i$。通常来讲基本感知矩阵并不遵循CS定义下的RIP准则，随后我们注意到这样一个感知矩阵的列不太可能充分不相干。因为这是我们工作展开的一个关键细节，我们会在后面花时间对它做进一步解释。

我们的感知矩阵的行实际上是服从$\bar{\boldsymbol{x}}_k^{\mathrm{T}}$的(多变量)分布的独立样本，与这一分布有关的协方差自然传达了基本随机变量(构成感知矩阵的列的样本)的统计相干性或相关性信息，与之对应的$(np)\times(np)$维相关矩阵的项定义为

$$\boldsymbol{C}^{l,j}=\frac{E\{\bar{\boldsymbol{x}}_k^j\bar{\boldsymbol{x}}_k^l\}}{\sqrt{E\{\|\bar{\boldsymbol{x}}_k^j\|_2^2\}E\{\|\bar{\boldsymbol{x}}_k^l\|_2^2\}}},\quad l,j\in[1,np] \tag{9.1}$$

其中，$E\{\cdot\}$和$\|\cdot\|$分别表示期望算子和欧几里得模。此外，如果我们令$\boldsymbol{H}\in\mathbf{R}^{N\times(np)}$表示归一化的感知矩阵，比如令其所有列都处于同一个量级，那么相关矩阵$\boldsymbol{C}$的蒙特卡洛估计可以简化为$\hat{\boldsymbol{C}}:=\boldsymbol{H}^{\mathrm{T}}\boldsymbol{H}$，也称为格莱姆行列式，需注意在CS领域中$\boldsymbol{C}$必定是秩亏的，比如$N<np$。尽管如此，随着$N$增大$\boldsymbol{C}$的项会逐渐接近那些真正的相关矩阵，这意味着它们可能充分说明了统计相关性，因此关于式(9.1)的一个近似式$\boldsymbol{H}$中的两列做内积，即为

$$\hat{\boldsymbol{C}}^{l,j}=\langle\boldsymbol{H}^l,\boldsymbol{H}^j\rangle,\quad l,j\in[1,np] \tag{9.2}$$

话虽如此，还是能很清楚地看到可以将理想的RIP准则和近似对角的$\hat{\boldsymbol{C}}$和$\boldsymbol{C}$联系起来，这可以通过展开RIP[12]立即看出来

$$\left|\|\boldsymbol{H}\boldsymbol{\alpha}^i\|_2^2-\|\boldsymbol{\alpha}^i\|_2^2\right|=\left|(\boldsymbol{\alpha}^i)^{\mathrm{T}}(\hat{\boldsymbol{C}}-I_{((np)\times(np))})\boldsymbol{\alpha}^i\right|\leqslant\delta_{2s}\|\boldsymbol{\alpha}^i\|_2^2 \tag{9.3}$$

其中的不等式适用于固定的$\delta_{2s}\in(0,1)$和任何非零项个数小于s的稀疏向量$\boldsymbol{\alpha}^i$，今后便可以称其为s稀疏的。无论$\boldsymbol{\alpha}^i$是否在文中已知，作为一个均匀恢复条件对δ_{2s}的限制是固定的。当这一性质对小值δ_{2s}满足时，经典的和当代的CS理论结果确保了稀疏系数向量的完美和高精度恢复(见文献[6,12,14])。随之而来的一些结果，很大程度上被公认为集中测量理论，为随机感知矩阵很大程度上都遵循这一性质提供了进一步的证据，尤其是在一些对维数有限制的情况下[44,51]。

进一步使得$\tilde{\boldsymbol{x}}_k:=[x_k^1,\cdots,x_k^n]$，可以认为$\boldsymbol{C}$仅有自相关项组成

$$\frac{E\{\tilde{\boldsymbol{x}}_{k-r}\tilde{\boldsymbol{x}}_{k-t}^{\mathrm{T}}\}}{\sqrt{E\{\|\tilde{\boldsymbol{x}}_{k-r}\|_2^2\}E\{\|\tilde{\boldsymbol{x}}_{k-t}\|_2^2\}}},\quad r,t\in[1,p]$$

因此 $\boldsymbol{C}$ 和其经验近似 $\hat{\boldsymbol{C}}$ 的整体结构都与基本过程 $\{\tilde{\boldsymbol{x}}_k\}_{k<p}$ 的混合特性有关。如前所述,理想的 RIP 设定与一个仅当 $\{\tilde{\boldsymbol{x}}_k\}_{k<p}$ 强烈混合时才有的近似对角的 $\boldsymbol{C}$ 有关。众所周知的是,这一特性必将使得各态历经和一些收敛过程在达到平稳后强烈混合(例:平稳线性随机系统),然而通常这并不能期许一定适用,因此理想的 RIP 条件便不能保证。

为了缓解这一问题,在文献[13]中有一个著名的尝试,其中针对高度相干的感知矩阵对CS基本理论进行了扩充,由此产生了一个改进的并且更加严格的 RIP 版本,如文献[13]中所述称为 D－RIP。对于一些相干超完备字典(如一个列数多于行数的矩阵),D－RIP 不一定非要应用于由不多于 s 列构成的线性组合组成的系数矩阵,假设 D－RIP 的系数 δ_{2s} 是一个极小的数,对前述信号的精确恢复是可能的。对于那些感知矩阵,满足这一总体上的不可见性条件的应用这一前提明显限制了文献[13]中提出的恢复方案的可行性。如[13]中所描述的,这一困难可以通过使用传统的在所需范围内符合 RIP 条件的随机矩阵来缓解。

定义 2 (非－RIP 设定)从此时起我们将要涉及大量偏离理想 RIP 的设定或简称为非－RIP 设定。本质上讲,这一称谓暗示了基本感知矩阵在下列任何情况发生的条件下都是相干的:

①RIP 本身不够严格(如 δ_{2s} 接近 1);

②RIP 不满足大概率发生条件[12,22];

③ 不能保证均匀恢复(如在式(9.3)中 δ_s 是依赖于未知向量 $\boldsymbol{\alpha}^i$ 的)并且因此 RIP 成为一个恢复效果的不充分测量。

作为一个均匀恢复的测量,RIP 有可能对大多数实际应用都太过严格。对于一些没有经过特殊设计或从已知保留 RIP 性构建中选择的感知矩阵,其无力达到规范条件(如 RIP 常数 δ_{2s}[12])是另外一个主要限制。另一方面,CS 方法可以成功地应用于非－RIP 设定中。这一理论与实践间的矛盾一定程度上可以通过直接检查相关矩阵 $\boldsymbol{C}$ 或 $\bar{\boldsymbol{x}}_k$ 的协方差来解决。

9.2.2 感知复杂性测量

在这部分工作中将上述概念进一步具体化,引出一个对压缩设定可能达到的最差的估计精度的上界(如 $N < np$ 时)。区别于常见的 CS 结果,我们提出的使用(差异)信息熵描述的界限放松了对特定的基本 RIP 常数的要求。这通过引入一个新的复杂性度量(在这里称为感知复杂性测量)来完成,缩写为 MSC(见 9.7 节)。MSC 与互相关矩阵 $\boldsymbol{C}$ 有关,用于定量描述任何可能由 $\bar{\boldsymbol{x}}_k$ 的独立样本构成的感知矩阵 $\boldsymbol{H}$ 的基本复杂性。它表明了编码 np 统计相关随

机变量，即构成基本感知矩阵的列的样本所需要的信息的多少。测量本身是关于当随机变量统计不相关时或当$\boldsymbol{C}$是单位矩阵时能达到的最大复杂度归一化的，如前所述，这种情况对应着一个理想的RIP感知矩阵$\boldsymbol{H}$。标记为ρ，MSC假设其取值在0和1之间，其上限表示理想RIP度量的情况，反之$\rho\to 0$的情况与高度相关（非－RIP）的感知度量有关，这种情况下对压缩重构没有促进作用（图9.3）。

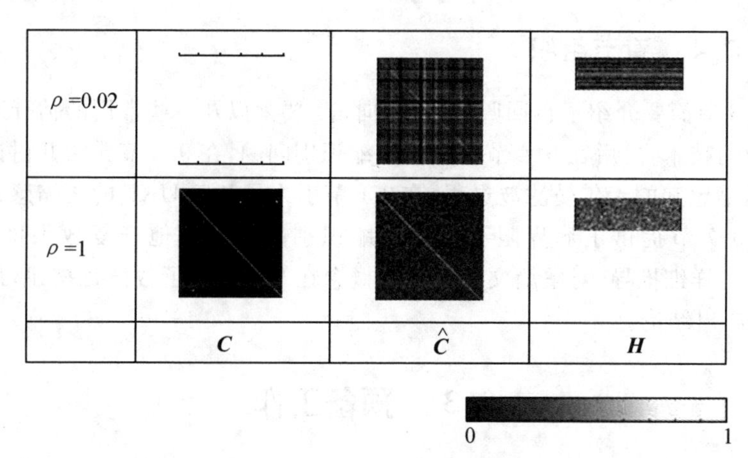

图9.3　非－RIP（第一行，$\rho=0.02$）和理想RIP（第二行，$\rho=1$）设定下的感知复杂性测量（MSC）。展示了对应的相关矩阵（左数第二列）、格莱姆矩阵（左数第三列）和感知矩阵样本（最右列）

超过我们所学范围的是，MSC令人对稀疏恢复问题有了新的认识，这将在9.7节中的上界部分进行介绍并做进一步解释。简而言之，我们的界限由两部分构成：第一部分相对熟悉，与估计误差统计ML估计一致；第二部分依赖于MSC且本质上表示了一个与信号未知支撑集有关的附加不确定性。

$$\text{估计误差熵} \leqslant \underbrace{\text{观测不确定性}}_{\text{由观测噪声产生}} + \underbrace{\text{组合不确定性}}_{\text{由未知支撑产生}}$$

上式最右边一项由恢复问题的组合本质造成，这意味着MSC仅能对矩阵$\boldsymbol{H}$中所有可能的列子集进行编码所需的信息进行量化。

9.2.3　序列压缩识别的无迹卡尔曼滤波

在这部分工作中提出的CS算法是完全依赖于无迹卡尔曼滤波（UKF）的[36]，该算法的初步版本由作者和他的同事近期在文献[20]上发表。正如数值研究部演示的那样，这个新推出的方法在标准设置下倾向去展示出可与经典BCS和LASSO比拟的恢复效果。除去其随后详细展开的其他优点，我们的方法展示出如下特性:(1) 在大幅度偏离理想 RIP 设定下它在被检验的 CS 算法中达到了最好的恢复精度;(2) 当观察值数量小于 CS 理论阈值要求时它可以保持合理的恢复效果。第二项优点在估计可压缩而不是系数 AR 模型的系数时体现尤为明显。最后,得益于其 KF 结构,新方法是为数不多的几种允许对动态 CS 场景(即感兴趣的是时变可压缩信号)中对观测值进行序列处理的技术之一。

9.2.4 章节组织

9.3 节简要介绍了自回归过程的(向量)要素以及一些常用的估计时序数据参数的技术,之后在 9.4 节讨论了压缩识别问题,在 9.5 节介绍并讨论了应用于压缩感知的卡尔曼滤波过程,在 9.6 节引入了基于 UKF 的压缩感知新方法,第 9.7 节提供了熵界限和关于压缩识别问题的其他恢复效果度量(如 MSC) 的详细推导,对整篇文章介绍的概念在 9.8 节做了数值化描述,最终在 9.9 节给出结论。

9.3 预备工作

9.3.1 向量自回归过程

我们将从一个标准 AR 模型开始我们的讨论。记 $k \in \mathbf{N}$ 是离散时间下标,令 $\{\boldsymbol{x}_k, k \geqslant 0\}$ 表示实随机过程且遵守

$$x_k = \sum_{t=1}^{p} \alpha(t) x_{k-t} + \omega_k \tag{9.4}$$

其中,标量 $\alpha(t), t=1,\cdots,p$ 是 AR 系数,$\{\omega_k, k \geqslant 0\}$ 是均值为零的白噪声序列。公式(9.4) 通常可以看作由白噪声驱动的动态系统的一个非平稳输出。在这方面,一种方便的表示式(9.4) 的方法是令 $\bar{\boldsymbol{x}}_k := [x_k, \cdots, x_{k-p+1}]^{\mathrm{T}}$,重新写为

$$\bar{\boldsymbol{x}}_k = \boldsymbol{A}\bar{\boldsymbol{x}}_{k-1} + \boldsymbol{B}\omega_k \tag{9.5}$$

其中,矩阵 $\boldsymbol{A} \in \mathbf{R}^{p\times p}$ 且 $\boldsymbol{B} \in \mathbf{R}^{p}$ 定义为

$$\boldsymbol{A} = \begin{bmatrix} \alpha(1),\cdots,\alpha(p) \\ \boldsymbol{I}_{(p-1)\times(p-1)}, \mathbf{0}_{(p-1)\times 1} \end{bmatrix}, \quad \boldsymbol{B} = \begin{bmatrix} \mathbf{1} \\ \mathbf{0}_{(p-1)\times 1} \end{bmatrix} \tag{9.6}$$

其中,$\boldsymbol{I}$ 和 $\mathbf{0}$ 分别表示适当维度的单位阵和零向量。式(9.5) 的潜在实践在某种程度上可以解释为时间和空间复杂度的权衡,这两者都由模型阶数参数 p 体现。因此,式(9.4) 中表示过程记忆性的参数转化为马尔可夫系统(式

(9.5)) 的维度。

对基本的式(9.4) 的一个自然扩展是包含几个有可能互相作用过程的向量 AR 模型。记$\{x_k^i, k \geqslant 0\}$为第 i 个过程,其表达式为

$$x_k^i = \sum_{j=1}^{n} \sum_{t=1}^{p} \alpha^{i,j}(t) x_{k-t}^j + \omega_k^i, \quad i=1,\cdots,n \tag{9.7}$$

因此,整个系统可以描述为类似式(9.5) 的形式

$$\boldsymbol{A} = \begin{bmatrix} A(1),\cdots,A(p) \\ \boldsymbol{I}_{[n(p-1)]\times[n(p-1)]}, \boldsymbol{0}_{[n(p-1)]\times n} \end{bmatrix}, \quad \boldsymbol{B} = \begin{bmatrix} \boldsymbol{I}_{n\times n} \\ \boldsymbol{0}_{[n(p-1)]\times n} \end{bmatrix} \tag{9.8}$$

其中

$$\tilde{\boldsymbol{x}}_k = [\boldsymbol{z}_k^{\mathrm{T}}, \cdots, \boldsymbol{z}_{k-p+1}^{\mathrm{T}}]^{\mathrm{T}}, \quad \tilde{\boldsymbol{\omega}}_k = [\omega_k^1, \cdots, \omega_k^n]^{\mathrm{T}} \tag{9.9}$$

和

$$\boldsymbol{z}_k := [x_k^1, \cdots, x_k^n]^{\mathrm{T}} \tag{9.10}$$

维度为$n\times n$的子矩阵$\boldsymbol{A}(t), t=1,\cdots,p$包含过程系数,即$\boldsymbol{A}(t)=[\alpha^{i,j}(t)]$。式(9.4) 在多变量情况下的类似表达式为

$$\boldsymbol{z}_k = \sum_{t=1}^{p} \boldsymbol{A}(t) \boldsymbol{z}_{k-t} + \tilde{\boldsymbol{\omega}}_k \tag{9.11}$$

值得注意的是,通过令 $p=1$,式(9.11) 的模型便会减小为一个简单的新型时间变量(马尔可夫) 系统。

9.3.2　Yule-Walker(尤尔－沃克) 方程

Yule-Walker(YW) 方程揭示了序列自相关函数间的关系,它是一个由 AR 系数构成未知向量的线性方程系统,这些方程可以很容易地通过对式(9.11) 两边乘 $\boldsymbol{z}_{k-1}$ 并对其中的每个变量求取期望获得。对 $l=0,\cdots,p$ 重复这一过程可得

$$\boldsymbol{C}(k,k-l) = \sum_{t=1}^{p} \boldsymbol{A}(t) \boldsymbol{C}(k-t,k-l) + \boldsymbol{Q}_k \delta(l), \quad l=0,\cdots,p \tag{9.12}$$

其中,$\boldsymbol{C}(k-t,k-l)=E\{\boldsymbol{z}_{k-t}\boldsymbol{z}_{k-l}^{\mathrm{T}}\}$;$\boldsymbol{Q}_k=E\{\bar{\boldsymbol{\omega}}_k\bar{\boldsymbol{\omega}}_k^{\mathrm{T}}\}$和$\delta(\cdot)$表示克罗内克$\delta$函数,可以知道式(9.12) 实际上是$n^2p+n$个等式的集合,其本质上可以对未知的矩阵系数 $\boldsymbol{A}(1),\cdots,\boldsymbol{A}(p)$ 和噪声协方差矩阵 $\boldsymbol{Q}_k$ 的 n 个对角元素求解,为了简单起见对角元素可认为是不变的,并且可用 $q^i, i=1,\cdots,n$ 来表示。这可以通过将式(9.12) 分解成n个独立的具有$np+1$个等式的子集来更加容易地验证。

$$\boldsymbol{C}^i(k-l,k) = \sum_{t=1}^{p} \boldsymbol{C}(k-l,k-t) \boldsymbol{A}_i(t)^{\mathrm{T}}, \quad l=1,\cdots,p \tag{9.13}$$

$$\boldsymbol{C}^{i,i}(k,k)=\sum_{t=1}^{p}(\boldsymbol{C}^{i}(k-t,k))^{\mathrm{T}}\boldsymbol{A}_{i}(t)^{\mathrm{T}}+q^{i} \tag{9.14}$$

其中,$\boldsymbol{C}^{i}(k-t,k-l)=E\{\boldsymbol{z}_{k-t}x_{k-l}^{i}\}$ 和 $\boldsymbol{C}^{i,j}(k-t,k-l)$ 分别表示 $\boldsymbol{C}(k-t,k-l)$ 的第 i 列和 (i,j) 项。符号 $\boldsymbol{A}_{i}(t)$ 表示 $\boldsymbol{A}(t)$ 的第 i 行,即$[\alpha^{i,1}(t),\cdots,\alpha^{i,n}(t)]$。注意到,末尾的式(9.14)是采用一种相当独立的方式来分解噪声的(即独立于式(9.13),即便是基于它的解)。

上述讨论是在自相关矩阵 $\boldsymbol{C}(k-t,k-l)$ 是完全已知的理想条件下进行的,这种情况很少出现。在实际中,这些量经常由合适的经验近似值代替,如采样自相关估计。这通常需要知道 $\boldsymbol{z}_{k}$ 的多重实现,而这是一件很复杂的事情。对这一问题的一种应对措施是假设其基础过程是平稳且各态历经的。这些限制分别确保了基本统计量可以仅通过计算时间平均得到并且样本的分布是一样的,而这反过来使得 k 是自相关独立的,比如 $\boldsymbol{C}(k-1,k-l)=\boldsymbol{C}(0,t-l)$。因此对 $\hat{\boldsymbol{\alpha}}^{i}$ 的经验估计为

$$\boldsymbol{\alpha}^{i}:=[\boldsymbol{A}_{i}(1),\cdots,\boldsymbol{A}_{i}(p)]^{\mathrm{T}}=[\alpha^{i,1}(1),\cdots,\alpha^{i,n}(1),\cdots,\alpha^{i,1}(p),\cdots,\alpha^{i,n}(p)]^{\mathrm{T}} \tag{9.15}$$

可以根据样本自相关 $\hat{\boldsymbol{C}}(0,t-l)$ 获得。令 $\bar{\boldsymbol{X}}_{k}$ 和 X_{k}^{i} 分别表示 $\bar{\boldsymbol{x}}_{k}$ 和 x_{k}^{i} 的实现,则对于每一个 $i\in[1,n]$ 都有

$$\hat{\boldsymbol{\alpha}}^{i}=\Big[\sum_{k=p+1}^{N+p}\bar{\boldsymbol{X}}_{k-1}\bar{\boldsymbol{X}}_{k-1}^{\mathrm{T}}\Big]^{-1}\Big[\sum_{k=p+1}^{N+p}X_{k}^{i}\bar{\boldsymbol{X}}_{k-1}\Big] \tag{9.16}$$

假设方括号中的矩阵整体是满秩的。值得注意的是,至少在理论上,随着 N 的增大,式(9.16)的估计无疑是趋近于真实值的,其标准差大约为 $O(1/\sqrt{N})$。另外,显而易见的是只有在至少有 np 个独立样本 $\bar{\boldsymbol{X}}_{k}$ 时式(9.16)才是唯一的,这时需满足 $N\geqslant np$。

9.3.3 放宽要求:LS 和 ML 估计

仔细研究式(9.16),发现它与服从如下模型的 LS 解是等价的:

$$x_{k}^{i}=\bar{\boldsymbol{x}}_{k-1}^{\mathrm{T}}\boldsymbol{\alpha}^{i}+\omega_{k}^{i},\quad k>p,\quad i\in[1,n] \tag{9.17}$$

如上所述,其中 ω_{k}^{i} 表示零均值的白噪声。因此,我们可以断定在近似式(9.16)中的自回归系数时对平稳和各态历经的要求是多余的,这很容易从 LS 逼近无须利用任何限制条件还能得到和式(9.16)一样的解这一事实得出。我们指出,这些假设最初仅仅是为了使用时间平均来代替难以处理的统计矩。LS 逼近说明了时间平均是可用的,并且无须将它们解释成基本自相关的各态历经估计。

回想高斯—马尔可夫(Gauss-Markov)原理,假设式(9.17)中观测噪声

ω_k^i 为零均值白噪声且无论何时都有 $E\{\omega_k^i\}=0$ 和 $E\{\omega_k^i\omega_{k+t}^i\}=0, \forall t\neq 0$ 的 LS 解式(9.16) 符合最佳线性无偏估计(Best Linear Unbiased Estimator, BLUE)(见文献[41]),这也与在附加正态分布噪声约束下的 ML 解一致。

9.3.4 病态问题,正则化和先验知识

仅在有至少 np 个线性独立的 $\bar{\boldsymbol{X}}_{k-1}$ 时 LS 解式(9.16) 才是唯一的,这需要 $N\geqslant np$。尽管如此,还有很多要么违反这一假设,要么式(9.16) 是一个病态信息矩阵的有趣情况。这一缺陷可以通过众所周知的正则化技术来解决。该方法相当简单,由对式(9.16) 中的信息矩阵加上一个正定项完成,因此有

$$\hat{\boldsymbol{\alpha}}^i=\left[\boldsymbol{P}_0^{-1}+\sum_{k=p+1}^{N+p}\bar{\boldsymbol{X}}_{k-1}\bar{\boldsymbol{X}}_{k-1}^{\mathrm{T}}\right]^{-1}\left[\sum_{k=p+1}^{N+p}X_k^i\bar{\boldsymbol{X}}_{k-1}\right] \tag{9.18}$$

其中,$\boldsymbol{P}_0^{-1}\in\mathbf{R}^{(np)\times(np)}$ 是一个正定矩阵。在统计学文献中式(9.18) 通常被称为 Tikhonov(吉洪诺夫) 正则化或岭回归。这个表达式只是 l_2 —惩罚下 LS 问题的解

$$\min_{\hat{\boldsymbol{\alpha}}^i}\|\boldsymbol{P}_0^{-1/2}\hat{\boldsymbol{\alpha}}^i\|_2^2+\sum_{k=p+1}^{N+p}\|\boldsymbol{X}_k^i-\bar{X}_{k-1}^T\hat{\boldsymbol{\alpha}}^i\|_2^2 \tag{9.19}$$

其中,$\boldsymbol{P}_0^{-1/2}$ 表示 $\boldsymbol{P}_0^{-1}$ 的矩阵平方根。

正则化的 LS 解(9.18) 可以表示为一个符合先验知识是零均值高斯的,且协方差为 $q^i\boldsymbol{P}_0$ 的随机参数向量 $\boldsymbol{\alpha}^i$ 的最大后验概率(MAP) 估计。由于 LS 适用于确定性参数而 MAP 假设 $\boldsymbol{\alpha}^i$ 随机,因此至少从概念上讲这两个逼近在本质上是不同的。

9.3.5 估计误差统计

某种程度上,式(9.17) 的观测是脱离很多教科书[41] 中的经典线性模型的。这可以从由 $\{\bar{\boldsymbol{x}}_{k-1}^{\mathrm{T}}, k>p\}$ 组成的感知矩阵本质上是随机的这一事实得出。因此,任何基于这一观测模型计算得的统计信息是以下式为条件的:

$$\chi_N := \{\bar{\boldsymbol{x}}_p,\cdots,\bar{\boldsymbol{x}}_{N+p-1}\} \tag{9.20}$$

这明显适用于对 $\boldsymbol{\alpha}^i$ 的无偏估计的估计误差协方差。因此

$$\boldsymbol{P}_N(\hat{\boldsymbol{\alpha}}^i) := E\{(\boldsymbol{\alpha}^i-\hat{\boldsymbol{\alpha}}^i)(\boldsymbol{\alpha}^i-\hat{\boldsymbol{\alpha}}^i)^{\mathrm{T}}\mid\chi_N\} \tag{9.21}$$

本身是一个随机量。

9.4 问题描述

压缩识别问题可以总结为如下内容。对于一个时序数据 χ_N,我们希望使

用少于其环境维度(即 $N < np$)的观测值来估计 AR 为系数 $\boldsymbol{\alpha}^i$ 的可压缩向量。我们要求想要得到的 $\boldsymbol{\alpha}^i$ 在以下情况下最优:

$$\min_{\hat{\boldsymbol{\alpha}}^i} \operatorname{tr}\{\boldsymbol{P}_N(\hat{\boldsymbol{\alpha}}^i)\} \tag{9.22}$$

上式服从于式(9.17)的观测模型,其中 tr(·)表示迹算子。

按照惯例,式(9.22)在非压缩条件下的一个解可能由 Tikhonov 正则化式(9.18)给出,这本质上与 $\boldsymbol{P}_0^{-1}=\boldsymbol{0}$ 的 LS 解是一致的。就像已经提到的那样,这个解也和式(9.17)中假设 $\boldsymbol{\alpha}^i$ 和 ω_k^i 是正态分布的 MAP 估计一致。值得一提的是,在这一逼近过程中 $\boldsymbol{\alpha}^i$ 相对于确定的更被视为随机的。之后解释使得式(9.22)在压缩情况下可解的关键概念。

压缩识别

让我们将式(9.20)中的集合 χ_N 分解为一个 $N\times(np)$ 的感知矩阵 $\boldsymbol{H}$。因此有

$$\boldsymbol{H}=\begin{bmatrix} \bar{\boldsymbol{x}}_p^{\mathrm{T}} \\ \vdots \\ \bar{\boldsymbol{x}}_{N+p-1}^{\mathrm{T}} \end{bmatrix} \tag{9.23}$$

使用这一符号,由观测模型式(9.17)可以得出

$$\boldsymbol{y}^i=\boldsymbol{H}\boldsymbol{\alpha}^i+\boldsymbol{\xi}^i \tag{9.24}$$

其中,$\boldsymbol{y}^i := [x_{p+1}^i,\cdots,x_{N+p}^i]^{\mathrm{T}}$;$\boldsymbol{\xi}^i := [\omega_{p+1}^i,\cdots,\omega_{N+p}^i]^{\mathrm{T}}$。其中感知矩阵之后是什么并没有明确出现,并且 $\boldsymbol{H}$ 附属的条件是间接应用的。记住这一点,后面将会用到我们提出的下边的恒等式:

$$\|\boldsymbol{y}^i-\boldsymbol{H}\boldsymbol{\alpha}^i\|_2^2=\sum_{k=p+1}^{N+p}(x_k^i-\bar{\boldsymbol{x}}_{k-1}^{\mathrm{T}}\hat{\boldsymbol{\alpha}}^i)^2 \tag{9.25}$$

并且应注意 χ_N 和 $\boldsymbol{H}$ 是两个可以在条件期望中交替使用的随机量,如 $\boldsymbol{P}_N(\hat{\boldsymbol{\alpha}}^i)$。

假设 $\boldsymbol{\alpha}^i$ 是 s 稀疏的(即它由不多于 s 个非零项构成)并且 spark($\boldsymbol{H}$) $> 2s$。有证据表明在这些条件下,对于一个充分小的 ϵ,$\boldsymbol{\alpha}^i$ 可以通过解以下问题来精确恢复[22,26]:

$$\min\|\hat{\boldsymbol{\alpha}}^i\|_0 \quad \text{s.t.} \quad \sum_{k=p+1}^{N+p}(x_k^i-\bar{\boldsymbol{x}}_{k-1}^{\mathrm{T}}\hat{\boldsymbol{\alpha}}^i)^2\leqslant\epsilon \tag{9.26}$$

其中,$\|\boldsymbol{\alpha}^i\|_0$ 表示 $\boldsymbol{\alpha}^i$ 的支撑集大小(如其非零项的个数)。同样的道理,对于一个随机的 $\boldsymbol{\alpha}^i$,可以写出

$$\min\|\hat{\boldsymbol{\alpha}}^i\|_0 \quad \text{s.t.} \quad \operatorname{tr}\{\boldsymbol{P}_N(\hat{\boldsymbol{\alpha}}^i)\}\leqslant\epsilon \tag{9.27}$$

其中我们含蓄地使用了$E\{\|\hat{\boldsymbol{\alpha}}^i\|_0 \mid \chi_N\} = \|\hat{\boldsymbol{\alpha}}^i\|_0$这一事实(因为$\hat{\boldsymbol{\alpha}}^i$是观测集合$\chi_N$的一个函数)。不幸的是,式(9.26)和式(9.27)都是广义 NP 难问题,并不能有效求解。CS 的一个卓越成就宣称这两个问题可以通过使用假设感知矩阵$\boldsymbol{H}$服从一定容忍度的 RIP(式(9.3))的简单凸程序来求解。特别是由于$\delta_{2s} < \sqrt{2} - 1$,通过求解下式可以保证精确恢复$\hat{\boldsymbol{\alpha}}^i$[12,22]:

$$\min \|\hat{\boldsymbol{\alpha}}^i\|_1 \quad \text{s.t.} \quad \sum_{k=p+1}^{N+p} (x_k^i - \bar{\boldsymbol{x}}_{k-1}^{\mathrm{T}} \hat{\boldsymbol{\alpha}}^i)^2 \leqslant \epsilon \tag{9.28}$$

或

$$\min \|\hat{\boldsymbol{\alpha}}^i\|_1 \quad \text{s.t.} \quad \mathrm{tr}\{\boldsymbol{P}_N(\hat{\boldsymbol{\alpha}}^i)\} \leqslant \epsilon \tag{9.29}$$

在这一附加假设下,式(9.28)和式(9.29)的解分别与原始问题式(9.26)和式(9.27)一致。关键思想在于,由于与通常棘手的问题式(9.26)和式(9.27)不同,凸松弛可以使用多种现存方法求解。在这项工作中我们使用一种新的卡尔曼滤波技术来求解式(9.29)中的对偶问题。这一方法将在后续内容中展开。

9.5　压缩感知的卡尔曼滤波方法

通过前人的工作[18,19,52],KF 在估计稀疏和可压缩信号中取得了非凡的成功,在过去的两年内多个动态 CS 方案被提出[2,5,3]。KF 算法也是文献[4,21,38]工作中的重要组成部分。实际上,KF 算法优雅而简洁,最重要的是它是无须考虑噪声统计特性的线性最优最小均方误差(MMSE)估计。虽然有这些吸引人的特点,它很少以它最初为线性时变模型设计的标准形式使用。改进 KF 的结构、扩展其性能已成为很多工程和科学领域的普遍实践。最终得到的基于 KF 的方法广泛应用于非线性滤波、约束状态估计、分布式估计、神经网络学习和容错滤波中。

针对动态 CS 的基于 KF 的方法可以分为两大类:混合型和自力型。其中前一类基于使用 KF 的方法包括利用外围优化方案处理稀疏和支撑集变化,后者是指完全独立于任何方案的方法。基于混合 KF 的方法包括文献[4,21,38,52]中的工作。仅有的自力型 KF 方法参照文献[18,19]。

文献[19]中的自力型 KF 方法优点在于易于实现。它避免了 KF 过程中的中间变量从而尽可能地保留了滤波的统计特性。这背后的关键思想是使用伪距测量技术将 KF 应用于限制滤波中。在调整不当或执行的循环数不足时它可能体现出较差的性能。在本次工作中,我们通过在伪测量更新步骤中使用 UKF[36]，在文献[19] 的基础上进行了提升。

基于 UKF 的 CS 算法具有以下优点：(1) 它是自力的(self－reliant) 且易于实现；(2) 递归地更新滤波概率密度函数(PDF) 的均值和协方差；(3) 促进测量的序惯处理；(4) 非迭代的 —— 与文献[19] 相反，在任何重复阶段都无须重复；(5) 其计算复杂度几乎等于标准的 UKF。

9.5.1 伪距测量技术

在这项工作中，基于 UKF 的 CS 算法的推导是基于文献[19] 中伪测量(PM) 的。这其中的关键技术相当简单并已经广泛应用于约束状态估计[26,35]。因此，不同于求解 l_1 － 稀疏式(9.29)，考虑带有由附加满足下式的虚拟测量扩展的观测集合 χ_N 的无约束最小化[19]：

$$0 = \| \boldsymbol{\alpha}^i \|_1 - v_k \tag{9.30}$$

其中，v_k 是预先确定了均值 μ_k 和方差 r_k 的高斯随机变量。上述 PM 本质上是 l_1 约束的对偶问题的随机模拟[33]

$$\min_{\hat{\boldsymbol{\alpha}}^i} \operatorname{tr}\{\boldsymbol{P}_N(\hat{\boldsymbol{\alpha}}^i)\}, \quad \text{s.t.} \ \| \hat{\boldsymbol{\alpha}}^i \|_1 \leqslant \epsilon' \tag{9.31}$$

通过注意到 v_k 的目的在于捕捉随机变量的最初两个统计矩来规范稀疏阶数 $\| \boldsymbol{\alpha}^i \|_1$ 可以更好地理解式(9.30)。广义来讲，$\| \boldsymbol{\alpha}^i \|_1$ 的分布分析起来很棘手，因此无论是近似值还是优化程序都应该被用来确定合适的 μ_k 和 r_k 值。尽管如此，我们注意到最终的方法对估计基本参数具有相当的鲁棒性，如文献[19] 所述。

9.5.2 自适应的伪测量近似

式(9.30) 不能直接在卡尔曼滤波的框架下处理，因为它是非线性的。实际上，该等式通常被替代为如下近似[19]：

$$0 = \operatorname{sgn}(\hat{\boldsymbol{\alpha}}_k^i)^{\mathrm{T}} \boldsymbol{\alpha}^i - \bar{v}_k \tag{9.32}$$

这里，$\hat{\boldsymbol{\alpha}}_k^i$ 和 $\operatorname{sgn}(\hat{\boldsymbol{\alpha}}_k^i)$ 分别表示 $\boldsymbol{\alpha}^i$ 基于 k 测量的估计量和一个对应 $\hat{\boldsymbol{\alpha}}_k^i$ 项有无的由 1 和 －1 组成的向量。有效测量噪声 $\bar{v}_k$ 的二阶矩 $\bar{r}_k$ 服从

$$\bar{r}_k = O(\| \hat{\boldsymbol{\alpha}}_k^i \|_2^2 + \boldsymbol{g}^{\mathrm{T}} \boldsymbol{P}_k \boldsymbol{g}) + r_k \tag{9.33}$$

其中，$\boldsymbol{g} \in \mathbf{R}^{np}$ 是某一(可调的) 常向量；$\boldsymbol{P}_k$ 是所谓的无偏估计 $\hat{\boldsymbol{\alpha}}_k^i$ 的误差协方差矩阵。为了提高可读性，式(9.33) 的证明移至这项工作的最后一节。

在我们的问题中近似 PM 的实际实现由算法 1 中的伪代码展示出来。这个过程实际上是文献[19] 中标准嵌入 CS 的 KF(简称为 CSKF)。

算法 1　估计可压缩 AR 模型系数的 CSKF

(1) 初始化

$$\hat{\boldsymbol{\alpha}}_0^i = E\{\boldsymbol{\alpha}^i\} \tag{9.34a}$$

$$\boldsymbol{P}_0 = E\{(\boldsymbol{\alpha}^i - \hat{\boldsymbol{\alpha}}_0^i)(\boldsymbol{\alpha}^i - \hat{\boldsymbol{\alpha}}_0^i)^{\mathrm{T}}\} \tag{9.34b}$$

(2) 测量更新

$$\boldsymbol{K}_{k-1} = \frac{\boldsymbol{P}_{k-1}\overline{\boldsymbol{X}}_{k-1}}{\overline{\boldsymbol{X}}_{k-1}^{\mathrm{T}}\boldsymbol{P}_{k-1}\overline{\boldsymbol{X}}_{k-1} + q^i} \tag{9.35a}$$

$$\hat{\boldsymbol{\alpha}}_k^i = \hat{\boldsymbol{\alpha}}_k^i + \boldsymbol{K}_{k-1}(\boldsymbol{X}_k^i - \overline{\boldsymbol{X}}_{k-1}^{\mathrm{T}}\hat{\boldsymbol{\alpha}}_{k-1}^i) \tag{9.35b}$$

$$\boldsymbol{P}_k = (\boldsymbol{I} - \boldsymbol{K}_{k-1}\overline{\boldsymbol{X}}_{k-1}^{\mathrm{T}})\boldsymbol{P}_{k-1} \tag{9.35c}$$

(3) CS 伪测量：令 $\boldsymbol{P}^1 = \boldsymbol{P}_k$ 且 $\boldsymbol{\gamma}^1 = \hat{\boldsymbol{\alpha}}_k^i$。

(4) 对 $m = 1, 2, \cdots, N_m - 1$ 循环迭代

$$\boldsymbol{\gamma}^{m+1} = \boldsymbol{\gamma}^m - \frac{\boldsymbol{P}^m \operatorname{sgn}(\boldsymbol{\gamma}^m) \| \boldsymbol{\gamma}^m \|_1}{\operatorname{sgn}(\boldsymbol{\gamma}^m)^{\mathrm{T}}\boldsymbol{P}^m \operatorname{sgn}(\boldsymbol{\gamma}^m) + r_k} \tag{9.36a}$$

$$\boldsymbol{p}^{m+1} = \boldsymbol{p}^m - \frac{\boldsymbol{P}^m \operatorname{sgn}(\boldsymbol{\gamma}^m)\operatorname{sgn}(\boldsymbol{\gamma}^m)^{\mathrm{T}}\boldsymbol{P}^m}{\operatorname{sgn}(\boldsymbol{\gamma}^m)^{\mathrm{T}}\boldsymbol{P}^m \operatorname{sgn}(\boldsymbol{\gamma}^m) + r_k} \tag{9.36b}$$

(5) 结束循环

(6) 令 $\boldsymbol{P}_k = \boldsymbol{P}^{N_m}$ 且 $\hat{\boldsymbol{\alpha}}_k^i = \boldsymbol{\gamma}^{N_m}$

9.6　压缩感知的 Sigma 点滤波

UKF 和其变种一般被称为 Sigma 点滤波，通过前两个统计矩参数化滤波 PDF，称为均值和方差，因此对优化器(9.22) 提供了一个近似(即条件平均)。这些方法通过处理广义非线性过程和测量模型修正了 KF 算法。区别于使用声名狼藉的使用线性化技术的扩展 KF(EKF)，UKF 使用无迹变换(UT)，也被称为统计线性化。这一方法因其易于实现和由于对基本相关矩阵进行充分的运算而获得的改良了的估计效果而饱受赞扬。由于其固有的优点，UKF 缓和了在大部分情况下由提升鲁棒性来模拟非线性性和初始条件引起的滤波矛盾。

可以通过一个简单的例子来理解 UT。令 $\boldsymbol{z} \sim N(\boldsymbol{\mu}, \boldsymbol{\Sigma})$ 表示一个随机矩阵并且令 $f(\cdot): \mathbf{R}^n \to \mathbf{R}^m$ 表示一些方程。假设我们对在一定精度下计算 $f(\boldsymbol{z})$ 的均值和方差感兴趣，这样一来便可以通过精心选择一个由 L 个向量 $\boldsymbol{Z}^j \in \mathbf{R}^n, j = 0, \cdots, L-1$ 组成的有限集来获得一个相当合理的近似，其相应的权重为 ω^j。UT 本质上提供了一种方便的确定性机制，用于生成 $2n+1$ 个这样的点，这些点被称为 Sigma 点。由于 $\boldsymbol{\Sigma}$ 是一个可以被分解为 $\boldsymbol{\Sigma} = \boldsymbol{D}\boldsymbol{D}^{\mathrm{T}}$ 的对称矩

阵(即 Cholesky 分解),则 Sigma 点可以由下式得到:

$$\begin{cases}\boldsymbol{Z}^j=\boldsymbol{\mu}+\sqrt{L}\boldsymbol{D}^j \\ \boldsymbol{Z}^{j+n}=\boldsymbol{\mu}-\sqrt{L}\boldsymbol{D}^j, \quad j=1,\cdots,n\end{cases} \tag{9.37}$$

其中,$\boldsymbol{D}^j$ 表示 $\boldsymbol{D}$ 的第 j 列,且 $\boldsymbol{Z}^0=\boldsymbol{\mu}$。注意到 $\boldsymbol{Z}^j,j=0,\cdots,2n$ 的样本均值和样本方差分别为 $\boldsymbol{\mu}$ 和 $\boldsymbol{\Sigma}$(即这个点集获得的 $\boldsymbol{z}$ 的统计量)。此时,$f(\boldsymbol{z})$ 的均值和方差可以近似为

$$\hat{\boldsymbol{\mu}}_f=\sum_{j=0}^{2n}w^j f(\boldsymbol{Z}^j) \tag{9.38a}$$

$$\hat{\boldsymbol{\Sigma}}_f=\sum_{j=0}^{2n}w^j f(\boldsymbol{Z}^j)f(\boldsymbol{Z}^j)^{\mathrm{T}}-\hat{\boldsymbol{\mu}}_f\hat{\boldsymbol{\mu}}_f^{\mathrm{T}} \tag{9.38b}$$

CS-UKF:压缩的 Sigma 点滤波

在这项工作中,我们修正 UKF 来处理稀疏和可压缩信号,最终得到的算法称其为 CS-UKF,是一个可以处理时间顺序的可压缩信号的 Bayesian CS 算法。对稀疏性的约束使用类似于文献[19]中的通过使用 PM 近似(式(9.32))的方式来实施,虽然如此并不需要 PM 更新迭代。这反过来保持了类似于标准 UKF 的运算开销。

CS-UKF 由两个传统的 UKF 步骤组成,其中包括预测和更新,此外还有附加的在 Sigma 点逐渐可压缩的过程中的细化步骤。特别地,在单独标准 UKF 完成后 Sigma 点会被使用类似于文献[19] 中 PM 更新步骤的方式来逐个更新。

令 $\boldsymbol{P}_k$ 和 $\boldsymbol{Z}_k^j$ 分别表示更新后的协方差和 k 时刻的第 j 个 Sigma 点(即在测量更新之后)。一组在 k 时刻的可压缩的 Sigma 点有下式定义:

$$\boldsymbol{\beta}_k^j=\boldsymbol{Z}_k^j-\frac{\boldsymbol{P}_k\operatorname{sgn}(\boldsymbol{Z}_k^j)\,\|\boldsymbol{Z}_k^j\|_1}{\operatorname{sgn}(\boldsymbol{Z}_k^j)^{\mathrm{T}}\boldsymbol{P}_k\operatorname{sgn}(\boldsymbol{Z}_k^j)+\bar{r}_k^j} \tag{9.39}$$

其中

$$\bar{r}_k^j:=c(\|\boldsymbol{Z}_k^j\|_2^2+\boldsymbol{g}^{\mathrm{T}}\boldsymbol{P}_k\boldsymbol{g})+r_k \tag{9.40}$$

对于 $j=0,\cdots,2n$,其中 c 是某个正的调解参数。一旦获得集合 $\{\boldsymbol{\beta}_k^j\}_{j=0}^{2n}$,其样本平均和样本方差(见式(9.38))便会替代 UKF 在 k 时刻的更新平均和方差。注意,如果这一过程和测量模型是线性的,那么 UKF 的预测和更新过程便可以被标准 KF 替代。在这种情况下,获得的 CS-UKF 算法将由 KF 预测和更新结合基于 Sigma 点的细化过程组成。

在我们所述问题中,CS-UKF 是基于观测模型(9.17) 来估计 AR 系数 $\boldsymbol{\alpha}^i$ 的可压缩向量的。这一方案可以总结为算法 2。

算法 2　用来估计可压缩 AR 模型系数的 CS-UKF

(1) 初始化

$$\hat{\boldsymbol{\alpha}}_0^i = E\{\boldsymbol{\alpha}^i\} \tag{9.41a}$$

$$P_0 = E\{(\boldsymbol{\alpha}^i - \hat{\boldsymbol{\alpha}}_0^i)(\boldsymbol{\alpha}^i - \hat{\boldsymbol{\alpha}}_0^i)^{\mathrm{T}}\} \tag{9.41b}$$

(2) 测量更新

$$\boldsymbol{K}_{k-1} = \frac{\boldsymbol{P}_{k-1}\overline{\boldsymbol{X}}_{k-1}}{\overline{\boldsymbol{X}}_{k-1}^{\mathrm{T}}\boldsymbol{P}_{k-1}\overline{\boldsymbol{X}}_{k-1} + q^i} \tag{9.42a}$$

$$\hat{\boldsymbol{\alpha}}_k^i = \hat{\boldsymbol{\alpha}}_k^i + \boldsymbol{K}_{k-1}(\boldsymbol{X}_k^i - \overline{\boldsymbol{X}}_{k-1}^{\mathrm{T}}\hat{\boldsymbol{\alpha}}_{k-1}^i) \tag{9.42b}$$

$$\boldsymbol{P}_k = (\boldsymbol{I} - \boldsymbol{K}_{k-1}\overline{\boldsymbol{X}}_{k-1}^{\mathrm{T}})\boldsymbol{P}_{k-1} \tag{9.42c}$$

(3) CS 伪测量：生成 $2np+1$ 个 Sigma 点

$$\begin{cases} \boldsymbol{Z}_k^0 = \hat{\boldsymbol{\alpha}}_k^i \\ \boldsymbol{Z}_k^j = \hat{\boldsymbol{\alpha}}_k^i + \sqrt{L}\boldsymbol{D}_k^j \\ \boldsymbol{Z}_k^{j+np} = \hat{\boldsymbol{\alpha}}_k^i - \sqrt{L}\boldsymbol{D}_k^j, \quad j = 1, \cdots, np \end{cases} \tag{9.43}$$

其中，$\boldsymbol{P}_k = \boldsymbol{D}_k\boldsymbol{D}_k^{\mathrm{T}}$。

计算可压缩 Sigma 点

$$\boldsymbol{\beta}_k^j = \boldsymbol{Z}_k^j - \frac{\boldsymbol{P}_k \operatorname{sgn}(\boldsymbol{Z}_k^j)\,\|\boldsymbol{Z}_k^j\|_1}{\operatorname{sgn}(\boldsymbol{Z}_k^j)^{\mathrm{T}}\boldsymbol{P}_k \operatorname{sgn}(\boldsymbol{Z}_k^j) + \bar{r}_k^j}, \quad \bar{r}_k^j = c(\|\boldsymbol{Z}_k^j\|_2^2 + \boldsymbol{g}^{\mathrm{T}}\boldsymbol{P}_k\boldsymbol{g}) + r_k \tag{9.44}$$

其中，$j = 0, \cdots, 2np$

(4) 令

$$\hat{\boldsymbol{\alpha}}_k^i = \sum_{j=0}^{2np} w^j \boldsymbol{\beta}_k^j, \quad \boldsymbol{P}_k = \sum_{j=0}^{2np} w^j \boldsymbol{\beta}_k^j(\boldsymbol{\beta}_k^j)^{\mathrm{T}} - \hat{\boldsymbol{\alpha}}_k^i(\hat{\boldsymbol{\alpha}}_k^i)^{\mathrm{T}} \tag{9.45}$$

9.7　信息熵界

本节提供在不同的、可能非 RIP 设定下的评估系数识别方案表现的工具。这通过介绍几个估计误差熵上界来说明。不同于文献中提供的本质上依赖于 RIP 的经典理论，我们的界包含可选择的和整体可预测的信息论测量 MSC。令 h_N 表示与估计误差有关的多变量高斯分布的（差分）熵，为

$$h_N = \frac{1}{2}\log\{(2\pi e)^{np}\det(\boldsymbol{P}_N(\hat{\boldsymbol{\alpha}}^i))\} \tag{9.46}$$

其中，$\boldsymbol{P}_N(\hat{\boldsymbol{\alpha}}^i)$ 为基于 N 测量 χ_N（见(9.20)）的基本估计误差协方差。在后面 h_N 有时被简单称为估计误差熵。广义上讲，这不应该被解释为好像真实的估计误差是正态分布一样，这两个对应着 $\boldsymbol{\alpha}^i - \hat{\boldsymbol{\alpha}}^i$ 和 h_N 的熵无论 AR 的传动噪声 ω_k^i 是不是正态分布都是一致的。

至于在考虑压缩识别时由于观测量 N 比 $\boldsymbol{\alpha}^i$ 的维度小即 $N < np$，$\boldsymbol{P}_N(\hat{\boldsymbol{\alpha}}^i)$ 可能是病态的或未定义的。很明显，这可以由预先给出 $\boldsymbol{\alpha}^i$ 来解决。暂时假设这实际上反而使得熵(9.46)可行。在这里，估计误差协方差不再是一个 $(np)\times(np)$ 的矩阵，而是一个由 $\boldsymbol{P}_N(\hat{\boldsymbol{\alpha}}^i)$ 中的行和列组成的 $s\times s$ 的子矩阵。特别地

$$h_N^s = \frac{1}{2}\log\{(2\pi e)^s \det(\boldsymbol{P}_N[j_1,\cdots,j_s])\} \tag{9.47}$$

其中，$\boldsymbol{P}_N[j_1,\cdots,j_s]$ 表示由 $\boldsymbol{P}_N(\hat{\boldsymbol{\alpha}}^i)$ 中项组成的子矩阵，由集合 $\{[j_1,\cdots,j_s]\times[j_1,\cdots,j_s]\}$ 给出。如此，现在给出定理。

定理 1 （压缩识别的上界）假设由 N 个连续的随机变量 $\bar{x}_{k_0+1},\cdots,\bar{x}_{k_0+N}$ 构成的子集组成了一个广义平稳各态历经过程，其中，不失一般性地，有 $E\{\bar{x}_{k_0+j}\}=0, j=1,\cdots,N$。假设 $\boldsymbol{\alpha}^i$ 是一个确定的 s－稀疏向量并且 N 小于 $\dim(\boldsymbol{\alpha}^i)$，如 $N<np$。定义 $\boldsymbol{C}_k := E\{\bar{\boldsymbol{x}}_k \bar{\boldsymbol{x}}_k^{\mathrm{T}}\}$ 并令 $\boldsymbol{C}=\boldsymbol{C}_{k_0+1}=\cdots=\boldsymbol{C}_{k_0+N}$ 是对应于基本平稳分布的协方差矩阵。分解这一过程为一个 $N\times(np)$ 的感知矩阵，写作

$$\boldsymbol{H} = \begin{bmatrix} \bar{x}_{k_0+1}^{\mathrm{T}} \\ \vdots \\ \bar{x}_{k_0+N}^{\mathrm{T}} \end{bmatrix} \tag{9.48}$$

并且假设 $\mathrm{spark}(\boldsymbol{H}) > 2s$ 几乎确定成立。如果附加地满足

$$s = O(\bar{c}(\epsilon)^2 N/\log(np)) \tag{9.49}$$

对某一正常量 $\epsilon<1$ 成立，那么任何基于不多于 s 项构成的支撑集计算的估计误差熵有上界，且上界为

$$h_N^s \leqslant \frac{1}{2}s\log\left(\frac{2\pi e q^i}{(1-\epsilon)N}\right) + \frac{np}{2}(1-\rho)\log(1+\max_j \boldsymbol{C}^{j,j}) \tag{9.50}$$

的概率超过 $1-\delta(\epsilon)$。特别地，随着维度 np 和 N 的增加，概率趋近于 1 并且满足

$$N \geqslant \bar{c}(\epsilon)^2 \|\boldsymbol{C}\|^2 s\log(np) \tag{9.51}$$

作为证明的一部分，$\bar{c}(\epsilon)$ 和 $\delta(\epsilon)$ 的精确表述将在引理 2 中给出。最后，式(9.50)中取值在 0 和 1 之间的 ρ 表示对复杂度的唯一测量。这个量表示对感知复杂度的度量或者简称为 MSC，我们将在下一个定理中给出它的定义。

推论 1 如果定理 1 中的协方差矩阵 $\boldsymbol{C}$ 是一个相关矩阵，那么上界(9.50)假定为下边的形式：

$$h_N^s \leqslant \frac{1}{2} s\log\left(\frac{2\pi e q^i}{(1-\epsilon)N}\right) + \frac{np}{2}(1-\rho)\log 2 \tag{9.52}$$

定理 2　(感知复杂度的度量) 对感知复杂度的度量定义为

$$\rho = \frac{\log\ \det(\boldsymbol{C} + \boldsymbol{I}_{(np)\times(np)})}{np\log(1+\max_j \boldsymbol{C}^{j,j})} \tag{9.53}$$

满足以下条件：

① $\rho \in (0,1]$；

② 对一些正常数 c，如果满足 $\boldsymbol{C} = c\boldsymbol{I}_{(np)\times(np)}$，则有 $\rho = 1$；

③ 对于 $\boldsymbol{C} = E\{[x,\cdots,x]^{\mathrm{T}}[x,\cdots,x]\}$ 有 $\lim_{np\to\infty}\rho = 0$，即对于同一随机变量的多重副本；

④ 如果 $\boldsymbol{C}$ 的条件数趋近于 1，那么 ρ 也一样。

9.7.1　讨论

所提出的熵的界(9.50) 和(9.52) 由两个(左手边的) 成分构成。第一个很容易被识别为与 ML 或者 LS 算子工作在理想情况下的估计误差协方差有关的信息熵。由于观测模型(9.17)，这也考虑了调解信噪比的修正项 $\lambda_{\min}(\boldsymbol{C})$。理想情况是指稀疏参数向量 $\boldsymbol{\alpha}^i$ 的支撑集完全已知的假设情况。由于这并不是真实情况，所以便有了代表由于未定义支撑集产生的信息丢失的第二项。第一项可能是负的，然而第二项始终是非负的

$$\frac{np}{2}(1-\rho)\log(1+\max_j \boldsymbol{C}^{j,j}) \geqslant 0 \tag{9.54}$$

它反映了基本信息的丢失。尽管如此，在理想 RIP 设定下随着 ρ 趋近于其上界 1，这一不利影响会减少。

9.7.2　“民主”与“专政”

正如前文所指出的，RIP 矩阵在某种程度上是“民主”的[39]。我们对复杂度的测量(即 MSC)，提供了在这方面更好的解释。通过定理 2，无论协方差 $\boldsymbol{C}$ 是否等于 $c\boldsymbol{I}_{(np)\times(np)}$，如在基本随机变量统计独立的情况下，$\rho$ 都能达到它的上界 1。就像民主投票，这一模型平衡的本质使得每一个随机变量都有它自己的“倾向”，并且因此不会被它的同行影响，形成了最小预测情况。另外，这或许可以看作另一个在没有偏好或者别的什么的情况下从 np 个候选者中选取任意子集的问题。快速运算的结果表明编码这一设定所需的信息达到的最大值为

$$-\frac{1}{2^{np}}\sum_{j=1}^{2^{np}}\log\left(\frac{1}{2^{np}}\right)=np\log 2 \quad (\text{nats})$$

意料之中的是，这正好是假设$\boldsymbol{C}$是一个相关矩阵（即$c=1$）（见式(9.52)最右边的项）时从式(9.53)的分母中得到的数字。由于理想的RIP矩阵与$\rho\to 1$相联系，可以认为它们在上述情况中是“民主”的。

对于另外一个极端情况，“专政”情况是指我们只对候选池中的一个个体有着非决定性的偏好。紧跟着类似上述情况会产生一个为0熵，这本质上是处理同一个随机变量呈现的多重副本（如定理2中的第三项）。记住这一点并回忆9.7.1节中的一些观点，我们总结如下。

推论 2　由于MSC接近“民主”界限1，对问题维度np的依赖可以在式(9.50)和式(9.52)中放松。在这个情况下界限(9.52)达到一个理想极限

$$\lim_{\rho\to 1} h_N^s \leqslant \frac{1}{2}s\log\left(\frac{2\pi e q^i}{(1-\epsilon)N}\right) \tag{9.55}$$

9.7.3　实际考虑和扩展

上述的推导假设自相关矩阵$\boldsymbol{C}$已知。在传统的CS设定下，感知矩阵从一个指定的随机构造池中设计或选择，对$\boldsymbol{C}$的计算是简单明了的。然而，通常来讲不会是这种情况。反过来对于手头上的问题，自相关矩阵依赖于未知的参数$\boldsymbol{\alpha}^i, i=1,\cdots,n$，正如观测模型(9.17)表示的那样。如果$\boldsymbol{\alpha}^i$是确定的，那么MSC和概率界限(9.50)、(9.52)也同样可以通过解下述对于$\boldsymbol{C}$的离散Lyapunov（李雅普诺夫）方程计算出来：

$$\boldsymbol{ACA}^{\mathrm{T}}-\boldsymbol{C}+\boldsymbol{BQB}^{\mathrm{T}}=\boldsymbol{0} \tag{9.56}$$

其中，$\boldsymbol{Q}=E\{\bar{\boldsymbol{\omega}}_k\bar{\boldsymbol{\omega}}_k^{\mathrm{T}}\}$从噪声协方差中得到，矩阵$\boldsymbol{A}$和$\boldsymbol{B}$由式(9.8)定义。一个对式(9.56)的解仅在$\boldsymbol{A}$是一个平稳的矩阵下存在，这也意味着过程$\bar{\boldsymbol{x}}_k$随着$k$的增加是广义平稳的。

为了适应随机变量$\boldsymbol{\alpha}^i$，要求(9.56)的解几乎确定存在扩展上界。这里，获得的协方差$\boldsymbol{C}$和MSC都是随机量，本质上依赖于$\boldsymbol{\alpha}^i$。

$$\boldsymbol{C}_A=\boldsymbol{C}(\boldsymbol{\alpha}^1,\cdots,\boldsymbol{\alpha}^n),\quad \rho_A=\rho(\boldsymbol{\alpha}^1,\cdots,\boldsymbol{\alpha}^n) \tag{9.57}$$

因此，下面的定理给出了随机情况下界限(9.50)的修正版。

定理 3　（假定随机参数上界）假设由N个连续的随机变量$\bar{x}_{k_0+1},\cdots,\bar{x}_{k_0+N}$构成的子集组成了一个广义平稳各态历经过程，其中，不失一般性地，有$E\{\bar{x}_{k_0+j}\}=0, j=1,\cdots,N$。假设$\boldsymbol{\alpha}^i$是一个确定的$s$－稀疏向量并且$N$小于$\dim(\boldsymbol{\alpha}^i)$，即$N<np$。定义$\boldsymbol{C}_k:=E\{\bar{\boldsymbol{x}}_k\bar{\boldsymbol{x}}_k^{\mathrm{T}}\}$并令$\boldsymbol{C}_A=\boldsymbol{C}_{k_0+1}=\cdots=\boldsymbol{C}_{k_0+N}$是对应

于基本平稳分布的协方差矩阵。分解这一过程为一个 $N\times(np)$ 的感知矩阵 $\boldsymbol{H}$ 并且假设 $\mathrm{spark}(\boldsymbol{H})>2s$ 几乎确定成立。如果附加地满足

$$s=O(\bar{c}(\epsilon)^2 N/\log(np)) \tag{9.58}$$

对某一正常量 $\epsilon<1$ 成立，那么

$$E\{h_N^s \mid \chi_N\}\leqslant E\left\{\frac{1}{2}s\log\left(\frac{2\pi e q^i}{(1-\epsilon)N}\right)+\frac{np}{2}(1-\rho_A)\log(1+\max_j \boldsymbol{C}_A^{j,j})\mid \chi_N\right\} \tag{9.59}$$

的概率超过 $1-\delta(\epsilon)$，并且其中对于随机变量 $(\boldsymbol{\alpha}^1,\cdots,\boldsymbol{\alpha}^n\mid\chi_N)$ 的期望为

$$\begin{aligned}&E\{f(\boldsymbol{\alpha}^1,\cdots,\boldsymbol{\alpha}^n)\mid\chi_N\}\\&=\int_{\alpha^1}\cdots\int_{\alpha^n}f(\boldsymbol{\alpha}^1,\cdots,\boldsymbol{\alpha}^n)p_{\boldsymbol{\alpha}^1,\cdots,\boldsymbol{\alpha}^n\mid\chi_N}(\boldsymbol{\alpha}^1,\cdots,\boldsymbol{\alpha}^n\mid\chi_N)\mathrm{d}\boldsymbol{\alpha}^1,\cdots,\mathrm{d}\boldsymbol{\alpha}^n\end{aligned} \tag{9.60}$$

9.8　数值研究

本章介绍的概念在本节进行数值演示。我们对比从 9.6.1 节新推导的方案 CS-UKF 和所谓的 CSKF[19]、BCS[32]、OMP[42] 及 LARS[28]。由于后边的方法 BCS、OMP 和 LARS 不是连续的，在我们的实验中，它们在任何给定时刻都被提供在特定情况下可以使用的所有批次的测量值。与之相反，两个 KF 的变种一次只处理一个测量值。使用 CS 方法来估计一个向量 AR 过程的系数，其时间演化为

$$\bar{\boldsymbol{x}}_k=\boldsymbol{A}\bar{\boldsymbol{x}}_{k-1}+\boldsymbol{B}\bar{\boldsymbol{\omega}}_k \tag{9.61}$$

其中，矩阵 $\boldsymbol{A}\in\mathbf{R}^{(np)\times(np)}$ 和 $\boldsymbol{B}\in\mathbf{R}^{(np)\times np}$ 由式(9.8)给出。在每一轮的开始 $\boldsymbol{A}$ 的显著系数写为 $\{\boldsymbol{\alpha}^{i,j}(t),i,j=1,\cdots,n;t=1,\cdots,p\}$，是从一个均匀分布 $[-d,d]$ 随机采样得来的，其中选择 d 使 $\boldsymbol{A}$ 是平稳的。也就是说，要满足

$$\|\lambda_m(\boldsymbol{A})\|<1,\quad m=1,\cdots,np$$

考虑两类参数向量，$\boldsymbol{\alpha}^i\in\mathbf{R}^{np}$，$i=1,\cdots,n$，它们要么是稀疏的，要么是可压缩的。在我们的例子中，可压缩向量由很多在区间 $[-0.03,0.03]$ 均匀采样的相对小的项构成。另外，$\boldsymbol{\alpha}^i$ 中有意义的项由 $[-1,1]$ 均匀采样得来。$\bar{\boldsymbol{x}}_k$ 的初始分布假定是协方差矩阵为 $\boldsymbol{I}_{(np)\times(np)}$ 的零均值高斯分布，传动噪声 $\bar{\boldsymbol{\omega}}_k$ 也被认为是一个协方差矩阵为 $\boldsymbol{Q}=q\boldsymbol{I}_{n\times n}$ 的零均值高斯分布，其中 $q=10^{-4}$。对于每一次运行，基本算法由一个实现集合 $\{\bar{\boldsymbol{X}}_1,\cdots,\bar{\boldsymbol{X}}_N\}$ 播种，其中 $N<np$。

9.8.1　AR 测量的序列处理

所有方法基于 100 次蒙特卡洛(MC)运行的随观测数增加的恢复结果如

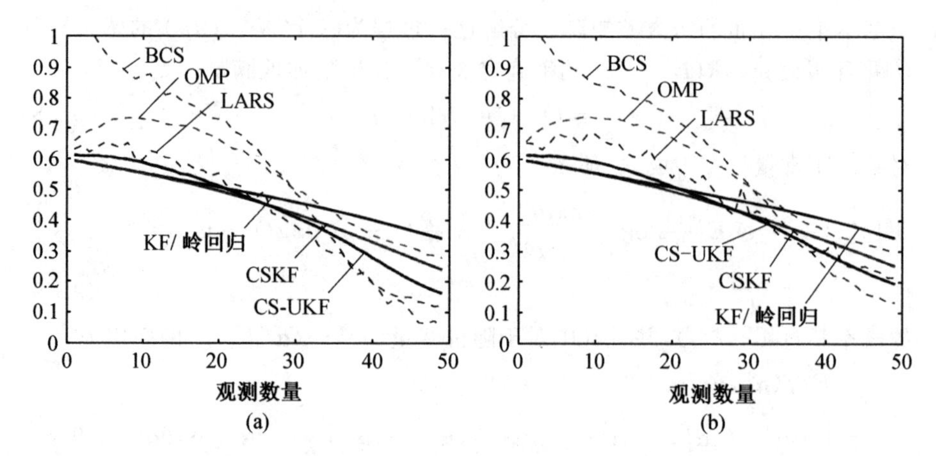

图 9.4　不同方法对一个系统维度 $np=70$ 且 $s=40$ 的重要/显著参数恢复效果。批处理方法：BCS，OMP 和 LARS。序列方法：CSKF，CS-UKF 和 KF/岭回归

图 9.4 所示。在这幅图和它后面的图中我们使用了平均归一化 RMSE 作为对估计效果的衡量。该矩阵定义为对运行的所有 MC 平均，即

$$\sqrt{\sum_{i=1}^{n}\frac{\|\boldsymbol{\alpha}^i-\hat{\boldsymbol{\alpha}}^i\|_2^2}{\|\boldsymbol{\alpha}^i\|_2^2}} \tag{9.62}$$

由图 9.4 可见，这个例子中，随着观测数的增加，CS-UKF 的平均表现趋近于 LARS 和 BCS，尤其是在可压缩的情况下。然而，基于 KF 的 CS 算法一次处理一个单独测量并因此保持着与 N 无关的运算开销。另外，其他方法的处理复杂度随 N 的增大而增加。相对于对每一测量使用 40 次 PM 迭代和协方差更新的 CSKF，CS-UKF 在每一次测量中对每一个 Sigma 点仅使用一次迭代和两次协方差更新(算作测量更新和 PM 细化)。另外，相对于 OMP 和 BCS 算法，基于 KF 的 CS 方法在整个 N 的变化范围内都保持着合理的精度，甚至在观测数相当小的时候也一样。最后，也提供了标准 KF 的效果，可以明显看出在压缩感知中使用 PM 步骤的优势。

9.8.2　理想 RIP 条件的大偏差

我们进一步解释 CS 方法在不同设定下的表现。在这个例子中状态维度 np 在 40～70 之间变化，同时观测数固定在 $N=30$。稀疏度(即 $\boldsymbol{\alpha}^i$ 中显著项的个数)设定为 $s=\text{int}[c\cdot(np)]$，其中 int[·]表示整数部分；c 表示稀疏索引，可能在 0.1～0.5 之间。随着 c 接近其上限 0.5，则相联系的感知矩阵可能严重偏离理想 RIP 条件。这可以由以下事实给出：由于 s 增加，$\bar{\boldsymbol{x}}_k$ 中会有更多的统计独立项，这最终反映为更不“民主”的 ρ，即 MSC 会变小。

对基本方法的所有可能问题,维度的归一化 RMSE 展示如图 9.5 所示。从图中可以看出使用基于 KF 的 CS 方法的优点是很明显的。这一结论在图 9.6 中得到进一步证明,其中将归一化 RMSE 沿状态维度或稀疏度中的任一维度进行了平均。在这些图中,CS-UKF 几乎在全部取值范围内都展现出了最好的恢复性能。

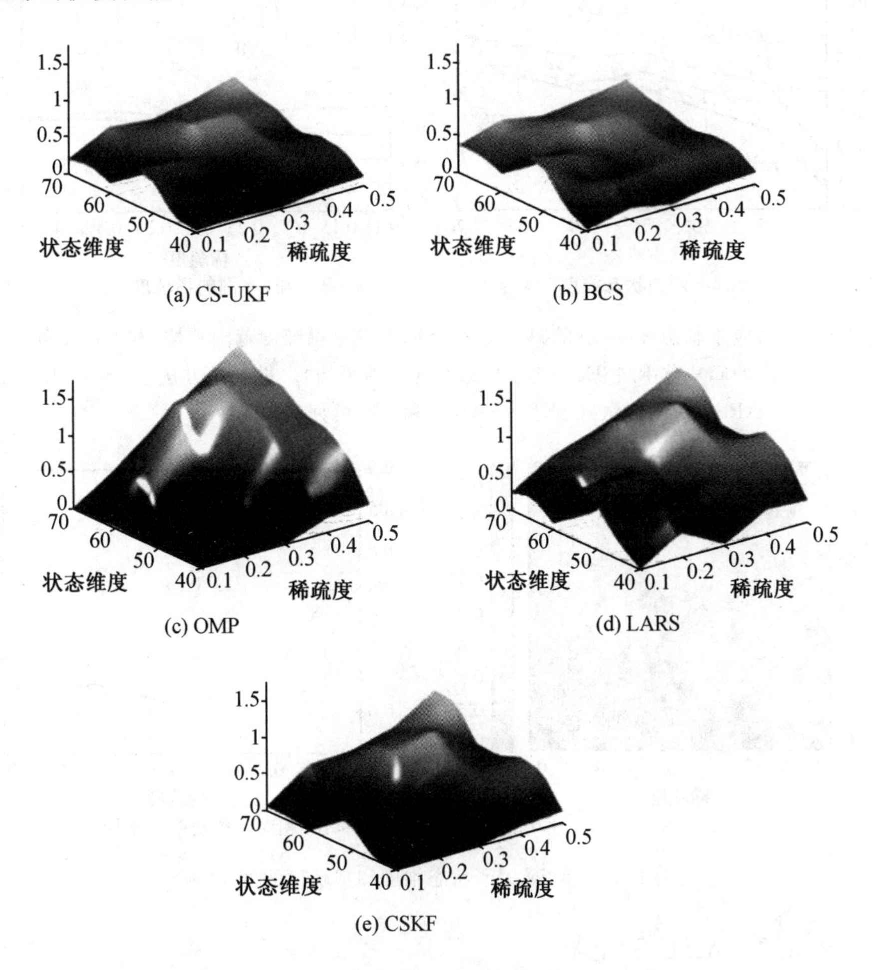

图 9.5　不同状态维度和稀疏度下的归一化 RMSE

在这个例子中对应于不同设定的 MSC 通过水平点图绘制在图 9.7 中。这幅图通过 9.7.3 节中的方法描述得到。因此,我们的上述推测可以立即得到验证。实际上,正如这幅图所示,MSC 随着稀疏度的增加呈现减少趋势。这进一步在图 9.7(b)中得到证明,其中 MSC 对整个状态维度做平均。最后,随着平均 MSC 骤减，所有方法所达到的恢复效果随之恶化，如图 9.6(b)所示。

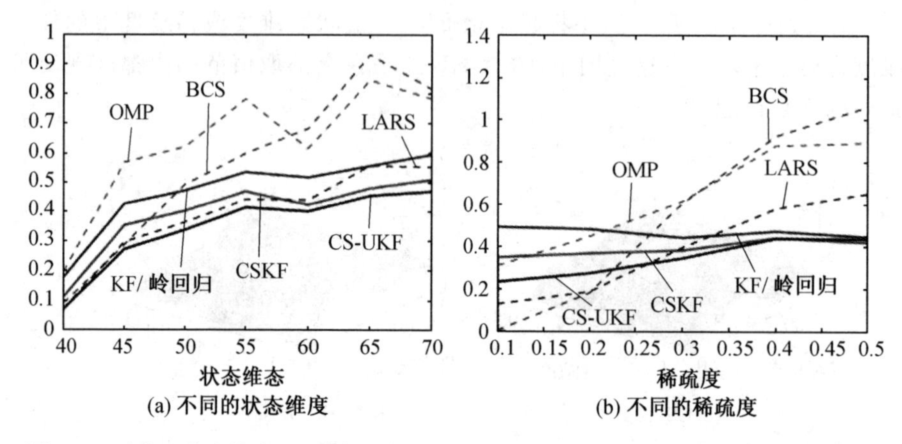

图 9.6　对应于状态维度 np 的归一化 RMSE(对整个稀疏度范围平均)和对应于稀疏度的归一化 RMSE(对整个状态维度范围平均)。批处理方法：BCS，OMP 和 LARS。序列方法：CSKF，CS-UKF 和 KF/岭回归

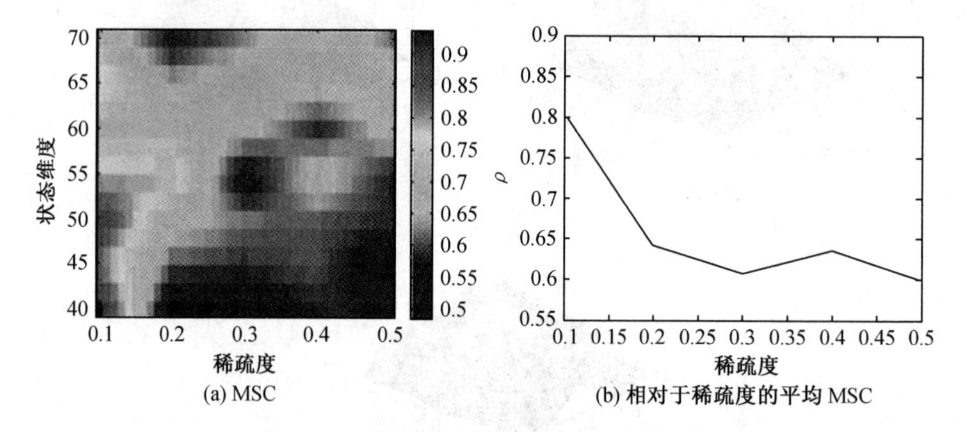

图 9.7　MSC 关于状态维度和稀疏度的变化

9.8.3　MSC 和上界

MSC 和可达到的估计精度的关系展示在图 9.8 中。图的左侧展示了在 90 种不同情况下的归一化 RMSE 中产生了一组新的参数 $\boldsymbol{\alpha}^i$。图中的每一个点都代表了对应的方法在固定基本参数时运行 100 次 MC 的平均表现。对应于任何一组参数的 MSC 展示在图 9.8 的右侧。

基于图 9.8 我们总结如下。随着 MSC 逼近其上界，恢复效果几乎单调

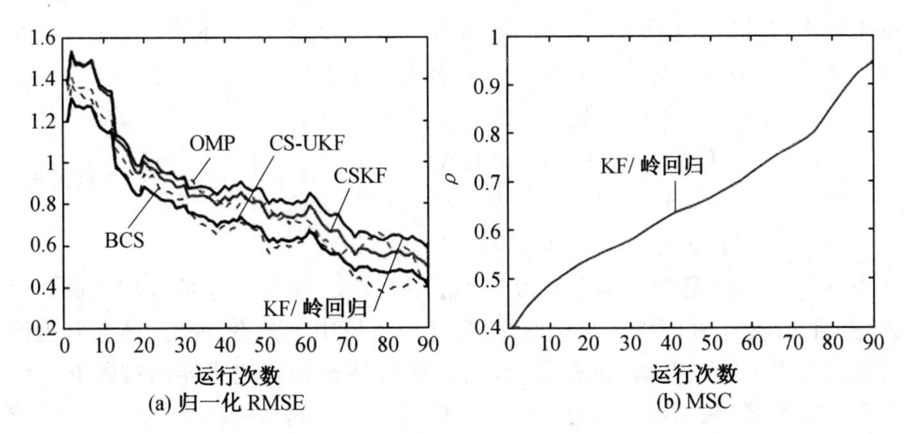

图 9.8　归一化 RMSE 和相对应的 MSC。批处理方法：BCS，OMP。序列方法：CSKF，CS-UKF 和 KF/岭回归。LARS 在度量之外

地提高。CS-UKF 和 BCS 在这个例子中表现出了几乎相同的恢复效果。虽然如此，CS-UKF 通过一次处理一个观测来递归更新其估计。

图 9.9 对定理 1 中的上界进行数值评估。因此，式(9.50)有效的可能性是基于假定不同的稀疏度和 ϵ 值进行 100 次 MC 运行来估计的。在这次实验中只有 CS-UKF 和 BCS 两种方法，达到了界限，这或许意味着在这种情况下两种 CS 方法都达到了最优的恢复效果。

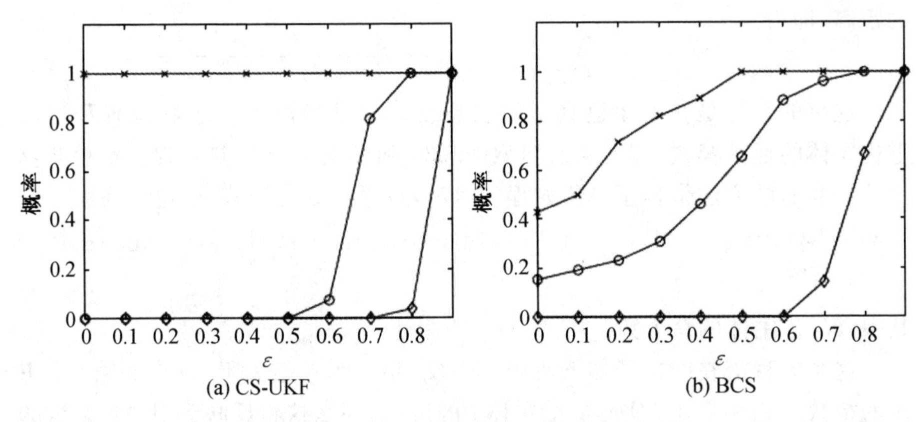

图 9.9　在稀疏度为 $s=4$(十字)、$s=6$(圆圈)和 $s=8$(菱形)时对稀疏度上界(9.50)的近似

9.8.4　多主体系统中检测交互

下面的例子用来说明可压缩 AR 模型如何被用在动态复杂系统中有效检测不同主体间的交互。考虑一个多主体系统，其中每个独立主题是可以在 2

维平面上移动的。使用$(x_k^1)_i$、$(x_k^2)_i$和$(x_k^3)_i$、$(x_k^4)_i$分别表示第i个主体的位置和速度，其运动整体上是由以下马尔可夫演化主导的：

$$\begin{bmatrix}(x_k^1)_i\\(x_k^2)_i\\(x_k^3)_i\\(x_k^4)_i\end{bmatrix}=\begin{bmatrix}1&0&\Delta t&0\\0&1&0&\Delta t\\0&0&1&0\\0&0&0&1\end{bmatrix}\begin{bmatrix}(x_{k-1}^1)_i\\(x_{k-1}^2)_i\\(x_{k-1}^3)_i\\(x_{k-1}^4)_i\end{bmatrix}+\begin{bmatrix}0\\0\\(\zeta_k)_i\end{bmatrix}\tag{9.63}$$

其中，$\{(\boldsymbol{\zeta}_k)_i\}_{k\geqslant 0}$是一个协方差为$E\{(\boldsymbol{\zeta}_k)_i(\boldsymbol{\zeta}_k)_i^{\mathrm{T}}\}=0.1^2\boldsymbol{I}_{2\times 2}$的零均值高斯序列，并且$\Delta t$是采样间隔。尽管如此，在这个系统中还是有一些主体与其他同行通过吸引的方式互动，也就是说，它们能够感知到其他主体的位置并且调整它们的速度，从而逼近任意一个被选中的主体。这些主体最终的运动本质上是在式(9.63)中增加非线性项。因此，假定第i个主体被第j个主体吸引，则有

$$\begin{bmatrix}(x_k^1)_i\\(x_k^2)_i\\(x_k^3)_i\\(x_k^4)_i\end{bmatrix}=\begin{bmatrix}1&0&\Delta t&0\\0&1&0&\Delta t\\0&0&0&0\\0&0&0&0\end{bmatrix}\begin{bmatrix}(x_{k-1}^1)_i\\(x_{k-1}^2)_i\\(x_{k-1}^3)_i\\(x_{k-1}^4)_i\end{bmatrix}+\frac{v}{d_{k-1}^{j,i}}\begin{bmatrix}0\\0\\(x_{k-1}^1)_j-(x_{k-1}^1)_i\\(x_{k-1}^2)_j-(x_{k-1}^2)_i\end{bmatrix}+\begin{bmatrix}0\\0\\(\zeta_k)_i\end{bmatrix}\tag{9.64}$$

其中，v和$d_{k-1}^{j,i}$分别表示一个正标量以及第i个和第j个主体在$k-1$时刻之间的距离，即为

$$d_{k-1}^{j,i}=\sqrt{[(x_{k-1}^1)_j-(x_{k-1}^1)_i]^2+[(x_{k-1}^2)_j-(x_{k-1}^2)_i]^2}\tag{9.65}$$

这里的目标是在不知道真实的状态动力学的情况下基于其位置和速度重构主体的运动模式，即真实的模型(9.63)和模型(9.64)是不提供给检测算法的。我们的方法依赖于AR方程(9.17)，且增广状态矩阵$\bar{\boldsymbol{x}}_k$定义为

$$\bar{\boldsymbol{x}}_k=[\boldsymbol{z}_k^{\mathrm{T}},\cdots,\boldsymbol{z}_{k-p+1}^{\mathrm{T}}]^{\mathrm{T}},\quad \boldsymbol{z}_k=[(x_k^1)_1,\cdots,(x_k^4)_1,\cdots,(x_k^1)_{N_a},\cdots,(x_k^4)_{N_a}]^{\mathrm{T}}\tag{9.66}$$

其中，N_a是主体的总个数。

这个方程潜在的机理如下所述。令G_i和G_j为一组关于第i个和第j个主体的指数。如果主体i实际上受主体j的影响，那么这将反映到对AR系数的估计上来，特别有

$$\sum_{l\in G_j}\sum_{t=1}^{p}|\hat{\boldsymbol{\alpha}}^{m,l}(t)|\gg\sum_{l\notin\{G_j\cup G_i\}}\sum_{t=1}^{p}|\hat{\boldsymbol{\alpha}}^{m,l}(t)|,\quad m\in G_i\tag{9.67}$$

换句话说，第j个主体对第i个主体行为的影响系数可以看作在幅度上大于其他系数，排除那些符合第i个主体自身状态(即其指数在G_i中)的。这样一来，

AR 系数向量 $\boldsymbol{\alpha}^{l}, l=1,\cdots,4N_{\mathrm{a}}$ 便可以认为是可压缩的了。图 9.10 进一步说明了 AR 系数是如何被用来表示主体间的互动的。

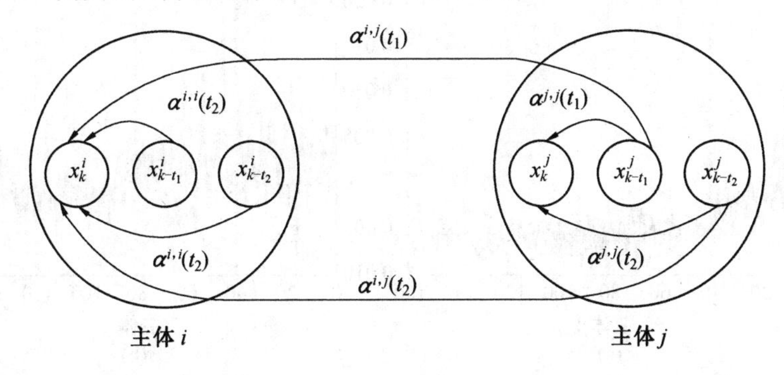

图 9.10　表示一个多主体系统中相互作用的自回归系数

使用 $N_{\mathrm{a}}=4$ 个主体模拟一个系统，其初始状态从均匀分布中独立采样而来，$(x_0^1)_i=U[50,50]$，$(x_0^2)_i=U[50,50]$，$(x_0^3)_i=U[5,5]$，$(x_0^4)_i=U[5,5]$。除了被第一个主体吸引的第二个主体外，所有的主体在 2D 平面上自由移动。接着便是前文讲述的机理，我们期望在这种情况下第一个主体在 AR 向量中占优势的所有项同时属于 G_1 和 G_2。另外，任何 $i\neq 1$ 其他主体的 AR 向量占优势的项都唯一属于 G_i。

AR 模型应用时的延迟参数 $p=10$，从而在每个 AR 向量中产生出 160 个系数。对于每一个主体，只有两个系数向量是与对应的坐标 $(x_k^1)_i$、$(x_k^2)_i$ 相关的。这些系数向量中的任意一个是使用常规 KF 或者所提出的 CS-UKF 独立估计的，两者都使用观测模型(9.17)。在这个例子中测量的总数为 $N=80$。

在这个实验中对所有主体估计得到的系数如图 9.11 所示。简洁起见，将关于每个主体的两个系数向量总结起来并展示为这幅图中任何一个画框中的单独的线。深灰和浅灰曲线分别表示使用常规 KF(即非压缩估计) 和 CS-UKF(即压缩估计) 获得的系数。图 9.11 中共有四个画框，每个对应一个主体。每个画框进一步分为四个区域，将表示同一主体的影响系数放在一起，即左上的画框(主体 1) 第一个区域由系数 $\boldsymbol{\alpha}^{m,l}(1),\cdots,\boldsymbol{\alpha}^{m,l}(p), m\in G_1, l\in G_1$ 构成；同一个画框的第二个区域由 $\boldsymbol{\alpha}^{m,l}(1),\cdots,\boldsymbol{\alpha}^{m,l}(p), m\in G_1, l\in G_2$ 构成；第三个区域由 $\boldsymbol{\alpha}^{m,l}(1),\cdots,\boldsymbol{\alpha}^{m,l}(p), m\in G_1, l\in G_3$ 构成；依此类推。

图 9.11 清楚地展示了 KF 和 CS-UKF 都正确识别了影响每个主体机动的主导项，并且也展示了 G_1 和 G_2 的(非线性) 影响。尽管如此，由于 CS-UKF 的估计更加充分，在这方面 CS-UKF 展现出了绝对的优势。特别地，CS-UKF 试图精确恢复主体自身的机动系数并同时令不相关的系数几乎完全消失。

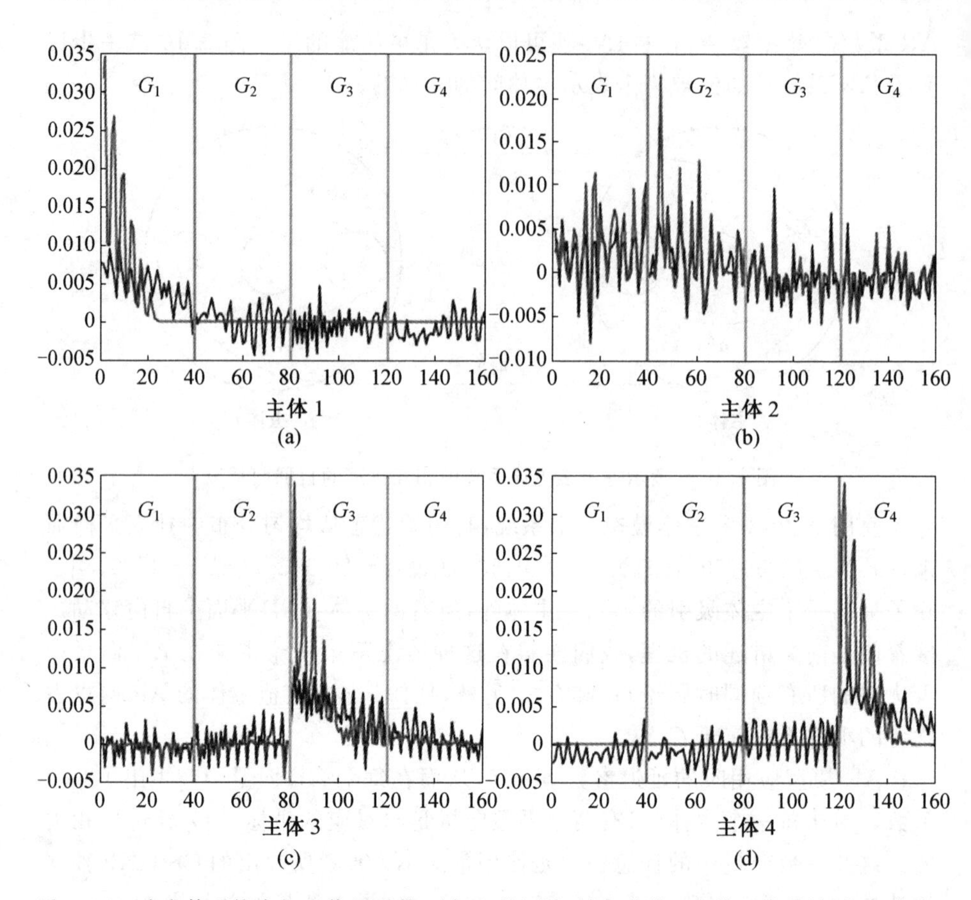

图 9.11　多主体系统中相互作用系数 $\boldsymbol{\alpha}^{i,j}(t)$ 的压缩(浅灰曲线)和非压缩估计(深灰曲线)

9.9　结　论

我们考虑了使用少于通常所需数量的观测值估计稀疏和可压缩 AR 模型系数的问题。由于它通常会大大偏离理想 RIP 条件(这里称之为非 RIP),这一设定对标准压缩感知流程构成了挑战。推导得来的基于无迹 KF 的压缩感知模型 CS-UKF 利用了 KF 处理时间上的基本测量序列的机理,这也是它与众不同的特点。这个算法的其他好处包括其甚至在大量偏离理想 RIP 条件的情况下也能够保持良好的恢复性能,这使得该方法为相比于我们这里考虑的其他压缩感知算法(即 OMP、LARS、BCS 和 CSKF) 中最成功的。这一点可以体现在它的恢复表现上,从平均上来看它比其他方法的表现更加精确(可见图 9.6)。在另一些情况下,该方法的表现可比拟一些经典方法比如 LARS

和 BCS。虽然如此，每当获得一个新的测量，它的递归本质便使它在每次迭代保持一个几乎固定的运算开销。这正是我们所需要的，尤其是在处理动态系统的时候。

这项工作中没有探究的 CS-UKF 的特征是其估计动态可压缩信号，即有着变化的支撑集和/或项的信号。因此，CS-UKF 和与它类似的方法 CSKF 有着检测可压缩 AR 模型结构变化的潜力，其中的一个或多个参数是随时间变化的。在这方面，CS-UKF 被归类为动态 CS 方案，并且因此与动态 LASSO 和 l_1 正则递归最小二乘（见 9.5 节的讨论）有着共同的目的。

熵的界和感知复杂度

9.7 节推导出的信息界完全避开了 RIP 常数，这是通过引进一种新的复杂性矩阵得到的，称其为 MSC。MSC 通过 AR 过程的自相关矩阵来量化感知矩阵 $\boldsymbol{H}$ 的基本复杂度。从本质上讲，它表明编码一组统计独立的 $\boldsymbol{H}$ 的列所需要的信息量。测量本身是相对仅在这些随机变量统计独立时达到的最大复杂度归一化的。正如前所述，这种情况符合一个理想的 RIP 感知矩阵 $\boldsymbol{H}$。定义一个 ρ，假定 MSC 的值在 0 和 1 之间，其上界是为理想 RIP 矩阵保留的。在另一个极端 $\rho \to 0$ 与高度相关（非 RIP）感知矩阵相联系，它们不会促进压缩重构。

MSC 为稀疏恢复问题提供了一个由 9.7 节的信息上界所证实的新视角。这些界限由两部分组成，第一部分应对相对熟悉的 ML 估计算子的估计误差统计，第二部分依赖于 MSC 并且从本质上代表了一个附加的与信号未知支撑集有关的不确定性。

$$\text{估计误差熵} \leqslant \underbrace{\text{观测不确定性}}_{\text{由观测噪声导致}} + \underbrace{\text{组合不确定性}}_{\text{由未知支撑导致}}$$

上述表达式最右边的项源自恢复问题的组合本质。这意味着 MSC 仅能量化编码所有 $\boldsymbol{H}$ 的列构成的子集所需要的信息。

9.10　定理的证明

9.10.1　证明式(9.33)

考虑 PM 观测

$$0 = \| \boldsymbol{\alpha}^i \|_1 - v_k = \operatorname{sgn}(\boldsymbol{\alpha}^i)^{\mathrm{T}} \boldsymbol{\alpha}^i - v_k \tag{9.68}$$

由于 $\boldsymbol{\alpha}^i$ 是未知的，我们利用关系 $\boldsymbol{\alpha}^i = \hat{\boldsymbol{\alpha}}_k^i + \tilde{\boldsymbol{\alpha}}_k^i$ 获得

$$0=\operatorname{sgn}(\hat{\boldsymbol{\alpha}}_k^i+\tilde{\boldsymbol{\alpha}}_k^i)^{\mathrm{T}}\boldsymbol{\alpha}^i-v_k \tag{9.69}$$

其中,$\tilde{\boldsymbol{\alpha}}_k^i$ 是处理 k 个观测的估计误差。由于 sgn(·) 是一个有界方程,我们可以写为

$$0=[\operatorname{sgn}(\hat{\boldsymbol{\alpha}}_k^i)+\boldsymbol{g}]^{\mathrm{T}}\boldsymbol{\alpha}^i-v_k=\operatorname{sgn}(\hat{\boldsymbol{\alpha}}_k^i)^{\mathrm{T}}\boldsymbol{\alpha}^i+\underbrace{\boldsymbol{g}^{\mathrm{T}}\boldsymbol{\alpha}^i-v_k}_{\bar{v}_k} \tag{9.70}$$

其中,$\boldsymbol{g}$ 是 χ_N 一可测量的,并且近乎必然有 $\|\boldsymbol{g}\|\leqslant c$。表达式(9.70)是带有有效观测噪声 $\bar{v}_k$ 的近似 PM。$\bar{v}_k$ 的平均值不能轻易获得,我们近似它的非中心二阶矩为

$$E\{\bar{v}_k^2\mid\chi_k\}=E\{\boldsymbol{g}^{\mathrm{T}}(\hat{\boldsymbol{\alpha}}_k^i+\tilde{\boldsymbol{\alpha}}_k^i)(\hat{\boldsymbol{\alpha}}_k^i+\tilde{\boldsymbol{\alpha}}_k^i)^{\mathrm{T}}\boldsymbol{g}\mid\chi_k\}+r_k \tag{9.71}$$

它可以从 $\hat{\boldsymbol{\alpha}}_k^i$ 和 v_k 是统计独立的这一事实得出,其中 $E\{v_k\}=0$ 且 $E\{v_k^2\}=r_k$。将式(9.71)中的估计误差协方差替换成 KF 计算得的形式,则有

$$\begin{aligned}\bar{r}_k&=E\{\bar{v}_k^2\mid\chi_k\}=\boldsymbol{g}^{\mathrm{T}}\hat{\boldsymbol{\alpha}}_k^i(\hat{\boldsymbol{\alpha}}_k^i)^{\mathrm{T}}\boldsymbol{g}+\boldsymbol{g}^{\mathrm{T}}E\{\hat{\boldsymbol{\alpha}}_k^i(\tilde{\boldsymbol{\alpha}}_k^i)^{\mathrm{T}}\mid\chi_k\}\boldsymbol{g}+r_k\\&\approx O(\|\hat{\boldsymbol{\alpha}}_k^i\|^2)+\boldsymbol{g}^{\mathrm{T}}\boldsymbol{P}_k\boldsymbol{g}+r_k\end{aligned} \tag{9.72}$$

其中,它暗含假设 $E\{\hat{\boldsymbol{\alpha}}_k^i\mid\chi_N\}=0$,即 $\hat{\boldsymbol{\alpha}}_k^i$ 是无偏的。证明完毕。

9.10.2 定理 1 的证明

对这个定理的证明由两个部分组成。第一部分建立了估计误差熵(9.47)和对应的平稳过程协方差子矩阵 $\boldsymbol{C}[j_1,\cdots,j_s]$ 之间的关系,第二部分扩展了第一部分的结果来说明 $(np)\times(np)$ 协方差矩阵 $\boldsymbol{C}$。

第一部分:我们从文献[43]中的主要结果开始,它证明了

$$E\left\{\left\|\frac{1}{N}\sum_{i=1}^{N}\bar{\boldsymbol{x}}_{k_0+i}\bar{\boldsymbol{x}}_{k_0+i}^{\mathrm{T}}-\boldsymbol{I}_{(np)\times(np)}\right\|\right\}\leqslant c\sqrt{\frac{\log np}{N}}E\{\|\bar{\boldsymbol{x}}_{k_0}\|^{\log N}\}^{1/\log N} \tag{9.73}$$

对独立同分布(iid)向量 $\bar{\boldsymbol{x}}_{k_0+i}, i=0,\cdots,N$ 有着同样的协方差矩阵,记为 $E\{\bar{\boldsymbol{x}}_{k_0}\bar{\boldsymbol{x}}_{k_0}^{\mathrm{T}}\}=\boldsymbol{I}_{(np)\times(np)}$。

这里做两点区分。第一,在我们的情况下 $\bar{\boldsymbol{x}}_{k_0+i}$ 不是真正独立的,因为它们是由一个马尔可夫系统产生的(见 9.3.1 节)。尽管如此,在各态历经和平稳假设下,从一个特定的时间点开始,这些向量是同分布的并且可以在某种程度上被认为是独立的。这么说意味着假如 $|i-j|\geqslant\tau$,那么对任何两个不同的向量 $\bar{x}_{k_0+i}$ 和 $\bar{x}_{k_0+j}$ 是基本独立的,其中正整数 τ 与过程的混合特性有关。使用统计独立向量来计算式(9.73)中的整体平均并引入一个用来减少样本数 N 的蒙特卡洛误差。如文献[47]中那样,对于一个小的样本数下式成立:

$$\frac{1}{N}\sum_{i=1}^{N}\bar{\boldsymbol{x}}_{k_0+i}\bar{\boldsymbol{x}}_{k_0+i}^{\mathrm{T}}=c_\tau\frac{1}{N}\sum_{i=1}^{N}\bar{\boldsymbol{y}}_i\bar{\boldsymbol{y}}_i^{\mathrm{T}} \tag{9.74}$$

其中，$c_\tau > 0$，并且 $\bar{\boldsymbol{y}}_i, i=0,\cdots,N$ 是方差为 $E\{\bar{\boldsymbol{y}}_0\bar{\boldsymbol{y}}_0^{\mathrm{T}}\}=E\{\bar{\boldsymbol{x}}_{k_0}\bar{\boldsymbol{x}}_{k_0}^{\mathrm{T}}\}$ 的 iid。

此外，随着 N 的增大有 $c_\tau \to 1$。式(9.74) 使得我们可以用统计独立向量来替代式(9.73) 中统计相关的向量。因此，结合式(9.74) 和式(9.73) 可得

$$E\left\{\left\|\frac{1}{N}\sum_{i=1}^{N}\bar{\boldsymbol{x}}_{k_0+i}\bar{\boldsymbol{x}}_{k_0+i}^{\mathrm{T}}-\boldsymbol{I}_{(np)\times(np)}\right\|\right\}\leqslant c'\sqrt{\frac{\log np}{N}}E\{\|\bar{\boldsymbol{x}}_{k_0}\|^{\log N}\}^{1/\log N} \tag{9.75}$$

其中，$c'=c_\tau^{1/2}c$。

第二个区别如下所述：我们注意到只需一个简单的修正，式(9.75) 将任意协方差 $\boldsymbol{C}$ 应用到向量 $\bar{\boldsymbol{x}}_{k_0+1}$。

引理 1　令 $\boldsymbol{C}=E\{\bar{\boldsymbol{x}}_{k_0+i}\bar{\boldsymbol{x}}_{k_0+i}^{\mathrm{T}}\}, i=0,\cdots,N$。那么

$$E\left\{\left\|\frac{1}{N}\sum_{i=1}^{N}\bar{\boldsymbol{x}}_{k_0+i}\bar{\boldsymbol{x}}_{k_0+i}^{\mathrm{T}}-\boldsymbol{C}\right\|\right\}\leqslant c'\|\boldsymbol{C}\|\sqrt{\frac{\log np}{N}}E\{\|\bar{\boldsymbol{y}}_0\|^{\log N}\}^{1/\log N} \tag{9.76}$$

其中，$\bar{\boldsymbol{y}}_0$ 是一个有单位协方差的零均值随机向量。

证明　分解 $\boldsymbol{C}=\boldsymbol{U\Lambda U}^{\mathrm{T}}$，其中 $\boldsymbol{U}$ 和 $\boldsymbol{\Lambda}$ 分别表示一个正交矩阵和一个非负对角阵。因此，式(9.75) 得到

$$\begin{aligned}E\left\{\left\|\frac{1}{N}\sum_{i=1}^{N}\bar{\boldsymbol{x}}_{k_0+i}\bar{\boldsymbol{x}}_{k_0+i}^{\mathrm{T}}-\boldsymbol{C}\right\|\right\}&=E\left\{\left\|\boldsymbol{U\Lambda}^{1/2}\left(\frac{1}{N}\sum_{i=1}^{N}\bar{\boldsymbol{y}}_i\bar{\boldsymbol{y}}_i^{\mathrm{T}}-I\right)\boldsymbol{\Lambda}^{1/2}\boldsymbol{U}^{\mathrm{T}}\right\|\right\}\\&=E\left\{\left\|\boldsymbol{\Lambda}^{1/2}\left(\frac{1}{N}\sum_{i=1}^{N}\bar{\boldsymbol{y}}_i\bar{\boldsymbol{y}}_i^{\mathrm{T}}-I\right)\boldsymbol{\Lambda}^{1/2}\right\|\right\}\leqslant\|\boldsymbol{\Lambda}\|E\left\{\left\|\frac{1}{N}\sum_{i=1}^{N}\bar{\boldsymbol{y}}_i\bar{\boldsymbol{y}}_i^{\mathrm{T}}-\boldsymbol{I}\right\|\right\}\\&\leqslant c'\|\boldsymbol{\Lambda}\|\sqrt{\frac{\log np}{N}}E\{\|\bar{\boldsymbol{y}}_0\|^{\log N}\}^{1/\log N}\end{aligned} \tag{9.77}$$

其中，$\bar{\boldsymbol{y}}_i=\boldsymbol{\Lambda}^{-1/2}\boldsymbol{U}^{\mathrm{T}}\bar{\boldsymbol{x}}_{k_0+i}, i=0,\cdots,N$。最后，认为 $\|\boldsymbol{\Lambda}\|=\|\boldsymbol{C}\|$，$E\{\bar{\boldsymbol{y}}_i\bar{\boldsymbol{y}}_i^{\mathrm{T}}\}=\boldsymbol{\Lambda}^{-1/2}\boldsymbol{U}^{\mathrm{T}}\boldsymbol{CU\Lambda}^{-1/2}=\boldsymbol{I}_{(np)\times(np)}$，得到引理。证明完毕。

在接下来的内容中，在信息熵(9.47) 的内容中使用式(9.76)，其中出现估计误差协方差子矩阵 $\boldsymbol{P}_N[j_1,\cdots,j_s]$。由于这个原因，我们略微重述式(9.76) 以包含这一情况。令 $\bar{\boldsymbol{x}}_{k_0+i}^s, i\in[0,N]$ 是一个由 $\bar{\boldsymbol{x}}_{k_0+i}$ 中 s 项构成的向量，其索引为$\{j_1,\cdots,j_s\}$。那么，式(9.76) 是指

$$\begin{aligned}&E\left\{\left\|\frac{1}{N}\sum_{i=1}^{N}\bar{\boldsymbol{x}}_{k_0+i}^s(\bar{\boldsymbol{x}}_{k_0+i}^s)^{\mathrm{T}}-\boldsymbol{C}[j_1,\cdots,j_s]\right\|\right\}\\&\leqslant c'\|\boldsymbol{C}\|\sqrt{\frac{\log np}{N}}E\{\|\bar{\boldsymbol{y}}_0^s\|^{\log N}\}^{1/\log N}\end{aligned} \tag{9.78}$$

其中，$E\{\bar{\boldsymbol{y}}_0^s(\bar{\boldsymbol{y}}_0^s)^{\mathrm{T}}\}=\boldsymbol{I}_{s\times s}$。在进一步处理之前我们注意到对于 $\log N>2$，式(9.78) 的右边满足

$$c' \| \boldsymbol{C} \| \sqrt{\frac{\log np}{N}} E\{ \| \bar{\boldsymbol{y}}_0^s \|^{\log N} \}^{1/\log N} \geqslant c' \| \boldsymbol{C} \| \sqrt{\frac{\log np}{N}} E\{ \| \bar{\boldsymbol{y}}_0^s \|^2 \}^{1/2} \tag{9.79}$$

由于 $E\{ \| \bar{\boldsymbol{y}}_0^s \|^2 \} = s$,这可以进一步写为

$$c' \| \boldsymbol{C} \| \sqrt{\frac{\log np}{N}} E\{ \| \bar{\boldsymbol{y}}_0^s \|^{\log N} \}^{1/\log N} \geqslant c' \| \boldsymbol{C} \| \sqrt{\frac{s\log np}{N}} \tag{9.80}$$

因此,式(9.78)右侧小于1的一个重要条件是

$$N > (c' \| \boldsymbol{C} \|)^2 s\log(np) \quad 或 \quad s = O(N/\log(np)) \tag{9.81}$$

式(9.78)与估计误差熵(9.47)有关,具体关联方式如下。假定已知 $\boldsymbol{\alpha}^i$ 的支撑集(9.78)左侧的统计平均值实际上是最优估计误差协方差(就 MSE 而言)的标量形式,换句话说,我们有

$$\boldsymbol{P}_N[j_1, \cdots, j_s] = q^i \Big(\sum_{i=1}^{N} \bar{\boldsymbol{x}}_{k_0+i}^s (\bar{\boldsymbol{x}}_{k_0+i}^s)^{\mathrm{T}} \Big)^{-1} \tag{9.82}$$

这只是最小二乘法的估计误差协方差(因为条件 spark($\boldsymbol{H}$) $> 2s$ 几乎是确定存在的)。根据式(9.78),上述表达式与过程协方差子矩阵 $\boldsymbol{C}[j_1, \cdots, j_s]$ 有关。不幸的是,这一前提并不能使用信息熵(9.47)直接得出。为了解决这个问题,需要一个中间过程,在这个过程中公式假设了概率扭曲。详细地讲,我们调用马尔可夫不等式来关联行列式 $\boldsymbol{P}_N[j_1, \cdots, j_s]$,$\boldsymbol{C}[j_1, \cdots, j_s]$。讨论过程如下。

式(9.78)和式(9.82)联合马尔可夫不等式有

$$\begin{aligned} &\Pr\left(\left\| \frac{q^i}{N} \boldsymbol{P}_N[j_1, \cdots, j_s]^{-1} - \boldsymbol{C}[j_1, \cdots, j_s] \right\| > \epsilon' \right) \\ &\leqslant \frac{1}{\epsilon'} E\left\{ \left\| \frac{q^i}{N} \boldsymbol{P}_N[j_1, \cdots, j_s]^{-1} - \boldsymbol{C}[j_1, \cdots, j_s] \right\| > \epsilon' \right\} \\ &\leqslant \frac{c'}{\epsilon'} \| \boldsymbol{C} \| \sqrt{\frac{\log np}{N}} E\{ \| \bar{\boldsymbol{y}}_0^s \|^{\log N} \}^{1/\log N} \end{aligned} \tag{9.83}$$

其中,补充的不等式为

$$\begin{aligned} &\Pr\left(\left\| \frac{q^i}{N} \boldsymbol{P}_N[j_1, \cdots, j_s]^{-1} - \boldsymbol{C}[j_1, \cdots, j_s] \right\| > \epsilon' \right) \\ &\geqslant 1 - \frac{c'}{\epsilon'} \| \boldsymbol{C} \| \sqrt{\frac{\log np}{N}} E\{ \| \bar{\boldsymbol{y}}_0^s \|^{\log N} \}^{1/\log N} \end{aligned} \tag{9.84}$$

回忆 Weyl 不等式,式(9.84)进一步表示两个对称阵 $\boldsymbol{P}_N[j_1, \cdots, j_s]^{-1}$ 和 $\boldsymbol{C}[j_1, \cdots, j_s]$ 特征值之间的关系如下:

$$\lambda_1(\boldsymbol{P}_N[j_1, \cdots, j_s]^{-1}) \geqslant \cdots \geqslant \lambda_s(\boldsymbol{P}_N[j_1, \cdots, j_s]^{-1})$$

和

$$\lambda_1(\boldsymbol{C}[j_1,\cdots,j_s]) \geqslant \cdots \geqslant \lambda_s(\boldsymbol{C}[j_1,\cdots,j_s])$$

因此

$$\begin{aligned}
&\Pr\left(\lambda_m\left(\frac{q^i}{N}\boldsymbol{P}_N[j_1,\cdots,j_s]^{-1}\right)-\lambda_{l-m+1}(\boldsymbol{C}[j_1,\cdots,j_s]) \geqslant -\epsilon'\right)\\
&\geqslant \Pr\left(\lambda_m\left(\frac{q^i}{N}\boldsymbol{P}_N[j_1,\cdots,j_s]^{-1}-\boldsymbol{C}[j_1,\cdots,j_s]\right) \geqslant -\epsilon'\right)\\
&\geqslant \Pr\left(\left\{\lambda_m\left(\frac{q^i}{N}\boldsymbol{P}_N[j_1,\cdots,j_s]^{-1}-\boldsymbol{C}[j_1,\cdots,j_s]\right) \geqslant -\epsilon'\right\}\right.\\
&\left.\cap\left\{\lambda_m\left(\frac{q^i}{N}\boldsymbol{P}_N[j_1,\cdots,j_s]^{-1}-\boldsymbol{C}[j_1,\cdots,j_s]\right) \leqslant -\epsilon'\right\}\right)\\
&= \Pr\left(\left|\lambda_m\left(\frac{q^i}{N}\boldsymbol{P}_N[j_1,\cdots,j_s]^{-1}-\boldsymbol{C}[j_1,\cdots,j_s]\right)\right| \leqslant \epsilon'\right)\\
&\geqslant 1-\frac{c'}{\epsilon'}\|\boldsymbol{C}\|\sqrt{\frac{\log np}{N}}E\{\|\bar{\boldsymbol{y}}_0^s\|^{\log N}\}^{1/\log N}
\end{aligned} \tag{9.85}$$

对任何 $1 \leqslant l-m+1 \leqslant s$ 成立。

令 $\epsilon'=(1-d)\lambda_{l-m+1}(\boldsymbol{C}[j_1,\cdots,j_s])-d$ 并假设 $d/(1-d)<\lambda_{l-m+1}(\boldsymbol{C}[j_1,\cdots,j_s])$，以便确保 $\epsilon'>0$。将 ϵ' 代入式(9.85)并略微调整，有

$$\begin{aligned}
&\Pr\left(\lambda_m\left(\frac{q^i}{N}\boldsymbol{P}_N[j_1,\cdots,j_s]^{-1}\right) \geqslant d[\lambda_{l-m+1}(\boldsymbol{C}[j_1,\cdots,j_s])+1]\right)\\
&\geqslant 1-\underbrace{c(d)\|\boldsymbol{C}\|\sqrt{\frac{\log np}{N}}E\{\|\bar{\boldsymbol{y}}_0^s\|^{\log N}\}^{1/\log N}}_{\delta(d)}
\end{aligned} \tag{9.86}$$

从中可见 d 必定是正的。式(9.86)中的正常数 $c(d)$ 可通过下式获得：

$$c(d)=c'/[(1-d)\lambda_{\min}(\boldsymbol{C})-d] \tag{9.87}$$

该常数来自于柯西分隔定理，它本质上意味着 $\lambda_{\min}(\boldsymbol{C}) \leqslant \lambda_{\min}(\boldsymbol{C}[j_1,\cdots,j_s]) \leqslant \lambda_{l-m+1}(\boldsymbol{C}[j_1,\cdots,j_s])$。不等式(9.86)给出如下引理。

引理 2　令 ϵ 为一个正常数且满足

$$\min\left\{0,\frac{1-\lambda_{\min}(\boldsymbol{C})\max\limits_j \boldsymbol{C}^{j,j}}{1+\lambda_{\min}(\boldsymbol{C})}\right\}<\epsilon<1 \tag{9.88}$$

假定

$$N>\bar{c}(\epsilon)^2\|\boldsymbol{C}\|^2 s\log(np)$$

或者等式

$$s=O(\bar{c}(\epsilon)^2\|\boldsymbol{C}\|^2 s\log(np))$$

那么下式以概率超过 $1-\delta(\epsilon)$ 成立：

$$\det(\boldsymbol{P}_N[j_1,\cdots,j_s]) \leqslant \left(\frac{q^i}{N}\frac{1+\max\limits_j \boldsymbol{C}^{j,j}}{1-\epsilon}\right)^s \det(\boldsymbol{I}+\boldsymbol{C}[j_1,\cdots,j_s])^{-1} \tag{9.89}$$

证明 根据式(9.86)有

$$\begin{aligned}\det(\boldsymbol{P}_N[j_1,\cdots,j_s]) &= \left(\frac{q^i}{N}\right)^s \prod_{m=1}^{s} \frac{1}{\lambda_m\left(\frac{q^i}{N}\boldsymbol{P}_N[j_1,\cdots,j_s]^{-1}\right)} \\ &\leqslant \left(\frac{q^i}{d\cdot N}\right)^s \prod_{1\leqslant l+m+1\leqslant s} \lambda_{l-m+1}(\boldsymbol{C}[j_1,\cdots,j_s]+\boldsymbol{I}_{s\times s})^{-1} \\ &= \left(\frac{q^i}{d\cdot N}\right)^s \det(\boldsymbol{C}[j_1,\cdots,j_s]+\boldsymbol{I}_{s\times s})^{-1}\end{aligned} \tag{9.90}$$

其概率至少为 $1-\delta(d)$。令 $d=(1-\epsilon)/(1+\max\limits_j \boldsymbol{C}^{j,j})$，并假设 ϵ 满足式(9.88)，这反过来满足了式(9.86)的隐含条件，即 $d>0$ 且 $d/(1-d)<\lambda_{l-m+1}(\boldsymbol{C}[j_1,\cdots,j_s])$。最后，将 d 代入式(9.90)得到引理并给出常量 $\bar{c}(\epsilon)$ 和 $\delta(\epsilon)$ 为

$$\bar{c}(\epsilon)=c\left((1-\epsilon)/(1+\max_j \boldsymbol{C}^{j,j})\right)=c'\frac{1+\max\limits_j \boldsymbol{C}^{j,j}}{\lambda_{\min}(\boldsymbol{C})(\max\limits_j \boldsymbol{C}^{j,j})-1+\epsilon(1+\lambda_{\min}(\boldsymbol{C}))} \tag{9.91a}$$

$$\delta(\epsilon)=\bar{c}(\epsilon)\,\|\boldsymbol{C}\|\sqrt{\frac{\log np}{N}}E\{\|\bar{\boldsymbol{y}}_0^s\|^{\log N}\}^{1/\log N} \tag{9.91b}$$

其中，在引理的条件下 $\delta(\epsilon)<1$。同时值得注意的是 $\epsilon\to 1$，那么 $\bar{c}(\epsilon)\to c'/\lambda_{\min}(\boldsymbol{C})$，因此

$$\lim_{\epsilon\to 1}\delta(\epsilon)=c'\operatorname{cond}(\boldsymbol{C})\sqrt{\frac{\log np}{N}}E\{\|\bar{\boldsymbol{y}}_0^s\|^{\log N}\}^{1/\log N} \tag{9.92}$$

其中，cond($\boldsymbol{C}$) 表示 $\boldsymbol{C}$ 的条件数。证明完毕。

引理 2 隐含着

$$\begin{aligned}h_N^s &= \frac{1}{2}\log\{(2\pi e)^s\det(\boldsymbol{P}_N[j_1,\cdots,j_s])\} \\ &\leqslant \frac{1}{2}\log\left\{\left(\frac{2\pi e q^i(1+\max\limits_j \boldsymbol{C}^{j,j})}{(1-\epsilon)^N}\right)^s \det(\boldsymbol{I}+\boldsymbol{C}[j_1,\cdots,j_s])^{-1}\right\}\end{aligned} \tag{9.93}$$

这包含了第一部分证明。

第二部分：记住基本支撑集 $\{j_1,\cdots,j_s\}$ 通常是未知的，证明的第二部分是

为式(9.93)中协方差子矩阵 $\boldsymbol{C}[j_1,\cdots,j_s]$ 寻找一个合适的代替。这通过首先变换协方差矩阵 $\boldsymbol{C}$ 使得子矩阵 $\boldsymbol{C}[j_1,\cdots,j_s]$ 出现在得到的矩阵 $\boldsymbol{C}'$ 的最上边的区域。因为变换保持了原始矩阵的特征值,便有 $\det(\boldsymbol{C})=\det(\boldsymbol{C}')$。使用一个非负行列式广为人知的特性为

$$\det(\boldsymbol{C})=\det(\boldsymbol{C}')\leqslant\det(\boldsymbol{C}[j_1,\cdots,j_s])\det(\boldsymbol{C}[j_{s+1},\cdots,j_{np}]) \tag{9.94}$$

其中,$j_{s+1},\cdots,j_{np}$ 是不属于支撑集 $\{j_1,\cdots,j_s\}$ 的剩余的下标。因此

$$\begin{aligned}&\det(\boldsymbol{I}_{(np)\times(np)}+\boldsymbol{C})\\ \leqslant&\det(\boldsymbol{I}_{s\times s}+\boldsymbol{C}[j_1,\cdots,j_s])\det(\boldsymbol{I}_{(np-s)\times(np-s)}+\boldsymbol{C}[j_{s+1},\cdots,j_{np}])\\ \leqslant&\det(\boldsymbol{I}_{s\times s}+\boldsymbol{C}[j_1,\cdots,j_s])\prod_{m=s+1}^{np}(1+\boldsymbol{C}^{j_m,j_m})\\ \leqslant&\det(\boldsymbol{I}_{s\times s}+\boldsymbol{C}[j_1,\cdots,j_s])(1+\max_j\boldsymbol{C}^{j,j})^{np-s}\end{aligned} \tag{9.95}$$

于是得到

$$\det(\boldsymbol{I}_{s\times s}+\boldsymbol{C}[j_1,\cdots,j_s])^{-1}\leqslant(1+\max_j\boldsymbol{C}^{j,j})^{np-s}\det(\boldsymbol{I}_{(np)\times(np)}+\boldsymbol{C})^{-1} \tag{9.96}$$

进一步地,将式(9.96)代入式(9.93),有

$$h_N^s\leqslant\frac{s}{2}\log\left(\frac{2\pi eq^i}{(1-\epsilon)N}\right)+\frac{np}{2}\log(1+\max_j\boldsymbol{C}^{j,j})-\frac{1}{2}\log\det(\boldsymbol{I}+\boldsymbol{C}) \tag{9.97}$$

这本质上是符合式(9.50)中对 ρ 的假设的,就像定义在式(9.53)那样。证明完毕。

9.10.3　定理 2 的证明

对于 ρ 拥有如下性质:

(1) $\rho\in(0,1]$;

(2) 对于一些正常数 c 如果满足 $\boldsymbol{C}=c\boldsymbol{I}_{(np)\times(np)}$,则有 $\rho=1$;

(3) 对于 $\boldsymbol{C}=E\{[x,\cdots,x]^{\mathrm{T}}[x,\cdots,x]\}$ 有 $\lim_{np\to\infty}\rho=0$,即同一随机变量的多个副本;

(4) 如果 $\boldsymbol{C}$ 的条件数趋近 1,那么 ρ 也一样。

证明

(1) 第一个性质可以从 $\boldsymbol{C}$ 既不是负定的也不是空矩阵得出。因此

$$\log\det(\boldsymbol{I}+\boldsymbol{C})=\sum_{i=1}^{np}\log(1+\lambda_i(\boldsymbol{C}))>0 \tag{9.98}$$

所有 $\boldsymbol{C}$ 的特征值是非负的并且至少有一个特征值 $\lambda_i(\boldsymbol{C})$ 是严格大于 0 的。与

此类似，

$$np\log(1+\max_j \boldsymbol{C}^{j,j}) \geqslant np\log(1+(np)^{-1}\operatorname{tr}(\boldsymbol{C}))$$
$$\geqslant np\log\left(1+(np)^{-1}\sum_i \lambda_i(\boldsymbol{C})\right)>0 \tag{9.99}$$

从中可以得出 $\rho>0$。最后，由于 $\boldsymbol{C}$ 是非负定并且对称的，这表明

$$\log\det(\boldsymbol{I}+\boldsymbol{C}) \leqslant \log\prod_j(1+\boldsymbol{C}^{j,j}) \leqslant np\log(1+\max_j \boldsymbol{C}^{j,j}) \tag{9.100}$$

这意味着 $\rho\leqslant 1$。

(2) 假定 $\boldsymbol{C}=c\boldsymbol{I}, c>0$，

$$\rho=\frac{\log\det((1+c)\boldsymbol{I}_{(np)\times(np)})}{np\log(1+c)}=\frac{\log((1+c)^{np})}{np\log(1+c)}=1 \tag{9.101}$$

(3) 这可以在 $\boldsymbol{C}$ 只有一个等于 $\lambda_{\max}(\boldsymbol{C})=\operatorname{tr}(\boldsymbol{C})$ 的非零特征值的秩亏的情况下得出。因此

$$\rho=\frac{\log\det(\boldsymbol{I}+\boldsymbol{C})}{np\log(1+\max_j \boldsymbol{C}^{j,j})}=\frac{\log(1+\operatorname{tr}(\boldsymbol{C}))}{np\log(1+\boldsymbol{C}^{1,1})}=\frac{\log(1+np\boldsymbol{C}^{1,1})}{np\log(1+\boldsymbol{C}^{1,1})} \tag{9.102}$$

这意味着 $\lim\limits_{np\to\infty}\rho=0$。

(4) 从上述结论可直接得到

$$\frac{\log(1+\lambda_{\min}(\boldsymbol{C}))}{\log(1+\lambda_{\max}(\boldsymbol{C}))}\leqslant\rho\leqslant\frac{\log(1+\lambda_{\max}(\boldsymbol{C}))}{\log(1+\lambda_{\min}(\boldsymbol{C}))} \tag{9.103}$$

本章参考文献

[1] Alan P (1983) Forecasting with univariate Box-Jenkins models: concepts and cases. Wiley, New York

[2] Angelosante D, Bazerque JA, Giannakis GB (2010) Online adaptive estimation of sparse signals: where RLS meets the l_1-norm. IEEE Trans Signal Process 58:3436-3447

[3] Angelosante D, Giannakis GB, Grossi E (2009) Compressed sensing of time-varying signals. Proceedings of the 16th international conference on digital signal processing

[4] Asif MS, Charles A, Romberg J, Rozell C (2011) Estimation and dynamic updating of time-varying signals with sparse variations. In: In-

ternational conference on acoustics, speech and signal processing (ICASSP), pp 3908-3911

[5] Asif MS, Romberg J (2009) Dynamic updating for sparse time varying signals. In: Proceedings of the conference on information sciences and systems, pp 3-8

[6] Baraniuk RG, Davenport MA, Ronald D, Wakin MB (2008) A simple proof of the restricted isometry property for random matrices. Constr Approx 28:253-263

[7] Benveniste A, Basseville M, Moustakides GV (1987) The asymptotic local approach to change detection and model validation. IEEE Trans Autom Control 32:583-592

[8] Blumensath T, Davies M (2009) Iterative hard thresholding for compressed sensing. Appl Comput Harmon Anal 27:265-274

[9] Bosch-Bayard J. et al (2005) Estimating brain functional connectivity with sparse multivariate autoregression. Philos Trans R Soc 360:969-981

[10] Brockwell PJ, Davis RA (2009) Time Series: theoryand methods, Springer, New York

[11] Candes E, Tao T (2007) The Dantzig selector: statistical estimation when p is much larger than n. Ann Stat 35:2313-2351

[12] Candes EJ (2008) The restricted isometry property and its implications for compressed sensing. C R Math 346:589-592

[13] Candes EJ, Eldar YC, Needell D, Randall P (2011) Compressed sensing with coherent and redundant dictionaries. Appl Comput Harmon Anal 31:59-73

[14] Candes EJ, Romberg J, Tao T (2006) Robust uncertainty principles: exact signal reconstruction from highly incomplete frequency information. IEEE Trans Inf Theory 52:489-509

[15] Candes EJ, Tao T (2005) Decoding by linear programming. IEEE Trans Inf Theory 51:4203-4215

[16] Candes EJ, Tao T (2006) Near-optimal signal recovery from random projections: universal encoding strategies? IEEE Trans Inf Theory 52:5406-5425

[17] Candes EJ, Wakin MB (2008) An introduction to compressive sam-

pling. IEEE Signal Process Mag 25:21-31

[18] Carmi A, Gurfil P, Kanevsky D (2008) A simple method for sparse signal recovery from noisy observations using Kalman filtering. Technical Report RC24709, Human Language Technologies, IBM

[19] Carmi A, Gurfil P, Kanevsky D (2010) Methods for sparse signal recovery using Kalman filtering with embedded pseudo-measurement norms and quasi-norms. IEEE Trans Signal Process 58:2405-2409

[20] Carmi A, Mihaylova L, Kanevsky D (2012) Unscented compressed sensing. In: Proceedings of the IEEE international conference on acoustics, speech and signal processing (ICASSP)

[21] Charles A, Asif MS, Romberg J, Rozell C (2011) Sparsity penalties in dynamical system estimation. In: Proceedings of the conference on information sciences and systems, pp 1-6

[22] Chen S, Billings SA, Luo W (1989) Orthogonal least squares methods and their application to non-linear system identification. Int J Contro 50:1873-1896

[23] Chen SS, Donoho DL, Saunders MA (1998) Atomic decomposition by basis pursuit. SIAM J Sci Comput 20:33-61

[24] Davis G, Mallat S, Avellaneda M (1997) Greedy adaptive approximation. Constr Approx 13:57-98

[25] Deurschmann J, Bar-Itzhack I, Ken G (1992) Quaternion normalization in spacecraft attitude determination. In: Proceedings of the AIAA/AAS astrodynamics conference, pp 27-37

[26] Donoho DL (2006) Compressed sensing. IEEE Trans Inf Theory 52: 1289-1306

[27] Durate MF, Davenport MA, Takhar D, Laska JN, Sun T, Kelly KF, Baraniuk RG (2008) Single pixel imaging via compressive sampling, IEEE Signal Process Mag

[28] Efron B, Hastie T, Johnstone I, Tibshirani R (2004) Least angle regression. Ann Stat 32:407-499

[29] Friedman N, Nachman I, Peer D (1999) Learning Bayesian network structure from massive datasets: The sparse candidate algorithm. In: Proceedings of the fifteenth conference annual conference on uncertainty in, artificial intelligence (UAI-99), pp 206-215.

[30] Granger CWJ (1969) Investigating causal relations by econometric models and cross-spectral methods. Econometrica 37:424-438

[31] Haufe S, Muller K, Nolte G, Kramer N (2008) Sparse causal discovery in multivariate time series, NIPS Workshop on causality

[32] Hirotugu A (1974) A new look at the statistical model identification. IEEE Trans Autom Control 19:716-723

[33] James GM, Radchenko P, Lv J (2009) DASSO: connections between the Dantzig selector and LASSO. J Roy Stat Soc 71:127-142

[34] Ji S, Xue Y, Carin L (June 2008) Bayesian compressive sensing. IEEE Trans Signal Process 56:2346-2356

[35] Julier SJ, LaViola JJ (2007) On Kalman filtering with nonlinear equality constraints. IEEE Trans Signal Process 55:2774-2784

[36] Julier SJ, Uhlmann JK (1997) A new extension of the Kalman filter to nonlinear systems. In: Proceedings of the international symposium on aerospace/defense sensing, simulation and controls, pp 182-193

[37] Kailath T (1980) Linear Systems. Prentice Hall, Englewood Cliffs

[38] Kalouptsidis N, Mileounis G, Babadi B, Tarokh V (2011) Adaptive algorithms for sparse system identification. Signal Proc 91:1910-1919

[39] Laska JN, Boufounos PT, Davenport MA, Baraniuk RG (2011) Democracy in action: quantization, saturation, and compressive sensing. Appl Comput Harmon Anal 31:429-443

[40] Mallat S, Zhang Z (1993) Matching pursuits with time-frequency dictionaries. IEEE Trans Signal Process 4:3397-3415

[41] Mendel JM (1995) Lessons in estimation theory for signal processing, communications, and control. Prentice Hall, Englewood-Cliffs

[42] Pati YC, Rezifar R, Krishnaprasad PS (1993) Orthogonal matching pursuit: recursive function approximation with applications to wavelet decomposition. In: Proceedings of the 27th asilomar conf. on signals, systems and comput. , pp 40-44

[43] Rudelson M (1999) Random vectors in the isotropic position. J Funct Anal 164:60-72

[44] Rudelson M, Vershynin R (2005) Geometric approach to error correcting codes and reconstruction of signals. Int Math Res Not 64:4019-4041

[45] Sanadaji BM, Vincent TL, Wakin MB, Toth, Poola K (2011) Compressive System Identification of LTI and LTV ARX models. In: Proceedings of the IEEE conference on decision and control and european control conference (CDC-ECC), pp 791-798

[46] Schwarz GE (1978) Estimating the dimension of a model. Ann Stat 6: 461-464

[47] Sokal AD (1989) Monte carlo methods in statistical mechanics: foundations and new algorithms. Cours de Troisieme Cycle de la Physique en Suisse Romande, Laussane

[48] Tibshirani R (1996) Regression shrinkage and selection via the LASSO. J Roy Stat Soc B Method, 58:267-288

[49] Tipping ME (2001) Sparse Bayesian learning and the relevance vector machine. Int J Mach Learn Res 1:211-244

[50] Tropp JA (2004) Greed is good: Algorithmic results for sparse approximation. IEEE Trans Inf Theory 50:2231-2242

[51] Tropp JA, Gilbert AC (2007) Signal recovery from random measurements viaorthogonal matching pursuit. IEEE Trans Inf Theory 53: 4655-4666

[52] Vaswani N (2008) Kalman filtered compressed sensing. In: Proceedings of the IEEE international conference on image processing (ICIP) pp 893-896

第10章　基于选择性Gossip算法的分布式近似和跟踪

本章介绍了选择性Gossip算法，它是一种将迭代信息交换的思路应用于数据向量的算法。我们的方法不是传播整个向量并浪费网络资源，而是自适应地将通信集中在向量最重要的元素上。证明得出，运行选择性Gossip算法的节点在这些重要元素上渐近地达成共识，并且它们同时就不重要的元素达成协议。结果表明，选择性Gossip算法在标量传输的数量方面提供了显著的通信节省。在本章的10.5节中，我们提出了一种采用选择性Gossip算法的分布式粒子滤波器。我们发现，采用选择性Gossip算法的分布式粒子滤波器有着与集中式Bootstrap粒子滤波器相当的结果，同时与使用随机Gossip算法的分布式滤波器相比降低了通信开销。

10.1　引　言

无线传感器网络的许多应用需要收集和处理大量的数据。实现这些任务的主要挑战是保存网络资源，如生命周期和带宽。融合和处理大量数据而不耗尽网络资源的一种方法是降低数据维度。我们提出了一种选择性Gossip算法(又被称为反熵(Anti-Entropy))，以高效的方式逼近网络数据的高维向量。我们的方法基于Gossip算法，这是一种广泛应用于研究标量网络数据分布的方法。本质上，Gossip算法利用节点交换迭代信息，并且渐近地使所有节点在网络集合上达成共识。选择性Gossip算法将迭代信息交换的想法应用于数据向量。我们的方法不是传输整个向量并浪费网络资源，而是自适应地将通信集中在向量的最重要的元素上。证明得出，运行选择性Gossip算法的节点在这些重要元素上渐近地达成共识，并且它们同时就不重要的元素达成协议。

选择性Gossip算法可以作为构建模块，并用于各种分布式信号处理算法。在这里，我们研究分布式目标跟踪问题，其中传感器网络的节点相互协作跟踪移动物体。对于涉及非线性动力学、非线性测量和非高斯噪声的问题，粒子滤波是当前最先进的估计方法。我们提出了一种使用选择性Gossip

算法的分布式粒子滤波器实现方法。在此方法中，节点包含一个顺序估计目标状态的共享粒子滤波器。传感器的测量结果就是通过每个粒子的可能性达成共识而进行融合。选择性 Gossip 算法能够有效地识别具有较高权重的粒子，并将通信资源集中在计算这些重要权重上。通过仿真研究，我们证明选择性 Gossip 算法需要的通信开销较低，在仅涉及机动目标的方位测量的情况下，与最先进的分布式粒子滤波方法相比实现的精度类似。

本章安排如下。第 10.2 节回顾 Gossip 算法。第 10.3 节讨论向量的平均分布问题。第 10.4 节提出了三种版本的选择性 Gossip 算法，并提供了收敛结果。第 10.5 节介绍了分布式跟踪问题，并提出了使用选择性 Gossip 算法的分布式粒子滤波器，提出了分布式目标跟踪场景来说明该算法的性能。第 10.6 节总结了本章的讨论结果。

10.2 Gossip 算法

在能量和带宽有限的条件下运行无线传感器网络需要高效且可靠的处理方法。集中处理的传统方法有几个缺点。它引入了网络的单点故障，而且在密集网络中，靠近中心机构的链路可能成为瓶颈。为了避免拥塞并且利用传感器节点的处理能力，提出了网内处理算法。网内处理可以使用生成树或哈密尔顿回路执行。当网络拓扑结构不随时间变化时，这些方法是有效的。然而，由于它们需要形成和维护路由，当节点移动或无线网络条件不可靠时，这些方法存在高额的通信开销。另一方面，Gossip 算法是分布式方法，不需要专门的路线。它们为网络内处理提供强大且可扩展的解决方案。

Gossip 算法已被广泛研究，并用于解决分布式一致的问题，这个问题可以追溯到 Tsitsiklis 等人的早期工作。例如文献[32,33]。这个问题要求节点只能使用本地交换机达成协议。它被认为是分布式控制和信号处理中的典型问题(参见文献[7,23])。一些示例应用分别是多自动车辆的协作控制[18]、参数估计[30]、分布式优化[22]和源定位[26]。

分布式共识的标准示例是平均一致性问题。其中在 n 个节点的网络中，每个节点 v 具有标量值 $x^v \in \mathbf{R}$，并且目标是计算每个节点处的平均值

$$\bar{x} = \frac{1}{n}\sum_{v=1}^{n} x^v \tag{10.1}$$

尽管标量的平均值是一个基本问题，但它可以推广到计算节点值的任何线性函数和向量的平均值。由于这种泛化能力，解决平均一致的算法对于广泛的无线传感器网络应用具有很大吸引力。

Gossip 算法可以是同步的或异步的。同步的 Gossip 算法要求在每次迭代时，所有节点广播它们的值[37]。在收到其相邻的值之后，每个节点利用其值和其接收到的值的加权平均来更新其值。另外，异步的 Gossip 算法不需要同步，每次迭代只更新一对节点。在本章的其余部分，当我们引用 Gossip 算法时，称之为异步 Gossip 算法。

随机 Gossip 算法描述了一个随机的异步 Gossip 算法[3]，该算法将每次迭代的信息交换限制在一对相邻节点上。下面我们总结一下随机 Gossip 算法。

对于 n 个节点的网络，令无向图 $G=(V,E)$ 表示网络连通性，其中 $V=\{1,\cdots,n\}$ 是节点集合，$E\subseteq V\times V$ 是当且仅当节点 u 和 v 能够执行双向无线通信时，$(u,v)\in E$ 的边集。节点 u 的邻集（不包括 u 本身）由 $N_u=\{v:(u,v)\in E\}$ 表示。Gossip 算法迭代使用 $k=1,2,\cdots$ 进行索引，其中 $k=0$ 对应于初始状态。每个节点 $x\in V$ 保持用 $x^v(0)=x^v$ 初始化值 $x^v(k)$。

(1) 异步时间模型[2]。时钟根据独立的泊松过程速率在每个节点处发出滴答声。由于有 $|V|=n$ 个节点，这相当于有一个网络协调器运行速率为 n 的泊松时钟，并且当协调器的时钟发出滴答声时，它将滴答声分配给从 V 一致绘制的节点。协调器时钟的每个滴答声对应一次迭代，并且我们假定每次迭代中涉及的通信和更新步骤瞬间发生，所以没有两个迭代重叠。

在实际环境中，更新需要花费大量的时间。可以调整每个节点处的泊松时钟的速率使得两个更新以零概率重叠（例如导致干扰），或者可以采用更复杂的调度机制来避免干扰。这些问题超出了这项工作的范围。

(2) 通信模型。有一个预先定义的通信矩阵 $\boldsymbol{P}$，其元素为 $\boldsymbol{P}_{u,v}\geqslant 0$ 且 $\sum_{v\in V}\boldsymbol{P}_{u,v}=1$。另外，当且仅当 $(u,v)\in E$ 时，$\boldsymbol{P}_{u,v}\geqslant 0$。假设第 k 次时钟滴答声发生在节点 u，然后 u 接触一个根据分布 $\{\boldsymbol{P}_{u,v}\}_{v\in V}$ 绘制的随机的相邻节点 v，并且节点 u 和 v 执行更新。

(3) 更新规则。当节点 u 和 v 产生 Gossip 时，它们用平均值更新它们的值，

$$x^u(k+1)=x^v(k+1)=\frac{1}{2}(x^u(k)+x^v(k)) \tag{10.2}$$

所有其他节点 $v'\in V\backslash\{u,v\}$ 保持不变；即 $x^{v'}(k+1)=x^{v'}(k)$。

直观地说，如果在每一对节点之间存在一条路径，那么随机 Gossip 算法的收敛是有保证的，这样信息就可以无限次地在每一对之间流动。因此，可以证明，对于连通图 G，在温和的条件下随机选择一个相邻节点 v，其值 $x^u(k)$

在每个节点 u 收敛为 $\bar{x}$，其中 $k \to \infty$[37]。达到一致所需的随机 Gossip 算法迭代次数随着网络中节点数量的增加而增加；缩放比率取决于网络拓扑。对于通常用于模拟无线传感器网络(如网格和随机几何图形)的拓扑，随机 Gossip 算法缓慢收敛[3]。受此事实的影响，有一系列研究速度更快的 Gossip 算法，例如文献[1,6,19,24,35]。

另一个研究方向是将 Gossip 算法用作复杂信号处理应用中的构建盒(参见文献[7]和其中的参考文献)。受分布式评估应用的驱动，我们研究了对数据向量的 Gossip 算法。下面我们陈述这个问题，并提出选择性 Gossip 算法用于向量的有效分布式近似。

10.3 Gossip 向量

10.2 节中描述的标量平均一致问题可以立即推广到向量的分布平均，其中，初始时每个节点 $v \in V$ 具有向量 $\boldsymbol{x}^v \in \mathbf{R}^M$，并且目标是计算每个节点 v 处的平均值

$$\bar{\boldsymbol{x}} = \frac{1}{n}\sum_{v=1}^{n}\boldsymbol{x}^v \tag{10.3}$$

这个问题的基本解决方案是并行运行向量每个维度的一个标量 Gossip 算法，以便在所有节点上计算整个平均向量。对比 Gossip 会话可以使用标准 Gossip 设置和修改的更新规则来实现，该规则涉及交换和计算平均向量而不是标量。请注意，在实际的传感器网络场景中，每个无线数据包只能携带一定数量的数据，因此，交换长向量可能需要传输几个数据包。由于能量消耗与传输的数据包数量成正比，长向量代替标量的交换增加了无线通信的能量消耗。分组传输的数量增长也加剧了 Gossip 更新的带宽消耗。

但是，我们通常只关心计算平均向量的最大元素而不是整个向量。其中一个例子是分布式现场估算，其中传感器节点部署在某个区域进行标量测量[34]。从本地测量开始，目标是达到每个节点都具有近似场的网络状态。变换编码基于如下想法，即当许多自然信号被转换到合适的域时，它们是稀疏的(或近乎稀疏的)。因此，表示场的信号可以仅使用几个变换系数(幅度大的那些)很好地近似。假设有适当的变换可用，可以使用 Gossip 算法以分散方式就变换系数达成共识。由于只有少数变换系数具有较大的幅度，因此仅就这些系数达成一致意见是令人满意的，问题是我们在计算它们之前并不知道哪些系数具有较大的幅度。因此，任何旨在通过仅计算这些系数来降低通信成本的 Gossip 算法都需要识别它们的位置。

另一个例子是节点必须共同决定大量假设之一的场景。最初，每个节点都有自己的数据。假设在给定条件下，不同节点处的数据可能是条件独立的，任何假设的全网络对数似然性就是每个节点的对数似然性之和。然而，如果假设的数量非常大，那么节点将资源集中在只计算最可能的假设或假设的对数似然值，而不是计算所有这些值上会更有效。在 10.5 节，我们将考虑分布式粒子滤波的相关设置，其中节点在可以被看作假设的粒子权重上 Gossip 传播。

在分布式信号处理和决策制定中受到这些应用的启发，我们研究了一种方法，该方法在计算其值时自适应识别向量的最大元素。下一节将介绍此方法并提供与其性能相关的结果。

10.4　选择性 Gossip 算法

为了解决多维设置中的平均共识问题，我们提出了一种高效的分布式平均算法，称为选择性 Gossip 算法[34,36]。选择性 Gossip 算法在概念上建立在文献[3]中描述的随机 Gossip 算法上。特别是，我们采用在 10.2 节介绍的异步时间模型和通信模型。另外，更新规则是选择性 Gossip 不同于随机 Gossip 的地方。

每个节点 $v \in V$ 在迭代 k 维持 Gossip 向量 $\boldsymbol{x}^v(k) \in \mathbf{R}^M$，并且该向量用 $\boldsymbol{x}^v(0)=\boldsymbol{x}^v$ 初始化。令 $x_j^v(k)$ 表示 $\boldsymbol{x}^v(k)$ 的第 j 个元素。在迭代 k 中整个网络中的 Gossip 向量用 $\boldsymbol{X}(k)=\{\boldsymbol{x}^v(k)\}_{v\in V}$ 表示。设 $\bar{x}_{(i)}$ 表示 $\bar{\boldsymbol{x}}$ 的第 i 大元素，有 $\bar{x}_{(1)} \geqslant \bar{x}_{(2)} \geqslant \cdots \geqslant \bar{x}_{(M)}$。

我们的目标是就 $\bar{\boldsymbol{x}}$ 的最大元素的位置和价值达成共识。根据最大元素的概念如何定义，问题陈述和解决方案会发生变化。这里我们考虑两种可能性。

1. 阈值

给定一个非负门限 τ，令 H_τ 为大于阈值的元素集合，即

$$H_\tau=\{j : \bar{x}_j \geqslant \tau\} \tag{10.4}$$

目的是尽可能高效地使迭代 $\boldsymbol{X}(k)$ 逼近 χ_τ^*，其中

$$\chi_\tau^*=\left\{\{\boldsymbol{x}^v\}: 对所有\ v \in V, \begin{matrix} x_j^v=\bar{x}_j, & j \in H_\tau \\ x_j^v=\tau, & j \notin H_\tau \end{matrix}\right\} \tag{10.5}$$

如果 $\boldsymbol{X}(K) \in \chi_\tau^*$，那么我们说网络已经在 $\bar{\boldsymbol{x}}$ 上达到了对大于阈值 τ 的元素的共识。

2. top-*m*

给定一个非负整数 $m < M$,设 $H_{\text{top-}m}$ 是 $\bar{\boldsymbol{x}}$ 的最大 m 个元素的集合,即

$$H_{\text{top-}m} = \{j : \bar{x}_j \geqslant \bar{x}_{(m)}\} \tag{10.6}$$

注意,$H_{\text{top-}m}$ 的基数,表示为 $|H_{\text{top-}m}|$,实际上可以大于 m。例如 $\bar{x}_{(m+1)} = \bar{x}_{(m)}$ 的情况下。与上面类似,目标是尽可能高效地使迭代 $\boldsymbol{X}(k)$ 逼近 $\chi^*_{\text{top-}m}$,其中

$$\chi^*_{\text{top-}m} = \left\{ \{\boldsymbol{x}^v\} : 对所有\ v \in V, \begin{matrix} x_j^v = \bar{x}_j, & j \in H_{\text{top-}m} \\ x_j^v = \tau, & j \notin H_{\text{top-}m} \end{matrix} \right\} \tag{10.7}$$

如果 $\boldsymbol{X}(k) \in \chi^*_{\text{top-}m}$,那么我们说网络已经在最大的 $\bar{\boldsymbol{x}}$ 个元素上达成一致。

我们的目标是高效地达到状态 $\boldsymbol{X}(k) \in \chi^*_\tau$ 或 $\boldsymbol{X}(k) \in \chi^*_{\text{top-}m}$。我们的效率度量旨在捕获网络中节点之间通信的数据量。具体而言,我们计算传输的标量值的总数。当然,为了获得 $\boldsymbol{X}(k) \in \chi^*_\tau$ 或 $\boldsymbol{X}(k) \in \chi^*_{\text{top-}m}$,可以在每个维度上运行一个标准的分布式平均算法[2,3,23],在这种情况下,标准结果保证对于所有 $v \in V$,都有 $x^v(k) \to \bar{x}, k \to \infty$。由于 $\bar{x} \in \chi^*_\tau$ 和 $\bar{x} \in \chi^*_{\text{top-}m}$,所以这两种情况都实现了我们的目标。但是,如果 $|H_\tau| \in M$ 或 $m \in M$,那么这是浪费的,因为节点花费了通信资源计算不相关的元素。选择性 Gossip 旨在实现 χ^*_τ 或 $\chi^*_{\text{top-}m}$ 中的网络状态,但不一定是任何节点计算整个向量 $\bar{\boldsymbol{x}}$ 的网络状态。主要的挑战是节点并不知道索引集(H_τ 或 $H_{\text{top-}m}$),因为它取决于初始值 $\boldsymbol{X}(0)$,所以它也必须被估计。

下面提出三种选择性 Gossip 的算法;第一个算法解决基于阈值的问题,接下来的两个算法解决 top-m 问题。

10.4.1 选择性 Gossip 算法的阈值

阈值选择性 Gossip 算法采用阈值 τ,其是固定的并且由所有节点已知,以确定在每次迭代中要传达和更新哪些元素。对于节点 $v \in V$,令 $H_\tau^v(k)$ 表示值高于 τ 的元素,即

$$H_\tau^v(k) = \{j : x_j^v(k) \geqslant \tau\} \tag{10.8}$$

当节点 u 和 v 按照 10.2 节中描述的异步时间模型和通信模型唤醒时,它们更新了元素,且确保更新的元素中至少有一个被认为是最大的元素之一。即,它们通过设置

$$x_j^u(k) = x_j^v(k) = \frac{1}{2}(x_j^u(k-1) + x_j^v(k-1)) \tag{10.9}$$

仅更新元素 $j \in H_\tau^u(k-1) \cup H_\tau^v(k-1)$。对记录 $j \notin H_\tau^u(k-1) \cup H_\tau^v(k-1)$

没有改变，并且为了节能而不传输这些值。另外，所有其他节点 $v' \in V\backslash\{u,v\}$ 保持其 Gossip 向量不变。

阈值选择性 Gossip 渐近地收敛到元素 $j \in H_\tau$ 的正确值。由于向量 $\bar{\boldsymbol{x}}$ 的不同元素之间没有耦合，因此我们分别处理每个元素并专注于分析单个标量元素的算法行为。在不失一般性的情况下，设 $x^v(0)$ 表示节点 v 上该元素的初始值，令 $\bar{x}$ 表示平均值，令 $\tau > 0$ 为给定阈值。众所周知，在上述假设条件下，随机化 Gossip 渐近趋于平均一致[3]。选择性 Gossip 不同于随机 Gossip，因为在某些迭代中，两个节点可能不会更新特定元素。因此，直观地说，当 $\bar{x} \geqslant \tau$ 时要显示收敛，我们只需要证明节点足够频繁地产生 Gossip，这样最终它们都有 $x_v(k) \geqslant \tau$；在这一点上，选择性 Gossip 与随机 Gossip 相同。

定理 1　[34]令 $S(k) = \sum_{v=1}^{n}(x^v(k) - \bar{x})^2$，假设 $\bar{x} \geqslant \tau$，然后

$$\mathbf{E}[S(k) \mid S(0)] \leqslant \left(1 - \frac{1}{n^4 \operatorname{diam}(G)^2 \Delta_{\max}}\right)^k S(0) \tag{10.10}$$

其中，$\operatorname{diam}(G)$ 是网络 G 的直径；$\Delta_{\max} = \max_v \mid N_v \mid$ 是最大角度。

证明简述：当一对相邻节点 (u,v) 决定在第 k 次迭代中产生 Gossip 时，$S(k)$ 减小，使得 $S(k+1) = S(k) - \frac{1}{2}(x^u(k) - x^t(k))^2$。考虑在迭代 k 时对于所有具有非零概率的 Gossip 概率的相邻节点的期望，可得

$$\mathbf{E}[S(k+1) \mid S(k)] \leqslant S(k) - \frac{1}{n\Delta_{\max}}(x^u(k) - x^v(k))^2 \tag{10.11}$$

由于尚未达成一致，所以至少存在一个 $x^a(k) \geqslant \bar{x} + \frac{1}{n}\sqrt{\frac{S(k)}{n}}$ 的节点 a。利用 $x^b(k) < \bar{x}$ 构建从节点 a 到任意节点 b 的路径，我们发现在该路径上存在一对相邻节点 (a',b')，有

$$(x^{a'}(k) - x^{b'}(k))^2 > \frac{S(k)}{n^3 \operatorname{diam}(G)^2}$$

结合式(10.11)，定理 1 得证如上。

定理 1 表明，对于元素 $j \in H_\tau$，选择性 Gossip 总是在期望中计算正确的值。此外，对于全部 k，由于 $\mathbf{E}[S(k+1) \mid S(k)] \leqslant S(k)$ 且 $S(k) \geqslant 0$，所以序列 $\{S(k): k \geqslant 0\}$ 相对于自身而言是非负上鞅的。使用鞅收敛定理，可以证明极限 $S_\infty = \lim_{k\to\infty} S(k)$ 几乎确定存在[12]。此外，基于马尔可夫不等式的标准论证[3]可以应用于这个结果以显示概率收敛。接下来我们给出元素 $j \notin H_\tau$ 的结果。

定理 2　[34]令 $G = K_n$ 为完整图。假设 $\bar{x} < \tau$，$\tau - \bar{x} = c > 0$。如果

$S(0)>0$ 且存在至少一个非零概率的节点，那么存在一个有限常数 $K<\infty$，使得在经过 $k\geqslant K$ 次迭代后，对于所有节点 v，$x^v(k)<\tau$ 的概率为 1。

证明简述：在这种情况下，可以找到两个节点 (u,v) 使得 $(x^u(k)-x^v(k))^2\geqslant c^2$。由于对于完整图有 $\Delta_{\max}=n-1$，并使用边界(10.11)，我们可以得到 $\mathbf{E}[S(k)\mid S(0)]\leqslant S(0)-\dfrac{kc^2}{n(n-1)}$。应用马尔可夫不等式可以得到

$$\Pr(S(k)\geqslant c^2\mid S(0))\leqslant\frac{S(0)}{c^2}-\frac{k}{n(n-1)}$$

因此，如果 $k\geqslant K=\dfrac{n(n-1)}{c^2}S(0)$，则对于所有 v，$x^v(k)<\tau$ 的概率为 1。

定理 2 解决了 $\bar{x}<\tau$ 只适用于完整图的情况。这种方法不直接扩展到通用连接拓扑。特别地，在定理 2 的证明中，不能保证节点 u 和 v 在通用拓扑中是相邻的。然而，收敛性可以用类似于下面给出的关于定理 3 的证明方法来显示。

值得注意的是，定理 1 和定理 2 给出的界限非常宽松，因为我们只考虑一对节点而不是所有对的 Gossip，因此这些界限不应该被看成收敛速度的指标。事实上，很容易看出，一旦所有节点都同意元素 j 处于 H_τ，阈值选择性 Gossip 与随机 Gossip 的行为相同，并且渐近地收敛率与随机 Gossip 中报道的[3] 相同。如下面的模拟所示，阈值选择性 Gossip 的误差衰减率作为所传输的标量值的函数，实际上比对所有元素并行运行随机化 Gossip 要快得多。

10.4.2　自适应阈值选择性 Gossip 算法

阈值选择性 Gossip 需要固定的预设阈值 τ 来确定要计算的元素。但是，具有固定阈值通常是不实际的，因为我们事先大概不能准确知道平均向量中值的分布。为了解决这个问题，我们描述了一种启发式，称为自适应阈值选择性 Gossip，其目的是以分散方式在每个节点上找到适当的阈值。通过适当的阈值，我们意味着 $\tau\in(\bar{x}_{(m)},\bar{x}_{(m+1)})$，其中 m 被作为算法的输入给出。换句话说，我们的启发式算法处理 top-m 问题，并试图通过自适应地改变每个节点的阈值来达到索引集 $H_{\text{top-}m}$。为此，每个节点都保持对阈值以及 Gossip 向量 $\boldsymbol{x}^v(k)$ 的估计。

让每个节点 v 的阈值估计在时间 k 由 $\tau^v(k)$ 表示。每个节点的阈值估计用它的 Gossip 向量的第 m 个最大元素即 $\tau^v(0)=x^v_{(m)}(0)$ 来初始化。当两个节点 u 和 v 执行 Gossip 更新时，通过设置

$$x_j^u(k)=x_j^v(k)=\frac{1}{2}(x_j^u(k-1)+x_j^v(k-1))\tag{10.12}$$

以修改元素 $j \in H^{u}_{\tau^{u}(k-1)}(k-1) \cup H^{v}_{\tau^{v}(k-1)}(k-1)$。所有其他元素保持不变，所有其他节点保持其 Gossip 向量不变。更新之后，节点 u 和 v 重新评估它们的近似质量。如果节点 v 的当前阈值在 $H^{v}_{\tau}(k)$ 中具有元素少于 m 个，则该节点阈值降低，如果节点在 $H^{v}_{\tau}(k)$ 中具有元素多于 m 个，则该节点阈值增加。具体来说，节点 v 根据以下规则更新其阈值：

$$\tau^{v}(k+1)=\begin{cases}(1+c_1)\tau^{v}(k), & |H^{v}_{\tau}(k)|>m\\(1-c_2)\tau^{v}(k), & |H^{v}_{\tau}(k)|<m\\\tau^{v}(k), & |H^{v}_{\tau}(k)|=m\end{cases} \tag{10.13}$$

其中，$c_1, c_2>0$ 是预定义的常量。请注意，此处选择 $c_1 \neq c_2$，因为使 $c_1=c_2$ 可能导致阈值估计值出现不希望的振荡。

自适应阈值启发式算法没有任何收敛保证，但直观上应该比随机 Gossip 效率更高，因为它只计算平均向量的最大元素。我们在即将出现的章节中展示仿真结果来说明这种方法的性能。

10.4.3　top-m 选择性 Gossip 算法

由于选择性 Gossip 的自适应阈值版本是一种没有收敛性保证的启发式方法，因此我们提出了另一种 Gossip 变体，它解决了顶级问题并且也具有可靠的保证。top-m 选择性 Gossip 以一个正整数 m 作为输入，并自适应地将通信集中在 Gossip 向量的最大 m 个元素上。

假设 $x^{v}_{(m)}(k)$ 表示节点 v 处的 Gossip 向量 $\boldsymbol{x}^{v}(k)$ 中元素的第 m 个最大值，并且令 $H^{v}_{\text{top-}m}(k)$ 表示节点 v 的最大 m 个元素索引的集合，即

$$H^{v}_{\text{top-}m}(k)=\{j : x^{v}_{j}(k) \geqslant x^{v}_{(m)}(k)\} \tag{10.14}$$

当节点 u 和 v 执行更新时，它们首先交换它们的 Gossip 向量中的部分元素，这些元素中至少一个元素确信是属于最大的 m 个元素之中的；即它们交换元素 $j \in H^{v}_{\text{top-}m}(k-1) \cup H^{v}_{\text{top-}m}(k-1)$ 的值。然后，它们更新为

$$x^{u}_{j}(k)=x^{v}_{j}(k)=\frac{1}{2}(x^{u}_{j}(k-1)+x^{v}_{j}(k)(k-1)) \tag{10.15}$$

对于 $j \in H^{v}_{\text{top-}m}(k-1) \cup H^{v}_{\text{top-}m}(k-1)$，并且在 $j \notin H^{v}_{\text{top-}m}(k-1) \cup H^{v}_{\text{top-}m}(k-1)$ 时，令 $x^{u}_{j}(k)=x^{u}_{j}(k-1)$ 和 $x^{v}_{j}(k)=x^{v}_{j}(k-1)$。同样，所有节点的 Gossip 向量 $v' \in V \backslash \{u,v\}$ 不参与更新并保持不变；即 $x^{v'}(k)=x^{v'}(k-1)$。

尽管阈值和顶端方法乍一看相似，但仍存在细微的差异，这使得 top-m 选择性 Gossip 更难以分析。当目标是计算超过阈值的所有元素时，应用于向量的每个元素的更新可以被解耦，因为最终结果仅取决于该元素的平均值是否超过阈值。另外，当目标是计算平均向量的最大 m 个元素时，由于最终结果

取决于秩排序，因此所有元素都被耦合。随后，需要采用不同的方法来显示收敛。

下面的定理表明，该算法在所有连通图上渐近收敛到所有节点都同意 m 个最大元素的索引和值的状态，其中 m 是给定参数。

定理 3 [36] 由 top-m 选择性 Gossip 生成的 Gossip 向量以 $k\to\infty$ 收敛到极限 $\{\boldsymbol{x}^v(k)\}_{v\in V}\to\{\tilde{\boldsymbol{x}}^v\}_{v\in V}$，其中

$$\begin{cases}\tilde{x}_j^v=\bar{x}_j, & j\in H_{\text{top-}m}, v\in V\\ \tilde{x}_j^v<\bar{x}_{(m)}, & j\notin H_{\text{top-}m}, v\in V\end{cases}$$

证明简述：设 $\boldsymbol{x}_j(k)\in\mathbf{R}^n$ 表示每个节点的第 j 个元素 $x_j^v(k)$，堆积成一个向量。观察 top-m 选择性 Gossip 的更新公式(10.14) 和式(10.15) 可以写成线性更新的集合，

$$\boldsymbol{x}_j(k)=\boldsymbol{W}_j(k)\boldsymbol{x}_j(k-1),\quad j=1,2,\cdots,M \tag{10.16}$$

其中，$\boldsymbol{W}_j(k)$ 是随时间变化的并且通过集合 $H_{\text{top-}m}^v$ 依赖于整个状态 $X(k)$，如下所述。令 $[\boldsymbol{W}]_{u,v}$ 为矩阵 $\boldsymbol{W}$ 的 (u,v) 元素。假设节点 u 和 v 执行第 k 个 Gossip 更新。如果 $j\in H_{\text{top-}m}^u(k-1)\cup H_{\text{top-}m}^v(k-1)$，则

$$[\boldsymbol{W}_j(k)]_{u,u}=[\boldsymbol{W}_j(k)]_{u,v}=[\boldsymbol{W}_j(k)]_{v,u}=[\boldsymbol{W}_j(k)]_{v,v}=\frac{1}{2} \tag{10.17}$$

$$[\boldsymbol{W}_j(k)]_{u',u'}=1,\quad [\boldsymbol{W}_j(k)]_{u',v'}=0 \tag{10.18}$$

对于所有 $u',v'\notin\{u,v\}$，只有节点 u 和 v 更新它们的 Gossip 向量，并且所有其他节点不做任何更改。如果 $j\notin H_{\text{top-}m}^u(k-1)\cup H_{\text{top-}m}^v(k-1)$，那么没有节点更新这个 Gossip 向量的元素，并且 $\boldsymbol{W}_j(k)=\boldsymbol{I}$。特别要注意的是，每个矩阵 $\boldsymbol{W}_j(k)$ 是对称的且具有双重随机性，并且非零元素至少为 1/2。

对于形式为式(10.16) 的时变线性系统，最近的理论文献[16,31] 可以表征极限 $\lim\limits_{k\to\infty}\boldsymbol{x}_j(k)$ 的行为。具体而言，对于满足上述性质的 $\boldsymbol{W}_j(k)$ 等矩阵，存在极限 $\tilde{\boldsymbol{x}}_j=\lim\limits_{k\to\infty}\boldsymbol{x}_j(k)$。另外，如果 $[\boldsymbol{W}_j(k)]_{u,v}$ 常无穷，考虑 $G_j=(V,E_j)$ 和 $(u,v)\in E_j$。如果连接了 G_j(即如果在连接每对节点的 G_j 中存在路径)，则对于所有的 u、v，有 $\tilde{x}_j^u=\tilde{x}_j^v$，即所有节点对 Gossip 向量的第 j 个元素渐近一致。此外，由于每个 $\boldsymbol{W}_j(k)$ 都是双随机的，$\tilde{x}_j^v=\bar{x}_j=\dfrac{1}{n}\sum^{u}x_j^u(0)$，所以节点达到了一致的平均值。因此，要确定哪些 Gossip 向量的元素会收敛到平均值(如果有的话)，我们需要描述哪些元素无限地更新为 $k\to\infty$。

从异步时间模型的定义来看，由于所有节点都根据速率为 1 的泊松过程发起更新，因此随着 $k\to\infty$，每个节点都将参与无限次的更新。每次执行更新

时，节点 u 和 v 更新集合 $H^{u}_{\text{top-}m}(k-1)\cup H^{v}_{\text{top-}m}(k-1)$ 中包含至少 m 个元素的元素（如果两个集合不是相同的）。因此，存在一组经常无限更新的指标 J，因此对于 $j\in J$，极限 $\tilde{\boldsymbol{x}}_j$ 是所有元素都等于 $\bar{x}_j$ 的共有向量。而且，这些指数 $i\notin J$ 只更新有限次数。$J\equiv H_{\text{top-}m}$ 仍然有待证明。

假设 $j\in H_{\text{top-}m}$。由此可见，在每次迭代 k 中都存在一个节点 u_k，使得 $x^{u_k}_j(k)j\geqslant\bar{x}_j\geqslant\bar{x}_{(m)}$，所以 $j\in H^{u_k}_{\text{top-}m}(k)$。因此，元素 j 在每次迭代中都有一个非零概率更新（因为节点 u_k 参与更新的概率非零），所以对于所有 $v\in V$ 和 $j\in H_{\text{top-}m}$，有 $j\in J$ 且 $\tilde{x}^{v}_j=\bar{x}_j$。

接下来，假设 $j\notin H_{\text{top-}m}$ 和 $j\in J$。由于 $j\notin H_{\text{top-}m}$，有 $\bar{x}_j<\bar{x}(m)$。随着对元素 j 执行更多更新，所有节点 v 的元素 $x^{v}_j(k)$ 趋近 $\bar{x}_j$。在某个时刻 k'，一定有 $\max\limits_{v} x^{v}_j(k')<\min\limits_{v}\min\limits_{i\in H_{\text{top-}m}} x^{v}_j(k')\leqslant\bar{x}_{(m)}$。但是对于任何节点 u，有 $j\notin H_{\text{top-}m}(k')$，所以入口 j 将不再更新。因此，元素 $j\notin H_{\text{top-}m}$ 的值收敛于在每个节点处可能不同的极限 $\tilde{x}^{v}_j<\bar{x}(m)$。

注意，上述目标也可以推广到旨在就绝对值最大的元素达成共识的情况，即具有 $|\bar{x}_j|\geqslant\tau$ 的元素，或根据量值对元素进行排序，当定义中 $|\bar{x}_{(1)}|\geqslant|\bar{x}_{(2)}|\geqslant\cdots$ 哪些 m 最重要时。例如，在可以通过选择性 Gossip 计算变换系数的分散场估计应用中，计算具有最大幅度的 m 个元素（变换系数）而不是简单地计算最大 m 个系数可能更有意义。选择性 Gossip 的所有三个版本都可以修改，以解决这个问题，代价是符号更麻烦。目前已经有研究对阈值选择性 Gossip 进行了这种扩展，其结果以及与相应的自适应阈值选择性 Gossip 的比较结果可以参见文献[34]。我们预计类似的技术应该可以用类似的方式扩展 top-m 选择性 Gossip。

10.4.4　仿真结果

在本节中，我们通过数值实验来展示选择性 Gossip 的表现。仿真设置由 $n=50$ 个节点组成，网络在单位正方形中随机均匀分布。通信拓扑结构是随机几何图形，即在彼此距离 r 内的两个节点之间存在边缘。这个距离被设置为 $r=\sqrt{2\log n/n}$，因此图形以高概率连接[14]。Gossip 向量的维数为 $M=25$。

为了产生初始网络状态 $\boldsymbol{X}(0)$，我们首先确定平均向量 $\bar{\boldsymbol{x}}$。图 10.1 和图 10.2 显示了实验中使用的两个不同的向量 $\bar{\boldsymbol{x}}$。第一个指标与前 5 个指数的平均值明显区分，对其余指标，$m=5$ 是一个自然选择。第二个平均向量在其维度上更平滑地分布。

受传感器网络应用的驱动，假设节点值代表自然现象的测量。对于每个

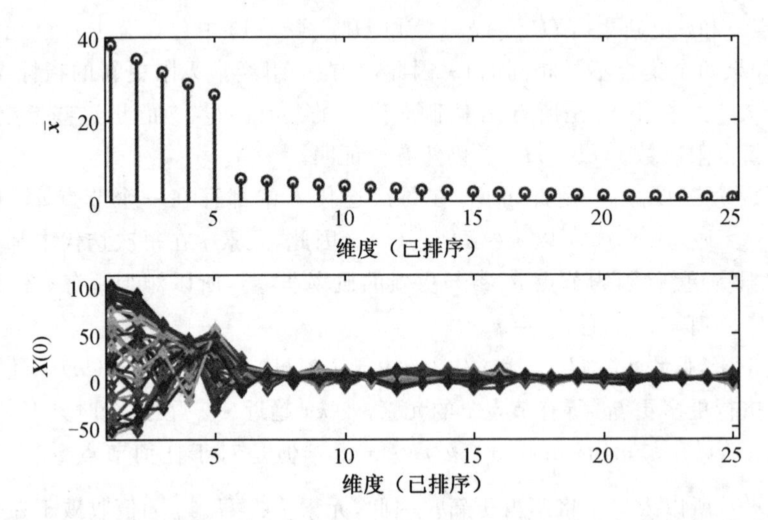

图 10.1 上:平均向量 $\bar{\boldsymbol{x}}$ 按初始化 1 的降序排列。下:网络的初始状态,索引的顺序与上面 $\bar{\boldsymbol{x}}$ 的顺序相同。菱形表示 $x_j^v(0)$,属于同一节点的是用实线连接的

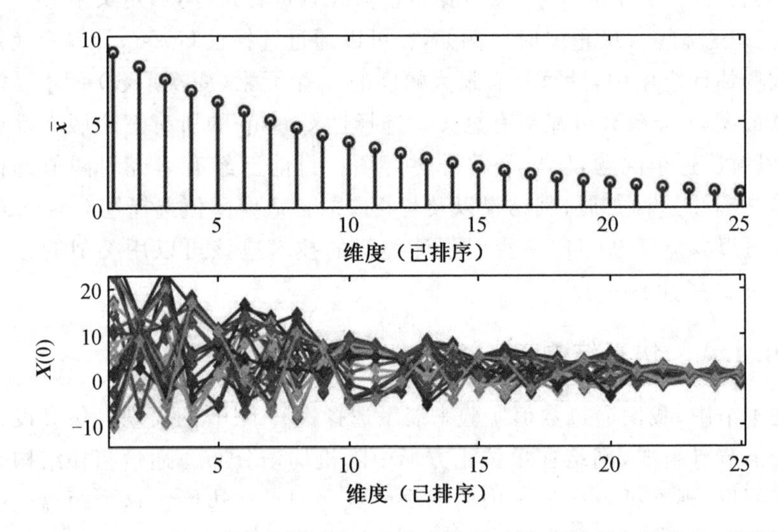

图 10.2 上:平均向量 $\bar{\boldsymbol{x}}$ 按初始化 2 的降序排列。下:网络的初始状态,索引的顺序与上面 $\bar{\boldsymbol{x}}$ 的顺序相同。菱形表示 $x_j^v(0)$,属于同一节点的是用实线连接的

索引值 j,我们在单位平方中随机选择一个点 u_j。然后,对于每个节点 v,我们生成 $x_j^v(0)$,使得接近 u_j 的节点将具有更高的值,并且所有节点上的平均值等于 $\bar{x}_j$。初始值的分布使得每个节点处的最大 m 个索引值不一定与 $H_{\text{top-}m}$ 相

同。图 10.1 和图 10.2 中的下方图片说明向量$\{x_j^v(0)\}_{v\in V}$以及它们是如何在网络上分布的。

我们比较了自适应阈值选择性 Gossip 和 top-m 选择性 Gossip 的表现与随机 Gossip 的表现[3]。随机 Gossip 被保证收敛到$\bar{\boldsymbol{x}}$，但是这是浪费的，因为在每次迭代时，节点在 Gossip 向量的每个元素上传播 Gossip。由于随机 Gossip 计算$\bar{\boldsymbol{x}}$的每一个元素，它等同于运行$m=M$的 top-m 选择性 Gossip 算法。

性能是用定义为

$$\mathrm{MSE}(k)=\frac{1}{n}\sum_{v\in V}\sum_{j\in H_{\text{top-}m}}(x_j^v(k)-\bar{x}_j)^2$$

的均方误差来衡量的。

由于我们对更新 Gossip 过程中传递的数据量感兴趣，因此我们根据发送的标量数量来绘制误差，而不是迭代数k。图 10.3 和图 10.4 比较了不同m值的三种算法的 MSE。结果显示了超过 500 种不同 Gossip 实现的平均表现。

由于随机 Gossip 在每次迭代中更新 Gossip 向量的所有元素，因此其性能与$m=25$时的选择性 Gossip 的性能相同。事实上，对于$m=25$，所有三种方法执行相同操作，因此它们的 MSE 曲线重叠。对于其他值，我们可以看到，前 top-m 选择性 Gossip 的表现总是优于自适应阈值选择性 Gossip。

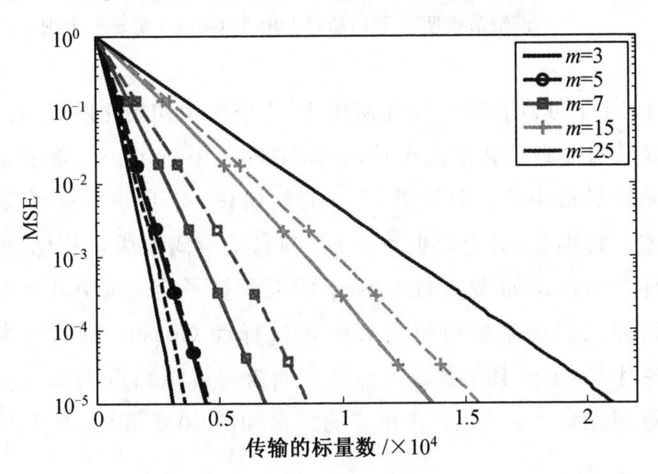

图 10.3 图 10.1 给出的初始化错误性能比较。针对变化的m值和随机化 Gossip（对应于图中$m=25$，因为它在每次迭代更新所有元素），比较的算法是选择性 Gossip（实线）和自适应阈值选择性 Gossip（虚线）。该情节说明了平均超过 500 个 Gossip 实现的表现

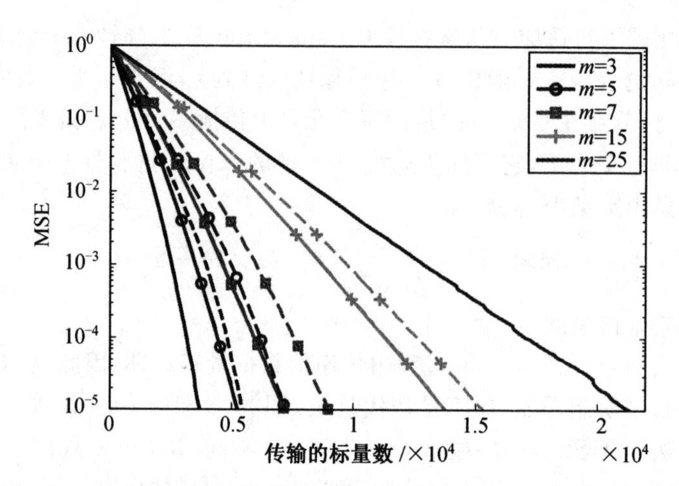

图 10.4　图 10.2 给出的初始化错误性能比较。针对变化的 m 值和随机化 Gossip(对应于图中 $m=25$,因为它在每次迭代更新所有元素),比较的算法是选择性 Gossip(实线)和自适应阈值选择性 Gossip(虚线)。该情节说明了平均超过 500 个 Gossip 实现的表现

在图 10.4 中可以看到 m 变化对图 10.1 中所示初始化的影响。当 m 等于 $\bar{\boldsymbol{x}}$ 的元素数量明显高于其他元素时,选择性 Gossip 的 top-m 和自适应阈值版本之间的差别是最小的。对于图 10.2 的初始化,对于每个 m,自适应阈值版本表现更差。特别是,对于较小的 m 值,与自适应阈值版本相比,使用相同数量的传输标量时,top-m 选择性 Gossip 需要计算平均向量中的更多元素。

为了研究人们希望如何使用 top-m 选择性 Gossip,我们还实施了一种 top-m 选择性 Gossip,其中每个节点从开始就透视地知道 $H_{\text{top-}m}$,并且仅在每次迭代时更新元素 $j \in H_{\text{top-}m}$。相应的结果如图 10.5 和图 10.6 所示。

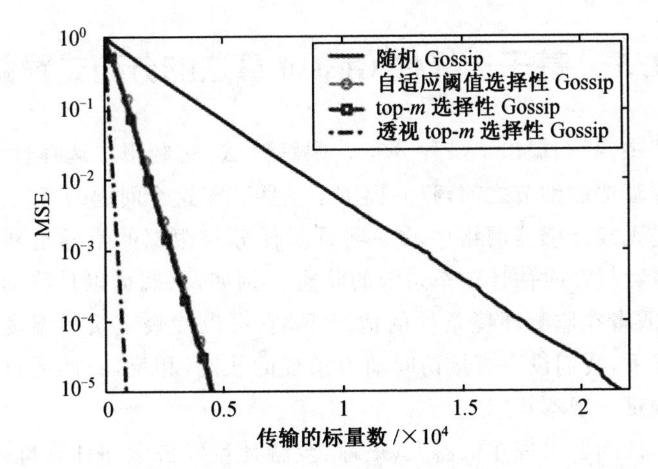

图 10.5 在图 10.1 中，$m = 5$ 时，对随机 Gossip、top-m 选择性 Gossip、自适应阈值选择性 Gossip 进行了比较。该图还包括了透视 top-m 选择性 Gossip，它只在每次迭代时更新 $H_{\text{top-}m}$ 中的元素

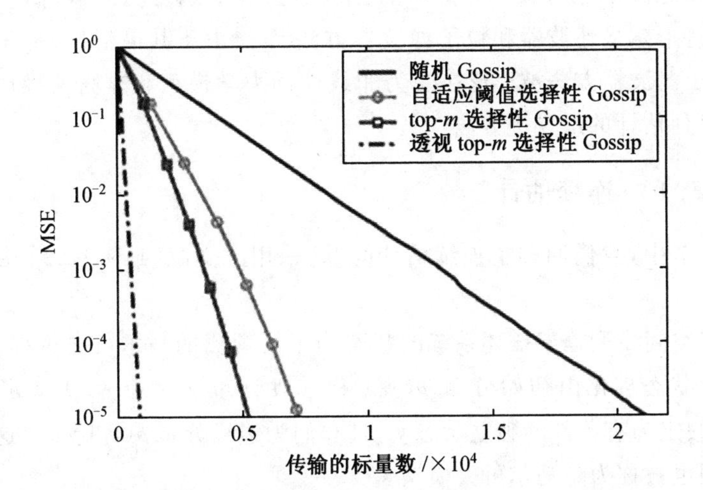

图 10.6 在图 10.2 中，$m = 5$ 时，对随机 Gossip、top-m 选择性 Gossip、自适应阈值选择性 Gossip 进行了比较。该图还包括了透视 top-m 选择性 Gossip，它只在每次迭代时更新 $H_{\text{top-}m}$ 中的元素

10.5 基于选择性 Gossip 算法的分布式跟踪

在本节中，我们提出了一种分布式跟踪算法，它利用了选择性 Gossip 算法。在解释算法的细节之前，我们提供了一些关于这个问题的背景知识。

跟踪是无线传感器网络中的一项重要任务。跟踪的目标是利用传感器记录的测量数据及时估计动态系统的状态。例如，状态可以是移动目标的位置和速度，或者在监测环境条件的情况下，它可以代表土壤的湿度和温度。在这些情况下，我们没有直接访问动力系统的状态，相反，只能通过传感器的噪声污染测量来观察状态。

连续估计问题出现在机器人、跟踪、金融计量经济学和计算机视觉（见文献[4,8,28]和其中的参考文献）的许多领域。当动力学和观测模型是线性的，噪声分布是高斯分布时，最优的估计量是著名的卡尔曼滤波。然而，许多实际情况（例如机动目标的跟踪）涉及非线性和/或非高斯噪声，在这种情况下，卡尔曼滤波不适用。一些常用的方法是扩展卡尔曼滤波器、高斯求和滤波器、无迹卡尔曼滤波器和粒子滤波器方法[28]。由于其灵活性、易于实现和性能，粒子滤波器方法被广泛接受为非线性动力学模型和非高斯噪声分布情况下的序列估计的最先进方法[8,9]。

10.5.1 连续估计

在本节中，我们回顾了连续估计问题，采用了文献[4,5,9,28]中的定义和术语。

状态空间模型框架描述系统的状态为不可观测的马尔可夫过程，表示为 $\{\boldsymbol{y}_t\}_{t\in\mathbf{N}}$。状态进化由初始分布 $p(\boldsymbol{y}_0)$ 和过渡分布 $p(\boldsymbol{y}_t \mid \boldsymbol{y}_{t-1})$ 决定。观察 $\{\boldsymbol{z}_t\}_{t\in\mathbf{N}^+}$ 假定为有条件的独立状态 $\boldsymbol{y}_t$，且它们为边缘分布 $p(\boldsymbol{z}_t \mid \boldsymbol{y}_t)$。这种状态空间模型也被称为隐马尔可夫模型。

目标是利用目前所收到的所有观察来描述目前状态的分布情况。到时间 t 的状态的序列表示为 $\boldsymbol{y}_{0:t}$，并由 $\boldsymbol{z}_{1:t}$ 表示对时间 t 的观测序列。我们感兴趣的是后验分布 $p(\boldsymbol{y}_{0:t} \mid \boldsymbol{z}_{1:t})$ 和过滤分布 $p(\boldsymbol{y}_t \mid \boldsymbol{z}_{1:t})$ 的序列估计。

该解析解可作为后验和过滤分布的两级递归。滤波分布的递归阶段被称为预测和更新步骤，并以如下格式呈现：

$$\text{预测：}\quad p(\boldsymbol{y}_t \mid \boldsymbol{z}_{1:t-1}) = \int p(\boldsymbol{y}_t \mid \boldsymbol{y}_{t-1})\, p(\boldsymbol{y}_{t-1} \mid \boldsymbol{z}_{1:t-1})\, \mathrm{d}\boldsymbol{y}_{t-1} \tag{10.19}$$

$$更新：\quad p(\boldsymbol{y}_t \mid \boldsymbol{z}_{1:t}) = \frac{p(\boldsymbol{z}_t \mid \boldsymbol{y}_t)p(\boldsymbol{y}_t \mid \boldsymbol{z}_{1:t-1})}{p(\boldsymbol{z}_t \mid \boldsymbol{z}_{1:t-1})} \tag{10.20}$$

其中，假设 $p(\boldsymbol{y}_{t-1} \mid \boldsymbol{z}_{1:t-1})$ 可用，系统模型用于预测时间 t 的先验分布，在第二阶段使用观察 $\boldsymbol{z}_t$，通过贝叶斯规则更新先验分布。

10.5.2　粒子滤波

粒子滤波器由一组被称为粒子的随机样本近似于 $p(\boldsymbol{y}_{0:t} \mid \boldsymbol{z}_{1:t})$ 和 $p(\boldsymbol{y}_t \mid \boldsymbol{z}_{1:t})$。这些粒子是状态的候选粒子，它们的相关权重表示估计值的准确性。粒子滤波器，也被称为连续蒙特卡洛方法，自 20 世纪 60 年代以来就一直存在[15]，但由于它们的计算复杂性，并没有被广泛使用。早期的实现还受到粒子简并度的影响，这是由于时间的推移，权重的变化。经过多次迭代，许多粒子的权重可以忽略不计，因此对估算没有贡献。这一问题是 Gordon 等人在 1993 年通过重新采样的方法解决的[11]。

连续重要性重采样(SIR) 粒子滤波器保持加权粒子近似$\{\boldsymbol{y}_{1:t}^{(i)}, w_t^{(i)}\}_{i=1}^{M}$，以估计后验 $p(\boldsymbol{y}_{1:t} \mid \boldsymbol{z}_{1:t})$，后验是由以下分布估计：

$$\hat{p}_M(\boldsymbol{y}_{1:t} \mid \boldsymbol{z}_{1:t}) = \frac{1}{M}\sum_{i=1}^{M} w_t^{(i)} \delta(\boldsymbol{y}_{1:t} - \boldsymbol{y}_{1:t}^{(i)}) \tag{10.21}$$

其中，$\delta(\cdot)$ 是狄拉克函数。

假设它在时间 $t-1$ 有一个加权粒子近似，通过从一个核函数 q 采样，SIR 传播粒子到时间 t，评估可能的扩展粒子，并更新相应的权重。一种常用的方法是将先验作为核函数，即 $q = p(\boldsymbol{x}_{1:t} \mid \boldsymbol{z}_{t-1}^{(i)})$，然后用一个可选的重采样步骤来构造一组分布更均匀的粒子。重采样在高权重的粒子和低权重的粒子上进行复制。在文献[11] 中，先验被用来作为核函数，并且在每一步都进行重采样。作者把这种实现称为自举粒子滤波器(Bootstrap particle filter)。算法 1 为自适应粒子滤波器算法提供伪码。

算法 1　自举粒子滤波器

// 初始化，$t = 1$

1. 对于每个粒子 $i = 1, \cdots, M$，进行
   - 采样 $\boldsymbol{y}_1^{(i)} \sim q_1(\cdot)$
   - 令 $w_1^{(i)} = \dfrac{p(\boldsymbol{z}_1 \mid \boldsymbol{y}_1^{(i)})p(\boldsymbol{y}_1^{(i)})}{q_1(\boldsymbol{y}_1^{(i)})}$

2.结束

3. 归一化权重 $\boldsymbol{w}_1^{(i)}$,满足 $\sum_{i=1}^{M}\boldsymbol{w}_1^{(i)}=1$

4.重新采样 $\{\boldsymbol{y}_1^{(i)},\boldsymbol{w}_1^{(i)}\}_{i=1}^{M}$ 来获得 $\left\{\boldsymbol{y}'^{(i)}_1,\frac{1}{M}\right\}_{i=1}^{M}$

5. 对于 $t>1$:

// 对于每个粒子,$i=1,\cdots,M$,进行

- 令 $\boldsymbol{y}_{1:t-1}^{(i)}=\boldsymbol{y}'^{(i)}_{1:t-1}$
- 采样 $\boldsymbol{y}_t^{(i)}\sim q(\boldsymbol{y}_t\mid\boldsymbol{y}_{t-1}^{(i)})$
- 令 $w_t^{(i)}=\dfrac{p(\boldsymbol{z}_t\mid\boldsymbol{y}_t^{(i)})p(\boldsymbol{y}_t^{(i)}\mid\boldsymbol{y}_{t-1}^{(i)})}{q(\boldsymbol{y}_t\mid\boldsymbol{y}_{t-1}^{(i)})}$

6.结束

7. 归一化权重 $w_t^{(i)}$,满足 $\sum_{i=1}^{M}w_t^{(i)}=1$

8.重新采样 $\{\boldsymbol{y}_{1:t}^{(i)},w_t^{(i)}\}_{i=1}^{M}$ 来获得 $\left\{\boldsymbol{y}'^{(i)}_{1:t},\frac{1}{M}\right\}_{i=1}^{M}$

10.5.3 无线感知网络中的粒子滤波器

在网络中实现粒子滤波器的一种方法是 leader 节点框架[38]。选择一个节点作为 leader,所有节点将其测量发送到该节点。leader 节点使用来自网络的所有信息运行一个集中的粒子滤波器。这个 leader 节点可能会随着时间的推移而改变,在节点之间分配处理的责任。在集中的情况下,leader 节点框架只允许对 leader 节点进行查询,并引入单点故障。此外,为了能够处理传感器的原始测量,leader 节点需要知道传感器的观测模型、传感器位置和校准参数。由于只有 leader 节点能够访问粒子筛选器的输出,它还必须做出传感器管理决策,比如测量下一个节点,以及使用哪种模式。

另一种方法是分配计算。每个节点计算其局部的可能性,信息被融合成一个全局的后验。实际上,所有这些分布式滤波器都依赖于给定目标状态时在每个节点上进行的测量的条件独立性。其中一些分布式粒子滤波器需要一个生成树或哈密顿循环来进行通信[5,29]。当节点是移动的或无线的条件是不利的时,这种路由的构造和维护是非常具有挑战性的。因此,算法极易受到链路和节点故障的影响。

另外,Gossip算法可以用来分配计算文献[10,13,17,20,21,25]。文献[13]算法利用基于Gossip的期望—最大化(EM)算法来估计混合近似对全局后验的参数,但对似然函数的结构有较大的约束。在文献[25]的过程中,每个节点形成一个局部后验的高斯近似,然后利用一个Gossip算法融合均值和协方差矩阵来构造一个全局后验的高斯近似。该算法具有较低的通信开销,但当后验不能充分接近高斯分布时,其精度会降低。在文献[17]中提出的方法在每个节点上使用分布式平均构造一个多项式近似。因此,该算法还需要减少通信开销,并限制在某些类型的似然函数。

文献[10,20]中的算法不形成对后验的参数逼近;相反,它们在不同的节点之间共享粒子。在文献[20]中,粒子通过传感器网络进行随机游走,它们的权重依次乘局部可能性的函数。这个函数是经过仔细选择的,所以粒子的权重会收敛到一个集中的粒子滤波器计算的相同的值。该算法具有优良的特性,但它只支持先验的输入采样,这可能导致粒子滤波算法性能不佳[9]。该算法在文献[20]中也没有消除小权重粒子的机制,导致了通信的浪费。

在文献[10]中,该算法被设计成允许从一个更好的核分布(一个更好地匹配后验的)进行采样。它通过计算局部后验的集中区域的交点,估计了全局后验的集中质量区域,然后构造出核采样函数,重点关注计算区域,利用Gossip过程计算全局相似度,从而计算出粒子的权重。这一过程达到了很高的精度,但是通信成本(在交换值的数量上)也很高,因为所有粒子的质量都必须计算,即使很多都很小。同时,集中区域的计算需要对每个节点的粒子进行过采样,增加了局部的计算复杂度。

为了改进现有的算法,我们建议在自举粒子滤波器的分布式实现中使用选择性Gossip。下一节描述我们的问题陈述。

10.5.4 分布式跟踪问题陈述

我们考虑一个由n节点组成的无线传感器网络,将网络连接表示成一个图$G=(V,E)$。我们假定这个图是连通的,尽管节点不知道全局拓扑结构,但它们确实知道它们的邻域的信息。它的目标是按照时间指数t的$\boldsymbol{y}_t$来连续估计一个状态。状态可能代表一个目标的运动,如典型的位置和速度;或一组环境条件,例如温度、风速或土壤湿度。让d成为状态的维度,即$\boldsymbol{y}_t \in \mathbf{R}^d$。在时间$t$,节点$v$做一个噪声测量$\boldsymbol{z}_t^v$。在时间$t$,网络所做的所有测量的集合$\boldsymbol{z}_t^V=\{\boldsymbol{z}_t^v : v \in V\}$和这些测量的联合可能性由函数$p(\boldsymbol{z}_t^V \mid \boldsymbol{y}_t)$给出。

节点无法访问网络中其他节点的测量方式、噪声模型或校准参数。因

此，它们无法从其他节点处理原始数据。然而，我们假设在不同的节点上的噪声分布是有条件独立的。因此，联合可能性可以分解为

$$p(\boldsymbol{z}_t^V \mid \boldsymbol{y}_t)=\prod_{v\in V}p(\boldsymbol{z}_t^v \mid \boldsymbol{y}_t) \tag{10.22}$$

其中，$p(\boldsymbol{z}_t^v \mid \boldsymbol{y}_t)$ 为节点 v 观测的可能性。

由于全局可能性是可分解的，因此它的计算可以简化为节点的一组局部任务，然后是最终的网络聚合步骤。我们感兴趣的是一个粒子滤波的实现，它利用了这个因子分解并实现了分散的连续估计。由于无线传感器网络具有功率和带宽限制，因此分布式实现需要在交换值的数量上高效。

10.5.5 基于选择性 Gossip 的分布式粒子滤波

目前，我们提出了基于自适应粒子滤波的分布式粒子滤波算法。在这个算法中，网络中的每个节点都运行一个相同的粒子滤波器的拷贝，前提是以下两个条件保持不变。首先，节点上的测量是同步的，因此在同一时间索引中所做的测量反映了所有节点上的相同状态；其次，节点的随机数生成器是同步的(例如，节点使用与相同种子初始化的伪随机生成器)，这确保了在给定相同的加权粒子集作为输入时，节点会采样相同的值。这两个条件可以通过在序列估计之前执行分散的例程来实现。

实现分布式粒子滤波器的问题在于，全局权重依赖于 $\boldsymbol{z}_t^v$ 的测量，但每个节点 v 只能访问自己的 $\boldsymbol{z}_t^v$。我们通过利用全局可能性的因子分解来解决这一问题，并且将全局权重的计算简化为局部计算任务，需要进行乘法运算。本地任务可以在每个节点上独立执行，不需要了解其他节点的形式、噪声或校准细节。我们使用对数域的求和而不是乘法，它适用于分布式平均。

我们开始引入局部预权重 $\{\boldsymbol{\phi}_t^{v,(i)}\}_{i=1}^M$，其中 $\boldsymbol{\phi}_t^{v,(i)}=n\log p(\boldsymbol{z}_t^v \mid \boldsymbol{y}_t^{(i)})$。然后，粒子 i 的权重可以用局部预权值表示

$$w_t^{(i)}=\frac{\exp(\frac{1}{n}\sum_{v\in V}\boldsymbol{\phi}_t^{v,(i)})p(\boldsymbol{y}_t^{(i)} \mid \boldsymbol{y}_{t-1}^{(i)})}{q(\boldsymbol{y}_t \mid \boldsymbol{y}_{t-1}^{(i)})} \tag{10.23}$$

因此权重可以通过一个 M 维向量方程的平均来计算。在计算权重后，引导滤波器需要进行标准化和重采样，以便使粒子分布更均匀。特别地，重采样丢弃具有较低权重的粒子，并复制具有高权重的粒子。图 10.7 说明了一个以 $M=2\ 000$ 粒子运行的示例滤波器的粒子权重分布。大多数粒子的权重都很低，而且由于权重较低的粒子不被保留，通过分布式平均计算它们的价值就浪费了稀缺的网络资源。因此，我们只关心计算的权重，而不是计算所有权重

$\{w_t^{(i)}\}_{i=1}^M$。当然，难点在于节点不知道哪些权重来自于它们所拥有的局部信息。

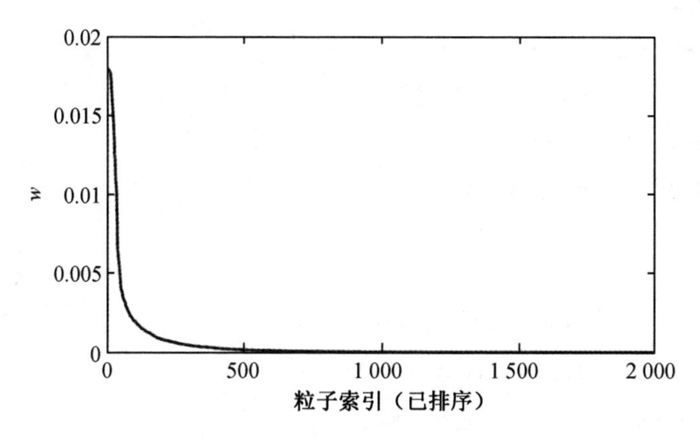

图 10.7　粒子权重分布，按照降序排列

我们建议使用选择性 Gossip (selective gossip) 来将交流集中在最高的 m 权重上。通过输入 n 个节点的局部预权重 $\{\boldsymbol{\phi}^v\}_{v=1}^n$，给定整数 m，选择性 Gossip 确定最高权重粒子的集合 $H_{\text{top-}m}$，并为每个节点提供了这些粒子的预权重估计 $\{\widetilde{\boldsymbol{\phi}}^{v,(H_{\text{top-}m})}\}_{v=1}^n$。

然后我们运行一个最大的 Gossip 程序，以确保所有的节点都有完全相同的值，即同样的预权重向量 $\hat{\boldsymbol{\phi}}^{(H_{\text{top-}m})}$。与选择性 Gossip 类似，最大 Gossip (max gossip) 基于异步时间模型和第 10.2 节给出的通信模型。当两个节点 u 和 v 执行最大 Gossip 迭代时，它们会以相同的方式识别元素，就像选择性 Gossip 一样。然而，最大 Gossip 不同于选择性 Gossip 的地方在于其不是平均的，节点取其之前值的最大值，即节点 u 和 v 通过设置

$$x_j^u(k) = x_j^v(k) = \max(x_j^u(k-1), x_j^v(k-1)) \tag{10.24}$$

更新元素 $j \in H_\tau^u(k-1) \cup H_\tau^v(k-1)$。

当所有节点在设置 $H_{\text{top-}m}$ 中都有相同的粒子预权重值时，它们就可以计算这些粒子的权重，并进行归一化和重采样。因为它们有同步的核，所以它们会在算法的每一步结束时采样相同的粒子并到达相同的加权粒子集合。算法 2 描述了完整的算法。

算法 2　基于选择性 Gossip 的分布式自举粒子滤波器

// 初始化，$t=1$

1. 对于每个节点 $v=1,\cdots,n$ 进行

(1) 对于每个粒子 $i=1,\cdots,M$ 进行

- 采样 $\boldsymbol{y}_1^{(i)} \sim q_1(\cdot)$
- 令 $\boldsymbol{\phi}^{v,(i)} = n\log p(\boldsymbol{z}_1^v \mid \boldsymbol{y}_1^{(i)})$

(2) 结束

2. 结束

3. $\{\widetilde{\boldsymbol{\phi}}^{v,(H_{\text{top-}m})}\}_{v=1}^n = \text{SelectiveGossip}(\{\boldsymbol{\phi}^v\}_{v=1}^n, m)$

4. $\{\hat{\boldsymbol{\phi}}^{(H_{\text{top-}m})}\}_{v=1}^n = \text{MaxGossip}(\{\widetilde{\boldsymbol{\phi}}^{v,(H_{\text{top-}m})}\}_{v=1}^n)$

5. 对于每个节点 $v=1,\cdots,n$ 进行

(1) 对于每个粒子 $i \in H_{\text{top-}m}$ 进行

$$\text{令 } w_1^{(i)} = \frac{\exp(\hat{\boldsymbol{\phi}}^{(i)})p(\boldsymbol{y}_1^{(i)})}{q_1(\boldsymbol{y}_1^{(i)})}$$

(2) 结束

(3) 归一化权重 $w_1^{(i)}$，满足 $\sum_{i \in H_{\text{top-}m}} w_1^{(i)} = 1$

(4) 重新采样 $\{\boldsymbol{y}_1^{(i)}, w_1^{(i)}\}_{i \in H_{\text{top-}m}}$ 来获得 $\left\{\boldsymbol{y'}_1^{(i)}, \frac{1}{M}\right\}_{i=1}^M$

6. 结束

// $t>1$ 时

7. 对于每个节点 $v=1,\cdots,n$ 进行

(1) 对于每个粒子 $i=1,\cdots,M$ 进行

- 令 $\boldsymbol{y}_{1:t-1}^{(i)} = \boldsymbol{y'}_{1:t-1}^{(i)}$
- 采样 $\boldsymbol{y}_t^{(i)} \sim q(\boldsymbol{y}_t \mid \boldsymbol{y}_{t-1}^{(i)})$
- 令 $\phi^{v,(i)} = n\log p(\boldsymbol{z}_t^v \mid \boldsymbol{y}_t^{(i)})$

(2) 结束

8. 结束

9. $\{\widetilde{\boldsymbol{\phi}}^{v,(H_{\text{top-}m})}\}_{v=1}^n = \text{SelectiveGossip}(\{\boldsymbol{\phi}^v\}_{v=1}^n, m)$

10. $\{\hat{\boldsymbol{\phi}}^{v,(H_{\text{top-}m})}\}_{v=1}^{n} = \text{MaxGossip}(\{\tilde{\boldsymbol{\phi}}^{v,(H_{\text{top-}m})}\}_{v=1}^{n})$

11. 对于每个节点 $v = 1,\cdots,n$ 进行

(1) 对于每个粒子 $i \in H_{\text{top-}m}$ 进行

令 $w_t^{(i)} = \dfrac{\exp(\hat{\boldsymbol{\phi}}^{(i)})\,p(\boldsymbol{y}_{t-1}^{(i)})}{q(\boldsymbol{y}_t \mid \boldsymbol{y}_{t-1}^{(i)})}$

(2) 结束

(3) 归一化权重 $w_t^{(i)}$，满足 $\sum_{i \in H_{\text{top-}m}} w_t^{(i)} = 1$

(4) 重新采样 $\{\boldsymbol{y}_{1:t}^{(i)}, w_t^{(i)}\}_{i=1}^{M}$ 来获得 $\left\{\boldsymbol{y}'^{(i)}_{1:t}, \dfrac{1}{M}\right\}_{i=1}^{M}$

12. 结束

10.5.6　数值例子：机动目标 bearings-only 分布式跟踪

为了评估我们的方法的性能，我们研究了一个分布式跟踪场景，其中一个机动目标由一个轴承传感器网络来监控。这种基于角度测量的跟踪方案通常被称为 bearings-only 跟踪（有时也在文献中被称为被动测距和目标运动分析[27]）。

我们考虑一个二维的设置，其中轴承被定义为从笛卡尔平面垂直轴到观察者和目标之间的视线的角度。轴承角度以顺时针方向测量为正。时间 t 的目标状态是

$$\boldsymbol{y}_t = [y_{t,1} \quad y_{t,2} \quad \dot{y}_{t,1} \quad \dot{y}_{t,2}]^{\mathrm{T}} \tag{10.25}$$

其中，$y_{t,1}$ 和 $y_{t,2}$ 对应在笛卡尔平面坐标的位置 X 和 Y；$\dot{y}_{t,1}$ 和 $\dot{y}_{t,2}$ 是在这些坐标下的速度值。观测传感器节点 $v \in V$ 的状态也被定义为 $\boldsymbol{y}_t^v = [y_1^v \quad y_2^v \quad 0 \quad 0]^{\mathrm{T}}$。注意，速度值等于零，因为传感器节点是静态的。我们假设每个节点都知道它的状态。用 z_t^v 对时间 t 的节点 v 进行了测量。

机动目标的动力学建模采用三种不同的运动模型[28]。我们假设，在任何时候，目标都有下列运动之一：(1) 恒定速度（CV）；(2) 顺时针协调旋转（CT）；(3) 逆时针协调旋转（CCT）。目标根据有 p_{CV}、p_{CT} 和 p_{CCT} 概率的这三种运动模型运动。我们还假设，两个协调的旋转的概率是相等的，即 $p_{\text{CT}} = p_{\text{CCT}}$，并且没有其他的运动，即 $p_{\text{CV}} + p_{\text{CT}} + p_{\text{CCT}} = 1$。

在 $t+1$ 时刻的状态可以被表示成前一状态 $\boldsymbol{y}_t$ 和过程噪声 $\boldsymbol{v}_t$ 的函数

$$\boldsymbol{y}_{t+1} = \boldsymbol{F}_t^j \boldsymbol{y}_t + \boldsymbol{G}\boldsymbol{v}_t \tag{10.26}$$

其中，$\boldsymbol{F}_t^j$ 是与运动模型一致的转移矩阵，$j \in \{1,2,3\}$ 且

$$\boldsymbol{G} = \begin{bmatrix} T^2/2 & 0 \\ 0 & T^2/2 \\ T & 0 \\ 0 & T \end{bmatrix} \tag{10.27}$$

这里 T 是采样间隔，$\boldsymbol{v}_t \sim N(0, \sigma_a \boldsymbol{I}_{2\times 2})$，$\sigma_a$ 为标量。对应恒速模型的转移矩阵为

$$\boldsymbol{F}_t^1 = \begin{bmatrix} 1 & 0 & T & 0 \\ 0 & 1 & 0 & T \\ 0 & 0 & 1 & 0 \\ 0 & 0 & 0 & 1 \end{bmatrix} \tag{10.28}$$

然而，协调的转变模型受下式控制：

$$\boldsymbol{F}_t^j = \begin{bmatrix} 1 & 0 & \dfrac{\sin(\Omega_t^{(j)} T)}{\Omega_t^{(j)}} & -\dfrac{1-\cos(\Omega_t^{(j)} T)}{\Omega_t^{(j)}} \\ 0 & 1 & \dfrac{1-\cos(\Omega_t^{(j)} T)}{\Omega_t^{(j)}} & \dfrac{\sin(\Omega_t^{(j)} T)}{\Omega_t^{(j)}} \\ 0 & 0 & \cos(\Omega_t^{(j)} T) & -\sin(\Omega_t^{(j)} T) \\ 0 & 0 & \sin(\Omega_t^{(j)} T) & \cos(\Omega_t^{(j)} T) \end{bmatrix}, \quad j = 2,3 \tag{10.29}$$

顺时针方向和逆时针方向旋转的旋转速度为

$$\Omega_t^2 = \frac{a}{\sqrt{(\dot{y}_{t,1})^2 + (\dot{y}_{t,2})^2}}, \quad \Omega_t^3 = -\frac{a}{\sqrt{(\dot{y}_{t,1})^2 + (\dot{y}_{t,2})^2}} \tag{10.30}$$

其中，$a > 0$ 是机动加速度参数。注意，转化率是状态的非线性函数。

角度测量也是状态的非线性函数。对节点 v 在 t 时刻的测量建模为

$$z_t^v = \arctan\left(\frac{y_{t,1} - y_{t,1}^v}{y_{t,2} - y_{t,2}^v}\right) + w_t \tag{10.31}$$

其中，$w_t \sim N(0, \sigma_\theta^2)$ 是测量噪声。

考虑一个 $n = 49$ 个传感器节点的网络，形成一个网格拓扑结构。该网络的面积为 1 km^2。目标的初始状态是

$$\boldsymbol{y}_1 = [702\ \mathrm{m} \quad 621\ \mathrm{m} \quad 10\ \mathrm{m/min} \quad 80\ \mathrm{m/min}]^{\mathrm{T}} \tag{10.32}$$

目标航迹为 $t_{\max} = 20$ min 的航迹，传感器位置和目标航迹如图 10.8 所示。

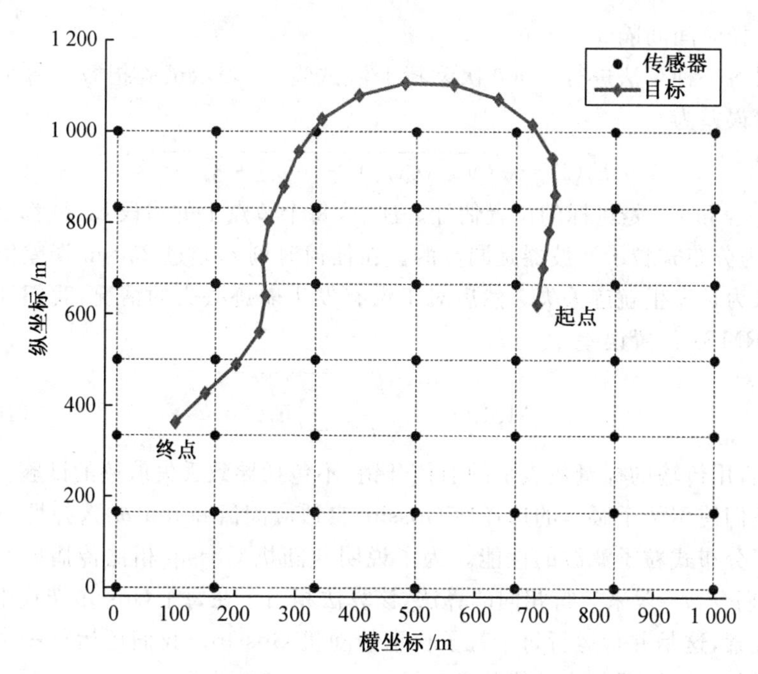

图 10.8　传感器网络和目标航迹。虚线表示传感器之间的无线通信链路。目标移动 20 min,标记显示其在每分钟开始时的位置。航迹的开始和结束点也有标记

每个节点上的粒子滤波器初始化时,在目标的初始状态以相同的分布为中心[28]。特别地,我们假定事先知道目标的初始距离、速度和航线(即与笛卡尔平面垂直轴的角度)。状态的位置部分使用最接近传感器在 $t=1$ 时刻的轴承测量记录和初始距离 $\hat{r}_1$ 来进行初始化。我们假设 $\hat{r}_1 \sim N(r_1, \sigma_r^2)$,其中 r_1 为初始的真实目标距离,且 $\sigma_r^2 = r_1/8$。同样,状态的速度部分使用初始速度 $\hat{s}_1$ 和初始航迹 $\hat{c}_1$ 来进行初始化。我们假设 $\hat{s}_1 \sim N(s_1, \sigma_s^2)$,$s_1$ 是目标真实初始速度且 $\sigma_s^2 = s_1/8$。同样 $\hat{c}_1 \sim N(c_1, \sigma_c^2)$,$c_1$ 是真实初始航迹且 $\sigma_c^2 = \pi/\sqrt{6}$。注意,此初始化适用于许多问题,但也可能需要目标获取,这超出了本章的范围。

我们使用以下参数对目标运动建模:过程噪声 $\sigma_a = 0.1$,加速度 $a = 30$,恒定速度模型的概率 $p_{\mathrm{CV}} = 0.6$,顺时针或逆时针概率 $p_{\mathrm{CT}} = p_{\mathrm{CCT}} = 0.2$。

采用标准偏差为 $\sigma_\theta = 3^\circ$ 的加性高斯噪声对节点进行测量。我们假设节点的感知距离有限,即,它们只能为其感应距离内的目标提供方位测量。每个节点的感知距离设置为 200 m,比两个水平或垂直相邻节点之间的距离略长。测量仅由具有在其感应距离内的目标位置的当前估计值的节点决定。对于图 10.8 中给出的航迹,在每一个时间步长上最多有 4 个传感器进行测

量。采样时间间隔 $T=1$ min。

对每一种算法进行 1 000 次蒙特卡洛试验。l 表示试验指数。每个试验的位置误差为

$$E_t(l)=\sqrt{(\hat{y}_{t,1}-y_{t,1})^2+(\hat{y}_{t,2}-y_{t,2})^2} \tag{10.33}$$

其中，$\hat{y}_{t,1}$ 和 $\hat{y}_{t,2}$ 是目标的位置估计。注意，每个节点上的错误 $E_t(l)$ 都是相同的，因为分布式粒子滤波器是同步的。在任何时刻 t，超过 250 m 误差值的试验被认为是发生航迹丢失。然后对于没有发生航迹丢失的情况，我们计算均方根(RMS) 位置误差

$$\mathrm{RMSE}(l)=\sqrt{\frac{1}{t_{\max}}\sum_{t=1}^{t_{\max}}E_t(l)^2} \tag{10.34}$$

类似地，用传输的标量数表示的通信开销，不包括导致丢失航迹的试验。

我们使用两个版本的选择性 Gossip：自适应阈值和 top-m 选择性 Gossip 比较了分布式粒子滤波的性能。为了说明与随机 Gossip 相比传播成本的减少，我们令 $m=N$ 来运行相同的算法，该算法相当于在每个 Gossip 迭代中更新每个元素，这是并行运行每个粒子权重的随机 Gossip。我们还运行一个集中式自举粒子滤波器作为性能基准。

此外，我们还仿真了两种选择性 Gossip。第一个版本，称为透视阈值选择性 Gossip，代表了所有节点都清楚地知道对应于平均一致向量的最大的第 m 个元素的阈值的情况，这是通过设置 $\tau=\bar{x}_{(m)}$ 的初始化算法。第二个版本，称为透视 top-m 选择性 Gossip，代表了每个节点都清楚地知道矩阵 $H_{\text{top-}m}$ 的索引，并且只更新这些元素的情况。这是通过在所有节点 $v\in V$ 和所有迭代次数 k，使 $H^{v}_{\text{top-}m}(k)=H_{\text{top-}m}$ 获得的。分布式滤波计算采用 n^2 次选择性 Gossip 迭代和 $10n$ 次最大 Gossip 迭代。

对 $M=2\,000$ 和 $m=500$ 个粒子，表 10.1 显示平均 RMSE、航迹丢失百分比和每个粒子滤波的标量传输量。top-m 选择性 Gossip 与透视算法的性能非常接近，比自适应阈值选择性 Gossip 要好。自适应阈值选择性 Gossip 在传输更多的标量时丢失了很大一部分航迹。top-m 选择性 Gossip 也提供了类似于随机 Gossip 的性能，既包括错误，也包括航迹丢失，同时减少了超过三倍的通信开销。图 10.9 展示了集中式和分布式粒子滤波器的样本航迹，特别是每个滤波器的 RMS 性能取中值时的航迹。

表 10.1　对 $M=2\ 000$ 和 $m=500$ 的集中式自举粒子滤波器和分布式粒子滤波器的性能比较

算法	平均 RMSE	跟踪损失	标量
集中式自举	10.28±6.4	0.1	—
自适应阈值选择性 Gossip	11.05±9.0	6.3	3.90×10^6
透视阈值选择性 Gossip	11.09±7.9	0.5	4.41×10^6
top-m 选择性 Gossip	11.01±7.2	0.8	2.85×10^6
透视 top-m 选择性 Gossip	10.92±8.2	1.0	2.40×10^6
随机 Gossip	11.17±8.8	0.3	9.60×10^6

注:对于每个滤波器的平均 RMS 位置误差±标准差,跟踪损失百分比,传播标量的数量被列出

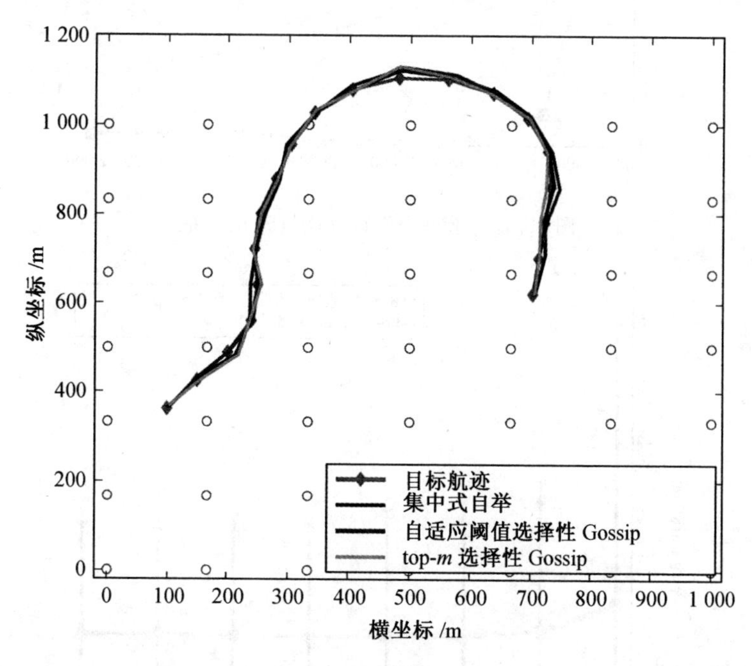

图 10.9　每个滤波器的中值 RMS 位置误差对应的目标航迹和样本航迹(坐标轴距离值单位是 m)

其次,我们研究了 m 对具有自适应阈值的分布式粒子滤波器性能的影响,并对其进行了最优选择。注意,增加 m 会增加通信开销。图 10.10 显示了航迹丢失百分比与 m 的函数。图 10.11 显示了未发生航迹丢失时的 RMS 位置错误的平均值。我们可以看到,具有 top-m 选择性 Gossip 的分布式粒子

滤波器,其 m 值在 500 以上时性能良好。综上所述,这些结果表明,与自适应阈值选择性 Gossip 相比,具有 top-m 选择性 Gossip 的分布式粒子滤波器在航迹丢失和 RMS 误差性能方面具有显著的提高。

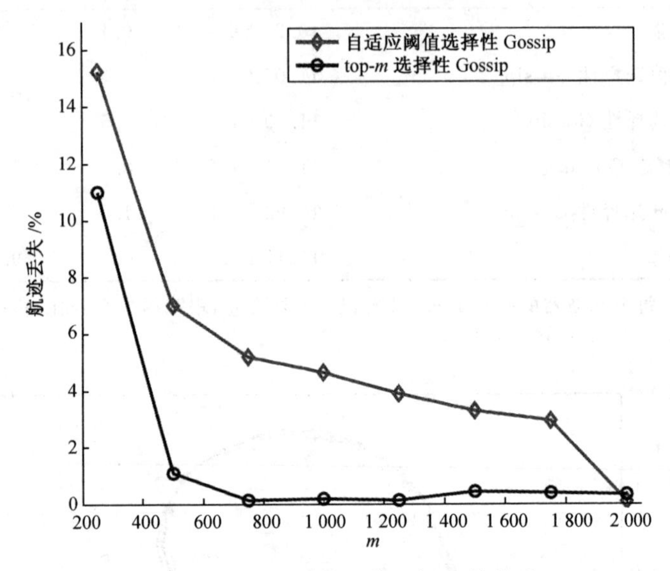

图 10.10　航迹丢失百分比与 m 的关系

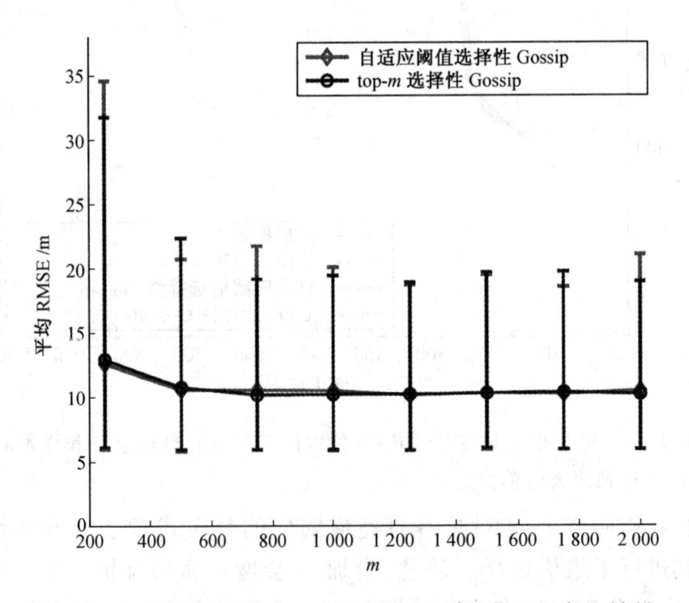

图 10.11　平均 RMSE 与 m 的关系。95%置信区间条也被描述(这些区间条的端点对应于 5%和 95%)

10.6 结　　论

无线传感器网络的许多复杂信号处理任务可以用向量值网络数据的分布式平均来制定，这些数据的矩阵可能是高维的。标准的 Gossip 算法通常被描述为平均标量，可以很容易地通过传递所有向量的元素扩展到向量的情况。然而，这在应用程序中效率很低，因为只有很小一部分的平均向量的元素是重要的。这一章提出了选择性 Gossip，一种通过自适应地将通信资源集中在对正在进行交换的节点具有重要意义的元素上，从而减少了交换数据的维数的算法。我们证明，关注局部重要的数据，节点可以渐近地确定平均向量的重要元素的位置，并对这些元素的值达成一致。为了研究与随机 Gossip 相比的通信开销，我们进行了仿真研究。研究结果表明，选择性 Gossip 在传播的标量数量方面提供了显著的沟通节省。在本章的 10.5 节，我们提出了一个分布式的粒子滤波器。在具有轴承传感器的目标跟踪情况下，展示了使用我们的算法实现的分布式粒子滤波器提供了与集中式自举粒子滤波器相当的结果，同时与使用随机 Gossip 来分配滤波器计算相比降低了通信开销。

我们的研究结果表明，选择性 Gossip 为无线传感器网络应用提供了一种分散化和高效的构建模块。特别是，top-m 选择性 Gossip 可能更令人关注，因为它有收敛保证。在我们的仿真设置中这个版本还提供了更好的航迹跟踪性能。请注意，我们在随机 Gossip 的基础上提出了选择性 Gossip，但它可以用其他的 Gossip 算法来实现，比如同步 Gossip 算法和在文献中提供的运算速度更快的成对 Gossip 算法。

未来的工作包括调查选择性 Gossip 的收敛速度。由于每次迭代更新的元素取决于该迭代中网络中的向量，因此用于量化随机 Gossip 的收敛速度的标准方法并不适用。

本章参考文献

[1] Bénézit F，Dimakis A，Thiran P，Vetterli M（2007）Gossip along the way：Order-optimal consensus through randomized path averaging. In：Proceedings of the Allerton Conference on Communication，Control，and Computing，Monticello

[2] Bertsekas DP，Tsitsiklis JN（1997）Parallel and distributed computation：Numerical methods. Athena Scientific，Belmont

[3] Boyd S, Ghosh A, Prabhakar B, Shah D (2006) Randomized gossip algorithms. IEEE Trans Info Theory 52(6):2508-2530

[4] Cappé O, Moulines E, Ryden T (2005) Inference in hidden Markov models. Springer-Verlag, New York

[5] Coates M (2004) Distributed particle filters for sensor networks. In: Proceedings of the International Symposium on Information Processing in Sensor Networks (IPSN), Berkeley

[6] Dimakis A, Sarwate A, Wainwright M (2006) Geographic gossip: Efficient aggregation for sensor networks. In: Proceedings of the International Conference on Information Processing in Sensor Networks (IPSN), Nashville

[7] Dimakis AG, Kar S, Moura JMF, Rabbat MG, Scaglione A (2010) Gossip algorithms for distributed signal processing. Proc IEEE 98(11): 1847-1864

[8] Doucet A, de Freitas N, Gordon N (eds) (2001) Sequential Monte Carlo methods inpractice. Springer-Verlag, New York

[9] Doucet A, Johansen M (2010) Oxford handbook of nonlinear filtering, chapter A tutorial on particle filtering and smoothing: fifteen years later. Oxford University Press, to appear

[10] Farahmand S, Roumeliotis SI, Giannakis GB (2011) Set-membership constrained particle filter: Distributed adaptation for sensor networks. IEEE Trans Signal Process 59(9):4122-4138

[11] Gordon NJ, Salmond DJ, Smith AFM (1993) Novel approach to nonlinear/non-Gaussian Bayesian state estimation. IEE Proc-F 140(2): 107-113

[12] Grimmett GR, Stirzaker DR (2001) Probability and random processes. Oxford University Press, New York

[13] Gu D (2007) Distributed particle filter for target tracking. In: Proceedings IEEE International Conference on Robotics and Automation, Rome

[14] Gupta P, Kumar PR (2000) The capacity of wireless networks. IEEE Trans Info Theory 46(2):388-404

[15] Handschin JE, Mayne DQ (1969) Monte Carlo techniques to estimate the conditional expectation in multi-stage non-linear filtering. Int J

Control 9(5):547-559

[16] Hendrickx JM, Tsitsiklis JN (2011) Convergence of type-symmetric and cut-balanced consensus seeking systems. Submitted; available at http://arxiv.org/abs/1102.2361

[17] Hlinka O, Sluciak O, Hlawatsch F, Djurić PM, Rupp M (2010) Likelihood consensus: Principles and application to distributed particle filtering. In: The forty fourth Asilomar Conference on Signals, Systems and Computers (ASILOMAR)

[18] Jadbabaie A, Lin J, Morse AS (2003) Coordination of groups of mobile autonomous agents using nearest neighbor rules. IEEE Trans Autom Control 48(6):988-1001

[19] Kokiopoulou E, Frossard P (2009) Polynomial filtering for fast convergence in distributed consensus. IEEE Trans Signal Process 57(1): 342-354

[20] Lee SH, West M (2009) Markov chain distributed particle filters (MCDPF). In: Proceedings of the IEEE Conference on Decision and Control, Shanghai

[21] Mohammadi A, Asif A (2011) Consensus-based distributed unscented particle filter. In: Proceedings of the IEEE Statistical Signal Processing Workshop (SSP), 237-240

[22] Nedić A, Ozdaglar A (2009) Distributed subgradient methods for multi-agent optimization. IEEE Trans Autom Control 54(1):48-61

[23] Olfati-Saber R, Fax JA, Murray RM (2007) Consensus and cooperation in networked multiagent systems. Proc IEEE 95(1):215-233

[24] Oreshkin BN, Coates MJ, Rabbat MG(2010)Optimization and analysis of distributed averaging with short node memory. IEEE Trans Signal Process 58(5):2850-2865

[25] Oreshkin BN, Coates MJ (2010) Asynchronous distributed particle filter via decentralized evaluation of Gaussian products. In: Proceedings of the ISIF International Conference on Information Fusion, Edinburgh

[26] Rabbat M, Nowak R, Bucklew J (2005) Robust decentralized source localization via averaging In: Proceedings of the IEEE International Conference on Acoustics, Speech, and Signal Processing (ICASSP). Philadelphia

[27] Ristic B, Arulampalam MS (2003) Tracking a manoeuvring target using angle-only measurements: algorithms and performance. Signal Process 83(6):1223-1238

[28] Ristic B, Arulampalam S, Gordon N (2004) Beyond the Kalman filter: particle filters for tracking applications. Artech House, Norwood, MA, USA

[29] Sheng X, Hu Y-H, Ramanathan P (2005) Distributed particle filter with GMM approximation for multiple targets localization and tracking in wireless sensor network. In: Proceedings of the International Symposium on Information Processing in Sensor Networks (IPSN), Los Angeles

[30] Sundhar Ram S, Veeravalli VV, Nedić A (2010) Distributed and recursive parameter estimation in parametrized linear state-space models. IEEE Trans Autom Control 55(2):488-492

[31] Touri B (2011) Product of random stochastic matrices and distributed averaging. PhD thesis, Univeristyof Illinois at Urbana-Champaign

[32] Tsitsiklis JN (1984) Problems in decentralized decision making and computation. PhD Thesis, MIT

[33] Tsitsiklis JN, Bertsekas DP, Athans M (1986) Distributed asynchronous deterministic and stochastic gradient optimization algorithms. IEEE Trans Autom Control 31(9):803-812

[34] Üstebay D, Castro R, Rabbat M (2011) Efficient decentralized approximation via selective gossip. IEEE J Sel Top Sign Proc 5(4):805-816

[35] Üstebay D, Oreshkin B, Coates M, Rabbat M (2008) Rates of convergence for greedy gossip with eavesdropping. In: Proceedings of the Allerton Conference on Communication, Control, and Computing. Monticello, pp 367-374

[36] Üstebay D, Rabbat M Efficiently reaching consensus on the largest entries of a vector. In: IEEE Conference on Decision and Control (CDC) '12, Maui, HI, USA

[37] Xiao L, Boyd S (2004) Fast linear iterations for distributed averaging. Syst Control Lett 53(1):65-78

[38] Zhao F, Shin J, Reich J (2002) Information-driven dynamic sensor collaboration. IEEE Signal Process Mag 19(2):61-72

第 11 章 稀疏信号序列的递归重构

本章主要描述近似稀疏信号的时间序列利用少量线性投影观测值进行重构的迭代算法。信号在某变换域稀疏,该变换域称为稀疏基,信号的稀疏模式(稀疏系数的支撑集)随时间变化。通过递归,仅使用先前信号的估计值和当前观测值得到当前信号的估计值。我们简要总结无噪声条件下的准确重构结果和存在噪声条件下的误差范围及误差稳定性结果(在重构误差不随时间变化且误差范围较小的条件下),并讨论相关工作的关系。对于上述问题,一个典型应用是动态磁共振成像(MRI)的实时医学应用,如介入放射学和磁共振成像引导手术,或利用 MRI 跟踪脑功能变化。人体脑部、心脏、喉部或其他器官的横截面图像是分段光滑的,因此在小波域近似稀疏。在一个时间序列中,它们的稀疏模式随时间进行非常缓慢的变化,对于信号非零部分也是如此。这个简易事实在我们工作中首次被发现,是我们提出迭代算法的关键原因,其利用少量观测值实现精确或准确的重构。

11.1 引　　言

本章主要描述有关近似稀疏信号的时间序列利用少量线性投影观测值进行重构的迭代算法设计与分析的近期研究工作。信号在某变换域稀疏,该变换域称为稀疏基,信号的稀疏模式(稀疏系数的支撑集)随时间变化。对于上述问题,一个典型应用是动态磁共振成像(MRI)的实时医学应用,如介入放射学和磁共振成像引导手术,或利用 MRI 跟踪脑功能变化。MRI 是用于横截面成像的技术,其连续地捕获要重构的横截面的 2D 傅里叶投影。大脑、心脏、喉或其他人体器官图像的横截面图像通常是分段平滑的,如图 11.1 所示,因此其在小波域中是近似稀疏的。在时间序列中,稀疏模式随时间缓慢变化。通常信号取值也随时间逐渐改变。通过图 11.1 中的喉和心脏 MRI 序列证明这一结论。

由于磁共振数据采集是连续的,因此以较少测量值精确重构的能力可以直接转换为减少扫描时间。较短的扫描时间以及在线(因果)和快速(递归)重构使快速变化的生理现象实时成像成为可能。实时成像的其他应用还包括实时单像素视频成像[1],实时视频压缩/解压缩、基于时变场感知的实时传感器网络[2]、利用递归投影压缩感知理论(CS)从缓慢变化的背景图像序列(在低维空间中较好建模[3])中提取前景图像序列(稀疏图像)[4,5]。对于其他潜在应用见文献[6,7]。

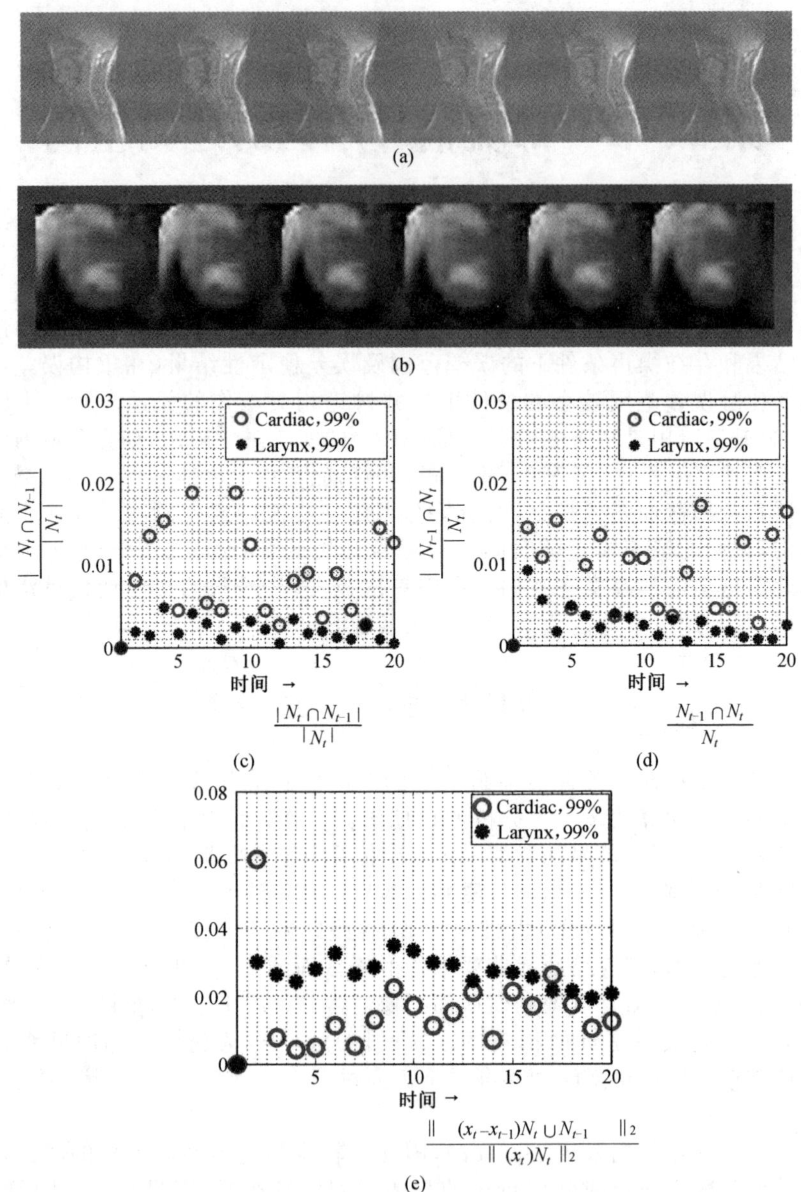

图 11.1　图(a)和(b)表示两个 MRI 图像序列：心脏和喉部序列。图(c)～(e)中，x_t 表示在 t 时刻心脏或喉部图像的两级 Daubechies-4 二维离散小波变换(DWT)，集合 N_t 为其 99%能量支持(最小集合包含 99%的向量能量)。稀疏度为图像尺寸的 6%～7%。图(c)表示信号值变化图，由图可知，所有支撑集变化(添加和删除)均小于稀疏度的 2%。此外，几乎所有信号值变化都小于 $\| (x_t) N_t \|_2$ 的 4%

自从近期引入压缩感知(CS)[8-10],关于静态稀疏重构问题的研究已较为深入,但用于动态问题的大多数现有算法只是利用 CS 一次性联合重构整个时间序列[11-13]。这是一个非常复杂的离线和批处理解决方案。作为替代,每个时间单独进行 CS(简单 CS)是在线和快速的,但需要更多测量值。其问题在于:对于稀疏信号的时间序列,我们如何获得递归解决方案,通过利用过去的观测来提高简单 CS 的精度,并且保持与简单 CS 相同的计算复杂度(因此远低于批处理方法复杂度)? 特别是,我们如何利用缓慢或相关的稀疏模式变化和某些情况下的缓慢信号值变化解决问题? 通过"递归",我们是指仅使用先前信号估计和当前时间的当前观测向量的解决方案。

该问题在文献[14]中首次被研究,并提出了一种称为卡尔曼滤波压缩感知(KF-CS)的解决方法。在后期工作中,详细分析了最小二乘 CS 残差(LS-CS)方法,是 KF-CS 的一种更简单的特殊情况[15];并介绍了更强大的方法,如修正-CS[16,17]、修正-CS-残差[18,19]和正则化修正 CS[20,21],并得到性能保证:在无噪声条件下的精确恢复条件[16,17,21]和在噪声情况下的时不变的误差界限(稳定性)[15,22]。在接下来的几节中将描述上述所有方法。首先,简短介绍稀疏恢复和压缩感知的背景知识,然后针对上述问题给出正式问题定义,并讨论相关工作。

11.2　符号表示和稀疏恢复背景

11.2.1　符号表示

T^c 表示 T 的互补,T 关于$[1,m]:=[1,2,\cdots,m]$,即 $T^c:=\{i\in[1,m]:i\notin T\}$。符号$|T|$表示集合 T 的大小(基数)。集合操作 $\cup$、$\cap$ 和 $\setminus$ 具有通常的含义。

对于向量 $\boldsymbol{v}$ 和集合 T,$\boldsymbol{v}_T$ 表示长度为$|T|$的子向量,包含对应于集合 T 中的索引的 $\boldsymbol{v}$ 的元素。此外,$\|\boldsymbol{v}\|_k$ 表示向量 $\boldsymbol{v}$ 的 l_k 范数。当 $k=0$ 时,$\|\boldsymbol{v}\|_0$ 表示向量 $\boldsymbol{v}$ 中非零元素的个数。若仅表示为 $\|\boldsymbol{v}\|$,则指的是 $\|\boldsymbol{v}\|_2$。

对于矩阵 $\boldsymbol{M}$,$\|\boldsymbol{M}\|_k$ 表示 $\boldsymbol{M}$ 的诱导 k 范数,$\|\boldsymbol{M}\|$ 指的是 $\|\boldsymbol{M}\|_2$,$\boldsymbol{M}'$ 表示 $\boldsymbol{M}$ 的转置,$\boldsymbol{M}^\dagger$ 表示 $\boldsymbol{M}$ 的广义逆矩阵。对于高矩阵(tall matrix) $\boldsymbol{M}$,$\boldsymbol{M}^\dagger:=(\boldsymbol{M}'\boldsymbol{M})^{-1}\boldsymbol{M}'$。对于胖矩阵(fat matrix)$\boldsymbol{A}$,$\boldsymbol{A}_T$ 表示通过提取与 T 中索引相对应的 $\boldsymbol{A}$ 的列向量组成的子矩阵。

矩阵 $\boldsymbol{A}$ 的受限等距常数(RIC)δ_S 是满足下式的最小的实数[10]:

$$(1-\delta_S)\|\boldsymbol{c}\|^2 \leqslant \|\boldsymbol{A}_{T^c}\|^2 \leqslant (1+\delta_S)\|\boldsymbol{c}\|^2 \qquad (11.1)$$

其中，$T\subseteq[1,m]$是满足基数$|T|\leqslant S$的任意子集，$\boldsymbol{c}$是满足长度为$|T|$的任意实向量。容易看出$\|\boldsymbol{A}'_T\boldsymbol{A}_T\|\leqslant(1+\delta_S)$，$\|(\boldsymbol{A}'_T\boldsymbol{A}_T)^{-1}\|\leqslant 1/(1-\delta_S)$和$\|\boldsymbol{A}_T^{\dagger}\|\leqslant 1/\sqrt{(1-\delta_S)}$。

矩阵$\boldsymbol{A}$的受限正交常数(ROC)[10] $\theta_{S,S'}$为满足下式的最小实数：

$$|\boldsymbol{c}'_1\boldsymbol{A}'_{T_1}\boldsymbol{A}_{T_2}\boldsymbol{c}_2 \leqslant \theta_{S,S'}\|\boldsymbol{c}_1\|\|\boldsymbol{c}_2\| \qquad (11.2)$$

其中，T_1、$T_2\subseteq[1,m]$是满足$|T_1|\leqslant S$，$|T_2|\leqslant S'$，$S+S'\leqslant m$的任意不相交集合；$\boldsymbol{c}_1$、$\boldsymbol{c}_2$是长度分别为$|T_1|$和$|T_2|$的任意向量。

11.2.2 稀疏恢复背景

稀疏恢复问题已经进行了较长时间的研究，见文献[23－25]。稀疏恢复的目标，或者现在可以称之为压缩感知的目标，是从其少量的线性投影测量值中恢复稀疏信号。确切地说，我们想利用$\boldsymbol{y}:=\boldsymbol{A}\boldsymbol{x}$恢复长度为$m$的稀疏向量$\boldsymbol{x}$，稀疏度为$s$，或者存在噪声情况下利用表达式$\boldsymbol{y}:=\boldsymbol{A}\boldsymbol{x}+\boldsymbol{w}$，$\boldsymbol{A}$为胖矩阵(列大于行的矩阵)。在无噪声情况下，如果在满足$\boldsymbol{y}=\boldsymbol{A}\boldsymbol{b}$的所有向量中找到最稀疏向量$\boldsymbol{b}$，则解决稀疏恢复问题，即求解下式：

$$\min_{\boldsymbol{b}}\|\boldsymbol{b}\|_0 \quad \text{s.t.} \quad \boldsymbol{y}=\boldsymbol{A}\boldsymbol{b}$$

且$\boldsymbol{A}$任意两列是线性无关的。寻找最稀疏向量需要组合搜索，因此具有m^s阶的复杂度[10]。s的复杂度使得对任意合理尺寸的问题直接求解是不实际的。该问题的实际(多项式复杂性)解决方法包含：(1)最小l_1范数法(将l_0范数替换为l_1范数，其是使该问题变为凸优化问题的最接近l_0的范数)，例如基追踪法和其噪声松弛——基追踪降噪法(BPDN)[24,26,27]，Dantzig选择器[28]等；(2)贪婪方法，如匹配追踪[23]、正交匹配追踪[29]及其他许多方法[30,31]；(3)其他各种近期提出的方法。尽管这些方法自20世纪90年代以来已被提出和使用，但是最近对压缩感知的研究为它们提供了强大的性能保证：精确恢复条件[8-10]和重构边界错误时，精确恢复是不可能的[26-28]。

11.3 问题定义与相关工作

这里解释的递归重构问题首先在2008年ICIP关于卡尔曼滤波压缩感知(KF-CS)的论文中引入[14]。令$(\boldsymbol{z}_t)_{m\times 1}$表示$t$时刻的空间信号$(\boldsymbol{y}_t)_{n\times 1}$，其中$n<m$，表示在$t$时刻的含噪声的观测向量，即$\boldsymbol{y}_t=\boldsymbol{H}\boldsymbol{z}_t+\boldsymbol{w}_t$，其中$\boldsymbol{w}_t$是观测噪声，$\boldsymbol{H}$是观测矩阵。信号$\boldsymbol{z}_t$在给定稀疏基(如小波基)下是稀疏的，稀疏基是

正交基矩阵 $\boldsymbol{\Phi}_{m\times m}$，即 $\boldsymbol{x}_t := \boldsymbol{\Phi}'\boldsymbol{z}_t$ 是稀疏向量。因此，观测模型可以写为

$$\boldsymbol{y}_t = \boldsymbol{A}\boldsymbol{x}_t + \boldsymbol{w}_t,\quad \boldsymbol{A} := \boldsymbol{H\Phi} \tag{11.3}$$

假设 $\boldsymbol{A}$ 具有单位标准列。我们研究无噪声情况（即 $\boldsymbol{w}_t=\boldsymbol{0}$）和有界噪声情况，即 $\|\boldsymbol{w}_t\|_2 \leqslant \epsilon$，$N_t$ 表示 $\boldsymbol{x}_t$ 的支撑集，即

$$N_t := \mathrm{supp}(\boldsymbol{x}_t) = \{i : (\boldsymbol{x}_t)_i \neq 0\}$$

目标是利用 $\boldsymbol{y}_1,\cdots,\boldsymbol{y}_t$ 递归地估计 $\boldsymbol{x}_t$（或等价信号 $\boldsymbol{z}_t=\boldsymbol{\Phi x}_t$）。通过递归，仅利用 $\boldsymbol{y}_t$ 和 $t-1$ 时刻的估计值 $\hat{\boldsymbol{x}}_{t-1}$ 计算 t 时刻的估计值。需要满足以下两个假设条件之一或两者均满足情况下进行上述过程。

1. 支撑集变化缓慢

在所有时刻 t 支撑集添加 $|N_t\backslash N_{t-1}| \leqslant S_a \ll |N_t|$，和支撑集删除 $|N_{t-1}\backslash N_t| \leqslant S_a \ll |N_t|$，这个假设在图 11.1 中 MRI 序列中得到验证。

2. 信号取值变化缓慢

非零信号值的幅度也随时间缓慢变化，即 $\|(\boldsymbol{x}_t - \boldsymbol{x}_{t-1})_{N_t}\|_2 \ll \|(\boldsymbol{x}_t)_{N_t}\|_2$，这个假设同样在图 11.1 中得到验证。

首先考虑只有第一个假设成立的问题类型。在该假设下，上述问题可以重新描述为在部分支撑集知识存在下的稀疏重构。使用先前时刻得到的支撑集估计 $\hat{N}_{t-1}$ 作为“部分支撑集知识”。11.4 节将详细描述该问题和其提出的解决方案。如果两个假设都成立，上述问题可以重新描述为基于部分支撑集和信号值知识的稀疏重构，这将在第 11.5 节中讨论。性能保证（精确重构结果、误差界限和时不变误差界限的条件）在 11.6 节中简要讨论，一些有趣的实验结果在 11.7 节中展示。11.8 节将给出本章结论。

相关工作

递归重构问题首先在文献[14]中被研究。在此之前，处理稀疏信号的时间序列的唯一方法是批处理方法[11-13]或 Reddy 等人[67]提出的方法，其将 CS 应用于差分测量仅仅为了重构差分信号（称为 CS-diff）。为了重构原始信号序列，随着时间的推移，这将是不稳定的，除非差分信号比原始信号稀疏得多，而这个假设通常在实际中是不成立的[17]。

在文献[32]中研究了 KF-CS 的改进方法。文献[33-36,50]中介绍了近期关于利用贝叶斯或其他基于模型的方法对时变支撑集的序列进行稀疏估计。文献[13]给出了用于动态 MRI 的近似批处理方法，该方法运算快但为离线处理。文献[37-43]是基于模型和贝叶斯方法实现单信号处理。

文献[16,17]和文献[45,46]同时解决了部分支撑集知识的稀疏重构问

题。在信号支撑集的概率先验可用的情况下，文献[45]得到加权 l_1 的精确恢复阈值，类似于在文献[47]中的情况。由修正 -CS 产生的一些后期方法包括改进 OMP[48]、改进 CoSaMP[49]、改进块 CS[51]、改进 BPDN 的误差界限[20,22,52,53]、基于修正 -CS 精确恢复的更佳条件[54]以及基于多重测量向量(MMV)的递归重构的精确支撑集恢复条件[50]。

还有最近的其他工作也可以被称为递归稀疏重构，但其目标与本章讨论的问题截然不同。其包括：(1) 同伦法，见文献[55,56]，其目的是利用同伦或热启动和先前重构信号加速优化算法，但不减少所需的观测值数量；(2) 从顺序到达的观测值重构单个信号[55,57-59]；(3) 迭代地改进对单个稀疏信号的支撑集估计[60-62]。文献[63]提出因果方法，而不是批处理方法，只适用于具有相同支撑集的信号序列，这可以解释为解决 MMV 问题的因果方法。

上述文献中均没有提到重构误差的时不变界限(即稳定性)成立的条件。除了文献[45]和文献[62]，这些都没有获得精确重构条件。

11.4 基于部分支撑集知识的稀疏重构

这个问题最初在文献[16,17]中被提出。其目标是当部分且可能有错误的支撑集知识 T 可用时，从无噪声欠采样观测值 $\boldsymbol{y}:=\boldsymbol{A}\boldsymbol{x}$ 或从存在噪声的观测值 $\boldsymbol{y}:=\boldsymbol{A}\boldsymbol{x}+\boldsymbol{w}$ 中重构支撑集为 N 的稀疏向量 $\boldsymbol{x}$。真正的支撑集 N 可以写为

$$N=T\cup\Delta\backslash\Delta_e \quad 其中 \quad \Delta:=N\backslash T,\Delta_e:=T\backslash N$$

容易看出

$$|N|=|T|+|\Delta|-|\Delta_e|$$

这里将集合 Δ 称为支撑集知识中的缺失，集合 Δ_e 是其中多余量。如果 $|\Delta|\ll|N|$ 且 $|\Delta_e|\ll|N|$，则支撑集知识是准确的。

在文献[15,64]中引入的最小二乘CS残差(LS-CS)是解决上述问题的第一种方法。接下来详细描述。该方法称为修正 -CS[16,17]，实现准确重构需要的条件(观测值数量)比简单 CS 更少，将在 11.4.2 节描述该方法。为了用 LS-CS 或修正 -CS 进行递归重构，使用前一时刻的支撑集估计作为部分知识集合 T。支撑集估计方法在 11.4.3 节讨论，LS-CS 或修正 -CS 实现递归重构方法在 11.4.4 节中给出。

算法 1　动态 LS-CS：LS-CS 实现递归重构

简单 CS，在 $t=0$ 时刻，集合 $T=\varnothing$，计算 $\hat{\boldsymbol{x}}_0$ 作为 $\arg\min_{\boldsymbol{b}} \|\boldsymbol{b}\|_1$ s. t. $\|\boldsymbol{y}-\boldsymbol{Ab}\|_2 \leqslant \epsilon$ 的解

对于 $t>0$，

1. 集合 $T=\hat{N}_{t-1}$
2. 初始化 LS

   计算初始化 LS 估计 $(\hat{\boldsymbol{x}}_{t,\mathrm{init}})_T=(\boldsymbol{A}'_T\boldsymbol{A}_T)^{-1}\boldsymbol{A}'_T\boldsymbol{y}_t$，$(\hat{\boldsymbol{x}}_{t,\mathrm{init}})_{T^c}=0$
3. CS- 残差

   a. 计算观测残差 $\tilde{\boldsymbol{y}}_t=\boldsymbol{y}_t-\boldsymbol{A}\hat{\boldsymbol{x}}_{t,\mathrm{init}}$

   b. 求解残差的 l_1 问题，即计算 $\hat{\boldsymbol{\beta}}_t=\arg\min_{\boldsymbol{b}}\|\boldsymbol{b}\|_1$，$\|\tilde{\boldsymbol{y}}_t-\boldsymbol{Ab}\|_2\leqslant\epsilon$

   c. 计算 $\hat{\boldsymbol{x}}=\hat{\boldsymbol{x}}_{t,\mathrm{init}}+\hat{\boldsymbol{\beta}}_t$
4. 利用 Add-LS-Del 估计支撑集

$$
\begin{aligned}
T_{\mathrm{add}} &= T\cup\{i\in T^c : |(\hat{\boldsymbol{x}}_t)_i|>\alpha_{\mathrm{add}}\}\\
(\hat{\boldsymbol{x}}_{\mathrm{add}})_{T_{\mathrm{add}}} &= \boldsymbol{A}^{\dagger}_{T_{\mathrm{add}}}\boldsymbol{y}_t,\quad (\hat{\boldsymbol{x}}_{\mathrm{add}})_{T^c_{\mathrm{add}}}=0\\
\hat{N}_t &= T_{\mathrm{add}}\setminus\{i\in T: |(\hat{\boldsymbol{x}}_{\mathrm{add}})_i|>\alpha_{\mathrm{del}}\}
\end{aligned}
\tag{11.4}
$$

5. 最终 LS 估计

$$
(\hat{\boldsymbol{x}}_{t,\mathrm{final}})_{\hat{N}_t}=\boldsymbol{A}^{\dagger}_{\hat{N}_t}\boldsymbol{y}_t,\quad (\hat{\boldsymbol{x}}_{t,\mathrm{final}})_{\hat{N}^c_t}=0 \tag{11.5}
$$

11.4.1　最小二乘 CS 残差(LS-CS)

LS-CS 的关键思想见文献[15,64]。T 作为支撑集，通过计算 T 的 LS 估计并将所有其他元素设置为零来计算 $\boldsymbol{x}$ 的初始估计值，即计算

$$
(\hat{\boldsymbol{x}}_{\mathrm{init}})_T=(\boldsymbol{A}'_T\boldsymbol{A}_T)^{-1}\boldsymbol{A}'_T\boldsymbol{y}_t,\quad (\hat{\boldsymbol{x}}_{\mathrm{init}})_{T^c}=0 \tag{11.6}
$$

计算观测残差 $\tilde{\boldsymbol{y}}$

$$
\tilde{\boldsymbol{y}}_t=\boldsymbol{y}_t-\boldsymbol{A}\hat{\boldsymbol{x}}_{\mathrm{init}} \tag{11.7}
$$

然后求解这个残差的 l_1 最小问题，即计算 $\hat{\boldsymbol{\beta}}$

$$
\arg\min_{\boldsymbol{b}}\|\boldsymbol{b}\|_1 \quad \text{s. t.} \quad \|\tilde{\boldsymbol{y}}-\boldsymbol{Ab}\|_2\leqslant\epsilon \tag{11.8}
$$

然后计算 $\boldsymbol{x}$ 的估计值

$$
\hat{\boldsymbol{x}}=\hat{\boldsymbol{x}}_{\mathrm{init}}+\hat{\boldsymbol{\beta}} \tag{11.9}
$$

接下来是估计支撑集，并基于估计的支撑集完成最终 LS 估计，在 11.4.3 节中详细描述。

注意，信号残差 $\boldsymbol{\beta}:=\boldsymbol{x}-\hat{\boldsymbol{x}}_{\mathrm{init}}$，且它受 $T\cup\Delta$ 支撑，并满足

$$\boldsymbol{\beta}_T=(\boldsymbol{A}'_T\boldsymbol{A}_T)^{-1}\boldsymbol{A}'_T(\boldsymbol{A}_\Delta\boldsymbol{x}_\Delta+\boldsymbol{w}),\quad \|\boldsymbol{\beta}_T\|_2\leqslant\frac{\theta_{|T|,|\Delta|}}{1-\delta_{|T|}}\|\boldsymbol{x}_\Delta\|_2+\frac{1}{1-\delta_{|T|}}\epsilon$$

$$\boldsymbol{\beta}_{T^c}=\boldsymbol{x}_\Delta$$

如果 $|\Delta|$ 足够小,则 θ 较小。如果 $|\Delta_e|$ 足够小,则 $|T|\leqslant|N|+|\Delta_e|$ 不太大,因此 $1/(1-\delta_{|T|})$ 仅稍大于 1。最后,如果噪声也较小,上述则意味着 $\|\boldsymbol{\beta}_T\|_2\ll\|\boldsymbol{x}_\Delta\|_2$。因此,如果 T 是对真实支撑集 N 的良好估计,观测矩阵 $\boldsymbol{A}$ 不相干,噪声足够小,那么 $\boldsymbol{\beta}$ 在集合 T 上取值较小。或者,换句话说,β 大约仅受 Δ 支撑。由于 T 是对真实支撑集的良好估计,$|\Delta|\ll|N|$,因此在这种情况下我们需要解决的 l_1 问题比在简单 CS 要容易得多。因此,与简单 CS 相比,LS-CS 需要更少的观测值产生较小重构误差[15,定理1]。在算法 1 中总结用于递归重构的 LS-CS 方法。

然而,注意,信号残差 $\boldsymbol{\beta}$ 的精确稀疏度大小(非零分量的总数)是 $|T|+|\Delta|$,其等于或大于信号的稀疏度 $|N|$。由于精确重构所需的观测值数量由精确的稀疏度大小决定,为实现精确重构,LS-CS 不能使用比简单 CS 所需的更少的无噪声观测值。因此,探索得到下一个更强大的方法,称之为修正 -CS。

11.4.2 修正 -CS

修正 -CS的关键思想见文献[16,17]。首先假设 Δ_e 为空,即 $N=T\cup\Delta$。因此,稀疏重构问题变为尝试在满足数据约束的所有向量中找到支撑集包含 T 的稀疏向量。或者换句话说,我们想找到满足数据约束的所有向量中在集合 T 外最稀疏的向量。在无噪声的情况下,可以写为

$$\min_{\boldsymbol{b}}\|\boldsymbol{b}_{T^c}\|_0\quad \text{s. t.}\quad \boldsymbol{y}=\boldsymbol{A}\boldsymbol{b}$$

如果 Δ_e 非空,上述同样成立。容易证明,如果 $\boldsymbol{w}=0$(无噪声情况),且矩阵 $\boldsymbol{A}$ 的任意 $|T|+2|\Delta|=|N|+|\Delta|+|\Delta_e|$ 个列是线性独立的[17,命题1],则 $\boldsymbol{x}$ 可以准确重构。相比之下,在 11.2.2 节中给出的原始 l_0 问题需要矩阵 $\boldsymbol{A}$ 中的任意 $2|N|$ 个列是线性独立的[10]。当 $|\Delta|\approx|\Delta_e|\ll|N|$ 时更强大。

算法 2　动态修正 -CS:修正 -CS 实现递归重构
在算法 1 中,利用下面的修正 -CS 步骤代替算法 1 中的步骤 2 和公式(11.8)。 计算 $\hat{\boldsymbol{x}}$,作为 $\min_{\boldsymbol{b}}\|\boldsymbol{b}_{T^c}\|_1$ s. t. $\|\boldsymbol{y}_t-\boldsymbol{A}\boldsymbol{b}\|_2\leqslant\epsilon$ 的解。

上述 l_0 问题也具有指数复杂性,因此在 CS 的情况下,我们用 l_1 问题代替 l_0 问题(l_1 范数是使最优化问题变凸的最接近 l_0 的范数)。因此,修正 -CS 解

决如下问题：

$$\min_{b} \| \boldsymbol{b}_{T^c} \|_1 \quad \text{s.t.} \quad \boldsymbol{y}_t = \boldsymbol{A}\boldsymbol{b} \tag{11.10}$$

用 $\hat{\boldsymbol{x}}$ 表示结果值，而且即使当 Δ_e 非空时，也可以实现精确重构。在 11.6.1 节中给出确切的重构条件。对于含噪声的观测值，放宽数据约束条件

$$\min_{b} \| \boldsymbol{b}_{T^c} \|_1 \quad \text{s.t.} \quad \| \boldsymbol{y}_t - \boldsymbol{A}\boldsymbol{b} \|_2 \leqslant \epsilon \tag{11.11}$$

在算法 2 中总结实现递归重构的修正 -CS 方法。

在实际中，对于大规模问题，添加数据项作为软约束，解决无约束问题（其解决成本较低，并且不需要已知噪声边界），将其称为修正 -BPDN[20,53]。

$$\min_{b} \gamma \| \boldsymbol{b}_{T^c} \|_1 + 0.5 \| \boldsymbol{y} - \boldsymbol{A}\boldsymbol{b} \|_2^2 \tag{11.12}$$

11.4.3　支撑集估计：阈值和 add-LS-del

为了利用 LS-CS 或修正 -CS 实现递归重构，使用先前时间的支撑集估计作为集合 T。因此，需要估计每个时间的信号支撑集。最简单的方法是通过阈值化，即计算

$$\hat{N} = \{ i : | (\hat{\boldsymbol{x}})_i | > \alpha \}$$

其中，$\alpha \geqslant 0$ 是归零阈值。在精确重构情况下，即如果 $\hat{\boldsymbol{x}} = \boldsymbol{x}$，可以使用 $\alpha = 0$。在其他情况下，则需要一个非零值。在非常准确重构情况下，可以设置 α 略小于 $\boldsymbol{x}$ 的最小非零元素的幅度（假设其粗略估计可用）[17]。这可以确保尽可能零遗漏真实元素和添加少量虚假元素。通常，α 应该取决于噪声水平和 $\boldsymbol{x}$ 的最小非零元素的幅度。

对于可压缩信号，按照上述步骤操作，但"支撑集"由 $b\%$ 能量支撑集代替。对于给定数量的观测值，b 可以被选取为最大的测量值，使得 $b\%$ 能量支撑集的所有元素可以被精确重构[17]。

上文所描述的单步阈值化意味着阈值 α 需要足够大，以确保正确删除 T 中的大多数丢失元素，同时确保较少错误检测。然而，注意，在修正 -CS 和 LS-CS 中，$\hat{\boldsymbol{x}}$ 是 x 的有偏估计。对于修正 -CS，沿 $\Delta \subset T^c$，$\hat{\boldsymbol{x}}$ 的值偏向于零（因为 $\| (\boldsymbol{\beta})_{T^c} \|_1$ 最小化），而沿 $\Delta_e \subset T$，$\hat{\boldsymbol{x}}$ 可能偏离零（因为$(\boldsymbol{\beta})_T$ 没有约束）。LS-CS 也是如此，只是推理过程稍有不同[15,II—A节]。既然沿 Δ 的估计值偏向于零，则需要较小的阈值进行检测，而沿 Δ_e 的估计值可能偏离零，则需要较高的阈值来删除它们。使用 add-LS-del 方法可以解决该问题，进行如下三个步骤：

$$T_{\text{add}} = T \cup \{ i : | (\hat{\boldsymbol{x}})_i | > \alpha_{\text{add}} \} \tag{11.13}$$

$$(\hat{\boldsymbol{x}}_{\text{add}})_{T_{\text{add}}} = \boldsymbol{A}_{T_{\text{add}}}^{\dagger} \boldsymbol{y}, \quad (\hat{\boldsymbol{x}}_{\text{add}})_{T_{\text{add}}^c} = 0 \tag{11.14}$$

$$\hat{N} = T_{\text{add}} \backslash \{ i : | (\hat{\boldsymbol{x}}_{\text{add}})_i | > \alpha_{\text{del}} \} \tag{11.15}$$

上述 add-LS-del 过程涉及支撑集加法步骤，在式(11.13) 中使用较小阈值 α_{add}；随后是在新支撑集估计值 T_{add} 上进行 LS 估计，如式(11.14) 中所示；然后是删除步骤，进行阈值LS估计，如式(11.15) 所示。加法中阈值 α_{add} 需要足够大以确保用于LS估计的矩阵 $\boldsymbol{A}_{T_{\text{add}}}$ 是良态的。如果 α_{add} 选择合适，且如果观测值个数 n 足够大，则与 $\hat{\boldsymbol{x}}$(修正 -CS或LS-CS输出) 相比，在 T_{add} 上的LS估计具有更小误差和偏移。因此，经过该估计后可以更准确地进行删除操作。这也意味着可以使用更大的删除阈值 α_{del}，以确保删除更多的额外元素。

对于含噪声的CS的类似问题及解决方法(Gauss-Dantzig 选择器) 在文献[28] 中首次被讨论。在文献[14,15,22] 中 add-LS-del 方法首次被引入到 KF-CS 和 LS-CS 中实现递归重构，同时在文献[30,31] 中应用于静态稀疏重构的贪婪算法。

支撑集估计之后通常会对最终支撑集估计进行最小二乘(LS) 估计，以便得到具有减少偏差的解(Gauss-Dantzig 选择器)，即计算

$$(\hat{\boldsymbol{x}}_{\text{final}})_{\hat{N}} = \boldsymbol{A}_{\hat{N}}^{\dagger} y, \quad (\hat{\boldsymbol{x}}_{\text{final}})_{\hat{N}^c} = 0 \tag{11.16}$$

11.4.4 递归重构

对于递归重构，在支撑集变化较慢的情况下，使用 $T = \hat{N}_{t-1}$。在算法 1 中总结了 LS-CS 的完整算法，在算法 2 中总结了修正 -CS 的完整算法。文献[4] 中对更普遍的情况提出解决方法，即支撑集变化较快但随时间高度相关。

11.5 基于部分支撑集和信号值知识的稀疏重构

目前我们只讨论了先验支撑集信息可用的情况。在某些应用中，还可以已知部分信号值知识。在递归重构问题中，信号值也随时间缓慢变化。在这种情况下，该问题用如下表达式表示。目标是当部分错误支撑集知识 T 和基于 T 的部分错误信号值知识 $\hat{\boldsymbol{\mu}}_T$ 可用时，从无噪声欠采样观测值 $\boldsymbol{y} := \boldsymbol{A}\boldsymbol{x}$ 或从含噪声观测值 $\boldsymbol{y} := \boldsymbol{A}\boldsymbol{x} + \boldsymbol{w}$ 中恢复支撑集为 N 的稀疏向量 $\boldsymbol{x}$。真正的支撑集 N 可以写为

$$N = T \cup \Delta \backslash \Delta_e$$

其中，$\Delta := N \backslash T$；$\Delta_e := T \backslash N$。

真实信号 $\boldsymbol{x}$ 可以写为

$$\begin{cases} (\boldsymbol{x})_{N \cup T} = (\hat{\boldsymbol{\mu}})_{N \cup T} + \boldsymbol{e} \\ (\boldsymbol{x})_{N^c} = 0, (\hat{\boldsymbol{\mu}})_{T^c} = 0 \end{cases} \tag{11.17}$$

假设先前信号估计中的误差 $\boldsymbol{e}$ 较小，即 $\|\boldsymbol{e}\| \ll \|\boldsymbol{x}\|$。

11.5.1　正则化修正 -CS

正则化修正 -CS 将慢信号值变化约束添加到修正 -CS 中并且解决如下[20,21]：

$$\min_{\boldsymbol{b}} \|\boldsymbol{b}_{T^c}\|_1 \quad \text{s.t.} \quad \|\boldsymbol{y}-\boldsymbol{A}\boldsymbol{b}\|_2 \leqslant \epsilon, \|\boldsymbol{b}_T-\hat{\boldsymbol{\mu}}_T\|_\infty \leqslant \rho \tag{11.18}$$

如前所述，以下拉格朗日公式(约束值增加到加权成本中以获得无约束问题)在实际中更有用：

$$\min_{\boldsymbol{b}} \gamma \|\boldsymbol{b}_{T^c}\|_1 + 0.5\|\boldsymbol{y}-\boldsymbol{A}\boldsymbol{b}\|_2^2 + 0.5\lambda\|\boldsymbol{b}_T-\hat{\boldsymbol{\mu}}_T\|_2^2 \tag{11.19}$$

正则化修正 -CS 在文献[20] 和[21] 中详细介绍。

11.5.2　修正 -CS- 残差

修正 -CS- 残差的思想是将修正 -CS 思想与 CS- 残差思想相结合。首先解决了修正 -CS 中使用 $\hat{\boldsymbol{x}}_{\text{init}}=\hat{\boldsymbol{\mu}}$ 计算观测残差。其次以下无约束公式是最有用的：

$$\min_{\boldsymbol{b}} \|\boldsymbol{b}_{T^c}\|_1 + 0.5\alpha\|\boldsymbol{y}-\boldsymbol{A}\hat{\boldsymbol{\mu}}-\boldsymbol{A}\boldsymbol{b}\|_2^2 \tag{11.20}$$

对于递归重构，再次使用 $T=\hat{N}_{t-1}$。对于 $\hat{\boldsymbol{\mu}}$，可以使用 $\hat{\boldsymbol{\mu}}=\hat{\boldsymbol{x}}_{t-1}$，在信号值变化较少情况下，第一次使用 $\hat{\boldsymbol{\mu}}=\hat{\boldsymbol{x}}_0$。对于实际问题，实际功能 MRI 序列[19] $\hat{\boldsymbol{\mu}}=\hat{\boldsymbol{x}}_0$ 的修正 -CS- 残差被证明是最有效的方法。

下面主要分析在递归重构问题中，如果信号值变化模型可用，也可以通过使用卡尔曼滤波器来获得 $\boldsymbol{\mu}$。

11.5.3　卡尔曼滤波 CS- 残差(KF-CS) 和卡尔曼滤波修正 -CS- 残差(KalMoCS)

文献[14] 介绍了利用卡尔曼滤波 CS(KF-CS) 进行递归重构的方法。关键思想是用正则化 LS 替换 LS-CS 的初始化 LS，然后计算观测残差，接着求解该残差的 l_1 问题，同 LS-CS。在 KalMoCS 中，通过修正 -l_1 替换该残差的 l_1 问题。

正则化 LS 在递归重构的情况下变为 KF。KF-CS 或 KalMoCS 所需的额外信息是一个信号值变化模型。通常，在大多数情况下，可以假设一个简单的随机游动模型在所有方向上具有相等的变化方差[14]。算法 3 总结了 KF-CS 和 KalMoCS。当支撑集变化频繁时(KF 在支撑集下一次变化前稳定到一个小误差)，这两种算法优于 LS-CS 和修正 -CS。

算法 3 卡尔曼滤波修正 -CS- 残差(KalMoCS) 和 KF-CS

对于 $t>0$,进行

1. 设置 $T=\hat{N}_{t-1}$

2. 初始化 KF

$$\begin{cases}\boldsymbol{P}_{t|t-1}=\boldsymbol{P}_{t-1}+\hat{\boldsymbol{Q}}_t, \quad \hat{\boldsymbol{Q}}_t:=\sigma_{sys}^2\boldsymbol{I}_T \\ (\boldsymbol{P}_{t-1}+\hat{\boldsymbol{Q}}_t)\boldsymbol{K}_t=\boldsymbol{P}_{t|t-1}\boldsymbol{A}'(\boldsymbol{A}\boldsymbol{P}_{t|t-1}\boldsymbol{A}'+\sigma^2\boldsymbol{I})^{-1} \\ \boldsymbol{P}_t=(\boldsymbol{I}-\boldsymbol{K}_t\boldsymbol{A})\boldsymbol{P}_{t|t-1} \\ \hat{\boldsymbol{x}}_{t,\text{init}}=(\boldsymbol{I}-\boldsymbol{K}_t\boldsymbol{A})\hat{\boldsymbol{x}}_{t-1}+\boldsymbol{K}_t\boldsymbol{y}_t s\end{cases} \tag{11.21}$$

3. CS- 残差或修正 -CS- 残差

a. 通过 $\tilde{\boldsymbol{y}}_t=\boldsymbol{y}_t-\boldsymbol{A}\hat{\boldsymbol{x}}_{t,\text{init}}$,计算 KF 残差 $\tilde{\boldsymbol{y}}_t$

b. KalMoCS:求解残差的修正 l_1 问题。通过计算下式求解 $\hat{\beta}_t$

$$\min_{\boldsymbol{b}}\|\boldsymbol{b}_{T^c}\|_1 \quad \text{s. t.} \quad \|\tilde{\boldsymbol{y}}_t-\boldsymbol{A}\boldsymbol{b}\|_2\leqslant\epsilon$$

在 KF-CS 中,用 $\|\boldsymbol{b}\|_1$ 代替 $\|\boldsymbol{b}_{T^c}\|_1$。

c. 计算 $\hat{\boldsymbol{x}}_t=\hat{\boldsymbol{x}}_{t,\text{init}}+\hat{\boldsymbol{\beta}}_t$。

4. 利用 add-LS-del 进行支撑集估计

$$\begin{cases}T_{\text{add}}=T\cup\{i\in T^c:|(\hat{\boldsymbol{x}}_t)_i|>\alpha_{\text{add}}\} \\ (\hat{\boldsymbol{x}}_{\text{add}})_{T_{\text{add}}}=\boldsymbol{A}_{T_{\text{add}}}^{\dagger}\boldsymbol{y}_t, (\hat{\boldsymbol{x}}_{\text{add}})_{T_{\text{add}}^c}=0 \\ \hat{N}_t=T_{\text{add}}\backslash\{i\in T:|(\hat{\boldsymbol{x}}_{\text{add}})_i|>\alpha_{\text{del}}\}\end{cases} \tag{11.22}$$

5. 最终估计:如果 $\hat{N}_t=T$,设置

$$\hat{\boldsymbol{x}}_{t,\text{final}}=\hat{\boldsymbol{x}}_{t,\text{init}}$$

利用 $\hat{N}_t$ 和更新 P_t 计算 LS 估计值,如下:

$$\begin{cases}(\hat{\boldsymbol{x}}_{t,\text{final}})_{\hat{N}_t}=\boldsymbol{A}_{\hat{N}_t}^{\dagger}\boldsymbol{y}_t, \quad (\hat{\boldsymbol{x}}_{t,\text{final}})_{\hat{N}_t^c}=0 \\ (\boldsymbol{P}_t)_{\hat{N}_t,\hat{N}_t}=(\boldsymbol{A}'_{\hat{N}_t}\boldsymbol{A}_{\hat{N}_t})^{-1}\sigma^2, \quad (\boldsymbol{P}_t)_{\hat{N}_t^c,[1,m]}=0, \quad (\boldsymbol{P}_t)_{[1,m],\hat{N}_t^c}=0\end{cases} \tag{11.23}$$

11.6 理论结果

首先总结了修正 -CS 和正则化修正 -CS 准确重构的结果及其影响,然后简要讨论噪声存在情况下的误差界限。最后,我们解决递归重构最重要的问题:算法何时具有随时间“稳定性”,即何时可以得到时不变误差界限。

11.6.1　在无噪声条件下准确重构

如上文所述，相比简单 CS，LS-CS 和 KF-CS 不能在更弱的条件下实现精确重构。然而，修正 -CS[17] 和正则化修正 -CS 可以实现精确重构[21]。下面给出基于 RIC 的修正 -CS 的精确重构条件[17]。

定理 1　(精确重构条件——修正 -CS)[17,定理1] 对于给定稀疏向量 $\boldsymbol{x}$，其支撑集 $N=T\cup\Delta\backslash\Delta_e$，其中 $\Delta=N\backslash T$ 和 $\Delta_e=T\backslash N$，通过求解公式(11.10) 从 $\boldsymbol{y}:=\boldsymbol{Ax}$ 中重构 $\boldsymbol{x}$。令 $k:=|T|$，$u:=|\Delta|$，$e:=|\Delta_e|$ 和 $s:=|N|$。在满足如下条件时，$\boldsymbol{x}$ 是公式(11.10) 的唯一最小值：

(1)$\delta_{k+u}<1$ 和 $\delta_{2u}+\delta_k+\theta_{k,2u}^2<1$。

(2)$a_k(2u,u)+a_k(u,u)<1$，其中 $\alpha_k(S,\check{S}):=\dfrac{\theta_{\check{S},S}+\dfrac{\theta_{\check{S},k}\theta_{S,k}}{1-\delta_k}}{1-\delta_S-\dfrac{\theta_{S,k}^2}{1-\delta_k}}$。

代入 $k=s+e-u$，上述条件也可以利用 s、e、u 重写。

仅使用 RIC 的修正 -CS 的更简单的充分条件是[17,推论1]

$$2\delta_{2u}+\delta_{3u}+\delta_{s+e-u}+\delta_{s+e}^2+2\delta_{s+e+u}^2<1$$

简单 CS 则需要满足如下条件[27,28,65]：

$$\delta_{2s}<\sqrt{2}-1 \text{ 或 } \delta_{2s}+\delta_{3s}<1$$

为了在数值上比较这些条件，使用 $u=e=0.02s$，对于时间序列应用是典型的(见图 11.1)。使用 $\delta_{cr}\leqslant c\delta_{2r}$[31,推论3.4]，可以看出修正 -CS 只需要 $\delta_{2u}<0.004$。另一方面，简单 CS 需要 $\delta_{2u}<0.008$，这显然更强。

在无噪声情况下用于正则化修正 -CS 的精确重构条件，即对于式(11.18)中 $\epsilon=0$[21,定理1]。对于 $i\in T$(某些约束 $\|\boldsymbol{b}_T-\hat{\boldsymbol{\mu}}_T\|_\infty\leqslant\rho$ 对真实信号 x 是有效的) 和该有效集合中的某些元素满足文献[21，定理 1] 中给出的条件，如果 $x_i-\hat{\mu}_i=\pm\rho$，则这些比修正 -CS 更弱。具有非零概率的 $x_i-\hat{\mu}=\pm\rho$ 的一组实际应用是量化信号和量化信号估计。

11.6.2　噪声存在条件下的误差界限

当观测值含有噪声时，不能获得精确重构，只能限制重构误差。这里给出 LS-CS[15] 和修正 -CS[22] 的误差界限。LS-CS- 残余步进误差可以进行如下限定。证明过程与文献[15] 中给出的完全一致，其使用 Dantzig 选择器而非式(11.8) 中的约束 BPDN 来完成 CS。

定理 2　(LS-CS- 残差界限)[15,引理1] 令 $\boldsymbol{x}$ 是支撑集为 N 的稀疏向量，令

$\boldsymbol{y}:=\boldsymbol{Ax}+\boldsymbol{w}, \|\boldsymbol{w}\| \leqslant \epsilon$。另外，令 $\Delta:=N\backslash T$ 和 $\Delta_e:=T\backslash N$。利用式(11.9)计算 $\hat{\boldsymbol{x}}$。如果 $\delta_{2|\Delta|}<(\sqrt{2}-1)/2$ 和 $\delta_{|T|}<1/2$,

$$\|\boldsymbol{x}-\hat{\boldsymbol{x}}\| \leqslant C'(|T|,|\Delta|)\epsilon+\theta_{|T|,|\Delta|}C''(|T|,|\Delta|)\|\boldsymbol{x}_{\Delta}\| \tag{11.24}$$

其中，$C'(|T|,|\Delta|):=C_1(2|\Delta|)+\sqrt{2}C_2(2|\Delta|)\sqrt{\frac{|T|}{|\Delta|}}$；$C''(|T|,|\Delta|):=2C_2(2|\Delta|)\sqrt{|T|}$；$C_1(S):=\frac{4\sqrt{1+\delta_S}}{1-(\sqrt{2}+1)\delta_S}$；$C_2(S):=2\frac{1+(\sqrt{2}+1)\delta_S}{1-(\sqrt{2}+1)\delta_S}$。

通过调整文献[27]中的方法，修正-CS的误差由 $|\Delta|$ 和 $|T|=|N|+|\Delta_e|-|\Delta|$ 的函数限制。在Jacques的文献[66]和文献[22]中得到应用。

定理 3　(修正－CS误差界限)[22,引理1]令 $\boldsymbol{x}$ 是支撑集为 N 的稀疏向量，令 $\boldsymbol{y}:=\boldsymbol{Ax}+\boldsymbol{w}, \|\boldsymbol{w}\| \leqslant \epsilon$。另外，令 $\Delta:=N\backslash T$ 和 $\Delta_e:=T\backslash N$。利用式(11.11)计算 $\hat{\boldsymbol{x}}$。如果 $\delta_{|T|+3|\Delta|}<(\sqrt{2}-1)/2$,

$$\|\boldsymbol{x}-\hat{\boldsymbol{x}}\| C_1(|T|+3|\Delta|)\epsilon \leqslant 9.8\epsilon$$

其中，$C_1(S):=\frac{4\sqrt{1+\delta_S}}{1-(\sqrt{2}+1)\delta_S}$。　(11.25)

对于LS-CS和修正-CS，最终LS后的误差由 $\widetilde{T}:=\hat{N}$ 和 $\widetilde{\Delta}:=\hat{N}\backslash N$ 限制，如下所示：

$$\|\boldsymbol{x}-\hat{\boldsymbol{x}}_{\text{final}}\| \leqslant \left(1+\frac{\theta_{|\widetilde{T}|,|\widetilde{\Delta}|}}{1-\delta_{|\widetilde{T}|}}\right)\|\boldsymbol{x}_{\widetilde{\Delta}}\|_2+\frac{1}{\sqrt{1-\delta_{|\widetilde{T}|}}}\epsilon \tag{11.26}$$

11.6.3　迭代重构：时不变误差界限(稳定性)

令 $\widetilde{T}:=\hat{N}, \widetilde{\Delta}:=\hat{N}\backslash N, \Delta_e:=N\backslash\hat{N}$。目前，将LS-CS-残差或修正-CS误差由 $|T|$、$|\Delta|$ 的函数限制。只要 $|\Delta_e|$ 和 $|\widetilde{\Delta}|$ 取值较小，误差界限就较小。类似地，如果 $|\widetilde{\Delta}_e|$ 和 $|\widetilde{\Delta}|$ 取值较小，则在式(11.26)中给出的最终LS估计的误差界限较小。然而对于递归重构，需要满足的条件是在 $|\Delta_e|$ 和 $|\Delta|$ 及 $|\widetilde{\Delta}_e|$ 和 $|\widetilde{\Delta}|$ 上的时间不变约束。否则，支撑集误差和重构误差均会累加并变大。

对误差随时间的稳定性的研究需要一个信号变化模型。我们假设以下简单确定性模型[15,信号模型1]：(a) 新系数添加和移除存在非零时间延迟 S_a；(b) 每个更改时间最多 S_a 次添加和移除；(c) 新系数的幅度从零逐渐增加并最终达到恒定值；(d) 系数的幅度在变为零之前逐渐减小(从支撑集中移除)。在这个模型下，可以显示以下内容。最终结果的实际条件较凌乱，因此不进行详述,在这里仅进行定性陈述。

定理 4　(时不变误差界限)[15,定理2] 假设上述信号变化模型。如果

(1) 初始简单 CS 步骤足够准确;

(2) 噪声是有界的,并且观测值的数量 n 足够大,使得 RIC 和 ROC 上的某些条件成立;

(3) 适当地设置添加和删除阈值;

(4) 对于给定的 n 和噪声界限:(a) 最小的常数系数幅度足够大;(b) 系数幅度增加和减小的速率足够大;(c) 添加的时间延迟 d 大于"最坏情况检测延迟"和系数减少时间之和。

然后,

(1) 最终缺失的个数 $|\tilde{\Delta}_t|$ 和附加的个数 $|\tilde{\Delta}_{e,t}|$ 及初始缺失数 $|\Delta_t|$ 和附加数 $|\Delta_{e,t}|$,由 S_a 或稍大于 S_a 的值限定;

(2) 在有限的延迟内,所有新的添加被检测到,且没有被错误地删除,即 $|\tilde{\Delta}_t|=0$,并且所有附加项被删除,即 $|\tilde{\Delta}_{e,t}|,=0$;

(3) 重构误差由在所有时间内时不变且较小值限定。

只要新添加或删除的数量 $S_a \ll |N_t|$(支撑集缓慢变化),上述结果表明,最坏情况下缺失或附加的个数小于支撑集大小,其为有意义的结果。类似地,可以认为重构误差界限小于信号能量。

上述 LS-CS 结果在文献[15,定理 2]中得到证明。对于修正 -CS 也可以证明完全类似的结果。获得这个结果的关键思想如下:(1) 需要确保在新添加的有限时间延迟内,所有新的添加均被检测到并且不被错误删除(该延迟是"最坏情况检测延迟");(2) 同时需要确保常数系数没有错误删除;(3) 此外,删除阈值需要足够高以确保每隔一段时间删除所有附加项(确保 $|\tilde{T}_t|$ 有界);(4) 最后,"最坏情况检测延迟"和系数减小时间之和需要小于两次添加之间的时间延迟。

上述结果假设支撑集每 d 帧改变一次,在支撑集瞬时变化的更为一般的信号模型下也可以具有稳定性,文献[22]中的修正 -CS 和 LS-CS 都是这样做的。

11.7　实　　验

本节简要描述三组实验。第一组包括仿真实验,证明修正 -CS 实现精确重构使用的观测值比简单 CS 需要的更少。第二组包括仿真实验,比较 LS-CS、KF-CS、修正 -CS(实际为修正 -BPDN)和正则化修正 -BPDN之间的重

构误差，并与文献中的其他方法(CS-diff 和加权 l_1）进行比较。第三组实验研究了用于动态MRI仿真实验的递归重构。在这里，采用实测(非稀疏）喉部或心脏图像序列，并通过随机选择它们的部分傅里叶观测值中的一组模拟了MRI。在这种情况下，我们没有添加测量噪声，然而由于信号序列不是精确稀疏的，可以认为可压缩系数为“噪声”(这种噪声与信号相关，但我们的分析均不使用任何概率模型，因此相关性无关紧要)。我们证明修正 -CS 和 LS-CS 随时间的误差稳定性，并验证修正 -CS 具有比 LS-CS 更低的误差。

11.7.1　基于蒙特卡洛的精确重构概率计算

在 11.6.1 节中，我们只比较了 CS 和修正 -CS 的充分条件。然而，这并不意味着 CS 所需的观测数量 n 明显小于修正 -CS 所需的观测数量。为了实际比较，我们需要进行蒙特卡洛实验。我们获得了在给定 $\boldsymbol{A}$ 情况下(即在给定 $\boldsymbol{A}$ 情况下 $\boldsymbol{x}$ 和 $\boldsymbol{y}$ 的联合分布的平均值)CS 和修正 -CS 精确重构概率的蒙特卡洛估计[17]。固定信号长度 $m=256$，其支撑集大小 $s=0.1m=26$。在实验中，也固定 $u=e=0.08m$。改变 n。对于每个 n，生成一个 $n\times m$ 的随机高斯矩阵 $\boldsymbol{A}$ 一次，然后重复以下操作 500 次。(1) 从 $[1,m]$ 中随机生成大小为 s 的支撑集 N，并生成 $(\boldsymbol{x})_N \ll N(0,100\boldsymbol{I})$，设置 $(\boldsymbol{x})_{N^c}=0$；(2) 设置 $\boldsymbol{y}:=\boldsymbol{Ax}$；(3) 从 N 的元素中随机均匀地生成大小为 u 的 Δ；(4) 从 $[1,m]\backslash N$ 的元素中随机均匀地生成大小为 e 的 Δ_e；(5) 设置 $T=N\cup\Delta_e\backslash\Delta$；(6) 求解修正 -CS，即求解公式(11.10)，记求解值为 $\hat{\boldsymbol{x}}_{\text{modCS}}$；(7) 求解简单 CS，即求解公式(11.10)，T 为空集。

最后，通过计算 $\hat{\boldsymbol{x}}_{\text{modCS}}$ 等于 $\boldsymbol{x}$ 的次数，并除以 500(“等于”被定义为 $\|\hat{\boldsymbol{x}}_{\text{modCS}}-\boldsymbol{x}\|_2/\|\boldsymbol{x}\|_2<10^{-5}$)，实现修正 -CS 的精确重构概率的估计。对于 CS，对 $\hat{\boldsymbol{x}}_{\text{CS}}$ 执行相同操作。在实验中，我们观察到以下三点：

(1) 利用 19% 的观测值，修正 -CS 的精确重构概率为 99.8%，而 CS 精确重构概率为 0；

(2) 利用 25% 的观测值，修正 -CS 的精确重构概率为 100%，而 CS 精确重构概率为 0.2%；

(3)CS 需要 40% 的观测值以实现“可靠”重构，即准确重构至少为 98%。

对 u 和 e 的各种选择，更加详细的模拟实验结果见文献[17，表 1]。

11.7.2　重构误差对比

图 11.2 比较了下列方法重构误差的蒙特卡洛平均值，包括公式(11.19)中给出的 reg-mod-BPDN，公式(11.12) 中给出的修正 -BPDN，公式(11.20)

中给出的修正-CS-残差、BPDN[24]、加权 l_1[45]、CS-残差[67] 和 CS-mod-残差。加权 l_1 求解 $\min_{b} \gamma \| b_{T^c} \|_1 + \gamma' \| b_T \|_1 + \frac{1}{2} \| y - Ab \|_2^2$，CS-残差是 CS-diff 的改进算法[67]。其计算 $x = \hat{\mu} + \hat{b}$，其中 $\hat{b}$ 为 $\min_{b} \gamma \| b \|_1 + \frac{1}{2} \| y - A\hat{\mu} - Ab \|_2^2$ 的解。

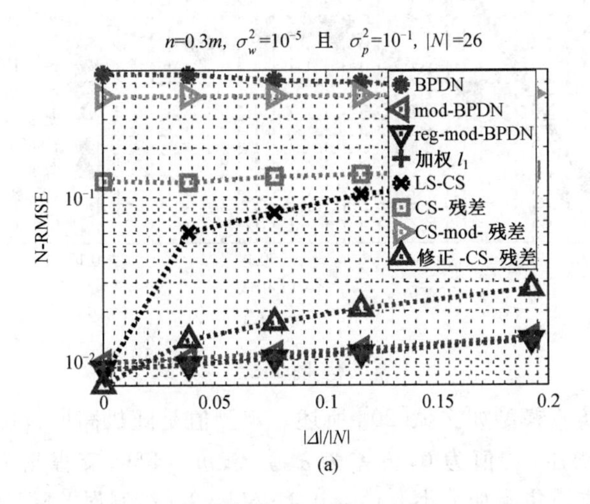

(a)

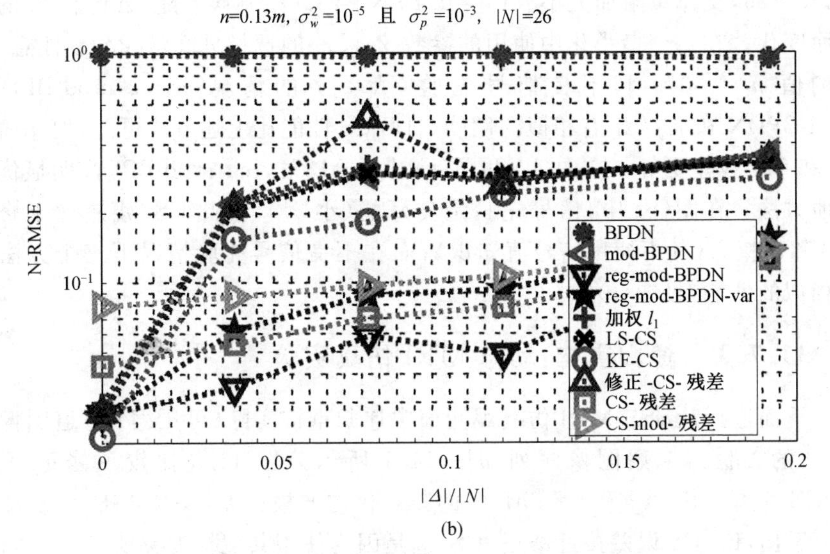

(b)

图 11.2 reg-mod-BPDN、mod-BPDN、BPDN、LS-CS、KF-CS、加权 l_1、CS-残差、CS-mod-残差和修正-CS-残差算法的 N-RMSE 随 $|\Delta|/|N|$ 变化图

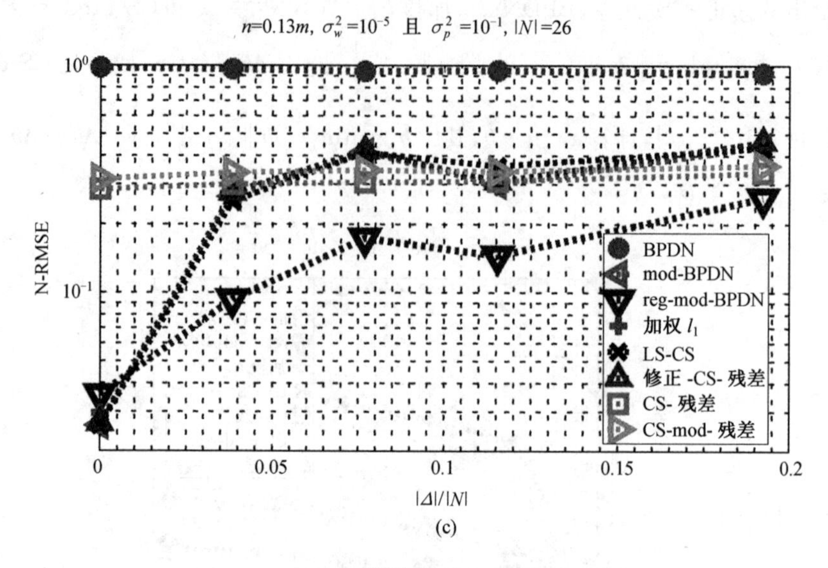

(c)

续图 11.2

使用的仿真模型如文献[20] 所述。观测值是随机高斯投影，包含独立同分布的高斯噪声，均值为 0，方差为 σ_w^2。令 $m=256$，支撑集大小为 $|N|=0.1m=26$，支撑集附加大小 $|\Delta_e|=0.1|N|=3$。绘制误差随 $|\Delta|/|N|$ 的变化而变化。在每个最小化中使用的参数 γ、λ、γ' 的选择见文献[20]。注意，在观测值 $n=30\%$ 和不良信号先验（大 σ_p^2）的情况下，reg-mod-BPDN、mod-BPDN 和加权 l_1 有相似的性能。LS-CS 性能比上述方法更差，但比简单 CS 和 CS- 残差更好。在图(b) 和图(c) 中 $n=13\%$，reg-mod-BPDN 明显优于其他方法。在图(b) 中，信号先验是良好的（小 σ_p^2），因此 CS- 残差优于修正 -CS 和加权 l_1（其不使用信号值知识）；而在不良信号先验情况下三个方法具有相似的性能，见图(c)。

11.7.3 递归重构：动态 MRI 仿真实验

下面进行从动态 MRI 仿真观测值中递归重构实际（可压缩）声道图像序列[17] 的实验。原始图像序列如图 11.1 所示。图 11.3 比较了修正 -CS、LS-CS、简单 CS[10,24] 和 CS-diff[67] 的归一化均方根误差(N-RMSE)。从图中可以看出，LS-CS 误差接近修正 -CS，这是因为使用共轭梯度实现了 LS 估计，并且不允许求解收敛（以较少的迭代次数强制地运行）。如果没有该操作，LS-CS 误差要高得多，因为计算的初始 LS 估计本身是不准确的。从图中注意到，修正 -CS 和 LS-CS 明显优于 CS 和 CS-diff。此外，修正 -CS 的误差比

LS-CS 更小。在图 11.3(b) 中，CS-diff 性能较差，这是由于在 $t=0$ 时刻的初始误差本身非常大(因为仅使用 $n_0=0.19m$)，因此在 $t=1$ 时刻的误差信号不可压缩，使得其误差较大等等。但是，即使当 n_0 较大且初始误差较小时，如图 11.3(a) 所示，CS-diff 误差仍然不稳定，即它随时间增加而增加。

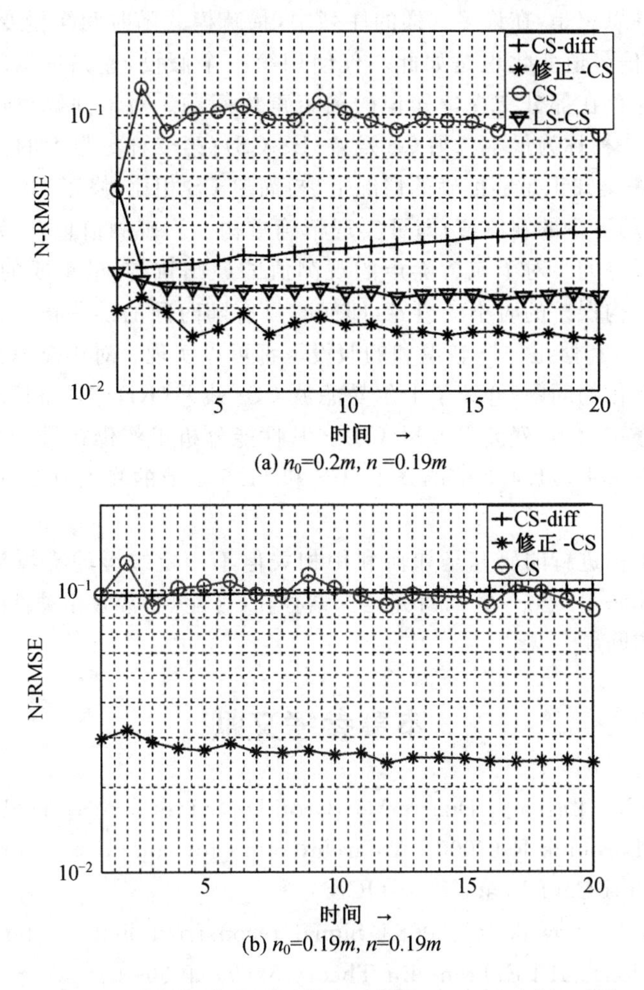

图 11.3　从 MRI 仿真观测值中重构 256 × 256 实际(可压缩)声道(喉)图像序列。对于 $t>0$，两图均采用 $n=0.19m$，但使用不同 n_0 值。图像尺寸为 $m=256^2=65\ 536$。99% 能量支撑集大小 $|N_t|\approx 0.07m$；支撑集更改大小 $|N_t\setminus N_{t-1}|\approx 0.001m$

11.8 结　论

在本章中，对最近稀疏信号序列的递归重构算法方面的研究进行了总结。其关键思想是，在许多这样的序列中，稀疏模式随时间缓慢变化，且在某些情况下，信号值变化也是如此。仅使用第一个假设，递归重构问题可以被重新表述为存在部分支撑集知识的稀疏重构问题。对该问题讨论了两种解决方法，第一种称为最小二乘 CS 残差(LS-CS)；第二种更强大的，称为修正 -CS。在支撑集知识足够准确的情况下，与简单 CS 相比，修正-CS 需要更少的条件下(使用更少的观测值)即可实现精确重构。当观测值包含噪声时，误差被证明是有界的。对于包含噪声的观测值的递归重构，最重要的问题是，何时可获得重构误差的时不变边界，即何时具有随时间的误差稳定性。研究表明，在 LS-CS 和修正 -CS 较温和的假设下都可以实现。对于支撑集和信号值保持缓慢变化的问题，介绍了卡尔曼滤波 CS- 残差(KF-CS)和其改进算法卡尔曼滤波修正 -CS- 残差(KalMoCS)。其性能分析工作仍在进行中。本章介绍的所有方法中，11.4.2 节的修正 -CS 和 11.5.2 节的修正 -CS- 残差是最具潜力的方法。

目前正在进行的研究是如何利用相关但不一定缓慢的支撑集变化设计递归重构算法[4]。另一方面研究是探索存在(可能)非常大相关性噪声情况下的递归重构问题[5,68]。

本章参考文献

[1] Wakin M, Laska J, Duarte M, Baron D, Sarvotham S, Takhar D, Kelly K, Baraniuk R (2006) An architecture for compressive imaging. In: IEEE Intl Conf Image Proc (ICIP)

[2] Haupt J, Nowak R (2006) Signal reconstruction from noisy random projections. IEEE Trans Inf Theory 52(9):4036-4048

[3] Candès EJ, Li X, Ma Y, Wright J (2009) Robust principal component analysis? J ACM 58(1): 1-37

[4] Qiu C, Vaswani N (2011) Support predicted modified-cs for recursive robust principal components' pursuit. In: IEEE Intl Symp Info Th (ISIT)

[5] Qiu C, Vaswani N (2011) Recursive sparse recovery in large but corre-

lated noise. Allerton Conf on Communication, Control, and, Computing

[6] Carron I "Nuit blanche", in http://nuit-blanche.blogspot.com/

[7] "Rice compressive sensing resources", in http://www-dsp.rice.edu/cs

[8] Candes E, Romberg J, Tao T (2006) Robust uncertainty principles: Exact signal reconstruction from highly incomplete frequency information. IEEE Trans Inf Theory 52(2):489-509

[9] Donoho D (2006) Compressed sensing. IEEE Trans Inf Theory 52(4):1289-1306

[10] Candes E, Tao T (2005) Decoding by linear programming. IEEE Trans Inf Theory 51(12):4203-4215

[11] Gamper U, Boesiger P, Kozerke S (2008) Compressed sensing in dynamic mri. Magn Reson Med 59(2):365-373

[12] Wakin M, Laska J, Duarte M, Baron D, Sarvotham S, Takhar D, Kelly K, Baraniuk R (2006) Compressive imaging for video representation and coding. In: Proc April, Picture Coding Symposium (PCS), Beijing, China

[13] Jung H, Sung KH, Nayak KS, Kim EY, Ye JC (2009) k-t focuss: a general compressed sensing framework for high resolution dynamic mri. Magn Reson Med 61:103-116

[14] Vaswani N (2008) Kalman filtered compressed sensing. In: IEEE Intl Conf Image Proc (ICIP)

[15] Vaswani N (2010) LS-CS-residual (LS-CS): Compressive Sensing on Least Squares residual. IEEE Trans Signal Process 58(8):4108-4120

[16] Vaswani N, Lu W (2009) Modified-cs: Modifying compressive sensing for problems with partially known support. In: IEEE Intl Symp Info Th (ISIT)

[17] Vaswani N, Lu W (2010) Modified-cs: Modifying compressive sensing for problems with partially known support. IEEE Trans Signal Process 58(9):4595-4607

[18] Lu W, Vaswani N (2009) Modified Compressive Sensing for Real-time Dynamic MR Imaging. In IEEE Intl Conf Image Proc (ICIP)

[19] Lu W, Li T, Atkinson I, Vaswani N (2011) Modified-cs-residual for recursive reconstruction of highly undersampled functional mri se-

quences. In, IEEE Intl Conf Image Proc (ICIP)
[20] Lu W, Vaswani N (2012) Regularized modified bpdn for noisy sparse reconstruction with partial erroneous support and signal value knowledge. IEEE Trans Signal process 60(1):182-196
[21] Lu W, Vaswani N (2012) Exact reconstruction conditions for regularized modified basis pursuit. IEEE Trans Signal Process 60(5):2634-2640
[22] Vaswani N (2010) Stability (over time) of Modified-CS for Recursive Causal Sparse Reconstruction. In Allerton Conf Communication, Control, and, Computing
[23] Mallat SG, Zhang Z (1993) Matching pursuits with time-frequency dictionaries. IEEE Trans Signal Process 41(12):3397-3415
[24] Chen S, Donoho D, Saunders M (1998) Atomic decomposition by basis pursuit. SIAM J Sci Comput 20:33-61
[25] Wipf DP, Rao BD (2004) Sparse bayesian learning for basis selection. IEEE Trans Signal Process 52:2153-2164
[26] Tropp JA (2006) Just relax: Convex programming methods for identifying sparse signals. IEEE Trans Inf Theory 1030-1051
[27] Candes E (2008) The restricted isometry property and its implications for compressed sensing. Compte Rendus de l'Academie des Sciences, Paris, Serie I:589-592
[28] Candes E, Tao T (2007) The dantzig selector: statistical estimation when p is much larger than n. Ann Stat 35(6):2313-2351
[29] Tropp J, Gilbert A (2007) Signal recovery from random measurements via orthogonal matching pursuit. IEEE Trans Inf Theory 53(12):4655-4666
[30] Dai W, Milenkovic O (2009) Subspace pursuit for compressive sensing signal reconstruction. IEEE Trans Inf Theory 55(5):2230-2249
[31] Needell D, Tropp JA (May 2009) Cosamp: Iterative signal recovery from incomplete and inaccurate samples. Appl Comp Harmonic Anal 26(3):301-321
[32] Carmi A, Gurfil P, Kanevsky D (2010) Methods for sparse signal recovery using kalman filtering with embedded pseudo-measurement norms and quasi-norms. IEEE Trans Signal Process 2405-2409

[33] Sejdinovic D, Andrieu C, Piechocki R (2010) Bayesian sequential compressed sensing in sparse dynamical systems. In Allerton Conf Communication, Control, and, Computing

[34] Ziniel J, Potter LC, Schniter P (2010) Tracking and smoothing of time-varyingsparse signals via approximate belief propagation. Asilomar Conf Sig Sys Comp

[35] Zhang Z, Rao BD (2011) Sparse signal recovery with temporally correlated source vectors using sparse bayesian learning. IEEE J Sel Topics Sig Proc (Special Issue on Adaptive Sparse Representation of Data and Applications in Signal and Image Processing) 5(5):912-926

[36] Charles A, Asif MS, Romberg J, Rozell C (2011) Sparsity penalties in dynamical system estimation. In Conf Info, Sciences and Systems

[37] Garcia-Frias J, Esnaola I (2007) Exploiting prior knowledge in the recovery of signals from noisy random projections. In Data Comp Conf

[38] Ji S, Xue Y, Carin L (2008) Bayesian compressive sensing. IEEE Trans Signal Process 56(6):2346-2356

[39] Schniter P, Potter L, Ziniel J (2008) Fast bayesian matching pursuit: Model uncertainty and parameter estimation for sparse linear models. In: Information Theory and Applications (ITA)

[40] La C, Do M (2005) "Signal reconstruction using sparse tree representations", in SPIE Wavelets XI. San Diego, California

[41] Baraniuk R, Cevher V, Duarte M, Hegde C (2010) Model-based compressive sensing. IEEE Trans Inf Theory 56(4):1982-2001

[42] Eldar Yonina C, Moshe Mishali (2009) Robust recovery of signals from a structured union of subspaces. IEEE Trans Inf Theory 55(11): 5302-5316

[43] Som S, Potter LC, Schniter P (2010) Compressive imaging using approximate message passing and a markov-tree prior. In Asilomar Conf Sig Sys Comp

[44] Khajehnejad A, Xu W, Avestimehr A, Hassibi B (2009) Weighted l_1 minimization for sparse recovery with prior information. In: IEEE Intl Symp Info Th (ISIT)

[45] Khajehnejad A, Xu W, Avestimehr A, Hassibi B (2011) Weighted l_1 minimization for sparse recovery with Nonuniform Sparse Models.

IEEE Trans Signal Process 59(5):1985-2001

[46] Miosso CJ, von Borries R, Argez M, Valazquez L, Quintero C, Potes C (2009) Compressive sensing reconstruction with prior information by iteratively reweighted least-squares. IEEE Trans Signal Process 57(6):2424-2431

[47] Donoho D (2006) For most large underdetermined systems of linear equations, the minimal ell-1 norm solution is also the sparsest solution. Comm Pure App Math 59(6):797-829

[48] Stankovic V, Stankovic L, Cheng S (2009) Compressive image samplingwith side information. In: ICIP

[49] Carrillo R, Polania LF, Barner K (2010) Iterative algorithms for compressed sensing with patially known support. In: ICASSP

[50] Jongmin K, Ok Kyun L, Jong Chul Y (2012) Dynamic sparse support tracking with multiple measurement vectors using compressive MUSIC. In: ICASSP

[51] Stojnic M (2010) Block-length dependent thresholds for l_2/l_1-optimization in block-sparse compressed sensing. In: ICASSP

[52] Jacques L (2010) A short note on compressed sensing with partially known signal support, Signal Processing 90(12):3308-3312

[53] Lu W, Vaswani N (2010) Modified bpdn for noisy compressive sensing with partially known support. In: IEEE Intl Conf Acoustics, Speech, Sig Proc (ICASSP)

[54] Friedlander MP, Mansour H, Saab R, Yilmaz O (2012) Recovering compressively sampled signals using partial support information. IEEE Trans Inf Theory 58(2):1122-1134

[55] Asif MS, Romberg J (2009) Dynamic updating for sparse time varying signals In: Conf. Info, Sciences and Systems

[56] Yin W, Osher S, Goldfarb D, Darbon J (2008) Bregman iterative algorithms for l_1-minimization with applications to compressed sensing. SIAM J Imaging Sci 1(1):143-168

[57] Malioutov DM, Sanghavi S, Willsky AS (2008) Compressed sensing with sequential observations. In: IEEE Intl Conf Acoustics, Speech, Sig Proc (ICASSP)

[58] Angelosante D, Giannakis GB (2009) Rls-weighted lasso for adaptive

estimation of sparse signals. In: IEEE Intl Conf Acoustics, Speech, Sig Proc (ICASSP)

[59] Pierre J. Garrigues and Laurent El Ghaoui (2008) An homotopy algorithm for the lasso with online observations. In: Adv Neural Info Proc Sys (NIPS)

[60] Candes EJ, Wakin MB, Boyd SP (2008) Enhancing sparsity by reweighted l(1) minimization. J Fourier Anal Appl 14(5-6):877-905

[61] Chartrand R, Yin W (2008) Iteratively reweighted algorithms for compressive sensing. In: IEEE Intl Conf Acoustics, Speech, Sig Proc (ICASSP)

[62] Wang Y, Yin W (2010) Sparse signal reconstruction via iterative support detection. SIAM J Imaging Sci 3(3):462-491

[63] Angelosante D, Giannakis GB, Grossi E (2009) Compressed sensing of time-varying signals. Dig Sig Proc Workshop, In

[64] Vaswani N (2009) Analyzing least squares and kalman filtered compressed sensing. In: IEEE Intl Conf Acoustics, Speech, Sig Proc (ICASSP)

[65] Foucart S, Lai MJ (2009) Sparsest solutions of underdetermined linear systems via ell-q-minimization for 0 <= q <= 1. Appl Comput Harmonic Anal 26:395-407

[66] Jacques L (2009) A short note on compressed sensing with partially known signal support. ArXiv, preprint 0908.0660

[67] Cevher V, Sankaranarayanan A, Duarte M, Reddy D, Baraniuk R, Chellappa R (2008) Compressive sensing for background subtraction. In: Eur Conf Comp Vis (ECCV)

[68] Qiu C, Vaswani N (2010) Real-time robust principal components' pursuit. AllertonConf on Communications, Control and, Computing

第12章　传感器网络中时变稀疏信号的估计

本章考虑有限通信资源传感器网络中时变稀疏信号重构问题。在每个时间间隔中,融合中心将所预测的信号估计及其相应的误差协方差发送到一个选定的传感器子集中。选定的传感器计算量化创新并将它们发送到融合中心。我们考虑信号稀疏的情况,即其成分的很大一部分是零值。讨论在所描述情况下的信号估计算法,分析它们的复杂性,并证明即使是在传感器发送一个单一比特(即创新的符号)到融合中心的情况下,它们也能达到接近最优性能。

12.1　引　言

近年来,有限通信资源传感器网络中时变稀疏信号重构问题受到了极大的关注(参见文献[1-3]和其中的参考文献)。由于带宽和功率资源受限,传感器通常只允许将部分(例如量化的)信息传送到融合中心。量化和发射传感器测量往往是禁止的,这是因为,为了确保信号重构算法具有一个令人满意的性能,可能需要大量的量化水平。然而,就像文献[1-3]中证明的那样,依靠量化创新的方案提供的性能与全信息过滤方案相媲美。

另一个要注意的是,在许多应用中信号具有稀疏性,因此可经济地使用传感器资源。最近提出的压缩感知技术,可以从可能比未知量数量更少的测量中重构稀疏信号[4,5]。因此,利用传感器网络中的信号稀疏性可以减少传感器和融合中心之间的通信需求,同时节省带宽和功率[6,7]。最近在文献[8]中研究了利用组套索和组融合套索技术来进行传感器网络中时变稀疏信号的重构。组融合套索技术假设支撑集是时不变的,但允许信号的非零分量随时间变化。这是一个批处理算法,它依靠二次规划来恢复未知的信号。文献[9]中介绍了一种计算高效的递归套索算法(R-lasso)来递归地估计在每个时间点上的稀疏信号。在文献[10]中介绍的SPARLS算法是依靠期望最大技术从噪声观测中寻找抽头权重向量输出流的估计。在文献[11]中的套索-卡尔曼平滑是依赖于已知动态模型的稀疏信号,通过利用信号向量的稀疏促进l_1-范数规范卡尔曼平滑代价函数来跟踪它。在文献[12]中介绍了时变稀疏信号在支撑集缓慢变化时的递归估计。特别地,在之前时刻的信号支撑集作为已知的部分信息用来在给定的时间内解决问题。这种优化试图使支撑集（预计比原始信号稀疏得多）的变化最小。在一定的条件下，相比优化忽略了缓慢变化的支撑信息的情况，更少的测量是必要的。同一作者提出的另一种方法[13]被称为 LSCS-残余，对使用前一时刻支撑集的最小二乘残差计算施加稀疏性。在文献[14]中，另外一种基于卡尔曼滤波的方法被提出，该方法通过所谓的伪观测来施加稀疏性约束。该方法使用两个阶段的卡尔曼滤波，其中一个用来跟踪时间变化，另一个用来在每个阶段施加稀疏性约束。在文献[15]中，用于伪测量更新阶段的无迹卡尔曼滤波法被提出。

然而，这些递归压缩传感技术中没有任何一个把量化看成是进一步减少所需的带宽和功率资源的方法。另外，最近在利用量化测量进行稀疏信号估计算法的开发方面有相当多的研究[16]。在文献[17]中提出了两种从量化观测中估计稀疏信号的方法。第一种是一个简单的基于依赖于从量化单元中心构建的虚拟测量的优化加权最小二乘误差成本技术。另一种是一个更复杂的方法，它利用这样一个事实：当噪声是高斯的（或者对数凹分布），对于给定的测量，x 的负对数似然函数是凸的。由此产生的凸优化问题在增加 l_1-正则化来强制增加解的稀疏性后可解。文献[18]提出了从量化噪声测量中重构稀疏信号的广义期望最大化算法。与文献[17]不同，这项工作无须假定噪声方差信息。文献[19]中提出了用来从无噪声信号测量符号中估计单位球面上稀疏信号的匹配符号。文献[20]另一项工作提出了限制步长收缩来从 1 位测量中恢复稀疏信号。该算法与单位球上非凸优化的信赖域方法在本质上类似。此外，文献[21，22]提出了从量化测量中估计稀疏信号的消息传递算法。

在本章中，我们研究了具有通信约束的传感器网络中时变稀疏信号的重构问题。该网络有一个状态空间表示，其中稀疏状态向量包含的零分量比非零分量多得多。在每一时间间隔，融合中心将所预测的信号估计及其相应的误差协方差发送到一个选定的传感器子集中。选定的传感器计算量化创新并将它们传输到融合中心。我们考虑线性观测下的一般非线性动力系统。融合中心采用了基于所谓的卡尔曼粒子滤波的递归信号估计方案[3]，我们通过采用一组扩展卡尔曼滤波器（EKF）[23]来跟踪它们动态的方法把该方案扩展到非线性动力系统。在多个测量的情况下，该方案以计算效率高的连续形式得到实现[23]。提出的方案利用投影或伪测量技术，在粒子和融合估计水平上对状态向量估计施加稀疏约束[14,24]。分析所提出的算法的计算复杂度，证明了其实际可行性。仿真结果表明，所提出的算法的性能是接近全创新（非量化）的滤波方案，即使在所选择的传感器发送一个比特（即创新的符号）

到融合中心这种极端情况下也是如此。此外，该算法被证明可以在慢变稀疏模式下很好地工作。

本章内容安排如下。在12.2节中描述了系统模型，在12.3节中给出了量化创新跟踪稀疏信号的递归算法以及其复杂性分析，12.4节中给出了仿真结果，12.5节给出了本章小结。

注释

大写黑体符号表示矩阵，小写黑体字符号表示向量。$N(\mu,\sigma^2)$ 表示均值为 μ、方差为 σ^2 的高斯分布，其平均值为 μ，方差为 σ^2；$N_t(s_1,s_2,\mu,\sigma^2)$ 表示均值为 μ、方差为 σ^2 的截断(区间为$[s_1\quad s_2]$)高斯分布；$\phi(s_1,s_2,\mu,\sigma^2)$ 表示满足区间$[s_1\quad s_2]$上高斯分布 $N(\mu,\sigma^2)$ 的随机变量的概率。

12.2 系统模型与问题陈述

考虑一个传感器网络，它利用传感器来观察稀疏时变信号的线性组合。在每个时间间隔，M 个传感器将它们携带的信息传递到融合中心。对于一般的非线性动力系统，信号和测量满足以下动力学模型：

$$\boldsymbol{x}(n+1)=f(\boldsymbol{x}(n))+\boldsymbol{w}(n) \tag{12.1}$$

$$\boldsymbol{y}(n)=\boldsymbol{H}(n)\boldsymbol{x}(n)+\boldsymbol{v}(n) \tag{12.2}$$

在线性动力情况 $f(\boldsymbol{x}(n))=\boldsymbol{A}(n)\boldsymbol{x}(n)$ 下，其中动力和测量由下式给出：

$$\boldsymbol{x}(n+1)=\boldsymbol{A}(n)\boldsymbol{x}(n)+\boldsymbol{w}(n) \tag{12.3}$$

$$\boldsymbol{y}(n)=\boldsymbol{H}(n)\boldsymbol{x}(n)+\boldsymbol{v}(n) \tag{12.4}$$

这里 $\boldsymbol{x}(n)\in\mathbf{R}^N$ 表示时变向量，它在一些变换域中是稀疏的，即可以写作 $\boldsymbol{x}(n)=\boldsymbol{\Psi}(n)\boldsymbol{x}_0(n)$，其中 $\boldsymbol{x}_0(n)$ 的大部分分量为零，并且 $\boldsymbol{\Psi}(n)$ 表示一个适当的基。不失一般性，我们假设 $\boldsymbol{x}(n)$ 本身是稀疏的，有最多 K 个非零分量，它们的位置是未知的($K\ll N$)。传感器的观测 $y_1(n),\cdots,y_M(n)$ 收集在一个 M 维实数向量 $\boldsymbol{y}(n)$，显然它是稀疏的。此外，$\boldsymbol{w}(n)\in\mathbf{R}^N$ 和 $\boldsymbol{v}(n)\in\mathbf{R}^M$ 表示零均值、方差分别为 $Q(n)$ 和 $R(n)$ 的不相关高斯噪声，$n\geqslant 0$ 表示时间指数。系统的初始状态 $\boldsymbol{x}(0)$ 和 $\boldsymbol{w}(n)$ 以及 $\boldsymbol{v}(n)$ 都不相关。此外，在式(12.3)和式(12.4)中我们介绍了 $\boldsymbol{A}(n)\in\mathbf{R}^{N\times N}$，$\boldsymbol{H}(n)=[\boldsymbol{h}_1(n)^{\mathrm{T}}\quad\boldsymbol{h}_2(n)^{\mathrm{T}}\quad\cdots\quad\boldsymbol{h}_M(n)^{\mathrm{T}}]^{\mathrm{T}}\in\mathbf{R}^{M\times N}$。$\boldsymbol{H}(n)$ 中的元素来自一个零均值方差为 $1/M$ 的高斯分布。注意到，$\boldsymbol{H}(n)$ 的结构满足压缩感知方案设计中应用的约束等距性(RIP)[4]。

在每一个时间步长 $n-1$，融合中心使用从传感器收集来的过去的测量数据,形成一个 $\boldsymbol{x}(n)$ 的预测估计 $\hat{\boldsymbol{x}}(n \mid n-1)$,然后计算第 l 个传感器的预测观测值 $\hat{y}_l(n)$。我们假设融合中心有足够的功率把预测测量值及其误差协方差传播到传感器上。然而,传感器的功率和分配带宽是有限的,因此发送量化创新(即传感器测量和估计之间的量化差异)到融合中心上。量化创新意味着,在融合中心,相应的传感器测量有一个不确定的区间。增加量化级数可以降低不确定性,但会导致更高的带宽需求和能源消耗。

12.3　算　　法

提出的方案是基于卡尔曼粒子滤波(KLPF)[3] 的,我们将其推广和应用到非线性系统中。特别地,采用扩展卡尔曼滤波器(EKF)来代替卡尔曼滤波(首先修改方案,以便它可以处理多个观测值),然后用计算高效的序贯处理形式来实现生成的 EKLPF 算法[23]。为了恢复稀疏信号,我们对粒子层面、估计层面或两者都施加稀疏性约束。该算法的详细描述如下。

在时间为 n 时,融合中心传输预测观测值

$$\hat{y}_l(n)=\boldsymbol{h}_l(n)\hat{\boldsymbol{x}}(n \mid n-1),\quad l=1,2,\cdots,M \tag{12.5}$$

以及其相应的误差协方差 $\sigma_l(n)$ 到第 l 个传感器,其中 $\sigma_l(n)$ 表示矩阵第$(l,\ l)$个输入

$$\boldsymbol{R}_{\hat{y}(n)}=\boldsymbol{H}(n)\boldsymbol{P}(n \mid n-1)\boldsymbol{H}(n)^{\mathrm{T}}+\boldsymbol{Q}(n) \tag{12.6}$$

第 l 个传感器计算量化创新,

$$e_l(n)=\boldsymbol{Q}\left[\frac{y_l(n)-\hat{y}_l(n)}{\sigma_l(n)}\right]\sigma_l(n) \tag{12.7}$$

并将它传输到融合中心($\boldsymbol{Q}[\cdot]$ 表示量化算子)。EKLPF 算法使用一组 N_p 并行扩展卡尔曼滤波器(在时间和测量更新形式),其中每个扩展卡尔曼滤波器利用基于接收到的量化创新产生的观测例子进行测量更新。特别地,第 i 个扩展卡尔曼滤波器的第 n 个测量更新步骤使用观测粒子 $\boldsymbol{y}^i(n)=[y_1^i(n)\ \cdots\ y_M^i(n)]^{\mathrm{T}}$,其中 $\boldsymbol{y}_l^i(n)(1 \leqslant l \leqslant M)$ 由截断高斯分布生成[3],

$$y_l^i(n) \sim N_t(s_l^L(n),s_l^U(n),\boldsymbol{h}_l(n)\hat{\boldsymbol{x}}^i(n \mid n-1),\sigma_l(n)) \tag{12.8}$$

在式(12.8)中,$\hat{\boldsymbol{x}}^i(n \mid n-1)$ 表示前一步更新步骤下的第 i 个扩展卡尔曼滤波器的状态预测。第 i 个观测粒子被分配权重 $w^i(n)=\prod_{l=1}^{M} w_l^i(n)$,其中

$$w_l^i(n)=\phi(s_l^L(n),s_l^U(n),\boldsymbol{h}_l(n)\hat{\boldsymbol{x}}^i(n \mid n-1),\sigma_l(n)) \tag{12.9}$$

在式(12.8)和式(12.9)中,$s_l^L(n)=\hat{y}_l(n \mid n-1)+L(n)$,$s_l^U(n)=\hat{y}_l(n \mid n-1)+U(n)$,其中 $L(n)$ 和 $U(n)$ 分别表示量化区间 $e_l(n)$ 的下限和上限(即

$L(n) < e_l(n) < U(n)$)。然后由单个扩展卡尔曼滤波器计算的测量更新 $\hat{\boldsymbol{x}}^i(n \mid n)(1 \leqslant i \leqslant N_p)$ 融合得到全局滤波估计，

$$\hat{\boldsymbol{x}}(n \mid n) = \sum_{i=1}^{N_p} w^i(n) \hat{\boldsymbol{x}}^i(n \mid n) \tag{12.10}$$

之后是时间更新步骤，其中预测估计

$$\hat{\boldsymbol{x}}(n+1 \mid n) = \boldsymbol{f}(\boldsymbol{x}(n \mid n)) \tag{12.11}$$

和它的误差协方差矩阵

$$\boldsymbol{P}(n+1 \mid n) = \boldsymbol{F}(n+1)\boldsymbol{P}(n \mid n)\boldsymbol{F}(n+1)^{\mathrm{T}} + \boldsymbol{R}(n+1) \tag{12.12}$$

被计算。这里 $\boldsymbol{F}(n)$ 是 $\boldsymbol{f}(x)$ 的雅可比矩阵。注意到当动态特性是线性时(即 $\boldsymbol{f}(\boldsymbol{x}(n)) = \boldsymbol{A}(n)\boldsymbol{x}(n)$)，$\boldsymbol{F}(n) = \boldsymbol{A}(n)$。

KLPF 的推导是在假设该系统在每个时间步长只访问一个测量源的条件下得到的[3]。扩展到多个测量情况(例如多传感器)是简单的，但在一般情况下，可能会导致方案计算复杂。注意到，在我们的问题中的观测是相互独立的，这直接使得扩展卡尔曼滤波有一种计算高效的序贯处理实现形式。特别地，每个扩展卡尔曼滤波器的测量更新步骤如下：

$$\begin{cases} \boldsymbol{K}_f^l = \dfrac{\boldsymbol{P}(n \mid n)\boldsymbol{h}_l(n)^{\mathrm{T}}}{\boldsymbol{h}_l(n)\boldsymbol{P}(n \mid n)\boldsymbol{h}_l(n)^{\mathrm{T}} + \boldsymbol{R}_{l,l}(n)} \\ \boldsymbol{P}(n \mid n) = \boldsymbol{P}(n \mid n) - \boldsymbol{K}_f^l \boldsymbol{h}_l(n)\boldsymbol{P}(n \mid n) \\ \hat{\boldsymbol{x}}^i(n \mid n) = \hat{\boldsymbol{x}}^i(n \mid n) + \boldsymbol{K}_f^l(\boldsymbol{y}_l^i(n) - \boldsymbol{h}_l(n)\hat{\boldsymbol{x}}^i(n \mid n)) \end{cases} \tag{12.13}$$

其中，l 从 1 运行到 M。注意到，序贯处理避免了任何矩阵求逆运算，因此提供了一个计算高效的测量更新步骤实现形式。

为了确保提出的估计方案能够恢复稀疏模式的状态向量，我们对粒子层面(即 $\hat{\boldsymbol{x}}^i(n \mid n)$)、融合估计层面 $\hat{\boldsymbol{x}}(n \mid n)$ 或两者同时施加稀疏约束。稀疏性是通过引入所谓的伪测量或者通过投影稀疏域施加的。

伪测量：稀疏约束可以施加在每个时间步长通过限制状态向量估计的 l_1 —范数的界限。这个约束很容易表示成一个虚构的测量，其中 ϵ 可以解释为测量噪声[2,14]。现在我们构造一个辅助状态空间模型，形式如下：

$$\begin{cases} \boldsymbol{z}(k+1) = \boldsymbol{z}(k) \\ 0 = \boldsymbol{h}_{pm}(k)\boldsymbol{z}(k) - \epsilon \end{cases} \tag{12.14}$$

其中，$\boldsymbol{z}(0) = \hat{\boldsymbol{x}}(n \mid n)$；$\boldsymbol{h}_{pm}(k+1) = [\mathrm{sgn}(\hat{z}_1(k \mid k)) \cdots \mathrm{sgn}(\hat{z}_N(k \mid k))]$，$k=1,2,\cdots,L$，$\hat{z}_j(k \mid k)$ 表示 $\boldsymbol{z}(k)$ 最小均方估计的第 j 个分量(通过卡尔曼滤波获得)，$\mathrm{sgn}(\cdot)$ 表示符号函数。最后，我们重新分配 $\hat{\boldsymbol{x}}(n \mid n) = \hat{\boldsymbol{z}}(L \mid L)$，其中辅助状态空间模型(12.14)的时间范围 L 被选定，使得 $\| \hat{\boldsymbol{z}}(L \mid L) - \hat{\boldsymbol{z}}(L-1 \mid$

$L-1)\|^2$ 低于某个预定的阈值。这个迭代过程如算法 1 所示(更多细节参见文献[14])。

l_1 — 范数下强制实施稀疏的伪测量导致引入一个线性方程,进而允许直接应用卡尔曼滤波。由于一般情况下拟范数 $\|\cdot\|_p(0<p<1)$,用 $\|\cdot\|_0$ 近似比 l_1 — 范数更准确,文献[14] 同样提出应用拟范数下的伪测量。在这种情况下,伪测量方程表达如下:

$$0=\left(\sum_{i=1}^{n}|\boldsymbol{z}_k(i)|^p\right)^{\frac{1}{p}}-\epsilon' \tag{12.15}$$

为了实现目的,文献[14] 对上述方程进行线性化,然后使用扩展卡尔曼滤波完成产生的约束。文献[14] 中讨论的另一种方式是直接用下式代替 l_0 — 范数 $\|\cdot\|_0$:

$$\|z_k\|_0\approx n-\sum_{i=1}^{n}\exp(-\alpha|\boldsymbol{z}_k(i)|) \tag{12.16}$$

并且使用其作为一个伪测量来施加稀疏约束。

算法 1　$[\hat{\boldsymbol{x}}(n|n),\boldsymbol{P}(n|n)]=\text{PMKF}(\hat{\boldsymbol{x}}(n|n),\boldsymbol{P}(n|n))$

运行卡尔曼滤波更新系统 (公式(12.14)) $\|\hat{\boldsymbol{x}}(n|n)\|-\epsilon=0$

$$\boldsymbol{P}_{pm}(1|1)=\boldsymbol{P}(n|n),\quad \hat{\boldsymbol{z}}(1|1)=\hat{\boldsymbol{x}}(n|n)$$

for $k=1$ to L **do**

$$\boldsymbol{h}_{pm}(k)=[\text{sgn}(\hat{\boldsymbol{z}}_1(k|k))\cdots\text{sgn}(\hat{\boldsymbol{z}}_N(k|k))]$$

$$\boldsymbol{K}_{pm}=\frac{\boldsymbol{P}_{pm}(k|k)\boldsymbol{h}_{pm}(k)}{\boldsymbol{h}_{pm}(k)\boldsymbol{P}_{pm}(k|k)(\boldsymbol{h}_{pm}(k))'+R_\epsilon}$$

$$\hat{\boldsymbol{z}}(k+1|k+1)=(\boldsymbol{I}-\boldsymbol{K}_{pm}\boldsymbol{h}_{pm}(k))\hat{\boldsymbol{z}}(k|k)$$

$$\boldsymbol{P}_{pm}(k+1|k+1)=(\boldsymbol{I}-\boldsymbol{K}_{pm}\boldsymbol{h}_{pm}(k))\boldsymbol{P}_{pm}(k|k)$$

end for

$$\hat{\boldsymbol{x}}(n|n)=\hat{\boldsymbol{z}}(L|L),\quad \boldsymbol{P}(n|n)=\boldsymbol{P}_{pm}(L+1|L+1)$$

算法 2　$[\hat{\boldsymbol{x}}(n|n),\boldsymbol{P}(n|n)]=\text{SPARSE}(\hat{\boldsymbol{x}}(n|n),\boldsymbol{P}(n|n))$

令前 S 个幅度最大分量以外的其余分量为零

$\hat{\boldsymbol{z}}=\text{sort}(\text{abs}(\hat{\boldsymbol{x}}(n|n)))$(降序排列),$\hat{\boldsymbol{z}}_{S+1:N}=\boldsymbol{0}$

$$\boldsymbol{P}(n|n)=\boldsymbol{P}(n|n)+(\hat{\boldsymbol{x}}(n|n)-\hat{\boldsymbol{z}})(\hat{\boldsymbol{x}}(n|n)-\hat{\boldsymbol{z}})',\quad \hat{\boldsymbol{x}}(n|n)=\hat{\boldsymbol{z}}$$

稀疏域上投影:这种转变通过简单地令前 K 个最大分量以外的其余分量为零来寻找信号最佳 K — 稀疏最小均方误差估计。我们把它作为算法 2。

根据上面介绍的两种类型的稀疏约束,我们定义了以下两种算法:

算法 1:滤波粒子被投影到约束域,保留幅度最大的 K 分量(即采用算法

2)。使用粒子权重对约束滤波粒子进行组合来获得滤波估计。一般来说，这种融合滤波估计不能保证满足稀疏约束，因此需要使用算法 2 把它投射到约束域。

算法 2：使用粒子的权重对无约束的滤波粒子进行组合，以获得滤波估计。这种融合滤波估计不能保证满足稀疏性约束，因此我们采用伪测量方法来施加 l_1 约束（即使用算法 1）。

一般算法（图 12.1），其中算法 1 和算法 2 是其特殊情况，表达如下。

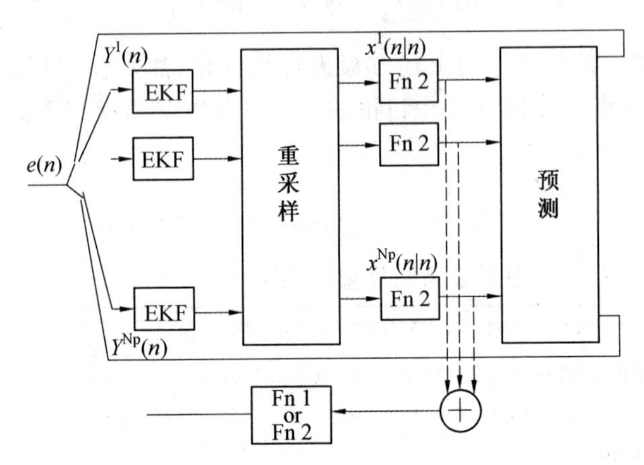

图 12.1　所提出的用于时变稀疏信号的递归信号处理方案的图示（Fn1 和 Fn2 分别对应算法 1 和算法 2）

(1) 初始化：$n=0$，$\{\hat{\boldsymbol{x}}^i(0\mid-1), \hat{\boldsymbol{x}}(0\mid-1), \boldsymbol{P}(0\mid-1)\}$。

(2) 融合中心发送 $\sigma_l(n)$（公式(12.6)）和 $\hat{y}_l(n)$（公式(12.5)）到第 l 个传感器。

(3) 第 l 个传感器将量化创新 $\boldsymbol{Q}\left[\dfrac{y_l(n)-\hat{y}_l(n)}{\sigma_l(n)}\right]$ 传递到融合中心。

(4) 利用公式(12.7)，融合中心生成观测粒子（公式(12.8)）并确定其相应的权重（公式(12.9)）。

(5) 使用步骤(4) 中生成的观测值，以顺序形式运行测量更新（公式(12.13)）。

(6) 针对算法 1：利用算法 2 把 $\hat{\boldsymbol{x}}^i(n\mid n)$ 投影到稀疏域上。

(7) 使用归一化的权重重采样粒子。

(8) 计算融合滤波估计 $\hat{\boldsymbol{x}}(n\mid n)$（公式(12.10)）。

(9)a. 针对算法 1：利用算法 2 将估计值 $\hat{\boldsymbol{x}}(n\mid n)$ 投射到稀疏域。

b. 针对算法 2：利用算法 1 将估计值 $\hat{\boldsymbol{x}}(n\mid n)$ 投射到稀疏域。

(10) 确定下一个时刻的时间更新

$$\hat{\boldsymbol{x}}^i(n+1\mid n),\quad \hat{\boldsymbol{x}}(n+1\mid n),\quad \boldsymbol{P}(n+1\mid n),\quad \hat{y}_l(n+1),\quad \boldsymbol{R}_{\hat{y}}(n+1)$$

$$\hat{\boldsymbol{x}}^i(n+1\mid n)=f(\hat{\boldsymbol{x}}^i(n\mid n))$$

$$\hat{\boldsymbol{x}}(n+1\mid n)=f(\hat{\boldsymbol{x}}(n\mid n))$$

$$\boldsymbol{P}(n+1\mid n)=\boldsymbol{A}(n+1)\boldsymbol{P}(n\mid n)\boldsymbol{A}(n+1)^{\mathrm{T}}+\boldsymbol{R}(n+1)$$

$$\hat{y}_l(n+1)=\boldsymbol{h}_l(n+1)\hat{\boldsymbol{x}}(n+1\mid n)$$

$$\boldsymbol{R}_{\hat{y}}(n+1)=\boldsymbol{H}(n+1)\boldsymbol{P}(n+1\mid n)\boldsymbol{H}(n+1)^{\mathrm{T}}+\boldsymbol{Q}(n+1)$$

注意到,当没有步骤(6) 和步骤(9) 时,上述算法变成了 KLPF[3],即我们把 KLPF 扩展了到多次测量情况。

计算复杂度

在一般算法中的步骤(4) 的复杂度是 $O(N_p)$。步骤(5) 的复杂度为 $O(N^2M)+O(NN_p)$;第一项是公式(12.13) 中前两个步骤的复杂度,它对于所有粒子具有共性,而公式(12.13) 中最后一步的复杂度由第二项给出。步骤(6) 将滤波粒子投射到稀疏域上,复杂度为 $O(N_pN\log N)$。步骤(7) 的复杂度为 $O(N_p)$。步骤(9) 的复杂度为 $O(N\log N)$(使用算法 1) 或者 $O(N^2L)$(使用算法 2)。步骤(10) 的复杂度为 $O(N^2N_p)+O(N^2M)$。哪一个步骤的复杂度占主导地位需要具体问题具体分析。在下一节中,我们举一个例子进行复杂度分析。

12.4　仿真结果

系统仿真系数设置如下:$N=200,M=35,K=4,N_p=150,R_\epsilon=200^2$,$L=100$。最初有 3 个非零分量,但允许它们在稀疏模式缓慢变化。特别是,另一个分量在 $n=51$ 变成非零。非零分量的初始值服从分布 $N(0,25)$。非零分量 $x_i(n)$ 遵循高斯随机游走,它与由 $Q_{(i,i)}(n)$ 确定的其他分量之间相互独立。在仿真中,我们采用 $Q_{(i,i)}(n)=4^2$ 和 $R_{(i,i)}(n)=0.25^2$。我们假设严重限制带宽资源,仅传输 1 位量化创新。对本章所提出算法与文献[14] 提出的方案(即融合中心有全创新(未量化)) 进行性能比较。为了方便,我们把文献[14] 提出的方案记为 FIKFCS。

图 12.2 显示了各种算法如何跟踪信号的非零分量。FIKFCS算法表现最好,因为它使用了全创新。算法 1 几乎与 FIKFCS 算法表现的一样出色。KLPF 显然表现不佳,而算法 2 的表现也没有好很多。然而,如果带宽约束放

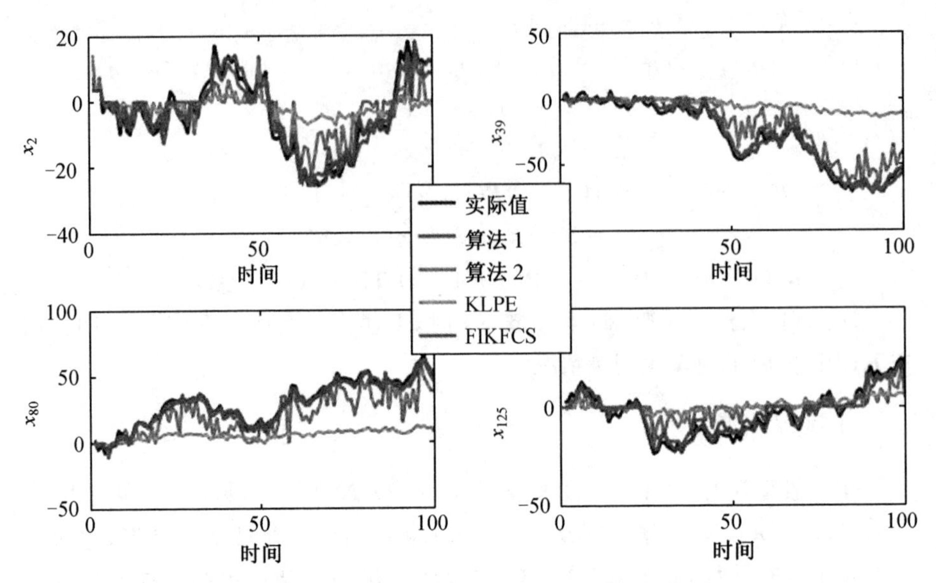

图 12.2　跟踪稀疏信号的非零分量的性能

$K=4, N_p=150, R_\epsilon=200^2, L=100$

宽(即我们允许超过 2 个量化级别),算法 2 表现和 FIKFCS 表现接近。

图 12.3 给出了在 $n=100$ 时估计瞬时值的比较结果。算法 1 和 FIKFCS 算法能够正确地识别非零分量,而算法 2 错误地在零信号区内显示出信号。

最后,图 12.4 给出了算法的 l_2 误差性能。上方图显示了支撑集中的错误(非零分量),而底部图显示了零分量估计中的误差性能。从图中可以再次看出,算法 1 的表现非常接近 FIKFCS 算法,算法 2 和 KLPF 算法在支撑集和零信号分量估计方面均表现不佳。因此,跟只施加在整体估计水平(如通过算法 2) 相比,在粒子层面和整体估计层面(如通过算法 1) 的稀疏约束是可取的。如果只有一个关于 K 的近似知识是已知的,那么可以在算法 2 的步骤(6) 和算法 1 的步骤(9) 使用这种近似知识。该算法(为了简单起见记为算法 3) 的结果和算法 1 相比性能稍差,但是比算法 2 的性能好很多。该算法和算法 2 的复杂度是相同的。因此,在带宽约束下,如果关于支撑集的知识是完全一致的,那么优先采用算法 1,否则算法 3 为首选。算法 2 可以在宽松带宽约束的情况下(即如果允许更多的量化级数) 使用。值得注意的是,这些性能是在测量比未知数明显小得多的时候得到的($<25\%$)。在这个例子中,算法 1 和 KLPF 的复杂度为 $O(N^2M)=14\times10^5$,而算法 2 的复杂度由步骤(9) 决定,为 $O(N^2L)=4\times10^6$。

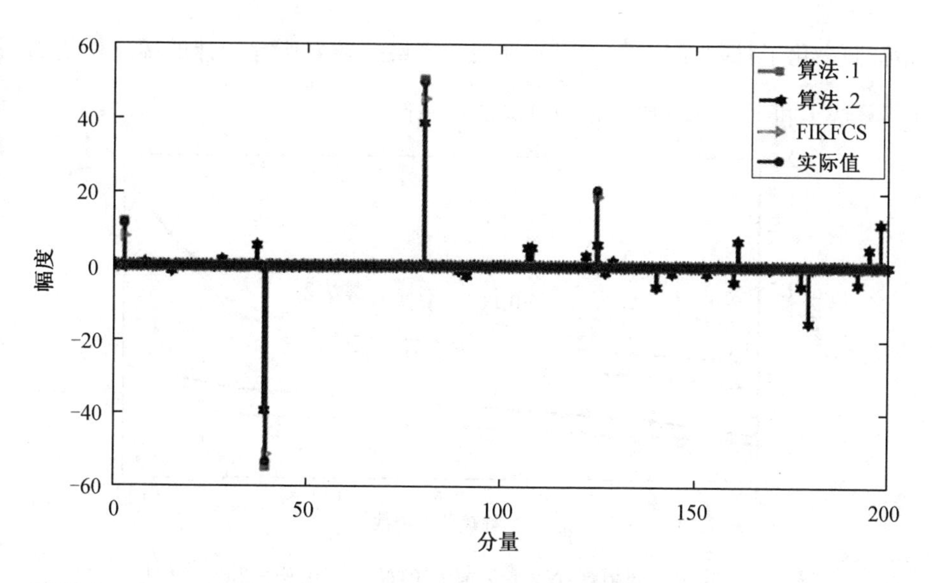

图 12.3　在 $n = 100, N = 200, M = 35, K = 4, N_p = 150, R_\epsilon = 200^2, L = 100$ 处瞬时值

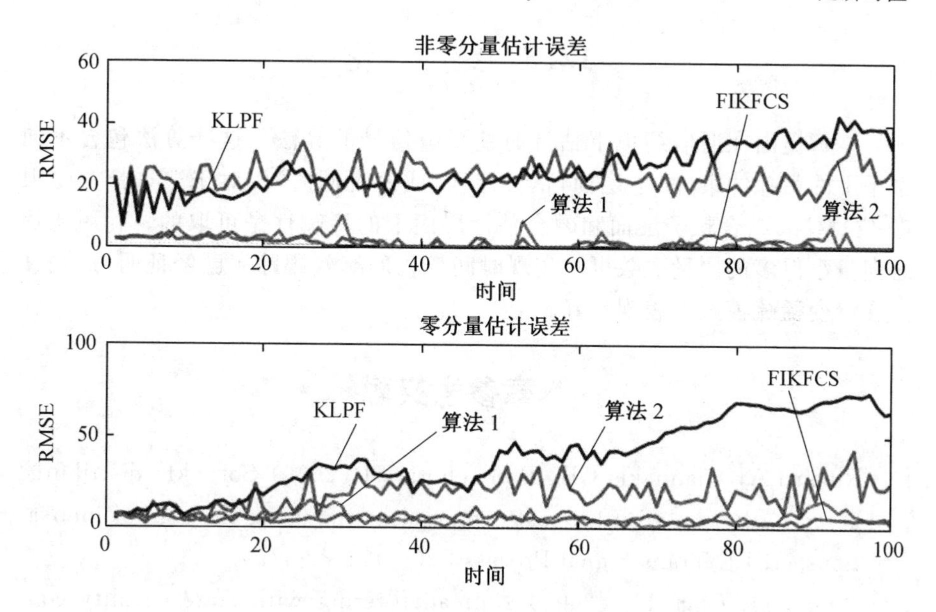

图 12.4　均方估计误差在支持部分(非零值部分)和零值部分

$N = 200, M = 35, K = 4, N_p = 150, R_\epsilon = 200^2, L = 100$

图 12.5 给出了这些提出方案的最小均方误差性能比较(通过最小均方误差和非零分量个数 K 的函数,这里 $N = 140, M = 40$)。为了比较的公平性,误

差被归一化了，即绘制$\frac{\| \boldsymbol{x}-\hat{\boldsymbol{x}} \|_2}{\| \boldsymbol{x} \|_2}$曲线。当误差随着所有估计的稀疏性增加时，算法 1 和 FIKFCS 比其他两种算法更稳健。

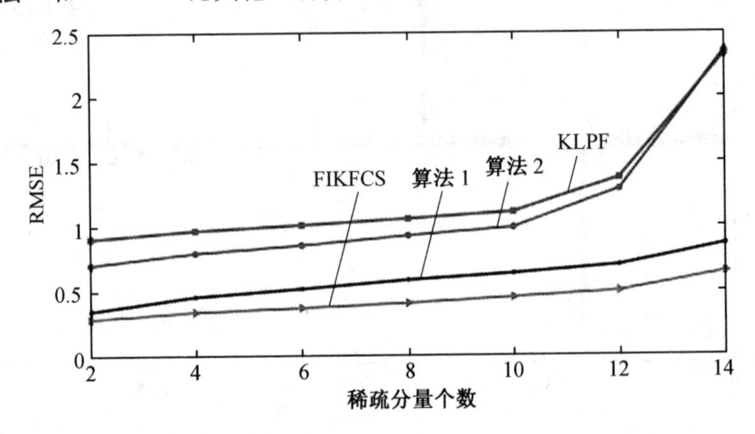

图 12.5　RMSE 与稀疏：$N=140, M=40, N_p=150, R_\epsilon=200^2, L=100$

12.5　结　　论

本章提出在通信约束下估计时变稀疏信号的算法。这些算法包含不同水平下的稀疏约束（粒子层面，估计层面，或两者同时）。对于严重带宽受限（1 位）情况，结合粒子层面和融合估计层面下的稀疏性是可取的。利用比状态向量小得多的测量次数可以实现时间变化的有效跟踪。已经证明，这些算法在慢变稀疏模式下表现良好。

本章参考文献

[1] Ribeiro A, Giannakis GB, Roumeliotis SI (2006) Soi－kf: distributed kalman filtering with lowcost communications using the sign of innovations. IEEE Trans Signal Process 54(12):4782-4795

[2] Simon D, Chia TL (2002) Kalman filtering with state equality constraints. IEEE Trans Aerosp Electron Syst 38(1):128-136

[3] Sukhavasi RT, Hassibi B (2009) The kalman like particle filter : optimal estimation with quantized innovations/measurements. In: IEEE CDC, pp 4446-4451

[4] Candes EJ, Tao T (2008) Decoding by linear programming. IEEE Trans Inf Theory 51(12):4203-4215

[5] Donoho DL (2002) Compressed sensing. IEEE Trans Inf Theory 52(4): 1289-1306

[6] Bajwa W, Haupt J, Sayeed A, Nowak R (2006) Compressive wireless sensing. In: IPSN, pp 134-142

[7] Haupt J, Bajwa WU, Rabbat M, Nowak R (2008) Compressed sensing for networked data. IEEE Signal Process Mag 25(2):92-101

[8] Angelosante D, Giannakis GB, Grossi E (2009a) Compressed sensing of time varying signals. In: IEEE DSP, pp 1-8.

[9] Angelosante D, Giannakis GB (2009) RLS—weighted Lasso for adaptive estimation of sparse signals. In: IEEE ICASSP, pp 3245-3248.

[10] Babadi B, Kalouptsidis N, Tarokh V (2010) SPARLS: the sparse RLS algorithm. IEEE Trans Signal Process 58(8):4013-4025

[11] Angelosante D, Roumeliotis SI, Giannakis GB (2009b) Lasso—Kalman smoother for tracking sparse signals. In: IEEE ACSSC, pp 181-185

[12] Vaswani N, Lu W (2010) Modified-CS: modifying compressive sensing for problems with partially known support. IEEE Trans Signal Process 58(9):4595-4607

[13] Vaswani N (2010) LS-CS-residual (LS-CS): compressive sensing on least squares residual. IEEE Trans Signal Process 58(8):4108-4120

[14] Carmi AY, Gurfil P, Kanevsky D (2010) Methods for sparse signal recovery using Kalman filtering with embedded pseudo—measurement norms and quasi—norms. IEEE Trans Signal Process Mag 58(4): 2405-2409

[15] Carmi AY, Mihaylova L, and Kanevsky D (2012) Unscented compressed sensing. In: IEEE ICASSP, pp 5249-5252

[16] Dai W, Pham HV, and Milenkovic O (2009) A comparative study of quantized compressive sensing schemes. In: IEEE ISIT, pp 11-15

[17] Zymnis A, Boyd S, Candes E (2010) Compressed sensing with quantized measurements. IEEE Signal Process Lett 17(2):149-152

[18] Qui K, Dogandzic A (2012) Sparse signal reconstruction from quantized noisy measurements via GEM hard thresholding. IEEE Trans

Signal Process 60(5):2628-2634

[19] Boufounos PT (2009) Greedy sparse signal reconstruction from sign measurements. IEEE ACSSC, pp 1305-1309

[20] Laska JN, Wen Z, Yin W, Baranuik RG (2011) Trust, but verify: fast and accuratesignal recovery from 1-bit compressive measurements. IEEE Trans Signal Process 59(11):5289-5301, 1417-1420

[21] Kamilov U, Goyal VK, Rangan S (2011) Message-passing estimation from quantized samples. eprint arXiv:1105. 6368

[22] Mezghani A, Nossek JA (2012) Efficient reconstruction of sparse vectors from quantized observations. IEEE ITG Workshop on smart antennas (WSA)

[23] Kailath T, Sayed AH, Hassibi B (2000) Linear estimation. Prentice Hall, Upper Saddle River

[24] Iltis RA (2006) A sparse Kalman filter with application to acoustic communications channel estimation. In: IEEE OCEANS, pp 1-5

第13章 稀疏与压缩感知在单/多基地雷达成像中的应用

本章主要涉及稀疏与压缩感知概念在合成孔径雷达(SAR)成像中的应用。首先我们概述了近来稀疏成像技术是如何被应用于各种各样的雷达成像场景中的。然后我们集中探讨了欠采样数据在成像中所导致的问题,并由此引出了我们近期在雷达成像背景下利用压缩感知理论的一些相关工作。我们考虑并详细阐述了多基地雷达成像的几何与测量模型,即空间分布的多个发射机与接收机同时参与对成像场景的数据采集。单基地情况被视为一种收发并置的多基地特例。我们在单基地和多基地成像场景下检测了多种数据欠采样的方法与模式。这些模式反映出了谱分集与空间分集间的权衡。在多基地模式雷达成像的工作计划中,中心论题主要研究这些场景中重构图像的预期质量高于实际收集数据的特性。压缩感知理论提出在稀疏场景成像过程中,测量用探测器间的互相干性与图像重构的性能相关。在此动机下,我们提出一个密切相关但更有效的参数 $t\%$－平均互相干性因子,作为一个传感器结构的质量度量,并检测其在多种单基地和超窄带多基地几何结构下预测重构质量的能力。

13.1 引　　言

合成孔径雷达(SAR)是一种能够全天时、全天候、无视工作距离对目标区域进行高分辨成像的微波遥感系统。SAR 通过在多个观测点录取数据构成一个巨大的合成天线,并将接收到的信息相干聚焦后得到对场景的高分辨描述。传统的 SAR 系统一般指将收发天线单元并置的单基地 SAR。在场景静止的假设下,这些 SAR 传感器相继对来自场景的多个有序观测数据进行处理。成像的分辨率由发射信号带宽和合成天线尺寸决定,更高的分辨率需要更宽的带宽以及由更长的基线观测间距产生的大扫描角。此外还有一种基于多基地结构的方法,在此构型中由空间分布的多个发射机和接收机共同对场景进行检测。这类结构可以使接收信号在空间域与频率域富有多样性,并且在提升传感器设计灵活性、感知时间减少以及干扰的鲁棒性方面具有潜在的优势。多年以来,SAR 成像领域对稀疏技术应用的研究兴趣一直不高,而在近十年左右的时间里这种研究兴趣变得愈发明确[1]。最近,基于稀疏信号表示的概念导致了许多先进的成像方法的产生,这些方法为 SAR 成像带来了诸多益处,如增加点散射的可分解性、减少图像斑点以及在数据质量与数量受限时维持鲁棒性[2,3]。在 13.4 节中,我们对稀疏技术如何应用于一些近期发展的前沿 SAR 成像技术进行了概述。本章我们优先考虑稀疏技术在利用欠采样数据进行 SAR 成像背景下的应用,并由压缩感知引出了相关概念以及分析工具[4,5]。压缩感知技术追求用尽可能少的对未知信号的测量对信号进行重构,但需要在重构精度与误差概率需要之间进行取舍[6]。利用压缩感知的重构算法受稀疏条件限制,并且满足非二次正则化的条件。有关压缩感知的一些文献已经证明了利用极少且随机抽取的傅里叶样本可以对信号进行精确重构[4,7]。由于在单基地与多基地 SAR 工作时都可以视为对反射区的空间傅里叶变换进行采样[8],这些结论预示着压缩感知在 SAR 观测领域有着很好的应用前景。本书的其他章节有关于压缩感知更为详尽的介绍,然而出于章节完备性的考虑,我们会在 13.2 节对与本章密切相关的一些压缩感知知识进行概述。在当前的观测任务中,雷达一般处于搜索、追踪以及成像等多种工作模式,导致数据的收集在时间轴上有所限制,解决这些实际问题是人们研究压缩感知在雷达成像背景下应用的主要动机。此外,使用多平台传感器几何结构的能力以及可以利用机会辐射源与静默接收机(例如无人机)进行被动接收的能力正变得愈发重要。这些新任务需要在 SAR 测量空间内进行稀疏且不规则地采样,从而促进应用于这类不规则、欠采样数据场景的信号处理算法的发展。在 13.4 节中,我们讨论了近期压缩感知概念是如何被考虑应用于这类场景成像中的。

在本章所展示的工作中,我们主要聚焦于欠采样数据场景的雷达成像技术以及在此场景下便于我们对多种传感器运行性能和结构选择进行评估与理解的工具的发展。我们对单基地和多基地的感知结构都进行了考量。在 13.3节我们介绍了广义多基地感知的几何结构与测量模型,单基地感知可视为其中的一个特例。在 13.5 节,我们检验了多种单基地和超窄带多基地结构。不同的结构会产生不同的傅里叶采样模式,从而可以在频率与空间的多样性间进行权衡。在验明一种工具是否可以对各种欠采样检测结构的成像性能进行评估的过程中,我们首先发现 CS 理论能够将信号的精确重构与相应测量算子的互相关性联系起来。我们还注意到互相干性可以作为一项平均性能的封闭式测量方法。因此,在 13.6 节我们提出了一个互相干性的改变形式 $t\%$,作为一种更有效的传感结构质量测量方法。在随后的 13.7 节中,我们对雷达中欠采样数据对兴趣场景重构质量的影响进行了实验研究。特别地,我们考虑了多种宽带单基地与窄带多基地结构,它们能够在频率与几何多样性间进行权衡。我们检测了这些不同的 SAR 传感结构是如何影响相应测量算子的互相干性 $t\%$ 的,并且研究了这个简单的计算指标是如何与重构质量联系在一起的。本章所涉及的部分分析内容可在文献[9]中找到其初步形式。

13.2 压缩感知概述

压缩感知可以用一小组线性非自适应的测量值以远小于奈奎斯特－香农定理所需的采样率重构稀疏或可压缩的信号[4,5]。如果一族信号 $\boldsymbol{s} \in \boldsymbol{S} \subset \mathbf{R}^{N\times 1}$ 满足 $\boldsymbol{s}=\boldsymbol{D\alpha}$,并且 $\boldsymbol{\alpha} \in \mathbf{R}^{K\times 1}$ 是一个稀疏向量,则这族信号在基 $\boldsymbol{D} \in \mathbf{R}^{N\times K}$ 下可进行稀疏表示。

如果向量 $\boldsymbol{\alpha}$ 中非零元素的个数满足 $\|\boldsymbol{\alpha}\|_0 \leqslant T \ll K$,其中 l_0 范数 $\|\cdot\|_0$ 表示计算其中非零元素个数,则其可视为具有稀疏性。压缩感知测量此类信号的 M 个投影(其中 $T < M \ll K$),然后利用其稀疏性得到可靠重构。为了从数学上表达这个问题,设 $\boldsymbol{r} \in \mathbf{R}^{M\times 1}$ 表示测量后的信号,$\boldsymbol{P} \in \mathbf{R}^{M\times N}$ 表示感知(投影)矩阵,$M \ll K$ 且

$$\boldsymbol{r} = \boldsymbol{Ps} = \boldsymbol{PD\alpha} = \boldsymbol{\Phi\alpha} \tag{13.1}$$

由于 $M \ll K$,上式为欠定方程组,因此有很多组解。为了解决这个问题,需要寻找只含少部分非零元素的稀疏解。

矩阵 $\boldsymbol{P}$ 与 $\boldsymbol{D}$ 的优化设计是压缩感知研究中的一个热点课题。目前我们暂时假设 $\boldsymbol{\Phi}=\boldsymbol{PD}$ 为已知的。对于一个给定的 $\boldsymbol{\Phi}$,需要我们找到其最优的稀疏解。这个问题可以用公式直接表述为

$$\min_{\boldsymbol{\alpha}} \|\boldsymbol{\alpha}\|_0 \quad \text{s.t.} \quad \boldsymbol{r} = \boldsymbol{\Phi\alpha} \tag{13.2}$$

遗憾的是,由于需要 NP 难枚举搜索方法,这个公式在计算上过于复杂。而凸松弛法基于除 l_0 范数外 l_1 范数同样可提升解的稀疏性这一事实。l_1 范数定义为 $\|\boldsymbol{\alpha}\|_1 = \sum_{i=1}^{K} |\alpha_i|$,其中 α_i 为 $\boldsymbol{\alpha}$ 的第 i 个元素,这一范数是其幅角的凸函数。则上面这个问题的松弛表达形式为

$$\min_{\boldsymbol{\alpha}} \|\boldsymbol{\alpha}\|_1 \quad \text{s.t.} \quad \boldsymbol{r} = \boldsymbol{\Phi\alpha} \tag{13.3}$$

它实质上是一个线性最优化问题。由于在矩阵 $\boldsymbol{\Phi}$ 满足特定条件情况下,原问题与其松弛形式已被证明拥有同样的解,这一现象近期极大地促进了上式的

应用[10-13]。

当信号 $\boldsymbol{r}$ 中包含噪声时，信号的表达变成了信号近似的问题。含噪声信号近似问题的凸松弛公式表达为

$$\min_{\boldsymbol{\alpha}} \|\boldsymbol{\alpha}\|_1 \quad \text{s.t.} \quad \|\boldsymbol{r}-\boldsymbol{\Phi\alpha}\|_2^2 \leqslant \sigma \tag{13.4}$$

其中，σ 表示一个较小的噪声容限。现在解系数向量 $\boldsymbol{\alpha}$ 可以近似满足这一关系，而不是像前面一样必须满足数据的完美精确。在相关文献中这一问题被称作噪声基追踪[14]。值得注意的是，式(13.4) 描述的问题也可以用拉格朗日形式进行表述，即在下式的正则化问题中如何选取合适的参数 λ：

$$\min_{\boldsymbol{\alpha}} \|\boldsymbol{r}-\boldsymbol{\Phi\alpha}\|_2^2+\lambda\|\boldsymbol{\alpha}\|_1 \tag{13.5}$$

文献[15－20]对式(13.3)～(13.5)中最优化问题求解的高效计算算法进行了研究。

除了利用松弛化解决式(13.2)中的最优化问题，还有一个方法是利用属于匹配追踪算法类的贪婪算法[21]。有趣的是，此类贪婪算法也被证实可在特定的条件下完美解决式(13.2)中的问题[22]。

最近，有关压缩感知的研究证明了在只有 $O(T)$ 测量可以利用的条件下依然有高概率得到精确重构结果[4,5]。特别地，测量的数量应当满足下式条件：

$$M \geqslant C_\sigma T\log(K) \tag{13.6}$$

其中，根据所需的重构精度，需要选取合适的系数 C_σ。这些结论需要矩阵 $\boldsymbol{\Phi}$ 满足所谓的约束等距性作为支持[4]。约束等距性需要矩阵 $\boldsymbol{\Phi}$ 满足其所有的子矩阵所包含的 T 列是近似等距的。由于矩阵 $\boldsymbol{\Phi}$ 本质上是由矩阵 $\boldsymbol{P}$ 与矩阵 $\boldsymbol{D}$ 组合成的，因此直接利用上面的性质对其进行设计是非常有挑战性的。因此，在有关压缩感知的大部分研究中对投影矩阵 $\boldsymbol{P}$ 的随机性进行了简单假设，因为这样的随机投影被证明有极大的可能满足研究所需的各种性质。

另一种方法则以矩阵 $\boldsymbol{\Phi}$ 中元素间的互相关性为中心，寻找具有低相关性的配置结构。尽管这种测量方法与性能没有多少直接联系，但是其便于计算。矩阵 $\boldsymbol{\Phi}$ 的互相关性 $\mu(\boldsymbol{\Phi})$ 形式上被定义为[23,24]

$$\mu(\boldsymbol{\Phi})=\max_{i\neq j}\frac{|\boldsymbol{\phi}_i^{\mathrm{T}}\boldsymbol{\phi}_j|}{\|\boldsymbol{\phi}_i\|_2\|\boldsymbol{\phi}_j\|_2} \tag{13.7}$$

其中，$\boldsymbol{\phi}_i$ 是矩阵 $\boldsymbol{\Phi}$ 中的第 i 列。等价地，互相干性系数可视为列归一化的格莱姆矩阵 $\boldsymbol{G}=\boldsymbol{\Phi}^{\mathrm{T}}\boldsymbol{\Phi}$ 的最大非对角元素，代表感知列向量间具有的最差的(最大的)相似性情况。标准正交基的互相干因子为零，过完备字典矩阵的互相关因子很小，可以认为是不相干的。较大的互相干因子意味着存在两列非常近

似的向量,这通常会使重构变得模糊。

互相干性系数提供了一个封闭性的准则,即基本追踪重构算法可以使用 l_0 范数的 l_1 松弛形式求取原始问题的最优解[10,24]。本质上,它为 l_0 范数与 l_1 范数的等价使用提供了充分条件,意味着式(13.2) 中的 NP 难 l_0 问题可以被式(13.3) 中相对容易解决的 l_1 松弛问题替代解决。也就是说,信号 $\boldsymbol{s}$ 可以被这两种方法完美地恢复,但它们中的符号 $\boldsymbol{\alpha}$ 必须都满足条件[10,24]

$$\|\boldsymbol{\alpha}\|_0 < \frac{1}{2}\left(1 + \frac{1}{\mu(\boldsymbol{\Phi})}\right)$$

由于包含了最差的情况,这个条件是最低要求,即它使满足此条件的任意信号都能够进行无误差恢复。通常来讲,通过引入一个较小的误差概率,相当多种类的信号可以使用压缩感知技术成功恢复;然而,人们依然可以通过优化投影探针以使互相干因子最小从而扩大能够利用压缩感知成功恢复的信号种类[25]。

最后,我们注意到傅里叶测量代表了稀疏点状信号在压缩感知中的良好投影[4],此时矩阵 $\boldsymbol{\Phi}$ 代表了空间频率数据的随机欠采样过程。这使人们意识到这种技术可以应用于 SAR 的感知问题。特别地,我们在若干数据欠采样方案下检测了多个单基地与多基地 SAR 传感结构,并且研究了这些结构所具有的相干性(基于 13.6 节介绍的式(13.7) 的一种变化) 与重构质量间的关系。

13.3 多基地 SAR 测量模型

绝大多数的成像雷达将发射天线与接收天线同时置于一个沿既定路线前进并同时向地面发射微波脉冲的平台上(飞机或卫星)。通过天线平台的运动,从不同的角度对场景进行观测能够有效地产生一个比实际天线孔径大得多的合成孔径,这就是 SAR 的基本概念。对静止场景而言,使用一个运动的传感器沿其飞行路径在特定数量的观测点上收集数据等效于以同样数量的静止传感器在相应的位置收集数据。一部分发射的微波能量经过后向散射被传感器作为信号接收。首先对此信号进行一些包含解调在内的预处理。雷达成像问题是一个利用预处理后的雷达回波数据对场景的稀疏反射分布进行重构的问题。在单次反射的近似下,许多实际的雷达成像场景中所应用的观测模型是线性的。目前为止,我们在本节所描述的内容都假设模型为单基地模型,即收发天线位于同一平台。雷达成像可以在更广泛的多基地模式下进行,即发射机与接收机位于不同的空间分布的平台上。本节我们描述了这种通常的多基观测方案。

我们考虑一个一般的多基地系统，该系统空间分布的收发天线元位于感兴趣的场景中心的一个圆锥体内。感兴趣的场景由一系列散射点建模而成，各散射点将接收到的各向同性的电磁波反射到圆锥内所有的接收机。我们建立一个以感兴趣区域中心为原点的坐标系，为了便于分析，将场景建立成二维模型。如图 13.1 所示。假设场景的相对尺寸与坐标系原点到所有收发天线的距离相比很小，则当坐标原点移动到场景内任意一点后，收发角度的变化可以近似忽略。此外，我们还忽略了信号的传播损耗。

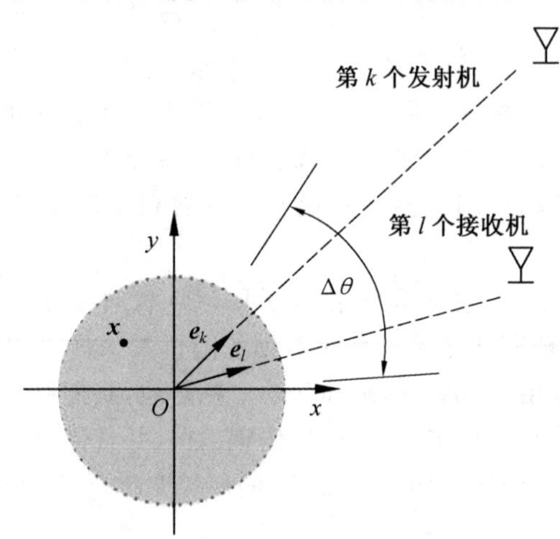

图 13.1　第 kl 个发射－接收对相对于感兴趣的场景的几何构型。所有发射和接收对都被限制在 $\Delta\theta$ 内

现在给出一对空间上分开的发射与接收天线元的接收信号模型。由位于 $\boldsymbol{x}_k=[x_k,y_k]^{\mathrm{T}}$ 的第 k 个发射单元发射，经位于 $\boldsymbol{x}=[x,y]^{\mathrm{T}}$ 的一个散射点反射，被位于 $\boldsymbol{x}_l=[x_l,y_l]^{\mathrm{T}}$ 的第 l 个接收单元接收的复信号可以表示为

$$g_{kl}(t)=s(\boldsymbol{x})\gamma_k(t-\tau_{kl}(\boldsymbol{x}))$$

其中，$s(\boldsymbol{x})$ 为散射体的散射系数；$\gamma_k(t)$ 为第 k 个发射机所发射的波形；$\tau_{kl}(\boldsymbol{x})$ 是收发信号间的传播时延。那么，从半径为 L 的整个地面反射回来的总接收信号可以被建模成来自所有散射体中心的回波叠加，其表达式为

$$g_{kl}(t)=\int_{\|\boldsymbol{x}\|\leqslant L}s(\boldsymbol{x})\gamma_k(t-\tau_{kl}(\boldsymbol{x}))\mathrm{d}\boldsymbol{x}$$

由于窄带波形 $\gamma_k=\tilde{\gamma}_k(t)\mathrm{e}^{\mathrm{j}\omega_k t}$，其中 $\tilde{\gamma}_k(t)$ 为一个低通缓变信号并且 ω_k 为载频，则上式可以写为

$$g_{kl}(t)=\int_{\|\boldsymbol{x}\|\leqslant L}s(\boldsymbol{x})\mathrm{e}^{\mathrm{j}\omega_k(t-\tau_{kl}(\boldsymbol{x}))}\tilde{\gamma}_k(t-\tau_{kl}(\boldsymbol{x}))\mathrm{d}\boldsymbol{x}\tag{13.8}$$

在远场情况下，当 $\|\boldsymbol{x}\| \ll \|\boldsymbol{x}_k\|$，$\|\boldsymbol{x}\| \ll \|\boldsymbol{x}_l\|$ 并且 $\omega_k/c\|\boldsymbol{x}\|^2 \ll \|\boldsymbol{x}_k\|$，$\omega_k/c\|\boldsymbol{x}\|^2 \ll \|\boldsymbol{x}_l\|$ 时，我们可以利用一阶泰勒级数展开近似传播延迟 $\tau_{kl}(\boldsymbol{x})$ 为

$$\begin{aligned}\tau_{kl}(\boldsymbol{x}) &= \frac{1}{c}(\|\boldsymbol{x}_k-\boldsymbol{x}\|+\|\boldsymbol{x}_l-\boldsymbol{x}\|)\\ &\approx \tau_{kl}(\boldsymbol{0})-\frac{1}{c}\boldsymbol{x}^{\mathrm{T}}\boldsymbol{e}_{kl}\end{aligned}$$

其中，$\tau_{kl}(\boldsymbol{0}) \doteq (\|\boldsymbol{x}_k\|+\|\boldsymbol{x}_l\|)/c$ 为发射－原点－接收间的传播延迟，$\boldsymbol{e}_{kl} \doteq \boldsymbol{e}_k+\boldsymbol{e}_l$ 为第kl个发射－接收对的双基地距离向量。向量 $\boldsymbol{e}_k \doteq [\cos\theta_k, \sin\theta_k]^{\mathrm{T}}$ 与向量 $\boldsymbol{e}_l \doteq [\cos\theta_l, \sin\theta_l]^{\mathrm{T}}$ 分别为第 k 个发射机与第 l 个接收机的单位向量。

调频信号是在SAR成像中应用最为广泛的脉冲之一[8]，可表示为

$$\gamma_k(t)=\begin{cases}\mathrm{e}^{\mathrm{j}\beta_k t^2}\cdot \mathrm{e}^{\mathrm{j}\omega_k t}, & -\dfrac{\tau_c}{2}\leqslant t\leqslant\dfrac{\tau_c}{2}\\ 0, & \text{其他}\end{cases}\tag{13.9}$$

其中，ω_k 为中心频率；$2\beta_k$ 为第 k 个发射单元发射信号的调频率。经过编码后调频信号的频率范围为 $\omega_k-\beta_k\tau_c$ 至 $\omega_k+\beta_k\tau_c$，则信号带宽为 $B_k=\frac{\beta_k\tau_c}{\pi}$。当调频信号的参数选择满足 $2\pi B_k/\omega_k \ll 1$ 时，窄带假设成立。当参数 $\beta_k=0$ 时，可以得到超窄频带信号，其为调频信号的一个特例。

在远场延迟近似下，我们运用如式(13.8)所示的一般调频信号，并对其进行典型的解调频与基带处理。特别地，接收信号 $g_{kl}(t)$ 与场景中心点的参考信号 $\mathrm{e}^{-\mathrm{j}[\omega_k(t-\tau_{kl}(\boldsymbol{0}))+\beta_k(t-\tau_{kl}(\boldsymbol{0}))^2]}$ 混合后需要进行低通滤波处理。经过这些预处理后，忽略二次相位项[8]，我们得到了如下的观测信号模型：

$$r_{kl}(t)\approx\int_{\|\boldsymbol{x}\|<L}s(\boldsymbol{x})\mathrm{e}^{\mathrm{j}\Omega_{kl}(t)\boldsymbol{x}^{\mathrm{T}}\boldsymbol{e}_{kl}}\,\mathrm{d}\boldsymbol{x}\tag{13.10}$$

其中，$\Omega_{kl}(t)=\frac{1}{c}[\omega_k-2\beta_k(t-\tau_{kl}(\boldsymbol{0}))]$ 由发射信号波形的频率成分决定。

对所有采样时刻来自全部接收机的接收信号进行相干处理。通过对空间变量 $\boldsymbol{x}$ 进行离散化可以得到离散模型，该模型是用黎曼和来近似式(13.10)中的积分项，并在时间域采样得到的。将来自所有接收天线的采样数据组成一个列向量。类似地，构造一个反射率列向量 $\boldsymbol{s}$。同理，构造接收噪声向量 $\boldsymbol{n}$，则加噪离散观测模型如下所示：

$$\boldsymbol{r}=\sum_{i=1}^{N}\boldsymbol{P}_i s_i+\boldsymbol{n}=\boldsymbol{P}\boldsymbol{s}+\boldsymbol{n}\tag{13.11}$$

其中,$\boldsymbol{r} \in \mathbf{C}^{M\times 1}$ 表示所有接收机在整个观测时间内接收的回波信号序列矩阵。矩阵 $\boldsymbol{r}$ 中元素的序号由下标($\boldsymbol{k},\boldsymbol{l},\boldsymbol{t}_s$)表示,其中 t_s 代表第 kl 个收发组合的采样时间。这个离散模型假设了来自不同发射机的信号在每个接收机内是分离的。其可通过正交波形设计或顺序传输达成。第 i 个空间单元或像素的反射系数由 $s_i \in \mathbf{C}^{1\times 1}$ 表示,$\boldsymbol{P}_i$ 是来自位于第 i 个像素的反射体的接收信号加权列向量。

在一个特殊的欠采样采集场景中,矩阵 $\boldsymbol{P}$ 可由式(13.10)与空间频率 $\Omega_{kl}(t)$ 以及特殊的采样结构决定的单位方向向量 $\boldsymbol{e}_{kl}$ 推导求得。单基地结构下的接收信号模型中将收发平台考虑为并列放置,因此可以通过设置 $\boldsymbol{x}_k=\boldsymbol{x}_l$ 使其成为多基地模型下的一个特例。

13.4 稀疏技术与压缩感知在雷达成像中的最新应用

通过建立物理散射行为的参数模型(文献[1]中有简要介绍)或利用合适的空间字典表达整个反射场,可以利用稀疏表示对雷达反射成像进行良好的近似。本节我们主要研究后一种方法。基于 l_1 范数的想法(详见 13.2 节)以及其各种变形在近几年被成功应用于雷达成像领域。在此,我们首先对这些成像发展中的部分成果进行简要的介绍。虽然涵盖范围有限,但是本节详细介绍了作者在此研究领域所做的工作,并指出了为何在近期压缩感知的想法能够被应用于数据大小受限情况下的雷达成像研究与设计。

相关符号如 13.2 节和 13.3 节所示,雷达成像的噪声观测模型可表示为

$$\boldsymbol{r}=\boldsymbol{P}\boldsymbol{s}+\boldsymbol{n} \tag{13.12}$$

其中,$\boldsymbol{r}$ 表示观测到的雷达数据;$\boldsymbol{P}$ 为雷达感知矩阵;$\boldsymbol{s}$ 是成像区域的空间反射系数;$\boldsymbol{n}$ 是附加噪声。这些变量均为复数。在 13.3 节中有关于一般多基地雷达数据采集模型下感知矩阵 $\boldsymbol{P}$ 的详细介绍。在此观测模型下,我们首先考虑由一系列稀疏散射点组成的目标区域的成像方法。这与 13.2 节中讨论的稀疏表达问题的一个特例在本质上非常相似,在前面的讨论中信号表达字典 $\boldsymbol{D}$ 被视为一个单位矩阵。①在此情况下,我们将 SAR 图像的重构问题进行公式化表达,如下面的最优化问题所示:

$$\hat{\boldsymbol{s}}=\arg\min_{\boldsymbol{s}}\|\boldsymbol{s}\|_1 \quad \text{s.t.}\ \|\boldsymbol{r}-\boldsymbol{P}\boldsymbol{s}\|_2\leqslant\sigma \tag{13.13}$$

① 通过修改矩阵 $\boldsymbol{P}$ 可以得到任何需要的反射场空间过采样。

其中,σ是一个表示噪声容限的参数;$\|\boldsymbol{s}\|_1=\sum_i\sqrt{(Rs_i)^2+(Is_i)^2}$ 且 $\|\boldsymbol{x}\|_2=\sqrt{\sum_i((Rs_i)^2+(Is_i)^2)}$,$s_i$ 与 x_i 分别为向量 $\boldsymbol{s}$ 与向量 $\boldsymbol{x}$ 的第 i 个元素。

如 13.2 节所讨论的一样,这个问题也可以用拉格朗日形式进行表述。下面在此基础上考虑更一般的 l_p 拟范数($0<p\leqslant 1$),我们得到上式的另一种表达形式

$$\hat{\boldsymbol{s}}=\arg\min_{s}\|\boldsymbol{r}-\boldsymbol{P}\boldsymbol{s}\|_2^2+\lambda\|\boldsymbol{s}\|_p^p \tag{13.14}$$

其中,$\|\boldsymbol{s}\|_p^p=\sum_i[(Rs_i)^2+(Is_i)^2]^{p/2}$。这是文献[2]中特性增强 SAR 成像方法的一个特殊情况。

下面让我们考虑更一般的信号表示字典。在复数 SAR 成像问题中,稀疏表达的主要因素是反射率的幅度,而不是实部或虚部分量。复反射率的相位通常是高度随机且空间不相关的,因此应该通过反射率幅度的稀疏表示对场景进行编码。这样场景可表示成 $|\boldsymbol{s}|=\boldsymbol{D\alpha}$,其中 $\boldsymbol{D}$ 与 $\boldsymbol{\alpha}$ 分别为表达字典与表达系数,如 13.2 节所示。现在引入符号 $\boldsymbol{s}=\boldsymbol{\Psi}|\boldsymbol{s}|$,其中 $\boldsymbol{\Psi}$ 是含有反射相位的对角矩阵①,则 SAR 的稀疏成像问题变为[26]

$$\hat{\boldsymbol{\alpha}},\hat{\boldsymbol{\Psi}}=\arg\min_{\alpha,\Psi}\|\boldsymbol{r}-\boldsymbol{P\Psi D\alpha}\|_2^2+\lambda\|\boldsymbol{\alpha}\|_p^p \tag{13.15}$$

应当注意到,由于 SAR 的复值性质与观测值的稀疏表达,式(13.15)中的最优化问题要比一般的实值稀疏表达问题(如式(13.5))结构更为复杂。特别地,上式不仅需要解稀疏表达因子 $\boldsymbol{\alpha}$,还需要求解 $\boldsymbol{\Psi}$ 中的反射相位。在对式(13.15)的过完备字典 $\boldsymbol{D}$ 进行选择时设置自由度,文献[26]介绍了雷达成像中所使用的字典,包括小波、峰值和边缘的组合以及与预期场景结构匹配的各种几何构型字典。可以发现,在找到 $\hat{\boldsymbol{\alpha}}$ 与 $\hat{\boldsymbol{\Psi}}$ 后,通过 $\hat{\boldsymbol{s}}=\hat{\boldsymbol{\Psi}}\boldsymbol{D}\hat{\boldsymbol{\alpha}}$ 可以计算出复反射场的估计值。

式(13.15)基于利用字典表达感兴趣的信号,并对字典系数施加稀疏性。这通常被称为“合成”模型。相反,在一个“分析”模型中,稀疏性通常应用于感兴趣信号的某些特性上。文献[2]在 SAR 成像的背景下提出了基于分析模型的公式,如下所示:

$$\hat{\boldsymbol{s}}=\arg\min_{s}\|\boldsymbol{r}-\boldsymbol{P}\boldsymbol{s}\|_2^2+\lambda\|(\boldsymbol{L}|\boldsymbol{s}|)\|_p^p \tag{13.16}$$

其中,$p\leqslant 1$。式中算符 $\boldsymbol{L}$ 用于计算反射幅度 $|\boldsymbol{s}|$ 的某些特质,这样可使稀疏

---

① 特别地,$\boldsymbol{\Psi}$为对角阵,第 i 个对角元素为 $e^{j\varphi_1}$,其中 φ_i 表示第 i 个场景元素 s_i 的未知相位。

性应用于这些特质。例如，文献[2]中考虑使用离散化的梯度算子 $\boldsymbol{L}$，这会导致反射率的空间导数需要满足稀疏性约束条件，其结果表明分段光滑的场景更适用于此算法。在实图像恢复与重构中，这种分段光滑约束不仅已有相当久的应用背景，还具有各式各样的名称，例如边缘保持正则化和整体变差恢复。

算子 $\boldsymbol{L}|\boldsymbol{s}|$ 中的非线性特性使雷达成像中的最优化问题比广泛应用的线性稀疏表达问题更加复杂困难。现在研究人员已经开发了与此问题结构匹配的效率算法[2,3]。这些算法基于半二次正则化[27]，并且可以被视为有特殊海森参数修正的拟牛顿法。它们的一种解释是所有的非二次问题可以转化为一系列的迭代重加权二次问题，它们都可以用共轭梯度法解决。这些算法最初应用于具有小孔径和连续频率观测的传统单基地 SAR 感知场景中。现有的稀疏雷达成像实验结果表明这些算法可以提高主要散射点的可分解性并且在抑制人工造物产生斑点方面具有很大潜力。此外，稀疏雷达成像还能够在显著减少空间频率范围的条件下利用观测数据精确重构点状散射点。这些提升部分可以用特征提取精度和物体识别性能的形式对其进行量化[28]。

稀疏成像在某些感知孔径与数据稀疏或受限的非传统感知场景情况下具有一定优势。这些情况有大角度孔径、多基地主/被动感知、存在频带遗漏的数据以及圆形孔径。基于 l_p 范数的稀疏成像已经被应用于这类场景中[29-32]。当系统使用大角度孔径时，理想的各向同性散射点假设不再适用，这是因为反射回波可能存在角相关。在许多研究中，稀疏表达概念被应用于联合大角度雷达成像与各向异性特性的分析[30,31,33,34]。稀疏成像在近期也被应用于多输入多输出(MIMO)雷达[35]。

值得一提的是在稀疏雷达成像中有两个潜在的实际问题。第一，如何选取正则化参数 λ? 尽管还没有被完全解决，但是初步的研究结果(见文献[36])为这一问题的解决带来了一些帮助。第二，如果感知模型 $\boldsymbol{P}$ 中存在不确定因素将会怎样? 对 SAR 成像来讲，模型最重要的不确定因素之一就是发射信号传播时间的测量误差。这种误差会以相位误差的形式出现在 SAR(空频域)的数据当中。如果不经过补偿，时延误差会导致重构图像中出现模糊等各种伪差。解决这一问题的技术通常被称为自聚焦方法。最近，一些稀疏性的相关研究[37]通过在式(13.16)中增加相位误差作为多余参量并进行联合成像与模型误差纠正来解决这一问题。文献[37]中的研究结果表明，稀疏性在自聚焦背景下也有重要的应用价值。

先前所有基于 l_p 范数的雷达成像研究说明了基于压缩感知理论的雷达

感知设计是近期的一个热点课题[38-44]。文献[38]提出了程式化压缩感知雷达的概念，其中时间－多普勒平面被分割为一个网格，并且具有未知距离－速度的少量目标可以由稀疏恢复算法估计得到，证明了将一个 Alltop 序列作为探测信号进行传播的非相干观测矩阵 $\boldsymbol{P}$ 能够对稀疏目标区域进行精确重构。文献[40]中提出了调频脉冲和伪随机序列在压缩感知成像雷达领域的应用。文献[39]也讨论了压缩感知在 SAR 成像领域中的应用，其中通过对 $\boldsymbol{k}$ 空间中的一个规则特征频率进行随机子采样得到测量矩阵。文献[45]首次提出利用压缩感知减少多基地 SAR 的探测次数。文献[46]介绍了单基地压缩感知 SAR 能够显著地减少发射信号波形的数量。此外，压缩感知在 MIMO 雷达中的应用研究一般假设收发天线为均匀线阵结构[47,48]或小区域内随机分布天线组网的均匀线阵结构[49,50]。文献[43]中讨论了基于压缩感知的分布式雷达(MIMO 雷达为其中一特例)的波形设计。

在 13.7 节介绍的实验工作中，我们将稀疏增强重构算法应用于单基地与多基地 SAR 成像，并研究了不同的压缩感知/采样结构对 SAR 测量算子相干性产生的影响和每种感知结构与其重构质量间的内在联系。为了给这些分析做准备，下面两节我们主要介绍分析中所采用的感知/采样结构以及基于相干性的测量方法。

13.5　压缩感知 SAR 的采样结构

由公式(13.10)，我们可知 SAR 数据代表了基本空间反射场的傅里叶 $\boldsymbol{k}$ 空间测量。不同的单基地和多基地 SAR 测量结构会产生不同的傅里叶采样模式，而这些模式又反映了计划成像任务时不同的频谱权衡与空间权衡。压缩感知理论认为随机傅里叶测量代表了点状信号压缩采样的良好投影[4]。这说明其可以应用于稀疏孔径 SAR 的感知问题，并带来了关于固定测量次数条件下单基地与多基地 SAR 感知结构在影响重构质量方面有哪些不同的问题。在下面的子章节中，我们介绍了非传统 SAR 的 $\boldsymbol{k}$ 空间采样模式下多种可以减少数据采集的几何结构。

13.5.1　传统单基地网格的随机子采样

在单基地感知中，来自场景的每个调频脉冲回波都位于空频域内一个特定角度的径向线上[8]。在线性飞行路径的条件下，来自预先设置的各种角度(例如全孔径)的完整采样数据位于空频域内一个环形区域的一个极坐标网格上。对这种规则的 SAR 极坐标网格进行随机子采样是一种能够减少单基地 SAR 采样数据的简单方法。这种子采样减少了 SAR 平台上融合/处理中心的存储与传播数据。然而,在子采样前后发射的发射机信号数量有很大概率会保持不变。随机子采样会在每个合成孔径点上丢失一个随机频率子集,因此它需要以高概率传输全孔径情况下使用的所有脉冲。图 13.2(a)中对这种传统 SAR 极坐标网格的随机子采样进行了说明。

13.5.2 不规则孔径的单基地数据采集

另一个减少数据采集的方法是直接减少合成孔径内有规则或随机中断的发射探测信号数量。对于中断孔径的采集场景,我们在采集数据前直接减少发射探测信号数量并丢弃一部分子集。我们考虑了几种固定观测角度范围 $\Delta\Theta$ 的规则和随机观测采样模式,以及与之相对应的调频信号带宽 B 内的频率采样。这里,我们不要求随机方位 / 频率采样必须像前面子章节描述的全孔径情况那样落在规则的 SAR 极坐标网格点上。图 13.2(b) 说明了方位与频率规则采样下的 $\boldsymbol{k}$ 空间采样模式,并用(RegCS(θ),RegCS(f)) 表示。图 13.2(c) 说明了一种方位规则采样、频率随机采样的理想 $\boldsymbol{k}$ 空间采样模式,并用(RegCS(θ),RandCS(f)) 表示。最后,图 13.2(d) 说明了一种方位随机采样在每个方位上的频率随机采样的 $\boldsymbol{k}$ 空间采样模式,并用(RandCS(θ),RandCS(f)) 表示。

13.5.3 多基地数据采集

由于多基地 SAR 可以在瞬时频率上进行权衡并且具有多种收 / 发几何结构,所以其可以实现不同的 $\boldsymbol{k}$ 空间采样模式。在单基地情况下,调频信号带宽可使 $\boldsymbol{k}$ 空间的范围在距离方向上进行扩展。然而,在多基地情况下,如果利用收发天线空间分集特性,理论上可用超窄带信号来实现 $\boldsymbol{k}$ 空间范围的扩展。在本节,我们讨论使用连续波、超窄带信号下的环形多基地 SAR 感知。对一般的多基地 SAR 而言,测量的总数为 $M=N_{\text{tx}}N_{\text{rx}}N_f$,其中 N_{tx} 是发射机或发射探测信号的数量,N_{rx} 是接收机数量,N_f 为频率采样数。在超窄带传输的情况下,$N_f=1$ 且通过改变收发机的相对角度能够得到不同的采样模式。图 13.3(a) 说明了一个发射机与接收机的角位置均匀采样下的 $\boldsymbol{k}$ 空间采样模式(RegCS(θ_{tx}),RegCS(θ_{rx}))。图 13.3(b) 说明了一个发射机均匀放置、接收机沿感兴趣场景周围随机放置的 $\boldsymbol{k}$ 空间采样模式(RegCS(θ_{tx}),RandCS(θ_{rx}))。图 13.3(c) 说明了一个发射机与接收机都随机放置的 $\boldsymbol{k}$ 空间采样模式(RandCS(θ_{tx}),RandCS(θ_{rx}))。最后,图 13.3(d) 说明了每个随机放置的发射机均有不同的一组随机放置的接收机及与之对应的场景

(RandMulti)。此采样模式需要大量的发射机与接收机，目前只作为理论对比参考讨论。

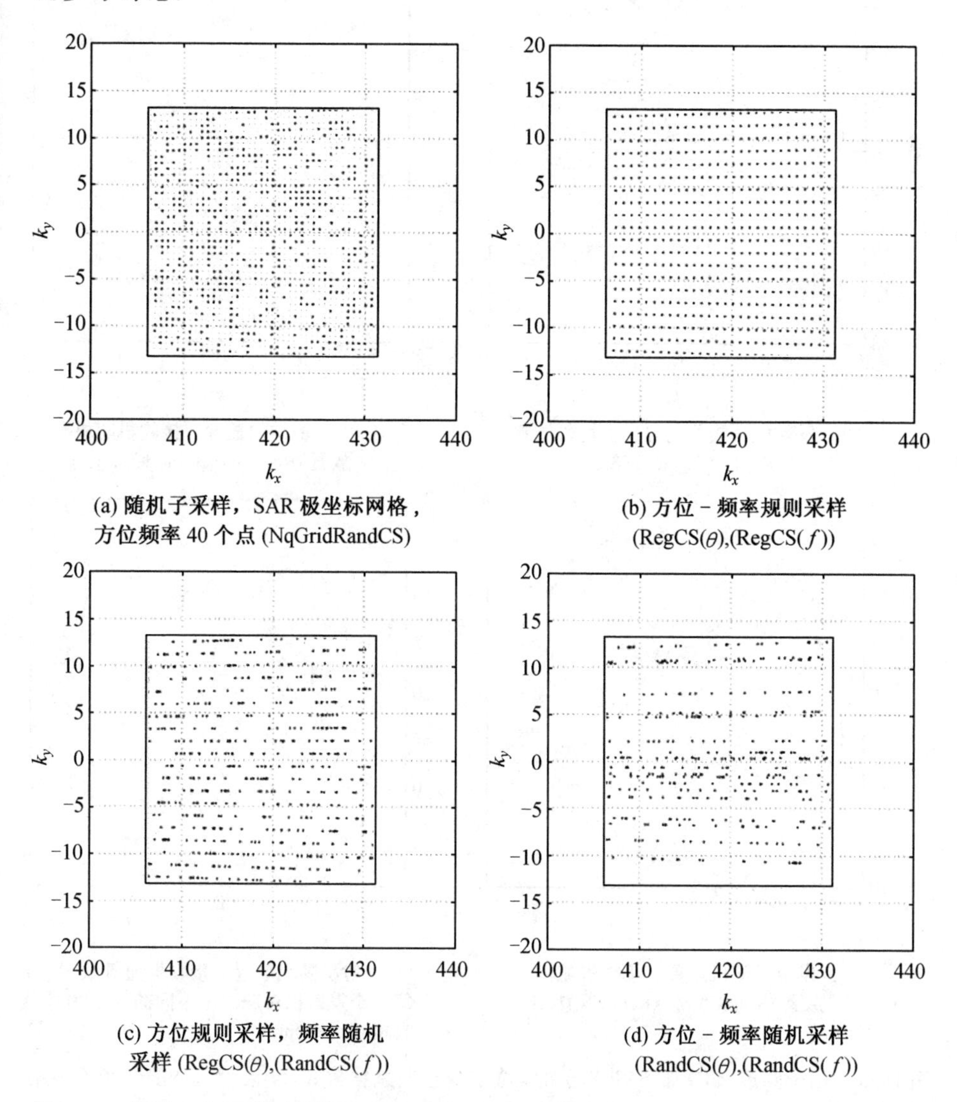

(a) 随机子采样，SAR 极坐标网格，方位频率 40 个点 (NqGridRandCS)

(b) 方位 - 频率规则采样 (RegCS(θ),(RegCS(f))

(c) 方位规则采样，频率随机采样 (RegCS(θ),(RandCS(f))

(d) 方位 - 频率随机采样 (RandCS(θ),(RandCS(f))

图13.2　固定 $\boldsymbol{k}$ 空间范围的单基地 SAR 的 $\boldsymbol{k}$ 空间采样模式($f_0=10$ GHz, $B=600$ MHz, $\Delta\theta=3.5°$)。每个模式下进行 $M=600$ 次测量。图(b)与图(c)的发射探测信号的数量为 $N_{tx}=20$

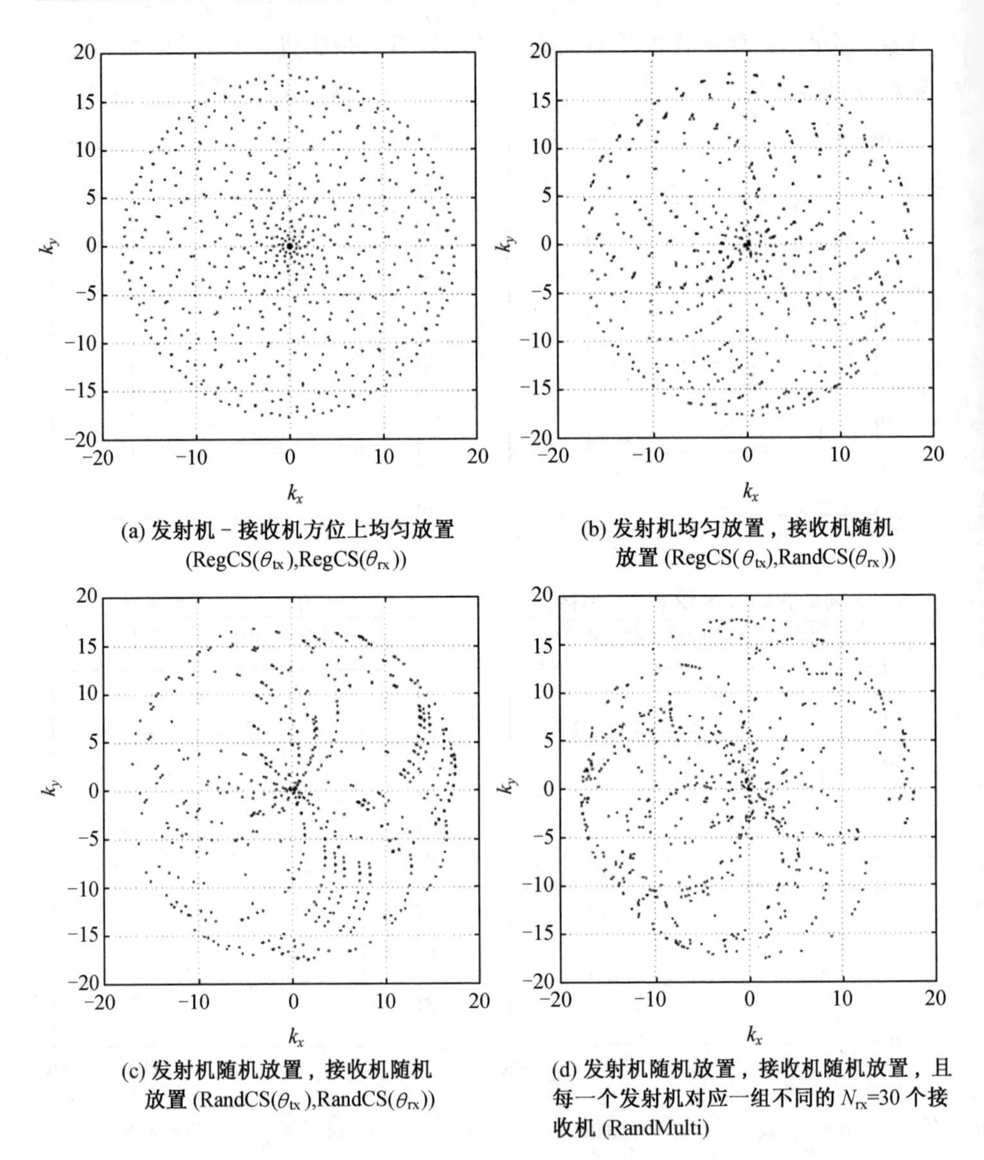

(a) 发射机 - 接收机方位上均匀放置 (RegCS(θ_{tx}),RegCS(θ_{rx}))

(b) 发射机均匀放置，接收机随机放置 (RegCS(θ_{tx}),RandCS(θ_{rx}))

(c) 发射机随机放置，接收机随机放置 (RandCS(θ_{tx}),RandCS(θ_{rx}))

(d) 发射机随机放置，接收机随机放置，且每一个发射机对应一组不同的 N_{rx}=30 个接收机 (RandMulti)

图 13.3　用于圆形、超窄带 SAR 算子的多静态 $\boldsymbol{k}$ 空间采样模式，$N_f=1$ 且 $N_{tx}=20$ 个发射机。对于图(a)、(b)、(c)，每个发射机使用相同组的 $N_{rx}=30$ 个接收机接收

13.6 一种质量测量方法:$t\%$－平均互相干因子

我们一直致力于寻找一种简易的定量测量方式,使其能够在感知前对上面所提到的那些感知结构的重构质量进行预测。这样的质量预测能够使传感器管理程序更好地进行任务规划与资源利用。根据压缩感知理论,稀疏域内重构质量与测量信号的互相关性有关。从这一观点出发,我们检验了密切相关的感知结构参数与各种单/多基地感知结构的重构性能之间的关系。特别地,在本节我们定义了一个被称为 $t\%$ － 平均互相干因子的简单定量测量,如13.5节中所介绍的,其可以作为感知结构的一项预先评估手段。

如13.2节所述,一组信号间的互相干性可作为稀疏重构质量的一种简单但相对保守的测量手段。13.2节中定义的互相干性是基于矩阵 $\boldsymbol{\Phi}$ 的。在13.4节,我们讨论了多种基于稀疏理论的SAR成像算法。为了便于说明,我们只考虑对含有稀疏的点反射体的目标场景进行成像,此时稀疏性直接体现在反射场上。在此情况下,通过式(13.13)或式(13.14)的解可以对图像进行重构。如13.4节所述,此情况下 $\boldsymbol{\Phi}=\boldsymbol{P}$。因此,在研究中需要使用这个矩阵计算相干性。13.2节所讨论的稀疏重构准则向实值信号进行了延伸。当 $\boldsymbol{\Phi}$ 为复数矩阵时,感知结构的互相干性可以类似定义为

$$\mu(\boldsymbol{\Phi})=\max_{i\neq j} g_{ij}, \quad g_{ij}=\frac{|\langle\boldsymbol{\phi}_i,\boldsymbol{\phi}_j\rangle|}{\|\boldsymbol{\phi}_i\|_2\|\boldsymbol{\phi}_j\|_2}, \quad i\neq j \tag{13.17}$$

其中,$\boldsymbol{\phi}_i$ 为矩阵 $\boldsymbol{\Phi}$ 的第 i 列,且内积定义为 $\langle\boldsymbol{\phi}_i,\boldsymbol{\phi}_j\rangle=\boldsymbol{\phi}_i^{\mathrm{H}}\boldsymbol{\phi}_j$。第 i 个列向量 $\boldsymbol{\phi}_i$ 可以被视为一个SAR感知结构的距离－方位"导向向量"或位于特定位置的散射点对接收相位历程信号的贡献。互相关因子测量两个空间分布不同的反射体响应之间最差的相关情况,由此可知其与使用式(13.13)和式(13.14)得到的图像平均重构质量密切相关。

文献[25]提出了一个在压缩感知投影最优化问题中测量稀疏重构性能的不那么保守的方法。特别地,t－平均互相干因子被定义为序列 $\{g_{ij}\mid g_{ij}>t\}$ 的平均值。受 t－平均互相干因子的启发,我们定义并提出了使用 $t\%$－平均互相干因子描述式(13.13)与式(13.14)中平均重构性能的手段。如下所示,我们使用 $\mu_{t\%}$ 表示 $t\%$－平均互相干因子,$\varepsilon_{t\%}$ 表示包含最大 $t\%$ 列并与 g_{ij} 互相关的序列。$t\%$－平均互相干因子的定义为

$$x_{t\%}(\boldsymbol{\Phi})=\frac{\sum\limits_{i\neq j} g_{ij}T_{ij}(t\%)}{\sum\limits_{i\neq j}T_{ij}(t\%)}, \quad T_{ij}(t\%)=\begin{cases}1, & g_{ij}\in\varepsilon_{t\%}\\ 0, & \text{其他}\end{cases}$$

也就是说，$\mu_{t\%}(\boldsymbol{\Phi})$ 测量 $t\%$ 序列中最相似的两列间的平均互相关值。$t\%$ 应取小值以精确表达列的互相关分布细节。这种测量方法对能够严重影响互相干因子的异常值具有更好的鲁棒性。如果 $\mu_{t\%}(\boldsymbol{\Phi})$ 取大值，则说明矩阵 $\boldsymbol{\Phi}$ 拥有许多两两相似的列，这会导致重构结果模糊。

13.7 实验分析

本节讨论随机合成稀疏场景的成像问题。从这种场景出发，仿真了 13.5 节中所介绍的单基地与多基地感知结构下多种欠采样数据场景的雷达回波。从这种数据出发，进行了稀疏图像重构。从每个感知结构出发，变换了发射信号数量与测量次数。针对每个这样的情形，计算了 $t\%$－平均互相干因子以及能够直接反映图像重构质量的两个指标。然后，分析了不同结构和参数下 $t\%$－平均互相干因子和这两个重构指标的特性。这样的分析使我们能够评估 $t\%$－平均互相干因子作为预测重构质量手段的性能，并对多种感知结构进行比较。

我们所得的结果是 100 次蒙特卡洛运算结果取平均得到的。对于单基地 SAR 的规则方位－频率采样以及多基地超窄带 SAR 的收发方位向规则采样情况，我们计算了不同地面真实场景的平均值。在随机测量采样中，我们计算了不同 SAR 运算以及不同地面场景的平均值。对每一个矩阵 $\boldsymbol{\Phi}$ 的实现，我们测量 $t\%=0.5\%$ 时 $t\%$－平均互相干因子 $\mu_{t\%}(\boldsymbol{\Phi})$，并显示其经过所有蒙特卡洛运算后的平均值。为了利用稀疏限制条件，我们使用 l_1 范数。我们利用文献[18,51] 中介绍的软件解决最优化问题(13.13)，并使用两个直接反映图像质量的性能指标表示不同 SAR 成像结构下的重构性能。特别地，我们计算并使用相对均方误差(RMSE) 与识别支持百分比，在下面的内容中会对它们进行定义。相对均方误差的定义为：$\mathrm{RMSE}=E[\|\hat{\boldsymbol{s}}-\boldsymbol{s}_0\|_2/\|\boldsymbol{s}_0\|_2]$，其中 $\boldsymbol{s}_0$ 是地面真实信号，$\hat{\boldsymbol{s}}$ 是其根据缩短的测量序列得到的估计值，$E[\cdot]$ 代表不同蒙特卡洛运算的经验均值。识别支持百分比表示估计信号 T 个最大成分的正确识别支持的百分比，其中 T 是地面真实场景中点反射体的数量。

13.7.1 多基地压缩感知 SAR 的实验结果

首先，我们考虑对尺寸为$(D_x,D_y)=(10,10)$ m 的地面场景进行单基地 SAR 成像，雷达观测范围在大小为 $\Delta\theta=3.5°$ 的小角度锥形内。发射信号为调频信号，且 $f_0=10$ GHz，$B=600$ MHz。理论距离分辨率为 $\rho_x=\dfrac{c}{2B}=0.25$ m，理论方位分辨率为$\rho_y=\frac{\lambda}{4\sin(\Delta\theta/2)}=0.25\ \text{m}$。假设像素大小与分辨率空间匹配的情况下，实现一个40×40像素大小的反射图像重构。地面真实场景包含有T个随机分散的反射体，它们有着同样的幅度且随机相位在$[0,2\pi]$内均匀分布。图13.4给出了一个随机地面真实场景实现的幅度图。相位－时间域内理论的极坐标网格含有40×40个元素。在图像重构算法中，我们使用的噪声容限参数值为$\sigma=0.1$，并在所有仿真中将最大迭代次数设为1 000。

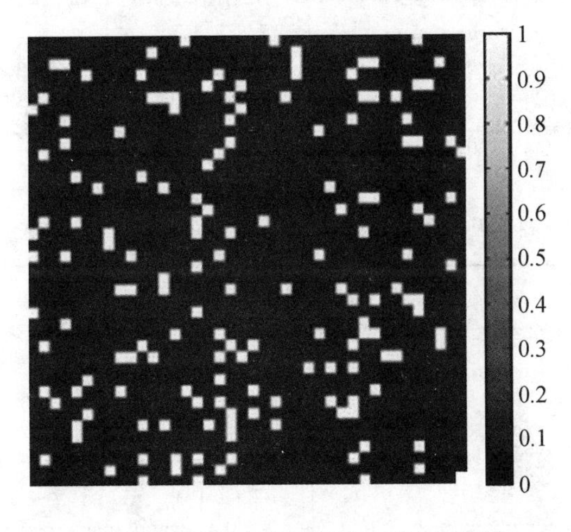

图13.4 随机地面真实场景实现的幅度图像

图13.5显示了使用(RandCS(θ)，RandCS(f))结构，随机场景有$T=140$个反射体，测量次数为$M=600$的以RMSE和$\mu_{t\%}$为坐标的反射图。为了使$\mu_{t\%}$的值在大范围内进行变化，我们改变方位角的数量(发射机数量)使$N_{tx}\in\{10,20,30,40,50,60\}$。通常，这些反射图说明$\mu_{t\%}$能够表示RMSE的重构质量。然而，比较图13.5(a)～(c)，可以发现$\mu_{0.5\%}$能够比经典互相干因子μ和$\mu_{0.1\%}$更好地预测RMSE重构质量。事实上，RMSE相对μ的反射图与其相对$\mu_{0.1\%}$的反射图非常相似，这说明我们用$\mu_{0.1\%}$没能正确地捕捉到列互相关分布的全部细节。另一方面，如果我们选取过大的$\mu_{t\%}$，则反射图会更像一个阶跃函数。图13.5(d)说明了这一问题，其中$\mu_{t\%}=\mu_{5\%}$。下面将展示$\mu_{0.5\%}$时的结果。

图13.6中，我们展示了几个多基地感知结构下的实验结果，其中结构作为发射机数量N_{tx}的函数，并且总的测量次数设置为$M=600$，场景中随机分散的反射体总数量设为$T=140$。在多基地情况下，发射机的数量与方位角的数量是一样的。这样的采样模式在图13.2中进行了说明，其中发射机的数量

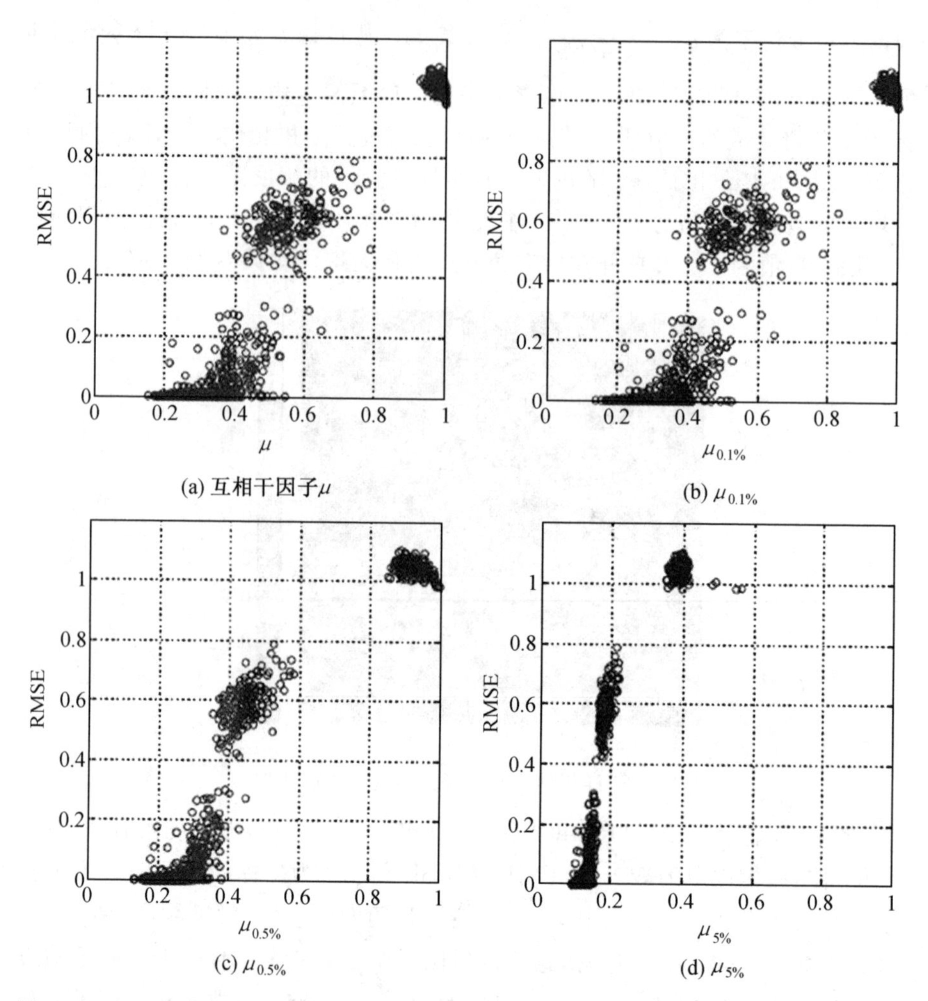

图 13.5 RMSE相对$\mu_{t\%}$的反射图，场景中反射体数量$T=140$，总测量次数$M=600$，结构为(RandCS(θ)，RandCS(f))

$N_{tx}=20$。方位角的数量N_{tx}和频率采样数量N_f是按关系$M=N_{tx}N_f=600$变化的。如前所述，规则采样意味着方位步长或频率步长是固定的。在随机采样中，方位角和频率的采样是相互独立的，它们的值都是在其允许的范围内随机确定的。在 NqGridRandCS 情况下，传统的大小为$(N_{tx},N_f)=(40,40)$个点的 SAR 极坐标网格随机均匀降采样至 600 个点。

除 13.5 节讨论的结构外，我们的图表还包含能够纯随机采样(PureRand)的场景的实验结果。对于 PureRand 而言，每个方向上的采样频率都是随机选择的。这样的采样本质上对 SAR 来说是不可能的，因为其需要

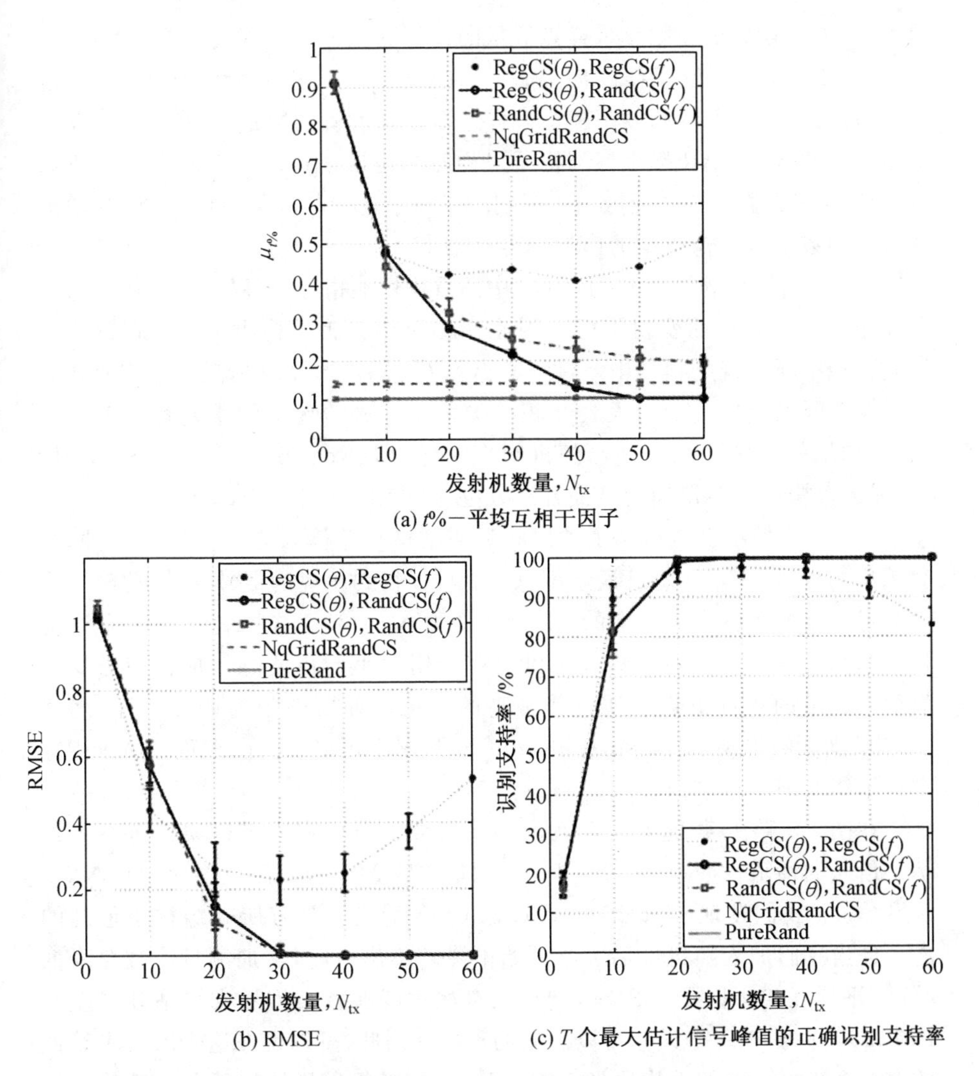

(a) $t\%$－平均互相干因子

(b) RMSE

(c) T 个最大估计信号峰值的正确识别支持率

图 13.6　多种感知结构下多基地 SAR 性能与发射机数量 N_{tx} 的关系图。在这一实验中，测量次数 $M=600$ 和信号支撑集大小 $T=140$ 是固定的

过多的采样数据与传感器位置；换句话说，纯随机采样没有利用任何感知几何结构，因此 $\boldsymbol{k}$ 空间内的一个采样点需要瞬时频率(脉冲)与合成孔径点(传感器位置)的独特结合。然而，我们考虑这一情况是出于对比的目的，因为它在采样上具有最大的随机性，且对感知算子的相干性要求较低。

图 13.6 中的结果显示当 $\boldsymbol{k}$ 空间采样点覆盖绝大多数可用 $\boldsymbol{k}$ 空间范围时，$t\%$－平均互相干因子是最低的。在测量次数满足 $M=N_{tx}N_f$ 的规则采样情

况下，若方位角数量与频率采样点数量的比值近似为 $N_{tx}/N_f=\Delta K_x/\Delta K_y$，其中 ΔK_x（ΔK_y）为方位（距离）向上 $\boldsymbol{k}$ 空间的大小，则可以得到最均匀的覆盖范围。另一方面，当方位和频率随机采样且增加发射机的数量时，$\boldsymbol{k}$ 空间覆盖范围的均匀性接近 SAR 极坐标网格子采样时的情形。这反映在随着发射机数量增加，$\mu_{t\%}$ 的值会随之变低。我们期望当 $\mu_{t\%}$ 达到某一临界值时，继续增加发射机的数量对重构质量的影响变得相当小。

将 $\mu_{t\%}$ 曲线作为图 13.6(b)、(c) 中的重构性能指标，可以发现重构质量随着互相干性的降低而变得更好。因此，$\mu_{t\%}$ 可以作为重构质量的合理预测。规则孔径中断与规则频率中断，即（RegCS(θ)，RegCS(f)）情况中存在周期混叠以及会降低重构质量的大列互相关尖峰。这种情况下的重构性能最差。然而，如果是规则孔径中断与随机频率采样，即（RegCS(θ)，RandCS(f)）情况，那么重构质量会得到明显提升。方位与频率的随机采样，即（RandCS(θ)，RandCS(f)）情况下也得到了类似的观测结果。总体来说，对于随机中断孔径采集场景，当 $N_{tx}=20$ 且误差可忽略时可以得到正确的信号支持，此时重构误差可忽略的条件由名义上的 $N_{tx}=40$ 变为 $N_{tx}=30$。这些结果显示，基于随机中断孔径压缩采样的稀疏成像可以在使用远小于传统感知成像中需要的发射机数量的条件下进行质量非常高的重构。如所期望的情况一样，随机 SAR 极坐标网格子采样（NqGridRandCS）情况下可以得到所有重构质量指标都很不错的高质量重构。

在图 13.7 中，我们对 $\mu_{t\%}$ 及由测量次数函数决定的重构质量进行了评估。信号的稀疏性固定，且 $T=140$。测量次数 $M=N_{tx}N_f$ 是变化的且 $N_{tx}=N_f<40$。我们发现（RegCS(θ)，RegCS(f)）情况下具有所有结构中最高的 $\mu_{t\%}$，且当我们加入随机性后 $\mu_{t\%}$ 开始下降。不出所料，增加测量次数会降低 $t\%$ - 平均互相干因子。同时，增加测量次数能够减小信号支持估计误差和 RMSE，从而获得一个误差可以忽略的重构。因此，可以说在这个实验中较低的 $\mu_{t\%}$ 意味着更好的重构质量。本实验中，在随机采样结构下各种精确重构所需的测量次数在 600 左右，这个数值大概是场景中点反射体数量的 4 ～ 5 倍，且远小于对这一场景进行传统感知所需的测量次数（即 1 600）。

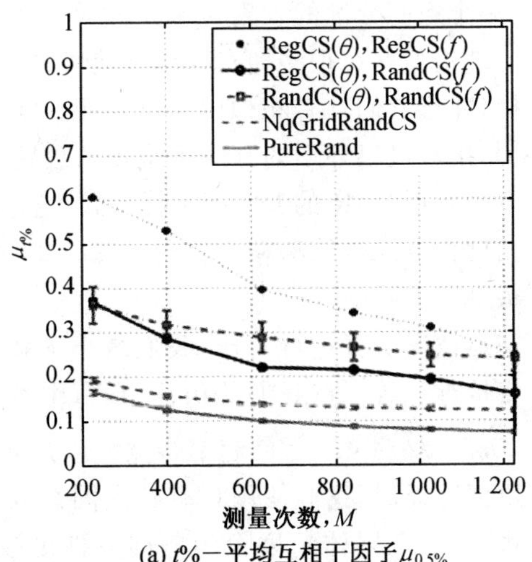

(a) t%—平均互相干因子$\mu_{0.5\%}$

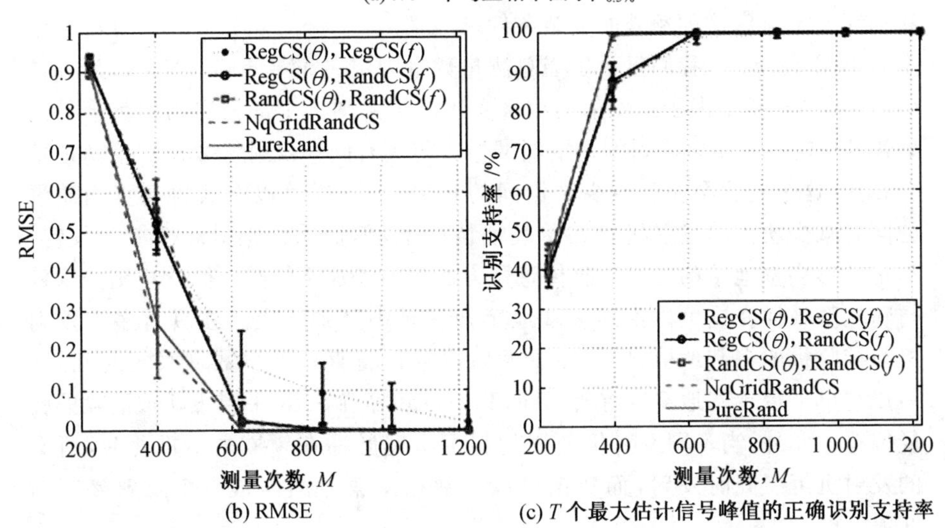

(b) RMSE　　(c) T 个最大估计信号峰值的正确识别支持率

图 13.7　多种感知结构下多基地 SAR 性能相对测量次数 M 的变化。在此实验中，发射机的数量 $N_{tx} = N_f$ 和信号支撑集大小 $T = 140$ 是固定的

13.7.2　多基地压缩感知 SAR 的实验结果

在单基地单平台场景中压缩感知所带来的主要好处是其可以减小需要存储的数据大小和减少发射机的数量。总体来说，尽管花费在没有进行雷达数据采集的孔径位置上的时间可以被用于其他任务，但由于单基地 SAR 平台按时间顺序覆盖整个方位向距离，因此数据采集时间是不能减少的。另外，

多基地 SAR 在使用多个空间分散的发射机和接收机来进一步减少数据采集时间方面具有潜力。理论上存在很多拥有与单基地情况一样的 **k** 空间覆盖范围的多基地几何结构，并且它们具有相似的重构结果。考虑一种多基地结构的极端情况，发射机与接收机以环形的方式围绕场景放置[52]。在图 13.7 中，我们说明了几个超窄带环形 SAR 的 **k** 空间采样模式，这些模式是由各种规则和随机的发射接收角度位置采样策略在 $N_f=1, N_{tx}=20$ 时得到的，且总的测量数量为 $M=N_{tx}N_{rx}N_f=600$。

为了与前面单基地情况仿真进行对比，我们减小了载波波长以使这两种结构下的空间分辨率接近一致。在我们的仿真中，每个发射机发出的频率满足关系 $\rho_x=\rho_y=0.25m=\sqrt{2}/4 \cdot c/f_c$ 的超窄带宽波形。场景大小与单基地实验中相同。与单基地情况类似，我们使用具有各向同性散射体的场景。对于宽角度观测场景而言，考虑散射体角度上为各向异性更接近实际情况，但是我们在此不考虑这种额外的复杂条件。

在图 13.8 中，我们显示了当总测量数量固定在 $M=600=N_{tx}N_{rx}N_f$ 时，$t\%$ - 平均互相干因子随发射机数量变化的关系图。全部采样结构都会导致 **k** 空间模式明显偏离规则的 **k** 空间网格。与具有同样发射机数量的单基地情况相比，这个变化会显著减少结构间的相关性，这样可以在获得高重构质量的同时减少所需的发射机。在单基地情况下，随机采样是提高性能的关键，但是环形多基地结构对发 / 收传感器方面就不是那么敏感。因此规则降采样与随机降采样在这里讨论的多基地感知场景中区别不大。在具有多个发射机与接收机的多基地情况下，减少发射机数量将直接减少数据采集时间，这一点与单平台单基地情况有所不同，我们不必等待 SAR 平台飞跃被消除的孔径位置。此外，当不同发射机使用的超窄带宽脉冲在频域内不重叠时，所有的发射机可以同时发射，而数据可以在数据采集时间内被一个发射接收对获取。

在图 13.9 中，我们显示了 $t\%$ - 平均互相干因子和以总测量次数为自变量的图像质量指标函数，其中 $N_{tx}=N_{rx}$ 且场景中点散射体的数量为 $T=140$。我们发现不同多基地采样模式可以得到相似的性能。与单基地情况类似，要进行高质量重构所需的测量数量是场景中散射体数量的 4 ～ 5 倍，在此例中的测量次数约为 600。这意味着稀疏成像能够使用远少于传统成像的测量数量对图像进行高质量重构。

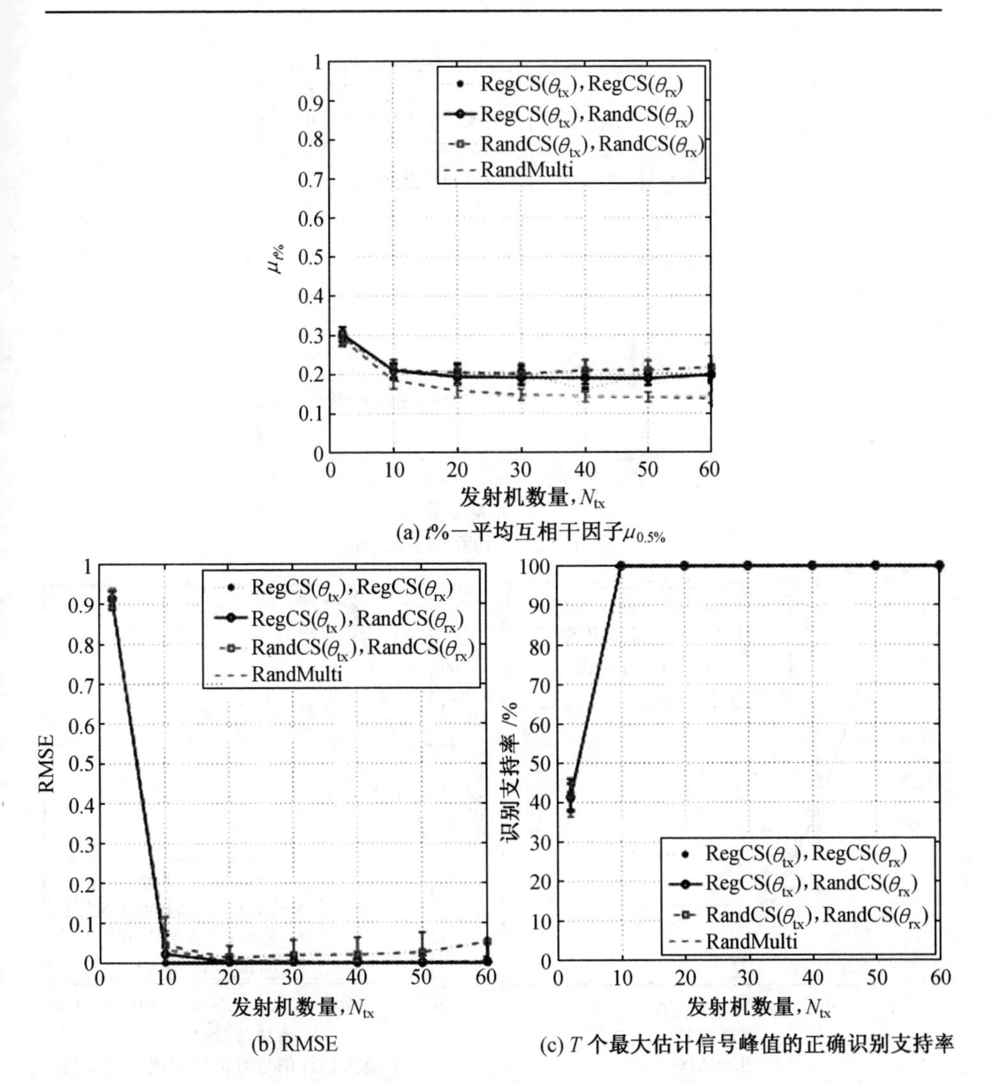

(a) $t\%$一平均互相干因子$\mu_{0.5\%}$

(b) RMSE

(c) T 个最大估计信号峰值的正确识别支持率

图 13.8　多种感知结构下，多基地超窄带 SAR 性能随发射机数量 N_{tx} 变化的关系图。在此实验中，总测量数量 $M=600$ 与信号支撑集大小 $T=140$ 是固定的

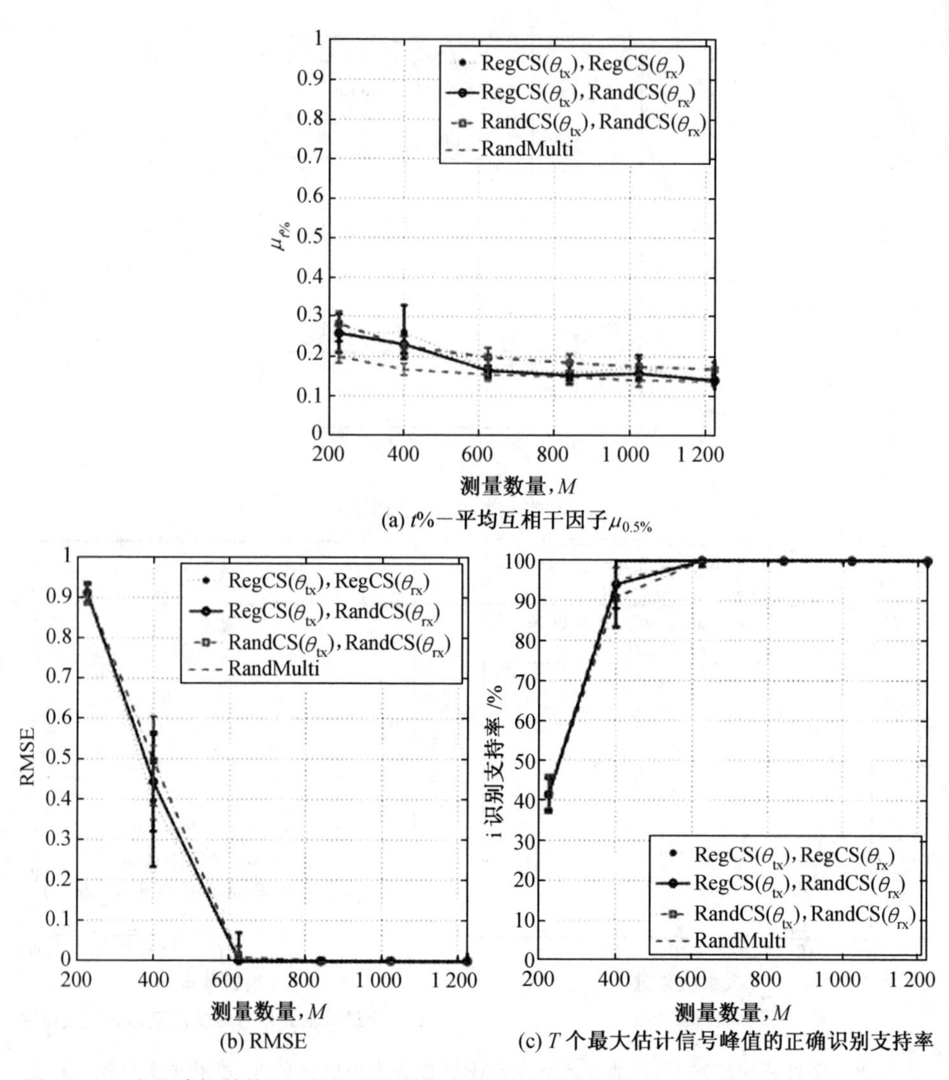

(a) $t\%$—平均互相干因子 $\mu_{0.5\%}$

(b) RMSE

(c) T 个最大估计信号峰值的正确识别支持率

图 13.9　多种感知结构下,多基地超窄带 SAR 性能随测量数量 M 变化的关系图。在此实验中,发射机数量 $N_{tx}=N_f$ 与信号支撑集大小 $T=140$ 是固定的

13.8 结　　论

在本章,我们首先对最近在雷达成像领域中稀疏与压缩感知的部分相关研究工作进行了简要介绍。然后,我们聚焦于多种单基地和多基地 SAR 压缩感知测量结构下的欠采样数据成像。每个测量结构下,不同的规则与随机数

据减少方法导致需要在空频域内使用不同的采样模式。在此背景下,我们展示了这样的采样模式对稀疏场景重构图像质量影响的实验分析结果。我们证明在有效的权衡频率与几何结构多样性下,使用宽带单基地结构或超窄带多基地结构可以得到相似的重构质量。我们提出了 $t\%$ 一平均互相干因子这一概念,其能够在 SAR 数据采集前对给定感知结构下的重构质量进行预测。$t\%$ 一平均互相干因子便于计算,能应用于真实时间设计和对感知结构的评估,例如多模式雷达的任务设计。在单基地与多基地情况下,我们发现有着足够小 $t\%$ 一平均互相干因子的结构有着高质量的重构性能。在多基地情况下,通过规则或随机发射/接收方位采样容易得到低相干性,因此在多基地情况下利用采样模式中的随机性可以得到更低的相关性。

我们的分析证明将压缩感知技术应用于 SAR 能够在显著减少发射机数量的条件下进行稀疏成像。在单基地情况下,压缩感知与稀疏重构能够减少数据存储载荷并以小于传统方式所需的发射机数量进行感知成像。在多基地情况下,压缩感知与稀疏重构不仅能够用较少的发射机进行感知成像,其相比于传统感知成像方法所需的收集时间也更短。

本章参考文献

[1] Potter LC, Ertin E, Parker JT, ÇetinM(2010) Sparsity and compressed sensing in radar imaging. Proc. IEEE 98:1006-1020

[2] Çetin M, Karl WC (2001) Feature-enhanced synthetic aperture radar image formation based on nonquadratic regularization. IEEE Trans Image Process 10:623-631

[3] Çetin M, Karl WC, Willsky AS (2006) Feature-preserving regularization method for complex-valued inverse problems with application to coherent imaging. Opt Eng 45(1):017003

[4] Candes EJ, Romberg J, Tao T (2006) Robust uncertainty principles: exact signal reconstruction from highly incomplete frequency information. IEEE Trans Inf Theory 52(2):489-509

[5] Donoho DL (2006) Compressed sensing. IEEE Trans Inf Theory 52(4): 1289-1306

[6] Donoho DL, Elad M, Temlyakov V (2006) Stable recovery of sparse overcomplete representations in the presence of noise. IEEE Trans Inf Theory 52(1):6-18

[7] Lustig M, Donoho DL, Pauly JM (2007) Sparse MRI: the application of compressed sensing for rapid MR imaging. Magn Reson Med 58:1182-1195

[8] Jakowatz CV, Wahl DE, Eichel PS, Ghiglian DC, Thompson PA (1996) Spotlight-mode synthetic aperture radar: a signal processing approach. Kluwer Academic Publishers, Norwell

[9] Stojanovic I, Çetin M, Karl WC (2013) Compressed sensing of monostatic and multistatic SAR. IEEE Geosci Remote Sens Lett

[10] Donoho DL, Elad M (2003) Optimally sparse representation in general (nonorthogonal) dictionaries via l1 minimization. Proc Nat Acad Sci 100(5):2197-2202

[11] Gribonval R, Nielsen M (2003) Sparse representations in unions of bases. IEEE Trans Inf Theory 49(12):3320-3325

[12] Fuchs J-J (2004) On sparse representations in arbitrary redundant bases. IEEE Trans Inf Theory 50(6):1341-1344

[13] Malioutov DM, Çetin M, Willsky AS (2004) Optimal sparse representations in general overcomplete bases. Proc IEEE Int Conf Acoust Speech Signal Process 2: 793-796

[14] Chen SS, Donoho DL, Saunders MA (1998) Atomic decomposition by basis pursuit. SIAM J Sci Comput 20:33-61

[15] Daubechies I,Defrise M, De MolC(2004) An iterative thresholding algorithm forlinear inverse problems with a sparsity constraint. Commun Pure Appl Math 57(11):1413-1457

[16] Figueiredo MAT, Nowak RD,Wright SJ (2007) Gradient projection for sparse reconstruction: application to compressed sensing and other inverse problems. IEEE J Sel Top Sign Proces 1(4):586-597

[17] Kim S-J, Koh K, Lustig M, Boyd S, Gorinevsky D (2007) An interior-point method for largescale l1-regularized least squares. IEEE J Sel Top Sig Process 1(4):606-617

[18] Van den Berg E, Friedlander MP (2008) Probing the pareto frontier for basis pursuit solutions. SIAM J Sci Comput 31(2):890-912

[19] Hale ET, Yin W, Zhang Y (2008) Fixed-point continuation for l_1 minimization: methodology and convergence. SIAM J Optim 19: 1107-1130

[20] Wright SJ, Nowak RD, Figueiredo MAT (2009) Sparse reconstruction by separable approximation. IEEE Trans Sig Process 57(7):2479-2493

[21] Mallat S, Zhang Z (1993) Matching pursuits with time-frequency dictionaries. IEEE Trans Sig Process 41(12):3397-3415

[22] Tropp JA (2004) Greed is good: algorithmic results for sparse approximation. IEEE Trans Inf Theory 50(10):2231-2242

[23] Candes EJ, Romberg J (2007) Sparsity and incoherence in compressive sampling. Inverse Prob 23(3):969-985

[24] Donoho DL, Huo X(2001) Uncertainty principles and ideal atomic decomposition. IEEE Trans Inf Theory 47(7):2845-2862

[25] Elad M (2007) Optimized projections for compressed sensing. IEEE Trans Sig Process 55(12):5695-5702

[26] Samadi S, Çetin M, Masnadi-Shirazi MA (2009) Multiple feature-enhanced synthetic aperture radar imaging. In Zelnio EG, Garber FD (eds) Proceedings algorithms for synthetic aperture Radar imagery XVI. Proceedings SPIE, Orlando, FL, USA

[27] Geman D, Yang C (1995) Nonlinear image recovery with half-quadratic regularization. IEEE Trans Image Process 4(7):932-946

[28] Çetin M, Karl WC, Castañón DA (2003) Feature enhancement and ATR performance using non-quadratic optimization-based SARimaging. IEEE Trans Aerosp Electron Syst 39(4):1375-1395

[29] Çetin M, Lanterman A (2005) Region-enhanced passive radar imaging. IEE Proc Radar Sonar Navig 152(3):185-194

[30] Moses RL, Potter LC, ÇetinM(2004) Wide angle SAR imaging. In Zelnio EG,Garber FD(eds) Proceedings algorithms for synthetic aperture radar imagery XI. Proceedings SPIE, Orlando, FL, USA

[31] Çetin M, Moses RL (2005) SAR imaging from partial-aperture data with frequency-band omissions. In Zelnio EG, Garber FD (eds) Proceedings algorithms for synthetic aperture radar imagery XII. Proceedings SPIE, Orlando, FL, USA, 2005

[32] Ertin E, Austin CD, Sharma S, Moses RL, Potter LC (2007) GOTCHA experience report: three-dimensional SAR imaging with complete circular apertures. In Zelnio EG, Garber FD, (eds) Proceedings algorithms for synthetic aperture radar imagery XIV, volume

6568 of Proceedings SPIE, Orlando, FL, USA, April 2007

[33] Stojanovic I, Çetin M, Karl WC (2008) Joint space aspect reconstruction of wide-angle SAR exploiting sparsity. In Zelnio EG, Garber FD (eds) Proceedings algorithms for synthetic aperture radar imagery XV volume 7337 of Proceedings SPIE, Orlando, FL, USA p 697005

[34] Varshney KR, Çetin M, Fisher JW III, Willsky AS (2008) Sparse signal representation in structured dictionaries with application to synthetic aperture radar. IEEE Trans Sig Process 56(8):3548-3561

[35] Tan X, Roberts W, Li J, Stoica P (2011) Sparse learning via iterative minimization with application to MIMO radar imaging. IEEE Trans Sig Process 59(3):1088-1101

[36] Batu Ö, Çetin M (2008) Hyper-parameter selection in non-quadratic regularization-based radar image formation. In Zelnio EG, Garber FD (eds) Proceedings of algorithms for synthetic aperture radar imagery XV. Proceedings of SPIE, Orlando, FL, USA, March 2008

[37] Önhon Ö, Çetin M (2012) A sparsity-driven approach for joint SAR imaging and phase error correction. IEEE Trans Image Process 21(4): 2075-2088

[38] Herman MA, Strohmer T (2009) High-resolution radar via compressed sensing. IEEE Trans Sig Process 57(6):2275-2284

[39] Yoon YS, Amin MG (2008) Compressed sensing technique for high-resolution radar imaging. In Ivan Kadar (ed) Proceedings signal processing, sensor fusion, and target recognition XVII, volume 6968 SPIE Orlando, FL, USA

[40] Baraniuk R, Steeghs P (2007) Compressive radar imaging. In: Proceedings IEEE radar conference, pp 128-133

[41] Bhattacharya S, Blumensath T, Mulgrew B, Davies M (2007) Fast encoding of synthetic aperture radar raw data using compressed sensing. In: Proceedings IEEE 14th Workshop on Statistical signal processing, pp 448-452

[42] Gürbüz C, McClellan J, Scott R Jr (2009) A compressive sensing data acquisition and imaging method for stepped frequency gprs. IEEE Trans Sig Process 57(7):2640-2650

[43] Subotic NS, Thelen B, Cooper K, BullerW, Parker J, Browning J,

Beyer H (2008) Distributed RADAR waveform design based on compressive sensing considerations. In Proceedings IEEE Radar Conference, p 1-6

[44] Ender JHG (2010) On compressive sensing applied to radar. Sig Process 90(5):1402-1414

[45] Stojanovic I, Karl WC, Çetin M (2009) Compressed sensing of monostatic and multi-static SAR. In Zelnio EG, Garber FD (eds) Proceedings algorithms for synthetic aperture radar imagery XVI volume 7337 of Proceedings SPIE, Orlando, FL, USA p 733705

[46] Patel VM, Easley GR, Healy DM, Chellappa R (2010) Compressed synthetic aperture radar IEEE J Sel Top Sig Process 4(2): 244-254

[47] Chen CY, Vaidyanathan PP (2008) Compressed sensing in MIMO radar. In: Proceedings 42nd asilomar conference on signals, systems and computers, pp 41-44 2008

[48] Strohmer T, Friedlander B (2009) Compressed sensing for MIMO radar - algorithms and performance. In Proceedings asilomar conference on signals, systems and computers pp 464-468

[49] Petropulu AP, Yu Y, Poor HV (2008) Distributed MIMO radar using compressive sampling. In: Proceedings asilomar conference on signals, systems and computers pp 203-207

[50] Yu Y, Petropulu AP, Poor HV (2010) MIMO radar using compressive sampling. IEEE J Sel Top Sig Process 4(1):146-163

[51] van den Berg E, Friedlander MP (2007) SPGL1: a solver for large-scale sparse reconstruction. http://www.cs.ubc.ca/labs/scl/spgl1

[52] Himed B, Bascom H, Clancy J, Wicks MC (2001) Tomography of moving targets (TMT). In Fujisada H, Lurie JB, Weber K, (eds) Proceedings sensors, systems, and next-generation satellites V. vol 4540 of Proceedings SPIE, Toulouse, France pp 608-619

第14章　针对音频重构的结构化稀疏贝叶斯建模

本章展示了如何利用稀疏结构先验模型获得一系列贝叶斯环境下问题的稀疏解。例如，提出了一个通过音频信号在时频空间上的表示使用Gabor（加伯）小波从而从中去除脉冲噪声和背景噪声的模型。首先，介绍了这一空间下用于描述信号稀疏结构的一些先验模型，包括对每个系数的简单的伯努利先验值、在时间或频率上连接相邻系数的马尔可夫链和赋予系数二维相干性的马尔可夫随机场。随后，展示了这些先验条件对重构被噪声污染的音频信号的影响。同时本章也介绍了脉冲移除，将类似的稀疏先验应用于音频信号中脉冲噪声的位置。通过使用Gibbs（吉布斯）采样器对模型变量的后验分布进行采样得到推论。

14.1　引　言

在许多应用中，根据一组基函数来表示信号是有用的。这样做有助于揭示信号中的某些结构，或者简单地使信号更容易存储或处理。例如，在音频处理中，通常根据（本地）频率分量表示信号。将信号转换到所需要的基上可以看作一个回归问题，其目的是确定能最佳地重构信号的基系数，在某种意义上的“最佳”。一些基函数组将允许一系列不同的分解，在这种情况下，这一问题可以被看作存在一系列可能解的欠定回归问题，从而使其成为选择一种具有理想特性的重构问题，例如分解的稀疏性，即在分解过程中许多基系数为零。

从多种层面上来说，稀疏性是一种有用的特性。最简单地说，信号的稀疏表示在存储方面是高效的，这可以允许信号处理更有效。根据其产生方式，一些信号则被怀疑本应是稀疏的，而其非稀疏性则是由于被噪声污染所致。例如，钟声一般将能量集中在相对较少的频带中，并且仅在特定时间出现。在这种情况下，如果可以重构原始信号源的稀疏结构，则可以精确重构不含噪声的信号。在其他情况下，相比大量小系数基函数，将信号通过相对较少的基函数表示，可以更好地揭示信号的结构或来源。在稀疏表示中，大多数基的系数为零，但非零系数出现的模式可能会具有某种结构，如果将其并入模型中，则可以得到更有用的稀疏表示。例如，在某些偶然活动产生的信号中，非零系数会聚集在活动的时刻，而在其他时刻系数则为零。通过集中这些区域的非零基系数，可能会发现一种能够明确活动阶段并且不会在非活动阶段重构随机波动的表示。这一将稀疏结构模型纳入信号表示（结构化稀疏性）的想法将成为本章的重点。

这里采用的方法着重于通过使用指示符变量（$\in\{0,1\}$）来直接建模稀疏性，所述指示符变量确定信号表示中是否包括特定的回归分量（基函数）。对于音频重构的例子，其目的是从接收到的受噪声污染的输入信号中重构真实信号。使用概率术语讲，利用贝叶斯方法进行信号重构，它需要一个由接收信号和干扰信号组成的概率模型，其中接收信号能够反映需要被重构的真实信号。该模型允许计算真实信号和模型参数的后验概率分布，并能在给定接收信号和模型变量的先验分布时得出样本。如果模型是真实情况的合理准确的反映，这将对真实信号产生很好的估计。这种基于模型的方法明确了对信号结构所做的任何假设并允许施加先验结构，这是否是一个优势在很大程度上取决于能否巧妙地设计信号模型。在这里描述的方法中，对应基函数的指示符变量的先验结构表达了对信号表示系数结构的预期。

这种基于模型的方法在概念上不同于以直接针对稀疏性的方式确定系数的方法，几乎所有那些方法都试图限制或惩罚回归系数的 l_1 范数（即系数幅度的总和）。这些方法包括文献[5]的基追踪思想和文献[15]的近似贪婪匹配追踪算法，其目标都是一个最小 l_1 表示，而文献[22]的 LASSO 方法将解的 l_1 范数限制为不大于一个特定值。实现这些结果的一种常见机制是将问题视为一种最优化问题，引入一个由对 l_1 范数幅度加权惩罚组成的正则项到目标方程中。已经证明，信号的最小 l_1 重构大概率提供了特定条件下稀疏信号的精确重构，这是压缩感知中的关键思想，参见文献[3,4,6]等。在贝叶斯环境下，这种针对系数性的做法可以通过使用回归系数的某些先验值（例如拉普拉斯先验）进行重现。在这里，对指示符变量的使用允许采取不同的贝叶斯方法，这就如同 14.5 节描述的那样，允许关于系数的稀疏结构的进一步假设以直接的方式明确地建模。

这里阐述的例子为减少音频噪声。考虑了两种类型的噪声：假定始终存在并且具有高斯分布的背景噪声，以及假设为仅偶然出现的有着非高斯分布并具有广泛尺度的例如黑胶唱片的啵、嘎声引起的脉冲噪声。为了应对这些脉冲，对每一个音频样本关联一个指示符变量来指示在该样本期间是否有脉冲存在。对潜在信号的重构使用了一组过完备 Gabor 基函数，以时间和频率定位，作为回归基；通过使用一系列先验值使这些系数具有结构化的稀疏性。

与以前的技术不同，这里的方法基于文献[17]中的方法，使用基于模型的贝叶斯方法从而可以联合移除脉冲和背景噪声。

14.2 节介绍了音频重构的问题。14.3 节描述了 Gabor 信号分解。14.4 节描述了用于重构的贝叶斯信号模型，包括模型中使用的许多先验值。14.5 节描述了回归系数内对稀疏结构建模的先验值。14.6 节描述了模型变量的分布如何通过 Gibbs 采样进行采样，并为此推导了必要的条件分布。14.7 节介绍了模型的一些结果，特别关注了由各种先验值得到的稀疏结构。

14.2　音频重构

降噪是音频重构的重要组成部分，旨在改善被污染的音频信号的感知质量。降噪方面的早期工作可以在文献[2]中找到，该领域仍然活跃，比如文献[7,12]。这一系列方法的综述可以在文献[11]及其中参考文献中找到，但是另一种基于心理声学的方法如文献[13]也很流行。许多方法常用的技术是将信号表示为基函数的加权和，其目的是在不重构噪声的情况下重构真实信号。所使用的代表性基函数表示信号的频率分量，并在时间上局部化。这种不同频率的局部化函数通常被称为小波，这些小波形成的集合覆盖信号的全时间跨度形成了可以分解原始信号的基函数字典。有各种不同性质的小波字典可供选择，做出的选择可能取决于在问题中的应用。这种分解对于一系列音频处理任务都很有用，包括降噪[21]和缺失数据插值[24]。这里描述的音频应用中使用了 Gabor 小波，尽管用于增强稀疏性的方法中可以使用任何基函数字典。

由于音频信号的组成随时间而变化，所以分解是在整个信号的短子样本块中进行的；为了减少阻塞效应，这些子样本通常重叠。这种重叠变换将来自时域的信号映射到时间块重叠的时频平面上(图 14.2)，这与 Gabor 小波不正交的事实相结合使得信号在分解成基函数的方面存在多种可能性，称为过度完备性。哪一种表示最好取决于应用。稀疏表示通常是首选，因为它们给出了原始信号的简洁表示。但即便在这些方法中也有折中。例如，一个使非零系数数目最小的表示对于压缩来说可能是最好的，而在分量之间具有更强时间结构的表示对于缺失数据重构来说可能更好。下面介绍的方法允许将大量不同的模型假设应用于稀疏结构中，因此十分灵活。该方法基于文献[17,23,24]的工作，其中稀疏重构问题在贝叶斯环境下阐述，带或不带特定基函数被视为模型变量。信号中脉冲噪声的存在与否也进行类似处理。这种表述允许直接结合信号结构的先验模型，这意味着可以将对可能的稀疏性结构的预期嵌入到先验值中。

数据的观察值结合模型和先验值，可以计算每个模型变量的后验密度。在涉及许多变量的复杂贝叶斯模型中，后验的高维度特性以及它往往只能按比例计算的事实意味着对其直接评估通常是不可行的，因此通常应用采样方法，如马尔可夫链蒙特卡洛（MCMC）理论，其允许从后验分布中抽取样本。MCMC 方法建立一个马尔可夫链，其目标后验分布为其不变分布；通过对足够数量样本从马尔可夫链上模拟，可以达到不变分布（在非常温和的条件下）并从中获得可以用于近似所需的后验密度的一组样本。有关 MCMC 方法的更多细节可以在如文献[10]的文献中找到。

这里描述的方法可以从音频信号中去除均匀的背景噪声和脉冲噪声。背景噪声是许多音轨的共同特征，并且可能有多种来源，例如记录或处理设备中的热噪声，并且通常在整个轨道中以相同的大小存在。这里，在文献[23]和文献[24]的工作之后，使用 Gabor 信号分解去除均匀的背景噪声。这背后的思想是可以找到在不重构噪声的情况下重构真实的信号特征的 Gabor 系数。

另外，脉冲噪声采取记录值和真实信号之间的偏差大但短暂的形式。这种噪声往往与旧的黑胶唱片有关，并且通常被视为听得见的啵、嘎声，这通常是由塑胶音轨中的磨损、污垢或划痕造成的。因为它可能有多种来源，包括播放指针不受控制的偏差，对于黑胶唱片来说脉冲噪声可能变化范围很大。许多以前的脉冲去除工作都是采用自回归方法进行的，例如文献[11]中所述，尽管这些方法有平滑信号的作用，但作为一种低通滤波器这会导致一些高频细节的丢失。这里，为了扩展文献[23]中的噪声消除方法，使其能够同时去除脉冲和背景噪声，我们将继续文献[17]中的工作。

14.3　Gabor 信号分解

Gabor 信号分解是获取信号并将其表示为定位在时间和频率上的 Gabor 合成原子的加权和过程。长度为 L 的信号可以分解成 $M\times N$ 个 Gabor 合成原子，表示 M 个离散频率级和 N 个离散时间点，排列成一个网格。这种变换将信号 $x(t)$ 映射到 $M\times N$ 的时频平面上，如图 14.2 所示。

Gabor 合成原子定义为

$$\tilde{g}_{m,n}(t)=g\left(t-\frac{n}{N}L\right)\exp\left(2\pi\mathrm{i}\,\frac{m}{M}t\right) \tag{14.1}$$

其中，$m\in\{0,1,\cdots,M-1\}$；$n\in\{0,1,\cdots,N-1\}$ 并且 $t\in\{0,1,\cdots,L-1\}$。

函数 g 为Gabor窗函数，通常为一个定义了相应Gabor原子时间包络的光滑钟形紧支撑函数。注意到式(14.1)中的Gabor合成原子具有实部和虚部，这允许通过这些原子重构复输入信号。此处介绍的方法使用汉宁窗，定义为

$$g(t)=\begin{cases}0.5+0.5\cos(2\pi t/\lambda), & |t|\leqslant\lambda/2\\ 0, & |t|>\lambda/2\end{cases}\tag{14.2}$$

其中，λ 定义了窗函数的宽度，此外还有许多其他可行选择，包括Bartlett、布莱克曼、(截断)高斯、海明、凯撒和塔基窗，每种都以参数值为中心。所选择的窗函数的宽度必须使它在合成原子之间能提供足够的重叠(即略大于 L/N)。窗函数的选择在文献[8]中进一步讨论。图14.1给出了一些Gabor合成原子的例子。

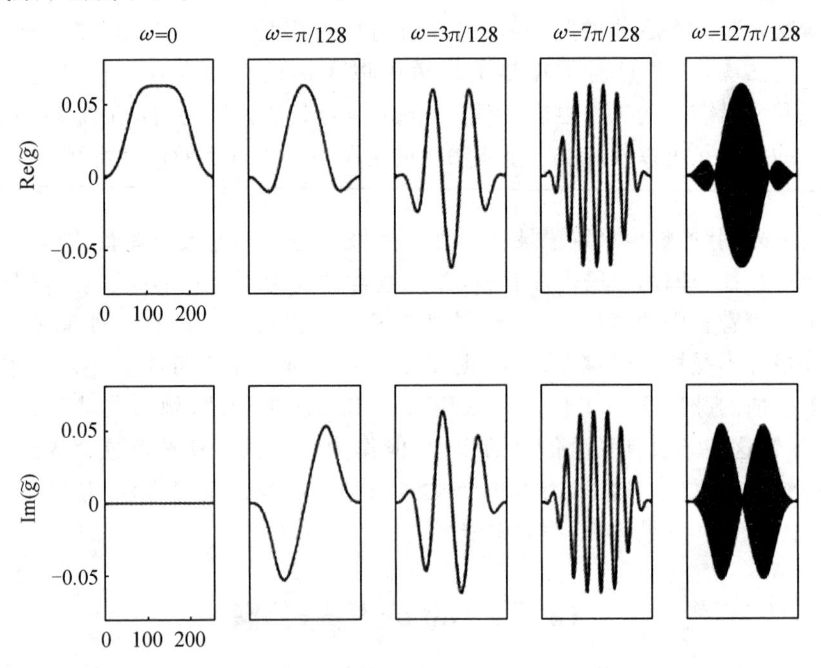

图14.1　使用长度为256的汉宁窗(经改进可产生紧致框架基函数)得到的一组Gabor合成原子(实部和虚部)

给定一组合成原子 $\tilde{g}_{m,n}(t)$，一个(复)输入信号 $x(t)$ 可以写作它们的加权和

$$x(t)=\sum_{m=0}^{M-1}\sum_{n=0}^{N-1}\gamma_{m,n}c_{m,n}\tilde{g}_{m,n}(t)\tag{14.3}$$

其中，$c_{m,n}\in\mathbf{C}$ 是每个原子的权重系数；$\gamma_{m,n}\in\{0,1\}$ 为决定某特定原子是否存在于分解中的指示符变量。这些是赋予模型稀疏结构的关键并在14.5节

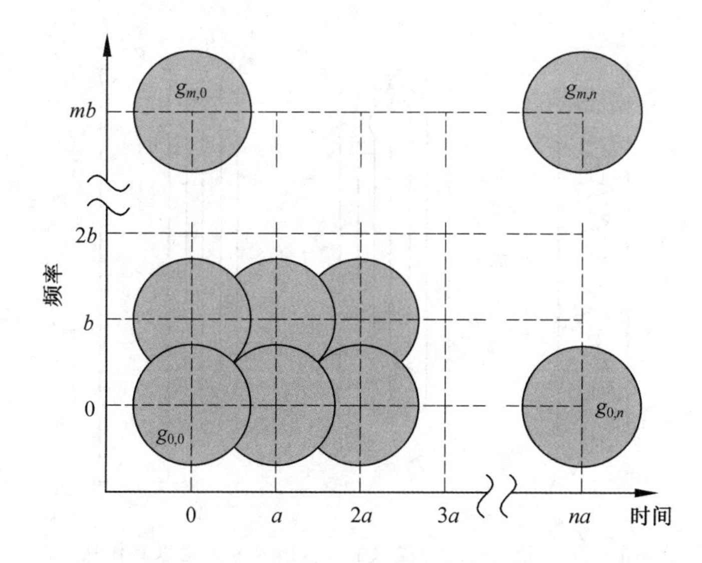

图 14.2　重叠变换，由交叠的原子 $g_{m,n}$ 在时频空间的规则网格中排列得到。这些原子形成了信号在时频空间中表示的基函数

详细讨论。忽略系数 $\gamma_{m,n}$，这一表示可以写成矩阵－向量的形式 $\boldsymbol{x}=\tilde{\boldsymbol{G}}\boldsymbol{c}$，其中输入信号表示为列向量 $\boldsymbol{x}=[x(0)\ x(1)\ \cdots\ x(L-1)]^{\mathrm{T}}$；$\tilde{\boldsymbol{G}}$ 是一个 $L\times MN$ 的 Gabor 合成矩阵，由每个信号观察时刻的第 (m,n) 个 Gabor 合成原子作为其第 $(m+nM)$ 列组成；系数向量 $\boldsymbol{c}$ 通过按照适当的顺序堆叠形成单个系数 $c_{m,n}$ 组成（图 14.3）。

对于分解的 Gabor 合成原子数大于观测值数量 $(MN>L)$ 的情况，系统的 $\boldsymbol{x}=\tilde{\boldsymbol{G}}\boldsymbol{c}$ 关于系数 $\boldsymbol{c}$ 是欠定的。几乎所有的实际应用都会出现这种情况，因为为了实现良好的时间－频率局部化特性，Gabor 字典中的冗余是必要的。这是 Balian-Low 定理[1,14] 的结果，这说明了在 $MN=L$ 的临界采样情况下没有聚集良好的 Gabor 基。更详细的讨论在文献[8] 和文献[23] 中给出。欠定系统 $\boldsymbol{x}=\tilde{\boldsymbol{G}}\boldsymbol{c}$ 可以通过 Gabor 变换求解，其中每个原子的系数都是通过该原子与信号的内积得到的。由于原子具有紧凑支撑，所以这一步可以仅使用对应于原子支撑区域的部分信号来有效地执行，文献[20] 给出了离散 Gabor 变换的算法。尽管这具有恢复系数使其在 l_2 意义下最小（即使它们具有最小的平方和）的特性，但并不能保证系数的稀疏性。事实上，这一般是不可能的，因为 l_2 范数将对一些较大系数的使用进行惩罚，而不是对较大数量的较小系数进行惩罚。

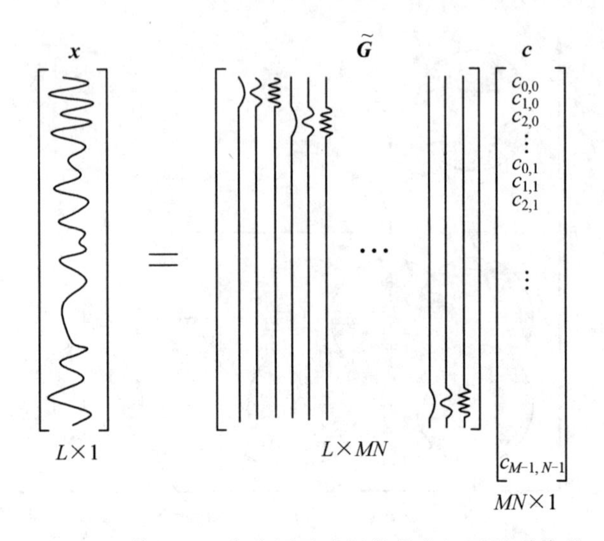

图 14.3 使用一组合成原子进行信号分解可以看作从合成原子中重构信号 $\boldsymbol{x}$ 的回归分析。在矩阵－向量形式中，每个合成原子组成矩阵 $\widetilde{\boldsymbol{G}}$ 的一列。在Gabor情况下，每个原子都有紧支集并且为相应的原子在之前时刻的平移

实输入信号

如果输入信号是实信号，就像在这里考虑的音频信号一样，式(14.3)右边的扩展也必须是实的。这可以通过对所有 $m\in\{1,2,\cdots,M/2\}$ 设定 $c_{m,n}=c_{M-m,n}^{*}$ 和 $\gamma_{M-m,n}=\gamma_{m,n}$ 来实现(这依赖于假设 M 是偶数，并且 $\widetilde{g}_{m,n}=\widetilde{g}_{M-m,n}^{*}$，这可以很容易地从式(14.1)中Gabor合成原子的定义中看出)。在这种情况下式(14.3)中的分解可写为

$$x(t)=\sum_{m=0}^{M/2}\sum_{n=0}^{N-1}\gamma_{m,n}\alpha_{m}(c_{m,n}\widetilde{g}_{m,n}(t)+c_{m,n}^{*}\widetilde{g}_{m,n}^{*}(t))$$
$$=\sum_{m=0}^{M/2}\sum_{n=0}^{N-1}\gamma_{m,n}(R(\alpha_{m}c_{m,n})R(\widetilde{g}_{m,n}(t))-I(\alpha_{m}c_{m,n})I(\widetilde{g}_{m,n}(t)))\quad(14.4)$$

其中，当它为1/2时，对除 $m=0$ 和 $m=M/2$ 之外的所有 m，α_m 为1。这使得分解可以通过重新定义 $\widetilde{\boldsymbol{G}}$ 和 $\boldsymbol{c}$ 并且仅使用实数来重新被写成矩阵－向量的形式

$$\widetilde{\boldsymbol{G}}=\begin{bmatrix} R(\widetilde{g}_{0,0}(0)) & I(\widetilde{g}_{0,0}(0)) & \cdots & R(\widetilde{g}_{\frac{M}{2},N-1}(0)) & I(\widetilde{g}_{\frac{M}{2},N-1}(0)) \\ R(\widetilde{g}_{0,0}(1)) & I(\widetilde{g}_{0,0}(1)) & \cdots & R(\widetilde{g}_{\frac{M}{2},N-1}(1) & I(\widetilde{g}_{\frac{M}{2},N-1}(1) \\ \vdots & \vdots & & \vdots & \vdots \\ R(\widetilde{g}_{0,0}(L-1)) & I(\widetilde{g}_{0,0}(L-1)) & \cdots & R(\widetilde{g}_{\frac{M}{2},N-1}(L-1)) & I(\widetilde{g}_{\frac{M}{2},N-1}(L-1)) \end{bmatrix} \tag{14.5}$$

$$\boldsymbol{c}=[R(c'_{0,0})-I(c'_{0,0})R(c'_{1,0})-I(c'_{1,0})\cdots R(c'_{\frac{M}{2},N-1})-I(c'_{\frac{M}{2},N-1})]^{\mathrm{T}} \tag{14.6}$$

其中，$c'_{m,n}=\alpha_m c_{m,n}$。考虑到这些定义，$\widetilde{\boldsymbol{G}}\boldsymbol{c}$ 将成为式(14.4) 中忽略了指示符 $\gamma_{m,n}$ 的信号重构。包含这些指示符的重构(如式(14.3) 和式(14.4)) 将被表示为 R。

为了下述的实际目标，系数 $c'_{m,n}$ 将被视为实二元向量，表示 $c'_{m,n}$ 的实部和虚部。这将被记作 $\boldsymbol{c}_k\in\mathbf{R}^2$，其中 $k\in\{0,1,\cdots,(M/2+1)N-1\}$ 使得 $\boldsymbol{c}_k=c'_{m+nM}$ 对应 $c'_{m,n}$。在复信号情况下，$\boldsymbol{c}_k$ 将以相同的方式对应于 $c_{m,n}$。

14.4　贝叶斯信号模型

用于背景噪声消除的音频信号模型如下所述。在每个采样时刻 $t=0,\cdots,L-1$，接收信号 y_t 由因大小为 σ_{v_t} 的加性高斯噪声 v_t 而失真的真实信号 $x(t)$ 构成，于是有

$$y_t=x(t)+v_t \tag{14.7}$$

其中

$$v_t\sim N(0,\sigma_{v_t}^2) \tag{14.8}$$

均匀背景噪声通过在所有样本中建立恒定的噪声大小来建模，以便始终有 $\sigma_{v_t}=\sigma$，其中 σ 是可以估计的模型的参数。噪声模型还可以通过在存在脉冲噪声时允许增大噪声过程的大小来将脉冲噪声加入接收信号之中。噪声大小由下式给出：

$$\sigma_{v_t}^2=(1+i_t\lambda_t)\sigma^2 \tag{14.9}$$

其中，$i_t\in\{0,1\}$ 是一个指示符变量，用于确定在特定采样时刻 t 是否存在脉冲噪声，如果存在则 λ_t 给出该脉冲的大小。因此，当没有脉冲存在时噪声方差为 σ^2，而当其存在时为 $(1+\lambda_t)\sigma^2$。

对 λ_t 的一种简单选择是将其设置为常数，如 λ。然而，由于脉冲噪声可能来自许多不同的物理源，因此单个比例因子 λ 可能不会使噪声分布足够重尾(heavy-tailed) 以便捕获所有脉冲。因此，可以允许比例因子 λ_t 随时间变化，

从而在估计的每个采样时间给出脉冲比例。

尽管原理上许多先验结构 $p(\lambda_t)$ 对 λ_t 是可行的，一种实用模型（比如在不同环境下文献[12]中使用的）的结构是平移的逆伽马模型，其形状如图 14.4 所示。这是逆伽马分布的截断和平移版本，并采用下式：

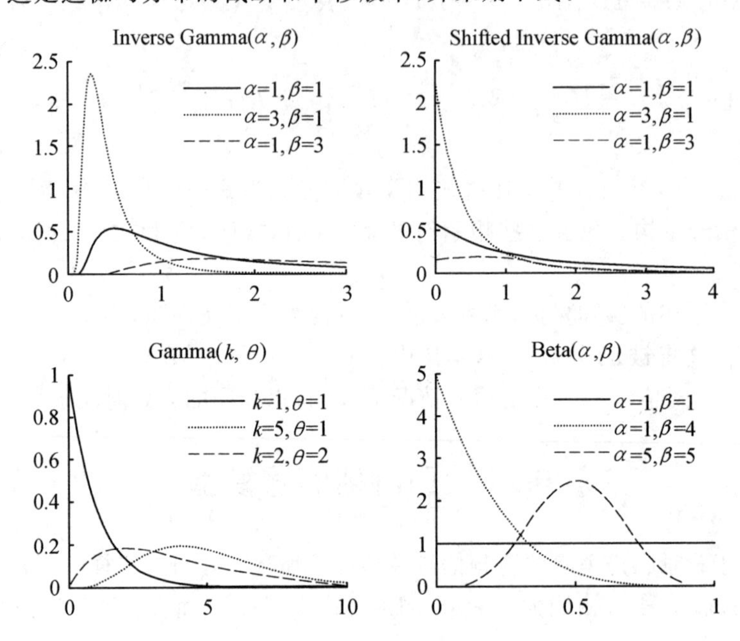

图 14.4 模型中使用的一些先验在给定参数值下的概率密度函数

$$p(\lambda_t)=\frac{\beta_\lambda^{\alpha_\lambda}(1+\lambda_t)^{-(\alpha_\lambda+1)}\exp(-\beta_\lambda/(1+\lambda_t))}{\gamma(\alpha_\lambda,\beta_\lambda)},\quad \lambda\geqslant 0$$
$$\propto IG(1+\lambda_t;\alpha_\lambda,\beta_\lambda) \tag{14.10}$$

其中，$IG(1+\lambda_t;\alpha_\lambda,\beta_\lambda)$ 是在 $1+\lambda_t$ 处参数为 α_λ 和 β_λ 的逆伽马概率密度函数，$\gamma(\alpha_\lambda,\beta_\lambda)$ 的估值是低阶不完全伽马函数，定义为

$$\gamma(\alpha_\lambda,\beta_\lambda)=\int_0^\beta t^{\alpha-1}\mathrm{e}^{-t}\mathrm{d}t \tag{14.11}$$

在文献[23]中描述的用于消除噪声的基于 Gabor 的推论的原理是基于均匀背景噪声模型的，但是对于一些在不同尺度上引入脉冲噪声的样本，这个假设失效。在文献[17]中这一问题通过引入一个带所需要的均匀噪声分布的人为设定的潜在过程 z_t 来处理，比如

$$z_t=x(t)+w_t \tag{14.12}$$

其中，$w_t\sim N(0,\sigma^2)$。原始 Gabor 分解算法随后可以以式(14.12)中的变量 z_t 为条件（而不是像文献[23]中那样调整观测值）作为一个采样步骤对与真

实信号相对应的变量 x_t 采样。随后给出观察到的过程 y_t 为

$$y_t = z_t + i_t u_t \tag{14.13}$$

其中

$$u_t \sim N(0, \lambda_t \sigma^2) \tag{14.14}$$

这个结构如图 14.5 所示，它具有以下特性：给定过程 z，潜在的真实信号 $x(t)$ 条件独立于观测值 y 和脉冲指示符 i，故而

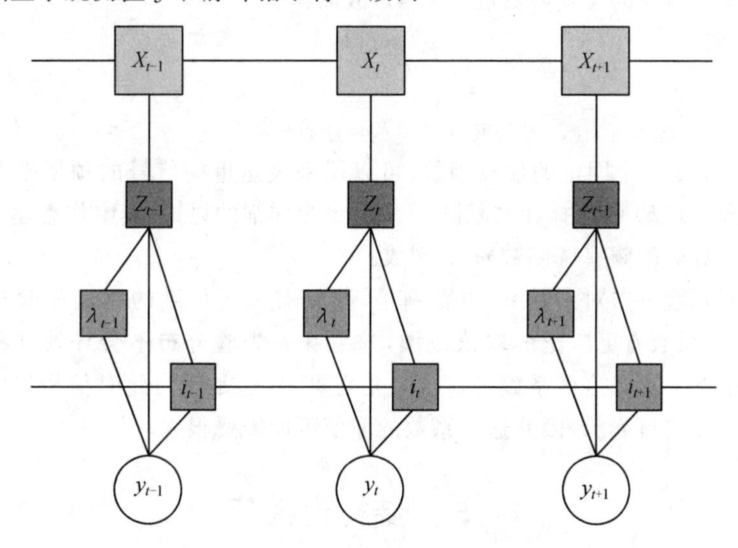

图 14.5　与脉冲指示符 i 和尺度因子 δ 一起引入的带人为设定的潜在过程 z 的模型变量的对数结构。这一过程表示真实信号被均匀高斯噪声污染（然而 y 的观测可能会在多个尺度上服从噪声）

$$p(x \mid y, z, i, \lambda) \propto p(x \mid z) \tag{14.15}$$

在这里使用非下标变量来表示这些变量的全部集合（例如 $i = \{i_t \mid t \in 0, \cdots, L-1\}$）。这意味着后验分布 $p(x \mid z)$ 的样本可以用与文献[23]相同的方式（由合成原子的加权和给出）导出，但是是将文献[23]中的模型应用于潜在过程 z 而不是直接用于输入样本 y。在改进算法中，采样迭代包括对过程 z 和 x 以及其他模型变量和参数的采样。实际上，如文献[18]所示，推导许多模型变量的分布是可能的，包括不直接推导过程 z 的过程 x（即在推论中将其边缘化）。这种边缘化方法可以使用于采样的 MCMC 方法更快地收敛。

Gabor 合成系数 $\boldsymbol{c}_k \in \mathbf{R}^2$ 具有较大的取值范围，非常大的值相当普遍。因此，事先为这些变量选择重尾学生氏 t 分布，这可以通过有着逆伽马混合分布的模的比例混合来实现，故而

$$p(\boldsymbol{c}_k \mid \sigma_{c_k}, \gamma_k) = (1-\gamma_k)\delta_0(\boldsymbol{c}_k) + \gamma_k N(\boldsymbol{c}_k; 0, \sigma_{c_k}^2 \boldsymbol{I}_2) \tag{14.16}$$

其中，δ_0 是以0为中心的狄拉克 δ 函数，用来确保当 γ_k 为0时 $\boldsymbol{c}_k$ 为0；$\boldsymbol{I}_2$ 是 2×2 的单位矩阵(对于当 $\boldsymbol{c}_k \in \mathbf{R}^2$ 的情况) 并且 $\delta_{c_k}^2$ 符合逆伽马混合分布

$$p(\sigma_{c_k}^2 \mid \gamma_k = 1) = IG(\sigma_{c_k}^2; \kappa, v_k) \tag{14.17}$$

这里的 κ 是一个用于决定先验分布尾部的轻重的形状参数，v_k 是一个自身被赋予伽马先验值的尺度参数(图 14.4)，故而

$$v_k = f(k)v \tag{14.18}$$

其中

$$v \sim G(\alpha_v, \beta_v) \tag{14.19}$$

其中，$f(k)$ 是一个固定的加权函数，可以用来表达重构信号的预期平滑度的先验信念。$f(k)$ 的选择在文献[23]中有更为详细的讨论，其中作者建议使用与系数 k 对应的频率调制数 m 的倒数。

重尾先验分布对系数 $\boldsymbol{c}_k$ 的影响是，与具有恒定尺度的高斯先验分布相比，它允许系数有更广泛的取值范围，这意味着先验分布不会导致这些系数被过度平滑。这在这些系数是稀疏时尤为重要，这是因为此时信号将由相对较少的系数进行表示，因此这些系数的取值可能需要很大。

14.5 结构化稀疏

指示符变量(脉冲或 Gabor 系数的) 的先验分布是模型的重要组成部分。正是通过这些先验值，我们可以将对稀疏性的偏好纳入其中，因为它们包含了稀疏解比密集解更为可能的信念。不同于在某种模下专门寻求最小解的方法，贝叶斯推论本身并不支持任何特定的解决方案，除非根据建模和先验假设以及考虑到观测该解更为可能。Gabor 词典的过度完备性和这种引入的灵活性意味着如果没有某种正则化，则存在使用 Gabor 系数过拟合含噪声信号的强风险；建模和先验假设旨在阻止这种情况。

指示符变量集合中的先验值 $\gamma = \{\gamma_{m,n} \mid \forall m, n\}$ 和 $i = \{i_t \mid t = 0, \cdots, L-1\}$ 可用于编码先验信念，即解在 Gabor 系数或脉冲方面将是稀疏的。然而，在很多情况下关于非零指示符结构的进一步的先验信息是可获得的，并且希望通过指示符先验值将其纳入模型中，从而得到结构化稀疏的想法。

考虑由变量 i 表示的脉冲过程，变量 i 用来表示在特定采样时刻存在或不存在脉冲。脉冲可能存在于相对较少的样本中(i 将是稀疏的)，并且这种简单的期望可以以直接的方式纳入到先验值之中，通过先验信念认为指示符为

0(无脉冲)比为1更为可能。一个更复杂的先验模型可以包含这样的信念,即脉冲将是相对罕见的,但是当它们确实发生时,可能持续多个样本,因为贯穿一个唱片表面受损小节所需的时间可能会比单个样本长。在这种情况下,先验值便包含了关于过程 i 可能结构的一种信念。

对 i 来说最简单的先验就是将每一个 i_t 看作一个伯努利随机变量并且样本以先验概率 p 为一个脉冲。仅这一点就足以支持稀疏解,因为如果 p 很小,那么稀疏,其他所有的东西都是相等的可能性比稠密的更大。在这些假设下,先验概率 p 表示可能会受脉冲噪声影响的样本的比例。这样指示符集合 i 的先验值由下式给出:

$$p(i \mid \phi_i) = \prod_{t=0}^{L-1} p(i_t \mid \phi_i) \tag{14.20}$$

其中,ϕ_i 是 i 的先验值的集合。在伯努利情况下这个集合只包含指示符先验概率 $p \in [0,1]$ 为 1 的情况,因此

$$p(i_t = 1) = p \tag{14.21}$$

$$p(i_t = 0) = 1 - p \tag{14.22}$$

这里可以建立一个关于惩罚似然估计的联系,这是一种寻找稀疏解的常见替代方法。在这类方法中,稀疏估计算子是使以非零系数的个数为惩罚的(对数)似然函数的某个版本最大化,其中惩罚的强度由用户选择的惩罚系数 λ 确定。对于脉冲指示符变量,可以表示为

$$\hat{i}_{\mathrm{PLE}} = \arg\max_i \log p(y \mid i) - \lambda \| i \|_0 \tag{14.23}$$

其中,$\| i \|_0$ 是 i 中非零元素的个数。

给定观察值的指示符变量 i 的贝叶斯后验分布是

$$\log p(i \mid y) = \log p(y \mid i) + \log p(i) + C \tag{14.24}$$

其中,C 关于 i 是常数。对于上述的伯努利先验值,该式变成

$$\log p(i \mid y) = \log p(y \mid i) + \log\left(\frac{p}{1-p}\right) \| i \|_0 + C' \tag{14.25}$$

并因此,式(14.23)中的惩罚似然估计相当于一个伯努利先验的来自贝叶斯模型(即,最大化后验密度估计)的最大后验(MAP)估计,其中 $\lambda = \log\left(\frac{p}{1-p}\right)$。当 $p < 0.5$ 时 λ 为负值,并产生对额外的非零系数的惩罚项。这给出了一种直观的方式来从贝叶斯先验概率 p(即脉冲在任意样本中出现的概率)解释惩罚似然估计的惩罚系数 λ。

贝叶斯公式还允许以简单和明确的方式将先验假设进一步复杂化。为了纳入这样的信念,即当脉冲发生时,脉冲可能持续多个样本,脉冲指示符的

先验可以被建模为一个两状态的马尔可夫链。这背后的想法是在“无脉冲”状态下指示符下一步的状态很可能也是“无脉冲”，只有很小的概率转换到“脉冲”状态。然而，在“脉冲”状态下，下一个状态很可能也是“脉冲”，并有一定可能性转变为“无脉冲”。图 14.6 展示了有着不同先验转换概率的马尔可夫链的绘图。

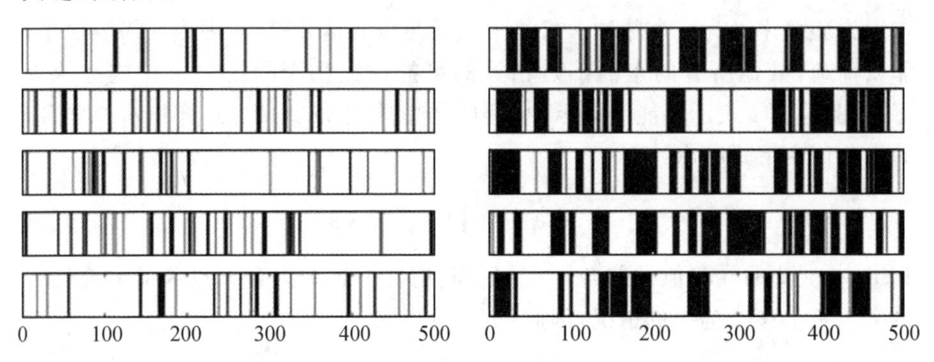

图 14.6　马尔可夫链中抽取的长度为500的样本，其中左侧的五个样本的先验值为 $p_{00}=0.95$、$p_{11}=0.5$，右侧样本的为 $p_{00}=0.9$、$p_{11}=0.9$（黑色代表值为 1）

在这种情况下，

$$p(i \mid \phi_i)=p(i_0 \mid \phi_i)\prod_{t=1}^{L-1} p(i_t \mid i_{t-1},\phi_i) \tag{14.26}$$

给出其余指示符过程的特定指示符 i_t 的条件分布为

$$p(i_t \mid i_{-t},\phi_i) \propto p(i_{t+1} \mid i_t,\phi_i)p(i_t \mid i_{t-1},\phi_i) \tag{14.27}$$

其中，$p(i_{t+1} \mid i_t,\phi_i)$ 由马尔可夫链的转移概率确定（符号 i_{-t} 表示除去在采样时刻 t 的所有指示符 i 的集合，即 $i_{-t}=i\backslash i_t$）。转换概率可以是模型的参数，也可以自行习得。由两个必须的参数来定义马尔可夫链转换矩阵，即保持状态 0 的概率和保持状态 1 的概率（转换矩阵中的其他项可以从这些参数中计算）。通过将其看作独立伯努利变量的概率，可以从数据中得到它们；进一步的细节在 14.6 节中给出。

通常来讲 14.6 节中给出的推论方法可以对指示符变量使用任何条件先验 $p(i_t \mid i_{-t},\phi)$。这是一类非常灵活的可能的先验方程，意味着很多不同形式的先验知识可以纳入这个框架中。纳入更多的先验结构可能会产生更少稀疏的结果，因为与简单的伯努利先验相比，结构先验对解附加了额外的限制。虽然如此，在许多情况下，能够采用更现实的过程先验模型很可能会带来更好的结果。

类似的先验结构也可以用于 Gabor 系数指示符 γ。简单的伯努利先验给出每个原子为零的先验概率将引出时频空间中的稀疏解，尽管原子之间的结构可能很少，特别是当非零系数的先验概率很小时。这可能最适合压缩，其首要任务为最小化非零系数的数量。

与脉冲过程 i 一样，马尔可夫链的先验可以在时间域施予，即频率分量具有从一个样本块到下一个样本块之间保持一致的趋势。这种先验结构可能适用于由慢时变振荡构成的信号。在这种情况下，对每一个频率度量 m 的指示符 γ_m 应用一个马尔可夫链先验。如同脉冲指示符先验值，转换概率可以从数据中估算，如 14.6 节所示。类似地，马尔可夫链结构也可以赋予在频率方向上，即每 N 个样本块中的局部频率聚集的先验期望。

Gabor 系数的另一个易于实现的先验是马尔可夫随机场(MRF) 先验。这可以用来为系数赋予二维结构，并且这种先验偏向于活动在时频平面上呈块状发生的信号。对于时频指示符变量的格子，MRF 被布置成使得每个指示符都与最近邻的四个格子相连，分别为与其相同频率的前一时刻和后一时刻以及在相同时刻时较低频率和较高频率(对于 $\gamma_{m,n}$，其为 $\gamma_{m,n-1}$，$\gamma_{m,n+1}$，$\gamma_{m-1,n}$ 和 $\gamma_{m+1,n}$)。注意，如果 $\gamma_k=1$，则 $(2\gamma_k-1)$ 为 1；如果 $\gamma_k=0$，则 $(2\gamma_k-1)$ 为 -1，条件先验指示符表示为

$$p(\gamma_k \mid \gamma_{-k}, \phi_\gamma) \propto \exp\Big(J \sum_{j \in N(k)} (2\gamma_k - 1)(2\gamma_j - 1) + K(2\gamma_k - 1)\Big) \tag{14.28}$$

其中，$N(k)$ 是 γ_k 的邻域。在 $K=0$ 的情况下，这一先验为 Ising 模型并反映了两个邻域的指示符相比于不同更可能是相同的观点。这个模型最初是在物理学文献中被提出来作为铁磁性的模型[19]，但后来(然后普遍地) 被应用于统计学[9]。参数 J 可以被认为是一种“逆温度”，它在低值时导致无序的“随机”状态，在高值时更加强调邻域间的一致性，因此偏向于具有更加清晰“斑块”的较强模式。参数 K 可以用来选择模式，其中对于 γ_k 来说，其值(0 或 1) 为 1 比 0 可能性更大。K 的负值作为对非零指示符的惩罚有助于诱导解的稀疏性。图 14.7 给出了一些具有各种参数值的先验模型。

仅知道先验的比例也没有关系，因为将是先验对于 $\gamma_k=1$ 和 $\gamma_k=0$ 的比值起作用。这可以计算为

$$\frac{p(\gamma_k = 0 \mid \gamma_{-k}, \phi_\gamma)}{p(\gamma_k = 1 \mid \gamma_{-k}, \phi_\gamma)} = \exp\Big(2J\big(\mid N(k) \mid - 2\sum_{i \in N(k)} \gamma_i\big) - 2K\Big) \tag{14.29}$$

其中，$|N(k)|$ 是 γ_k 邻域的大小(除了格子的边缘之外，它将为 4)。也可以使用更复杂的 MRF 模型，例如在格子元素之间具有更多或不同的连通性。

本节中提出的每个先验都有一个条件马尔可夫结构，因此

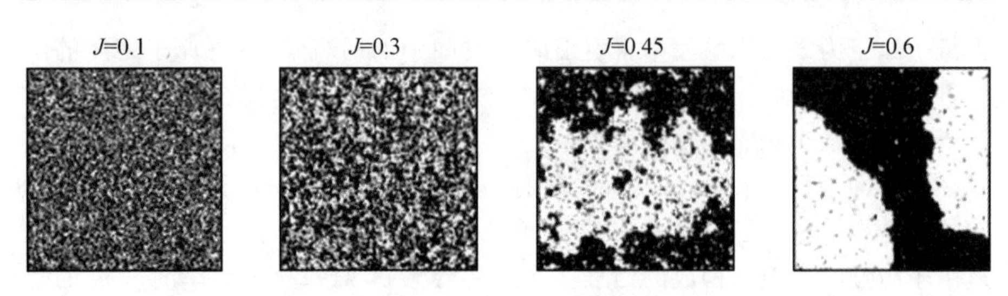

图 14.7 不同参数 J 下 200×200 网格上的 Ising 模型先验的不同尺度上的结构。示例中取 $K=0$，否则会使偏好值占优

$$p(\gamma_k \mid \gamma_{-k}, \phi_\gamma) = p(\gamma_k \mid \gamma N(k), \phi_\gamma) \tag{14.30}$$

这些模型易于使用并且灵活。尽管如此，与脉冲指示符一样，推理方法可以使用任何其他条件结构先验 $p(\gamma_k \mid \gamma_{-k}, \phi_\gamma)$。

14.6 推　　论

Gabor 重构变量（c, σ_c, v, γ 和 ϕ_γ）、潜在过程变量（z）、脉冲过程变量（i, ϕ_i 和 λ）和噪声尺度参数（δ）的联合后验分布可以使用马尔可夫链蒙特卡洛采样步骤。具体而言，使用 Gibbs 采样器[9,10] 可以使变量块在给定所有其他模型变量的情况下从其条件分布采样。通过对系统中的所有变量进行迭代，由于其分布式是不变的，可以从具有给定观测值的变量的后验分布的马尔可夫链中抽取样本。与所有 MCMC 方法一样，从初始值到固定分布的收敛将需要多个步骤（通常难以确定），因此需要一个丢弃样本的初始老化阶段。Gibbs 采样的灵活性意味着这些变量可以以任何顺序从下面给出的条件分布中抽取。

一般情况下，本节给出的条件分布的前提是所考虑的变量 v 仅条件依赖于其他变量 $V \subset \Omega$ 的一个子集，其中 Ω 是模型中所有变量的集合。在这些条件下，应用贝叶斯准则可以得到公式如

$$p(v \mid \Omega_{-v}) = p(v \mid V) \propto p(V_1 \mid v, V_2) p(v \mid V_2) \tag{14.31}$$

其中，$V = V_1 \cup V_2$。在这个式子中，可以将 $p(V_1 \mid v, V_2)$ 看作是 V_1 在给定 v（在参数 V_2 下）时的似然度，并且 $p(v \mid V_2)$ 可以被认为是 v 的条件先验（也是在 V_2 下）。在降噪模型中，大多数情况下允许对 v 上使用与相应的“似然度”共轭的先验值，这意味着条件后验分布与先验分布具有相同的形式，其参数可以在封闭形式中找到。这是有利的，因为可以对得到的条件分布有效地采样。

14.6.1　背景噪声消除

估计信号的 Gabor 重构涉及的变量 $\boldsymbol{c},\sigma_c,v,\sigma,\gamma$ 和 ϕ_γ 都可以使用本节给出的条件分布使用 Gibbs 采样器中的步骤进行采样。

1. $\boldsymbol{\sigma}_c^2$ 的采样

在给出其他模型变量的前提下，$\sigma_{c_k}^2$ 的分布由下式给出：

$$p(\sigma_{c_k}^2 \mid \boldsymbol{c},\sigma_{-c},\sigma,v,\gamma,i,z,\lambda,y,\phi) \propto p(\boldsymbol{c}_k \mid \sigma_{c_k},\gamma_k)p(\sigma_{c_k} \mid v_k)$$
$$= IG\left(\gamma_k+\kappa,\gamma_k \frac{\|\boldsymbol{c}_k\|^2}{2}+v_k\right) \tag{14.32}$$

这可以通过式(14.16) 中的 $\boldsymbol{c}_k$ 的先验和式(14.17) 中 $\sigma_{c_k}^2$ 的先验得到，并注意到如果 $\gamma_k=0$，则 $\boldsymbol{c}_k$ 的先验是以当前 $\boldsymbol{c}_k$ 值为中心的 δ 函数。这表明当 $\gamma_k=0$ 时，$\sigma_{c_k}^2$ 可以从其先验分布 $IG(k,v_k)$ 中得出。如果 $\gamma_k=1$，那么从方程(14.16)得出 $\sigma_{c_k}^2$ 的先验是分布 $p(\boldsymbol{c}_k \mid \delta_{c_k},\gamma_k=1)=N(\boldsymbol{c}_k;0,\sigma_{c_k}^2\boldsymbol{I}_2)$ 的共轭先验，由于 $\boldsymbol{c}_k$ 是由两个元素组成的，由此得到的分布因此也是逆伽马分布，其系数如式(14.32) 中所示。

2. $\boldsymbol{c}_k$ 和 γ_k 的采样

由于过程 z 中有方差为 σ^2 的高斯噪声存在，所以 Gabor 系数 c 的条件分布是多元高斯分布。对于单个 $\boldsymbol{c}_k$ 系数，可以将样本和与之相应的指示符变量 γ_k 一起抽取。联合条件分布可以分解为

$$p(\boldsymbol{c}_k,\gamma_k \mid c_{-k},\gamma_{-k},z)=p(\boldsymbol{c}_k \mid \gamma,c_{-k},z)p(\gamma_k \mid \gamma_{-k},c_{-k},z) \tag{14.33}$$

简单起见，在这里(以及贯穿本节) 所有依赖于 σ 和 σ_c 的项已从符号中剔除。在 $\gamma_k=0$ 的情况下，由于式(14.16) 中的 $\boldsymbol{c}_k$ 的先验性，右侧的第一项可简化为 $\boldsymbol{c}_k$ 处的 δ 函数，故而

$$p(\boldsymbol{c}_k,\gamma_k=0 \mid c_{-k},\gamma_{-k},z)=p(\gamma_k=0 \mid \gamma_{-k},c_{-k},z) \tag{14.34}$$

另外，当 $\gamma_k=1$ 时，

$$p(\boldsymbol{c}_k,\gamma_k=1,\gamma_{-k},c_{-k},z) \propto p(z \mid c,\gamma_k=1,\gamma_{-k})p(\boldsymbol{c}_k \mid \gamma_k=1)$$
$$\propto N(z;R,\sigma^2 I_L)N(\boldsymbol{c}_k;0,\sigma_{c_k}^2 I_2) \tag{14.35}$$

右侧的第一项是基于 z 是重构信号 R(由式(14.3) 重构给出) 在每个样本处都被均值为零、方差为 σ_2 的独立加性高斯噪声污染的这一事实得到的，如式(14.12) 所述。通过对多元高斯分布密度函数进行推导，该第一正态分布可以表达为关于 $\boldsymbol{c}_k$ 的双变量高斯函数，从而可以采用类似方法与二阶高斯分布结合起来得到一个关于 $\boldsymbol{c}_k$ 的高斯分布，有

$$p(\boldsymbol{c}_k,\gamma_k=1,\gamma_{-k},c_{-k},z)=N(\boldsymbol{c}_k;\boldsymbol{\mu}_k,\sigma^2\boldsymbol{\Sigma}_k) \tag{14.36}$$

其中

$$\boldsymbol{\Sigma}_k=\left(\widetilde{\boldsymbol{G}}_k^{\mathrm{T}}\widetilde{\boldsymbol{G}}_k+\frac{\sigma^2}{\sigma_{c_k}^2}\boldsymbol{I}_2\right)^{-1} \tag{14.37}$$

$$\boldsymbol{\mu}_k=\boldsymbol{\Sigma}_k\widetilde{\boldsymbol{G}}_k^{\mathrm{T}}(z-R_{-k}) \tag{14.38}$$

其中,R_{-k} 是式(14.3) 中给出的真实信号除去第 k 个原子外的重构。式(14.35) 中的比例符号可以用式(14.36) 中的等号代替,因为该式两侧都是关于 $\boldsymbol{c}_k$ 的概率分布,所以必须进行归一化。式(14.33) 中对 $p(\gamma_k\mid\gamma_{-k},c_{-k},z)$ 的表达式不能直接计算,因为 z 与 γ_k 之间的依赖关系取决于 $\boldsymbol{c}_k$ 的值,因此有必要考虑对所有 $\boldsymbol{c}_k$ 积分的 γ_k 和 $\boldsymbol{c}_k$ 的联合分布,即

$$\begin{aligned}p(\gamma_k\mid\gamma_{-k},c_{-k},z)&=\int p(\gamma_k,\boldsymbol{c}_k\mid\gamma_{-k},c_{-k},z)\mathrm{d}\boldsymbol{c}_k\\&\propto p(\gamma_k\mid\gamma_{-k})\int p(z\mid c,\gamma)p(\boldsymbol{c}_k\mid\gamma_k)\mathrm{d}\boldsymbol{c}_k\end{aligned} \tag{14.39}$$

这里的比例常数为 $p(z\mid\gamma_{-k},c_{-k})$,同时这两个可能的取值都不依赖于 γ_k。因此,它足以确定当 $\gamma_k=0$ 和 $\gamma_k=1$ 时这些项之间的比值 τ_k,即

$$\tau_k=\frac{p(\gamma_k=1\mid\gamma_{-k},c_{-k},z)}{p(\gamma_k=0\mid\gamma_{-k},c_{-k},z)} \tag{14.40}$$

利用式(14.44) 中的分子和分母总和为 1 的事实得到

$$p(\gamma_k=0\mid\gamma_{-k},c_{-k},z)=\frac{1}{1+\tau_k} \tag{14.41}$$

$$p(\gamma_k=1\mid\gamma_{-k},c_{-k},z)=\frac{\tau_k}{1+\tau_k} \tag{14.42}$$

给出比值 τ_k 为

$$\tau_k=\frac{p(\gamma_{k=1}\mid\gamma_{-k})\int p(z\mid c,\gamma_{k=1},\gamma_{-k})p(\boldsymbol{c}_k\mid\gamma_{k=1})\mathrm{d}\boldsymbol{c}_k}{p(\gamma_{k=0}\mid\gamma_{-k})\int p(z\mid c,\gamma_{k=0},\gamma_{-k})p(\boldsymbol{c}_k\mid\gamma_{k=0})\mathrm{d}\boldsymbol{c}_k} \tag{14.43}$$

积分内的表达式与上文中式(14.34) 和式(14.36) 相同,但这里必须注意这些分布的归一化常数,由于这个分式的分子和分母都不是 $\boldsymbol{c}_k$ 的概率分布,因此不要将其关于 $\boldsymbol{c}_k$ 归一化为1。对这些概率分布进行进一步推导得到 τ_k 的表达式为

$$\tau_k=\frac{p(\gamma_{k=1}\mid\gamma_{-k})}{p(\gamma_{k=0}\mid\gamma_{-k})}\frac{\sigma^2}{\sigma_{c_k}^2}\mid\boldsymbol{\Sigma}_k\mid^{\frac{1}{2}}\exp\left(\frac{\boldsymbol{\mu}_k^{\mathrm{T}}\boldsymbol{\Sigma}_k^{-1}\boldsymbol{\mu}_k}{2\sigma^2}\right) \tag{14.44}$$

该式允许对 γ_k 和 $\boldsymbol{c}_k$ 进行采样,这需要首先对 γ_k 按照概率由式(14.41) 和式(14.42) 给出的伯努利样本进行采样,然后如果该样本对 γ_k 为 1,则从式

(14.36) 给出的高斯分布中对 $\boldsymbol{c}_k$ 采样，否则将其设为零。请注意这些分布适用于信号取实值的情况，因此有 $\boldsymbol{\Sigma}_k \in \mathbf{R}^{2\times 2}, \boldsymbol{\mu}_k, \boldsymbol{c}_k \in \mathbf{R}^2$ 和 $\widetilde{\boldsymbol{G}}_k \in \mathbf{R}^{L\times 2}$（由式(14.5) 中矩阵 $\widetilde{\boldsymbol{G}}$ 的对应列给出）。

也可以从完整的联合分布中一次性对所有 $\boldsymbol{c}$ 进行采样。这是从文献[23]的附录 A.2 中得到的，尽管对于长时间序列，从所得的多元高斯分布中进行采样存在运算量问题。

3. v 的采样

控制 σ_k 先验尺度的参数 v 可以通过 $\sigma_k^2/f(k)$ 的条件分布来更新，考虑到 v 和参数 κ（被看作为固定的模型参数）可以由式(14.17) 中 $\sigma_{c_k}^2$ 的分布得到

$$p\left(\frac{\sigma_k^2}{f(k)} \mid \kappa, v\right) = IG\left(\frac{\sigma_k^2}{f(k)}; \kappa, v\right) \tag{14.45}$$

由于式(14.19) 中 v 的伽马分布先验是这个具有位置尺度参数 v 的逆伽马分布的共轭先验，给定其他模型变量的 v 的条件分布可以表示为由标准结果给出的伽马分布。然而，如果仅考虑其中相应的 γ_k 非零的 $\sigma_{c_k}^2$（因为反之 $\boldsymbol{c}_k$ 先验的尺度将传递很少的数据信息），则对稀疏信号（其中 γ_k 多为0）的采样器收敛将得到改善。这可以通过从 v 和 $\sigma_{c_k}^2$ 的联合分布中抽取块样本使得 $\gamma_k=0$ 来设计到 Gibbs 采样器中（写为 $\sigma_{c_k}^{(r)} = \{\sigma_{c_k} : \gamma_k = r\}$，其中 $r \in (0,1)$），即

$$p(v, \sigma_k^{(0)} \mid \sigma_{c_k}^{(1)}, \kappa) = p(\sigma_{c_k}^{(0)} \mid v, \kappa) p(v \mid \sigma_{c_k}^{(1)}, k) \tag{14.46}$$

其中，$p(v \mid \sigma_{c_k}^{(1)}, \kappa)$ 是由以上所述先验共轭所致的伽马分布，因此

$$p(v \mid \sigma_k^{(1)}, \kappa) = G\left(k \mid \gamma \mid + \alpha_v, \sum_{k:\gamma_k=1} \frac{f(k)}{\sigma_{c_k}^2} + \beta_v\right) \tag{14.47}$$

其中，$|\gamma|$ 是非零 γ_k 的数量。可以通过先从式(14.47) 的分布中抽取 v 的样本，然后再从其在式(14.18) 中的先验值来抽取 $\sigma_{c_k} \in \sigma_{c_k}^{(0)}$ 给出 v 的新值，从而对联合分布进行采样。

4. $\boldsymbol{\sigma}^2$ 的采样

观察到在 Gabor 系数给出的信号重构的条件下，过程 z（带有方差 σ^2 的均匀高斯噪声）可以看作对一个有着未知方差的高斯分布的随机变量的一系列观测，从而可以得到噪声方差 σ^2 的条件分布。在这种情况下，可以将 σ^2 的先验选作分布为 $IG\left(\frac{\alpha}{2}, \frac{\beta}{2}\right)$ 的逆伽马共轭先验。考虑序列 z 中的 L 个样本，σ^2 的条件分布为

$$p(\sigma^2 \mid z, c, \gamma) = IG\left(\sigma^2; \frac{L+\alpha}{2}, \frac{\| z - R \|^2 + \beta}{2}\right) \tag{14.48}$$

其中，R 是式(14.3) 中给出的真实信号的重构。除非事先了解噪声的大小，否则应选择参数 α 和 β 的值来赋予 σ^2 一个大概的先验（图 14.4）。

5. ϕ_γ 的采样

指示符先验 ϕ_γ 的参数取决于对 γ 先验结构的选择。在 14.5 节中讨论了三种可能的先验结构：伯努利先验，马尔可夫链先验和马尔可夫随机场先验。这些先验的参数分别为非零指示符 p 的先验概率；马尔可夫链的两个转移概率 p_{00} 和 p_{01}；以及式(14.28)中的分布温度 J 和优先值 K。在每个这些马尔可夫情况下，参数的分布由下式给出：

$$p(\phi_\gamma \mid \gamma) \propto p(\gamma \mid \phi_\gamma)p(\phi_\gamma) = p(\phi_\gamma)\prod_k p(\gamma_k \mid \gamma N(k), \phi_\gamma) \quad (14.49)$$

(1) 伯努利。在伯努利情况下，每个 γ_k 的邻域对于所有 k 都是空集($N(k)=\varnothing$)，乘积内部的“似然”项由 $p^{|\gamma|}(1-p)^{L-|\gamma|}$ 简单给出，其中 $|\gamma|$ 为 γ 中非零元素的个数。该伯努利似然的共轭先验是 β 分布 $B(\alpha_\gamma,\beta_\gamma)$，当 $\alpha_\gamma=\beta_\gamma=1$ 时为一个均匀先验(图 14.4)。使用此先验可能在计算式(14.44)中 τ_k 表达式中的比值 $\dfrac{p(\gamma_k=1 \mid \gamma_{-k})}{p(\gamma_k=0 \mid \gamma_{-k})}$ 时，将伯努利参数 p 边缘化(见文献[23]，附录 A.3)。在这种情况下，该比值由下式给出：

$$\frac{p(\gamma_k=1 \mid \gamma_{-k})}{p(\gamma_k=0 \mid \gamma_{-k})} = \frac{|\gamma_{-k}| + \alpha_\gamma}{K - |\gamma_{-k}| - 1 + \beta_\gamma} \quad (14.50)$$

其中，$|\gamma_{-k}|$ 是不包括 γ_k 的非零指示符的数量；K 是 γ 中指示符变量的总数。

(2) 马尔可夫链。对于马尔可夫链先验，任何特定链的转移矩阵都可以由保持状态 0 的概率 P_{00} 和保持状态 1 的概率 p_{11} 完全决定(因为 $p_{01}=1-p_{00}$ 且 p_{10} 与之类似)。对于给定的链(例如在特定频率刻度 m 处链接时间方向上的指示符)，可以通过将其看作具有 β 先验分布的独立伯努利变量来估计它们。链 $p(\gamma_{m,0} \mid p_{00}^m)$ 的初始分布被认为是链的平稳分布。随后，例如对于 p_{00}^m 有

$$\begin{aligned} p(p_{00}^m \mid \gamma_{m,\cdot}) &\propto p(\gamma_{m,\cdot} \mid p_{00}^m)p(p_{00}^m) \\ &\propto p(p_{00}^m)p(\gamma_{m,0} \mid p_{00}^m)\prod_{t:\gamma_{m,t-1}=0} p(\gamma_{m,t} \mid \gamma_{m,t-1}, p_{00}^m) \end{aligned} \quad (14.51)$$

其中，γ_m 是频率刻度 m 处所有时间块的指示符集合。注意到由于从状态 0 出发的转移概率被认为是独立于从状态 1 出发的转移概率的，因此只需要考虑之前一个为 0 的指示符。对 p_{11}^m 也可以得到类似的表达式。

采样可以使用 Metropolis-within-Gib bs 步骤完成。这将会十分便捷，尤其是对 p_{00}^m 应用β先验 $B(\alpha_{p_{00}^m},\beta_{p_{00}^m})$ 并建议 p_{00}^{m*} 从式(14.51)中初始状态为静止的均匀分布(即 $p(\gamma_{m,0} \mid p_{00}^m)=p$)中得出时，从而获得一个易于控制的建议分布，定义为

$$\begin{aligned} q(p_{00}^{m*} \mid p_{00}^{m(i)}) &= p(p_{00}^{m*})\prod_{t:\gamma_{m,t-1}=0} p(\gamma_{m,t} \mid \gamma_{m,t-1}, p_{00}^{m*}) \\ &= B(|A_{00}^m| + \alpha_{p_{00}^{m*}}, |A_{01}^m| + \beta_{p_{00}^{m*}}) \end{aligned} \quad (14.52)$$

其中，$p_{00}^{m(i)}$ 是 p_{00}^{m} 的当前值，A_{00}^{m} 是从 0 转移到 0 的时刻的集合，即

$$A_{00}^{m} = \{t \mid \gamma_{m,t-1} = 0, \gamma_{m,t} = 0\} \tag{14.53}$$

$$A_{01}^{m} = \{t \mid \gamma_{m,t-1} = 0, \gamma_{m,t} = 1\} \tag{14.54}$$

因此 $|A_{00}^{m}|$ 是从 0 转移到 0 的次数，类似地，$|A_{01}^{m}|$ 是从 0 转移到 1 的次数。Metropolis-Hastings 步骤的接受率由下式给出：

$$\begin{aligned} p_{\text{accept}} &= \min\left(\frac{p(p_{00}^{m*} \mid \gamma_{m,\cdot})q(p_{00}^{m(i)} \mid p_{00}^{m*})}{p(p_{00}^{m(i)} \mid \gamma_{m,\cdot})q(p_{00}^{m*} \mid p_{00}^{m(i)})}, 1\right) \\ &= \min\left(\frac{p(\gamma_{m,0} \mid p_{00}^{m*})}{p(\gamma_{m,0} \mid p_{00}^{m(i)})}, 1\right) \end{aligned} \tag{14.55}$$

这里的简化是基于方程(14.52) 中建议的特定形式。最后，假设初始状态遵循链的平稳分布来进行分布，这是由马尔可夫链理论的标准结果给出的

$$p(\gamma_{m,0} \mid p_{00}^{m}) = \frac{1 - \gamma_{m,0} p_{00}^{m} - (1 - \gamma_{m,0}) p_{11}^{m}}{2 - p_{00}^{m} - p_{11}^{m}} \tag{14.56}$$

这样便使得马尔可夫链中每一个参数都可以高效地采样。

(3) 马尔可夫随机场。式(14.28) 中对参数 J 和 K 的估计会因该方程中的比例常数取决于它们的值从而使其在采样时不容忽视这一事实而变得非常复杂。这意味着，如果不对这项比例常数的当前和建议值进行估计，就难以直接进行 Metropolis-within-Gibbs 采样，而这种估计是困难的。在这项工作中对这些参数赋予固定值(如文献[9] 中所示)，尽管也有一些适用的近似贝叶斯估计方法，例如文献[16]。

14.6.2　脉冲噪声的消除

除文献[23] 中的背景噪声消除外，本章介绍的方法遵循文献[17] 中所述的方法，可以去除信号中的脉冲噪声。对应于脉冲过程的变量 i_t、z_t 和 λ_t，可以使用 Gibbs 采样器将这些参数从其联合条件分布中成批采样

$$\begin{aligned} & p(i_t, z_t, \lambda_t \mid x, y, i_{-t}, z_{-t}, \lambda_{-t}, \sigma^2, \phi_i) \\ &= p(z_t \mid i_t, \lambda_t, x_t, y_t, \sigma^2) p(\lambda_t \mid i_t, x_t, y_t, \sigma^2) p(i_t \mid i_{-t}, x_t, y_t, \sigma^2, \phi_i) \end{aligned} \tag{14.57}$$

其中，x 表示 Gabor 合成原子的信号重构；x_t 表示输入样本 t 时的值。联合样本可以通过从式(14.57) 右侧的分布中依次对样本 i_t、λ_t 和 z_t 进行采样(按照该顺序)。

对 i_t 进行采样的分布由下式给出：

$$p(i_t \mid i_{-t}, x_t, y_t, \sigma^2, \phi_i) \propto p(i_t \mid i_{-t}, \phi_i) p(y_t \mid x_t, i_t, \sigma^2) \tag{14.58}$$

在对所有 t 都有 $\lambda_t = \lambda_{\text{fixed}}$ 的简单情况下，观测似然度给出

$$p(y_t \mid x_t, i_t, \sigma^2) = N(y_t; x_t, (1 + i_t \lambda_{\text{fixed}})\sigma^2) \tag{14.59}$$

由于脉冲指示符只能取两个值中的一个，因此式(14.58) 中的分布可以通过

计算 $i_t=0$ 和 $i_t=1$ 时的表达式直接采样并归一化，从而给出伯努利分布下样本的概率，就如式(14.39) 和如式(14.40) 中 Gabor 分量指示符 γ_k 一样。

对于非恒定脉冲噪声比例，其似然度由下式给出：

$$p(y_t \mid x_t, i_t, \sigma^2)=\begin{cases}N(y_t \mid x_t, \sigma^2), & i_t=0 \\ p(y_t \mid x_t, i_t=1, \sigma^2), & i_t=1\end{cases} \tag{14.60}$$

使用式(14.10) 中的逆伽马先验 $p(\gamma_t)$，则有可能找到 $p(y_t \mid x_t, i_t=1, \sigma^2)$ 的闭合形式，如文献[12] 中所述：

$$\begin{aligned}p(y_t \mid x_t, i_t=1, \sigma^2) &= \int_0^{\infty} p(y_t \mid \lambda_t, x_t, i_t=1, \sigma^2) p(\lambda_t) \mathrm{d}\lambda_t \\ &= \frac{1}{\sqrt{2\pi\sigma^2}} \frac{\gamma(\alpha_p, \beta_p)\beta_\lambda^{\alpha_\lambda}}{\gamma(\alpha_\lambda, \beta_\lambda)\beta_p^{\alpha_p}}\end{aligned} \tag{14.61}$$

其中

$$\alpha_p=\alpha_\lambda+1/2 \tag{14.62}$$

$$\beta_p=\beta_\lambda+\frac{(y_t-x_t)^2}{2\sigma^2} \tag{14.63}$$

再次，可以通过计算式(14.58) 在 $i_t=0$ 和 $i_t=1$ 时的分布对 i_t 采样并归一化以获得伯努利样本的概率。

根据为 i_t 抽取的样本，可以从条件分布中得到 λ_t

$$\begin{aligned}p(\lambda_t \mid i_t, x_t, y_t, \sigma^2) &\propto p(y_t \mid x_t, \lambda_t, i_t, \sigma^2) p(\lambda_t) \\ &= N(y_t \mid x_t, (1+i_t\lambda_t)\sigma^2) p(\lambda_t) \\ &\propto \begin{cases}p(\lambda_t), & i_t=0 \\ IG(1+\lambda_t; \alpha_p, \beta_p), & i_t=1\end{cases}\end{aligned} \tag{14.64}$$

对于式(14.10) 中的逆伽马先验 $p(\gamma_t)$，式(14.64) 中最后一行的两个分布都是平移了的逆伽马分布(图 14.4)，并且可以使用拒绝采样技巧进行采样。首先定义变量 $l_t=1+\lambda_t$，随后在具有适当参数的逆伽马分布中对其采样。如果采样值小于 1，则它被拒绝并且对变量重新采样，否则它将被接受并且从中减 1 以给出 λ_t 的样本。这样便可以得到从所需分布中抽取的样本。

最后，一旦 i_t 和 λ_t 被采样，便可以从条件分布对 z_t 采样

$$\begin{aligned}p(z_t \mid i_t, \lambda_t, x, y) &\propto p(y_t \mid z_t, i_t) p(z_t \mid x_t) \\ &= N(y_t \mid z_t, i_t\lambda_t\sigma^2) N(z_t \mid x_t, \sigma^2) \\ &\propto N\left(z_t \mid \frac{y_t+i_t\lambda_t x_t}{1+i_t\lambda_t}, \frac{i_t\lambda_t\sigma^2}{1+i_t\lambda_t}\right)\end{aligned} \tag{14.65}$$

注意到，如果 $i_t=0$，则 $z_t=y_t$。如文献[18] 所述，也存在避免对变量 z 采样的方案。由于所有感兴趣的分布都可以直接采样，所以这里的Gibbs 采样方案在计算上是高效的。指示符变量先验参数 ϕ_i 可以采用类似于上述方式对指示符 γ_k 进行采样(使用伯努利或马可夫链先验)。

14.7　结　　果

本节展现了各种先验在信号重构上的效果，特别是每种情况下的 Gabor 系数结构。所有结果均来自同一段音频数据，以 44.1 kHz 采样大约3 s 的音乐样本（来自 Scruff 先生的歌曲 Kalimba），受到人工生成的噪声污染，这些噪声是使用 14.4 节中描述的噪声模型生成的。这使得重构可以对比纯净的“基本事实”信号进行评估。最终和有噪信号的重构（分别为 x_k 和 z_t）都被初始化为观测信号 y_t 以便开始算法。

图 14.8 展示了对纯净信号的 Gabor 变换。注意到在这种表述中，每个系数都有一个非零值，在时频空间中给出了完全密集的信号表示。图 14.10～14.14展示了使用 14.5 节中描述的几种先验得到的信号的稀疏重构。运算期间所有其他参数和超参数保持不变。这些图展现了在预烧期后得到的 MCMC 样本对信号的平均重构，以及对指示符变量 γ 的单独绘制。阴影强度通过 Gabor 系数表示该时期平均信号重构幅度的对数。预烧期提取了 100 个样本，另有 100 个样本用于重构；图 14.9 所示的收敛结果表明这是一个合理的选择。表 14.1 给出了每个重构的一些统计数据。

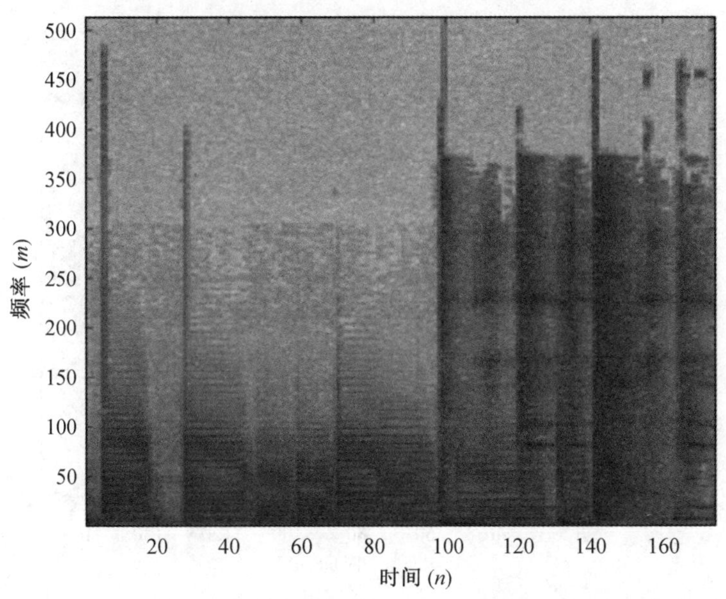

图 14.8　纯净音频样本的 Gabor 变换，显示为时频空间上系数幅度的对数（暗区表示系数值较高）

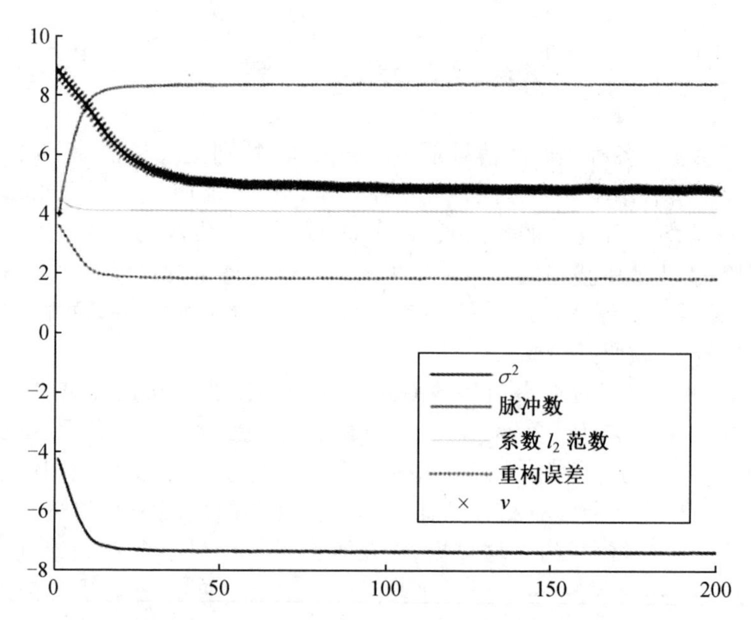

图 14.9　部分变量的对数关于特定的采样器运行的迭代次数的收敛示意(这里使用 Ising 先验)

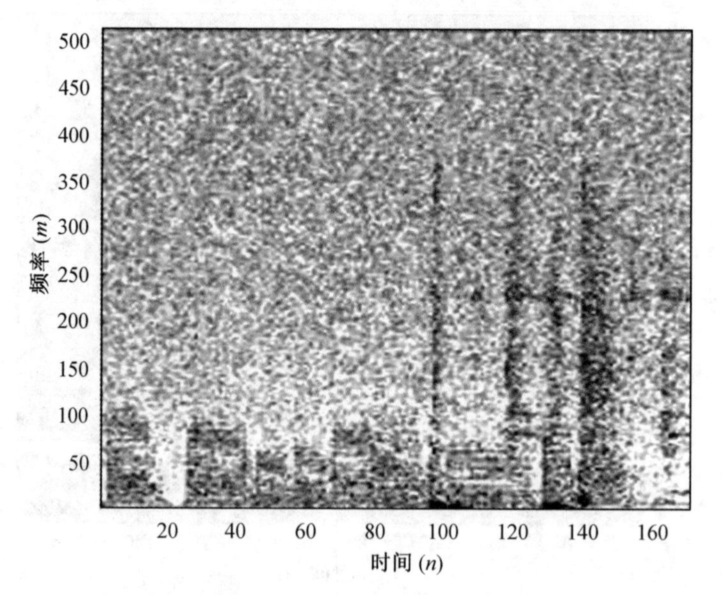

图 14.10　固定 $p(\gamma_k=1)=0.01$ 对 γ 使用伯努利先验对信号进行稀疏重构,显示对数平均重构(上)和指示符 γ 的单个样本(下)

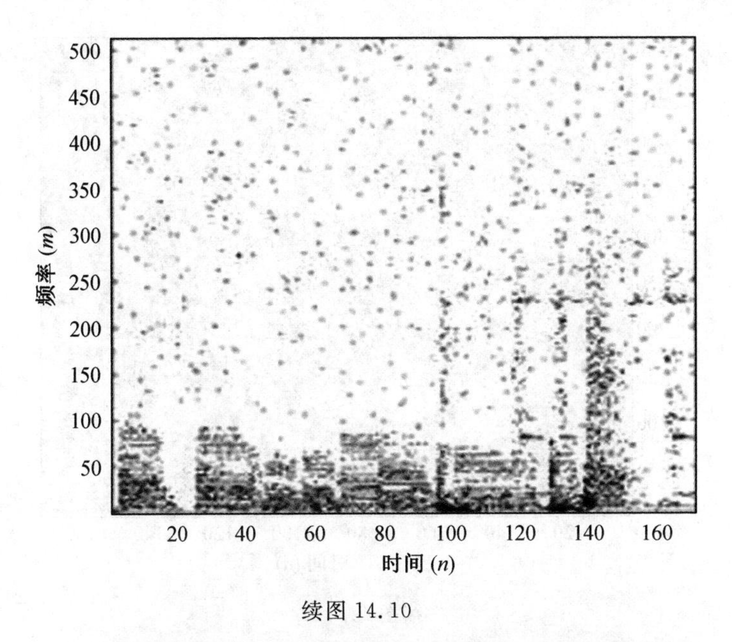

续图 14.10

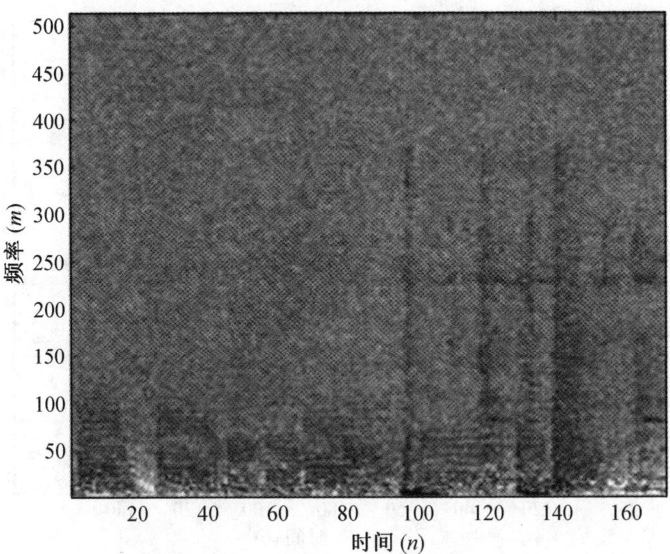

图 14.11　对 γ 使用伯努利先验的信号稀疏重构以及对非零指示符先验概率的估计(具有 β 先验,参数 $\alpha=1,\beta=40$,偏向低概率),图为对数平均重构(上)和指示符 γ 的单独样本(下)

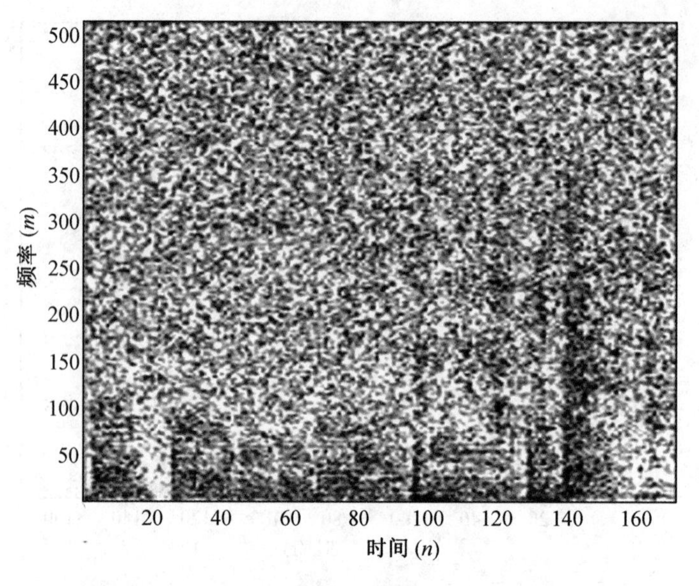

续图 14.11

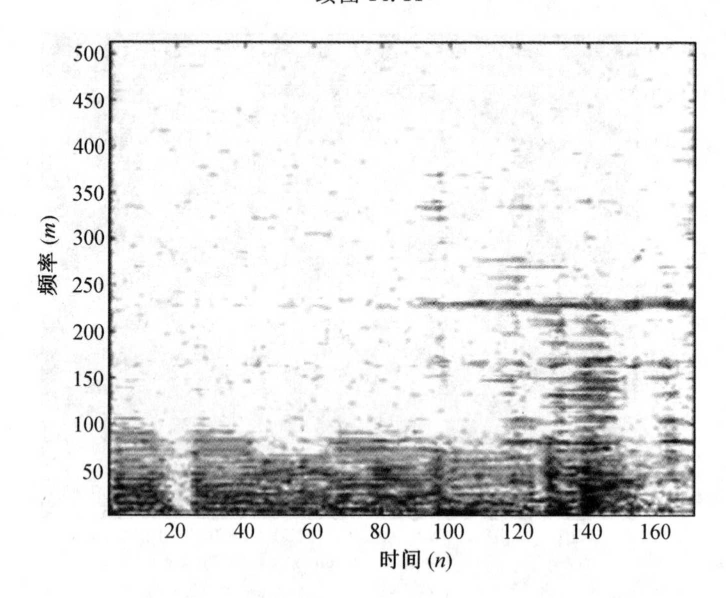

图 14.12 对 γ 在时间轴上使用马尔可夫链先验的信号稀疏重构，其转移概率从数据中估计(采用统一的先验)，图为对数平均重构(上)和指示符 γ 的单独样本(下)

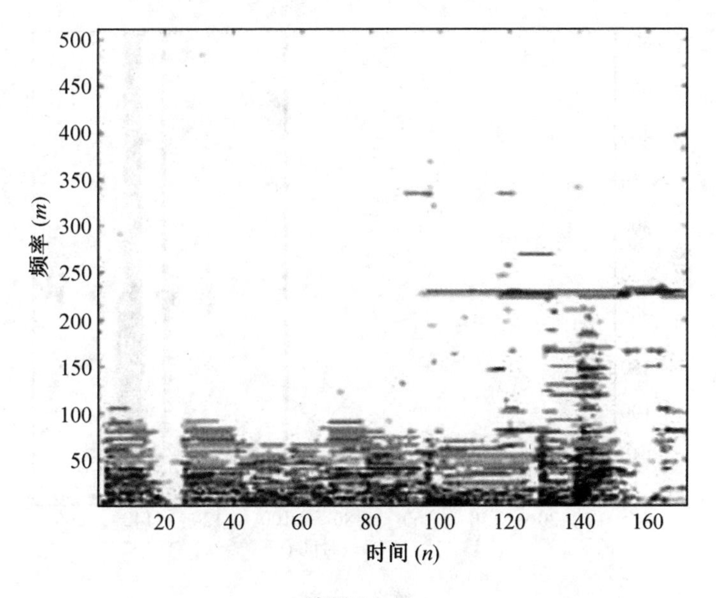

续图 14.12

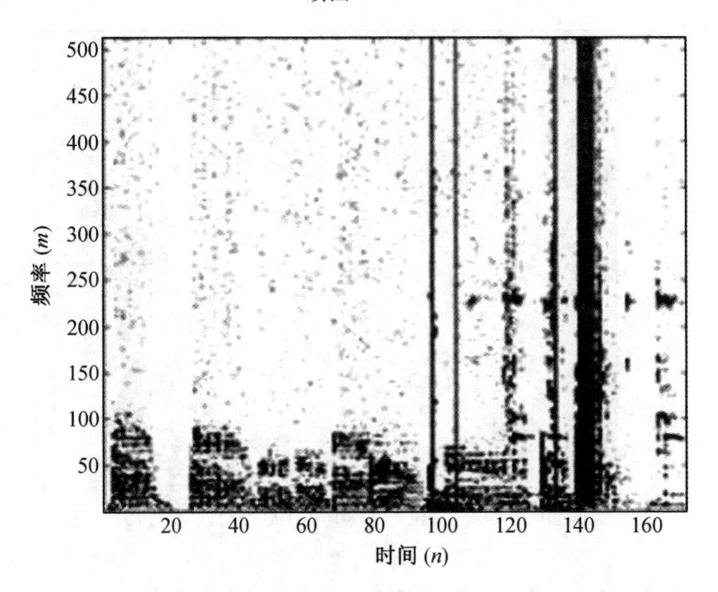

图 14.13　对 γ 在频率轴上使用马尔可夫链先验的信号稀疏重构，其转移概率从数据中估计(采用统一的先验)，图为对数平均重构(上)和指示符 γ 的单独样本(下)

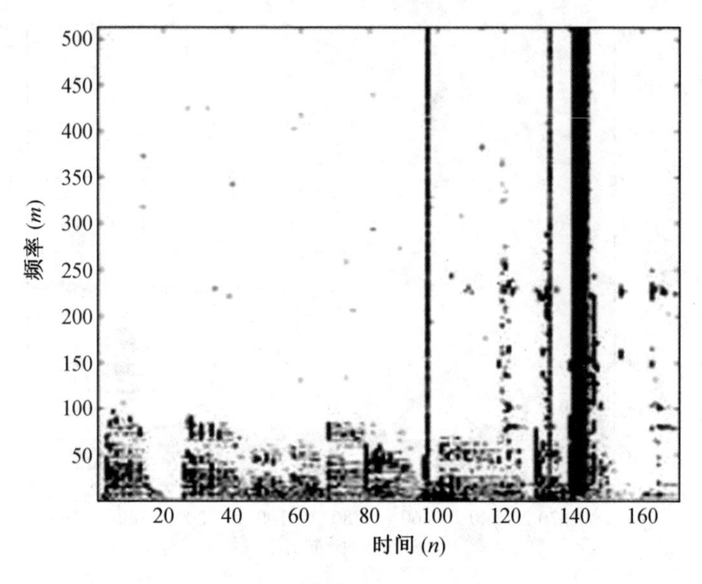

续图 14.13

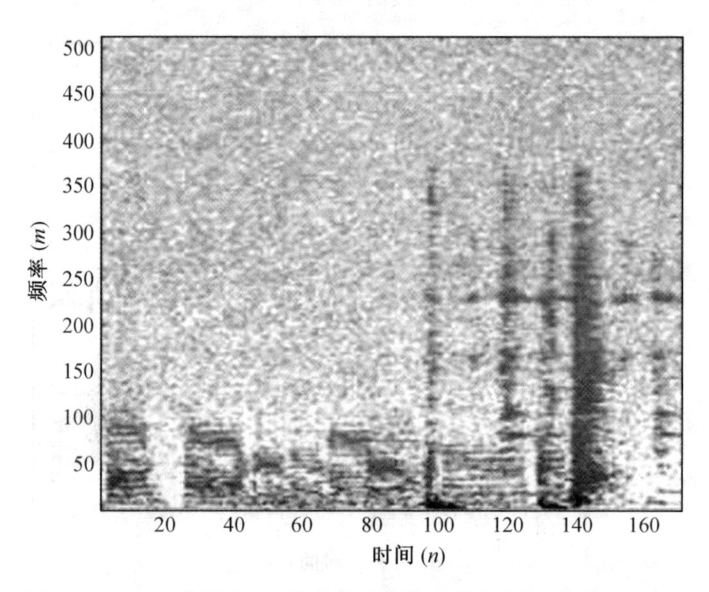

图 14.14　对 γ 使用 Ising 模型先验的信号稀疏重构，其中 $J=0.5$、$K=-0.1$，偏向系数，空间联合解，图为对数平均重构（上）和指示符 γ 的单独样本（下）

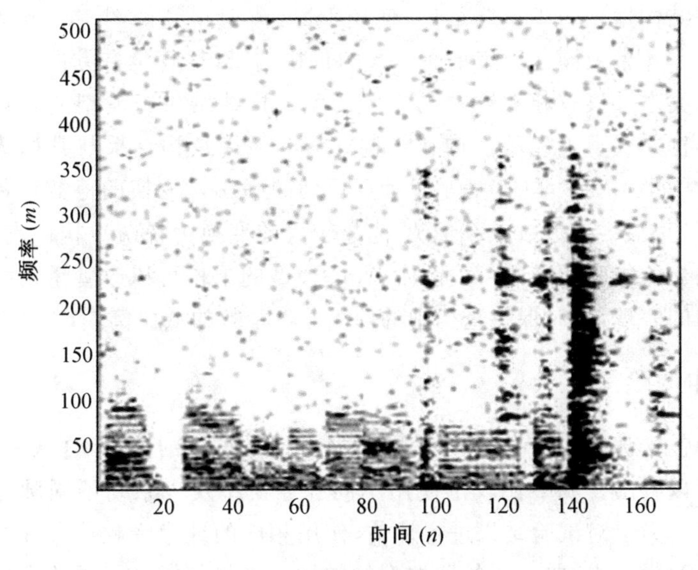

续图 14.14

表 14.1　不同类型先验的恢复统计

Method	SNR/dB	非零 γ	l_1 范数	l_2 范数
Gabor 变换(真实信号)	—	100%	3 061	39.5
Gabor 变换(含噪声信号)	—	100%	7 983	43.5
伯努利先验(固定 p)	15.3	4%	1 765	60.7
伯努利先验(p 的估值)	17.7	30%	2 711	63.0
马尔可夫链(时间)	15.7	5%	1 826	59.3
马尔可夫链(频率)	16.6	8%	2 176	63.4
Ising 先验	17.9	8%	2 137	61.1

带噪声的信号的信噪比(SNR)为 6.7 dB。这里的 l_1、l_2 范数是指对所有非预烧样本重构的平均范数。

图 14.10～14.14 展示了使用每一种先验值得到的重构的主要性质。在图 14.10 和图 14.11 中,对每个与其邻域无关的指示符变量使用伯努利先验,重构结果是稀疏的(尽管在估计伯努利参数的情况下会更少),但是重构中存在相当随机分布着的非零系数。在图 14.12 和图 14.13 的重构中使用的马尔可夫链先验看起来有很大差异,两幅图都在预期维度上展现出很强的模式性(水平方向的是对时间使用先验,而垂直方向上的是对频率使用先验),而另

一维度的结构性则弱很多。最后，使用 Ising 先验得到的图 14.14 的重构给出了一个非零系数倾向于聚集在一起的重构结果，尽管没有方向性偏差并且在这些聚类之外仅有相对少量的非零元素。这些结果为典型的各自先验所赋予的结构并展示了先验的内在结构如何对最终重构结果与其稀疏结构产生实质性的影响。表 14.1 展示了计算得到的 Gabor 变换的范数和稀疏重构之间的预期关系：l_2 范数较小但 l_1 范数较大的变换为稀疏重构。它还表明，使用结构化的先验如马尔可夫链或 Ising 模型的重构可以改善重构结果在信噪比方面的表现，同时保持重构中的使用非零系数的低比例。

脉冲消除

对于包含脉冲的信号，脉冲消除是好的信号重构的关键，这从表 14.2 的结果中可以看出。其中比较了使用不同脉冲模型及一系列不同脉冲类型的恢复结果。为了对试验结果进行评估，使用相同的纯净音频信号并再次用信噪比(SNR)为 7 dB 左右的各种类型的加性噪声将其污染。试验中使用了人为产生的和真实的脉冲噪声。对于人造脉冲，首先加入 SNR 为 15 dB 的均匀高斯噪声，然后加入具有恒定("固定 λ")或可变("可变 λ")的脉冲方差的脉冲噪声。前者使用的尺度因子为 $\lambda=100$，而后者的尺度因子具有参数为 $\alpha=1$ 和 $\beta=20$ 的逆伽马分布，SNR 大致相同。"真实"脉冲噪声为，将来自旧黑胶唱片的预烧以适当的噪声倍数加入信号，并使用高通滤波器滤掉低频失真。

表 14.2　使用不同脉冲模型重构前和重构后的噪声和重构信号的信噪比　dB

脉冲模型	脉冲类型	噪声 SNR	最终 SNR
没有脉冲	Fixed λ	6.97	12.32
没有脉冲	Variable λ	6.96	9.65
没有脉冲	真实	6.61	8.83
固定 λ	Fixed λ	6.97	13.83
固定 λ	Variable λ	6.96	13.36
固定 $\lambda=15$	真实	6.61	11.54
固定 $\lambda=100$	真实	6.61	12.79
可变 λ	Fixed λ	6.97	13.36
可变 λ	Variable λ	6.96	13.47
可变 λ	真实	6.61	12.81

对于每个脉冲模型显示的 SNR 为对原始信号的恢复信号，在 100 个预烧样本之后取 100 个 MCMC 样本的平均信号。通常观察到的参数和脉冲估计在该时间段内收敛(图 14.9)。当使用变方差脉冲的固定方差算法时，将固定脉冲方差参数 λ 设置为平均脉冲方差。图 14.15 展示了对一小段音频使用变脉冲尺寸算法的脉冲检测和移除结果。

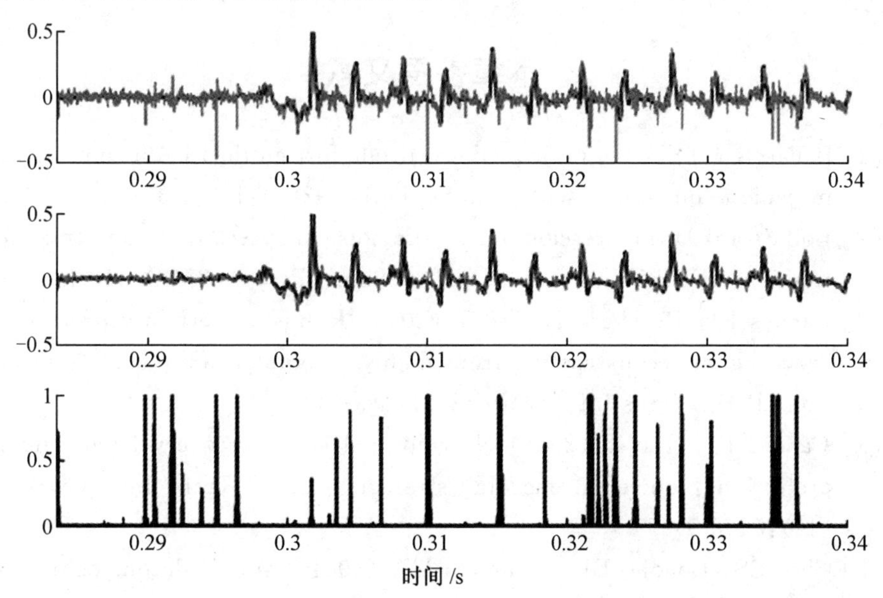

图 14.15　使用可变脉冲尺度算法从音轨中移除脉冲的结果截选。第一幅图为噪声波形(灰色)叠加在纯净信号(黑色)上。第二幅图为重构波形叠加在纯净信号上。最后一幅图为估计得到的脉冲在每个位置出现的后验概率(对文献[17]的重现)

表 14.2 中的结果表明，若不使用脉冲模型，在存在脉冲时的重构效果很差。对于“可变”和“真实”脉冲，“可变”脉冲模型表现良好，无须调整 λ(对固定尺寸脉冲模型的效果具有很大影响)的值。

14.8　结　论

本章展示了结构性稀疏如何在贝叶斯模型中应用。该方法通过使用一些不同的先验结构来展示，作为其应用实例，给出了关于音频信号重构的应用。参数设置中体现了稀疏信号结构的不同先验模型对信号重构的效果，可以看出所得结果之间有着明显区别。

稀疏性通常是信号重构中的有用性质，无论是用于压缩还是因为信号被认为是从某些自然导致稀疏表示的源中产生的。尤其是对后一种情况，关于信号稀疏模式的预期结构的先验知识有助于有效地表示信号，因此迫切希望将其纳入到旨在找出该稀疏表示的算法中。本章描述贝叶斯模型这样做的准则从而为设计包含稀疏性的方法提供了强有力的工具。

本章参考文献

[1] Balian R (1981) Un principe dincertitude fort en théorie du signal ou en mécanique quantique. CR Acad Sci Paris 292(2):1357-1361

[2] Boll S (1979) Suppression of acoustic noise in speech using spectral subtraction. IEEE Trans Acoust Speech Signal Process 27(2):113-120

[3] Candès EJ, Romberg J, Tao T (2006) Robust uncertainty principles: exact signal reconstruction from highly incomplete frequency information. IEEE Trans Inf Theory 52(2):489-509

[4] Candès EJ, Tao T (2006) Near-optimal signal recovery from random projections: universal encoding strategies? IEEE Trans Inf Theory 52(12):5406-5425

[5] Chen SS, Donoho DL, Saunders MA (2001) Atomic decomposition by basis pursuit. SIAMRev 43(1):129-159

[6] Donoho DL (2006) Compressed sensing. IEEE Trans Inf Theory 52(4):1289-1306

[7] Erkelens JS, Heusdens R (2008) Tracking of nonstationary noise based on data-driven recursive noise power estimation. IEEE Trans Audio Speech Lang Process 16(6):1112-1123

[8] Feichtinger HG, Strohmer T (1998) Gabor analysis algorithms: theory and applications. Birkhäuser, Boston

[9] Geman S, Geman D (1984) Stochastic relaxation, Gibbs distributions and the Bayesian restoration of images. IEEE Trans Pattern Anal Mach Intell 6:721-741

[10] Gilks WR, Gilks WR, Richardson S, Spiegelhalter DJ (1996) Markov chain Monte Carlo in practice. Chapman & Hall/CRC, London

[11] Godsill SJ , Rayner PJW (1998) Digital audio restoration: a statistical model-based approach. Springer, Berlin (ISBN 3 540 76222 1, Sept

1998)

[12] Godsill SJ (2010) The shifted inverse-gamma model for noise floor estimation in archived audio recordings. Appl Signal Process 90. 991-999 (Special Issue on Preservation of Ethnological Recordings)

[13] Gustafsson S, Martin R, Jax P, Vary P (2002) A psychoacoustic approach to combined acoustic echo cancellation and noise reduction. IEEE Trans Speech Audio Process 10(5):245-256

[14] Low F (1985) Complete sets of wave packets. A passion for physics-essays inhonor of Geoofrey Chew. World Scientific, Singapore, pp 17-22

[15] Mallat SG, Zhang Z (1993) Matching pursuits with time-frequency dictionaries. IEEE Trans sig process 41(12):3397-3415

[16] McGrory CA, Titterington DM, Reeves R et al (2009) DM Titterington, R. Reeves, and A. N. Pettitt. Variational Bayes for estimating the parameters of a hidden Potts model. Stat Comput19(3):329-340

[17] Murphy J, Godsill S (2011) Joint Bayesian removal of impulse and background noise. In: Proceedings of the IEEE international conference on acoustics, speech and signal processing(ICASSP), pp 261-264

[18] Murphy J(2013) Sparse audio restoration in hidden states, hidden structures: bayesian learning in time series models, PhD Thesis, Cambridge University

[19] Niss M (2005) History of the Lenz-Ising model 1920-1950: from ferromagnetic to cooperative phenomena. Arch Hist Exact Sci 59(3):267-318

[20] Qian S, Chen D (1993) Discrete Gabor transform. IEEE Trans Sig Process 41(7):2429-2438

[21] Soon IY, Koh SN, Yeo CK (1998) Noisy speech enhancement using discrete cosine transform. Speech Commun 24(3):249-257

[22] Tibshirani R (1996) Regression shrinkage and selection via the lasso. J R Stat Soc Ser B (Methodol) 58: 267-288

[23] Wolfe PJ, Godsill SJ, Ng WJ (2004) Bayesian variable selection and regularisation for time-frequency surface estimation. J R Stat Soc Ser B 66(3):575-589 Read paper (with discussion)

[24] Wolfe PJ, Godsill SJ (2005) Interpolation of missing data values for audio signal restoration using a Gabor regression model. In: Proceedings of the IEEE international conference on acoustics, speech and signal processing (ICASSP), pp. 517-520

第15章　用于语音识别的稀疏表示

本章介绍了当前在语音中进行稀疏优化的方法。它还展示了如何构建稀疏表示来进行分类和识别任务,并概述了使用稀疏表示获得的最新结果。

15.1 引　言

近年来,将稀疏表示技术应用在机器学习中变得越来越普遍[1,2]。由于如何将语音表示为稀疏信号并不明显,稀疏表示仅在最近才从语音社区获得了关注[3],其最初是作为一种典型样本表示的方式被提出。作为观察数据建模的替代方法,基于典型样本的方法在现代语音识别中也找到了一席之地。计算能力的最新进展和机器学习算法的改进使得这些技术在日益复杂的语音任务上取得成功。基于典型样本建模的目标是从一组观察数据中建立一个概括,从而可以对尚未被观察的数据进行准确的推断(分类,决策,识别)。这种方法从训练数据中选择一个典型样本子集来为每个测试样本建立一个局部模型,与标准方法相比,标准方法使用所有可用的训练数据,在看到测试样本之前建立一个模型。

基于典型样本的方法,包括k最近邻域(kNN)[1]、支持向量机(SVMs)和稀疏表示(SRs)[3],利用实际训练实例的细节来做出分类决定。由于语音任务中训练样本的数量可能非常大,一些使用少量训练样本来表征测试向量的方法被采用,即稀疏表示。这种方法与岭回归[5]、最近子空间[6]和最近线[6]技术等标准回归方法形成对比,这些方法在表征测试向量时利用所有关于训练样本的信息。

一个SR分类器可以定义如下。一个字典$\boldsymbol{H}=[\boldsymbol{h}_1;\boldsymbol{h}_2;\cdots;\boldsymbol{h}_N]$是用训练数据中的单个样本构建的,其中每个$\boldsymbol{h}_i \in Re^m$是属于特定类别的特征向量。$\boldsymbol{H}$是一个过于完备的字典,因为样本的个数$n$远大于每个$\boldsymbol{h}_i$的维数(即$m \ll N$)。为了从$\boldsymbol{H}$中重构一个信号$\boldsymbol{y}$,SR需要一个方程$\boldsymbol{y} \approx \boldsymbol{H\beta}$,但要在$\boldsymbol{\beta}$上限定稀疏条件,意味着其仅需要使用$\boldsymbol{H}$中很少的样本来描述$\boldsymbol{y}$。因此可以通过查看$\boldsymbol{H}$中属于同一分类的列中系数$\boldsymbol{\beta}$的值做出分类决策。

本章的目的是解释如何在语音中使用稀疏优化的方法,如何构造稀疏表示来进行分类和识别任务，并且概述了使用稀疏表示得到的结果。

本章其余部分安排如下。

15.2 节涉及稀疏优化的数学方面。我们描述了两种 SR 方法：近似贝叶斯压缩感知(ABCS)[7] 和凸包延伸鲍姆－韦尔奇(CHEBW)[8]。我们也讨论了它们与扩展鲍姆－韦尔奇(EBW) 优化框架[9] 的关系。

15.3 节涉及采用不同类型正则化的各种稀疏技术[2,3]。在文献[10] 中，我们研究了应采用稀疏正则化的类型。典型的系数方法例如 LASSO[11] 和贝叶斯压缩感知(BCS)[12] 使用一个 l_1 的稀疏限制。其他可能性包括 Elastic Net[13]（其使用一个 l_1 和 l_2（高斯先验）的联合限制）和 ABCS[3]（其使用一个 l_1^2 限制)，被称为半高斯先验。我们分析了以上方法备份目标的差异，并比较了这些方法在 TIMIT 中语音分类的性能。

15.4 节探讨了 ABCS 在 TIMIT 音素分类任务中的应用。这种贝叶斯方法的好处是，它允许我们在其他贝叶斯分类器之上建立压缩感知(CS)，例如高斯混合模型(GMM)。据文献[3] 表明，CS 技术可以达到80.01% 的精度，优于 GMM、kNN 和 SVM 方法。

15.5 节描述了一种新的基于典型样本的分类问题的技术，其中对于每个新的测试样本，分类模型是从训练数据的相关样本的子集中重新估计的。我们将基于典型样本的分类范式作为一个 SR 问题，并探索使用凸包约束来加强正则化和稀疏性。最后，我们利用 EBW 优化技术来解决 SR 问题，并将我们提出的方法用于 TIMIT 语音分类任务，结果显示与常用分类方法相比有显著的改进。

15.6 节根据文献[14]，探索使用基于典型样本的 SR 将测试特征映射到训练样本的线性范围。给定这些新的 SR 特征，我们训练一个隐马尔可夫模型(HMM) 并进行识别。在 TIMIT 语料库中，我们表明，在我们最好的差异训练系统之上应用 SR 特征使得语音错误率(PER) 从 19.9% 降低到19.2%。实际上，在应用模型适应后，将 PER 进一步降至 19.0%，这是 TIMIT 在 2011 年报告的最好结果。此外，在一个大量词汇的 50 小时广播新闻任务中，字错误率(WER) 下降了 0.3%。

15.7 节根据文献[15]，讨论使用 SR 来创建一套新的稀疏表示手机识别特征(S_{pif})。同时在小词汇还是大词汇量人物中描述 S_{pif} 特征。在 TIMIT 语料库中[16]，我们发现使用 SR 与我们最好的上下文相关(CD)HMM 系统相结合，可以使语音错误率(PER) 的绝对值降低 0.7%，达到 23.8%。此外，在一个 50 小时广播新闻任务中[17]，在我们最好的有区别地训练的 HMM 系统之上使用 SR 特征，使得字错误率下降 0.9% ~ 17.8%。

15.8 节描述了如何通过增强基于典型样本后验来改进语音任务的稀疏典型样本建模。

15.2　稀疏优化

最近的研究表明，稀疏信号可以用比奈奎斯特 / 香农采样定理暗示的更少的观测进行精确恢复。带来这种效果的这个新兴理论被称为压缩感知(CS)[22,23]。从压缩感知信号重构信号的问题可以用几种等同的方式来表示。一个公式可以用来表示如下的优化问题：

$$\min_{\boldsymbol{\beta}} \| \boldsymbol{y} - \boldsymbol{H\beta} \|_2 \quad \text{s.t.} \quad \| \boldsymbol{\beta} \|_1 \leqslant \epsilon \tag{15.1}$$

其中，$\boldsymbol{y}$ 是一个 m 维向量；$\boldsymbol{x}$ 是一个 N 维向量；$\boldsymbol{H}$ 是一个 $m \times N$ 矩阵；参数 ϵ 控制恢复解的稀疏性。假设 $\boldsymbol{H}$ 满足特定的性能，即使在观测数 m 远小于 $\boldsymbol{\beta}$ 所在的周围空间的维度 N 时，也可以重构信号 $\boldsymbol{\beta}$。实际上，所需的观测数 m 与 $\boldsymbol{\beta}$ 中非零的个数相关性极强。

这个公式可以推广到处理其他类型的稀疏和正则化优化。可以得到

$$\min_{\boldsymbol{\beta}} f(\boldsymbol{\beta}) \quad \text{s.t.} \quad \phi(\boldsymbol{\beta}) \leqslant \epsilon \tag{15.2}$$

其中，f 和 ϕ 通常是将 $\mathbf{R}^n$ 映射到 $\mathbf{R}$ 的凸函数。典型地，f 是损失函数或最大似然函数，而正则化函数 ϕ 通常是非平滑的，并且被选择用来诱导 $\boldsymbol{\beta}$ 结构的期望类型。如前所述，普遍选择 $\phi(\boldsymbol{\beta}) = \| \boldsymbol{\beta} \|_1$ 将稀疏引入 $\boldsymbol{\beta}$。对于一些参数 $\lambda \geqslant 0$，公式(15.2) 的一个替代是如下加权公式：

$$\min_{\boldsymbol{\beta}} f(\boldsymbol{\beta}) + \lambda\phi(\boldsymbol{\beta}) \tag{15.3}$$

可以看出式(15.2) 和式(15.3) 是相等的：在 f 和 ϕ 的固定假设下，对于一些值 $\epsilon > 0$，公式(15.2) 的解等于在 $\lambda \geqslant 0$ 时公式(15.3) 的解，反之亦然。

可以通过考虑非凸损失函数 f 和正则化函数 ϕ 来进一步推广公式(15.2) 和公式(15.3)，并且给 $\boldsymbol{\beta}$ 的值加上一个明确的约束。例如，非凸性 f 出现在深度网络中，其输出是网络参数的高度非凸函数。有时使用非凸规则化 ϕ(例如 SCAP 和 MCP) 来避免使用凸罚有关的偏置效应。明确的限制如非负性($\boldsymbol{\beta} \geqslant 0$) 和单一性($\boldsymbol{\beta} \geqslant 0$, $\sum_{i=1}^{n} \beta_i = 1$))，在许多设置中是常见的。

许多算法被提出，用来求解公式(15.2) 和公式(15.3)，其中许多算法在各种应用中利用 f 和 ϕ 的特定结构。在几种设置中已经成功应用的一种通用

方法是近似线性法，其将式(15.3)中的f替换为线性近似和近似项，阻止新递归$\boldsymbol{\beta}^{k+1}$远离当前递归$\boldsymbol{\beta}^{k}$。在每次递归中要解决的子问题是

$$\boldsymbol{\beta}^{k+1}=\arg\min_{\boldsymbol{\beta}}\nabla f(\boldsymbol{\beta}^{k})^{\mathrm{T}}(\boldsymbol{\beta}-\boldsymbol{\beta}^{k})+\frac{1}{2\alpha_k}\|\boldsymbol{\beta}-\boldsymbol{\beta}^{k}\|_2^2+\lambda\phi(\boldsymbol{\beta}) \tag{15.4}$$

其中，α_k是一个正参数，扮演线搜索参数的角色。如果新迭代在式(15.3)的目标函数中没有得到令人满意的下降，我们可以减小α_k并重新计算一个更保守的$\boldsymbol{\beta}^{k+1}$的替代值，必要时重复。

当(a)梯度$\nabla f(\cdot)$能够以合理的成本被计算且(b)子问题(15.4)能够被有效解决时，基于式(15.4)的方法可能是有用的。在式(15.3)满足$f(\boldsymbol{\beta})=\|\boldsymbol{H\beta}-\boldsymbol{y}\|_2^2$和$\phi(\cdot)=\|\cdot\|_1$这两种情况下通常都适用于压缩感知。在这种情况下，可以通过$O(n)$次计算得到式(15.4)的解。

在本章的剩余部分中，我们考虑稀疏优化的两种基本方法：一个扩展鲍姆－韦尔奇(EBW)法(可以通过一个线搜索A方程(LSAF)来表示)和一个与EBW有着密切联系的近似贝叶斯压缩感知算法(ABCS)。LSAF推导与上述的近似线性方法密切相关；实际上，A函数可以被认为是对式(15.4)中使用f的简单二次近似的推广。

EBW和ABCS都被应用于语音分类和识别问题，这将在后面的章节中讨论。

15.2.1 EBW压缩感知算法

扩展Baum-Welch(EBW)技术引入最初被用于在最大互信息判别目标函数下估计HMM语音识别问题的多项分布函数的离散概率参数[24]。随后在文献[25]中，EBW被扩展，用来在用于语音识别问题的MMI判别函数下估计HMM的高斯混合模型参数。在文献[9]中，EBW技术被推广到新的线搜索A函数(LSAF)优化技术中。一个简单的几何证明被用来显示LSAF递归导致增长转换(即原始函数的值增加新参数值)。在文献[26]中表明，在24年前发明的离散版本的EBW也可以用A函数表示。这个连接使得离散EBW的收敛性得到了证明[26]。

15.2.2 线搜索A函数

令$f(\boldsymbol{x}):U\subset\mathbf{R}^n\rightarrow\mathbf{R}$在一个开放子集$U$中是一个实值的可微函数。令$A_f=A_f(\boldsymbol{x},\boldsymbol{y}):\mathbf{R}^n\times\mathbf{R}^n\rightarrow\mathbf{R}$在$\boldsymbol{x}\in U$中对每个$\boldsymbol{y}\in U$都是二次可微的。我们定义如果以下性质不变的话，对于f，A_f为一个A函数。

(1)$A_f(\boldsymbol{x},\boldsymbol{y})$对于$\boldsymbol{y}\in U$是一个$\boldsymbol{x}$的严格凸或严格凹函数(回想一下，如

果域中的 Hessian 函数为正或负，那么两个可微函数在某个域上是严格凸或凹的）。

（2）与由 $z=g_y(\boldsymbol{x})=A_f(\boldsymbol{x},\boldsymbol{y})$ 和对于任意 $\boldsymbol{x}=\boldsymbol{y}\in U$ 有 $z=f(\boldsymbol{x})$ 定义的流形相切的超平面彼此相互平行，即

$$\nabla_x A_f(\boldsymbol{x},\boldsymbol{y})\mid_{x=y}=\nabla_x f(\boldsymbol{x}) \tag{15.5}$$

在文献[9]中表明，可以基于 A 函数构造一个一般的优化技术。我们制定了一个增长变换，使得增加 $f(\boldsymbol{x})$ 的参数更新的下一步是当前参数值和优化 A 函数的值 $\tilde{\boldsymbol{x}}$ 的线性组合，对此 $\nabla_x A_f(\boldsymbol{x},\boldsymbol{y})\mid_{x=\tilde{x}}=0$。更精确地，我们认为 A 函数给出了一组具有下面的"增长"属性的迭代更新规则：令 $\boldsymbol{x}_0$ 为 U 中的一些点，且 $U\ni\tilde{\boldsymbol{x}}_0\neq\boldsymbol{x}_0$ 是 $\nabla_x A(\boldsymbol{x},\boldsymbol{x}_0)\mid_{x=\tilde{x}_0}=0$ 的一个解。定义

$$\boldsymbol{x}_1=\boldsymbol{x}(\alpha)=\alpha\tilde{\boldsymbol{x}}_0+(1-\alpha)\boldsymbol{x}_0 \tag{15.6}$$

我们有足够小的 $|\alpha|\neq 0$ 使得 $f(\boldsymbol{x}(\alpha))>f(\boldsymbol{x}_0)$，其中，若 $A(\boldsymbol{x},\boldsymbol{x}_0)$ 凹则 $\alpha>0$，若 $A(\boldsymbol{x},\boldsymbol{x}_0)$ 凸则 $\alpha<0$。以这种方式产生 $\tilde{\boldsymbol{x}}$ 和线搜索的技术称为"线搜索 A 函数(LSAF)"。

15.2.3　离散 EBW

这里我们表明，离散 EBW 可以使用 LSAF 框架进行描述。我们的描述限定于单个分配的情况，但这项技术很容易推广到多个分配的情况下。

令单形的 $\boldsymbol{S}$ 被定义为

$$\boldsymbol{S}:=\{\boldsymbol{\beta}:\boldsymbol{\beta}\in\mathbf{R}^n,\beta_i\geqslant 0,i=1,\cdots,n,\sum\beta_i=1\}$$

且假设 $f:\mathbf{R}^n\to\mathbf{R}$ 对于一些子集 $X\subset S$ 是一个可微函数。我们希望解决函数 $f(\boldsymbol{\beta})$ 的最大值问题：

$$\max\ f(\boldsymbol{\beta})\quad \text{s. t.}\quad \boldsymbol{\beta}\in S \tag{15.7}$$

令 $\boldsymbol{\beta}\in X$ 且定义 $a_i^k:=\dfrac{\partial f(\boldsymbol{\beta}^k)}{\partial\beta_i^k},i=1,\cdots,n$。对任意 $D\in\mathbf{R}$ 和 $\boldsymbol{\beta}^k\in\mathbf{R}^n$ 得到 $\sum\limits_{j=1}^{n}a_j^k\beta_j^k+D\neq 0$，我们定义一个递归 $T_{\mathrm{D}}:\mathbf{R}^n\to\mathbf{R}^n$ 形式如下：

$$\beta_i^{k+1}=T_{\mathrm{D}}(\boldsymbol{\beta}^k)=\frac{a_i^k\beta_i^k+D\beta_i^k}{\sum\limits_{j=1}^{n}a_j^k\beta_j^k+D} \tag{15.8}$$

在文献[27]中表明，对于足够大的 D，我们有 $f(\boldsymbol{\beta}^{k+1})>f(\boldsymbol{\beta}^k)$，除非 $\boldsymbol{\beta}^{k+1}=\boldsymbol{\beta}^k$。

在式(15.7)中，函数 f 的一个 A 函数 A_f 在点 $\boldsymbol{\beta}\in S$ 的一些紧致邻域 $U\subset X$ 中可微，可以写为

$$A_f(\boldsymbol{\beta}_0,\boldsymbol{\beta})=\sum(c_i+\beta_{0i}D)\log\beta_i \tag{15.9}$$

其中，$c_i=c_i(\boldsymbol{\beta}_0)=\boldsymbol{\beta}_{0i}\frac{\partial f(\boldsymbol{\beta})}{\partial\beta_i}|_{\boldsymbol{\beta}=\boldsymbol{\beta}_0}=\beta_{0i}a_i(\boldsymbol{\beta}_0)$；$D$为对于所有$i$和任意$\boldsymbol{\beta}\in U$都满足$a_i(\boldsymbol{\beta})+D>0$的任意值($D$的存在是为了保证$f$在$U$中可微和$U$的紧密度)。为了表明式(15.9)中的函数$A_f(\boldsymbol{\beta}_0,\boldsymbol{\beta})$是一个$A$函数，我们需要检查式(15.5)。替换式(15.7)、式(15.9)中的$\beta_n=1-\sum\beta_i$，即考虑函数$g(\beta')=f(\beta_1,\cdots,\beta_{n-1},1-\sum_1^{n-1}\beta_i)$，$A_g(\boldsymbol{\beta}_0;\beta')=A_f(\boldsymbol{\beta}_0,\{\beta_1,\cdots,\beta_{n-1}\},1-\sum_1^{n-1}\beta_j)$，其中$\beta'=\{\beta_1,\cdots,\beta_{n-1}\}$。我们得到

$$\begin{aligned}\left.\frac{\partial A_g(\boldsymbol{\beta}_0,\beta')}{\partial\beta_i}\right|_{\beta_i=\beta_{0i}}&=a_i(\boldsymbol{\beta}_0)\left.\frac{\partial f(\boldsymbol{\beta})}{\partial\beta_i}\right|_{\beta_i=\beta_{0i}}+D(\beta_{0i})\left.\frac{\partial\log\beta_i}{\partial\beta_i}\right|_{\beta_i=\beta_{0i}}\\&+D(1-\sum_1^{n-1}\beta_{0i})\left.\frac{\partial\log(1-\sum_1^{n-1}\beta_i)}{\partial\beta_i}\right|_{\beta=\beta_0}=\left.\frac{\partial g(\beta')}{\partial\beta'}\right|_{\beta'_i=\beta'_{0i}}\end{aligned}$$

可以看出，对目标函数$f(\boldsymbol{\beta})$增加一个二次惩罚项$C\boldsymbol{\beta}^{\mathrm{T}}\boldsymbol{\beta}$等同于从离散EBW递归式(15.8)中用$D+2C$代替$D$。而且，对于足够大的$C$，函数$f(\boldsymbol{\beta})+C\boldsymbol{\beta}^{\mathrm{T}}\boldsymbol{\beta}$在单形$S$中是凹的。因此，它在单形$S$的边界达到了最大值。这个事实意味着对于足够大的$D$，EBW递归实施了一个稀疏解。

如同文献[28]中所述，离散EBW方法可以用于分数范数约束下的目标函数的优化。我们得到

$$\max\ f(\{\beta_i\})\quad \text{s.t.}\quad \|\boldsymbol{\beta}\|_q=1\quad 且\quad \beta_i\geqslant 0,i=1,2,\cdots,n \tag{15.10}$$

其中，$\|\boldsymbol{\beta}\|_q:=(\sum\beta_i^q)^{1/q}$。令

$$\gamma_i=\beta_i^{1/q},\quad g(\{\gamma_i\})=f(\{\beta_i\}) \tag{15.11}$$

将式(15.10)中的问题转换为一个离散EBW问题，其中可以应用式(15.8)中的递归。在文献[26]中，这个带有分数范数约束的优化方法被应用于TIMIT分类任务。

15.2.4　ABCS压缩感知方法

根据文献[29]，我们描述了近似贝叶斯CS(ABCS)方法。该算法的关键思想是基于近似稀疏提升先验，这是一种高斯和拉普拉斯分布的混合。ABCS是文献[30]和文献[31]中算法的一个变体。接下来，我们逐步发展这个基本概念和其他一些构成新方法核心的概念。

贝叶斯估计方法为处理复杂的观测模型提供了方便的表示。然而，在这项工作中，我们仅限于使用 CS 理论中的传统线性模型

$$\boldsymbol{y}_k = \boldsymbol{H}\boldsymbol{\beta} + \boldsymbol{n}_k \tag{15.12}$$

其中，$\boldsymbol{y}_k$，$\boldsymbol{H} \in \mathbf{R}^{m\times N}$ 和 $\boldsymbol{n}_k$ 分别表示第 k 个 $\mathbf{R}^m$ 观测值、一个固定的感知矩阵和概率密度函数 $p(\boldsymbol{n}_k)$ 已知的观测噪声。所求的随机参数（信号）$\boldsymbol{\beta}$ 可以表示成一个 $\mathbf{R}^N$ 向量，且其先验概率密度函数 $p(\boldsymbol{\beta})$ 已给定。根据这些，以 k 个元素组成的整个观测集为条件的 $\boldsymbol{\beta}$ 的完整统计量，$\boldsymbol{Y}_k = [\boldsymbol{y}_1, \cdots, \boldsymbol{y}_k]$ 可以接下来通过贝叶斯递归进行计算

$$p(\boldsymbol{\beta} \mid \boldsymbol{Y}_k) = \frac{p(\boldsymbol{y}_k \mid \boldsymbol{\beta})p(\boldsymbol{\beta} \mid \boldsymbol{Y}_{k-1})}{\int p(\boldsymbol{y}_k \mid \boldsymbol{\beta})p(\boldsymbol{\beta} \mid \boldsymbol{Y}_{k-1})\mathrm{d}\beta} \tag{15.13}$$

其中，似然 $p(\boldsymbol{y}_k \mid \boldsymbol{\beta}) = p_{\boldsymbol{n}_k}(\boldsymbol{y}_k - \boldsymbol{H}\boldsymbol{\beta})$。人们很少能获得后验概率密度函数(15.13) 的闭式解析表达式，因此经常使用近似技术。一个众所周知的例子中，式(15.13) 承认了一个由下面定理给出的封闭形式，这个定理在这项工作中起着重要的作用（在估计理论中这是一个众所周知的结果，这里为了完整性而重新给出）。

定理 1　（高斯概率密度函数更新）假设 $p(\boldsymbol{\beta} \mid \boldsymbol{Y}_{k-1})$ 是一个高斯概率密度函数，其前两项统计矩由 $\hat{\boldsymbol{\beta}}_{k-1} \in \mathbf{R}^n$ 和 $\boldsymbol{P}_{k-1} \in \mathbf{R}^{n\times n}$ 给出，即 $p(\boldsymbol{\beta} \mid \boldsymbol{Y}_{k-1}) = N(\boldsymbol{\beta} \mid \hat{\boldsymbol{\beta}}_{k-1}, \boldsymbol{P}_{k-1})$。同时假设观测 $\boldsymbol{y}_k$ 满足线性模型(15.12)，其中 $\boldsymbol{n}_k$ 是一个 $\mathbf{R}^m$ 值的零均值高斯随机变量 $\boldsymbol{n}_k \sim N(0, R)$，且其统计独立于 $\boldsymbol{\beta}$。然后贝叶斯递归(15.13) 生成 $p(\boldsymbol{\beta} \mid \boldsymbol{Y}_k) = N(\boldsymbol{\beta} \mid \hat{\boldsymbol{\beta}}_k, \boldsymbol{P}_k)$，其中

$$\hat{\boldsymbol{\beta}}_k = \hat{\boldsymbol{\beta}}_{k-1} + \boldsymbol{P}_{k-1}\boldsymbol{H}^{\mathrm{T}}(\boldsymbol{H}\boldsymbol{P}_{k-1}\boldsymbol{H}^{\mathrm{T}} + \boldsymbol{R})^{-1}[\boldsymbol{y}_k - \boldsymbol{H}\hat{\boldsymbol{\beta}}_{k-1}] \tag{15.14a}$$

$$\boldsymbol{P}_k = [\boldsymbol{1} - \boldsymbol{P}_{k-1}\boldsymbol{H}^{\mathrm{T}}(\boldsymbol{H}\boldsymbol{P}_{k-1}\boldsymbol{H}^{\mathrm{T}} + \boldsymbol{R})^{-1}\boldsymbol{H}]\boldsymbol{P}_{k-1} \tag{15.14b}$$

上述量的初始值是根据高斯先验 $p(\boldsymbol{\beta}) = N(\boldsymbol{\beta} \mid \hat{\boldsymbol{\beta}}_0, \boldsymbol{P}_0)$ 来设定的。

这句话的证明见文献[29]。注意在定理 1 中的量 $\boldsymbol{P}_k$ 是估计误差协方差，即

$$\boldsymbol{P}_k := E[(\boldsymbol{\beta} - \hat{\boldsymbol{\beta}}_k)(\boldsymbol{\beta} - \hat{\boldsymbol{\beta}}_k)^{\mathrm{T}} \mid \boldsymbol{Y}_k]$$

其中，$\boldsymbol{\beta} - \hat{\boldsymbol{\beta}}_k$ 是无偏估计 $\hat{\boldsymbol{\beta}}_k$ 的估计误差。

15.2.5　稀疏促进半高斯先验

通过使用拉普拉斯和柯西等先验稀疏促进，压缩感知被嵌入到贝叶斯估计框架中[32]。在这里我们考虑一个不同类型的先验，它促进了定理 1 的闭式递归的应用。这里使用的稀疏促进先验称为“半高斯(SG)”，其形式为

$$p(\boldsymbol{\beta}) = c\exp\left(-\frac{1}{2}\frac{\|\boldsymbol{\beta}\|_1^2}{\sigma^2}\right) \tag{15.15}$$

使用半高斯先验的目的可以通过分析半高斯约束 $\|\boldsymbol{\beta}\|_1^2=\left(\sum_i|\beta_i|\right)^2$ 和拉普拉斯约束 $\|\boldsymbol{\beta}\|_1=\left(\sum_i|\beta_i|\right)$ 来得到。我们可以把高斯密度函数表示正比于 $P_{\text{semi-gauss}}\propto\exp(-\|\boldsymbol{\beta}\|_1^2)$ 和拉普拉斯密度函数正比于 $P_{\text{laplae}}\propto\exp(-\|\boldsymbol{\beta}\|_1)$。当 $\|\boldsymbol{\beta}\|_1<1$ 时，可以很直观地得到 $P_{\text{semi-gauss}}>P_{\text{laplace}}$；当 $\|\boldsymbol{\beta}\|_1=1$ 时，这两个密度函数相同；当 $\|\boldsymbol{\beta}\|_1>1$ 时有 $P_{\text{semi-gauss}}<P_{\text{laplace}}$。因此在 $\|\boldsymbol{\beta}\|_1<1$ 时，半高斯密度比凸面内的拉普拉斯密度更集中。给定稀疏限制 $\|\boldsymbol{\beta}\|_q$，随着分数范数 q 接近 0，密度变得集中在坐标轴处，并且解决 $\boldsymbol{\beta}$ 的问题成为重构信号具有最小均方误差（MSE）的非凸优化问题。直观地说，我们期望使用半高斯先验的解更接近于非凸解。

图 15.1 进一步说明了这一观察结果，其子图分别表示二维情况下的拉普拉斯、半高斯和高斯的概率密度函数。先验（15.15）在定理 1 中的贝叶斯递推的高斯变异内不是直接嵌入的。这是由以下事实引起的：定理 1 的推导所涉及的限制涉及纯粹的高斯先验和基于确定感知矩阵 $\boldsymbol{H}$ 的似然概率密度函数，

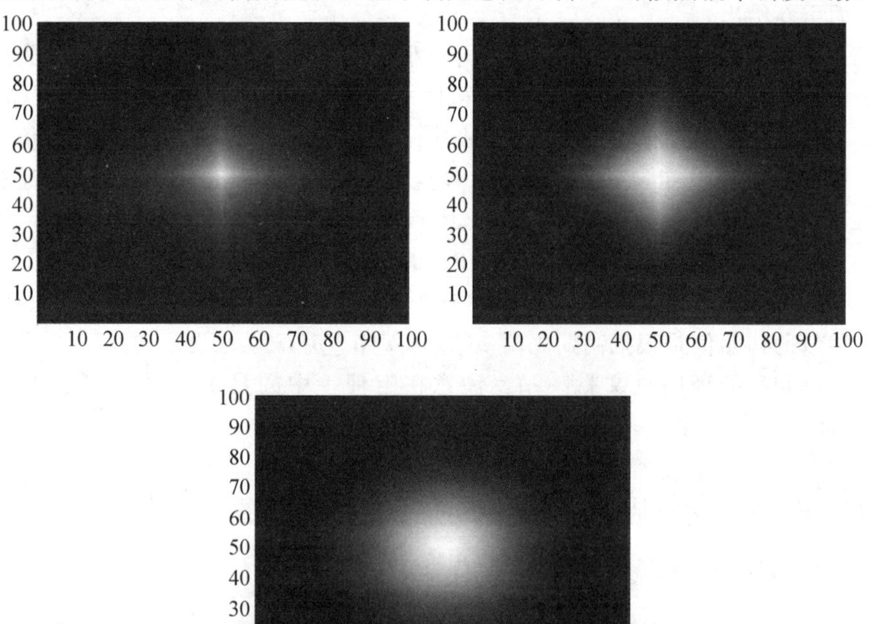

图 15.1　二维情况下拉普拉斯、半高斯和高斯的概率密度函数

$$p(\boldsymbol{y}_k \mid \boldsymbol{\beta}) \propto \exp\left(-\frac{1}{2}(\boldsymbol{y}_k - \boldsymbol{H}\boldsymbol{\beta})^{\mathrm{T}}\boldsymbol{R}^{-1}(\boldsymbol{y}_k - \boldsymbol{H}\boldsymbol{\beta})\right) \tag{15.16}$$

定理 1 提供了一个精确递归来计算完全基于构成上述似然的因子的高斯后验：观测 $\boldsymbol{y}_k$、感知矩阵 $\boldsymbol{H}$ 和观测噪声协方差 $\boldsymbol{R}$。这个事实得到了如下的方法，其允许在不改变由定理 1 得到的基本更新方程的基础结构的情况下，强制近似半高斯先验。

15.2.6　近似半高斯先验

我们引入一个状态依赖矩阵 $\hat{\boldsymbol{H}} \in \mathbf{R}^{1\times N}$，其元素为 $\hat{H}^i = \mathrm{sgn}(\beta^i), i=1, 2,\cdots,N$（即，对于 $\beta^i > 0$ 与 $\beta^i < 0$，分别有 $\hat{H}^i = +1$ 和 $\hat{H}^i = -1$）。半高斯先验可以基于式(15.16)表示，其中将 $\boldsymbol{H}$ 和 R 分别用 $\hat{\boldsymbol{H}}$ 和 σ 进行替换，并假设一个虚拟观测 $\boldsymbol{y}=0$，即

$$p(\boldsymbol{\beta}) = p(y=0 \mid \boldsymbol{\beta}, \hat{\boldsymbol{H}}, \sigma) \propto \exp\left(-\frac{1}{2}\frac{(0-\hat{\boldsymbol{H}}\boldsymbol{\beta})^2}{\sigma^2}\right) \tag{15.17}$$

使用式(15.14a)执行半高斯先验(15.17)的唯一困难是 $\hat{\boldsymbol{H}}$ 对 $\boldsymbol{\beta}$ 的依赖。我们知道定理 1 依赖于可能变化的一个确定的 $\boldsymbol{H}$，而不是式(15.17)。这个问题可以通过设定

$$\hat{H}^i = \mathrm{sgn}(\hat{\beta}_k^i), \quad i=1,2,\cdots,N \tag{15.18}$$

进行缓解，即用条件均值代替实际的 $\boldsymbol{\beta}$。这个修改使得 $\hat{\boldsymbol{H}}$ 成为一个 $\boldsymbol{Y}_k$ − 可测量的量，因为其依赖于 $\hat{\boldsymbol{\beta}}_k$，$\hat{\boldsymbol{\beta}}_k$ 是整个观测集的函数。这个事实显然没有影响定理 1 的表达，因为推导的条件是依赖 $\boldsymbol{Y}_k$ 的（见文献[29]）。应用这个近似有利于基于似然(15.17)的定理 1 的实现。因此，需要一个额外的处理阶段来应用近似的稀疏促进先验

$$\hat{\boldsymbol{\beta}}_{k+1} = \left[\boldsymbol{I} - \frac{\boldsymbol{P}_k\hat{\boldsymbol{H}}^{\mathrm{T}}\hat{\boldsymbol{H}}}{\hat{\boldsymbol{H}}\boldsymbol{P}_k\hat{\boldsymbol{H}}^{\mathrm{T}} + \sigma^2}\right]\hat{\boldsymbol{\beta}}_k \tag{15.19a}$$

$$\boldsymbol{P}_{k+1} = \left[\boldsymbol{I} - \frac{\boldsymbol{P}_k\hat{\boldsymbol{H}}^{\mathrm{T}}\hat{\boldsymbol{H}}}{\hat{\boldsymbol{H}}\boldsymbol{P}_k\hat{\boldsymbol{H}}^{\mathrm{T}} + \sigma^2}\right]\boldsymbol{P}_k \tag{15.19b}$$

这个步骤在观测集 Y_k（见式(15.14)）的一般处理后进行，其中初始协方差一般设为 $\boldsymbol{P}_0 \to \infty$。

在这一点上，关于上述近似的有效性出现了一个自然的问题。下面的定理，其证明见文献[29]，限定了使用半高斯先验(15.15)的精确后验和估计误差协方差 $\hat{\boldsymbol{P}}_k$ 近似后验之间的差异。

定理 2　用 $\hat{p}(\boldsymbol{\beta} \mid \boldsymbol{Y}_k)$ 表示通过使用近似半高斯先验技术得到的高斯后验概率密度函数，并令 $p(\boldsymbol{\beta} \mid \boldsymbol{Y}_k)$ 为通过使用精确半高斯先验(15.15)得到的后

验概率密度函数。然后

$$\mathrm{KL}(\hat{p}(\boldsymbol{\beta} \mid \boldsymbol{Y}_k) \parallel p(\boldsymbol{\beta} \mid \boldsymbol{Y}_k)) = O(\sigma^{-2} \max\{\mathrm{Tr}(\hat{\boldsymbol{P}}_k), \mathrm{Tr}(\hat{\boldsymbol{P}}_k)^{1/2}\}) \tag{15.20}$$

其中,KL 和 Tr 分别表示 Kullback-Leibler 散度和矩阵跟踪算子。

在语音分类和识别任务的实际应用中,观察到如果我们仅计算一次式(15.19b)中的项 $\boldsymbol{P}_k$,分类和识别的准确性不会受到影响,然后对所有后续迭代中的该项进行修正。这个技巧提供了显著的加速而不会极大降低准确性。

15.2.7 通过 LSAF 进行 ABCS 表示

我们回顾 l_1 约束问题(15.1),通过使用一个加权数据拟合项轻微修改

$$\min \parallel \boldsymbol{y} - \boldsymbol{H\beta} \parallel_R^2 \quad \text{s.t.} \quad \parallel \boldsymbol{\beta} \parallel_1 \leqslant \epsilon$$

在许多实际应用中,对这个公式增加一个 l_2 正则项是有用的,产生

$$\min \parallel \boldsymbol{y} - \boldsymbol{H\beta} \parallel_R^2 + \parallel \boldsymbol{\beta} - \boldsymbol{\beta}_0 \parallel_{\boldsymbol{P}_0}^2 \quad \text{s.t.} \quad \parallel \boldsymbol{\beta} \parallel_1 \leqslant \epsilon$$

使用 $\parallel \boldsymbol{y} - \boldsymbol{H\beta} \parallel_R^2 + \parallel \boldsymbol{\beta} - \boldsymbol{\beta}_0 \parallel_{\boldsymbol{P}_0}^2 = \parallel \boldsymbol{\beta} - \boldsymbol{\beta}_1 \parallel_{\boldsymbol{P}_1}^2$ 可以将这个问题表示为

$$\min \parallel \boldsymbol{\beta} - \boldsymbol{\beta}_1 \parallel_{\boldsymbol{P}_1}^2 \quad \text{s.t.} \quad \parallel \boldsymbol{\beta} \parallel_1 \leqslant \epsilon$$

其中,假设 $\boldsymbol{P}_1$ 是正定的。我们现在可以将式(15.1)替代为

$$\min F(\boldsymbol{\beta}) := \parallel \boldsymbol{\beta} - \boldsymbol{\beta}_1 \parallel_{\boldsymbol{P}_1}^2 + \parallel \boldsymbol{\beta} \parallel_1^i / \sigma^2 \tag{15.21}$$

并定义 A 函数为

$$A(\boldsymbol{\beta}, \boldsymbol{\beta}^*) = \parallel \boldsymbol{\beta} - \boldsymbol{\beta}^* \parallel_{\boldsymbol{P}_1}^2 + \{\mathrm{sgn}(\boldsymbol{\beta}^*)\boldsymbol{\beta}\}^i / \sigma^2 \tag{15.22}$$

其中,$i=1$(拉普拉斯算子)或 $i=2$(平方 l_1 范数)。在文献[26]中我们表明 $A(\boldsymbol{\beta}, \boldsymbol{\beta}^*)$ 是一个 $F(\boldsymbol{\beta})$ 的 A 函数。根据 A 函数的定义,我们在一个开域中考虑 $A(\boldsymbol{\beta}, \boldsymbol{\beta}^*)$ 和 $F(\boldsymbol{\beta})$,它们都是可微的且当 $A(\boldsymbol{\beta}, \boldsymbol{\beta}^*)$ 的极值属于该域时构建了参数的一个更新。我们的开域排除原点 $\boldsymbol{\beta}=0$。如果 $\boldsymbol{\beta}$ 的一些坐标接近 0,我们可以通过降低该问题的维数来消除它们。应用 LSAF,我们得到递归

$$\boldsymbol{\beta}_k = \alpha \tilde{\boldsymbol{\beta}}_{k-1} + (1-\alpha)\boldsymbol{\beta}_{k-1}$$

ABCS 算法对应一个平方 l_1 范数。语音分类问题的各种正则化处罚分析在式(15.3)中给出。ABCS 方法通过递归 $\tilde{\boldsymbol{\beta}}_{k-1} = \arg\max\limits_{\boldsymbol{\beta}} A(\boldsymbol{\beta}, \boldsymbol{\beta}_{k-1})$ 为式(15.21)提供了一个解。数值实验表明,α 的适当选择可以使参数 $\boldsymbol{\beta}_k$ 收敛于式(15.21)的解的速度比通过 ABCS 递归获得的更快。我们可以预见,合理选择 α 的 LSAF 方法比 ABCS 方法更有效。

15.3　基于典型样本的言语分类方法中的稀疏与正则化分析

在文献[10]之后，我们描述和比较了各种不同的稀疏技术，它们采用不同类型的正则化，并且已经被研究用于语音任务[2,3]。首先，我们描述了基于典型样本的分类背后的主要框架；然后我们对 TIMIT 语料库做一个简要的描述；接下来我们将讨论如何在分类任务中使用稀疏性；最后，我们比较了不同的稀疏分类方法的性能。

15.3.1　基于典型样本的分离

分类的目的是使用来自 k 个不同类别的训练数据来确定分配给测试向量 y 的最佳类别。首先，我们考虑使用所有来自类别 i 的训练样本 n_i，并将它们集中到一个矩阵 $\boldsymbol{H}_i$ 中作为一列，换言之，$\boldsymbol{H}_i=[\boldsymbol{x}_{i,1},\boldsymbol{x}_{i,2},\cdots,\boldsymbol{x}_{i,n_i}]\in\mathbf{R}^{m\times n_i}$，其中 $\boldsymbol{x}\in\mathbf{R}^m$ 表示来自类别 i 训练集的 m 维特征向量。给定来自分类 i 中足够的训练样本，文献[6]表明，来自同一类别的测试样本 $\boldsymbol{y}$ 可以表示为 $\boldsymbol{H}_i$ 中以 $\boldsymbol{\beta}$ 加权项的线性组合，即

$$\boldsymbol{y}=\beta_{i,1}\boldsymbol{x}_{i,1}+\beta_{i,2}\boldsymbol{x}_{i,2}+\cdots+\beta_{i,n_i}\boldsymbol{x}_{i,n_i} \tag{15.23}$$

然而，由于 $\boldsymbol{y}$ 的类别成员未知，我们定义一个矩阵 $\boldsymbol{H}$ 去包括来自训练集中所有 k 个类别中的训练样本，换言之，$\boldsymbol{H}$ 的列定义为 $\boldsymbol{H}=[\boldsymbol{H}_1,\boldsymbol{H}_2,\cdots,\boldsymbol{H}_k]=[\boldsymbol{x}_{1,1},\boldsymbol{x}_{1,2},\cdots,\boldsymbol{x}_{k,n_k}]\in\mathbf{R}^{m\times N}$。这里 N 是来自所有分类的所有训练样本的总数。随后我们可以将测试向量 $\boldsymbol{y}$ 写为所有训练样本的线性组合，即，$\boldsymbol{y}=\boldsymbol{H\beta}$。我们可以求解这个线性系统的 $\boldsymbol{\beta}$，并使用关于 $\boldsymbol{\beta}$ 的信息做出分类决定。具体而言，$\boldsymbol{\beta}$ 中大元素应该对应于同一级 $\boldsymbol{y}$ 的 $\boldsymbol{H}$ 中相同的元素。因此，人们提出的分类决策算法[3]是计算特定类别内所有 $\boldsymbol{\beta}$ 中元素的 l_2 范数，并且选择具有最大 l_2 范数支撑集的类别。

15.3.2　基于典型样本的方法

各种类型的基于典型样本的分类器可以在表示测试向量 $\boldsymbol{y}$ 的框架中作为训练样本 $\boldsymbol{H}$ 的线性组合，受限于 $\boldsymbol{\beta}$。接下来，我们回顾一些广为人用的技术，其基于以下优化问题，针对 q 和 α 的不同值

$$\min_{\boldsymbol{\beta}}\|\boldsymbol{y}-\boldsymbol{H\beta}\|_2\quad \text{s.t.}\quad \|\boldsymbol{\beta}\|_q^\alpha\leqslant\epsilon \tag{15.24}$$

(1) 岭回归(RR)法[5]。使用 $\boldsymbol{H}$ 中所有训练样本的信息来对 $\boldsymbol{y}$ 做分类决

定，与基于典型样本的分类的最近邻域(NN) 方法相反，最近邻域法仅使用一个训练样本。特别地，RR 方法将 $\boldsymbol{y}$ 投影到所有训练样本的线性空间中，并求解 $q=2,\alpha=2$ 时使式(15.24) 达到最小的 $\boldsymbol{\beta}$。项 $\|\boldsymbol{\beta}\|_2^2\leqslant\epsilon$ 是一个 $\boldsymbol{\beta}$ 的 l_2 范数(即一个高斯限制)，但是不强制任何稀疏。

(2) 稀疏表示。与 RR 方法类似，稀疏表示(SR) 技术(即文献[3, 6]) 将 $\boldsymbol{y}$ 投影到 $\boldsymbol{H}$ 的样本的线性生成空间，但是限定 $\boldsymbol{\beta}$ 稀疏。特别地，在给定 q 和 α 的多种设定下，SR 法通过最小化式(15.24) 求解 $\boldsymbol{\beta}$。例如，在一个概率设定 $q=1,\alpha=1$ 得到一个拉普拉斯约束，而 $q=1,\alpha=2$ 得到一个半高斯约束。本节的其余部分将重点放在比较 RR 方法与不同类型正则化的各种 SR 方法上。

15.3.3 TIMIT 描述

我们分析 TIMIT[16] 与料库上各种基于典型样本方法的行为。该语料库包含 6 300 多个语音丰富的话语，分为三组，即训练、开发和核心测试集。为了进行测试，标准做法是将 48 个训练过的标签折叠成 39 个较小的标签。所有的方法都在开发集上进行调整，且所有的实验都在核心测试集上进行报告。

全部的实验设置以及用于分类的特征与文献[3] 相似。首先，我们用 40 维有辨别训练的空间增强最大互信息(fBMMI) 特征来表示我们信号中的每一帧。我们将每个语音片段分成三份，将这些帧级别特征的平均值设置为三分之二左右，并将它们拼接在一起形成 120 维向量。这使我们能够捕捉每一段的时间动态。然后，在每一段中，将该段的左侧和右侧的段特征向量连接在一起，并应用线性判别分析(LDA) 变换将 200 维特征向量投影降到 40 维。

与文献[3] 类似，我们使用一个 k 维树找到训练集中最靠近 $\boldsymbol{y}$ 点的邻域。这些 k 个邻域成为 $\boldsymbol{H}$ 中的元素。我们研究不同大小的 $\boldsymbol{H}$ 的分类性能。接下来，我们探讨以下两个问题，使用 TIMIT 提供实验结果来支持我们的框架。

① 为什么和什么时候对于基于典型样本的方法来说稀疏是重要的?

② 如果使用稀疏性，应该使用什么类型的正则化约束?

15.3.4 为何使用稀疏表示?

我们使用下面的例子进一步激发 RR 和 SR 方法之间的差异。我们考虑一个 2×7 矩阵

$$\boldsymbol{H}=[\boldsymbol{h}_1,\boldsymbol{h}_2,\boldsymbol{h}_3,\boldsymbol{h}_4,\boldsymbol{h}_5,\boldsymbol{h}_6,\boldsymbol{h}_7]=\begin{bmatrix}0.2 & 0.1 & 0.4 & 0.3 & -0.6 & 0.6 & -0.6\\ 0.2 & 0.3 & 0.35 & 0.3 & 0.1 & 0.3 & 0.4\end{bmatrix}$$

其中，前三列 $\boldsymbol{h}_1$、$\boldsymbol{h}_2$ 和 $\boldsymbol{h}_3$ 是属于类别 C_1 的训练话语，而后四列是属于 C_2 的训练话语。同时假设一个向量 $\boldsymbol{y}=[0.29;0.29]$ 是属于类别 C_1 的测试数据，因此将会包含 C_2 的异常值点。求解 $q=2,\alpha=2$ 时的式(15.24)(即 RR 方法)得到向量 $\boldsymbol{\beta}\approx[0.12;0.15;0.21;0.18;-0.05;0.12;0.18]$ 和最好的类别是 C_2。然而对式(15.24)使用 SR 方法(例如，使用 15.2 节中 SG 约束的 ABCS 法)产生向量 $\boldsymbol{\beta}\approx[0.00;0.01;0.77;0.00;0.00;0.00;0.03]$ 和支撑集落在 $\boldsymbol{H}$ 的第三个元素中。在此情况下，C_1 被识别为正确的类别。因此，通过使用 $\boldsymbol{H}$ 中样本的一个子集，SR 和 RR 的分类判定结果可能非常不同，尤其在存在异常值的情况下。

在一个实际的语音实例中，为了分析 SR 和 RR 方法的行为，随着 $\boldsymbol{H}$ 的大小从 1 变到 10 000，我们探索 TIMIT 的语音分类。图 15.2 给出了两种方法对于变化 $\boldsymbol{H}$ 的误差率。对于这张图，我们再次使用 ABCS SR 方法。首先注意到随着 $\boldsymbol{H}$ 的大小增长到 1 000，RR 和 SR 的误差率都下降，显示在做出分类决定时包括多个训练实例的益处。同时注意在 RR 和 SR 技术的误差之间没有差别，说明正则化不产生额外的好处。然而，随着 $\boldsymbol{H}$ 增长超过 1 000，且每一类别中有着更多的训练样本，SR 方法性能好于 RR 法，证明了使用稀疏选择 $\boldsymbol{H}$ 中一些例子来解释 $\boldsymbol{y}$ 优于使用 $\boldsymbol{H}$ 中所有样本。

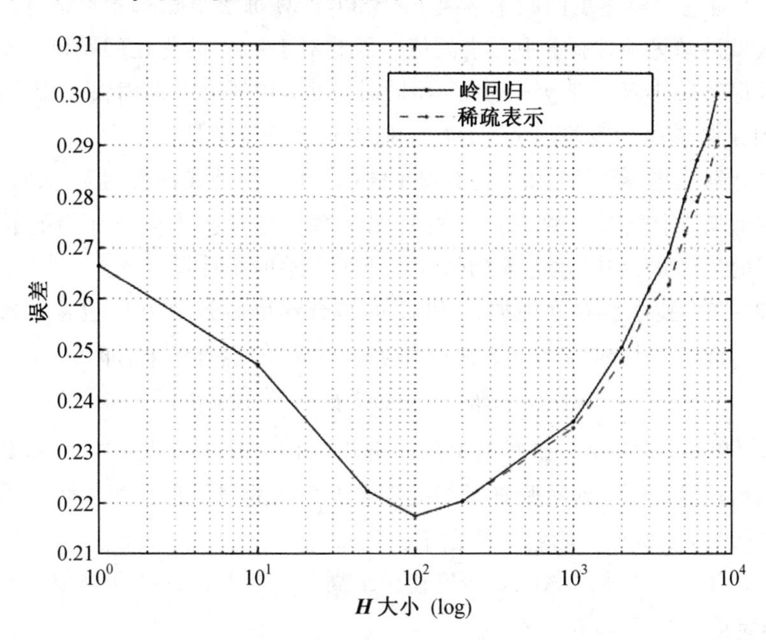

图 15.2　对于不同 $\boldsymbol{H}$ 的 RR 和 SR 方法误差分析

15.3.5 哪种正则化?

既然我们已经推动了正则化的使用,本节我们分析正则化的不同形式。如同式(15.24)所述,在 $q=1$ 时,一个稀疏表示解可以通过找到使得残差 $\| \boldsymbol{y}-\boldsymbol{H\beta} \|_2$ 最小的 $\boldsymbol{\beta}$ 得到,$\boldsymbol{\beta}$ 受限于一个正则化 $\| \boldsymbol{\beta} \|_q \leqslant \epsilon$。以下有四种常用的 $\boldsymbol{\beta}$ 的正则化类型。

(1) 若 $q=2$ 且 $\alpha=2$,正则化变为 $\| \boldsymbol{\beta} \|_2 \leqslant \epsilon$。这个约束可以模型化一个高斯先验。对 $\boldsymbol{\beta}$ 进行 l_2 约束的常用技术包括岭回归[5]。l_2 范数的效果是同等地传播 $\boldsymbol{\beta}$ 中元素的值。因此 $q=2$ 的优化问题(15.24)试图在保持残差 $\| \boldsymbol{y}-\boldsymbol{\beta} \|_2$ 小并试图保持向量 $\boldsymbol{\beta}$ 中的所有项不为零之间寻求平衡。

(2) 若 $q=1$ 且 $\alpha=1$,正则化变为 $\| \boldsymbol{\beta} \|_1 \leqslant \epsilon$。这个约束可以模型化为一个拉普拉斯先验。在 $\boldsymbol{\beta}$ 上加一个 l_1 约束的常用技术包含 LASSO[11] 和贝叶斯压缩感知(BCS)[12]。Lasso 问题可以用公式表示如下:

$$\min_{\boldsymbol{\beta}} \| \boldsymbol{y}-\boldsymbol{H\beta} \|_2 + \lambda \| \boldsymbol{\beta} \|_1 \tag{15.25}$$

如同式(15.3)中所示,其中 λ 控制 l_1 范数的权重。最小角度回归(LARS)(文献[33])通过向前逐步回归来解决 LASSO,计算每个步骤的 $\boldsymbol{\beta}$ 点估计。l_2 范数的效果是同等地传播 $\boldsymbol{\beta}$ 中元素的值。因此对于 $q=2$ 的优化问题(15.24),试图寻求保持较小残差 $\| \boldsymbol{y}-\boldsymbol{H\beta} \|_2$ 而同时防止 $\boldsymbol{\beta}$ 中所有元素消失。相反,范数 $l1$ 试图在保持较小残差 $\| \boldsymbol{y}-\boldsymbol{H\beta} \|_2$ 时保证 $\boldsymbol{\beta}$ 的稀疏性。

贝叶斯压缩感知[12]可以用类似于式(15.25)的公式进行表示。BCS引入了概率框架来估计信号恢复所需的备用参数。这项技术限制了调整稀疏约束所需的工作量,同时也为 $\boldsymbol{\beta}$ 的估计提供了完整的统计量。

(3) 许多技术也对 $\boldsymbol{\beta}$ 施加 l_1 和 l_2 的组合约束。这些方法包含了常用的 Elastic Net[13]。Elastic Net 方法施加了 l_1 和 l_2 的混合约束,即

$$\min_{\boldsymbol{\beta}} \| \boldsymbol{y}-\boldsymbol{H\beta} \|_2 + \lambda_1 \| \boldsymbol{\beta} \|_1 + \lambda_1 \| \boldsymbol{\beta} \|_2^2 \tag{15.26}$$

其中,λ_1 和 λ_2 是控制 l_1 和 l_2 约束的权重。在 Elastic Net 公式中,l_1 范数项保证解的稀疏性,而 l_2 惩罚则确保相关变量组之间的民主性。第二项也有一个平滑的效果,使所获得的解保持稳定。

(4) 前面所描述的 ABCS 研究使用半高斯先验并在贝叶斯框架中对 $\boldsymbol{\beta}$ 求解。ABCS 本质上求解

$$\min_{\boldsymbol{\beta}} \| \boldsymbol{y}-\boldsymbol{H\beta} \|_2 + \lambda_1 (\boldsymbol{\beta}-\boldsymbol{\beta}_0)^{\mathrm{T}} \boldsymbol{P}_0^{-1} (\boldsymbol{\beta}-\boldsymbol{\beta}_0) + \lambda_2 \| \boldsymbol{\beta} \|_1^2 \tag{15.27}$$

1. 稀疏的可视化

我们分析不同稀疏方法的 $\boldsymbol{\beta}$ 系数的差异。对于 TIMIT 中随机选择的分类帧 $\boldsymbol{y}$ 和大小为 200 的 $\boldsymbol{H}$，我们求解(15.24) 中的 $\boldsymbol{\beta}$。图 15.3 绘制了采用不同的规则，即岭回归、LASSO，Elastic Net 和 ABCS。正如我们所期望的那样，该图显示了 RR 方法的 $\boldsymbol{\beta}$ 系数是最不稀疏的。此外，LASSO 技术有着最稀疏的 $\boldsymbol{\beta}$ 值。Elastic Net 和 ABCS 技术方法的稀疏性在 RR 和 LASSO 之间，由于 ABCS 中的半高斯约束比 Elastic Net 中的 l_1 约束更为稀疏，因此 ABCS 比 Elastic Net 更为稀疏。

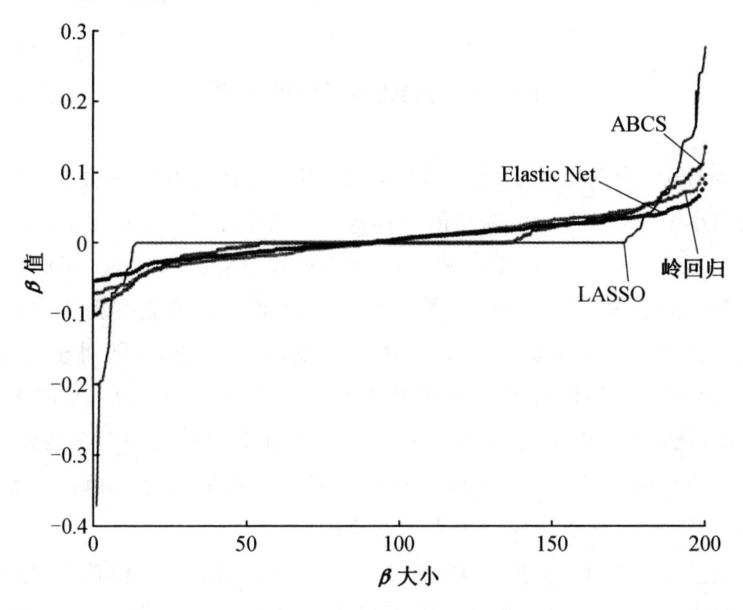

图 15.3　不同正则约束下的 $\boldsymbol{\beta}$

2. TIMIT 结果

表 15.1 显示了 $\boldsymbol{H}=200$ 时的各种 TIMIT 稀疏方法的比较结果。从表中可以看出，将稀疏约束与 l_2 范数相结合的三种方法，即 ABCS、Elastic Net 和 CSP 在统计上都达到了相同的精度。使用 l_1 范数的两种方法，即 BCS 和 LASSO 有着略低的精度，显示当执行一个高度的稀疏时精度下降。因此，使用 $\boldsymbol{\beta}$ 的稀疏性约束与 l_2 范数的组合，不会强制不必要的稀疏，提供了最好的性能。

表 15.1 不同系数方法的精度

方法	PER
LASSO	74.40
BCS	73.58
Elastic net	77.89
ABCS	77.80
CSP	77.55

15.4 ABCS 方法分类

在本节中,我们根据文献[3]描述了用于 Timit 分类任务的 ABCS 应用。我们如同小节 15.3.1 中所描述的那样进行分类,对于 $q=1$ 且 $\alpha=2$,通过式(15.14a)、(15.14b)、(15.19a)和(15.19b)对式(15.23)求解。我们计算一个特定类别中所有 $\boldsymbol{\beta}$ 项的 l_2 范数,并选择有着最大 l_2 范数支撑集的类别。将来自所有类别的所有训练数据汇集到 $\boldsymbol{H}$ 中将使 $\boldsymbol{H}$ 的列变大(即对于 TIMIT 可以大于 100 000),并且对难以处理的 $\boldsymbol{\beta}$ 求解。因此,为了减小 N 的大小并使 ABCS 问题更加可解,对于每一个 $\boldsymbol{y}$,我们在训练集中使用一个 k 维树[35] 找到最接近 $\boldsymbol{y}$ 的邻域。这 k 个近邻成为 $\boldsymbol{H}$ 的元素。选择较大的 k,以保证 $\boldsymbol{\beta}$ 是稀疏的,所有训练样本不是从同一个类中选择的。

必须选择常量 $\boldsymbol{P}_0$ 和 $\boldsymbol{\beta}_0$ 来初始化 ABCS 算法。回顾 $\boldsymbol{\beta}_0$ 和 $\boldsymbol{P}_0$ 的对角元素,它们都对应于一个特定的类别。因为我们对 $\boldsymbol{\beta}$ 没有一个非常自信的估计,我们选择 $\boldsymbol{\beta}_0$ 为 0 并假设它在 0 附近是稀疏的。我们选择初始化对角 $\boldsymbol{P}_0$,其中对应于特定类别的元素与该类别的 GMM 后验成正比。含义是,初始 $\boldsymbol{P}_0$ 越大,在 ABCS 中属于这个类的 $\boldsymbol{H}$ 中的样本就越重要。因此,GMM 后验选出最有可能的支撑集,而 ABCS 提供一个附加步骤,通过使用实际的训练数据来提炼这些支撑集。

15.4.1 非线性压缩感知

传统的CS实现将 $\boldsymbol{y}$ 表示为 $\boldsymbol{H}$ 中样本的线性组合。如 SVMs[36],许多模式识别算法,可以通过特征集到非常高维空间的非线性映射来实现更好的性能。在映射之后,找到权重向量 $\boldsymbol{w}$,其将特定特征向量内的所有维度投影到不同类别可线性分离的单个维度中。我们可以将这个加权向量 $\boldsymbol{w}$ 看作是选择特征向量中的一些线性组合,使其可以线性分离。CS 的目的是找到实际特征的一个线性结合,而不是特征向量中的维度。因此我们将非线性引入 CS,通过构建 $\boldsymbol{H}$ 使得 $\boldsymbol{H}$ 中的元素本身非线性。例如,一种这样的非线性是将 $\boldsymbol{H}$ 中所有的元素平方。也就是定义 $\boldsymbol{H}_{\text{lin}}=[\boldsymbol{x}_{1,1},\boldsymbol{x}_{1,2},\cdots,\boldsymbol{x}_{k,n_k}]$,然后 $\boldsymbol{H}^2$ 定义为 $\boldsymbol{H}^2=[\boldsymbol{x}_{1,1}^2,\boldsymbol{x}_{1,2}^2,\cdots,\boldsymbol{x}_{k,n_k}^2]$,且类似地,$\boldsymbol{H}^3$ 中将每个 $\boldsymbol{x}$ 项进行立方。我们也可以将不同 $\boldsymbol{x}_i$ 之间的乘积作为 $\boldsymbol{H}_{\text{inner}}=[\boldsymbol{x}_{1,1}\boldsymbol{x}_{1,2},\boldsymbol{x}_{1,1}\boldsymbol{x}_{1,3},\cdots,\boldsymbol{x}_{k,8}\boldsymbol{x}_{k,n_k}]$。然后我们可以选择一个特定的非线性 $\boldsymbol{H}_{\text{nonlin}}$,并且将它和线性 $\boldsymbol{H}_{\text{lin}}$ 结合来构成一个新的 $\boldsymbol{H}_{\text{tot}}=[\boldsymbol{H}_{\text{lin}},\boldsymbol{H}_{\text{nonlin}}]$,然后使用 ABCS 求解 $\boldsymbol{\beta}$。在 5.1 节中,我们讨论了在选择不同的非线性 $\boldsymbol{H}$ 时 ABCS 算法的性能。

15.4.2　实验

分类实验在 15.3.3 节中描述的 TIMIT 声学语音语料库中进行。首先,我们分析了使用如 3.4 节中所述的不同种类线性与非线性 $\boldsymbol{H}$ 的情况下 CS 分类器的性能。然后,我们在这项任务上,对比了 CS 分类器和其他三个标准分类器的性能,即一个高斯混合模型(GMM)、支持向量机(SVM)[36] 和 k 近邻(kNN) 分类器[35]。每个分类器的参数都针对开发集中的每个特征集进行了优化。特别地,我们发现将每部手机建模为 16 分量 GMM 是适当的。此内核中的内核类型和参数已针对 SVM 进行了优化。此外,kNN 的最近邻域数量 k 也被研究了。最后,对于 CS,$\boldsymbol{H}_{\text{lin}}$ 的大小从 k 维树中被优化到了 200 个样本。除了计算 $\boldsymbol{H}_{\text{nonlin}}$,随机抽取 $\boldsymbol{H}_{\text{lin}}$ 中的 100 列来计算每种类型的非线性 $\boldsymbol{H}$。

1. 不同 $\boldsymbol{H}$ 的性能

表 15.2 显示了使用 Mel 频率倒谱系数(MFCC) 特征的不同 $\boldsymbol{H}$ 选择的开发集的准确性。注意到非线性 CS-$\boldsymbol{H}_{\text{lin}}\boldsymbol{H}^2$ 方法提供了比 CS-$\boldsymbol{H}_{\text{lin}}$ 更好的性能。考虑到 $\boldsymbol{H}_{\text{lin}}\boldsymbol{H}^2\boldsymbol{H}^3$ 提供了额外的改进,尽管过度训练发生在使用高于 $\boldsymbol{H}^3$ 的高阶特征时。而且,对 $\boldsymbol{H}$ 中的项进行平方(即 $\boldsymbol{H}_{\text{lin}}\boldsymbol{H}^2$) 和对 $\boldsymbol{H}$ 中不同项之间做乘积(即 $\boldsymbol{H}_{\text{lin}}\boldsymbol{H}_{\text{inner}}$) 之间的差异很小。虽然在这里没有显示,但 fBMMI 特征中也观察到类似的趋势。由于 CS-$\boldsymbol{H}_{\text{lin}}\boldsymbol{H}^2\boldsymbol{H}^3$ 方法提供了 CS 方法的最佳性能,我们将在随后的章节中给出这个分类器的结果。

表 15.2 不同 $\boldsymbol{H}$ 使用 MFCC 特征的精度

方法	Dev-MFCC
CS $-\boldsymbol{H}_{\text{lin}}$	76.64
CS $-\boldsymbol{H}_{\text{lin}}\boldsymbol{H}^2$	76.84
CS $-\boldsymbol{H}_{\text{lin}}\boldsymbol{H}^2\boldsymbol{H}_{\text{inner}}$	76.52
CS $-\boldsymbol{H}_{\text{lin}}\boldsymbol{H}^2\boldsymbol{H}^3$	**76.89**
CS $-\boldsymbol{H}_{\text{lin}}\boldsymbol{H}^2\boldsymbol{H}^3\boldsymbol{H}^4$	76.86

2. 对比不同的分类器

表 15.3 比较了 CS 分类器与 GMM、kNN 和 SVM 方法在 MFCC 和 fBMMI特征方面的性能。如麦克尼马尔(McNemar)实验所证实的,在CS分类器中没有统计学意义的分类器也用“=”表示。首先注意当使用MFCC特征时,CS 性能优于 kNN 与 GMM 方法,并且提供了与 SVM 方法相近的性能。当使用判别性特征时,GMM 技术与 SVM 紧密匹配,尽管 CS 更能够比两种方法提供进一步增益。这是CS的一个好处 —— 一个建立在GMM之上的判别式非参数分类器。

表 15.3 不同分类器在 TIMIT 测试集中精度

方法	MFCC	fBMMI
GMM	74.19	78.31
kNN	73.69	79.58(=)
SVM	76.20(=)	78.38
CS $-\boldsymbol{H}_{\text{lin}}\boldsymbol{H}^2\boldsymbol{H}^2$	76.44	**80.01**

3. 结果分析

为了更好地理解 CS 分类器与其他三种技术相比所获得的增益,图 15.4 绘制了 CS 的 6 个广义语音类别(BPC) 与其他三种方法之间的相对错误率。首先注意到,CS 在所有 BPC 中提供了超过 GMM 的性能,再次证实了其在 GMM 之上的非参数判别式分类器的益处。其次,SVM 技术相对于元音 / 半元音类中的CS方法提供了改进,而CS方法在弱擦音、停止和关闭类别中明显优于 SVM。最后,CS 方法提供了比 kNN 方法在鼻音、强擦音和停止类别中略好的性能,而 kNN 提供了在元音、弱擦音和关闭类别中更好的性能。因此可以看出,除了 GMM,CS 的增益不会在所有 BPC 中都强于 kNN 和 SVM,而只是发生在特定的 BPC 中。

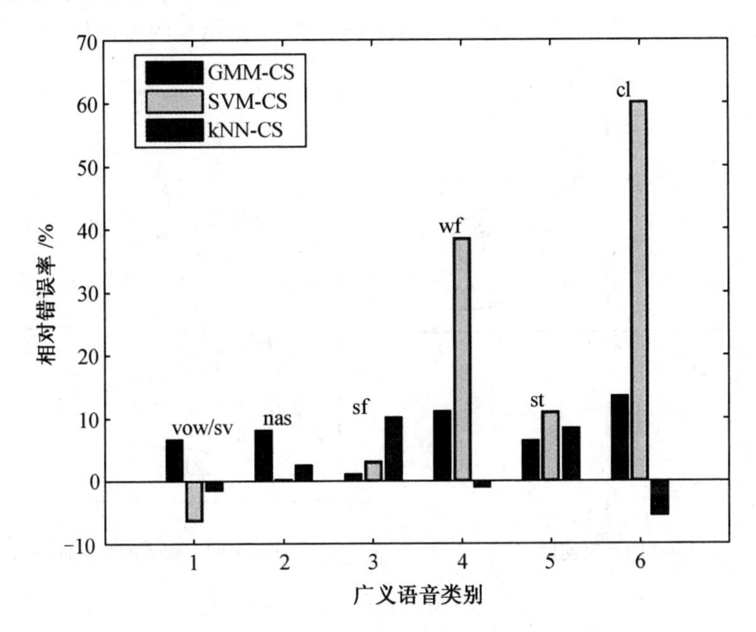

图 15.4　CS 和其他方法之间的相对错误率

15.5　稀疏表示的一个凸包方法

一个典型的 SR 公式在式(15.24) 中不限制 $\boldsymbol{\beta}$ 是正的或归一化的，这可以导致投影的训练点 $\boldsymbol{h}_i\beta_i$ 被反射和缩放。当存在数据可变性时这是可取的，当数据可变性最小化时允许足够多的灵活性可以减少类别之间的区别。在这个直觉的驱动下，我们给出两个例子，其中数据可变性被最小化，并且演示 SR 如何操作特征空间，从而导致分类错误。

首先，如图 15.5(a) 中所示，考虑两个二维空间中集群，其中采样点$\{\boldsymbol{a}_1, \boldsymbol{a}_2, \cdots, \boldsymbol{a}_6\}$ 属于类别 1，$\{\boldsymbol{b}_1, \boldsymbol{b}_2, \cdots, \boldsymbol{b}_6\}$ 属于类别 2。假设点 $\boldsymbol{a}_i$ 和 $\boldsymbol{b}_i$ 被串接到一个矩阵 $\boldsymbol{H}=[\boldsymbol{h}_1, \boldsymbol{h}_2, \cdots, \boldsymbol{h}_{12}]=[\boldsymbol{a}_1, \cdots, \boldsymbol{a}_6, \boldsymbol{b}_1, \cdots, \boldsymbol{b}_6]$ 中，用 $\boldsymbol{h}_i \in \boldsymbol{H}$ 表示。在一个典型的 SR 问题中，给定一个图 15.5(b) 中表示的新的点 $\boldsymbol{y}$，我们将 $\boldsymbol{y}$ 投影到 $\boldsymbol{H}$ 的训练样本线性扩展中，通过试图求解下式：

$$\operatorname{argmin} \|\boldsymbol{\beta}\|_0 \quad \text{s.t.} \quad \boldsymbol{y}=\boldsymbol{H\beta}=\sum_{i=1}^{12} \boldsymbol{h}_i\beta_i \tag{15.28}$$

如图 15.5(a) 所示，最优解的获得是通过设置对应点 $\boldsymbol{b}_2$ 权重实现的所有的 $\beta_i=0$(除了 $\beta_8=-1$)。在点 $|\boldsymbol{\beta}|_0$ 处得到最小值 1 且 $\boldsymbol{y}=-\boldsymbol{b}_2$，意味着其被划

分到类别 2 中。SR 方法对点 $\boldsymbol{y}$ 分类错误，其显然属于类别 1，因为它没有对 $\boldsymbol{\beta}$ 值进行限制。特别地，在此情况下，这个问题来自 $\boldsymbol{\beta}$ 元素的可能性为负值。

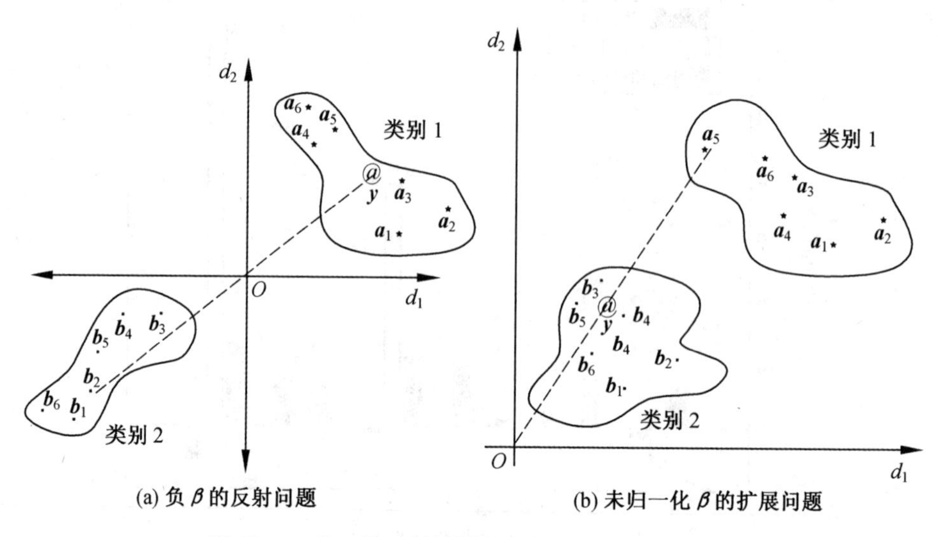

图 15.5　负 $\boldsymbol{\beta}$ 的反射问题和未归一化 $\boldsymbol{\beta}$ 的扩展问题

其次，考虑图 15.5(b) 所示的二维空间中两个集群，其采样点分别属于类别 1 和类别 2。在此，我们通过求解式(15.28) 求解试验点 $\boldsymbol{y}$ 的最佳表示。最优解通过设置所有的 $\beta_i=0$(除了 $\beta_5=0.5$) 获得。在这个值下，$|\boldsymbol{\beta}|_0$ 将获得最低可能的值 1 且 $\boldsymbol{y}=0.5\boldsymbol{a}_5$。这使得 $\boldsymbol{y}$ 的分类判决错误，$\boldsymbol{y}$ 显然是类别 2 中的一个点。这个分类错误是由于未在 $\boldsymbol{\beta}$ 元素中加上限制导致的。特别地，在这种情况下，这个问题来自于 $\boldsymbol{\beta}$ 值和没有归一化标准之间的完全独立性、作为强制 $\boldsymbol{\beta}$ 元素之间依赖关系的一种方式。如果我们强制 $\boldsymbol{\beta}$ 为正且归一化，那么训练点 $\boldsymbol{h}_i\in\boldsymbol{H}$ 将构成一个凸包。从数学的角度来看，一个训练点 $\boldsymbol{H}$ 的凸包由 $\boldsymbol{H}$ 点的有限子集的所有凸组合来定义，换句话说，满足以下的一组点：$\sum_{i=1}^{n}\boldsymbol{h}_i\beta_i$。在这里 n 是任一随机数，β_i 成分为正的且和为 1。

由于许多分类技术可能对异常值敏感，因此我们研究了我们的凸包 SR 方法的灵敏度。考虑图 15.6 所示的两个群集，采样点在类别 1 和类别 2 中。在此，给定点 $\boldsymbol{y}$，我们尝试求解式(15.28) 来找到 $\boldsymbol{y}$ 的最优表示，现在我们将要使用一个凸包方法来进行求解，它是通过对 $\boldsymbol{\beta}$ 施加额外的正约束和归一化约束实现的。

如图 15.6 所示，如果我们将 $\boldsymbol{y}$ 投影到类别 1 和类别 2 的凸包上，$\boldsymbol{y}$ 到类别 1 的凸包距离(表示为 $\boldsymbol{r}_1$) 小于从 $\boldsymbol{y}$ 到类别 2 凸包的距离(表示为 $\boldsymbol{r}_2$)。这导致了

一个 $\boldsymbol{y}$ 的错误判决分类，因为它属于类别 2。这个误分类是由于受到异常值 $\boldsymbol{a}_1$ 和 $\boldsymbol{a}_4$ 的影响，其为类别 1 创建了一个不合适的凸包。

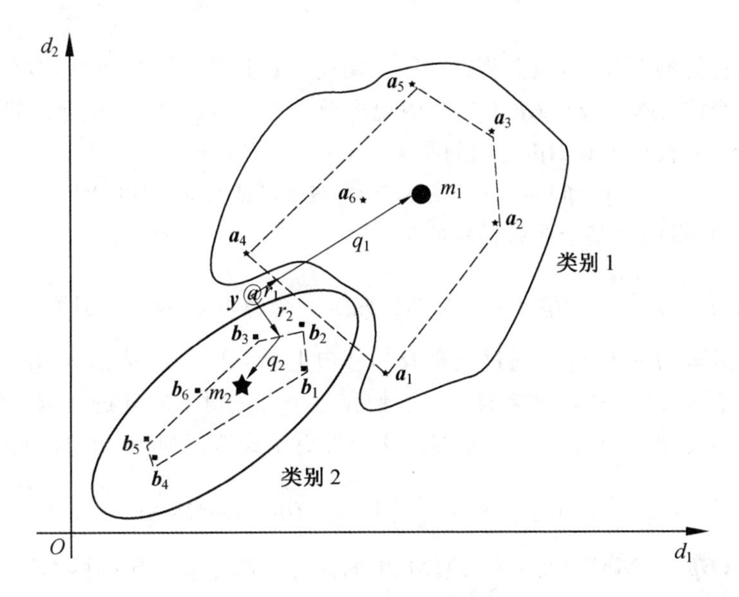

图 15.6　异常值影响

然而，全数据方法(例如 GMM) 异常值产生的影响要小得多，作为一个类的模型是通过估计属于这个类的训练样本的均值和方差来建立的。因此，如果包含 $\boldsymbol{y}$ 投影到 1 类和 2 类两个凸包之间的距离以及这个投影和 1 类和 2 类(距离分别表示为 q_1 和 q_2) 的单元 m_i 之间的距离，那么测试点 $\boldsymbol{y}$ 被正确分类。因此，将纯粹基于典型样本的距离(r_i) 与不易受异常值影响的基于 GMM 的距离(q_i) 相结合，提供了更稳健的度量。

15.5.1　凸包公式

在我们的稀疏表示凸包(SR-CH) 公式中，首先我们寻求将试验点 $\boldsymbol{y}$ 投影到 $\boldsymbol{H}$ 的凸包中。在 $\boldsymbol{y}$ 被投影到 $\boldsymbol{H}$ 的凸包中后，我们计算这个投影(我们称为 $\boldsymbol{H\beta}$) 与 $\boldsymbol{H}$ 的所有分类的高斯均值①之间的距离。全凸包公式试图找到最优的 $\boldsymbol{\beta}$ 来使得基于典型样本和基于 GMM 的距离都达到最小[8]。在这里 N_{classes} 表示 $\boldsymbol{H}$ 中特定类别的数量，而 $\|\boldsymbol{H\beta}-\boldsymbol{\mu}_t\|_2^2$ 是从 $\boldsymbol{H\beta}$ 到类别 t 的均值 $\boldsymbol{\mu}_t$ 的距离

① 注意在这里我们所说的高斯均值是从原始训练数据中建立，不是投影 $\boldsymbol{H\beta}$ 特征。

$$\underset{\boldsymbol{\beta}}{\operatorname{argmin}} \| \boldsymbol{y} - \boldsymbol{H\beta} \|_2^2 + \sum_{t=1}^{N_{\text{classes}}} \| \boldsymbol{H\beta} - \boldsymbol{\mu}_t \|_2^2 \quad \text{s.t.} \quad \sum_i \beta_i = 1 \quad 且 \quad \beta_i \geqslant 0 \tag{15.29}$$

在我们的工作中，我们将这些距离用概率进行测量。特别地，我们假设 $\boldsymbol{y}$ 满足一个线性模型 $\boldsymbol{y} = \boldsymbol{H\beta} + \boldsymbol{\zeta}$，其中观测噪声 $\boldsymbol{\zeta} \sim N(0, R)$。这允许我们用项 $p(\boldsymbol{y} \mid \boldsymbol{\beta})$ 来表示 $\boldsymbol{y}$ 和 $\boldsymbol{H\beta}$ 之间的距离

$$p(\boldsymbol{y} \mid \boldsymbol{\beta}) \propto \exp(-1/2(\boldsymbol{y} - \boldsymbol{H\beta})^{\mathrm{T}} R^{-1} (\boldsymbol{y} - \boldsymbol{H\beta})) \tag{15.30}$$

在这里，它指的是基于典型样本的项。

我们也为 $\sum_{t=1}^{N_{\text{classes}}} \| \boldsymbol{H\beta} - \boldsymbol{\mu}_t \|_2^2$ 项研究了一个概率表示。特别地，我们定义基于GMM的项 $p_{\mathrm{M}}(\boldsymbol{\beta})$，通过观察 $\boldsymbol{H}$ 的凸包上的 $\boldsymbol{y}$ 的投影（表示为 $\boldsymbol{H\beta}$）如何由每一个 N_{classes}GMM 模型来解释。我们在每个类中对 GMM 进行 $\boldsymbol{H\beta}$ 评分，并将所有类的评分（对数空间）相加。这个可更正式地写为（对数空间）

$$\log p_{\mathrm{M}}(\boldsymbol{\beta}) = \sum_{t=1}^{N_{\text{classes}}} \log p(\boldsymbol{H\beta} \mid \mathrm{GMM}_t) \tag{15.31}$$

其中，$p(\boldsymbol{H\beta} \mid \mathrm{GMM}_t)$ 表示在 GMM_t 中的评分。给定基于典型样本的项 $p(\boldsymbol{y} \mid \boldsymbol{\beta})$ 和基于 GMM 的项 $p_{\mathrm{M}}(\boldsymbol{\beta})$，在对数空间中我们想要最大化的总的目标函数为

$$\max_{\boldsymbol{\beta}} F(\boldsymbol{\beta}) = \{\log p(\boldsymbol{y} \mid \boldsymbol{\beta}) + \log p_{\mathrm{M}}(\boldsymbol{\beta})\} \quad \text{s.t.} \quad \sum_i \beta_i = 1 \quad 且 \quad \beta_i \geqslant 0 \tag{15.32}$$

公式(15.32) 可以通过使用许多优化方法进行求解。我们使用一种在语音识别中广泛采用的技术，即扩展的鲍姆 — 韦尔奇转换(EBW)[24] 来解决这个问题。在文献[37] 中，EBW 优化技术可以被用来最大化目标函数，其中目标函数可微且满足式(15.2)(也见 15.2.3 节和递归(15.8)) 中的限制。在文献[8] 中，在给定基于典型样本的项(15.30) 和一个基于 GMM 的项(15.31) 情况下，我们为 β_k^i 提供了一个封闭式解决方案。

在式(15.8) 中的参数 D 控制了目标函数的生长。我们研究将 D 设定在一个很小的值来保证目标函数的一个大的跳跃。然而，对于一个特定选择的 D，如果我们看到目标函数值在估计 $\boldsymbol{\beta}^k$ 时下降(即 $F(\boldsymbol{\beta}^k) < F(\boldsymbol{\beta}^{k-1})$)，或者一个 $\boldsymbol{\beta}_k^i$ 的成分为负，然后我们将 D 的值加倍，使用它在式(15.8) 中估计一个新的 $\boldsymbol{\beta}^k$ 值。我们继续增加 D 的值直到我们保证目标函数是增长的且所有的 β_i 为正。这个设置 D 的策略与使用 EBW 转换的语音其他应用是相同的[38]。迭代估计 $\boldsymbol{\beta}$ 的过程一直持续到目标函数值变化很小。

15.5.2　凸包分类规则

由于我们试图求解使得目标函数(15.32)最大化的 $\boldsymbol{\beta}$，因此探索一种将最佳类别定义为最大化该目标函数的分类规则似乎是自然的。使用式(15.32)、基于典型样本的项(15.30)和基于GMM的项(15.31)，最佳类 t^* 的目标函数链接分类规则由下式给出：

$$t^* = \max_t \{\log p(\boldsymbol{y} \mid \boldsymbol{\delta}_t(\boldsymbol{\beta})) + \log p(\boldsymbol{H}\boldsymbol{\delta}_t(\boldsymbol{\beta}) \mid \mathrm{GMM}_t)\} \quad (15.33)$$

其中，$\boldsymbol{\delta}_t(\beta)$ 是在 $\boldsymbol{\beta}$ 中对应于类别 t 的非零项组成的向量。

15.5.3　实验

在 TIMIT 任务下，我们对比了 SR-CH 方法与其他标准分类器的性能，包含 GMM、SVM、kNN 和 ABCS 稀疏表示方法。对于 GMM，我们通过最大似然目标函数和一个有区别的 BMMI 目标函数来探索它的训练[38]。每个分类器的参数都针对开发集中的每个特征集进行了优化。我们对比了 SR-CH 和这种方法，注意到对于 ABCS 分类规则，最优类别定义为 $\boldsymbol{\beta}$ 项有着最大 l_2 范数。

1. 算法行为

如同在 15.5.1 节中讨论的那样，对于一个合理选择的 D，SR-CH 方法的目标函数保证在每次迭代中增长。为了在 TIMIT 上通过实验观察这种行为，我们选择了一个随机测试电话段 $\boldsymbol{y}$，并使用 SR-CH 算法求解 $\boldsymbol{y}=\boldsymbol{H}\boldsymbol{\beta}$。图 15.7 给出每次迭代的目标函数值。注意目标函数迅速增加直到迭代数约为 30，然后缓慢增加，实验确认这个增长。

我们也分析了 SR-CH 方法的稀疏行为。对于一个随机选择的试验段 $\boldsymbol{y}$，图 15.7 画出了 SR-CH 算法每次迭代的稀疏水平(定义为非零 $\boldsymbol{\beta}$ 元素的数量)。注意到随着迭代数的增加，系数水平持续下降并且最终接近 20。我们直观的感觉是凸包式中 $\boldsymbol{\beta}$ 的归一化和正约束允许这个稀疏解。回顾所有的 $\boldsymbol{\beta}$ 系数都为正且 $\boldsymbol{\beta}$ 系数的和很小(即 $\sum_i \beta_i$)。假设初始 $\boldsymbol{\beta}$ 值被选择为一致的，并且事实上我们试图找到一个 $\boldsymbol{\beta}$ 来最大化式(15.32)，那么自然只有少数 $\boldsymbol{\beta}$ 元素将占主导地位，并且大部分 $\boldsymbol{\beta}$ 值将会演变为接近于零。

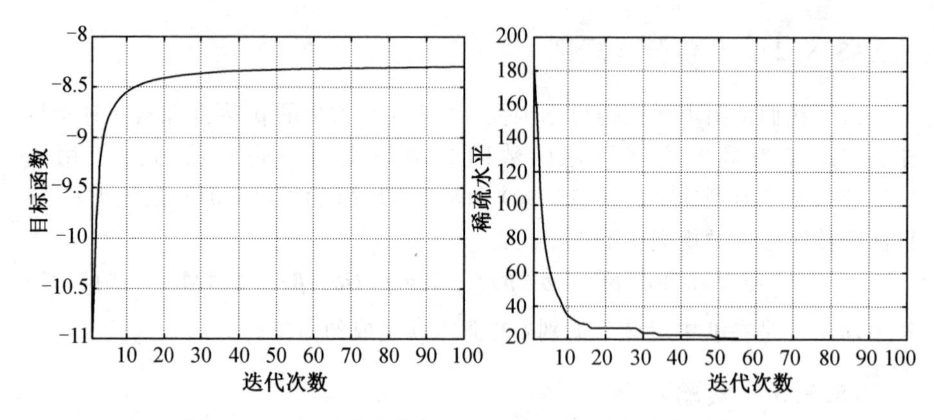

图 15.7　左:迭代次数与目标函数。右:迭代次数与稀疏

2. 与 ABCS 对比

为了研究在 CH 框架中对 $\boldsymbol{\beta}$ 的约束,我们对比了 SR-CH 与 ABCS,SR 方法不对 $\boldsymbol{\beta}$ 施加正的和归一化的约束。为了公平分析在 SR-CH 和 ABCS 方法中不同的 $\boldsymbol{\beta}$ 约束,我们仅使用典型样本项对比了两种方案,因为基于 GMM 的项对这两种方法是不同的。表 15.4 表明在 fBMMI 特征集上,SR-CH 方法有着比 ABCS 更好的性能,实验表明 $\boldsymbol{\beta}$ 值约束是正的且是归一化的,并且不允许 $\boldsymbol{H}$ 中的数据被反射和移动时,方法有更好的分类精度。

表 15.4　稀疏表示方法的精度

方法	精度
SR-CH(仅有典型案例)	**83.86**
ABCS(仅有典型案例)	78.16

3. 基于 GMM 的项

在这一小节中我们分析了在仅使用典型样本项与包含额外的基于模型的项(15.1) 情况下 SR-CH 的行为。表 15.5 给出在发展集中 fBMMI 特征的分类精度。注意到包括额外的 $\boldsymbol{H\beta}$GMM 模型项比基于典型样本项有着微高的分类精度,这证明了包含 GMM 项是一个性能稍微好些的分类器。

表 15.5　SR-CH 精度,TIMIT 发展集

SR-CH 基于 GMM 的项	精度
仅有典型项样本	83.86
典型案例项 + $\boldsymbol{H\beta}$ GMM 项	**84.00**

4. 与其他技术的对比

表 15.6 对比了在 TIMIT 核心测试集中,SR-CH 方法与其他常用分类方法的分类精度。注意到对于 ABCS,这个方法最好的数值是包含了典型样本项(Ex.)和 GMM 项。结果提供了 fBMMI 和 SA + fBMMI 特征集。注意到 SR-CH 有着比 GMM、kNN 和 SVM 分类器更好的性能。此外,强制 $\boldsymbol{\beta}$ 为正允许改进 ABCS。麦克尼马尔(McNemar)重要性测试表明 SR-CH 结果在 95% 置信水平下在统计学上是显著的。在文献[8]中实现的分类准确率为 82.87%,是在 2011 年使用判别性特征报告的 TIMIT 电话分类任务中的最佳数字,超过了文献[39]中报告的从前最好的单分类器数字 82.3%。最后,当使用 SA + fBMMI 特征时,SR-CH 方法实现的精度超过了 85%。

表 15.6 分类精度,TIMIT 核心测试集

方法	精度 fBMMI	精度 SA + fBMMI
SR-CH(Ex. + GMM)	**82.87**	**85.14**
ABCS(Ex. + GMM)	81.37	83.22
kNN	81.30	83.56
GMM - BMMI 训练后	80.82	82.84
SVM	80.79	82.62
GMM - ML 训练后	79.75	82.02

5. 精度与字典大小

许多基于典型样本的方法的一个缺点是,随着用于做出分类决策的训练样本的数量增加,准确性严重降低。例如,在 kNN 方法中,这意味着在投票期间每个类别使用的训练样本数量增加。类似地,对于 SR 方法,这等于 $\boldsymbol{H}$ 大小的增加。基于参数的分类方法(如 GMM)不会因为增加的训练数据大小而降低性能。

图 15.8 给出了不同分类方法中分类误差与训练示例数(即 $\boldsymbol{H}$ 的大小)。注意到 GMM 方法使用所有的训练数据训练,在这里仅用作参考。此外,因为 $\boldsymbol{H}$ 中的特征向量有 120 维,而对我们的 SR 方法,我们假设 $\boldsymbol{H}$ 过完整,在 $\boldsymbol{H}$ 中的样本数大于 120 时,我们仅给出 SR 方法的结果。

首先,观察两种仅基于典型样本的方法随着 $\boldsymbol{H}$ 的大小以指数增加的误差率,即没有模型项的 kNN 和 ABCS。然而,仅基于典型样本的方法,SR-CH 相对于 $\boldsymbol{H}$ 大小的增加更为稳定,展示了凸包正则化约束的价值。将额外的

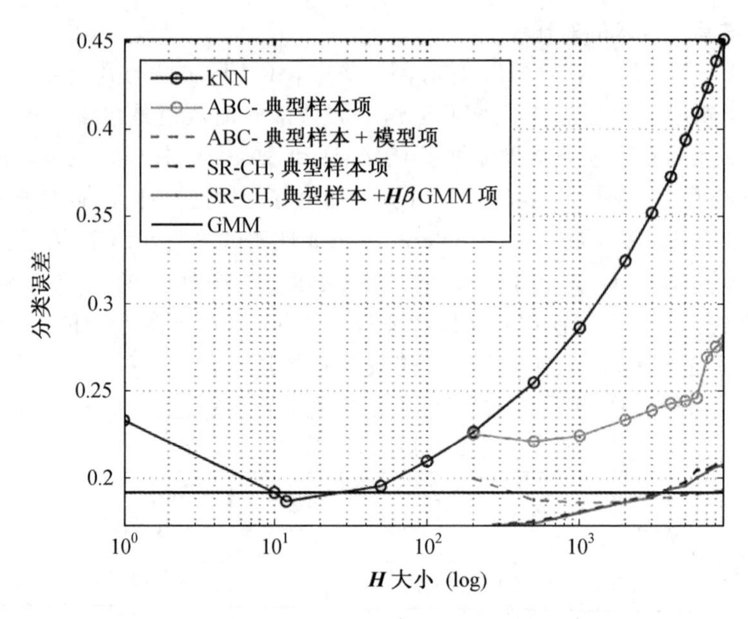

图 15.8　分类误差与 $\boldsymbol{H}$ 的大小

GMM 项包括在 SR-CH 方法中可以稍微提高准确度。然而，SR-CH 法在性能上仍然弱于 GMM 项的 ABCS 法。对此行为的一种解释是，ABCS 的 GMM 项正在获取给定 GMM 模型下数据 $\boldsymbol{y}$ 的概率，因此 ABCS 方法的准确性最终接近 GMM 的准确性。然后，在 SR-CH 中，我们捕获给定 GMM 的 $\boldsymbol{H\beta}$ 的概率。这是 $\boldsymbol{H}$ 较大时，SR-CH 相对于 ABCS 的一个缺点，我们希望将来解决这个问题。

15.6　稀疏表示特征

在本节中，我们将探索使用基于稀疏表示典型样本的技术[14] 来创建一套新的特征，利用 HMM 的优点来高效地比较跨帧的分数。与以前基于典型样本的方法相反，这些方法试图利用基于典型样本分类器本身的决策分数来生成概率（文献[1,2]）。在我们的 SR 方法中，给定一个测试向量 $\boldsymbol{y}$ 和一系列来自训练集的典型样本 $\boldsymbol{h}_i$，我们将其放入一个字典 $\boldsymbol{H}=[\boldsymbol{h}_1;\boldsymbol{h}_2;\cdots;\boldsymbol{h}_n]$，通过在 $\boldsymbol{\beta}$ 上施加稀疏约束的情况下求解 $\boldsymbol{y}=\boldsymbol{H\beta}$，将 $\boldsymbol{y}$ 表示为一个训练样本的线性组合。特征 $\boldsymbol{H\beta}$ 可以被认为是将测试样本 $\boldsymbol{y}$ 映射回 $\boldsymbol{H}$ 中训练样本的线性扩展。

我们将显示，与 GMM 相比，SR 方法①的帧分类准确性更高，这表明 $\boldsymbol{H\beta}$ 表示不仅使测试特征更接近于训练，而且使这些特征更接近于正确的类别。给定一系列这些新的 $\boldsymbol{H\beta}$ 特征，我们在这些特征和性能识别上训练 HMM。

一个语音信号由一系列特征向量 $\boldsymbol{Y}=\{\boldsymbol{y}^1,\boldsymbol{y}^2,\cdots,\boldsymbol{y}^n\}$ 定义，例如倒频谱系数(MFCCs)。对每个测试样本 $\boldsymbol{y}^t\in\boldsymbol{Y}$，我们选择一个合适的 $\boldsymbol{H}^t$，然后通过 ABCS 求解 $\boldsymbol{y}^t=\boldsymbol{H}^t\boldsymbol{\beta}^t$ 来计算一个 $\boldsymbol{\beta}^t$。然后给定这些 $\boldsymbol{\beta}^t$，一个对应的 $\boldsymbol{H}^t\boldsymbol{\beta}^t$ 向量被构建。因此一系列 $\boldsymbol{H\beta}$ 向量在每一帧都被构建为$\{\boldsymbol{H}^1\boldsymbol{\beta}^1,\boldsymbol{H}^2\boldsymbol{\beta}^2,\cdots,\boldsymbol{H}^n\boldsymbol{\beta}^n\}$。这些稀疏表示特征在训练和测试中都被构建。一个 HMM 随后在给定这些新特征的情况下被训练且在这个新的特征空间中执行识别。

15.6.1　配准程度测量

我们可以通过查看 $\boldsymbol{y}$ 和对应于特定类别的 $\boldsymbol{H\beta}$ 元素之间的残差来测量 $\boldsymbol{y}$ 将其自身分配给 $\boldsymbol{H}$ 中不同类别的配准程度[6]。理想情况下，$\boldsymbol{\beta}$ 所有的非零元素应该对应于 $\boldsymbol{H}$ 中与 $\boldsymbol{y}$ 相同的元素，且剩余误差在这个类中是最小的。更特别地，我们定义一个选择器 $\boldsymbol{\delta}_i(\boldsymbol{\beta})\in\mathbf{R}^N$ 作为一个向量，它的元素除了对应于类别 i 的元素外是非零的。然后我们计算类别 i 的残差 $\|\boldsymbol{y}-\boldsymbol{H}\boldsymbol{\delta}_i(\boldsymbol{\beta})\|_2$。$\boldsymbol{y}$ 的最优类别将是其残差最小的类别。在数学上，最优类别 i^* 定义为

$$i^*=\min_i\|\boldsymbol{y}-\boldsymbol{H}\boldsymbol{\delta}_i(\boldsymbol{\beta})\|_2 \tag{15.34}$$

15.6.2　字典 $\boldsymbol{H}$ 的选择

稀疏表示特征的成功与否很大程度上取决于 $\boldsymbol{H}$ 的选择。将所有类别的所有训练数据汇集到 $\boldsymbol{H}$ 中将使得 $\boldsymbol{H}$ 的列很大(通常是数百万帧)，并且将解决 $\boldsymbol{\beta}$ 难以处理的问题。因此，本节中我们讨论多种方法，从一个大的采样集合中选择 $\boldsymbol{H}$。回顾一下，为每一帧 $\boldsymbol{y}$ 选择 $\boldsymbol{H}$，然后使用 ABCS 找到 $\boldsymbol{\beta}$，为每一帧构建一个 $\boldsymbol{H\beta}$ 特征。

(1) 从最近邻域找到 $\boldsymbol{H}$。

对于每个 $\boldsymbol{y}$，我们在训练集中找到 $\boldsymbol{y}$ 的最近邻点。这 k 个邻域成为 $\boldsymbol{H}$ 的元素。文献[3] 中讨论了如何选择 SR 的邻域的数量 k。一系列 $\boldsymbol{H\beta}$ 特征为训练和测试而创建，但 $\boldsymbol{H}$ 一般由训练数据的数据生成。为了避免 $\boldsymbol{H\beta}$ 特征在训练集中的过度训练，我们只需要在训练时创建 $\boldsymbol{H\beta}$ 特征时，从训练中选择与 $\boldsymbol{y}$ 帧对应的说话人不同的样本。虽然这种 kNN 方法在小词汇量任务上是计算可

① 使用 SR 计算精度在文献[14] 中给出。

行的,但是将 kNN 用于大量的词汇任务可能计算成本很高。为了解决这个问题,我们下面讨论构成 $\boldsymbol{H}$ 的适合大量的词汇应用的其他选择。

(2) 使用一个三元语言模型(LM)。

理想情况下,在给定的帧处通常只评估一个小子集的高斯样本,因此属于这个小子集的训练数据可以用于生成 $\boldsymbol{H}$。为了在每一帧确定这些高斯样本,我们使用三元语言模型(LM) 对数据进行解码,并在每一帧中找到最佳配准的高斯样本。对每个高斯样本,我们计算这个高斯样本的其他 4 个最相近的高斯样本。在这里的相近是通过寻找具有最小欧氏距离的高斯样本对来定义的。当我们在特定的帧中找到前 5 的高斯样本后,我们将 $\boldsymbol{H}$ 的训练数据与这 5 个高斯样本进行排序。由于这个数字通常相当于 $\boldsymbol{H}$ 中的数千个训练样本,我们必须进一步采样。我们将在 15.6.3 节中讨论采样的方法。我们也对比了使用前 10 个高斯样本形成 $\boldsymbol{H}$ 与前 5 的差距。

(3) 使用一个一元语言模型。

使用三元 LM 的一个问题是,这个解码实际上是我们试图改进的基准系统。因此,用与最佳配准的高斯样本相关的帧形成 $\boldsymbol{H}$ 实质上是将 $\boldsymbol{y}$ 投影回初始识别它的高斯样本。因此,为了增加用于形成 $\boldsymbol{H}$ 的高斯样本和来自三元 LM 解码的最佳配准高斯样本之间的可变性,我们尝试使用一元 LM 在每一帧找到最佳配准高斯样本。再次,给定最佳配准高斯样本,找到 4 个相对它最近的高斯样本并且来自这 5 个高斯样本的数据被用来构成 $\boldsymbol{H}$。

(4) 不使用语言模型信息。

为了进一步削弱 LM 的影响,我们研究仅使用声音信息构成 $\boldsymbol{H}$。即,在每一帧找到 5 个最高分高斯样本。$\boldsymbol{H}$ 由与这些高斯样本配准的训练数据组成。

(5) 设置唯一的音素。

通过找到相对于最佳配准高斯样本的 5 个最接近的高斯样本来构成 $\boldsymbol{H}$ 的另一个问题是,所有这些高斯样本可能来自相同的音素(即音素“AA”)。因此,我们尝试找到 5 个相对最优配准最接近的高斯样本,使这些高斯样本的音素身份是独一无二的(即“AA”“AE”“AW” 等)。$\boldsymbol{H}$ 由与这 5 个高斯样本配准的帧组成。

(6) 使用高斯均值。

上述形成 $\boldsymbol{H}$ 的方法使用来自训练集的实际样本,计算成本较高。为了解决这个问题,我们从高斯均值研究形成 $\boldsymbol{H}$。即,在每一帧使用一个三元 LM 来找到最优配准的高斯样本,然后找到和这个高斯样本最近的 499 个最近的高斯样本,然后使用这 500 个高斯样本的均值来构成 $\boldsymbol{H}$。

15.6.3　采样选择

如上所述,如果使用属于特定高斯样本的所有训练数据来对 $\boldsymbol{H}$ 进行形成处理,则这相当于 $\boldsymbol{H}$ 中的数千个训练样本。我们研究两种方法来采样这些数据的子集构成 $\boldsymbol{H}$。

1. 随机采样

对于每个高斯样本,我们想从与高斯样本的全部训练帧组中随机采样的 N 个训练样本中选择训练数据。对最近 5 个高斯样本重复这个过程。随着"最近距离"下降,我们降低 N 的大小。例如,对于最近的 5 个高斯样本,每个高斯样本中选择的数据点数 N 分别为 200、100、100、50 和 50。

2. 基于余弦相似度的采样

虽然随机采样提供了一个相对较快的方法来选择一个训练样本的子集,但是并不能保证我们从这个高斯样本子集中选择实际上接近于 $\boldsymbol{y}$ 的"好样本"。或者,我们研究这些与一个高斯配准的训练点折分成为与高斯均值距离分别为 1σ、2σ 等的子集。然后在每个 σ 子集中,我们找到与测试点 $\boldsymbol{y}$ 有最接近的余弦相似度的训练点。在所有的 1σ、2σ 等值中重复这种操作。再次,从每个高斯样本子集采样的数量随着"接近度"的减小而减少。

15.6.4　实验

本节的小词汇识别实验是在 TIMIT 语音语料上进行的[16]。与文献[40]类似,在训练集上训练声学模型,并在核心测试集上报告结果。初始声学特征是 13 维 MFCC 特征。大量的词汇实验是在英语广播新闻转录任务上进行的[17]。声学模型是在 1996 年和 1997 年英语广播新闻语言公司的 50 h 的数据进行训练。结果在 EARS Dev-04f 组的 3 h 内报告。最初的声学特征是 19 维 PLP 特征。

小型和大型的词汇实验都使用以下配方训练声学模型[40]。首先,训练一集 CI HMM,要么使用音标(TIMIT) 的信息,要么使用从平面开始(广播新闻) 的信息。CI 模型随后用于引导一组 CD 三音模型的训练。这一步中,在每一帧里,将围绕该帧的一系列连续帧连接在一起,并应用线性判别分析(LDA) 变换将特征向量投影降到 40 维。接下来,使用声道长度归一化(VTLN) 和特征空间最大似然线性回归(fMLLR) 将特征映射到规范说话者空间中。然后,使用提升的最大互信息(BMMI) 标准创建一组有区别地训练的特征和模型。最后,这组模型使用 MLLR 进行调整。

我们从一组 fBMMI 特征中创建一组 $\boldsymbol{H\beta}$ 特征。我们选择这个水平是因为这些特性提供了相对于 LDA、VTLN 或 fMLLR 特征的最高帧精度,从而使

我们能够利用 $\boldsymbol{H\beta}$ 特征进一步提高精度。为来自训练和测试的 fBMMI 特征的每一帧都创建一组 $\boldsymbol{H\beta}$ 特征。新的 ML HMM 通过这些新特征进行训练，并用于训练和测试。由于 $\boldsymbol{H\beta}$ 特征创建了有区别训练的 fBMMI 特征的线性组合，我们认为有些歧视可能会丢失。因此，我们在探讨应用模型空间判别式训练和 MLLR 之前，对 $\boldsymbol{H\beta}$ 特征应用另一个 fBMMI 变换。

在下面我们在小词汇量和大词汇量任务中给出使用 $\boldsymbol{H\beta}$ 特征的结果。

15.6.5　稀疏分析

我们首先分析通过使用 ABCS 求解 $\boldsymbol{y}=\boldsymbol{H\beta}$ 得到的 $\boldsymbol{\beta}$ 系数[3]。对两个随机选择的帧 $\boldsymbol{y}$，图 15.9 显示了 TIMIT 中与 $\boldsymbol{H}$ 中的 200 个元素对应的 $\boldsymbol{\beta}$ 系数以及广播新闻中与 $\boldsymbol{H}$ 中 500 个元素对应的 $\boldsymbol{\beta}$ 系数。注意，对于这两个数据集，$\boldsymbol{\beta}$ 中元素相当稀疏，说明 $\boldsymbol{H}$ 中只有少数样本用于表征 $\boldsymbol{y}$。如同文献[6] 中所讨论的，这个稀疏性可以被认为是一种区分的形式，因为某些样本在 $\boldsymbol{H}$ 中选择为“好”，而在 $\boldsymbol{H}$ 中共同赋予零权重“坏”的样本。与 GMM 相比，我们已经看到了 SR 分类方法的优点，甚至在有区别地训练的 $\boldsymbol{y}$ 特征之上[3]。在 15.6.6 节中，我们也重新确认了这一行为。除了具有差异训练的 fBMMI 特征之外的 SR 的额外益处，还有 SR 的基于典型样本的性质，激励我们进一步探索其识别任务的行为。

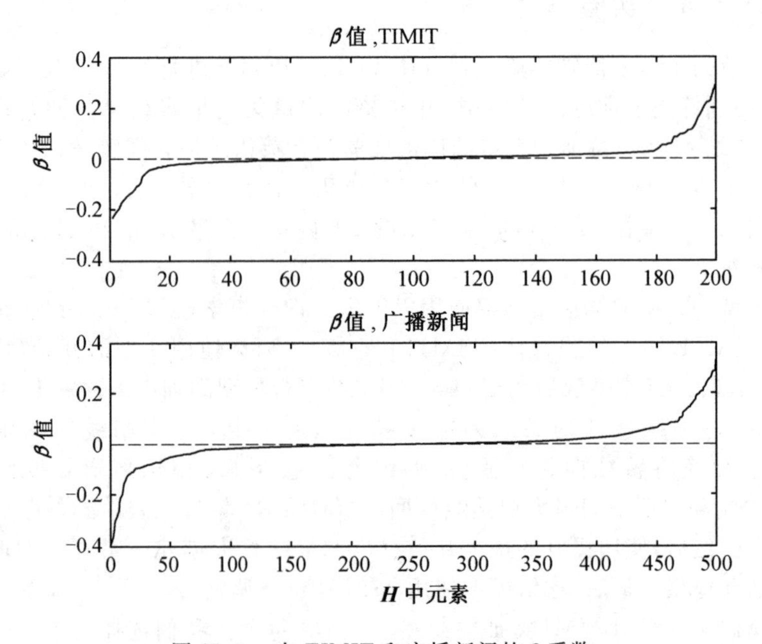

图 15.9　在 TIMIT 和广播新闻的 $\boldsymbol{\beta}$ 系数

15.6.6　TIMIT 结果

1. 帧精度

$\boldsymbol{H\beta}$ 的成功首先依赖于这样一个事实，即当在每一帧计算 $\boldsymbol{y}=\boldsymbol{H\beta}$ 时，$\boldsymbol{\beta}$ 向量给予正确类别大量支持和不正确类别很少支持（图 15.9）。因此，每一帧的分类精度使用式(15.34)计算，理论上应该很高。表 15.7 给出 GMM 和 SR 方法的帧精度。

表 15.7　在 TIMIT 核心测试集的帧精度

分类器	帧精度
GMM	70.4
稀疏表示	**71.7**

注意 SR 技术比 GMM 方法有着更好的性能，再次确认了基于典型样本分类器的优势。

2. $\boldsymbol{H\beta}$ 特征的误差率

表 15.8 给出 $\boldsymbol{H\beta}$ 特征在 TIMIT 的识别性能。由于 TIMIT 的小词汇特征，我们仅从最近邻域中生成 $\boldsymbol{H}$。注意，在 fBMMI 空间创建一系列 $\boldsymbol{H\beta}$ 特征在 PER 上提供 0.7% 的改善。考虑到 TIMIT 的小词汇性质，没有将另一个 fBMMI 变换应用到基准或 $\boldsymbol{H\beta}$ 特征时不会获得增益。将 BMMI 和 MLLR 应用到两个特征集之后，$\boldsymbol{H\beta}$ 特征在基准系统上的 PER 提高了 0.5%。这表明使用基于典型样本的 SR 产生 $\boldsymbol{H\beta}$ 特征不仅使测试特征更接近于训练，而且使特征向量更靠近正确的类别，导致 PER 的下降。

表 15.8　TIMIT 的 WER

基准系统	PER	$\boldsymbol{H\beta}$ 系统	PER
fBMMI	19.9	$\boldsymbol{H\beta}$	**19.2**
+BMMI+MLLR	19.5	+BMMI+MLLR	**19.0**

15.6.7　广播新闻结果

1. *H* 的选择

表 15.9 显示了在第 15.6.2 节中讨论的选择不同 ***H*** 的 ***Hβ*** 特征的 WER。请注意，基准 fMMI 系统的 WER 为 21.1%。可以观察到：

(1) 采样随机完成或使用余弦相似性时，WER 差别不大。为了提高速度，我们使用 ***H*** 选择方法的随机采样。

(2) 使用 5 个高斯样本和使用 10 高斯样本有着轻微的不同。

(3) 采用最近邻域形成 ***H*** 比使用三元 LM 的方法差。在广播新闻中，我们发现 kNN 有着比 GMM 低的帧精度，在大词汇量语料库的文献[1] 中也有类似的观测结果。当使用最近邻域形成 ***H*** 时，这个较低的帧精度转化为较高的 WER。

(4) 从独特的高斯样本中形成 ***H*** 提供了对 ***Hβ*** 特征的音素类别的多变性，也导致较高的 WER。

(5) 使用医院 LM 来减少用于形成 ***H*** 的高斯样本和来自三元 LM 解码的最佳配准高斯样本之间的联系，使 WER 比三元 LM 略高。

(6) 不使用 LM 信息导致了一个非常高的 WER。

(7) 使用高斯手段来形成 ***H*** 减少了计算以产生 ***Hβ***，而 WER 没有大幅增加。

表 15.9　***Hβ*** 特征在不同 ***H*** 下的 WER

H 选择方法	WER
三元 LM，随机采样，前 5 高斯样本	21.2
三元 LM，余弦相似性采样，前 5 高斯样本	21.3
三元 LM，前 10 高斯样本	21.3
最近邻域，500	21.4
三元 LM，5 个独特的高斯样本	21.6
一元 LM，前 5 高斯样本	**21.1**
非 LM 信息，前 5 高斯样本	22.7
高斯均值，前 500 高斯样本	21.4

2. *Hβ* 特征的 WER

广播新闻任务的 ***Hβ*** 功能的性能如表 15.10 所示。在 fBMMI 空间创建一组 ***Hβ*** 特征，其 WER 为 21.1%，与基准系统相当。然而，对 ***Hβ*** 特征应用

fBMMI 变换后，我们获得了 20.2% 的 WER；当另一个 fBMMI 变换应用于原始 fBMMI 特征时，其绝对值提高了 0.2%。最后，在将 BMMI 和 MLLR 应用于两个特征集之后，$\boldsymbol{H\beta}$ 特征提供了 18.7% 的 WER，相对于基准系统，WER 的绝对值改善了 0.3%。这再次证明，使用关于实际训练样本的信息来产生一组更接近于训练并且具有比 GMM 更高的帧精确度的特征，提高了对大词汇量的精度。

表 15.10　广播新闻的 WER

基准系统	WER	$\boldsymbol{H\beta}$ 系统	WER
fBMMI	21.1	$\boldsymbol{H\beta}$	21.1
+ fBMMI	20.4	+ fBMMI	20.2
+ BMMI + MLLR	19.0	+ BMMI + MLLR	18.7

15.7　SR 电话识别特征(S_{pif})

在这一节中，我们复习使用 SR 进行分类，并且使用这个框架工作来创建我们的 $\boldsymbol{S}_{\text{pif}}$ 特征。让我们首先描述如何使用 $\boldsymbol{\beta}$ 来创建一组 $\boldsymbol{S}_{\text{pif}}$ 特征。首先定义矩阵 $\boldsymbol{H}_{\text{phnid}}=[\boldsymbol{p}_{1,1},\boldsymbol{p}_{1,2},\cdots,\boldsymbol{p}_{w,n_w}]\in\mathbf{R}^{r\times N}$ 有着和初始 $\boldsymbol{H}$ 相同的列数 N，但有着不同的行数 r。回顾每个 $\boldsymbol{x}_{i,j}\in\boldsymbol{H}$，都有一个相对应的类别标签 i。我们定义对应于特征向量 $\boldsymbol{x}_{i,j}\in\boldsymbol{H}$ 的每个 $\boldsymbol{p}_{i,j}\in\boldsymbol{H}_{\text{phnid}}$ 是一个除了对应于 $\boldsymbol{x}_{i,j}$ 的类别序号 i 处，其余为零的向量。图 15.10 显示了与 $\boldsymbol{H}$ 相对应的 $\boldsymbol{H}_{\text{phnid}}$，其中每个 $\boldsymbol{p}_{i,j}$ 成为一个对应于 $\boldsymbol{x}_{i,j}$ 的类别处值为 1 的电话标识向量。在这里每个 $\boldsymbol{p}_{i,j}$ 的维数 r 等于类别的总数。

$$\boldsymbol{H}=\begin{bmatrix}\boldsymbol{x}_{0,1} & \boldsymbol{x}_{0,2} & \boldsymbol{x}_{1,1} & \boldsymbol{x}_{2,1}\\ 0.2 & 0.3 & 0.7 & 0.1\\ 0.5 & 0.6 & 0.1 & 0.1\\ c=0 & c=0 & c=1 & c=2\end{bmatrix}\rightarrow\boldsymbol{H}_{\text{phnid}}=\begin{bmatrix}\boldsymbol{p}_{0,1} & \boldsymbol{p}_{0,2} & \boldsymbol{p}_{1,1} & \boldsymbol{p}_{2,1}\\ 1 & 1 & 0 & 0\\ 0 & 0 & 1 & 0\\ 0 & 0 & 0 & 1\end{bmatrix}$$

图 15.10　对应于 $\boldsymbol{H}$ 的 $\boldsymbol{H}_{\text{phind}}$

一旦通过求解 $\boldsymbol{y}=\boldsymbol{H\beta}$ 得到 $\boldsymbol{\beta}$，我们这个 $\boldsymbol{\beta}$ 在新字典 $\boldsymbol{H}_{\text{phind}}$ 中选择重要的类别。特别地，我们定义一个新特征向量 $\boldsymbol{S}_{\text{pif}}$ 为 $\boldsymbol{S}_{\text{pif}}=\boldsymbol{H}_{\text{phind}}\boldsymbol{\beta}^2$，其中对 $\boldsymbol{\beta}$ 中的每个元素平方，即 $\boldsymbol{\beta}^2=\{\beta_i^2\}$。注意我们使用 $\boldsymbol{\beta}^2$ 和使用(15.34) 给出的 $\|\boldsymbol{\delta}_i(\boldsymbol{\beta})\|_2$ 分类规则是类似的。$\boldsymbol{S}_{\text{pif}}$ 向量的每一行 i 粗略表示类别 i 的 $\boldsymbol{\beta}$ 元素的 l_2 范数。

一个语音信号由一系列特征向量 $\boldsymbol{Y}=\{\boldsymbol{y}^1,\boldsymbol{y}^2,\cdots,\boldsymbol{y}^n\}$ 定义，例如倒频谱系

数(MFCCs)。对每个测试采样 $\boldsymbol{y}^t \in \boldsymbol{Y}$,我们求解 $\boldsymbol{y}^t = \boldsymbol{H}^t\boldsymbol{\beta}^t$ 来计算一个 $\boldsymbol{\beta}^t$。然后给定这个 $\boldsymbol{\beta}^t$,构成一个相应的 $\boldsymbol{S}_{\mathrm{pif}}^t$ 向量。因为在每个采样中的 $\boldsymbol{\beta}^t$ 表示能够最好表示测试向量 $\boldsymbol{y}^t$ 的 $\boldsymbol{H}^t$ 中元素的权重,这使得在帧间对比 $\boldsymbol{\beta}^t$ 值和 $\boldsymbol{S}_{\mathrm{pif}}^t$ 向量很困难。因此,为了保证这些值可以在样本间进行对比,$\boldsymbol{S}_{\mathrm{pif}}^t$ 向量在每个样本里进行归一化。因此,在样本 t 中新的 $\boldsymbol{S}_{\mathrm{pif}}^t$ 向量通过 $\bar{\boldsymbol{S}}_{\mathrm{pif}}^t = \dfrac{\boldsymbol{S}_{\mathrm{pif}}^t}{\| \boldsymbol{S}_{\mathrm{pif}}^t \|_1}$ 计算。一系列 $\boldsymbol{S}_{\mathrm{pif}}$ 向量被创建为 $\{\bar{\boldsymbol{S}}_{\mathrm{pif}}^1, \bar{\boldsymbol{S}}_{\mathrm{pif}}^2, \cdots, \bar{\boldsymbol{S}}_{\mathrm{pif}}^n\}$,并被用来识别。

15.7.1 字典 H 的构建

SR 的成功依赖于合理选择 $\boldsymbol{H}$。在文献[14]中研究了许多从大样本集中构建 $\boldsymbol{H}$ 的方法。下面的工作中我们总结选择 $\boldsymbol{H}$ 的主要方法。

1. 最近邻域构建 H

对于每个 $\boldsymbol{y}$,我们从训练集中的所有示例中找到最接近 $\boldsymbol{y}$ 的邻域。这 k 个近邻域成为 $\boldsymbol{H}$ 中的元素。虽然这种方法适用于小型词汇任务,但对于大型数据集来说计算成本较高。

2. 使用一个语言模型

在语音识别中,当使用一组 HMM(其具有由高斯给出的输出分布)对话语进行评分时,一般地,在给定帧处仅评估这些高斯样本的小子集可以在不降低准确度的情况下大幅提高速度[41]。使用这个事实,我们使用属于一小部分高斯样本的训练数据来形成 $\boldsymbol{H}$。为了在每帧确定这些高斯样本,我们使用语言模型(LM)对数据进行解码,并在每一帧找到最佳配准的高斯样本。对于每个高斯样本,我们计算 4 个其他到这个高斯样本最接近的高斯样本。当我们在特定的帧中找到前 5 名的高斯样本后,我们用与这些前 5 名高斯样本配准的训练数据来构成 $\boldsymbol{H}$。我们探索使用三元 LM 和单元 LM 来获得最优的高斯样本。

3. 使用一个晶格

如上所示构成 $\boldsymbol{H}$ 类似于在帧级找到最好的 $\boldsymbol{H}$。然而,语音识别的目标是识别单词,因此我们使用与竞争性单词假设相关的信息来探索构成 $\boldsymbol{H}$。特别地,我们创建了一个竞争性的单词假设的晶格,并从晶格的高斯序列中获得每帧的最优高斯样本。找到前 5 个最接近这个最优高斯样本的高斯样本,并且来自这 5 个高斯样本的数据被用于构成 $\boldsymbol{H}$。

15.7.2 降低锐度估计误差

如同 15.7.1 节所描述的,为了计算高效,$\boldsymbol{S}_{\mathrm{pif}}$ 特征通过首先为字典 $\boldsymbol{H}$ 预先

选择少量数据而创建。这意味着在 $\boldsymbol{H}$ 中只有几个类别，而只有一些 $\boldsymbol{S}_{\text{pif}}$ 后缀是非零的，我们将其定义为特征清晰度。特征清晰度本身是有好处的 —— 例如，如果我们能够在每一帧中准确地预测出正确的类别，在 $\boldsymbol{S}_{\text{pif}}$ 中捕获这个的 WER 将接近零。但是，由于我们受限于可用于构成 $\boldsymbol{H}$ 的数据量，不正确的类别可能会使它们的概率提高超过正确的类别，我们称之为锐度估计误差。在本节中，我们探索各种技术来消除尖锐的 $\boldsymbol{S}_{\text{pif}}$ 特征并减少估计误差。

1. 类别鉴定的选择

$\boldsymbol{S}_{\text{pif}}$ 向量的定义基于 $\boldsymbol{H}$ 中的类别标签。本节中我们研究类别标签的两种选择。首先我们研究使用单音类标签。其次，我们通过一组与上下文无关 (CI) 三音素研究 $\boldsymbol{H}$ 中的标签类。当使用三音素增加了 $\boldsymbol{S}_{\text{pif}}$ 向量维度时，向量中的元素现在不那么尖锐，因为特定单音的 $\boldsymbol{\beta}$ 值更可能分布在这个单音的三个不同的三音素中。

2. 后验组合

另一种降低特征清晰度的技术是将 $\boldsymbol{S}_{\text{pif}}$ 后验与来自 HMM 系统的后验结合起来，后者通常是在使用神经网络创建后验时经常被研究的技术[17]。特别地，我们定义 $h^j(\boldsymbol{y}^t)$ 为观测 $\boldsymbol{y}^t$ 和一个 HMM 系统状态 j 的输出分布。此外，定义 $S^j_{\text{pif}}(\boldsymbol{y}^t)$ 为 $\boldsymbol{S}_{\text{pif}}$ 相对于 j 的后验。注意 $\boldsymbol{S}_{\text{pif}}$ 后验的数量可能少于 HMM 状态的数量，所以相同的 $\boldsymbol{S}_{\text{pif}}$ 后验可能匹配多个 HMM 状态。例如，$\boldsymbol{S}_{\text{pif}}$ 后验相对于电话“aa”可能对应于 HMM 的状态“aa－b－0”“aa－m－0”等。给定 HMM 和 $\boldsymbol{S}_{\text{pif}}$ 后验，最终输出 $b^j(\boldsymbol{y}^t)$ 由式(15.35)给出，其中 λ 是 $\boldsymbol{S}_{\text{pif}}$ 后验流的权重，从一个支撑集中选出。

$$b^j(\boldsymbol{y}_t) = h^j(\boldsymbol{y}_t) + \lambda S^j_{\text{pif}}(\boldsymbol{y}_t) \tag{15.35}$$

3. $\boldsymbol{S}_{\text{pif}}$ 特征组合

如同我们在 15.7.5 节中给出的，$\boldsymbol{S}_{\text{pif}}$ 特征使用不同的方法进行创建来选择 $\boldsymbol{H}$ 提供的完整信息。例如，当用晶格构成 $\boldsymbol{H}$ 时创建的 $\boldsymbol{S}_{\text{pif}}$ 特征具有较高的帧精度，并且包含比使用单元或三元 LM 构成 $\boldsymbol{H}$ 时更多的序列信息。然而，由晶格信息构成的 $\boldsymbol{S}_{\text{pif}}$ 特征远比使用单元或三元 LM 构成的锐利。因此，我们研究结合不同的 $\boldsymbol{S}_{\text{pif}}$ 特征。若我们用 $\boldsymbol{S}^{\text{tri}}_{\text{pif}}$、$\boldsymbol{S}^{\text{uni}}_{\text{pif}}$ 和 $\boldsymbol{S}^{\text{lat}}_{\text{pif}}$ 表示由三种不同 $\boldsymbol{H}$ 选择方法创建，如式(15.36)所示，我们将这些特征组合来形成一个新的 $\boldsymbol{S}^{\text{comb}}_{\text{pif}}$。权重 $\{\alpha,\beta,\gamma\}$ 从一个固定集中选择，且 $\alpha+\beta+\gamma=1$。

$$\boldsymbol{S}^{\text{comb}}_{\text{pif}} = \alpha\boldsymbol{S}^{\text{tri}}_{\text{pif}} + \beta\boldsymbol{S}^{\text{uni}}_{\text{pif}} + \gamma\boldsymbol{S}^{\text{lat}}_{\text{pif}} \tag{15.36}$$

15.7.3　实验

在 TIMIT 上进行小型词汇识别实验[16]。与文献[14]类似，在训练集上训练声学模型，并在核心测试集上报告结果。初始声学特征是13维MFCC特征。大量的词汇实验是在英语广播新闻转录任务上进行的[17]。声学模型是在1996年和1997年英语广播新闻语言公司的50 h的数据训练。结果在EARS Dev-04f组的3 h内报告。最初的声学特征是19维PLP特征。

两个语料库都使用以下配方进行训练。首先，使用来自语音转录(TIMIT)的信息或从平面开始(广播新闻)来训练一组CI HMM。然后CI模型用于引导一组CD三音模型的训练。在这个步骤中，给定一组初始MFCC或PLP特征，创建一组LDA特征。在特征被适配后，使用提升的最大互信息(BMMI)标准来创建一组有区别地训练的特征和模型。最后，模型通过MLLR进行调整。

在TIMIT上，我们探索从LDA和fBMMI特征中创建$\boldsymbol{S}_{\text{pif}}$特征，而对于广播新闻，我们只在fBMMI阶段之后创建$\boldsymbol{S}_{\text{pif}}$特征。初始LDA/fBMMI特征被同时用于$\boldsymbol{y}$和$\boldsymbol{H}$上来求解$\boldsymbol{y}=\boldsymbol{H\beta}$以及在每一帧中创建$\boldsymbol{S}_{\text{pif}}$特征。在此工作中，我们研究了ABCS方法。一旦创建了许多系列的$\boldsymbol{S}_{\text{pif}}$向量，一个HMM基于这些训练特征被建立。

15.7.4 TIMIT结果

1. 帧精度

$\boldsymbol{S}_{\text{pif}}$的成功首先依赖于使用式(15.34)，理想情况下应该很高。表15.11显示了对于LDA和fBMMI特征空间GMM和SR方法的分类精度①。请注意，SR技术比GMM方法有显著的改进。

表15.11 TIMIT核心测试集的帧精度

分类器	帧精度(LDA)	帧精度(fBMMI)
GMM	61.5	70.4
SR	**64.0**	**71.7**

2. 识别结果：分类识别

表15.12显示了不同级别识别选择的CD级语音错误率(PER)。因为在TIMIT中只使用kNN来构成$\boldsymbol{H}$，我们称之为特征$\boldsymbol{S}_{\text{pif}}^{\text{knn}}$。我们还列出了有关TIMIT文献中报告的其他CD-ML训练系统的结果。注意，通过使用三音素

① 没有包括HMM的精确度，因为这考虑了GMM和SR方法都没有的序列信息。

而不是单音素来平滑 $\boldsymbol{S}_{\text{pif}}$ 特征的锐度误差会导致错误率的降低。$\boldsymbol{S}_{\text{pif}}$ 三音素的功能优于LDA功能,并且还为ML训练系统提供CD级TIMIT上所有方法的最佳结果。

表 15.12 TIMIT 核心测试集的 PER-CD ML 训练系统

系统	PER/%
$\boldsymbol{S}_{\text{pif}}^{\text{knn}}$ 单音素,IBM CD HMM (本书)	25.1
单音素 HTMs[42]	24.8
基准 LDA 特征,IBM CD HMM	24.5
异构测量[43]	24.4
$\boldsymbol{S}_{\text{pif}}^{\text{knn}}$ 三音素,IBM CD HMM(本书)	**23.8**

在fBMMI阶段之后我们进一步研究 $\boldsymbol{S}_{\text{pif}}$ 特征。表15.13表现出其性能现在弱于fBMMI系统。由于fBMMI特征已经自然地区别了并且提供了好的类别分离性,这个空间中建立的 $\boldsymbol{S}_{\text{pif}}$ 特征太过锐利,导致PER的上升。

表 15.13 TIMIT 核心测试集的 PER－fBMMI 水平

特征	PER
基准 fBMMI 特征	19.4
$\boldsymbol{S}_{\text{pif}}^{\text{knn}}$ 三音素	20.7

3. 识别结果:后验组合

如表15.14所示,我们研究结合 $\boldsymbol{S}_{\text{pif}}$ 和HMM后验来降低特征锐利性。我们观察到,在TIMIT中,将两个不同特征流的后验相结合,与基准fBMMI系统相比,对识别精度几乎没有影响,表明两个系统之间几乎没有互补性。因为后验组合没有观察到增益,所以未进一步探索 $\boldsymbol{S}_{\text{pif}}$ 特征组合。

表 15.14 TIMIT 核心测试集的 PER 后验组合

特征	PER
基准 fBMMI 特征	19.4
$\boldsymbol{S}_{\text{pif}}^{\text{knn}}$,后验组合	19.4

15.7.5 广播新闻

本节中我们研究广播新闻的 $\boldsymbol{S}_{\text{pif}}$ 特征。

1. 识别结果：*H* 的选择和分类识别

表 15.15 给出在广播新闻中，选择不同的 ***H*** 和分类识别时的帧精度和 WER。我们还量化了不同 S_{pif} 方法之间的锐度估计误差。我们将锐度定义为一个 S_{pif} 向量，通过从特征的非零概率计算熵。S_{pif} 特征越锐利，熵越低。非常尖锐的 S_{pif} 特征将强调帧的非正确类别，导致分类错误。因此，我们通过所有错误分类的 S_{pif} 帧的平均熵测量锐度误差。请注意，锐度仅针对单音素 S_{pif} 特征进行测量。因为特征维度增加了，使用三音素 S_{pif} 可以平滑类别概率。然而，由于正确的电话标签和维度是不同的两个特征，因此难以量化地比较单音和三音素特征的特征锐度。

表 15.15　广播新闻中分类识别的 WER

特征	帧精度	S_{pif} 错误帧 S_{pif} 熵	WER
基准 fBMMI ML 训练	—	—	19.4
S_{pif}^{tri} 单音素	70.3	2.27	19.5
S_{pif}^{uni} 单音素	68.3	2.23	29.0
S_{pif}^{lat} 单音素	77.2	0.86	21.6
S_{pif}^{tri} 三音素	—	—	19.8

首先，请注意表 15.15 中的帧精度和熵之间的趋势。S_{pif}^{uni} 特征有一个较低的帧精度，因此有一个较低的 WER。虽然 S_{pif}^{lat} 特征具有非常高的帧精度，但与错误帧和 S_{pif}^{tri} 相比，它们在错误分类帧上具有更高的熵，因此具有高 WER。从三元 LM 创建的 S_{pif}^{tri} 特征提供了特征清晰度和准确性之间的最佳平衡，并实现了接近基准的 WER。然而，如果通过使用三音素 S_{pif}^{tri} 特征来减少特征锐度，现在我们看到在单个词汇识别任务上 WER 略微增加。

2. 降低估计误差的预言结果

我们用下面的预言实验来激励减少锐度误差的需要。给定单音素 S_{pif}^{tri} 特征，x% 被误分类的帧被纠正为在正确的电话序号处概率为 1，在其他处为 0。表 15.16 给出结果当 1%、3% 和 5% 时被误分类的 S_{pif} 特征被纠正的结果。请注意，只要纠正了一小部分错误分类的特征，WER 就会显著降低。这激励我们在下一节中去探索不同的技术来减少尖锐度。

表 15.16　广播新闻中预言结果的 WER

特征	帧精度	WER
S_{pif}^{tri}0% 虚假	70.3	19.5
S_{pif}^{tri}1% 虚假	71.4	19.4
S_{pif}^{tri}3% 虚假	73.4	18.8
S_{pif}^{tri}5% 虚假	76.1	17.6

3. 识别结果：后验和 S_{pif} 组合

本节中，我们研究通过后验和 S_{pif} 组合降低锐度。表 15.17 给出 fBMMI 和单音 S_{pif} 特征的基准结果分别为 18.7% 和 19.5%。还列出了各种 S_{pif} 组合特征的误分类帧的帧精度和熵。请注意，帧精度仅在 S_{pif} 特征上给出，不包括后验组合后的帧精度。

表 15.17　广播新闻 WER、后验和 S_{pif} 组合

特征	帧精度	S_{pif} 熵	WER
基准 fBMMI 特征 BMMI 训练＋MLLR	—	—	18.7
S_{pif}^{tri}单音素	70.3	2.27	19.5
S_{pif}^{tri}后验组合	70.3	2.27	**18.2**
$\alpha S_{pif}^{tri}+\beta S_{pif}^{uni}+\gamma S_{pif}^{lat}$ 后验组合	76.3	2.29	**17.8**

首先注意通过后验结合，我们将 WER 从 18.7% 到 18.2% 绝对降低了 0.5%，显示了在 fBMMI 和 S_{pif} 特征空间之间的互补性。其次，通过进行额外的 S_{pif} 特征组合，我们能够将帧精度从 70.3% 提高到 76.3%，而不减少 S_{pif} 的熵，因为它从 2.27 稍微增加到 2.29。这导致 WER 从 0.4% 绝对值的 18.2% 进一步下降到 17.8%，这表明降低特征锐度的重要性，尤其是对错误分类的 S_{pif} 帧。

15.8　语音识别任务中基于典型样本的后验概率增强方法

当典型样本建模中出现错误时，这会导致过度强调错误类别的概率，我们将称之为特征或后验锐度。一般而言，可以认为一种更受期望的用于增强后验的方法是同时提高帧精确度并降低帧中的不规则锐度。鉴于通过 NN 变换，我们通过提高帧误差率来增强后验概率，我们探索了一种平滑后验的新技术。具体而言，我们探索了一种类似于绑定混合方法的技术[20]，其中新的后代被模拟为 NN 后验的绑定混合。特别地，给定特征 o_t 和对所有类别 $i \in L$ 一集 NN 后验分数 $p(s_i \mid o_t)$，我们可以为状态 s_j 估计其后验为

$$p(s_j \mid o_t) = \sum_{i=1}^{L} \mid p(s_i \mid o_t) p(s_j \mid o_t, s_i) \tag{15.37}$$

和在绑定混合方法[20]中一样，绑定被调用使得对一个给定的 i 项 $p(s_j \mid o_t, s_i)$ 对 o_t 独立，其将式(15.37)化简为

$$p(s_j \mid o_t) = \sum_{i=1}^{L} \mid p(s_i \mid o_t) p(s_j \mid s_i) \tag{15.38}$$

其中，$p(s_j \mid s_i)$ 是一集混合系数。混合来自不同集的 NN 后验能够帮助平滑锐利的后验分布[20]。

在此部分中，我们希望学习一组混合系数 $p(s_j \mid s_i)$ 来混合来自不同状态的基于状态的后验。更正式的是，我们将 NN-$\boldsymbol{S}_{\text{pif}}$ 的后验 $p(s_j \mid o_t)$ 称为 a。若我们假设共 L 个状态，然后在时间 t 状态 l 的后验概率 $a_t(l)$ 满足如下特征：

$$a_t(l) \geqslant 0 \quad \text{且} \quad \sum_{l=1}^{L} a_t(l) = 1 \tag{15.39}$$

给定状态 l 和这个状态 l 的一集 $k = \{1, \cdots, L\}$NN 后验，我们定义混合系数 $p(s_j \mid s_i)$ 为 $b(l,k)$，其满足如下的性能：

$$b(l,k) \geqslant 0 \quad \text{且} \quad \sum_{k=1}^{L} b(l,k) = 1 \tag{15.40}$$

我们的目标是通过最大似然估计学习一集混合系数 $b(l,k)$。在本节中，我们探索最大化一个目标函数线性内插原始后验 a，类似于捆绑混合方法[20]。特别地，考虑从 $t=1$ 到 T_l 对齐到状态 l 的所有帧。我们为一个特定帧 t 定义混合后验为

$$c_t(l) = \sum_{k=1}^{L} b(l,k) a_t(k) \tag{15.41}$$

很容易看出 $c_t(l)$ 满足式(15.40)并且为一个后验。在与状态 l 对齐的训练数据中，这个后验的所有帧的目标函数由下式给出：

$$f_l(b) = \prod_{t=1}^{T_l} c_t(l) = \prod_{t=1}^{T_l} \left(\sum_{k=1}^{L} b(l,k) a_t(k) \right) \tag{15.42}$$

由于式(15.42)是一个有着许多正系数的多项式，Baum-Welch 更新方程可以用来迭代求解使上述目标函数最大化的 $b(l,k)$。$b(l,k)$ 的递归更新方程

由下式给出

$$b(l,k) := \frac{b(l,k)\ \nabla_{b(l,k)} f_l(b)}{\sum_{j=1}^{L} b(l,j)\ \nabla_{b(l,k)} f_l(b)} \tag{15.43}$$

在这里目标函数 $f_l(b)$ 的梯度为

$$\nabla_{b(l,k)} f_l(b) = \sum_{t=1}^{T_l} f_l(b) \frac{a_t(k)}{\sum_{i=1}^{L} b(l,i) a_t(i)} \tag{15.44}$$

将梯度(15.44)代入更新方程(15.43)产生 $b(l,k)$ 的如下更新：

$$b(l,k) := \frac{1}{T_l} \sum_{t=1}^{T_l} \frac{b(l,k) a_t(k)}{\sum_{i=1}^{L} b(l,i) a_t(i)} \tag{15.45}$$

该等式表明对于状态 l 学习的混合系数 $b(l,k)$ 有效地对与状态 l 对齐的所有训练帧进行后验系数 a 的线性加权平均。

注意式(15.45)假设一个 $b(l,k)$ 的初始值。我们假设初始 $b(l,k)$ 均匀分布为 $1/L$，其中 L 是状态数。使用式(15.45)迭代更新 $b(l,k)$，直到迭代之间目标函数值的变化低于指定的阈值。

一旦学习了 $b(l,k)$，给定状态 l 和 NN-$\boldsymbol{S}_{\text{pif}}$ 后验(表示为 a)，状态 l 的一个新的后验由通过对 NN 后验和混合系数进行加权平均来计算得到。这个新的状态 l 后验表示为 NN-$\boldsymbol{S}_{\text{pif}}$-Post$^{(l)}$，即

$$\text{NN-}\boldsymbol{S}_{\text{pif}}\text{-Post}^{(l)} = \sum_{k=1}^{L} b(l,k) a_t(k) \tag{15.46}$$

图 15.11 绘出状态 $l=100,500,1\ 000$ 和 1 500 时的混合稀疏 $b(l,k)$。我们可以观察到，对于所有状态，非零混合系数聚集在一起，因此它们来自于彼此相似的上下文相关的状态，例如映射到相同单音的状态。

结果

下面的实验如 15.7.3 节所述进行。

1. 使用 $\boldsymbol{S}_{\text{pif}}$ 特征作为输出概率

首先，我们探讨直接在 HMM 系统中作为输出概率的 $\boldsymbol{S}_{\text{pif}}$ 后验的性能。表 15.18 给出 $\boldsymbol{S}_{\text{pif}}$ 后验的性能比训练在 fBMMI 特征的基准 GMM/HMM 系统差，说明导出基于典型样本的后验特征的问题，这些后验特征不是通过与 WER 相关的判别过程而获知的。此外，将 $\boldsymbol{S}_{\text{pif}}$ 和 GMM 后验相结合不能提供比基准 GMM / HMM 系统更好的性能。

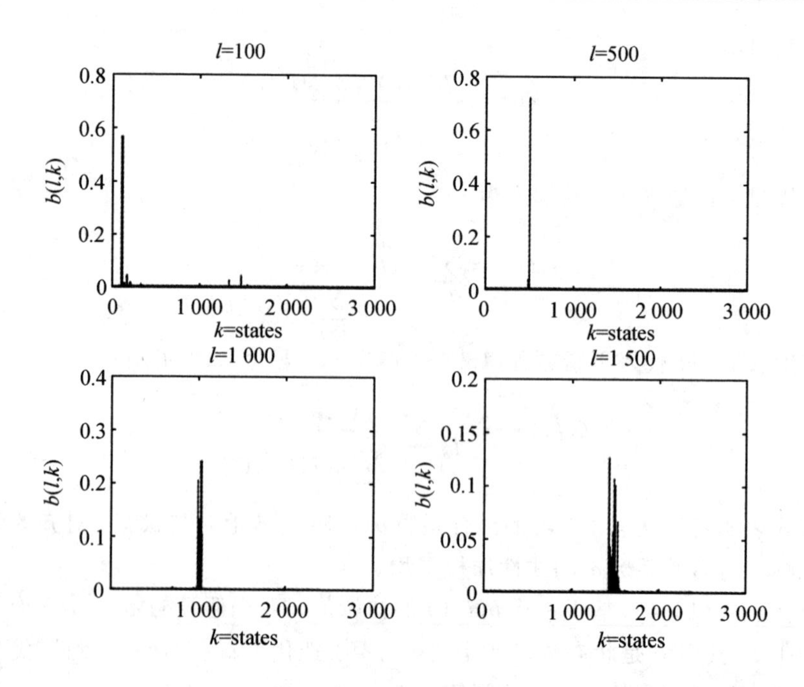

图 15.11　混合系数样本

表 15.18　TIMIT 核心测试集 PER, $\boldsymbol{S}_{\text{pif}}$ 特征

特征	PER
GMM/HMM fBMMI	**19.5**
$\boldsymbol{S}_{\text{pif}}$ 后验	20.3
串联 : $\boldsymbol{S}_{\text{pif}}$ + GMM	19.5

2. 利用神经网络加强

其次，研究了用 $\boldsymbol{S}_{\text{pif}}$ 特征作为输入来训练神经网络的性能，然后再将 NN-$\boldsymbol{S}_{\text{pif}}$ 概率用作 HMM 系统的输出概率。表 15.19 表明，与单独使用 $\boldsymbol{S}_{\text{pif}}$ 特征相比，NN-$\boldsymbol{S}_{\text{pif}}$ 特征提供的 WER 绝对降低 1.3%。这说明了使用神经网络提高 $\boldsymbol{S}_{\text{pif}}$ 后验的重要性，从而创建一套更好地在语音中符合 PER 目标的后验。此外，19.0% 的 PER 优于用 fBMMI 特征训练的 GMM / HMM 系统[21] 以及用 fBMMI 特征训练的神经网络[44]。这证明了基于典型样本的特征相对于标准语音特征(即 fBMMI) 的好处。

表 15.19　TIMIT 核心测试集 PER,NN 增强

特征	PER
$\boldsymbol{S}_{\text{pif}}$	20.3
NN-$\boldsymbol{S}_{\text{pif}}$	**19.0**
GMM/HMM－fBMMI＋BMMI＋MLLR[21]	19.4
NN-fBMMI[44]	19.4

3. 使用后验模型平滑

最后,如本节所讨论的,我们将探讨如何通过绑定混合来平滑 NN-$\boldsymbol{S}_{\text{pif}}$ 后验。在此,混合后验 NN-$\boldsymbol{S}_{\text{pif}}$-Post 被用作 HMM 系统中的输出概率。表15.20 表明使用后验模型,与 NN-$\boldsymbol{S}_{\text{pif}}$ 后验比我们可以获得 0.3% 的小幅绝对提高。这说明可以通过绑定混合平滑来降低后验锐度值。

表 15.20　TIMIT 核心测试集 PER,后验平滑

特征	PER
NN-$\boldsymbol{S}_{\text{pif}}$	19.0
NN-$\boldsymbol{S}_{\text{pif}}$-Post	**18.7**

4. 误差分析

图 15.12 显示了 6 个 BPC 内的 GMM / HMM、NN-$\boldsymbol{S}_{\text{pif}}$ 和 NN-$\boldsymbol{S}_{\text{pif}}$-Post 方法错误率的细分,即元音 / 半元音、鼻音、强擦音、弱擦音、停止和关闭 / 沉默。这里通过计算特定 BPC 内所有音素的插入、删除和替换次数来计算出错率。NN-$\boldsymbol{S}_{\text{pif}}$ 方法在所有类别(除了鼻音和关闭)之外都提供了比 GMM / HMM 系统更好的性能。此外,我们可以看到 NN-$\boldsymbol{S}_{\text{pif}}$-Post 方法的增益来自于对元音、弱擦音和封闭类更好的建模。

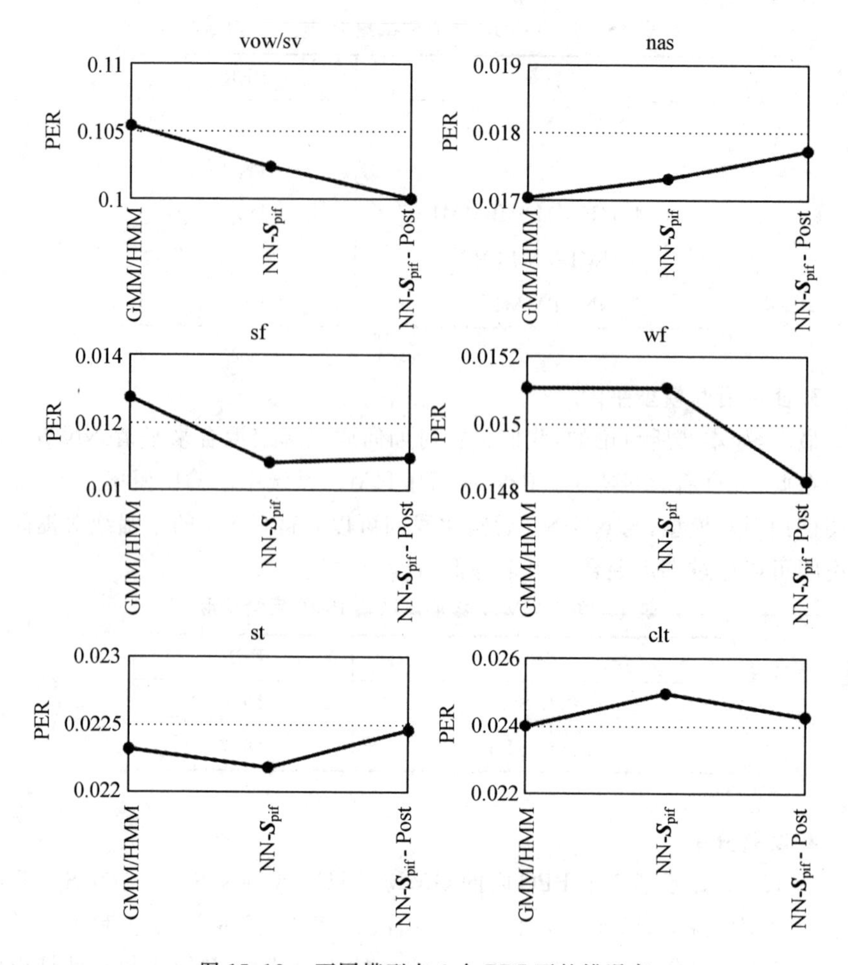

图 15.12　不同模型在 6 个 BPC 下的错误率

本章参考文献

[1] Deselaers T, Heigold G, Ney H (2007) Speech recognition with state-based nearest neighbor classifiers. In: Proceedings of the interspeech.

[2] Gemmeke JF, Virtanen T (2010) Noise robust exemplar-based connected digit recognition. In: Proceedings of the ICASSP.

[3] Sainath TN, Carmi A, Kanevsky D, Ramabhadran B (2010) Bayesian compressive sensing for phonetic classification. In: Proceedings of the ICASSP.

[4] De Wachter M, Demuynck K, Van Compernolle D, Wambacq P (2003) Data driven example based continuous speech recognition. In: Proceedings of the european conference on speech communication and technology.

[5] Tychonoff A, Arseny V (1977) Solution of ill-posed problems. Winston and Sons, Washington

[6] Wright J, Yang A, Ganesh A, Sastry SS, Ma Y (2009) Robust face recognition via sparse representation. IEEE Trans Pattern Anal Mach Intell 31: 210-227

[7] Carmi A, Gurfil P, Kanevsky D, Ramabhadran B (2009) ABCS: approximate bayesian compressive sensing. Technical Report Human Language Technologies, IBM

[8] Sainath TN, Nahamoo D, Kanevsky D, Ramabhadrans B, Shah PM (2011) A convex hull approach to sparse representations for exemplar-based speech recognition. In: Proceedings of the ASRU.

[9] Sainath T, Ramabhadran B, Olsen P, Kanevsky D, Nahamoo D (2011) A-Functions: a generalization of extended baum-welch transformations to convex optimization. In: Proceedings of the ICASSP.

[10] Kanevsky D, Sainath TN, Ramabhadran B, Nahamoo D (2010) An analysis of sparseness and regularization in exemplar-based methods for speech classification. In: Proceedings of the interspeech.

[11] Tibshirani R (1996) Regression shrinkage and selection via the lasso. J Roy Stat Soc Ser B (Methodol.) 58(1):267-288

[12] Ji S, Xue Y, Carin L (2008) Bayesian compressive sensing. IEEE Trans Signal Process 56:2346-2356

[13] Zou H, Hastie T (2005) Regularization and variable selection via the elastic net. J R Statist Soc B 67:301-320

[14] Sainath TN, Ramabhadran B, Nahamoo D, Kanevsky D, Sethy A (2010) Exemplar-based sparse representation features for speech recognition. In: Proceedings of the interspeech.

[15] Sainath TN, Nahamoo D, Ramabhadran B, Kanevsky D, Goel V, Shah PM (2011) Exemplarbased sparse representation phone identification features. In: Proceedings of the ICASSP.

[16] Lamel L, Kassel R, Seneff S (1986) Speech database development: de-

sign and analysis of the acoustic-phonetic corpus. In: Proceedings of the DARPA speech recognition, workshop.

[17] Kingsbury B (2009) Lattice-based optimization of sequence classification criteria for neuralnetwork acoustic modeling In: Proceedings of the ICASSP.

[18] De Wachter M, Matton M, Demuynck K, Wambacq P, Cools R, Van Compernolle D (2007) Template based continuous speech recognition. IEEE Trans Audio Speech Lang Process 15(4):1377-1390

[19] Sainath TN, Ramabhadran B, Nahamoo D, Kanevsky D, Sethy A (2012) Enhancing exemplarbased posteriors for speech recognition tasks. In:Proceedings of the interspeech.

[20] Bellegarda J, Nahamoo D (1990) Tied mixture continuous parameter modeling for speech recognition. IEEE Trans Acous Speech Signal Process 38(12):2033-2045

[21] Sainath TN, Ramabhadran B, Picheny M, Nahamoo D, Kanevsky D (2011) Exemplar-based sparse representation features: From TIMIT to LVCSR. IEEE Trans Acous Speech and Signal Process 19(8):2598-2613

[22] Candes EJ, Romberg J, Tao T (2006) Robust uncertainty principles: exact signal reconstruction from highly incomplete frequency information. IEEE Trans Inf Theory 52:489-509

[23] Candes EJ (2006) Compressive sampling. Proceedings of the international congress of mathematicians, European Mathematical Society, Madrid, Spain

[24] Gopalakrishnan PS, Kanevsky D, Nahamoo D, Nadas A (1991) An inequality for rational functions with applications to some statistical estimation problems. IEEE Trans. Information Theory 37(1): 107-113

[25] Povey D (2003) Discriminative training for large vocabulary speech recognition. Ph. D. thesis, Cambridge University.

[26] Sainath T, Ramabhadran B, Olsen P, Kanevsky D, Nahamoo D (2011) Convergence of line search a-function methods. In: Proceedings of the interspeech.

[27] Kanevsky D (2005) Extended baum transformations for general functions, II", Technical Report, RC23645 (W0506-120). Human Lan-

guage Technologies, IBM

[28] Carmi A, Gurfil P, Kanevsky D Ramabhadran B (2009) Extended compressed sensing: filtering inspired methods for sparse signal recovery and their nonlinear variants. Technical Report, RC24785, Human Language Technologies, IBM.

[29] Carmi A, Gurfil P, Kanevsky D, Ramabhadran B (2009) ABCS: Approximate bayesian compressed sensing. Technical Report, RC24816, Human Language Technologies, IBM.

[30] Carmi A, Gurfil P, Kanevsky D (April 2010) Methods for signal recovering using kalman filtering with embedded pseudo-measurement norms and quasi-norms. IEEE Trans Signal Process 58(4):2405-2409

[31] Horesh L, Gurfil P, Ramabhadran B, Kanevsky D, Carmi A, Sainath TN (2010) Kalman filtering for compressed sensing. In: Proceedings of the information fusion, Edinburgh.

[32] Ji S, Xue Y, Carin L (June 2008) Bayesian compressive sensing. IEEE Trans Signal Process 56:2346-2356

[33] Efron B, Hassie B, Johnstone T, Tibshirani R (2004) Least angle regression. Ann Stat 32(2):407-451

[34] Carmi A, Gurfil P (2009) Convex feasibility programming for compressed sensing. Technical Report, Technion

[35] Mount D, Arya S (2006) ANN: A library for approximate nearest neighbor searching. Software available at http://www. cs. umd. edu/mount/ANN/

[36] Chang C, Lin C (2001) LIBSVM: A library for support vector machines. Software available at http://www. csie. ntu. edu. tw/ cjlin/libsvm

[37] Kanevsky D (2004) Extended baum transformations for general functions. In: Proceedings of the ICASSP.

[38] Povey D, Kanevsky D, Kingsbury B, Ramabhadran B, Saon G, Visweswariah K (2008) Boosted MMI for model and feature space discriminative training. In: Proceedings of the ICASSP.

[39] Chang H, Glass J (2007) Hierarchical large-marging gaussian mixture models for phonetic classification. In: Proceedings of the ASRU.

[40] Sainath TN, Ramabhadran B, Picheny M (2009) An exploration of

large vocabulary tools for small vocabulary phonetic recognition. In: Proceedings of the ASRU.

[41] Saon G, Zweig G, Kingsbury B, Mangu L, Chaudhari U (2003) An architecture for rapid decoding of large vocabulary conversational speech. In: Proceedings of the eurospeech.

[42] Deng L, Yu D (2007) Use of differential cepstra as acoustic features in hidden trajectory modeling for phonetic recognition. In: Proceedings of the ICASSP.

[43] Halberstat A, Glass J (1998) Heterogeneous measurements and multiple classifiers for speech recognition. In: Proceedings of the ICSLP.

[44] Mohamad A, Sainath TN, Dahl G, Ramabhadrans B, Hinton GE, Picheny M (2011) Deep belief networks using discriminative features for phone recognition. In: Proceedings of the ICASSP.